钢铁工业水处理实用技术与应用

杨作清　李素芹　熊国宏　编著

北　京
冶　金　工　业　出　版　社
2015

内容提要

本书详细介绍了钢铁工业各工序循环冷却水和污水处理的原理、工艺与设施，钢铁综合废水处理与回用技术，锅炉水处理技术，水处理仪表及自动化，水质分析与监测等内容。同时，针对钢铁企业的实际特点，对水处理过程的安全技术和节能环保进行了系统的介绍。

本书可供从事钢铁工业水处理技术应用的工程技术人员阅读，也可供大专院校有关专业师生参考。

图书在版编目(CIP)数据

钢铁工业水处理实用技术与应用/杨作清，李素芹，熊国宏编著.—北京：冶金工业出版社，2015.6

ISBN 978-7-5024-6879-8

Ⅰ.①钢… Ⅱ.①杨… ②李… ③熊… Ⅲ.①钢铁工业—工业废水—废水处理 Ⅳ.①X757

中国版本图书馆CIP数据核字(2015)第100232号

出版人 谭学余

地 址 北京市东城区嵩祝院北巷39号 邮编 100009 电话 (010)64027926

网 址 www.cnmip.com.cn 电子信箱 yjcbs@cnmip.com.cn

责任编辑 常国平 美术编辑 吕欣童 版式设计 孙跃红

责任校对 石 静 责任印制 李玉山

ISBN 978-7-5024-6879-8

冶金工业出版社出版发行；各地新华书店经销；北京百善印刷厂印刷

2015年6月第1版，2015年6月第1次印刷

787mm×1092mm 1/16；29.25印张；704千字；451页

108.00元

冶金工业出版社 投稿电话 (010)64027932 投稿信箱 tougao@cnmip.com.cn

冶金工业出版社营销中心 电话 (010)64044283 传真 (010)64027893

冶金书店 地址 北京市东四西大街46号(100010) 电话 (010)65289081(兼传真)

冶金工业出版社天猫旗舰店 yjgycbs.tmall.com

(本书如有印装质量问题，本社营销中心负责退换)

前　言

随着科学技术的进步和社会发展，人与环境的关系越来越密切，水的污染和水资源的紧缺已严重危害了人类生活。人们已经深切地认识到，水不是“取之不尽，用之不竭”的，水是宝贵的、有限的资源。因此，保护有限的水资源就是保护人类自身。

钢铁是人类生活、生产中不可或缺的重要物资之一。我国粗钢产量居世界第一位，钢铁行业作为高耗水行业，不但使用大量的新水资源，而且在钢铁生产各个工序排出大量的废水。随着钢铁行业节能减排的要求，吨钢耗新水大幅度下降，污水排放大量减少。水处理技术的进步，使钢铁企业综合污水零排放技术越来越成熟。近年来，钢铁企业水处理工艺及设备在不断地更新，因此需要一本完整的、系统地介绍钢铁工业水处理技术的著作，以便指导钢铁企业水处理的研究和实践。作者期望本书对从事钢铁工业水处理技术应用的工程技术人员在提高水处理管理水平上有所帮助。

本书不仅详细介绍了钢铁各工序循环冷却水和污水处理的原理、工艺与设施，钢铁综合废水处理与回用技术，锅炉水处理技术等。而且还对水处理仪表及自动化、水质分析与监测等内容进行了详细的介绍。同时，针对钢铁企业的实际特点，对水处理过程的安全技术和节能环保进行了介绍。

本书在编写过程中，得到了广大钢铁和水处理技术人员的帮助和支持，他们提供了一些有价值的技术资料，并对书籍编写内容提出了许多宝贵意见，在此一并表示衷心的感谢！

由于编者水平所限，书中不妥之处，恳请广大读者批评指正。

编　者

2015 年 1 月

目　录

1 绪　　论

1.1 水的需求及水污染的防治

1.1.1 水的需求

随着人类生存环境的不断恶化和自然资源的日益减少，人类社会的可持续发展面临着严峻的挑战，这迫使人类必须重视自然环境的保护和自然资源的合理开发与利用，这是一个生死攸关的大问题。而在这个大问题中，水又是最重要的，因为水是生命的源泉，人的生存和活动离不开水，水是应用最普遍、分布最广泛、对人类最重要的自然资源。随着世界人口的不断增加和经济活动的日益扩大，人们已经越来越感到，水不是“取之不尽，用之不竭”的，水是有限的而又不能用其他物质替代的宝贵资源。而这有限的宝贵的资源——水，正遭到严重污染，这使得本来就十分匮乏的水资源更加匮乏。

我国现有的淡水资源约 $2.8\times10^{12}m^3$，然而由于人口众多，以 13 亿人计，我国人均占有淡水资源 $2153m^3$，而全世界人均淡水资源拥有量为 $7342m^3$，我国人均淡水资源占有量不足世界人均占有量的 1/3。同时，我国有限的水资源受时间和地域的影响分布极不平衡，特别是我国西北、华北及南方部分地区水资源匮乏，人们的生活和生产活动受到了严重的影响。例如，华北平原由于地下水的过度开采，地下水位持续下降，使得华北地区漏斗区不断扩大，加剧了地层下陷。2010 年发生于我国西南五省市云南、贵州、广西、四川及重庆的百年一遇的特大旱灾，一亿多亩耕地受灾，两千多万人口饮水困难，使工农业生产和人民群众遭受了重大损失。随着我国工农业的迅猛发展，对水的需求不断增加，加剧了水资源紧张的局面。以钢铁工业为例，我国粗钢产量从 2003 年的 2.22 亿吨增加到 2014 年的 8.23 亿吨，按吨钢耗新水 $3.5m^3$ 计算，钢铁企业全年需要新水总量为 $28.8\times10^8m^3$，大约相当于 1 个太湖的水量。图 1-1 所示为 2003 ~2014 年我国粗钢产量递增图。

1.1.2 水的污染及防治

我国除了资源性缺水外，水质性缺水也给人们生活和工农业生产带来了一定的影响。水质性缺水与本已存在的资源性缺水彼此叠加，使我国缺水状况犹如雪上加霜。水质性缺水主要是由于水污染造成的，城市污水和工业废水的大量不达标排放使得江河湖泊受到了严重污染，导致水质恶化。我国水污染问题已经处在一个相当严重的局面，地表水污染严重，湖泊（水库）富营养化问题突出，地下水也在逐步遭受污染。在我国长江、黄河、珠江、松花江、淮河、海河和辽河七大水系中，黄河、辽河为中度污染，海河为重度污染。目前，全国 532 条主要河流有 82% 受到不同程度的污染，这些主要是由工业废水造成的；流经全国 42 个大城市的 44 条河流，有 93% 受到污染。表 1-1 列出了 1994 ~2009 年我国发生的主要水污染事件。

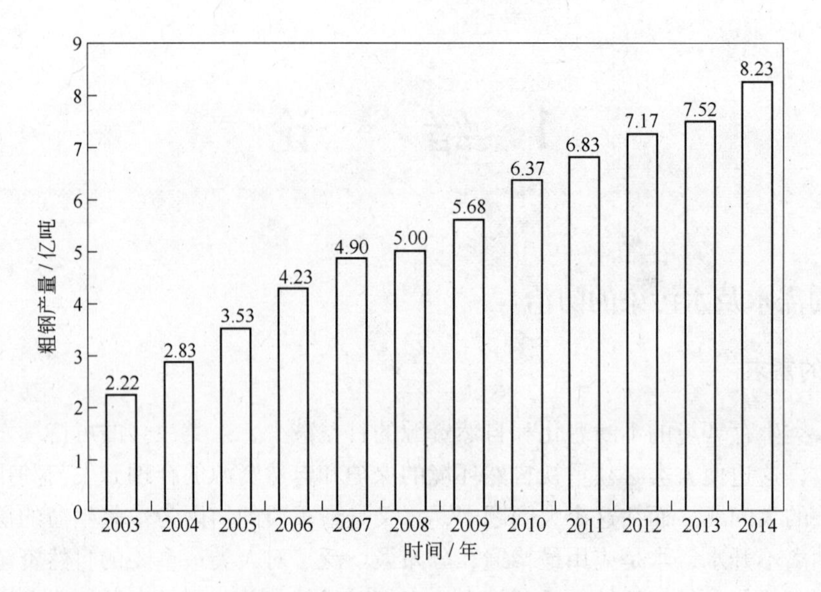

图 1-1 我国 2003 ~ 2014 年粗钢产量

表 1-1 1994 ~ 2009 年我国发生的主要水污染事件

时 间	水 污 染 事 件
1994 年 7 月	淮河上游来水水质恶化，沿河各自来水厂被迫停止供水达 54 天之久，百万淮河民众饮水告急
2004 年 12 月	四川青衣江遭受造纸废水污染，水面出现了大量的白色泡沫，并散发出一阵阵冲鼻的碱味，水质严重告急，使乐山市中区面临 25 万人断水的局面
2005 年 1 月	因綦河上游重庆华强化肥有限公司废水污染，重庆綦江古南街道桥河片区近 3 万居民断水两天，綦江齿轮厂也因此暂停生产
2005 年 12 月	由于韶关冶炼厂设备检修期间超标排放含镉废水，导致广东各市的重要饮用水源北江韶关段镉超标严重，严重威胁下游饮用水源安全
2006 年 2、3 月	2006 年 2 月和 3 月份，素有“华北明珠”美誉的华北地区最大淡水湖泊白洋淀，相继发生大面积死鱼事件。调查结果显示，水体污染较重，水中溶解氧过低，造成鱼类窒息是此次死鱼事件的主要原因
2007 年 5 月	因太湖蓝藻的提前暴发，2007 年 5 月 29 日开始，江苏省无锡市城区的大批市民家中自来水水质突然发生变化，并伴有难闻的气味，无法正常饮用
2009 年 7 月	赤峰水污染导致至少 4300 多名居民生病

我国在 20 世纪 50 年代开始注意水污染的防治，逐步建立了水污染防治的法规及一系列水质标准、水污染排放标准和地方性水污染防治法规，使我国的水污染法初步形成了体系。水污染防治法通过建立有效的监督管理制度、加强对各类污染物排放的控制等措施，实现保护地表水和地下水免受污染的目的。

1959 年制定了《生活饮用水卫生规程》。70 年代后进一步加强了水污染防治立法，《关于保护和改善环境的若干规定（试行草案）》《中华人民共和国环境保护法（试行）》和《中华人民共和国环境保护法》等法律法规都对保护水环境作了规定。1984 年 5 月全国人大常委会通过《中华人民共和国水污染防治法》，又于2008年2月28日第十届全国人民代表大会常务委员会第三十二次会议进行修订；此后，国务院及其有关部门和地方政权又制定了《水污染防治法实施细则》、《饮用水水源保护区污染防治管理规定》。

为了更好地贯彻执行《环境保护法》和《水污染防治法》，我国先后制定了《海洋水质标准》《地面水环境质量标准》《地下水质量标准》《污水综合排放标准》《钢铁工业水污染物排放标准》等，又对有关标准进行修订，使水资源的合理利用和污水的达标排放有了依据。我国在环境污染管理上提出了坚持预防为主、防治结合、综合治理的原则，在新建、改建、扩建项目上进行环境影响评价，坚持"三同时"，使水污染防治设施与主体工程同时设计、同时施工、同时使用。

"十一五"期间我国加大了城镇污水处理与再生的投入，城镇污水处理设施无论在建设数量和污水处理能力上，还是在污水处理的设施运行效率上都有显著提高。"十一五"期间全国累计新增污水处理厂2000多座，新增污水处理能力超过6500万吨/日，再生水生产能力达到1000多万吨/日。"十一五"期间，我国在进行城镇污水治理的同时，也加强了对工业废水的治理力度，淘汰了一批小造纸、小化工、小制革、小印染、小酿造等不符合产业政策的重污染企业。在钢铁、电力、化工、煤炭等行业推广了废水循环利用，实现废水少排放或零排放。钢铁企业在污水处理上采取重度污染废水分别处理和轻度污染废水集中回收处理的原则，建成了一批废水处理站和污水处理厂，如焦化生化废水站、冷轧废水处理站等。生化废水和冷轧废水等重度污染废水经过处理后达到排放标准，或经过深度处理后回用；综合污水处理厂的建立，使轻度污染废水集中回收处理后得以再生，实现了综合污水的资源化。再生水在钢铁生产中可以用于循环冷却水的补充水、锅炉除盐水的原水等，替代了新水资源。例如，太钢集团采用膜法水处理技术，建成了3000t/h净化水的生产线，对冶炼废水及少部分生活污水进行集中回收、絮凝沉淀、砂滤、保安过滤、膜法处理等工序深度处理，生产出的水用于各个生产工序，使整个污水的循环利用率达到75%以上，实现污水零排放，大大缓解了太钢水资源紧张的局面。

1.2 水化学知识

1.2.1 水及其性质

1.2.1.1 水的性质

水（H_2O）是由氢、氧两种元素组成的无机物，在常温、常压下为无色、无味、无臭的透明液体。水是最常见的物质之一，是包括人类在内所有生命生存的重要资源，也是生物体最重要的组成部分。水是我们日常生活中接触到的普通液体，但水作为一种化学物质，在常温下呈液态存在，具有一般液体的共性，与其他液体相比有其各种特性。

（1）水的密度。在一个大气压下（10^5Pa），温度为4℃时，水的密度为最大（1g/cm^3），当温度低于或高于4℃时，其密度均小于1g/cm^3。

（2）水的冰点、沸点。水在1个大气压时（10^5Pa），温度在0℃以下为固体，0℃为水的冰点。水在0~100℃之间为液体（通常情况下水呈液态），100℃以上为气体（气态水），100℃为水的沸点。

（3）水的比热容。把单位质量的水升高1℃所吸收的热量，称为水的比热容。水的比

热容为 4.2×10^3 J/(g·℃)。

(4) 水的汽化热。在一定温度下单位质量的水完全变成同温度的气态水（水蒸气）所需的热量，称为水的汽化热。水从液态转变为气态的过程称为汽化，水表面的汽化现象称为蒸发，蒸发在任何温度下都能进行。标准大气压下，水在沸点时的汽化热为 40.8kJ/mol。

(5) 冰（固态水）的溶解热。单位质量的冰在熔点时（0℃）完全溶解为同温度的水所需的热量，称为冰的溶解热。标准大气压下，冰在熔点时的溶解热为6.01kJ/mol。

(6) 水的压强。水对容器底部和侧壁都有压强（单位面积上受的压力称为压强）。水内部向各个方向都有压强；在同一深度，水向各个方向的压强相等；深度增加，水压强增大；水的密度增大，压强也增大。

(7) 水的浮力。水对物体向上和向下的压力差就是水对物体的浮力。浮力总是竖直向上的。

(8) 范德华引力。对一个水分子来讲，它的正电荷中心偏在两个氢原子的一方，而负电荷中心偏在氧原子一方，从而构成极性分子。当水分子相互接近时，异极间的引力大于距离较远的同极间的斥力，这种分子间的相互吸引的静电力称为范德华引力。

(9) 水的表面张力。水的表面存在着一种力，使水的表面有收缩的趋势，这种水表面的力称为表面张力。

1.2.1.2　水的电离与溶液 pH 值

水是一种极弱的电解质，它能微弱地电离变成氢离子（H^+）和氢氧根离子（OH^-）。

$$H_2O \rightleftharpoons H^+ + OH^-$$

H^+ 和 OH^- 的摩尔浓度（用 $[H^+]$、$[OH^-]$ 表示）的积是一定的，在25℃时为 1×10^{-14}：$[H^+][OH^-]=1\times10^{-14}\ (mol/L)^2$（25℃）这个值称为水的离子积，用 K_w 表示。

pH 用氢离子（$[H^+]$）倒数的对数表示如下：

$$pH = -\lg[H^+]$$

另外，用氢氧化物离子浓度表示时，可用 pOH。

水的离子积在一定温度下为定值。因为25℃时为 1×10^{-14}，所以，当 $[H^+]=10^{-7}$，$[OH^+]=10^{-7}$，则 pH=7，这就是中性；$[H^+]=10^{-8}$、$[OH^+]=10^{-6}$ 时，$[H^+]$ 浓度降低，$[OH^+]$ 浓度增加，计算结果 pH=8，这时就是碱性。

这样 pH<7 为酸性，pH=7 为中性，pH>7 为碱性。图1-2 即标示这种关系。

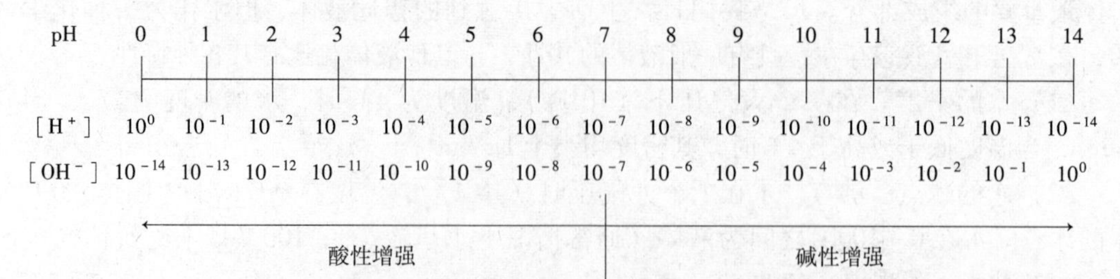

图1-2　酸性、碱性、$[H^+]$、$[OH^+]$、pH 值的关系

由图1-2可以看出：pH值越小，酸性越强，pH值越大，碱性越强；pH值范围在0到14之间；pH值减小1个单位，$[H^+]$ 扩大为原来的10倍，pH值增大1个单位，$[H^+]$ 减为原来的1/10，$[OH^+]$ 增为原来的10倍。

一般在水处理工程应用中，现场常粗略测量溶液的pH值。pH值的粗略测定，可先用广泛pH试纸，初步测定其大致的范围。也可取约20mL水样于锥形瓶中，分别用几滴酚酞或甲基橙溶液来进行试验。能使酚酞由无色变红色，溶液 $pH > 8.4$，为碱性水；能使甲基橙由黄变红时，溶液 $pH < 3.1$，为酸性水。

用广泛pH试纸测定pH值，将试纸浸入欲测水样中，半秒钟后取出，与标准色板比较，记取相应的pH值。pH试纸在日光下和空气中以及大的湿度或遇酸碱性气体，都能变质，因此应注意保持干燥，避光保存在塑料袋里。

1.2.1.3　水的溶解作用

由于水的极性，水分子和许多极性物质都能形成分子间的作用力，从而破坏其他物质的原有物理形态，这一过程称为水的溶解。水的溶解能力是很强的，绝大部分无机物质及部分有机物质都能被水溶解。正因为水有较强的溶解能力，所以自然界中几乎没有纯净的水。

A　溶剂与溶质

一种物质（或几种物质）分散到另一种物质中形成均一的、稳定的混合物称为溶液。而把能溶解其他物质的称为溶剂，被溶解的物质称为溶质。溶液是由溶质和溶剂组成。水是最常用的溶剂，化合物溶于水所得到的溶液称为水溶液。

B　溶解度

一种物质溶解在另一种物质中的能力称为溶解性，溶解性的大小用溶解度表示。在一定的温度下，某种物质在100g水中达到溶解平衡时，所能溶解的克数，称为该物质的溶解度。溶解度是表示在一定温度下，在一定溶剂量中，溶质溶解的最大克数，如超过这个量，溶液中就要有结晶析出。因此，达到溶解度的溶液必是饱和溶液。例如，在20℃时氯化钠的溶解度为36g，就是在该温度下100g水中能溶解36g氯化钠。

影响溶解度的因素有温度、压力、酸度或碱度及所含盐类等。一般情况下，大多数物质的溶解度随温度的上升而增加，如 KNO_3 等；也有些物质随温度上升而下降，如 $Ca(OH)_2$、$CaCO_3$ 等。表1-2为常用水处理药剂的溶解度。

表1-2　常用水处理药剂的溶解度　(g)

药剂名称	分子式	温度						
		0℃	10℃	20℃	30℃	40℃	50℃	60℃
熟石灰	$Ca(OH)_2$	0.189	0.182	0.173	0.160	0.141		0.121
碳酸钠	$Na_2CO_3 \cdot 10H_2O$	7.00	12.5	21.5	39.7	49.0		46.0
硫酸铝	$Al_2(SO_4)_3$	31.2	33.5	36.4	40.4	45.8		59.2
钼酸钠	Na_2MoO_4	44.1	64.7	65.3	66.9	68.6		71.8
硫酸锌	$ZnSO_4 \cdot 7H_2O$		54.4	60.0	65.5			
三聚磷酸钠	$Na_5P_3O_{10}$		14.5	14.6	15.0	15.7	16.6	18.2
磷酸二氢钠	NaH_2PO_4	56.5	69.8	86.9	107	133		172

注：表中数据为在100g水中溶解药剂的克数。

1.2.2 天然水

天然水是构成自然界地球表面各种形态的水相的总称，包括江河、海洋、冰川、湖泊、沼泽等地表水以及土壤、岩石层内的地下水等天然水体。天然水是一种化学成分十分复杂的溶液，含可溶性物质（如盐类、可溶性有机物和可溶气体等）、胶体物质（如硅胶、腐殖酸、黏土矿物胶体物质等）和悬浮物（如黏土、水生生物、泥沙、细菌、藻类等）。天然水中的杂质主要分为悬浮物、胶体、溶解性物质。如果作为饮用水，有些天然水通过简单处理即可饮用，如某些泉水、井水；而有些必须经过特殊的设备和处理工艺处理后才能饮用，如河水、湖水、苦咸水等。

地表水是降水在地表径流和汇集后形成的水体，包括江河水、湖泊水、水库水等。地表水以降水为主要补充来源，此外与地下水也有相互补充关系。地表水的水量和水质受流经地区地质状况、气候、人为活动等因素的影响较大。当降水大量进入江河湖泊，水量达最大时称为丰水期；一年中水量最小、水位最低的时期称枯水期。因其矿化度小，因此硬度较低，但因表面径流和地下渗流的结果往往混入不溶或可溶性杂质，如泥沙、动植物残骸及可溶性盐类。地表水随地区的不同，其成分有较大的差别。就同一地区的地表水，随季节的不同，也有较大的波动。在夏季洪汛期，水中的盐类被雨水或冰雪融化，水被冲淡，因此硬度和含盐量会大大减少，浑浊度却会急剧增高，冬季则相反。一般情况，地表水的含盐量比较低，但容易受污染。由于地表水污染的加剧，地表水的含盐量也在逐步升高，碱度、硬度、氯离子、硫酸根等影响工业使用的离子随着升高；湖泊及水库水当含有较多的氮和磷时，就会使水体富营养化，造成藻类大量繁殖。在工业生产中地表水通常采用混凝反应—沉淀—过滤—消毒工艺去除水中的悬浮物和降低 COD 后作为新水用于生产中。

地下水是存在于地表以下岩（土）层空隙中的各种不同形式水的统称，包括井水、泉水、自流水等。地下水主要来源于大气降水和地表水的入渗补给；同时以地下渗流方式补给河流、湖泊和沼泽，或直接注入海洋；上层土壤中的水分则以蒸发或被植物根系吸收后再散发入空中，回归大气，从而积极地参与了地球上的水循环过程，以及地球上发生的溶蚀、滑坡、土壤盐碱化等过程。所以，地下水系统是自然界水循环大系统的重要亚系统。由于地下水经过地层的渗透过滤，通常悬浮杂质较少，水的透明度较高。但因水具有较强的溶解性，从空气中吸收了二氧化碳之后溶解能力更强，在透过不同岩石层时，便溶入了各种无机盐类。地下水溶解矿物质的程度决定于土质中矿物质的成分、接触时间和水流经路程的长短。一般地下水水质是比较稳定的，受季节变化影响较小。地下水比较洁净，但溶解的矿物质比较多。地下水中分布最广的是钾、钠、镁、钙、氯、硫酸根和碳酸氢根等 7 种离子。地下水含盐量一般在 100 ~ 5000mg/L 之间，硬度通常在 2 ~ 10mmol/L 之间。一般在工业生产中取自地下的水可直接作为新水用于生产。

1.2.2.1 天然水的分类

天然水可按硬度、含盐量、硬度与碱度的关系来进行分类。

（1）按硬度来分。

1）低硬度水：硬度为 1.0mmol/L 以下；

2）一般硬度水：硬度为 1.0 ~ 3.0mmol/L；

3）较高硬度水：硬度为3.0～6.0mmol/L；

4）高硬度水：硬度为6.0～9.0mmol/L；

5）极高硬度水：硬度为9.0mmol/L以上。

（2）按含盐量来分。

1）低含盐量水：含盐量为200mg/L以下；

2）中等含盐量水：含盐量为200～500mg/L；

3）较高含盐量水：含盐量为500～1000mg/L；

4）高含盐量水：含盐量为1000mg/L以上。

（3）按硬度与碱度的关系来分。

1）非碱性水：水中总硬度大于总碱度；

2）碱性水：水中总碱度大于总硬度；

3）碳酸盐型水：水中暂硬大于永硬；

4）非碳酸盐型水：水中暂硬小于永硬。

1.2.2.2 天然水的杂质

水在自然循环的过程中，能溶解大气中、地表面和地下岩层中的许多物质，而且在天然水的流动过程中还会夹带一些固体物质，而使天然水体中不同程度地含有各种杂质。表1-3为天然水中常见的杂质。

表1-3 天然水中的常见杂质

悬浮物	胶体杂质		主要离子		溶解气体		生物生成物
	无机物	有机物	阴离子	阳离子	主要气体	微量气体	
硅铝铁酸盐、砂粒、黏土、微生物	$SiO_2 \cdot nH_2O$、$Fe(OH)_3 \cdot nH_2O$、$Al_2O_3 \cdot nH_2O$	腐殖质	Cl^-、SO_4^{2-}、HCO_3^-、CO_3^{2-}	Na^+、K^+、Ca^{2+}、Mg^{2+}	O_2、CO_2	N_2、H_2S、CH_4	NH_4^+、NO_3^-、NO_2^-、PO_4^{3-}、HPO_4^{2-}、$H_2PO_4^-$

天然水中的杂质，除溶解于其中的部分外，往往还混杂一些不溶解的物质。这些杂质按其和水混合型态的不同，通常可以分为三类，即悬浮物、胶体物质和溶解物质。此外，天然水中的有机物和微生物也是影响水质的主要因素，这里一并加以讨论。

A 悬浮物

悬浮物质颗粒直径在10^{-4}mm以上的杂质，这些杂质构成了天然水的浑浊度和色度，悬浮物质在水中是不稳定的，其较轻物质浮于水面（如油脂等），较重物质静置时会下降（如沙石、黏土和动植物尸体碎片和纤维等）。天然水中的悬浮物主要是泥沙、动植物新陈代谢的产物、原生物，还有藻类和细菌等。

悬浮物的存在会影响用水设备的安全经济运行，造成设备检修频繁。例如，含有悬浮物的水直接作为钠离子交换器的原水，会造成微生物黏泥在离子交换器内沉积，将会使离子交换剂受到污染，从而使其交换容量降低、周期出水量减少，并影响离子交换器的出水质量。

B 胶体物质

胶体物质是指颗粒直径在10^{-6}～10^{-4}mm之间的杂质。天然水中的胶体，一类是硅、铁、铝等矿物质胶体，另一类是由动植物腐败后的腐殖质形成的有机胶体。胶体具有很大的表面积，它吸附着大量同性离子而带电，所以胶体在水中是比较稳定的。由于胶体粒子带有同性电荷而互相排斥，因此胶体物质在水中无论放置多久，也不会凝聚成大颗粒沉降下来。若不除去水中的胶体物质，将会和悬浮物一起形成微生物黏泥堵塞换热设备。

C　溶解物质

水中溶解的物质主要是气体和矿物质的盐类，它们都以分子或离子状态存在于水中，粒径在 10^{-6}mm 以下。这类物质主要是溶解性盐类、可溶性气体以及溶解于水中的部分腐殖质和其他有机物等。

(1) 可溶性气体。天然水中溶解的气体主要由氧气、氮气和二氧化碳，有时含有微量的硫化氢（H_2S）、甲烷（CH_4）等。氧气和氮气的来源主要是溶解了由大气中的氧气和氮气，二氧化碳主要来源于水或土壤中有机物的分解和水中动植物的新陈代谢，或大气中二氧化碳的溶解。

水中溶解氧的量随温度和压力的变化而变化。在常压下，0℃水中溶解氧的量为14mg/L，而100℃的水中溶解氧的量几乎为零，即水中的氧气全部逸入大气。在常温、常压下，水中的溶解氧通常为7.5～9.0mg/L。

天然水中二氧化碳的含量在几十至几百毫克/升之间，其中地表水中二氧化碳的含量一般不超过20～30mg/L，而地下水中二氧化碳的含量最高到几百毫克/升。通常在油田地区的地下水中二氧化碳的含量较高，这是由于在油田地区的地下水中常含有大量可降解的有机物，并可与地下水中的溶解氧、NO_3^-、Fe^{3+}、SO_4^{2-} 等氧化剂发生氧化还原反应释放出 CO_2。

(2) 可溶性盐类。天然水中溶解的盐类都是以离子状态存在的。它们是由于地层中矿物质溶解而来的，主要是钙、镁、钠、钾的碳酸氢盐、氯化物和硫酸盐等，见表1-4。这些杂质若不除去，会造成用水设备的结垢、腐蚀，破坏设备的安全经济运行。

表1-4　天然水中的主要离子

<table>
<tr><td rowspan="2">阳离子</td><td>硬　度</td><td>酸</td><td>碱金属</td></tr>
<tr><td>Ca^{2+}、Mg^{2+}</td><td>H^+</td><td>Na^+、K^+</td></tr>
<tr><td rowspan="2">阴离子</td><td colspan="2">HCO_3^-、CO_3^{2-}、OH^-</td><td>Cl^-、SO_4^{2-}、NO_3^-</td></tr>
<tr><td colspan="2">碱　度</td><td>酸　根</td></tr>
</table>

下面对几种主要离子的来源作一介绍：

1) 钙离子（Ca^{2+}）和镁离子（Mg^{2+}）。

①天然水中的钙、镁离子主要来源于含二氧化碳的水溶解地层中含钙、镁的碳酸盐类沉积物（石灰石、白云石等）。溶解后的产物为溶解度较大的重碳酸钙、重碳酸镁，其反应式如下：

$$CaCO_3 + CO_2 + H_2O \longrightarrow Ca^{2+} + 2HCO_3^-$$

$$MgCO_3 + CO_2 + H_2O \longrightarrow Mg^{2+} + 2HCO_3^-$$

②钙、镁离子另一来源是岩浆岩和变质岩中含钙、镁矿物的风化后溶解于水的结果。在地下水和地表水中，镁离子含量通常比钙离子小，镁离子的浓度一般为钙离子的25%～

50%。水中钙、镁离子是形成水垢的主要成分。

2）钠离子（Na^+）和钾离子（K^+）。含钠的矿石在风化过程中易于分解，释放出Na^+，所以地表水和地下水中普遍含有Na^+。因为钠盐的溶解度很高，在自然界中一般不存在Na^+的沉淀反应，所以在高含盐量水中，Na^+是主要阳离子。天然水中K^+的含量远低于Na^+，这是因为含钾的矿物比含钠的矿物抗风化能力大，所以K^+比Na^+较难转移至天然水中。由于在一般水中K^+的含量不高，而且化学性质与Na^+相似，因为在水质分析中，常以$K^+ + Na^+$之和表示它们的含量，并取加权平均值25作为两者的摩尔质量。

3）重碳酸根（HCO_3^-）。重碳酸根是天然水中主要的阴离子，它是水中二氧化碳和地层中碳酸盐反应的产物，也是形成水垢的主要成分。

4）氯离子（Cl^-）。天然水中都含有Cl^-，这是因为水流经地层时，溶解了其中的氯化物。所以Cl^-几乎存在于所有的天然水中。随着地区的不同，天然水中的氯离子的含量波动较大。

5）硫酸根（SO_4^{2-}）。硫酸根是天然水中常见的阴离子，它是水溶解了地层中石膏（$CaSO_4 \cdot 2H_2O$）后的产物，其反应式如下：

$$CaSO_4 \cdot 2H_2O = Ca^{2+} + SO_4^{2-} + 2H_2O$$

D 有机物

天然水中含有机物，按其形态有非溶解状态和溶解状态两种形式，其中非溶解状态的有机物以悬浮态或胶体的形式存在水中。天然水中的有机物是复杂的分子集合体，一部分是相对分子质量为$10^3 \sim 10^6$的小颗粒胶体，另一部分是相对分子质量小于1000的物质及部分可溶物。一般来讲，在COD_{Mn}低于1.5mg/L的水中主要是可溶性离子态有机物，COD_{Mn}超过2.5～3.5mg/L的水中则有较多的胶体态物质。

天然水中的有机物有两种不同的来源：一种是自然界生态循环中造成的；另一种是人类生产活动造成的，如工业废水、生活污水的排放造成水体的污染。对于人类生产活动中造成的有机物问题，必须加以重视，限制或杜绝工业废水、生活污水的排放来保护天然水体免受污染。

水体中的有机物分为非腐殖质和腐殖质。非腐殖质包括碳水化合物、脂肪酸、蛋白质、氨基酸、色素、纤维及其他低分子量有机物等。腐殖质是动植物腐烂在土壤中经微生物分解而形成的有机物质。腐殖质的主要组成元素为碳、氢、氧、氮、硫、磷等。腐殖质并非单一的有机化合物，而是在组成、结构及性质上既有共性又有差别的一系列有机化合物的混合物，其中以胡敏酸与富里酸为主。胡敏酸是一类能溶于碱溶液而被酸溶液所沉淀的腐殖质物质，其相对分子质量比富里酸大。富里酸是一类既溶于碱溶液又溶于酸溶液的腐殖质物质，其相对分子质量比胡敏酸小。富里酸呈强酸性，移动性大，吸收性比胡敏酸低，它的一价、二价、三价盐类均溶于水。

地表水中有机物的含量COD_{Mn}一般为1～10mg/L，并随季节有规律地变化，通常是夏季高，而冬季低；地下水含量很少，COD_{Mn}约为1mg/L。

水中有机物在进行氧化分解时，需要消耗水中的溶解氧，如果缺氧，则发生腐败，恶化水质，破坏水体。天然水中的有机物影响水的混凝沉淀，消耗水处理药剂；污染离子交换树脂和分离膜，造成离子交换树脂中毒和分离膜的污堵。

E　微生物

天然水中的微生物种类繁多，微生物的生长受下列因素的影响，如温度、光照、水的 pH 值、溶解氧以及水中营养物质的浓度等。常见的微生物有藻类、细菌、真菌和原生动物，其中藻类、细菌和真菌对用水系统的影响较大。

藻类广泛分布于各种水体和土壤中，最常见的有蓝藻、绿藻和硅藻等，它们是水体产生黏泥和臭味的主要原因之一。藻类的细胞内含有叶绿素，它能进行光合作用，其结果不仅使水中溶解氧增加，同时使水的 pH 值上升。

细菌是一类形体微小、结果简单、多以二分裂方式进行繁殖的原核生物，是自然界中分布最广、个体数量最多的有机物。细菌呈球状、杆状、弧状、螺旋状等形状，它们通常是以单细胞或多细胞的菌落存在。在循环冷却水中常见的细菌主要有铁细菌、硫酸盐还原菌和硝化细菌。

真菌是具有丝状营养体的单细胞微小植物的总称。当真菌大量繁殖时会形成一些丝状物，附着于金属表面形成黏泥。

微生物在循环冷却水系统中极易生长繁殖，其结果是使水的颜色变黑，发生恶臭，同时会形成大量黏泥。黏泥沉积在换热器内，使传热效率降低和水头损失增加；沉积在金属表面的黏泥会引起垢下腐蚀；在冷却系统构筑物上形成黏泥，脱落后会造成过滤器、换热器等设备的堵塞，影响冷却水系统的正常运行。

1.2.3　工业补给水

1.2.3.1　工业新水

工业新水是指取自地下的井水、江河湖泊的地表水或市政管网的自来水。在钢铁联合企业中，新水用于钢铁主体生产（如烧结、球团、焦化、炼铁、炼钢、轧钢、金属制品等）、辅助生产（如鼓风机站、空分站、石灰窑、空压站、锅炉房、机修、电修、土建、检化验、运输等）和附属生产（如厂部、绿化、厂内食堂、厂区浴室、保健站、厕所等），是最主要的能源介质之一。随着水资源的日益紧张和环境保护的要求，降低吨钢新水耗量已成为钢铁企业节能减排的重要内容。

工业新水可直接用于循环冷却水的补水或用来制备软化水、脱盐水等。在循环冷却水系统运行中，由于水的蒸发、飞溅、强制排污等原因不可避免地要有相当数量的水损失掉，因此需要向循环冷却水系统中补水，以维持系统的水量平衡。钢铁企业中，循环冷却水的补给水占新水用量的70%左右，因此降低循环冷却水的补水量是降低吨钢耗新水的关键。

1.2.3.2　软化水

软化水是采用离子交换的方式制成的低硬度水。钠离子交换器是制取软化水的主要设备，其中装有钠离子交换树脂。组成水中硬度的钙、镁离子与钠离子交换器中的离子交换树脂进行交换，水中的钙、镁离子被钠离子交换，使水中不易形成碳酸盐垢及硫酸盐垢，从而获得软化水。在钢铁企业中软化水常用做闭式循环冷却水的补充水、转炉汽化冷却系统和轧钢加热炉汽化冷却系统的补充水以及低压锅炉的补给水，其水质要求总硬度不大于 0.03mmol/L。

1.2.3.3　除盐水

除盐水是指利用各种水处理工艺，除去悬浮物、胶体、无机的阳离子和阴离子等水中杂质后，所得到的成品水。除盐水含很少或不含矿物质，通过蒸馏、反渗透、离子交换或这些方法的结合来制取。在工业生产中，除盐水可以用于锅炉的补给水、密闭式循环冷却水的补充水等。在钢铁企业中，锅炉作为动力能源的主要设备，常用于发电、采暖等。锅炉中的水被加热成蒸汽，经汽轮机做功后，冷凝成水后又返回锅炉，在这一循环过程中由于水汽排放和泄漏，必须随时向锅炉补给除盐水，以维持水汽系统的平衡。除盐水作为高品质的成品水，常用于中高压锅炉的补给水。

1.2.3.4　再生水

再生水是指生活污水及各种工业废水经过处理后达到一定指标可再利用的水。再生水用于循环冷却水的补充水，其水质必须满足《工业循环冷却水处理设计规范》(GB 50050—2007) 中规定的各项指标，否则会给水质稳定带来影响，使结垢或腐蚀难以控制。再生水的利用实现了污水的资源化，提高了水资源的重复利用率，具有节水和环保双重意义。随着水处理技术的进步和发展，采用合理、完善的集成水处理技术，再生水作为工业补给水完全可以满足水质要求。

1.2.4　化学反应

1.2.4.1　中和反应

A　中和反应的概念

酸和碱作用生成盐和水的反应称为中和反应。例如：

$$HCl + NaOH = NaCl + H_2O$$

$$H_2SO_4 + 2KOH = K_2SO_4 + 2H_2O$$

$$HNO_3 + NaOH = NaNO_3 + H_2O$$

以上三个反应式，尽管反应物不完全相同，但是本质上都是 H^+ 和 OH^- 间的反应。因为反应中的反应物在水溶液里都以离子状态存在，而且 Na^+ 和 Cl^-、SO_4^{2-} 和 K^+、NO_3^- 和 Na^+ 在反应前后都没有发生变化。所以这些反应可以用一个反应式概括为：

$$H^+ + OH^- = H_2O$$

把碱的概念加以推广，像 Na_2CO_3、CaO 这些能使水中溶液呈碱性的物质也称为碱，酸与其的反应也称为中和反应。它们在本质上也是生成水的反应。

B　水处理中常见的中和反应

用浓硫酸控制循环冷却水的 pH 值，就是利用中和反应降低碱度，将重碳酸盐硬度转变为溶解度较大的硫酸盐。化学反应式为：

$$H_2SO_4 + Ca(HCO_3)_2 = CaSO_4 + 2H_2O + 2CO_2\uparrow$$

在污水处理中调节水的 pH 值也是利用中和反应，常发生的中和反应为：

$$H_2SO_4 + CaCO_3 = CaSO_4 + H_2O + CO_2\uparrow$$

$$H_2SO_4 + Ca(OH)_2 = CaSO_4 + 2H_2O$$

$$H_2SO_4 + Na_2CO_3 = Na_2SO_4 + H_2O + CO_2\uparrow$$

1.2.4.2　沉淀反应

A　沉淀反应的概念

在水溶液中进行的化学反应，生成物是难溶物质，在水溶液中以沉淀析出。把这类有沉淀生成的反应称为沉淀反应。例如，氯化钡溶液和硫酸钠溶液发生反应生成白色的硫酸钡沉淀，常用钡离子鉴定硫酸根离子。

B　溶度积的概念及溶度积规则

任何难溶的物质在水溶液中或多或少总是要溶解的，绝对不溶的物质是不存在的。它在水中溶解同易溶物质一样，也有一个溶解与沉淀间的平衡关系。现以固体氯化银在水中溶解为例，虽然氯化银是难溶电解质，但它仍然有一定的溶解度。在溶解沉淀平衡状态下的溶液是饱和溶液，溶液中离子浓度不再改变。此时，AgCl 沉淀与溶解中的 Ag^+ 与 Cl^- 离子之间的平衡关系可表示如下：

$$AgCl_{(s)} \rightleftharpoons Ag^+_{(aq)} + Cl^-_{(aq)}$$

由于 AgCl 是固体，它的浓度不写在平衡关系式中。故：

$$K_{sp} = [Ag^+][Cl^-]$$

此式表明在难溶物质的饱和溶液中，当温度一定时其离子浓度的乘积为一常数，简称为溶度积，用符号 K_{sp} 表示。例如，在室温时 AgCl 的溶度积 $K_{sp} = [Ag^+][Cl^-] = 1.8 \times 10^{-10}$。

如果在含有 $CaCO_3$ 沉淀的溶液中，逐滴加入盐酸溶液，发现有 CO_2 气体不断从溶液中逸出，同时 $CaCO_3$ 沉淀开始溶解。这一过程的关系式表示如下：

$$\begin{array}{l} CaCO_{3(s)} \underset{沉淀}{\overset{溶解}{\rightleftharpoons}} Ca^{2+} + \boxed{\begin{array}{c} CO_3^{2-} \\ + \\ 2H^+ \end{array}} \\ 2HCl = 2Cl^- + \qquad\quad \Downarrow \\ \qquad\qquad\qquad H_2CO_3 \rightleftharpoons H_2O + CO_2\uparrow \end{array}$$

从这一反应关系式可以看出，在 $CaCO_3$ 的溶解和沉淀的平衡状态中当加入 HCl 溶液后，HCl 电离出的 H^+ 离子与原来呈平衡状态的 CO_3^{2-} 离子结合生成 H_2CO_3，而 H_2CO_3 立即分解为 CO_2 和 H_2O。因此，使溶液中的 CO_3^{2-} 离子的浓度大大降低，即：

$$[Ca^{2+}][CO_3^{2-}] < K_{sp}$$

这时溶液由原来的饱和溶液变为非饱和溶液。因此，$CaCO_3$ 沉淀开始溶解，如果反应加入足量的盐酸，可使所有的 $CaCO_3$ 沉淀全部溶解。

综上所述，根据溶度积可以判断沉淀生成或溶解。一般规律如下：

设当溶液处于非平衡状态下的离子溶度之积用 Q_i 代表，它与 K_{sp} 相比有三种情况：

（1）$Q_i < K_{sp}$，则溶液呈非饱和状态，无沉淀生成，若原来含有沉淀，此时，沉淀要部分溶解或全部溶解。

（2）$Q_i = K_{sp}$，则溶液达到饱和状态，即为饱和溶液，无沉淀生成或沉淀溶解。

（3）$Q_i > K_{sp}$，则溶液达到过饱和状态，即为过饱和溶液，有沉淀生成。以上规律称为溶度积规则。利用这一规则可以判断溶液有无沉淀的生成或溶解。

C 水处理中常见的沉淀反应

水处理中常见的沉淀反应有水中硬度的去除。在污水处理中为了降低污水的硬度常加入石灰乳液和纯碱，熟石灰（$Ca(OH)_2$）加入水中后，便与水中暂时硬度 $Ca(HCO_3)_2$、$Mg(HCO_3)_2$发生一系列沉淀反应，生成碳酸钙和氢氧化镁沉淀。纯碱加入水中后，便与水中永久硬度 $CaCl_2$、$MgCl_2$ 等发生一系列沉淀反应，生成碳酸钙和碳酸镁沉淀。

水质分析工作中，许多分析方法需要利用沉淀反应。例如，测定水样中的硫酸盐，就是利用 SO_4^{2-} 与 Ba^{2+} 反应生成硫酸钡的沉淀来实现的：

$$SO_4^{2-} + Ba^{2+} = BaSO_4 \downarrow$$

1.2.4.3 氧化还原反应

A 氧化还原反应的概念

凡是物质失去电子的反应称为氧化反应，物质得到电子的反应称为还原反应；在一个化学反应中氧化还原必然同时发生，因此凡是物质之间有电子得失的反应称为氧化还原反应。氧化还原反应的本质如下：

（1）氧化还原反应中，得失电子是同时发生，而且数量相等。

（2）氧化还原反应中，某元素的原子失去电子，必有另一元素的原子得到电子，得到电子的物质是氧化剂，自身被还原；失去电子的物质是还原剂，自身被氧化。

（3）氧化还原反应中，氧化剂和还原剂同时存在。因此，没有氧化就没有还原，反之亦然。

B 氧化剂和还原剂

凡在氧化还原反应中，能使另一种物质发生氧化作用的物质称为氧化剂，能使另一种物质发生还原作用的物质称为还原剂。

一般常用的氧化剂都是一些活泼的非金属和某些含有高价态元素的化合物，因为这些物质在氧化还原反应中都易获得电子，如 Cl_2、Br_2、I_2、O_2、$KMnO_4$、$KClO_3$、HNO_3 等。

一般常用的还原剂都是一些活泼的金属和含有低价态元素的化合物，因为这些物质在氧化还原反应中易失去电子，如 Zn、Mg、Na、Fe、Al、KI、H_2S 等。举例如下：

$$\overset{0}{2Na} + \overset{0}{Cl_2} = 2\overset{+1}{Na}\overset{-1}{Cl}$$

（Na → NaCl：−2e；Cl_2 → NaCl：+2e）

式中，e 表示一个电子。

在金属钠与氯气的反应中，金属钠是还原剂，在反应过程中被氧化；氯气是氧化剂，在反应过程中被还原。

C 氧化还原反应方程式的配平

下面根据氧化还原反应的一个特征——氧化剂化合价降低的总数等于还原剂化合价升高的总数，结合高锰酸钾（$KMnO_4$）和硫酸亚铁（$FeSO_4$）在硫酸溶液中的反应，介绍氧化还原反应配平的主要步骤。

（1）先在横线左右两边写出反应物和生成物的分子式，并在反应过程中被氧化和还原的元素上标明化合价，如：

$$\overset{+7}{KMnO_4}+\overset{+2}{FeSO_4}+H_2SO_4\longrightarrow K_2SO_4+\overset{+2}{MnSO_4}+\overset{+3}{Fe_2(SO_4)_3}+H_2O$$

（2）列出元素化合价的变化。

化合价降低5

$$\overset{+7}{KMnO_4}+\overset{+2}{FeSO_4}+H_2SO_4\longrightarrow K_2SO_4+\overset{+2}{MnSO_4}+\overset{+3}{Fe_2(SO_4)_3}+H_2O$$

化合价升高1

（3）使化合价升高和降低的总数相等。

化合价降低5 ×2

$$2\overset{+7}{KMnO_4}+10\overset{+2}{FeSO_4}+H_2SO_4\longrightarrow K_2SO_4+2\overset{+2}{MnSO_4}+5\overset{+3}{Fe_2(SO_4)_3}+H_2O$$

化合价升高1 ×5 ×2

（4）用观察法配平其他物质的系数（配平 K^+、SO_4^{2-} 数；通过 H^+ 确定水分子数），比较两边各元素的原子数目是否相等。确认配平后把横线改为等号，即：

$$2KMnO_4+10FeSO_4+8H_2SO_4 = K_2SO_4+2MnSO_4+5Fe_2(SO_4)_3+8H_2O$$

D　水处理中常用的氧化还原反应

在水处理中，某些废水中的六价铬主要以 CrO_4^{2-} 和 $Cr_2O_7^{2-}$ 两种形式存在，在酸性条件下，六价铬主要以 $Cr_2O_7^{2-}$ 形式存在，碱性条件下则以 CrO_4^{2-} 形式存在。常用的还原剂有亚硫酸钠、亚硫酸氢钠。

含铬废水化学还原处理常用亚硫酸氢钠或亚硫酸钠作为还原剂，六价铬与还原剂亚硫酸氢钠发生反应：

$$4H_2CrO_4+6NaHSO_3+3H_2SO_4 = 2Cr_2(SO_4)_3+3Na_2SO_4+10H_2O$$

$$2H_2CrO_4+3Na_2SO_3+3H_2SO_4 = Cr_2(SO_4)_3+3Na_2SO_4+5H_2O$$

还原后用 NaOH 中和至 pH 值为 7 ~8，使 Cr^{3+} 生成 $Cr(OH)_3$ 沉淀。

在反渗透脱盐处理中，水进入 RO 膜之前需要加亚硫酸氢钠来除水中游离氯，因为亚硫酸氢钠有还原作用，可将游离氯还原成氯离子，这样它们的最终产物就是硫酸钠和氯化氢。

$$NaHSO_3+Cl_2+H_2O = NaHSO_4+2HCl$$

1.2.4.4　配合反应

A　配合物及其命名

在天蓝色的硫酸铜（$CuSO_4$）溶液中加入过量浓氨水后，溶液的颜色变为深蓝色，有新的物质生成：

$$CuSO_4+4NH_3 = [Cu(NH_3)_4]SO_4\text{（深蓝色）}$$

溶液的深蓝色就是复杂离子 $[Cu(NH_3)_4]^{2+}$ 呈现的颜色。

Fe^{3+}可以和硫氰酸根（SCN^-）反应生成一系列复杂离子，如$[Fe(SCN)]^{2+}$、$[Fe(SCN)_2]^+$、…、$[Fe(SCN)_6]^{3-}$。它们都呈现血红色，水质分析中常利用这一反应鉴定Fe^{3+}。

上述反应中生成的复杂离子$[Cu(NH_3)_4]^{2+}$和$[Fe(SCN)]^{2+}$等，在溶液中都很稳定，能够离解出的Cu^{2+}、NH_3或Fe^{3+}、SCN^-浓度微乎其微。为了把它们与简单离子相区别，称这类复杂离子为配离子。含有配离子的化合物称为配合物。这种有配离子或配合物生成的反应称为配合反应。

配离子通常由一个简单的正离子（如Cu^{2+}或Fe^{3+}）或原子和一定数目的中性（如NH_3）或负离子（如SCN^-）组成。这些复杂的配离子中带正电荷的离子称为形成体，也称为中心离子；中性分子或负离子称为配位体。以配合物$[Cu(NH_3)_4]SO_4$为例，其组成可以表示如下：

$[Cu(NH_3)_4]^{2+}$　SO_4^{2-}

形成体　配位体

配离子（内界）　（外界）

配合物

除了前面介绍的配合物外，还有一类更为复杂的配合物，这些复杂配合物的中心离子往往和带有多个配位原子的配位体形成环状结构。水质分析中常用EDTA滴定溶液中的金属离子（如Ca^{2+}、Mg^{2+}和Fe^{2+}等），EDTA和这些金属离子反应时就生成这种环状结构的配合物。通常这种具有环状结构的配合物称为螯合物，把生成螯合物的配合反应称为螯合反应，能与中心原子形成螯合物的物质称为螯合剂。由于螯合物的生成而使配合物的稳定性大大增加的作用称为螯合效应，配合物中形成螯合环数目越多，其稳定性越强。螯合环以五元环和六元环最为稳定。EDTA是最典型的螯合剂，其分子中含有2个氨基氮和4个羧基氧，与钙离子配合生成具有5个五元环的稳定性很高的螯合物CaY^{2-}，其结构如下所示：

O
O—C
CH₂
O C —CH₂
O - - - - - - N— CH₂
Ca
O - - - - - - N— CH₂
O C —CH₂
CH₂
O—C
O
2−

$[Ca(EDTA)]^{2-}$

配合物的命名与无机化合物的命名相似，按照两类配离子分别采用下面的命名法：

（1）配阴离子化合物。带负电荷配离子的命名次序是：配位体-中心离子-外界。中心离子若具有可变化合价时，用（Ⅰ）、（Ⅱ）等表示，在配位体和中心离子名称之间加上一个“合”字。例如，$K_4[Fe(CN)_6]$称为六氰合铁（Ⅱ）酸钾，$K_3[Fe(CN)_6]$称为六氰合铁（Ⅲ）酸钾。

（2）配阳离子化合物。带正电荷配离子的命名次序是：外界-配位体-中心离子，如$[Cu(NH_3)_4]SO_4$称为硫酸四氨合铜。

没有外界的配离子及配分子的命名次序是：配位体-中心离子。如$[Cu(NH_3)_4]^{2+}$称为四氨合铜（Ⅱ）离子，$[Fe(SCN)_6]^{3-}$称为六硫氰合铁（Ⅲ）离子，FeF_3称为三氟合铁。

B　水处理中常见的配合反应

在循环冷却水处理中常用螯合剂作配合反应。这些螯合剂可以和水中的一些容易结垢的离子如Ca^{2+}、Mg^{2+}等发生配合反应，生成稳定的可溶性螯合物，以防止它们在系统中沉积。三聚磷酸钠和一些有机磷酸盐均有这种作用。

在水质分析中常用络合反应测定水中的某些组分。如利用 EDTA 与水中Ca^{2+}、Mg^{2+}的螯合反应测定水的总硬度，其螯合反应式为：

$$Ca^{2+} + H_2Y^{2-} = CaY^{2-} + 2H^+$$

$$Mg^{2+} + H_2Y^{2-} = MgY^{2-} + 2H^+$$

在比色分析中常利用溶液中的被测离子与配合剂发生反应，生成有色配合物，定性或定量测定水样中的某些成分。如测定水样中的磷酸根、铁离子，常采用以配合反应为基础的比色分析法。

1.2.5　水处理中常用的法定计单位

1.2.5.1　水处理中常用的物理量和单位

A　长度单位

长度的法定基本单位是米，符号为 m。在水处理中，常用它的分数单位有 cm（厘米）、mm（毫米）、μm（微米）、nm（纳米）。

1m = 100cm(厘米) = 1000mm(毫米) = 10^6μm(微米) = 10^9nm(纳米)。

B　质量单位

质量（俗称重量）的法定计量单位是千克（公斤），符号为 kg。在水处理中，常用的质量单位有 kg（千克）、g（克）、mg（毫克）、μg（微克）。

质量常用的分数单位有：1g(克) = 1×10^{-3}kg(千克)；1mg(毫克) = 1×10^{-6}kg(千克) = 1×10^{-3}g(克)；1μg(微克) = 1×10^{-9}kg(千克) = 1×10^{-6}g(克)。

C　时间单位

秒是时间的法定计量单位，符号为 s。时间单位除了基本单位秒之外，还有非十进制时间单位分、时、天（日），符号分别为 min、h、d，其关系为：1min = 60s，1h = 60min，1d = 24h。

D　温度单位

热力学温度是基本温度，开尔文是热力学温度的 SI 单位名称，其定义为：开尔文

（K）是热力学温度单位，等于水的三相点热力学温度的1/273.16。热力学温度单位名称为开尔文，简称开。

摄氏温度是表示摄氏温度的SI单位名称，其定义为：摄氏温度（℃）是用以代替开尔文表示摄氏温度的专门名称。

以摄氏度（℃）表示的摄氏温度（t）与以开尔文（K）表示的热力学温度（T）之间的数值关系是：

$$t = T - 273.15$$

例如，水的沸点用摄氏温度表示，为100℃；而用热力学温度表示，则为373.15K。

E　压力

压力的法定计量单位是帕斯卡，其定义为：帕斯卡是在1平方米面积上均匀地垂直作用1牛顿力所形成的压力。帕斯卡的符号为Pa，即：$1Pa = 1N/m^2$。

在水处理中压力的单位常用兆帕，符号为MPa。$1MPa = 1 \times 10^6 Pa$。

此外在水处理中还用工程大气压和巴表示压力，工程大气压用kgf/cm^2表示，现已废除。国外进口的计量泵常用巴（bar）表示压力。兆帕（MPa）、工程大气压（kgf/cm^2）、巴（bar）三者之间的换算关系是：$1MPa = 10kgf/cm^2 = 10bar$。

F　体积单位

体积的法定计量单位为立方米，符号m^3。在水处理中常用的体积单位有升（L）、毫升（mL）。升的定义为：升等于1立方分米的体积。三者的换算关系为：$1L = 1dm^3 = 1000mL$。

1.2.5.2　水处理中常用化学的量和单位

A　元素的相对原子质量及物质的相对分子质量

元素的相对原子质量的符号Ar的定义为：元素的平均原子质量与核素^{12}C原子质量的1/12之比。相对原子质量（旧称为原子量）是相对比值，是无量纲的量。例如：

$$Ar(H) = 1.00794$$

$$Ar(Cl) = 35.453$$

物质的相对分子质量的符号Mr的定义为：物质的分子或特定单元的平均质量与核素^{12}C原子质量的1/12之比（旧称为分子量）。例如：

$$Mr(NaOH) = 22.9897 + 15.9994 + 1.00794 = 40.00$$

$$Mr(H_2SO_4) = 2 \times 1.00794 + 32.06 + 4 \times 15.9994 = 98.08$$

例1-1　求高锰酸钾的相对分子质量。

解：查元素的相对原子质量表可知：

$$Ar(K) = 39.0983$$

$$Ar(Mn) = 54.9380$$

$$Ar(O) = 15.9994$$

根据高锰酸钾的分子组成，可求得高锰酸钾的相对分子质量：

$$Mr(KMnO_4) = 39.0983 + 54.9380 + 4 \times 15.9994 = 158.04$$

B　物质的量和摩尔质量

摩尔是物质的量的单位名称，符号为 mol。物质的摩尔质量定义为：质量 m 除以物质的量 n，称为摩尔质量，符号 M。摩尔质量的单位为克/摩尔，符号为 g/mol。如果摩尔质量 M 的单位采用克/摩尔，对于元素的摩尔质量 M，其数值等于相对原子质量 Ar；对于物质的摩尔质量，其数值等于相对分子质量 Mr。

摩尔质量（M）、物质的量（n）和质量（m）的关系是：

$$M = m/n$$

在实际应用中，使用摩尔质量 M 这个量时，要指明基本单元。例如：硫酸的摩尔质量为 98.08g/mol，应表示为 $M(H_2SO_4) = 98.08\text{g/mol}$；硫酸的摩尔质量为 49.04g/mol，应表示为 $M(1/2H_2SO_4) = 49.04\text{g/mol}$。

例 1-2　已知高锰酸钾的相对分子质量为 158.04，高锰酸钾的物质的量 $n(1/5KMnO_4) = 2\text{mol}$，求它的质量？

解：因 $Mr(KMnO_4) = 158.04$，则 $M(1/5\ KMnO_4) = 31.61\text{g/mol}$

$$m(KMnO_4) = M(1/5KMnO_4) \times n(1/5KMnO_4)$$

$$= 31.61\text{g/mol} \times 2\text{mol} = 63.22\text{g}$$

C　物质 B 的质量浓度和质量密度

物质 B 的质量浓度的定义为：物质 B 的质量除以混合物的体积，其符号为 ρ_B，即：

$$\rho_B = m_B/V$$

式中　ρ_B——物质 B 的质量浓度；

m_B——物质 B 的质量；

V——混合物的体积。

物质 B 的质量浓度单位名称是千克每立方米，符号为 kg/m^3，水处理中常用的单位是 kg/L、g/L、mg/L、μg/L。例如，在水质分析中表示氯化钠标准溶液的浓度 $\rho(NaCl) = 10\text{mg/L}$，表明 1L 氯化钠溶液中含有氯化钠基准试剂 10mg。用来降低水硬度的石灰乳液浓度表示为 $\rho[Ca(OH)_2] = 100\text{g/L}$，表明 1L 石灰乳液中含有熟石灰 100g。

质量密度定义为：质量除以体积，符号为 ρ，即：

$$\rho = m/V$$

式中　ρ——物质的密度；

m——物质的质量；

V——物质的质量 m 所占有的体积。

质量密度的单位是千克每立方米，符号为 kg/m^3，在水处理中常用的单位是 g/mL、g/cm^3。例如浓硫酸的质量密度为 1.84g/mL。

D　物质 B 的浓度

物质 B 的浓度又称为物质 B 的物质的量浓度，其定义为：物质 B 的物质的量 n_B 除以混合物的体积 V，符号为 c_B，即：

$$c_B = n_B/V$$

物质 B 的浓度单位名称为摩尔每立方米，符号为 mol/m^3。在水处理中常用的单位有

mol/L、mmol/L、μmol/L。

使用物质B的浓度时必须标明基本单元。例如：

$c(NaOH)=1mol/L$，即每升含有氢氧化钠40g，基本单元是氢氧化钠分子；

$c(1/2H_2SO_4)=3mol/L$，即每升含有硫酸3×49g，基本单元是硫酸分子的二分之一；

$c(H_2SO_4)=1mol/L$，即每升含有硫酸98g，基本单元是硫酸分子；

$c(1/2CaCO_3)=2mol/L$，即每升含有碳酸钙2×50g，基本单元是碳酸钙分子的二分之一。

E 物质B的质量分数

物质B的质量分数符号为w_B，定义为：物质B的质量与混合物的质量之比，即

$$w_B = m_B/m$$

物质B的质量分数是无量纲的量，用质量分数w代替过去固体物质中某种化学成分的含量用的“百分含量”。例如：“NaCl在水中的质量百分浓度为25”，要改成“NaCl在水中的质量分数为0.25”，或“$w(NaCl)=0.25(25\%)$”。

1.3 钢铁企业节水的必要性及措施

1.3.1 钢铁企业节水的必要性

随着水资源短缺的日益加剧，水资源费、排污费等不断上调，钢铁企业将面临着生产成本不断增加、能源消耗、环境保护等方面的严峻挑战，走节水型发展道路已成为钢铁企业提高竞争力的必然选择。鉴于这样的形势，节水和减少污水排放成为钢铁企业工业水处理的第一要务，工业水处理目标的重心已从提高供水质量向节水侧重，在确保供水质量的前提下节水成为工业水处理研究的重要课题。

近几年来，随着《工业企业取水定额国家标准》、《钢铁产业发展政策》、《钢铁行业生产经营规范条件》等强制性节水政策的出台，促使企业必须采取有效的节水措施。我国钢铁工业节水成绩十分显著，纳入统计的大中型钢铁企业吨钢新水耗量由2000年的25.24m^3降到2006年的6.56m^3，2010年又降到4.2m^3。但与国外钢铁企业的先进值相比，国内钢铁企业在吨钢新水耗量与世界先进水平仍然存在一定的差距，存在较大的节水潜能。国家已对钢铁企业等高用水行业实行强制性用水定额管理，并出台发展政策，那么推行强制性节水技术及其应用也将成为必然趋势。

1.3.2 钢铁企业节水的措施

钢铁企业节水技术是一项系统工程，涉及钢铁生产节水工艺的应用、水资源的合理配置、污水处理的资源化再利用、污水处理集成技术的应用等。

1.3.2.1 采用节水新技术

钢铁企业通过技术和装备升级改造，工艺技术和装备水平也有了很大提高，吨钢耗新水逐年下降。图1-3所示为2005~2014年我国重点钢铁企业吨钢耗新水递减图。钢铁企业采用的节水新技术有高炉干法除尘、转炉干法除尘、干熄焦技术、软水密闭循环系统等，这些技术不但降低了新水耗量，而且减少了污水排放。

高炉采用干法布袋除尘净化工艺，其工艺过程为：高炉煤气经过重力除尘器后，由荒

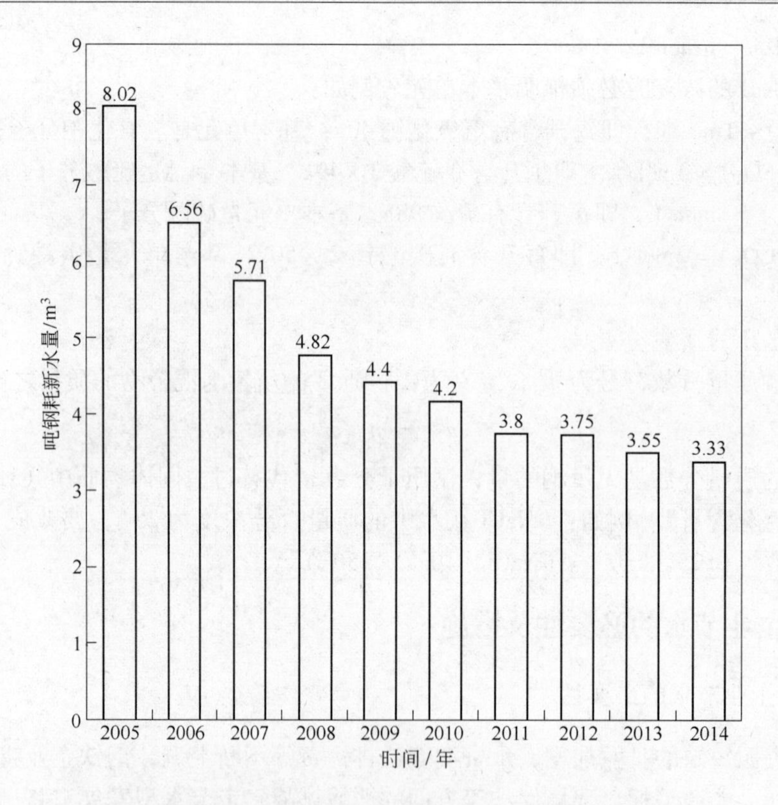

图 1-3　2005 ~2014 年我国重点钢铁企业吨钢耗新水量

煤气主管分配到布袋除尘器各箱体中，并进入荒煤气室，颗粒较大的粉尘由于重力作用自然沉降后进入灰斗，颗粒较小的粉尘随煤气上升，当经过布袋时粉尘被截留在布袋的外表面，煤气得到净化；除尘之后的净煤气进入净煤气管道汇合，经过减压阀组或 TRT 机组降压之后并入煤气管网。高炉干法除尘技术在我国改建或新建高炉的煤气净化中得到应用，已经采用全干法除尘的大中型高炉有：莱钢两座 2218m^3 高炉、包钢 2200m^3 高炉、通钢 1086m^3 高炉、承钢 1260m^3 高炉、韶钢 2500m^3 高炉、柳钢 1080m^3 高炉、攀钢 1350m^3 高炉等。与传统湿法除尘比较，高炉煤气全干法除尘技术具有投资省、占地少、不耗水、少污染、运行费用低和煤气净化效果好等优点。

转炉干法除尘的基本原理是对经汽化烟道后的高温煤气进行喷水冷却，将煤气温度由 900 ~1000℃降至 200℃左右，进入静电除尘器，含尘煤气通过电场内收集电极时，粉尘被吸附在收集电极表面，通过振打装置及刮灰机，使粉尘落入除尘器底部下面的链式输灰机中，灰尘被细输灰系统收集到储灰仓。随着转炉干法除尘技术的日益成熟，使转炉干法除尘技术在转炉烟气处理中得到广泛应用，如天铁的 180t 转炉、宣钢 150t 转炉、邯钢 250t 转炉、济钢 210t 转炉等都成功地采用干法除尘技术。转炉干法除尘系统主要包括：蒸发冷却器、静电除尘器、煤气切换、煤气冷却器、放散烟囱、除尘系统等。与湿法除尘比较，具有净化烟气含尘低、风机寿命长、耗水少、占地小和少污染等优点。

软水密闭循环技术的采用不但解决了热负荷高的换热器结垢的难题，同时也节约了大量的新水。软水密闭循环系统补充水量仅为循环水量的 0.1% ~0.3%，而且在循环过程中没有污水排出。常用的软水密闭循环系统有高炉软水密闭循环系统、氧枪软水密闭循环系统和结晶器软水密闭循环系统等。

1.3.2.2　提高循环冷却水的浓缩倍数

在钢铁工业用水中，冷却水占的比例最大，占60%～70%。节水的重点在于提高循环水的浓缩倍数，实现污水排放的最小化，无论从节水和环保上都应如此。为了最大限度地节约工业用水，提高循环冷却水的浓缩倍数是钢铁工业节水的一项重要举措。但是，这项举措在钢铁企业并没有得到重视，大多数钢铁企业循环冷却水的浓缩倍数低于2.0倍。循环冷却水浓缩倍数的提高远远没有达到应有的水平，因为从循环冷却水处理技术水平上来看，循环冷却水高浓缩倍数运行的方案是成熟、可靠的。从经济角度和技术可靠性来考虑，我国钢铁企业敞开式循环冷却水浓缩倍数应控制在2.5～3.5倍，最高可控制在4.0倍。

循环水处理技术的应用上我们做得不够，没有引起重视。一提起循环水处理把加药等同，加药不是循环水处理，它只是循环水处理的一个环节。我国水处理药剂经过二十余年的发展在品种上已经齐全，质量已经稳定，达到了世界先进水平。但在应用上比较落后，没有充分发挥水处理药剂应有的作用，主要表现在：水处理工艺不完善；自动化程度极低；缺乏专业化管理人员。在钢铁工业循环冷却水处理中完善的水质稳定工艺应该包括水质分析、排补水、加药三道工序。

目前在钢铁工业循环冷却水处理中，普遍存在水质稳定工艺不完善，只把加药作为水质稳定的工艺。这样很难实现循环水在高浓缩倍数和低加药量下安全运行。只有把水质分析、排补水、加药这几道工序有机地结合起来，控制好循环水的各项水质指标，才能最大限度地提高水的重复利用率。

水质分析作为工业循环水处理的工序，不可缺少。通过水质分析及时掌握水质变化，为水处理提供依据。水质分析数据指导循环水系统补排水和加药，使循环水水质各项指标控制在最佳范围之内。水质分析是钢铁工业循环冷却水处理的眼睛，是实现工业循环水处理科学化、标准化管理的前提。

在钢铁工业循环冷却水给水工艺中，吸水井或水池底部常没有排污管，用来停产检修时泄空排水或用来排污。在水处理中常利用排污管来调整循环水浓缩倍数，但往往造成循环水浓缩倍数波动大，很难把浓缩倍数控制在最佳范围之内。排水作为工业循环冷却水水质稳定工艺的一个重要工序，必须具备定量、易于控制和调节的能力。如有些企业采用排污泵和流量计实现定量排水，采用水力浮球阀实现自动补水，把循环水水质控制在设计的范围之内，取得了良好效果。

在水质稳定过程中，循环冷却水浓缩倍数的控制是通过调节系统补水量和排污水量来实现的。排污水量越少，浓缩倍数越高，水中各种离子增加，结垢和腐蚀因素增强，加大了循环水水质稳定难度。因此，循环水浓缩倍数的高低是有限度的，如果浓缩倍数偏低，会加大排污水量；浓缩倍数过高，节水效果不太明显，而且加大了水处理成本和结垢腐蚀因素。以1.5万m^3/h制氧机为例，循环水量为2000m^3/h，用机力通风冷却塔降温，浓缩倍数控制在2.0左右，每小时排水20m^3/h；而浓缩倍数控制在4.0左右，每小时排水7.0m^3，每天可减少污水排放312m^3。工业循环冷却水浓缩倍数控制的高低与补充水水质、水处理药剂水平、水处理运行管理、循环水系统状况等因素有关，就目前钢铁工业循环水系统状况和水处理技术水平而言，提高循环水浓缩倍数是可行的。

以低碱度、低硬度为补充水的循环冷却水系统，单靠投加高效阻垢缓蚀剂，将浓缩倍数控制在2.5～4.0倍是完全可以达到的。以中高碱度、中高硬度为补充水的循环冷却水系统，可通过对原水进行预处理，降低碱度和硬度后作为系统补充水，再投加阻垢缓蚀剂，将浓缩倍数控制在2.5～4.0倍。通常对原水进行预处理可采用的方法有加酸降低总碱度、离子交换树脂软化或除盐、半除盐、反渗透除盐等。循环冷却水高浓缩倍数运行技术在电力、石化等行业已普遍采用。

山东里彦电厂循环冷却水系统，以地下水作为补充水，采用加酸加阻垢剂联合处理，将浓缩倍数从3.5提高到5.0，每年可节约用水60万吨。天津石化公司乙烯厂循环冷却水系统以滦河水作为补充水，总硬加总碱约为320mg/L，应用高浓缩倍数运行成套新技术后，浓缩倍数由3.0提高到5.0，每年节约新水近60万吨。河北兴泰发电公司采用除硬弱酸水和地下水按比例加入循环水作补充水，投加阻垢缓蚀剂，浓缩倍数由小于2.5倍提高到4.0～4.3倍，2003年与2002年相比，节约用水6.00×10^6t。

1.3.2.3　加强用水管理，合理利用水资源

供水部门必须掌握各个用水部门对水量、水压、水质的要求，做好水量和水质总体平衡，按需供水，避免用水单位在水量和水质上的浪费。同时必须加强对生产主体用水的管理，避免不合理用水和水资源的浪费。在满足主体生产的同时，必须考虑最大限度降低生产用水量。供水部门服务于钢铁生产主体，但它不是钢铁生产的附属，而是钢铁生产主体的一个重要不可缺少的组成部分。钢铁生产主体不能只强调供水部门对其用水量、水质的满足，必须做到合理、科学地用水。供水部门和主体生产部门必须制定合理科学的用水定额，做到有计量、有检查、有考核，共同把好用水关。在循环水送水管道和回水管道上安装计量仪表，考核回水量。在循环水系统用水设备和管网上，主体部门不能乱接、私接管道，影响回水水量、水质。例如，有些钢铁企业把净环水回水回到浊环，造成净环水系统大量补水、浊环水系统大量溢流，破坏了水量、水质平衡，给供水、水处理带来了困难，同时浪费了大量水资源。对钢铁主体生产用水制定合理可行的用水定额、水损定额，并进行计量、考核，实行水资源商品化管理。对乱接管道、乱取水、跑冒滴漏等浪费水现象进行处罚，最大限度地降低单位产品耗水量。

钢铁企业循环水系统较多，每个系统对水质要求不一样，要根据循环水系统对水质要求采取按质供水、以质定量、低质低用、高质高用的原则，避免水质浪费。如有些企业利用处理达标的生化废水进行高炉冲渣；钠离子交换器废水进行钢渣热焖；净环水强制排污水用于高炉煤气洗涤水、转炉除尘水的补充水，这些技术的应用具有显著的节水效果。但也有些钢铁企业用水存在高质低用，敞开式间接冷却循环水系统以软化水或脱盐水作为补水，不但增加了水处理成本，同时浪费水资源。

1.3.2.4　给排水管网的合理布局和污水排放的科学管理

钢铁企业在改建、扩建和新建工程上必须考虑厂区的生产给排水管网的分质设置，实现按质供水，定质、定向排水，为水资源的合理利用提供条件。

生产给水管网按照按质供水的原则布置，一般可设新水供水管网、除盐水供水管网、软化水供水管网、再生水供水管网、低品质水供水管网。新水是来自地下水、自来水的优良品质水，可以作为循环冷却水的补充水、除盐水或软化水的原水；除盐水、软化水作为高品质的成品水，分别作为中高压锅炉、低压锅炉的补给水；再生水可以作为循环冷却水

的补给水，除盐水的原水；低品质水供水管网是来自焦化废水处理站、冷轧废水处理站的达标排放水，可以回用于对水质要求不高的用户，如高炉冲渣水、钢渣热焖用水、烧结配料等。

合理布置排水管网是实现污水综合利用的基础，为污水排放管理创造条件。排水管网可分为轻度污染废水排水管网、重度污染废水排水管网。轻度污染废水主要来自循环冷却水的强制排污废水、生产车间杂用水的排放、反渗透浓排水、生活污水等，这些污水通过轻度污染废水排水管网进行收集，可以直接送到综合污水处理厂进行处理后回用于生产。重度污染废水主要来自软水站的浓盐水、焦化生化废水、冷轧废水等，分别排入重度污染废水排水管网，进入各自的废水处理站经过处理后达到排放标准水排放。

污水排放管理涉及污水资源化的利用和生态环境的保护，应加强对污水排放的科学管理。做好污水排放管理，必须掌握污水排放系统、污水产生的原因、污水排放规律、污水排放量、污水排放质量。合理布置污水排放系统，包括污水水池、泵站、管网（渠），便于对污水回收和水量、水质的监测。通过污水水量监测和水质分析，掌握在不同时期排出水量，水质不同，排出水量受生产状况、设备运行状况、产量、原料、用水管理等因素影响，而水质与污染物种类、供用水管理等因素有关。排放污水水质分析分为单一排水系统水质分析和混合后污水水质分析。水质分析项目有 pH 值、电导率、碱度、Ca^{2+}、Cl^-、悬浮物、油、COD、SO_4^{2-} 等，此外还有水中主要污染物的含量。

1.3.2.5 污水深度处理再利用

水是一种重要的自然资源，也是影响人类社会能否持续发展的重要资源。污水处理正是防止水资源污染的重要手段，而污水处理的持续发展是保证水资源长期不受污染和水资源持续再生的重要保证，因此研究污水处理的可持续发展是研究人类社会可持续发展的重要课题。随着我国水处理工作者们对集成水处理技术的研究，日益成熟的水处理技术在钢铁企业得到广泛应用，实现了钢铁污水的资源化、减量化。钢铁企业的工业废水和生活污水经过净化处理后，再作为补充水用于各个生产工序的循环水系统，这既可大幅提高水的重复利用率、减少新水取量和废水排放量；又可减轻各工序水处理设施压力，保证正常供水。

污水处理应根据污水的水质特点采用分散处理和集中处理的方式，如焦化废水、冷轧废水适合单独处理，经处理后达标排放或回用，这些废水处理后可作为要求不高的循环水系统的补充水，也可以经过深度处理制成除盐水或在不影响综合污水处理厂水质的前提下进入综合污水处理进一步处理。循环水强制排污水、工艺排水、部分生活污水等可送到污水处理厂集中处理再利用。由于综合污水含盐量相对较高，应采用分级处理的工艺，预处理和深度处理相结合。预处理采用混凝沉淀—过滤—消毒的工艺去除水中的悬浮物、油、胶体、有机物等，同时降低水的总硬度，这样出水可以回用于循环水的补充水；深度脱盐处理采用双膜法工艺，其出水作为锅炉补给水，也可以和预处理出水勾兑，降低循环冷却水补水的含盐量。

目前在我国钢铁企业，特别是许多大中型钢铁企业，建立了综合污水处理厂，如太钢、宝钢、武钢、唐钢、邯钢、济钢、马钢、安钢等。唐钢水处理中心总投资 3.2 亿元，包括城市中水和工业废水以及废水深度处理系统。水处理中心投入运营后，唐钢生产废水全部回收后进行深度处理，处理后的中水可满足生产对各种水质的不同需求，每小时可供净化水 4200m^3、软化水 1000m^3、除盐水 300m^3。唐钢每年可减少新水用量 1752 万吨，水资源重复利用率可达 97% 以上。废水深度处理产生的浓盐水供给高炉冲渣、烧结布料及钢渣处理，实现工业废水零排放。

1.3.2.6 提高节水意识和环保意识

要通过多种渠道、多种手段，提高人们节水意识，使人们认为“水是取之不尽，用之不竭”的思想不复存在，以水忧患意识取而代之，真正意识到水危机。要通过奖惩机制，节水突出的要奖，浪费严重的要罚，以奖罚促进节水工作的开展。水污染关系到人民生活和身体健康，要本着对自己、对子孙后代负责任的态度，减少污水排放，加强环境保护意识。

1.4 水处理的必要性及方法分类

1.4.1 水处理的必要性

工业用水取自地下水或地表水，水中含有一定量的 Ca^{2+}、Mg^{2+}、HCO_3^-、Cl^-、SO_4^{2-} 等各种离子和溶解气体，若将含这些盐类的水用作循环冷却水的补给水，则会在其沸腾传热面上析出结晶物，即发生结垢故障。此外，水中溶解氧常引起设备管线或传热面腐蚀，成为腐蚀因素，缩短金属材料的寿命。还有，像地下水或敞开式循环冷却水等与大气接触机会多的水，适宜微生物生长，往往因生成黏泥而影响设备性能。由于循环冷却水中受到冷却介质的污染，水中含有悬浮物、油等污染物，会和水中微生物相互作用加速黏泥的生长。

作为污水排放大户的钢铁企业，从环保方面的压力，污水必须实现达标排放；而从节能减排方面的要求，必须加大污水回收处理再利用的力度，实现污水资源化。污水中含有悬浮物、油、COD 等污染物，同时水中溶解性的盐类升高，去除水中的悬浮物、油、COD 等污染物，降低水中的含盐量成为污水资源化的首要任务。

锅炉的补给水相对循环水的补充水，其水质要求更高，一般低压锅炉的补给水用软化水、中高压锅炉用除盐水，这样可防止锅炉传热面结垢。虽然可以防止结垢现象的发生，但是腐蚀也是影响锅炉运行的又一问题，必须除去锅炉补给水中的氧气，防止腐蚀问题的出现。

因此，从减少设备结垢和腐蚀故障的发生、节能减排和环境保护等方面来考虑水处理都是必要的，而且是供水系统至关重要的环节。

结垢、腐蚀、微生物黏泥的故障发生使工业水处理技术得到应用和发展，循环冷却水处理近 70 年的历史为节约水资源作出了贡献。但水资源的日益紧张和环境保护的压力，节水已成为工业水处理的第一要务。随着循环冷却水处理目标的相对重要性在不断变化，单一的水处理技术已经不能完全解决水资源紧张的形势，仅靠循环冷却水化学处理已成为节水的瓶颈。化学、物理和生物处理相结合的集成技术成为工业水处理技术的发展方向，新型的水处理技术不断成熟和完善，循环冷却水处理、污水处理和水质平衡技术的系统应用使污水零排放成为现实。

1.4.2 水处理方法分类

我国水处理技术经过二十多年的发展，从循环冷却水的处理发展到污水综合处理，从物理处理发展到物理、化学、生物化学综合处理技术，为水的安全、合理应用提供了技术保证，在节能减排和环境保护中发挥了巨大作用。

1.4.2.1 物理处理法

物理处理又称机械处理，主要通过物理作用分离、回收水中不溶解的呈悬浮状态的污染物质。常用的方法有筛滤、沉淀与上浮、过滤等，具体方法及作用见表1-5。

表1-5 水处理中常用的物理处理方法及作用

物理处理	种 类	作 用
筛 滤	格 栅	用以截留水中粗大的悬浮物和漂浮物，以免堵塞水泵及沉淀池的排泥管
	筛 网	用于截留尺寸在数毫米至数十毫米的细碎悬浮态杂物，尤其适用于分离和回收废水中的纤维类悬浮物和动植物残体、碎屑
沉淀与上浮	沉 淀	用于去除粒径在20～100nm以上的可沉固体颗粒，对胶体粒子（粒径为1～100nm）和粒径为100～10000nm的细微悬浮物必须首先投加混凝剂来破坏它们的稳定性，使其相互聚集为数百微米以至数毫米的絮凝体，才能用沉降、过滤和气浮等常规固液分离法予以去除
	上 浮	在水处理中，常利用密度差以上浮或气浮法分离废水中低密度的固体或油类污染物。此法可以去除废水中60μm以上的油粒，以及大部分固体颗粒污染物
过 滤	格筛过滤	过滤介质为栅条或滤网，用于去除粗大的悬浮物，如杂草、破布、纤维、纸浆等，其典型设备有格栅、筛网、管道过滤器等
	微孔过滤	采用成型滤材，如滤布、滤片、烧结滤管、蜂房滤芯等，用于去除粒径细微的颗粒
	深层过滤	采用颗粒状滤料，如石英砂、无烟煤等。由于滤料颗粒之间存在孔隙，原水穿过一定深度的滤层，水中的悬浮物即被截留

1.4.2.2 化学处理法

化学处理主要是利用化学反应使水质满足要求，如水的pH值调节、絮凝反应、循环水的水质稳定等。具体方法及作用见表1-6。

表1-6 水处理中常用的化学处理方法及作用

化学处理	种 类	作 用
水质稳定	阻 垢	利用化学的方法，防止换热设备的受热面产生沉积物的处理过程，一般用于循环冷却水处理中
	缓 蚀	抑制或延缓金属被腐蚀的处理过程，在循环冷却水处理中一般采用投加缓蚀剂
	杀菌灭藻	通过投加杀菌灭藻剂抑制水中的菌藻繁殖和微生物黏泥的产生
混 凝	混合反应	投加混凝剂使水中悬浮的微细颗粒或胶体被压缩双电层脱稳的过程
	絮凝反应	由于加入高分子聚合物使凝聚体聚结成大颗粒絮体的过程
中 和	药剂中和	投加酸碱药剂使水的pH值维持在一定的范围
	过滤中和	选择碱性滤料填充成一定形式的滤床，酸性污水流过此床即被中和
氧化还原	化学氧化	投加化学氧化剂可以去除水中的还原性离子
	化学还原	水中的某些金属离子在高价态时利用化学还原法还原为低价态

1.4.2.3　物理化学法

物理化学处理是利用物理化学作用去除水中的污染物质的处理方法。在水处理中常用的物理化学法有离子交换、膜分离和电吸附等。具体处理方法及作用见表1-7。

表1-7　水处理中常用的物理化学处理方法及作用

物理化学处理	作　用
离子交换	借助于固体离子交换剂中的离子与稀溶液中的离子进行交换，以达到提取或去除溶液中某些离子的目的，是一种属于传质分离过程的单元操作
膜分离	采用特别的半透膜作过滤介质在一定的推动力（如压力、电场力等）下进行过滤，由于滤膜孔隙极小且具选择性，可以除去水中细菌、病毒、有机物和溶解性溶质。其主要设备有反渗透、超滤和电渗析等
电吸附	利用带电电极表面吸附水中离子及带电粒子的现象，使水中溶解盐类及其他带电物质在电极的表面富集浓缩而实现水的净化/淡化的一种新型水处理技术

1.4.2.4　生物化学法

生物化学法是利用微生物的代谢作用，使废水中呈溶解和胶体状态的有机污染物转化为无害物质，以实现净化的方法。可分为好氧生物处理法和厌氧生物处理法。具体处理方法及作用见表1-8。

表1-8　水处理中常用的生物化学法及作用

生物化学处理	作　用
厌氧处理	在无分子氧的条件下通过厌氧微生物（包括兼氧微生物）的作用，将废水中各种复杂有机物分解转化成甲烷和二氧化碳等物质
好氧处理	利用好氧微生物（包括兼性微生物）在有氧气存在的条件下进行生物代谢以降解有机物

2　钢铁工业常用的基本水处理方法

2.1　物理处理

2.1.1　沉淀

2.1.1.1　沉淀的概念

在水处理工艺中，水中悬浮物在重力作用下，从水中分离出来的过程称为沉淀。沉淀是污水处理中最常用的物理处理方法，在污水处理中沉淀分为自然沉淀和混凝沉淀。自然沉淀是使水处于静止或缓慢流动状态时，水中密度大于 $1g/cm^3$ 的悬浮物在重力的作用下，克服水的阻力与水分离，沉于池底，从而使水得到净化的方法。在自然沉淀中，原水中较大颗粒物质靠其自身重力在沉淀设备中与水分离，一般用在污水的预处理中，如沉沙池、初沉池等。而一些微小颗粒、胶体物质及有机物等即使具备足够的沉淀时间仅靠其自身重力很难沉淀下来，必须靠混凝形成密实而大的絮体（矾花）才能沉淀下来，达到和水分离的目的。

2.1.1.2　沉淀的类型

根据水中悬浮颗粒的凝聚性和浓度，沉淀通常可分为四种不同的类型：

（1）自由沉淀。一种非絮凝性固体颗粒在稀悬浮液中的沉降。颗粒在沉淀过程中呈离散状态，互不干扰，其形状尺寸、密度等均不改变，下沉速度恒定。

（2）絮凝沉淀。当水中悬浮颗粒浓度不高，由于颗粒间存在絮凝作用，颗粒互相聚集增大而加快沉降，沉降的轨迹呈曲线。在沉降过程中，颗粒的形状、粒径和沉速是变化的。

（3）成层沉淀。当水中悬浮固体颗粒浓度较高时，每个颗粒下沉都受到周围其他颗粒的干扰，颗粒互相牵扯形成一个整体共同下沉，在颗粒群与澄清水层之间存在明显的界面。沉降速度就是界面下移的速度。

（4）压缩沉淀。当水中悬浮固体颗粒浓度很高，颗粒互相接触、互相支撑时，在上层颗粒的重力作用下，下层颗粒间的水被挤出，污泥层被压缩。

2.1.1.3　自由沉淀原理

水中悬浮颗粒受到重力和浮力的作用，当重力大于浮力颗粒下沉，当重力等于浮力颗粒处于相对静止，当重力小于浮力颗粒上浮。水中所含悬浮颗粒的大小、形状、性质是十分复杂的，因而影响颗粒沉降的因素很多。假设：（1）颗粒外形为球形，不可压缩，也无凝聚性，沉淀过程中其大小、形状和质量等均不变。（2）水处于静止状态。（3）颗粒沉降仅受重力和水的阻力作用。静水中颗粒在重力作用下，在水中加速下沉，直到颗粒的推力与水的阻力达到平衡时，颗粒以等速下沉。

斯托克斯（Stokes）公式作为最经典的公式，在研究水的沉淀理论中被应用至今。层流状态下，根据理想球形絮体在静水中的自由沉降速度分析，推导出 Stokes 公式如下：

$$v = 1/18[(\rho_s - p_L)/\mu]gd^2$$

式中　v——絮体颗粒的下沉速度，m/s；

ρ_s——絮体颗粒的密度，kg/m^3；

p_L——水的密度，kg/m^3；

μ——水的绝对黏度，Pa·s；

g——重力加速度，m/s^2，取值为 9.18m/s^2；

d——与絮体颗粒等体积的球形直径，m。

从 Stokes 公式可以看出，颗粒与水的密度差（$\rho_s - p_L$）越大，它的沉降速度也越大，成正比关系。当 $\rho_s > p_L$ 时，$v > 0$，颗粒下沉；当 $\rho_s < p_L$ 时，$v < 0$，颗粒上浮；当 $\rho_s = p_L$ 时，$v = 0$，颗粒既不下沉也不上浮。水的黏度 μ 越小，沉降越快，成反比关系。因黏度与水温成反比，故提高水温有利于颗粒的沉降。颗粒直径越大，沉速越快，成平方关系。因此随粒度的下降，颗粒的沉降速度会迅速降低。实际水处理过程中，水流呈层流状态的情况较少，所以一般沉降只能去除 $d > 20\mu m$ 的颗粒。

2.1.2　过滤

2.1.2.1　概述

在重力或压力差作用下，水通过多孔材料层的孔道，而悬浮物被截留在介质上的过程，称为过滤。用于过滤的多孔材料称为滤料或过滤介质。过滤设备中堆积的滤料层称为滤层或滤床；装填粒状滤料的钢筋混凝土构筑物称为滤池；装填粒状滤料的钢制设备称为过滤器，运行时相对压力大于零的过滤器又称机械过滤器。

按过滤介质拦截固体颗粒机理，可分表面过滤和深层过滤。表面过滤是利用过滤介质表面或过滤过程中所生成的滤饼表面，来拦截固体颗粒，使固体与液体分离；这种过滤只能除去粒径大于滤饼孔道直径的颗粒，但并不要求过滤介质的孔道直径一定要小于被截留颗粒的直径。深层过滤是当颗粒尺寸小于介质孔道直径时，不能在过滤介质表面形成滤饼，这些颗粒便进入介质内部，借惯性和扩散作用趋近孔道壁面，并在静电和表面力的作用下沉积下来，从而与流体分离。深层过滤会使过滤介质内部的孔道逐渐缩小，所以过滤介质必须定期更换或再生。

过滤设备通常位于沉淀池之后，进水浊度一般小于 20NTU，滤出水浊度一般小于 2NTU。当原水浊度低于 50NTU 时，也可以采用原水直接过滤或微絮凝过滤。原水经过混凝后即进入滤池的过滤方式称为微絮凝过滤。

微絮凝过滤的基本原理是充分利用了过滤过程中的接触絮凝作用，在原水中投加比有沉淀池的絮凝作用所需要少的药剂量，水中的污染物形成尺寸较小的絮体，在进入滤料的孔隙间后产生接触絮凝作用被截留去除。微絮凝过滤最不利之处在于，由于原水经混凝后迅速进入滤池，没有常规流程中的沉淀时间所提供的缓冲作用，因而必须仔细控制絮凝过程，否则很容易出现出水不合格的现象。采用微絮凝过滤的特点有两个：一是通常使用双层滤料或三层滤料滤池，而且必须使用高分子混凝剂或高分子助凝剂。这是因为进入絮凝过滤滤池的进水浊度比有沉淀池的常规滤池进水要高，因此要求悬浮固体在滤层中尽量穿透得深一些，以便既能在滤层中尽量截留较多的悬浮固体，而又不致使水头损失增长过快。选用双层滤料或三层滤料是为了使悬浮固体在滤层中更易于进入滤层深处，而为了防止进入滤层深处的悬浮颗粒的泄漏，必须选用高分子混凝剂或高分子助凝剂来加强絮体的强度和与滤料颗粒之间的吸附力。与有沉淀设备的普通滤池相比，虽然滤池的冲洗水量由2%提高到6%左右，但整个流程的基本建设费用节省30%左右，絮凝剂用量也减少了40%左右。

2.1.2.2 过滤原理

A 阻力截留

当原水自上而下流过粒状滤料层时，粒径较大的悬浮颗粒首先被截留在表层滤料的空隙中，从而使此层滤料间的空隙越来越小，截污能力随之变得越来越高，结果逐渐形成一层主要由被截留的固体颗粒构成的滤膜，并由它起主要的过滤作用。这种作用属于阻力截留或筛滤作用。筛滤作用的强度主要取决于表层滤料的最小粒径和水中悬浮物的粒径，并与过滤速度有关。悬浮物粒径越大，表层滤料和滤速越小，就容易形成表层筛滤膜，滤膜的截污能力也越高。

B 重力沉降

原水通过滤料层时，众多的滤料表面提供了巨大的沉降面积，形成无数的小沉淀池，悬浮物极易在此沉降下来。重力沉降的强度主要与滤料直径和过滤速度有关。滤料粒径越小，沉降面积越大；滤速越小，则水流越平稳，这些都有利于悬浮物的沉降。

C 接触絮凝

由于滤料具有巨大的表面积，它与悬浮物之间有明显的物理吸附作用。砂粒在水中常带有表面负电荷，能吸附带正电荷的铁、铝等胶体，从而在滤料表面形成带正电荷的薄膜，并进而吸附带负电荷的黏土和多种有机物等胶体，在砂粒上发生接触絮凝。在大多数情况下，滤料表面对尚未凝聚的胶体还起到接触碰撞的媒介作用，促进其凝聚过程。

2.1.2.3 影响过滤的因素

在过滤过程中的主要参数是滤速、过滤周期和滤料的截污能力。

A 滤速

滤速不是水通过滤料间孔隙时的实际速度，而是假定滤料不占有空间时水通过滤池（滤器）的假想速度，故也称为空池滤速。滤速的计算公式为：

$$v = Q/F$$

式中 v——滤速，m/h；

Q——滤池（器）的出力，m^3/h；

F——滤池的过滤截面积，m^2。

过滤过程是过滤层逐渐被悬浮物所饱和的过程，滤速的大小对截留悬浮物有影响。滤速太快，会促使已吸附的悬浮物剥落，导致水质恶化和水头损失增大，从而缩短过滤周期；滤速太慢，会影响滤池单位过滤面积的出力，也影响水流中悬浮物颗粒向滤层颗粒表面输送。应在具体条件下通过试验选定一个最佳的滤速。对用重力式滤池过滤经过混凝和澄清处理的水来讲，滤速一般为8～12m/h，而压力式过滤器的滤速一般为15～40m/h。

B　过滤周期

过滤周期是指滤池（滤器）两次反洗之间的实际运行时间，一个过滤周期包括过滤、反洗和正洗三个步骤组成。过滤和反洗是过滤设备两个最基本的操作。过滤设备的运行实际上就是“过滤→反洗→过滤→反洗……”的周而复始。

a　过滤

过滤是用过滤介质截留水中所含的悬浮颗粒，以获得低浊度的水。随着过滤的进行，被滤出的悬浮物在滤层中堆积，滤层的水流阻力逐渐增大，当滤层运行水头损失达到一定数值时，滤池就要停止运行，进行反洗工作。从过滤开始到反洗结束这一阶段的工作时间称为工作周期，从过滤开始至过滤结束这一阶段的实际工作时间称为过滤周期。实际工作时间是滤池过滤运行的有效时间，不包括滤池停止运行所占用的时间。过滤周期由滤床特性、原水性质、过滤速度等因素所决定。一般工作周期为12～24h。滤池（器）的产水量取决于滤速（以m/h计），滤速相当于滤池负荷。滤池负荷以单位时间单位过滤面积上的过滤水量计，单位为$m^3/(m^2 \cdot h)$或m/h。

在过滤过程中，水流经过滤层时，由于滤层的阻力所产生的压力降，称为水头损失。随着过滤过程的进行，滤层中积累的悬浮颗粒量不断增加，滤层阻力逐渐增大，当水头损失达到某一允许值时，过滤装置就应停运而进行清洗。过滤开始时，滤层是干净的，水头损失较小。水流通过干净滤层的水头损失称为“清洁滤层水头损失”或称为“起始水头损失”。对于过滤器常用进出水的压力差值来判断过滤器是否失效，对于滤池常用阻塞值来判断滤池是否失效。

b　反洗

（1）反洗方式。反洗是反冲洗的简称，因水流方向与过滤的水流方向相反，故称为反洗。反洗是为了清除过滤过程中积聚于过滤层中的污物，以恢复过滤层的截污能力。反洗可以采用水冲洗或空气辅助冲洗的方式。水冲洗时，滤层在反洗水的作用下充分松动，因而能发生滤料颗粒间相互碰撞和摩擦，使包覆在滤料周围的污物脱落，并被水流带走，使滤层重新恢复正常的截污能力；空气辅助冲洗时，采用空气和水交替或混合进行清洗，空气从滤料间隙穿过，促使孔隙胀缩，造成滤料颗粒的升落、旋转、碰撞和摩擦，使附着的杂质脱落后随水排出。

（2）反洗条件的控制。反洗对过滤运行至关重要，如果反洗强度或者冲洗时间不够，则滤层中的污泥得不到及时清除，当污泥积累较多时，滤料和污泥黏结在一起变成泥球甚至泥毯，过滤过程严重恶化；如果反洗强度过大或历时太长，则细小滤料流失，甚至底部承托层（如卵石层）错动而引起漏滤料现象，而且耗水量也必然增大。因此，反洗的关键是控制合适的反洗强度（或膨胀率）和适当的冲洗时间。

1）膨胀率。在滤料反洗时水自下向上流动时会推动或托起滤料颗粒使滤层膨胀。滤层膨胀后所增加的高度与膨胀前高度之比即为滤层膨胀率，用它来度量反洗强度。为了达到预期的反洗效果，需保持一定的膨胀率，一般滤层的膨胀率为40%～50%为宜。

2）反洗强度。反洗强度是指每秒时间内每平方米滤池面积所需的反洗水流量，表示上升水速的大小，用q表示，单位为$L/(m^2 \cdot s)$。选用反洗强度的大小与滤料相对密度粗细及水温等因素有关。要达到同样的膨胀率，滤料越粗，水温越高，滤料相对密度越大，则要用的反洗强度就应越大。

3）反洗时间。反洗时间的长短，实际上反映了反洗用水量的多少。若反洗水量不够，就达不到冲洗干净滤料的要求。这样，随着运行时间的增长，积累在滤层中的污泥会使滤料颗粒相互黏结起来，即发生滤料板结现象，从而破坏了滤池或过滤器的正常运行。

一般水反洗的控制条件见表2-1，气-水联合反洗的控制条件见表2-2。

表2-1 水反洗的控制条件

滤层形式		反洗强度/L·$(m^2 \cdot s)^{-1}$	反洗时间/min
重力式过滤	无烟煤	10	5~10
	石英砂	12~15	5~10
	无烟煤+石英砂	13~16	5~10
	无烟煤+石英砂+重质矿石	16~18	5~10
压力式过滤	细石英砂	10~12	10~15
	石英砂	12~15	5~10
	无烟煤	10~12	5~10
	无烟煤+石英砂	13~16	5~10
	无烟煤+石英砂+重质矿石	16~18	5~10

注：1. 水温每增减1℃，反洗强度相应增减1%。
2. 由于全年水温、水质有变化，应考虑有适当调整反洗强度的可能。
3. 选择反洗强度应考虑所用混凝剂品种等因素。
4. 无阀滤池反洗时间可采用低限。

表2-2 气-水联合反洗控制条件

反洗方式	反洗强度/L·$(m^2 \cdot s)^{-1}$			
	气洗	水洗	气-水合洗	
			气洗	水洗
先用空气擦洗，再用水低速反洗	10~20	3~5		
先用空气擦洗，再用水高速反洗	15~25	10~15		
先同时用空气擦洗和水低速反洗，再用水低速反洗		4~5	8~16	2.5~4
先同时用空气擦洗和水低速反洗，再用水高速反洗		4~5	8~16	2.5~4

注：上述各种反洗方法的反洗时间，气洗控制在2~5min；水单独反洗控制在2~4min。

c 正洗

正洗的目的是将积累在滤层中的脏物清洗干净，保证过滤时的出水质量。

C 滤料的截污能力

滤料的截污能力与过滤前水质、滤料污染状况等因素有关。

a 过滤前水质

过滤前的水，若已经混凝处理，则残留在水中的悬浮物在过滤过程中具有较好的渗透性能，即能渗入到滤层的下层，产生接触混凝过滤，从而提高了滤池的截污能力。经混凝处理后的水，与未经混凝处理的水相比，水流经滤层的阻力较小，约降低5%。

b 滤料污染状况

反洗时总有微量不易冲洗的污物残留在滤池（器）内，导致滤料的污染。滤料的污染会影响到滤池（器）的运行，出现过滤效果不好或过滤周期缩短。必须进行化学清洗。一般用酸（盐酸或硫酸）来清除碳酸盐类、氢氧化铝和氢氧化铁等碱性物质；用氢氧化钠或碳酸钠溶液来洗去有机物，必要时用漂白粉溶液。

D　水流均匀性

滤池和过滤器在过滤和反洗过程中，都要求通过滤层截面各部分的水流要分布均匀。否则，滤器就很难发挥其最大效能，获得良好效果。

在水流经滤池或滤器的过程中，对水流均匀性影响最大的是集配水系统，其中排水系统对水流均匀性影响最大。排水系统指安置在滤层下面，过滤时收集经过滤的水，反洗时用来送入冲洗水的装置。小阻力排水系统，使水流到滤池各部分时压力损失的差别小，水头损失小、能耗低、节省动力，但稳定性差；大阻力排水系统，孔隙对水流的阻力远大于滤层和排水管道中的其他各种阻力，稳定性好，但动力消耗的大。

2.1.2.4　滤料

A　滤料的选择

滤料的种类、性质、形状和级配等是决定滤层截留杂质能力的重要因素。滤料的选择应满足以下要求：

（1）粒状滤料必须具有足够的机械强度，因为在反洗过程中，处于流态化的滤料颗粒之间会不断碰撞和摩擦，强度低的滤料容易磨损和破碎，而破碎的细小滤料会增加滤层阻力，使得过滤周期缩短，同时细小的滤料容易进入水系统中造成供水设备和用水设备的堵塞。行业标准《水处理用滤料》（CJ/T 43—2005）中要求无烟煤和石英砂滤料的磨损率和破碎率之和应小于2%。

（2）滤料化学稳定性要好，以免污染水质。一般，石英砂在中性、酸性介质中比较稳定，在碱性介质中有溶解现象；无烟煤在酸性、中性和碱性介质中都比较稳定。因此，当过滤碱性水（如经石灰处理后的水）时，不能用石英砂，而宜选用无烟煤或大理石。行业标准《水处理用滤料》（CJ/T 43—2005）中要求无烟煤和石英砂滤料的盐酸可溶率小于3.5%。

（3）滤料应不含有对人体健康有害及有毒物质，不含对生产有害、影响生产的物质。

（4）滤料的选择应尽量采用吸附能力强、截污能力大、产水量高、过滤出水水质好的滤料，以利于提高水处理的技术经济效益。

（5）滤料颗粒大小必须合适。粒径过小，则水流阻力大，过滤时滤层中水头损失增加快，过滤周期短；反之，细小悬浮物容易穿过滤层，出水水质差，而且反洗时滤层不能充分松动，反洗不彻底。

此外，滤料宜价廉、货源充足和就地取材。

B　常用的滤料

具有足够的机械强度、化学稳定性好和对人体无害的分散颗粒材料均可作为水处理滤料，如石英砂、无烟煤粒、矿石粒以及人工生产的陶粒滤料、瓷料、纤维球、塑料颗粒、聚苯乙烯泡沫珠等。目前，水处理中应用最为广泛的滤料是石英砂、无烟煤和矿石等。行业标准《水处理用滤料》（CJ/T 43—2005）中对常用滤料和承托层规格的规定见表2-3。

表 2-3 《水处理用滤料》(CJ/T 43—2005) 对常用滤料和承托层规格的几项规定

名　称	无烟煤滤料	石英砂滤料	高密度矿石滤料	砾石承托料	高密度矿石承托料
密度/$g \cdot cm^{-3}$	1.4～1.6	2.5～2.7	>3.8	>2.5	>3.8
含泥量/%	<3	<1	<2.5	<1	<1.5
盐酸可溶率/%	<3.5	<3.5	—	<5	—
破碎率与磨损率之和/%	<2	<2	—		—

注：磁铁矿滤料和承托层料的密度一般为 4.4～5.2g/cm^3。

a　石英砂滤料

石英砂滤料是采用天然石英矿为原料，经破碎、水洗、精筛等加工而成，是目前水处理行业中使用最广泛、用量最大的净水材料，无杂质，抗压耐磨，机械强度高，化学性能稳定，截污能力强，效益高，使用周期长，适用于单层、双层过滤池、过滤器和离子交换器中。石英砂滤料常用规格：0.5～1.0mm、0.6～1.2mm、1～2mm。

b　无烟煤滤料

无烟煤滤料是采用优质无烟煤块为原料，经精选破碎、复筛分、水洗等工艺加工而成的过滤材料；适用于一般酸性、中性和碱性的净化处理，具有良好的比表面积；一般滤料粒径为 0.8～1.8mm。

c　高密度矿石滤料

高密度矿石滤料为坚硬、耐用、密实的磁铁矿、石榴石或钛铁矿颗粒，其中磁铁矿滤料最为常用。磁铁矿滤料适用于管式大阻力配水系统，常与无烟煤滤料和石英砂滤料配合使用。一般滤料粒径 0.25～0.5mm。

2.1.3 气浮

2.1.3.1 气浮的原理

气浮法是一种固-液分离或液-液分离技术。它是指在水中形成高度分散的微小气泡，黏附废水中疏水基的固体或液体颗粒，形成水-气-颗粒三相混合体系，颗粒黏附气泡后，形成表观密度小于水的絮体而上浮到水面，形成浮渣层被刮除，从而实现固-液或者液-液分离的过程。

气浮过程由气泡产生、气泡与颗粒（固体或液滴）附着以及上浮分离等连续步骤组成。气浮分离必须具备三个条件：(1) 必须向废水中提供充足的微细气泡，气泡的理想尺寸为 15～30μm；(2) 必须使废水中的污染物质能形成悬浮状态；(3) 必须使气泡与悬浮颗粒物质产生黏附作用。

气泡能否与悬浮颗粒发生有效附着主要取决于颗粒的表面性质。悬浮物颗粒表面有亲水和憎水之分。如果颗粒易被水润湿，则称该颗粒为亲水性的；如果颗粒不易被水润湿，则是憎水性的。憎水性颗粒表面容易附着气泡，因而可用气浮法。亲水性颗粒用适当的化学药品处理后可以转为憎水性。水处理中的气浮法，常用混凝剂使胶体颗粒结成为絮体，絮体具有网络结构，容易截留气泡，从而提高气浮效率。再者，水中如有表面活性剂（如洗涤剂）可形成泡沫，也有附着悬浮颗粒一起上升的作用。

2.1.3.2　气浮的类型

向水中通入空气，使其形成微细气泡并扩散于整个水体的过程称为曝气。按照曝气形式，气浮分为两大类：一类是分散空气气浮；一类是溶解空气气浮。

（1）分散空气气浮法。分散空气气浮法又可分为转子碎气法（也称为涡凹气浮或旋切气浮）和微孔布气法两种类型。前者依靠气浮机的高速转子的离心力所造成的负压而将空气吸入，并与提升上来的废水充分混合后，在水的剪切力作用下，气体破碎成微气泡而扩散于水中；后者则是使气浮机的空气通过微孔材料或喷头中的小孔被分割成小气泡而分布于水中。

分散空气气浮法设备简单，但产生的气泡较大，且水中易产生大气泡。大气泡在水中具有较快的上升速度，巨大的惯性力不仅不能使气泡很好地黏附于絮凝体上，相反会造成水体的严重紊流而撞碎絮凝体。所以要严格控制进气量。气泡的产生依赖于叶轮的高速切割以及在无压体系中的自然释放，气泡直径大、动力消耗高，尤其对于高水温污水的气浮处理，处理效果难如人意。分散空气气浮法产生的气泡直径均较大，微孔板也易受堵，但在能源消耗方面较为节约，多用于矿物浮选和含油脂、羊毛等废水的初级处理及含有大量表面活性剂废水的泡沫浮选处理。

（2）溶解空气气浮法。溶解空气气浮法又称压力溶气气浮法，溶气泵采用涡流泵或气液多相泵，其原理是在泵的入口处空气与水一起进入泵壳内，高速转动的叶轮将吸入的空气多次切割成小气泡，小气泡在泵内的高压环境下迅速溶解于水中，形成溶气水然后进入气浮池完成气浮过程。溶气泵产生的气泡直径一般在20～40μm之间，吸入空气最大溶解度达到100%，溶气水中最大含气量达到30%，泵的性能在流量变化和气量波动时十分稳定，为泵的调节和气浮工艺的控制提供了极好的操作条件。

溶解空气气浮法（压力溶气气浮法）是目前国内外最常采用的方法，可选择的基本流程有全流程溶气气浮法、部分溶气气浮法和部分回流溶气气浮法三种。

1）全流程溶气气浮法。全流程溶气气浮法是将全部废水用水泵加压，在溶气罐内，空气溶解于废水中，然后通过减压阀将废水送入气浮池。流程如图2-1所示。它的特点是：①溶气量大，增加了油粒或悬浮颗粒与气泡的接触机会；②在处理水量相同的条件下，它较部分回流溶气气浮法所需的气浮池小；③全部废水经过压力泵，所需的压力泵和

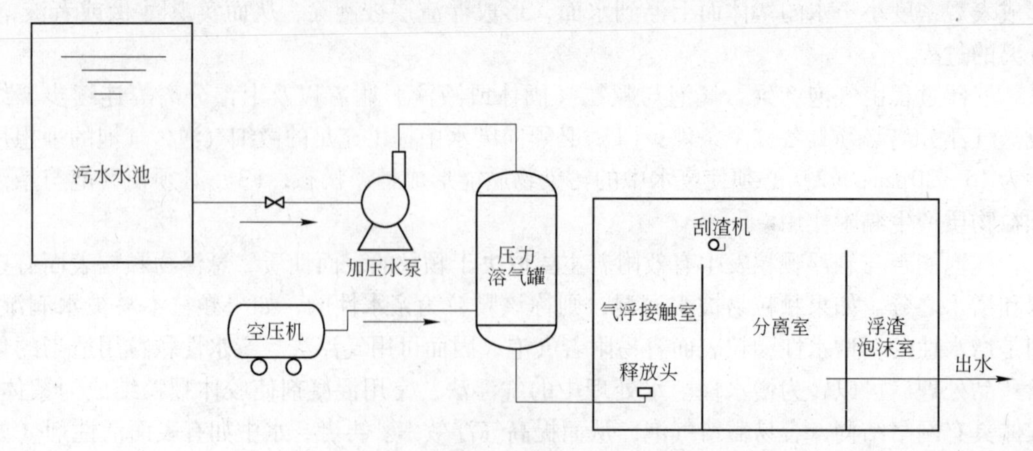

图2-1　全流程溶气气浮法工艺流程

溶气罐均较其他两种流程大，因此投资和运转动力消耗较大。

2）部分溶气气浮法。部分溶气气浮法是取部分废水加压和溶气，其余废水直接进入气浮池并在气浮池中与溶气废水混合。它的特点是：①比全流程溶气气浮法所需的压力泵小，因此动力消耗低；②气浮池的大小与全流程溶气气浮法相同，但较部分回流溶气气浮法小。

3）部分回流溶气气浮法。部分回流溶气气浮法是取一部分处理后的水回流，回流水加压和溶气，减压后进入气浮池，与来自絮凝池的含油废水混合和气浮，流程如图2-2所示。部分回流溶气气浮法的特点是：①加压的水量少，动力消耗省；②气浮过程中不促进乳化；③矾花形成好，后絮凝也少；④气浮池的容积较前两种流程大。

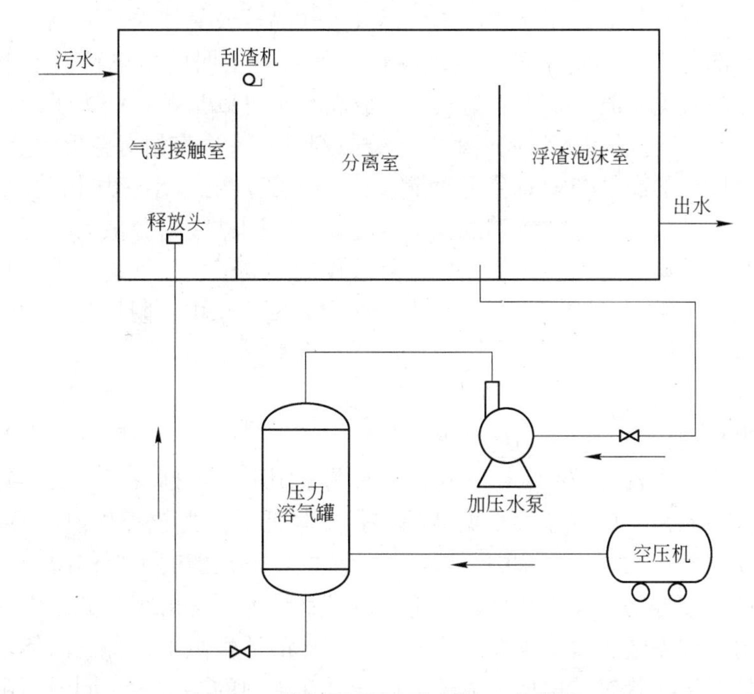

图2-2 部分回流溶气气浮法工艺流程

2.2 化学处理

2.2.1 水质稳定

2.2.1.1 循环冷却水的水质稳定

循环冷却水在运行过程中，由于水分的蒸发、溶解盐类浓缩、二氧化碳的逸出、外界污染物的进入等原因，会产生结垢、腐蚀及菌藻繁殖等现象，将影响循环冷却水系统的正常运行，甚至引起生产工艺上的失调。为了使循环冷却水不产生上述现象而采取的水质控制措施，常称为水质稳定。水质稳定的基本方法是在循环冷却水中投加化学药剂，用缓蚀剂控制腐蚀、用阻垢剂控制结垢、用杀生剂控制菌藻繁殖；此外，还使用清洗剂、消泡剂等辅助药剂。这一系列化学药剂总称为水质稳定剂。

2.2.1.2　阻垢分散剂的作用机理

A　螯合性

阻垢分散剂的分子能与水中离子形成螯合物，而这种螯合物往往是可溶于水的，因而阻垢分散剂在水中的加入防止了这些离子生成可沉积的化合物。有机磷酸盐就是由于具有螯合作用，可以与 Ca^{2+} 形成稳定的螯合物。例如，EDTMPS 在水溶液中能离解成 8 个正负离子，因而可以与多个金属离子螯合，形成多个单体结构大分子网状配合物，松散地分散于水中。$CaSO_4$ 在 25℃时的正常溶解度为 2100mg/L，当加入微量的 ATMP 后，其水溶液含有 6500mg/L 的 $CaSO_4$ 仍不致产生沉淀，也就是因为有机磷酸盐的加入，使有机磷酸盐与钙离子形成了稳定的螯合物，使得水溶液中过饱和浓度的硫酸钙不致沉淀。

B　分散性

阻垢分散剂都具有分散作用，其分子可以吸附在晶核或晶体粒子周围，其极性部分面向水相，非极性部分吸附在颗粒外侧，这样粒子都带有微弱的负电荷。由于电荷排斥粒子，使粒子不易因碰撞而凝聚，也不易长大。成垢粒子可以是钙、镁离子，也可以是由千百个 $CaCO_3$ 和 $MgCO_3$ 分子组成的成垢颗粒。分散剂是具有一定相对分子质量（或聚合度）的聚合物，分散性能的高低与相对分子质量（或聚合度）的大小密切相关。聚合度过低，则被吸附分散的粒子数少，分散效率低；聚合度过高，则被吸附分散的粒子数过多，水体变浑浊，甚至变成絮体。与螯合作用相比，分散作用是高效的。实验表明，1mg 分散剂可使 10～100mg 的成垢粒子稳定存在循环水中。在中高硬度水中，阻垢分散剂的分散功能起主要作用。

C　晶格歪曲作用

水垢结晶生长过程中，抑制剂被吸附在结晶成长格子中，此吸附作用会改变结晶正常形态，而阻碍其成长为较大结晶。由于晶格中吸附了阻垢分散剂分子，大大破坏了结晶的规整性，使结晶的晶格变形，导致水垢结晶的强度降低，变得较为松散而易被水流冲刷，将水垢从传热面剥落。在高硬度水中，阻垢剂的歪曲变形性能起主要作用。

有机阻垢剂，如羟基乙叉二膦酸、氨基三甲叉膦酸等，是由于其分子中的部分官能团通过静电力吸附于成垢金属盐类正在形成的晶体表面的活性点上，抑制晶体增长，使形成的许多晶体保持在微晶状态，增加了成垢金属盐类在水中的溶解度。同时，由于阻垢剂分子在晶体表面的吸附，晶体只能歪曲地生长，歪曲后的晶体与金属表面的黏附力减弱，不易沉积于金属表面。而未参加吸附的官能团就会对晶体呈现离子性，因电荷的排斥力增大而使晶体处于分散状态。

2.2.1.3　缓蚀剂的缓蚀机理

A　腐蚀及缓蚀剂的定义

腐蚀是指材料由于环境作用引起的破坏或变质。金属材料受周围介质的作用而损坏，称为金属腐蚀。金属的锈蚀是最常见的腐蚀形态。腐蚀时，在金属的界面上发生了化学或电化学多相反应，使金属转入氧化（离子）状态。这会显著降低金属材料的强度、塑性、韧性等力学性能，破坏金属构件的几何形状，增加零件间的磨损，恶化电学和光学等物理性能，缩短设备的使用寿命。在水中金属腐蚀的类型有均匀腐蚀、点蚀、电偶腐蚀、缝隙腐蚀、磨损腐蚀等。

合理使用缓蚀剂是防止金属及其合金在特定腐蚀环境中产生腐蚀的有效方法。向腐蚀介质中加入微量化学物质（无机物、有机物），使金属材料在该腐蚀介质中的腐蚀速度明显降低甚至停止，同时还保持着金属材料原来的物理力学性能，这样的化学物质称为缓蚀剂。缓蚀剂是在腐蚀的环境中少量添加就可以明显抑制腐蚀速度的单一或复合的物质。缓蚀剂的用量一般从百万分之几到千分之几，个别情况下用量可达百分之一、二。缓蚀剂可单一使用或混合使用。混合使用的抑制剂，其抑制效果往往有相乘的功效。当采用一种缓蚀剂的效果并不好，或为达到好的效果需要大剂量时，可根据协同效应原理采用不同类型的几种缓蚀剂配合使用，这样既提高其缓蚀效果，又降低药剂用量。如在铬酸盐缓蚀剂中加入少量锌离子，可使铬酸盐用量从150mg/L左右降至15~20mg/L，仍可获得同样好的效果。六偏磷酸钠加锌盐的复合缓蚀剂应用也较多。

B 缓蚀剂的分类

按缓蚀剂的作用机理和抑制腐蚀的过程分类可分成阳极缓蚀剂、阴极缓蚀剂及双极缓蚀剂。如抑制阳极反应，则为阳极缓蚀剂；如抑制阴极反应，则为阴极缓蚀剂；如其可抑止两极的反应，则为双极缓蚀剂。阴极缓蚀剂以干扰氧化还原反应的步骤来降低其腐蚀率，此系列的抑制剂可降低腐蚀率及腐蚀强度。如铬酸盐、亚硝酸盐、钼酸盐、钨酸盐、苯甲酸盐都属于阳极缓蚀剂；六偏磷酸钠、三聚磷酸钠、硅酸盐等都属于阴极缓蚀剂；铵盐则为双极缓蚀剂。

按缓蚀剂成膜的特性分类可分为钝化型膜、沉淀型膜、有机系吸附型膜，见表2-4。氧化型膜缓蚀剂直接或间接氧化被保护金属，在其表面形成金属氧化物薄膜，阻止腐蚀反应的进行。氧化型膜缓蚀剂一般对可钝化金属（铁族过渡性金属）有良好的保护作用，而对于不钝化金属如铜、锌等非过渡性金属没有多大效果；沉淀型膜缓蚀剂本身是水溶性的，但与腐蚀环境中共存的其他离子作用后，可形成难溶于水的或不溶于水的沉淀物膜，对金属起保护作用。其中聚合磷酸盐和锌盐等为水中离子型，前者与钙离子、铁离子等共存可形成难溶盐；铜及其合金的缓蚀剂巯基苯并噻唑、苯并三氮唑，铁的缓蚀剂单宁等则是金属离子型，它们是和金属表面产物层的金属离子结合而形成保护膜的。吸附型膜缓蚀剂分子中有极性基团，能在金属表面吸附成膜，并由其分子中的疏水基团来阻碍水和去极剂达到金属表面，保护金属。

表2-4 缓蚀剂按膜的特性分类

膜型		主要形式的腐蚀抑制剂	特性
钝化型膜（氧化型膜）		铬酸盐、亚硝酸盐、钼酸盐、钨酸盐	致密、膜薄（3~10nm）、防腐性好
沉淀型膜	水中离子型	聚磷酸盐、有机磷酸盐（酯）类、硅酸盐、锌盐、苯甲酸盐、肌氨酸	多孔质、膜薄、与金属表面黏附性差
	金属离子型	巯基苯并噻唑、苯并三氮唑	比较致密、膜薄
有机系吸附型膜		胺类、硫醇类、高级脂肪酸类、葡萄糖酸盐、木质素类	在酸性、非水溶液中形成好的皮膜，在非清洁的表面上通常吸附性差

按照缓蚀剂的种类是无机化合物还是有机化合物可分成无机缓蚀剂和有机缓蚀剂。无机盐类抑制剂通常会影响阳极反应，也就是金属离子溶入溶液中的速率降低了，这些抑制剂通常能减少金属表面的腐蚀，但即使反应速率降低了，侵蚀的程度也可能增加，就像阳

光照射在纸上，如用透镜将光线集中一点时，仍有可能导致燃烧的现象一样。

C　缓蚀剂的缓蚀机理

由于金属腐蚀和缓蚀过程的复杂性以及缓蚀剂的多样性，难以用同一种理论解释各种各样缓蚀剂的作用机理。以下是几种主要的缓蚀作用理论的要点。

a　成相膜理论

成相膜理论认为缓蚀剂在金属表面形成一层难以溶解的保护膜以阻止介质对金属的腐蚀。该种保护膜包括氧化物膜和沉淀膜。

氧化型膜缓蚀剂本身是氧化剂，可以和金属发生作用；或本身不具有氧化性，以介质中的溶解氧为氧化剂，使金属表面形成紧密的氧化膜，造成金属离子化过程受阻，从而减缓金属的腐蚀，这种缓蚀剂又称钝化剂。重铬酸钾、铬酸钾、高锰酸钾在含氧的水溶液中对铝、镁的缓蚀作用就属于这一类。氧化型膜缓蚀剂，缓蚀效率高，已得到广泛的应用；但如果用量不足，则可能在金属表面形成大阴极、小阳极而发生孔蚀。所以这一类缓蚀剂又称为“危险型缓蚀剂”。

沉淀型膜缓蚀剂，顾名思义就是在金属表面生成了沉淀膜。沉淀膜可由缓蚀剂分子之间相互作用生成，也可由缓蚀剂和腐蚀介质中的金属离子作用生成。在多数情况下，沉淀膜在阴极区形成并覆盖于阴极表面，将金属和腐蚀介质隔开，抑制金属电化学腐蚀的阴极过程，即为阴极抑制型沉淀膜缓蚀剂。有时沉淀膜能覆盖金属的全部表面，同时抑制金属电化学腐蚀的阳极过程和阴极过程，这一种称为混合抑制型沉淀膜缓蚀剂。

硫酸锌、碳酸氢钙、石灰、聚磷酸盐、硅酸盐及有机磷酸盐都属于阴极抑制型缓蚀剂。在中性含氧的水中，锌离子可以和阴极反应生成的氢氧根离子反应生成难溶的氢氧化锌沉淀膜覆盖于阴极，而抑制阴极反应。磷酸盐如 Na_2HPO_4 或 Na_3PO_4，在有溶解氧情况下，可以和 Fe^{3+} 反应生成一种不溶性的 $\gamma\text{-}Fe_2O_3$ 和 $FePO_4 \cdot 2H_2O$ 混合物薄膜，抑制铁的腐蚀。需要注意的是，介质中氧的存在对缓蚀剂有加强作用。只有存在氧，才能发挥缓蚀剂的作用。如苯甲酸钠对铁的缓蚀，有氧时，生成不溶性三价铁盐，起到保护金属的作用；而无氧时，生成二价可溶性铁盐，不能起到缓蚀作用。

混合抑制型缓蚀剂多为有机化合物。有机缓蚀剂分子上的反应基团和腐蚀过程中生成的金属离子相互作用生成沉淀膜，而抑制阴阳两极的电化学过程。例如，丙炔醇对铁在酸性水溶液中有良好的缓蚀效果。研究发现，丙炔醇发生作用时，先吸附于金属表面，受铁上析出氢的还原作用，发生聚合反应而生成聚合的配合物膜，覆盖于整个金属的表面，同时抑制腐蚀电化学反应的阳极反应和阴极反应。又如，8-羟基喹啉在碱性介质中对铝的腐蚀有缓蚀作用，这是由于缓蚀剂和铝离子反应生成的不溶性配合物沉淀膜覆盖在铝表面，抑制了铝在碱性水溶液中的腐蚀。苯并三氮唑对铜的缓蚀作用也认为是生成了不溶性的聚合物沉淀膜。

b　吸附膜理论

吸附膜理论认为，某些缓蚀剂通过其分子或离子在金属表面的物理吸附或化学吸附形成吸附保护膜而抑制介质对金属的腐蚀。缓蚀剂以其亲水基团吸附于金属表面，疏水基远离金属表面，形成吸附层把金属活性中心覆盖，阻止介质对金属的侵蚀。此类缓蚀剂主要是有机缓蚀剂。因为这类缓蚀剂分子结构具有不对称性，分子由极性基和非极性基组成。非极性基为烃基，有亲油性，而极性基如—COOH、—SO_3H 等具有亲水性，对金属表面也具有亲和性。当缓蚀剂分子的极性基在金属表面吸附后，其较长的非极性基也在范德华力的作用下紧密排列，从而形成牢固的吸附膜。表面吸附一方面改变了金属表面的电荷状态和界面性质，使金属表面的能量状态趋于稳定，增加腐蚀反应活化能，减缓腐蚀速度；另一方面，非极性基的隔离作用将金属表面和腐蚀介质隔开，阻碍电化学反应相关的电荷或物质的转移，从而减缓腐蚀。

如果缓蚀剂在金属表面的吸附起源于缓蚀剂离子与金属表面电荷产生的静电引力和两者之间的范德华力，这种吸附就称为物理吸附。这种吸附速度快，可逆，吸附热小，受温度影响小，而且金属和缓蚀剂间没有特定组合。例如，有机胺类化合物在酸性介质中，氮原子接受一个质子而转化为烷基胺阳离子，该阳离子被金属表面带负电荷部分所吸引，形成单分子的吸附层，就是典型的物理吸附。硫醇等也有类似的作用。

有机缓蚀剂的极性基大部分含有 O、N、S、P 等电负性元素，它们都具有未共用电子对，能和金属作配位结合。这种以配位键作用形成的吸附称为化学吸附。化学吸附不像物理吸附那么迅速，但较物理吸附牢固；吸附热较大，有较大的不可逆性，受温度的影响也较大。另外，金属与缓蚀剂间的组合关系也很重要。如含氮的有机物对铁的吸附效果好，而含硫的有机物对铜的吸附效果好。

在化学吸附中非极性基团的排列也会影响吸附效果。在化学吸附时，极性基团和金属表面的夹角是固定的，因此非极性基团也不能像物理吸附那样自由排列，而只能绕分子轴旋转。这时缓蚀剂分子的覆盖面积近似等于分子以结合键为轴旋转时在金属表面上的投影面积。吸附力相似的缓蚀剂覆盖面积越大，则缓蚀效果越好。烷基碳原子数增加，则覆盖面积加大，缓蚀效率增大。但当非极性基团有支链时，由于空间位阻效应，化学吸附将减弱，缓蚀效率降低。

c 电化学理论

电化学理论认为缓蚀剂通过加大腐蚀的阴极过程或阳极过程的阻力而减小金属的腐蚀速率。

金属的腐蚀大多是金属表面发生原电池反应的结果，这也是造成浸蚀腐蚀最主要的因素，原电池反应包括阳极反应和阴极反应。如果缓蚀剂可以抑制阳极、阴极反应中的任何一个或两个，原电池反应将减缓，金属的腐蚀速度就会减慢。能够抑制阳极反应的缓蚀剂称为阳极抑制型缓蚀剂；能够抑制阴极反应的缓蚀剂称为阴极抑制型缓蚀剂；而既能抑制阳极反应又能抑制阴极反应的缓蚀剂称为混合型缓蚀剂。

重铬酸钾、铬酸钾、亚硝酸钠、硝酸钠、高锰酸钾、磷酸盐、硅酸盐、硼酸盐、碳酸盐、苯甲酸盐、肉桂酸盐等都属于阳极型缓蚀剂。阳极型缓蚀剂对阳极过程的影响有：(1) 在金属表面生成薄的氧化膜，把金属和腐蚀介质隔离开来；(2) 因特性吸附抑制金属离子化过程；(3) 使金属电极电位达到钝化电位。

阴极型缓蚀剂主要通过以下作用实现缓蚀：(1) 提高阴极反应的过电位。有时阴离子缓蚀剂通过提高氢离子放电的过电位抑制氢离子放电反应，如 Na_2CO_3、三乙醇胺等碱性缓蚀剂都可以中和水中的酸性物质，降低氢离子浓度，提高析氢过电位，使氢离子在金属表面的还原受阻，减缓腐蚀；(2) 在金属表面形成化合物膜，如有机缓蚀剂中的低分子有机胺及其衍生物，都可以在金属表面阴极区形成多分子层，使去极化剂难以达到金属表面而减缓腐蚀；(3) 吸收水中的溶解氧，降低腐蚀反应中阴极反应物氧气的浓度，从而减缓金属的腐蚀。

混合型缓蚀剂对腐蚀电化学过程的影响主要表现在：(1) 与阳极反应产物反应生成不溶物，这些不溶物紧密地沉积在金属表面起到缓蚀的作用，磷酸盐如 Na_3PO_4、Na_2HPO_4 对铁、镁、铝等的缓蚀就属于这一类型；(2) 形成胶体物质，能够形成复杂胶体体系的化合物可作为有效的缓蚀剂，如 Na_2SiO_3 等；(3) 在金属表面吸附，形成吸附膜达到缓蚀的目的，明胶、阿拉伯树胶等可以在铝表面吸附，吡啶及有机胺类可以在镁及镁合金表面吸附，故都可以起到缓蚀的作用。

2.2.1.4　杀菌灭藻剂的杀生机理

杀菌灭藻剂是用来杀灭或抑制菌藻滋生时有害的微生物，它对菌类的影响是多方面的，通常通过影响菌的生长分裂、孢子萌发并产生呼吸受到抑制、细胞膨胀、细胞质体的瓦解和细胞壁的破坏等不正常现象，而达到抑制或杀灭生物的目的。

药剂的杀菌或抑菌作用主要与化合物的性质、使用浓度和作用时间长短有关。其作用机理如下：

(1) 破坏细胞结构。

1) 破坏细胞壁。杀菌剂使细胞纤维及结构变形，从而不能完成正常的生理功能。有的使细胞壁形成受阻，而使细胞壁崩解致使细胞质体裸露。

2) 破坏细胞膜。杀菌剂可使膜的“镶嵌”处及疏水链中裂隙增加或变大，或者杀菌剂分子的亲脂部分溶解膜上的脂质部分使成微孔。季铵盐类杀菌剂就是这种作用，甚至膜上的金属离子被螯合破坏。

(2) 破坏细胞器的机能。

杀菌剂破坏细胞内的多种细胞器，特别是线粒体、核糖体，这些结构的异常都与各种杀菌剂的不同作用相关联。线粒体是细胞呼吸储能的重要所在，酚类可以抑制与氧化有关的酶和辅酶，双氯酚可以与巯基—SH 反应作用于辅酶 A 使脂肪氧化受阻，醌类能干扰电子传递，有些杀菌剂破坏了酶体内氧化磷酸化偶联反应，酚类杀菌剂有这个作用。

(3) 抑制能量的生成——干扰生物氧化。杀菌剂对菌体内能生成的影响主要是对有氧呼吸（即有氧氧化）的影响，包括对乙酰辅酶 A 形成的干扰、对三羧酸循环的干扰、对呼吸链上氢和电子传递的影响以及氧化磷酸化的影响。由于有氧呼吸是在线粒体内进行，因而许多对这种细胞器有破坏作用的杀菌剂，都会干扰有氧呼吸而破坏能量生成。

(4) 杀菌剂对菌体核酸合成和功能的影响。杀菌剂与菌体内核酸碱基化学结构相似，因而代替了核苷酸的碱基，造成所谓“掺假核酸”，而使正常的核酸合成和功能受到影响。

(5) 药剂抑制蛋白质合成或使蛋白质变性。药剂可与菌体内某些蛋白质结合而严重影响菌的正常代谢。杀菌剂中如环烃类、二甲酰亚胺类以及有机磷的甲基立枯磷与菌的肌动蛋白结合而破坏肌丝功能，使孢子形成或萌芽和游动孢子的游动受影响，也可导致休眠细胞分裂。

2.2.2　混凝

2.2.2.1　胶体化学基本知识

化学混凝所处理的对象，主要是水中的微小悬浮物和胶体杂质。大颗粒的悬浮物由于受重力的作用而下沉，可以用沉淀等方法除去。但是，微小粒径的悬浮物和胶体，能在水中长期保持分散悬浮状态，即使静置数十小时以上，也不会自然沉降。这是由于胶体微粒及细微悬浮颗粒具有“稳定性”。

水中的胶体微粒都带有电荷，如天然水中的黏土类胶体微粒以及污水中的胶态蛋白质和淀粉微粒等都带有负电荷，其结构示意如图 2-3 所示。

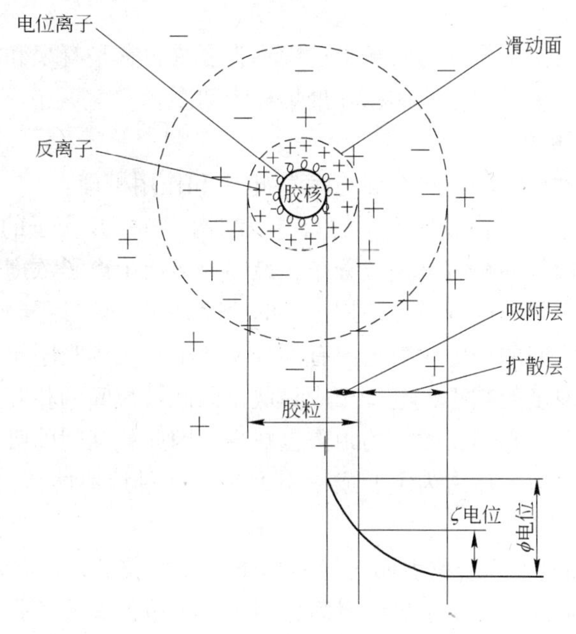

图 2-3　胶体结构示意图

胶体的中心称为胶核，其表面选择性地吸附了一层带有同号电荷的离子，这些离子可以是胶核的组成物直接电离而产生的，也可以是从水中选择吸附 H^+ 或 OH^- 离子而造成的。这层离子称为胶体微粒的电位离子，它决定了胶粒电荷的大小和符号。由于电位离子的静电引力，在其周围又吸附了大量的异号离子，形成了所谓“双电层”。这些异号离子，其中紧靠电位离子的部分被牢固地吸引着，当胶核运行时，它也随着一起运动，形成固定的离子层，称为吸附层。而其他的异号离子，离电位离子较远，受到的引力较弱，不随胶核一起运动，并有向水中扩散的趋势，形成了扩散层。固定的离子层与扩散层之间的交界面称为滑动面。滑动面以内的部分称为胶粒。胶粒与扩散层之间有一个电位差，此电位称为胶体的电动电位，常称为 ζ 电位。而胶核表面的电位离子与溶液之间的电位差称为总电位或 ϕ 电位。

胶粒在水中受几方面的影响：(1) 由于上述的胶粒带电现象，带相同电荷的胶粒产生静电斥力，而且 ζ 电位越高，胶粒间的静电斥力越大；(2) 受水分子热运动的撞击，使微粒在水中作不规则的运动，即“布朗运动”；(3) 胶粒之间还存在着相互引力——范德华引力。范德华引力的大小与胶粒间距的 2 次方成反比，当间距较大时，此引力略去不计。

一般水中的胶粒 ζ 电位较高。其互相间斥力不仅与 ζ 电位有关，还与胶粒的间距有关，距离越近，斥力越大。而布朗运动的动能不足以将两颗胶粒推近到使范德华引力发挥作用的距离。因此，胶体微粒不能相互聚结而长期保持稳定的分散状态。

使胶体微粒不能相互聚结的另一个因素是水化作用。由于胶粒带电，将极性水分子吸引到它的周围形成一层水化膜。水化膜同样能阻止胶粒间相互接触。但是，水化膜是伴随胶粒带电而产生的，如果胶粒的电位消除或减弱，水化膜也就随之消失或减弱。

2.2.2.2 混凝机理及过程

A 混凝机理

水中胶体粒子以及微小悬浮物的聚集过程称为混凝，它是凝聚和絮凝的总称。胶体失去稳定性的过程称为凝聚，脱稳胶体相互聚集称为絮凝。

a 电性中和作用机理

电性中和作用机理包括压缩双电层与吸附-电中和作用机理。

（1）压缩双电层机理。由胶体粒子的双电层结构可知，反离子的浓度在胶粒表面处最大，并沿着胶粒表面向外的距离呈递减分布，最终与溶液中离子浓度相等。当向溶液中投加电解质，使溶液中离子浓度增高，则扩散层的厚度减小。该过程的实质是加入的反离子与扩散层原有反离子之间的静电斥力把原有部分反离子挤压到吸附层中，从而使扩散层厚度减小。由于扩散层厚度的减小，电位相应降低，因此胶粒间的相互排斥力也减少。另一方面，由于扩散层减薄，它们相撞时的距离也减少，因此相互间的吸引力相应变大。从而其排斥力与吸引力的合力由斥力为主变成以引力为主（排斥势能消失了），胶粒得以迅速凝聚。

（2）吸附-电中和机理。胶粒表面对异号离子、异号胶粒、链状离子或分子带异号电荷的部位有强烈的吸附作用，由于这种吸附作用中和了电位离子所带电荷，减少了静电斥力，降低了ζ电位，使胶体的脱稳和凝聚易于发生。此时静电引力常是这些作用的主要方面。如果三价铝盐或铁盐混凝剂投量过多，凝聚效果反而下降的现象，可以用本机理解释。因为胶粒吸附了过多的反离子，使原来的电荷变号，排斥力变大，从而发生了再稳现象。

b 吸附架桥作用机理

分散体系中的胶体颗粒通过吸附有机物或无机高分子物质架桥连接，凝集为大的聚集体而脱稳聚沉。高分子絮凝剂具有线性结构，它们具有能与胶粒表面某些部位起作用的化学基团，当高聚合物与胶粒接触时，基团能与胶粒表面产生特殊的反应而相互吸附，而高聚物分子的其余部分则伸展在溶液中，可以与另一个表面有空位的胶粒吸附，这样聚合物就起了架桥连接的作用。

c 网捕-卷扫作用

投加到水中的铝盐、铁盐等混凝剂水解后形成较大量的具有三维立体结构的水合金属氧化物沉淀，当这些水合金属氧化物体积收缩沉降时，像筛网一样将水中胶体颗粒和悬浊质颗粒捕获卷扫下来。网捕-卷扫作用主要是一种机械作用。

B 混凝过程

混凝过程是指从向原水中投加混凝剂后直到形成最终大颗粒矾花的整个过程，它可分为两个阶段：凝聚阶段和絮凝阶段。凝聚阶段是从投药开始到生成微小矾花的过程，经过该过程的胶体已脱稳，并具有相互聚集的能力；絮凝阶段是指在外力作用下微小矾花最终长大成大矾花的过程。完成混凝过程的构筑物称为混合池，完成絮凝过程的构筑物称为絮凝池或反应池。混凝过程相互关系见表2-5。

表 2-5 混凝过程相互关系

阶 段	凝 聚			絮 凝	
过 程	投药及混合	脱 稳		异向絮凝	同向絮凝
作 用	药剂扩散	水解	脱稳	脱稳胶体聚集	微小絮体进一步长大
动 力	质量迁移	溶解平衡	各脱稳机理	布朗运动	能量消耗
处理构筑物	混合池				反应池
胶体状态	原始状态	脱稳胶体		微小矾花	大颗粒矾花
尺寸/μm	0.001~0.1			5~10	500~2000

在化学药剂投入水中时，强烈搅拌，使两者在瞬间均匀混合，化学反应和胶粒的脱稳（或称凝聚）一般在数秒内完成。再经过适当强度的搅拌，在水流的紊动中使反应产物胶粒凝聚物和悬浮杂质相互碰撞聚集形成结实而粗大的絮体称为絮凝，一般在 5~30min 左右完成。

2.2.2.3 影响混凝效果的主要因素

混凝过程是一个复杂的物理化学过程。混凝剂投入水中后，药剂的扩散、水解以及胶粒的脱稳、聚集和长大等阶段与混凝剂加药量、水的 pH 值、水温、水力条件和原水水质等因素密切相关。

A 混凝剂种类和加药量的影响

应根据原水水质情况优选混凝剂种类。对无机混凝剂要求：形成能有效压缩双电层或产生强烈电中和作用的形态；对有机高分子混凝剂要求：有适量的功能团和聚合结构，较大的相对分子质量。

混凝剂的用量对混凝效果有重要影响。加药量必须从处理后的水质要求和经济角度两个方面考虑，以最少的加药量达到最好的处理效果。根据原水水质、水处理工艺条件和水处理后的水质要求，设计混凝试验条件，进行混凝试验后确定加药量。根据混凝试验的加药量进行现场试验，通过现场试验确定最佳加药量。

B 水的 pH 值的影响

水的 pH 值对混凝效果的影响视混凝剂的品种而定，对铝盐影响较大，对聚合氯化铝影响较小。水的 pH 值主要从两方面来影响混凝效果：（1）水的 pH 值直接与水中胶体颗粒的表面电荷和电位有关，影响需要的混凝剂投量。（2）水的 pH 值对混凝剂的水解反应有显著影响，不同混凝剂的最佳水解反应所需要的 pH 值范围不同，见表 2-6。

表 2-6 混凝剂的最佳 pH 值范围

混 凝 剂	除 浊	除色度
硫酸铝	6.5~7.5	4.5~5.5
三价铁盐	6.0~8.4	3.5~5.0

高分子混凝剂的混凝效果受水的 pH 值影响较小。

C 水温的影响

最适宜的混凝温度为 20~30℃。水温低时混凝效果差的原因：（1）无机盐混凝剂的水解是吸热反应，水温低时，混凝剂水解缓慢，影响胶体颗粒脱稳。如根据范特哈甫近似规则：在常温附近，水温每降低10℃，混凝剂水解反应速度常数将降低2～4倍。(2)水温低时，水的黏度变大，胶粒的布朗运动减弱，胶粒运动阻力增大，影响胶粒间的有效碰撞和絮凝。(3)水温低时，胶体颗粒水化作用增强，妨碍胶体凝聚。(4)水温与水的pH值有关，水温低时，水的pH值提高，相应的混凝最佳pH值也将提高。

D　水的碱度的影响

无机盐类水解反应过程中不断产生H^+，从而消耗水的碱度。要使pH值保持在最佳范围内，水中应有足够的碱性物质与H^+中和。天然水中均含有一定碱度（通常是HCO_3^-），它对pH值有缓冲作用：

$$HCO_3^- + H^+ \rightleftharpoons CO_2 + H_2O$$

原水碱度不够时，应投加碱剂，一般是石灰。例如用硫酸铝或三氯化铝作为絮凝剂时，加入石灰发生如下反应：

$$Al_2(SO_4)_3 + 3H_2O + 3CaO = 2Al(OH)_3 \downarrow + 3CaSO_4$$

$$2FeCl_3 + 3H_2O + 3CaO = 2Fe(OH)_3 \downarrow + 3CaCl_2$$

应当注意，投加的碱性物质不可过量，否则形成的$Al(OH)_3$会溶解为负离子$Al(OH)_4^-$而恶化混凝效果。由反应式可知，每投加1mmol/L的硫酸铝，需投加3mmol/L的CaO，将水中原有的碱度考虑在内，石灰投量按下式估算：

$$[CaO] = 3[a] - [x] + [\delta]$$

式中　[CaO]——纯石灰CaO投量，mmol/L；

$[a]$——混凝剂投量，mmol/L；

$[x]$——原水碱度，按mmol/L CaO计；

$[\delta]$——保证反应顺利进行的剩余碱度，一般取0.25～0.5mmol/L CaO。

碱剂的投量一般应根据实验确定。

E　水中浊质颗粒浓度的影响

低浊度时，颗粒碰撞速率减小，混凝效果差。为提高低浊度原水的混凝效果，可以采用的措施有：(1)在投加铝盐或铁盐混凝剂的同时投加高分子助凝剂。(2)在水中投加矿物颗粒如黏土等，增加混凝剂水解产物的聚结中心，提高颗粒碰撞几率，增加絮凝体密度。高浊度时，可以采用预沉降低水的浊度，或在投加混凝剂的同时投加助凝剂。

F　水中有机污染物的影响

水中有机物对胶体有保护稳定作用，水中溶解性的有机物分子吸附在胶体颗粒表面，好像形成一有机涂层一样，将胶体颗粒保护起来，阻碍胶粒之间的碰撞，阻碍混凝剂与胶体颗粒之间的脱稳凝聚作用。一般可以通过投加氧化剂如高锰酸钾、臭氧、氯等氧化破坏有机物对胶体的保护作用，改善混凝效果。

G　水力条件的影响

水力条件对混凝有重要的影响，水力条件包括水力强度和作用时间两方面。在混凝反应中，搅拌强度和搅拌时间是两个主要的控制指标。混合阶段要求混凝剂与废水快速均匀混合，为此要求搅拌强度要大，但时间要短；速度梯度G应在500～1000s^{-1}，搅拌时间t应在10～30s。反应阶段既要创造足够的碰撞机会和良好的吸附条件让絮体有足够的生长机会，又要防止小絮体被打碎，因此搅拌强度要小，时间要长，相应的速度梯度 G 应在 20~70s^{-1}，搅拌时间 t 应在 15~30min。

2.2.3 中和

2.2.3.1 中和法的原理

中和法是利用酸碱中和反应的原理调节含酸或含碱污水的 pH 值，使其达到达标排放或使用标准。如在废水需要进行化学或生物处理之前，需要控制水的 pH 值。对于化学处理（如混凝、除磷等），要求废水 pH 值升高或降低到某一需要的最佳值；对于生物处理，废水的 pH 值通常应维持在 6.5~8.5 范围内，以保证处理构筑物内的微生物维持最佳活性。

2.2.3.2 中和法常用的药剂

酸性废水中和处理采用的药剂有石灰、纯碱、氢氧化钠等，碱性废水中和处理采用的药剂有盐酸和硫酸，在污水处理中最常用的中和药剂是熟石灰和浓硫酸。酸性废水采用石灰乳液中和，不仅能够中和酸，同时还与水中的金属盐类（铁盐、锌盐、铅盐等）生成沉淀。碱性废水采用浓硫酸中和，浓硫酸常采用 93% 浓度的工业浓硫酸。

2.2.3.3 中和设备和装置

A 酸碱废水中和的设备

酸碱废水中和采用中和池，在污水处理工程中，中和法常与絮凝沉淀相互配合处理废水。

B 药剂制备和投加装置

熟石灰的投加采用石灰乳液配制和投加装置。浓硫酸的投加采用全自动硫酸投加装置。

2.2.4 化学沉淀

2.2.4.1 化学沉淀法的概念

向废水中投加某种化学物质，使它和水中某种溶解物质产生反应，生成难溶于水的盐类沉淀下来，从而降低水中这些溶解物质的含量，这种方法称为水处理中的化学沉淀法。化学沉淀法常用于处理含汞、铅、铜、锌、六价铬、硫、氰、氟、砷等有毒化合物的废水。根据使用的沉淀剂的不同，通常使用的化学沉淀法主要有氢氧化物沉淀法、硫化物沉淀法、碳酸盐沉淀法和钡盐沉淀法等。

2.2.4.2 化学沉淀法的原理

从普通化学得知，水中的难溶盐类服从溶度积原则，即在一定温度下，在含有难溶盐 M_mN_n（固体）的饱和溶液中，各种离子浓度的乘积为一常数，称为溶度积常数，记为 K_{sp} 表示。难溶化合物的溶解平衡可用下面的通式表示，即：

$$M_mN_n \rightleftharpoons mM^{n+} + nN^{m-}$$

$$K_{sp} = [M^{n+}]^m[N^{m-}]^n$$

式中 M^{n+}——金属阳离子；

N^{m-}——金属阴离子；

[　] ——物质的量浓度，mol/L。

上式对各种难溶盐都应成立。当 $[M^{n+}]^m[N^{m-}]^n > K_{sp}$ 时，溶液呈过饱和，超过饱和那部分溶质将析出沉淀，直到符合 $[M^{n+}]^m[N^{m-}]^n = K_{sp}$ 时为止；当 $[M^{n+}]^m[N^{m-}]^n < K_{sp}$ 时，溶液不饱和，难溶盐将继续溶解，直到符合 $[M^{n+}]^m[N^{m-}]^n = K_{sp}$ 时为止。

化学沉淀法就是利用上述原理处理废水的。为了去除废水中的 M^{n+} 离子，可向其中投加具有 N^{m-} 的物质（常称沉淀剂），$[M^{n+}]^m[N^{m-}]^n > K_{sp}$ 时，形成 M_mN_n 沉淀，从而达到去除或降低废水中 M^{n+} 浓度的目的。

2.2.4.3 化学沉淀法的分类

A 氢氧化物沉淀法

采用氢氧化物作沉淀剂使工业废水中的许多重金属离子生成氢氧化物沉淀而得以去除，这种方法一般称为氢氧化物沉淀法。

氢氧化物沉淀与 pH 值有很大的关系，金属氢氧化物的生成条件和存在状态与溶液的 pH 值有直接关系。

此外，有些金属如 Zn、Pb、Cr、Al 等的氢氧化物为两性化合物，如 pH 值过高，它们会重新溶解。如：

$$Zn(OH)_2(固) \rightleftharpoons Zn^{2+} + 2OH^-$$

$$Zn(OH)_2(固) + OH^- \rightleftharpoons Zn(OH)_3^-$$

$$Zn(OH)_2(固) + 2OH^- \rightleftharpoons Zn(OH)_4^{2-}$$

Zn 沉淀的 pH 值宜为 9，当 pH 值再高，就会因络合离子的增多，使锌溶解度上升。所以处理过程的 pH 值必须控制在适宜的范围内。

氢氧化物沉淀法最经济的化学药剂是石灰，一般适用于不准备回收重金属的低浓度废水处理。

例如：某矿山废水含铜 80 ~ 100mg/L，总铁 1000 ~ 1500mg/L，pH 值为 2 ~ 2.5，沉淀剂采用石灰乳，其处理过程为：废水与石灰乳在混合池内混合后进入一级沉淀池，控制 pH 值在 5.0 ~ 6.0 之间，使铁先沉淀；然后加入石灰乳，控制 pH 值在 8.5 ~ 9.0 之间，使铜沉淀。废水经二级化学沉淀后，出水可达到排放标准，沉淀过程中产生的铁渣和铜渣可回收利用。

B 硫化物沉淀法

许多金属能形成硫化物沉淀，大多数金属硫化物的溶解度一般比其氢氧化物的要小很多，采用硫化物作沉淀剂可使废水中的金属得到更完全的去除。但是，由于硫化物沉淀法处理费用较高，且硫化物固液分离困难，常需投加凝聚剂，因此此法的应用不太广泛，有时作为氢氧化物沉淀法的补充法。常用沉淀剂为硫化氢、硫化钠和硫化钾等。

硫化物沉淀的生成也与 pH 值有较大关系。

C 碳酸盐沉淀法

锌和铅等金属离子的碳酸盐的溶度积较小，可投加碳酸钠到高浓度的含锌或含铅废水中，形成锌或铅的碳酸盐沉淀，从而回收重金属。

如含锌废水中锌的去除，用碳酸钠与之反应生成碳酸锌沉淀；沉渣用清水漂洗后，再经真空抽滤筒抽干，可以回收或回用生产。

D 钡盐沉淀法

钡盐沉淀法主要用于含六价铬的废水处理。沉淀剂有碳酸钡、氯化钡、硝酸钡、氢氧化钡等。以碳酸钡为例：

$$BaCO_3 + CrO_4^{2-} \longrightarrow BaCrO_4 \downarrow + CO_3^{2-}$$

为了提高除铬效果，应投加过量的碳酸钡，反应时应保持 25 ~ 30min。投加过量的碳酸钡会使出水中含有一定数量的残钡。在回收前可用石膏法去除：

$$CaSO_4 + Ba^{2+} \longrightarrow BaSO_4 \downarrow + Ca^{2+}$$

2.2.5 氧化还原

2.2.5.1 氧化还原法的概念

通过化学药剂与废水中的污染物进行氧化还原反应，从而将废水中的有毒有害污染物转化为无毒或者低毒物质的方法称为氧化还原法。

根据有毒有害物质在氧化还原反应中被氧化或还原的不同，废水中的氧化还原法又可分为药剂氧化法和药剂还原法两大类。在废水处理中常采用的氧化剂有：空气中的氧、纯氧、臭氧、氯气、漂白粉、次氯酸钠、三氯化铁等；常用的还原剂有：硫酸亚铁、氯化亚铁、铁屑、锌粉、二氧化硫等。

2.2.5.2 水处理中常用的氧化法

A 臭氧氧化法

臭氧的氧化性在天然元素中仅次于氟，可分解一般氧化剂难以破坏的有机物，并且不产生二次污染。因此广泛地用于消毒、除臭、脱色以及除酚、氰、铁、锰等。臭氧氧化处理系统中的主要设备是臭氧接触反应器。

B 氯氧化法

在氯氧化法中的氯系氧化剂包括氯气、氯的含氧酸及其钠盐、钙盐和二氧化氯。除了用于消毒外，氯氧化法还可用于氧化废水中的某些有机物和还原性物质，如氰化物、硫化物、酚、醇、醛、油类，以及用于废水的脱色、除臭等。例如在处理含 CN^- 的废水过程中，液氯在碱性条件下可将氰化物氧化成氰酸盐，氰酸盐进一步被氧化为无毒物质。化学反应式如下：

$$Cl_2 + KCN + 2KOH \longrightarrow KOCN + 2KCl + H_2O$$

$$3Cl_2 + 2KOCN + 4KOH \longrightarrow N_2 \uparrow + 2CO_2 \uparrow + 6KCl + 2H_2O$$

C 高锰酸钾氧化法

高锰酸钾氧化法主要用于去除废水中的酚、二氧化硫、H_2S 等。在饮用水的处理中，这种方法主要用来杀灭藻类、除臭、除味、除铁、除锰等。该法的优点是处理后的水没有异味，氧化剂容易投配；主要缺点是处理成本高。

2.2.5.3 水处理中常用的还原法

药剂还原法主要用于处理含铬、含汞废水或水中的氧化物质。

用亚硫酸氢钠处理含铬废水，通过还原可将六价铬转化为三价铬，大大减小了铬的毒性。还原过程是：在酸性条件下，向含铬废水中投加亚硫酸氢钠，将六价铬还原为三价铬。随后投加石灰或氢氧化钠，生成氢氧化铬沉淀。将沉淀物从废水中分离出来，达到处理的目的。化学反应如下：

$$2H_2Cr_2O_7 + 6NaHSO_3 + 3H_2SO_4 = 2Cr_2(SO_4)_3 + 3Na_2SO_4 + 8H_2O$$

$$Cr_2(SO_4)_3 + 3Ca(OH)_2 = 2Cr(OH)_3\downarrow + 3CaSO_4$$

$$Cr_2(SO_4)_3 + 6NaOH = 2Cr(OH)_3\downarrow + 3Na_2SO_4$$

实际中常用金属还原剂来处理含汞废水，废水中的汞离子被还原为金属汞而析出，金属本身被氧化为离子而进入水中。可用于还原汞的金属有铁粉、锌粉、铜粉和铝粉等。以铁粉为例，发生如下化学反应：

$$Fe + Hg^{2+} = Fe^{2+} + Hg\downarrow$$

2.3　物理化学处理

2.3.1　离子交换

离子交换法是利用离子交换剂上的可交换离子与水中离子进行交换反应，达到去除水中一些离子的目的。水处理中常用的离子交换有 Na 离子交换、H 离子交换和 OH 离子交换。根据应用目的的不同，它们组合成的工艺有：为除去水中硬度的 Na 离子交换软化处理，为除去硬度并降低碱度的 H—Na 离子交换软化降碱处理，以及为除去水中全部溶解盐类的 H—OH 离子交换除盐处理。

在水处理中，目前普遍应用的离子交换剂是合成的离子交换树脂。

2.3.1.1　离子交换树脂

A　离子交换树脂的分类

离子交换树脂是带有官能团（有交换离子的活性基团）、具有网状结构、不溶性的高分子化合物。它通常是球形颗粒物。离子交换树脂有多种分类方法：

（1）按孔隙结构的不同，离子交换树脂分为凝胶型和大孔型两种。

1）凝胶型树脂是由苯乙烯和二乙烯苯混合物在引发剂存在下进行悬浮聚合得到的具有交联网状结构的聚合物，因为这种聚合物呈透明或半透明状态的凝胶结构，所以称为凝胶型树脂。凝胶型树脂的网孔通常很小，平均孔径为 1 ~ 2nm，且大小不一。在干的状态下，这些网孔并不存在，当浸入水中呈湿态时，它们才显示出来。凝胶型树脂因其孔径小，不利于离子运动，当直径较大的分子（如有机物）通过时，容易堵塞网孔，再生时也不易洗脱下来。凝胶型树脂的机械强度较差，为了改善其机械强度，在合成反应中必须控制苯乙烯和二乙烯的反应速度，制成超凝胶型树脂。

2）大孔型树脂的制备方法和凝胶型树脂的不同主要是高分子聚合物骨架的制备。制备大孔结构高分子聚合物骨架时，要在单体混合物中加入致孔剂，待聚合物形成后，致孔剂被除去，在树脂上留下了大大小小、形状各异、互相贯通的孔穴，称为物理孔。大孔树脂的内部存在更多、更大的孔（孔径一般为 20 ~ 100nm），被截留在网孔中的有机物容易在再生过程中被洗脱下来，因此具有抗有机物的能力。由于大孔树脂孔隙占据一定的空间，离子交换基团含量相应减少，所以交换容量比凝胶型树脂低一些。大孔树脂的交联度通常比凝胶型的大，大分子不易降解，所以大孔型树脂的抗氧化能力较强，机械强度较高。

(2) 按合成离子交换树脂的单体种类分类。根据单体的种类不同，离子交换树脂分为苯乙烯系树脂和丙烯酸系树脂。

(3) 按活性基团的性质分类。离子交换树脂根据其所带活性基团的性质，可分为阳离子交换树脂和阴离子交换树脂。带有酸性活性基团，能与水中阳离子进行交换的称为阳离子交换树脂；带有碱性活性基团，能与水中阴离子进行交换的称为阴离子交换树脂。按活性基团上 H^+ 或 OH^- 电离的强弱程度，又可分为强酸性阳离子交换树脂和弱酸性阳离子交换树脂、强碱性阴离子交换树脂和弱碱性阴离子交换树脂。

B 离子交换树脂的型号

离子交换树脂的全名称由分类名称、骨架（或基因）名称、基本名称组成。离子交换产品的型号由三位阿拉伯数字组成：第一位数字代表产品的分类，第二位数字代表骨架的差异，第三位数字为顺序号用以区别基因、交联剂等的差异。第一、第二位数字的意义见表 2-7。

表 2-7 树脂型号中的第一、第二位数字的意义

代 号	0	1	2	3	4	5	6
分类名称	强酸性	弱酸性	强碱性	弱碱性	螯合性	两性	氧化还原性
骨架名称	苯乙烯系	丙烯酸系	醋酸系	环氧系	乙烯吡啶系	脲醛系	氯乙烯系

大孔树脂在型号前加“D”，凝胶型树脂的交联度值可在型号后用“×”号连接阿拉伯数字表示。如 D011×7，表示大孔强酸性丙烯酸系阳离子交换树脂，其交联度为 7。

C 离子交换树脂的性能

a 物理性质

(1) 外观。离子交换树脂的外观包括颗粒的形状、颜色、完整性以及树脂中的异样颗粒和杂质等。离子交换树脂是一种透明或半透明的物质，依其组成的不同，呈现的颜色也各异，苯乙烯系均呈黄色，其他也有黑色及赤褐色的。树脂的颜色稍深。树脂在使用中，由于可交换离子的转换或受杂质的污染等原因，其颜色会发生变化，但这种变化不能确切表明它发生了什么改变，所以只可以作为参考。水处理用离子交换树脂的外观见表 2-8。

表 2-8 水处理用离子交换树脂外观

树脂类别	常 见 外 观	树脂类别	常 见 外 观
001×7	棕黄色至棕褐色透明球状颗粒	201×4	浅黄色或金黄色透明球状颗粒
002	棕黄色至棕褐色透明球状颗粒	201×7	浅黄色或金黄色透明球状颗粒
D001	浅棕色不透明球状颗粒	D201	乳白色或浅灰色不透明球状颗粒
D111	乳白色或浅黄色不透明球状颗粒	D201	乳白色或浅灰色不透明球状颗粒
D113	乳白色或浅黄色不透明球状颗粒	D301	乳白色或浅黄色不透明球状颗粒

(2) 粒度。离子交换树脂通常制成珠状的小颗粒，它的尺寸也很重要。树脂粒度的大小，对水处理工艺有较大的影响：树脂颗粒过大，则使交换速度减慢；树脂颗粒过小，又会使水通过树脂层的压力损失增大。树脂的粒度应均匀，否则由于小颗粒树脂堵塞了大颗

粒间的孔隙，又使水流不均和阻力增大。

另外，树脂粒度不均匀也使反洗操作不易控制。反洗流速过大会冲掉小颗粒树脂；而反洗流速过小，又不能松动大颗粒树脂，使反洗效果变差。一般水处理使用的树脂粒度以20～40目为宜，也就是0.3～1.2mm。在高流速装置中要求粒度范围更窄，为0.45～0.65mm，这可使流体阻力更小，同时树脂球粒的耐压强度较一致。

（3）密度。离子交换树脂的密度是指单位体积树脂所具有的质量，单位为g/mL。离子交换树脂的密度是水处理工艺中的实用数据。例如在估算设备中树脂的装载量时，需要知道它的密度。离子交换树脂的密度有以下几种表示法：

1）干真密度。干真密度即在干燥状态下树脂本身的密度，即：

$$干真密度 = 干树脂质量 / 干树脂颗粒的体积$$

此值一般为1.6左右，在实用上意义不大，常用在研究树脂性能方面。

2）湿真密度。湿真密度是指树脂在水中经过充分膨胀后，树脂颗粒的密度，即：

$$湿真密度 = 湿树脂质量 / 湿树脂颗粒的体积$$

湿树脂的真体积是树脂在湿状态下的颗粒体积，此体积包括颗粒内孔网的体积，但颗粒和颗粒间的空隙体积不应计入。树脂的湿真密度与其在水中所表现的水力特性有密切关系，它直接影响到树脂在水中的沉降速度和反洗膨胀率，是树脂的一项重要实用性能，其值一般在1.04～1.30g/mL之间。树脂的湿真密度随其交换基团的离子型不同而改变。

3）湿视密度。湿视密度是指树脂在水中充分膨胀后的堆积密度，即：

$$湿视密度 = 湿树脂质量 / 湿树脂的堆积体积$$

湿视密度用来计算交换器中装载树脂时所需湿树脂的质量，此值一般在0.60～0.85g/mL之间。阴树脂较轻，偏于下限；阳树脂较重，偏于上限。

（4）耐磨性。交换树脂颗粒在运行中，由于相互磨轧和胀缩作用，会发生碎裂现象，所以其耐磨性是一个影响其实用性能的指标。一般，其机械强度应能保证每年的树脂耗损量不超过3%～7%。

（5）耐热性。各种树脂所能承受的温度都有限度，超过此温度，树脂热分解的现象就很严重。由于各种树脂的耐热性能不一，因此对每种树脂能承受的最高温度，应由鉴定试验来确定。一般阳树脂可耐100℃或更高的温度；阴树脂，强碱性的约可耐60℃，弱碱性的可耐80℃以上。通常，盐型要比酸型或碱型稳定。

（6）含水率。离子交换树脂的含水率是指它在潮湿空气中所保持的水量，它可以反映交联度和网眼中的孔隙率。树脂的含水率越大，表示它的孔隙率越大，交联度越小。

b　化学性质

（1）交换容量。交换容量是单位质量的干燥离子交换剂或单位体积的湿离子交换剂所能吸附的一价离子的毫摩尔数，是表征树脂交换能力的主要参数。其表示方法有重量交换容量和体积交换容量两种，后一种较直观地反应生产设备的能力。

交换容量的测定方法如下：

对于阳离子交换剂，先用盐酸将其处理成氢型后，称重并测其含水量，同时称数克离子交换剂，加入过量已知浓度的NaOH溶液，待反应达到平衡后，测定剩余的NaOH摩尔数，就可求得该阳离子交换剂的交换容量。对于阴离子交换剂，不能利用与上述相对应的方法，即不能用碱将其处理成羟型后测定交换容量。这是因为，羟型离子交换剂在高温下容易分解，含水量不易准确测定，并且用水清洗时，羟型离子交换剂易吸附水中的 CO_2 而使部分成为碳酸型。所以，一般将阴离子交换剂转换成氯型后测定其交换容量。取一定量的氯型阴离子交换剂装入柱中，通入硫酸钠溶液，用铬酸钾为指示剂，用硝酸银溶液滴定流出液中的氯离子，从而可根据洗脱交换下来的氯离子量，计算交换容量。

离子交换树脂进行离子交换反应的性能，表现在它的“离子交换容量”。按树脂计量方式的不同，其单位有两种表示方法：

1）质量表示方法，即单位质量离子交换树脂中可交换的离子量，单位为 mmoL/g，这里的质量既可以用湿态质量，又可以用干态质量。

2）体积表示法，即单位体积离子交换树脂可交换的离子量，单位为 mmoL/L，这里的体积是指湿状态下树脂的真体积或堆积体积。它又有总交换容量、工作交换容量和再生交换容量三种表示方式。

①总交换容量，表示每单位数量（质量或体积）树脂能进行离子交换反应的化学基团的总量。

②工作交换容量，表示树脂在某一定条件下的离子交换能力，它与树脂种类和总交换容量，以及具体工作条件如溶液的组成、流速、温度等因素有关。

③再生交换容量，表示在一定的再生剂量条件下所取得的再生树脂的交换容量，表明树脂中原有化学基团再生复原的程度。

通常，再生交换容量为总交换容量的 50% ~90% （一般控制在 70% ~80%），而工作交换容量为再生交换容量的 30% ~90% （对再生树脂而言），后一比率也称为树脂的利用率。

在实际使用中，离子交换树脂的交换容量包括了吸附容量，但后者所占的比例因树脂结构不同而异。现仍未能分别进行计算，在具体设计中，需凭经验数据进行修正，并在实际运行时复核之。

离子树脂交换容量的测定一般以无机离子进行。这些离子尺寸较小，能自由扩散到树脂体内，与它内部的全部交换基团起反应。而在实际应用时，溶液中常含有高分子有机物，它们的尺寸较大，难以进入树脂的显微孔中，因而实际的交换容量会低于用无机离子测出的数值。这种情况与树脂的类型、孔的结构尺寸及所处理的物质有关。

（2）离子交换树脂的选择性。离子交换树脂对溶液中的不同离子有不同的亲和力，对它们的吸附有选择性。各种离子受树脂交换吸附作用的强弱程度有一般的规律，但不同的树脂可能略有差异。主要规律如下：

1）对阳离子的吸附。高价离子通常被优先吸附，而低价离子的吸附较弱。在同价的同类离子中，直径较大的离子的被吸附较强。一些阳离子被吸附的顺序如下：

$$Fe^{3+} > Al^{3+} > Pb^{2+} > Ca^{2+} > Mg^{2+} > K^{+} > Na^{+} > H^{+}$$

2）对阴离子的吸附。强碱性阴离子树脂对无机酸根的吸附的一般顺序如下：

$$SO_4^{2-} > NO_3^{-} > Cl^{-} > HCO_3^{-} > OH^{-}$$

弱碱性阴离子树脂对阴离子的吸附的一般顺序如下：

$$OH^{-} > SO_4^{2-} > PO_4^{3-} > NO_2^{-} > Cl^{-} > HCO_3^{-}$$

通常，交联度高的树脂对离子的选择性较强，大孔结构树脂的选择性小于凝胶型树脂。这种选择性在稀溶液中较大，在浓溶液中较小。

2.3.1.2 离子交换除盐原理

A 除盐原理

离子交换法制备纯水是通过离子交换柱（内装离子交换树脂）将水中的阳、阴离子分别代换成 H^+ 和 OH^- 而制得纯水。

a 阳离子交换

使水通过内部装有氢型阳树脂的阳离子交换器，则发生下述反应：

$$\underset{\text{（树脂上）}}{RH} + \underset{\text{（水中）}}{\left\{\begin{array}{l} Na^+ \\ Ca^{2+} \\ Mg^{2+} \\ Fe^{3+} \end{array}\right.} \longrightarrow \underset{\text{（树脂上）}}{R\left\{\begin{array}{l} Na \\ Ca \\ Mg \\ Fe \end{array}\right.} + \underset{\text{（水中）}}{H^+}$$

反应结果是树脂逐层转成金属型，而交换出的 H^+ 与水中原有的阴离子 HCO_3^-、Cl^-、SO_4^{2-} 等形成极稀的酸溶液，即阳床出水。

b 二氧化碳的去除

阳床出水中的 H^+ 与水中 HCO_3^- 结合而成离解度很低的碳酸（H_2CO_3）。当 pH 值低于 4 时，碳酸大部分离解成 CO_2。在除碳器中，阳床出水与用风机鼓入的空气相遇，使二氧化碳从水中逸出，被空气带走，其反应式为：

$$H_2CO_3 = CO_2 \uparrow + H_2O$$

水经除碳气后，其中主要阳离子为 H^+ 和微量 Na^+，而阴离子则主要是 Cl^-、SO_4^{2-} 等强酸性阴离子和 $HSiO_3^-$ 等弱酸性阴离子，这种水称为中间水，从中间水箱出来后随即进入阴离子交换器，以除去阴离子。

c 阴离子的去除

当中间水与阴离子交换器中的 OH 型阴树脂接触时，就会发生如下反应：

$$\underset{\text{（树脂上）}}{ROH} + \underset{\text{（水中）}}{\left\{\begin{array}{l} Cl^- \\ SO_4^{2+} \\ HSiO_3^- \\ HCO_3^- \end{array}\right.} \longrightarrow \underset{\text{（树脂上）}}{R\left\{\begin{array}{l} Cl \\ SO_4 \\ HSiO_3 \\ HCO_3 \end{array}\right.} + \underset{\text{（水中）}}{OH^-}$$

从阴树脂中交换出的 OH^- 随即与中间水中的 H^+ 发生中和反应而被除去：

$$H^+ + OH^- = H_2O$$

这样，水中的阴、阳离子已几乎全部去除，也就是水中的可溶性盐几乎全部去除而得到纯净的除盐水。

B 离子交换器失效再生

离子交换树脂上的 H^+、OH^- 与水中的阴、阳离子是等当量交换的，处理一定量的水后，树脂上的 H^+ 或 OH^- 会被大量消耗掉，即交换器失效。当交换器失效后，需要对树脂进行再生。再生过程是除盐制水过程的逆反应。

a 阳树脂的再生

失效的阳树脂用3% ~5%的盐酸或用不同浓度的硫酸分步再生。用盐酸再生的反应式如下：

$$R\begin{cases}Na\\Ca\\Mg\\Fe\end{cases} + H^+ \longrightarrow RH + \begin{cases}Na^+\\Ca^{2+}\\Mg^{2+}\\Fe^{3+}\end{cases}$$

反应结果，树脂大部分转化为H型，因酸液变为含有残余酸的氯化物或硫酸盐（当用硫酸再生时）混合溶液，被排入废液处理系统。

b 阴树脂的再生

失效的阴树脂用2% ~4%的氢氧化钠溶液再生，其反应式如下：

$$R\begin{cases}Cl\\SO_4\\HSiO_3\\HCO_3\end{cases} + OH^- \longrightarrow ROH + \begin{cases}Cl^-\\SO_4^{2-}\\HSiO_3^-\\HCO_3^-\end{cases}$$

反应结果，树脂大部分转化为OH型，因碱液变为含有残余碱的钠盐混合溶液被排入废液处理系统。

上面谈的是采用阴、阳离子交换法除盐的原理。若用食盐溶液将阳树脂转化为钠型，而后使水通过钠型交换器，则水中的Ca^{2+}、Mg^{2+}等离子可代换为Na^+，即去除了水中的硬度，这样制得的水称为软化水。离子交换软化法中使用的树脂是强酸阳树脂，所用的再生液是饱和食盐溶液。软化水中含有与原水所含Ca^{2+}、Mg^{2+}等当量的Na^+，废再生液中含有残余的食盐和大量的钙、镁氯化物。

2.3.2 膜分离

2.3.2.1 膜及膜分离

在一种流体相内或两种流体相之间有一薄层凝聚相物质把流体相分隔成两部分。这一薄层物质就是所谓的薄膜，简称膜。作为凝聚相的膜可以是固态的或液态的，而被膜分隔开的流体物质可以是液态的或气态的。膜本身可以是均一的相也可以是由两相以上的凝聚态物质所构成的复合体。

膜是具有选择性分离功能的材料。膜分离过程是借助一个膜相，对被分离物系中各组分的选择透过能力不同而实现对物系中各组分分离的过程。膜分离过程具有如下功能：

（1）物质的识别与透过。这一功能是使混合物中各组分之间实现分离的内在因素。

（2）相界面。膜将透过液和保留液（料液）分为互不混合的两相。

（3）反应场。膜表面及孔内表面含有与特定溶质具有相互作用能力的官能团，通过物理作用、化学作用或生化反应提高膜分离的选择性和分离速度。

主要的膜分离法有微滤、超滤、纳滤、反渗透、渗析、电渗析、渗透气化，其分离过程见表2-9。

表 2-9 主要膜分离过程

膜的种类	膜的功能	分离驱动力	透过物质	被截留物质
微 滤	脱除溶液的微粒子	压力差（0.05～0.5MPa）	水、溶剂、溶解物	悬浮物、细菌类、微粒子
超 滤	脱除溶液中的粒子和大分子	压力差（0.1～1.0MPa）	溶剂、离子和小分子	蛋白质、酶、细菌、病毒、乳胶、微粒子
反渗透和纳滤	脱除溶液中的盐类及低分子物	压力差（1.0～10MPa）	水、溶剂	无机盐、糖类、氨基酸、BOD、COD 等
渗 析	脱除溶液中的盐类及低分子物	浓度差	离子、低分子物、酸、碱	无机盐、尿素、尿酸、糖类、氨基酸
电渗析	脱除溶液中的离子	电位差	离 子	无机、有机离子
渗透气化	溶液中低分子物及溶剂间的分离	压力差、浓度差	蒸 汽	液体、无机盐、乙醇溶液

2.3.2.2 膜分离法的原理

总的来说，膜分离之所以能使混在一起的物质分开不外乎两种手段：

（1）根据它们的物理性质不同——主要是质量、体积大小和几何外形差异，用过筛的办法将其分离。如微滤膜分离过程就是根据这一原理将水溶液中孔径大于 50nm 的固体杂质去掉的。表 2-10 列出了一些分离膜对应的孔径。

表 2-10 按孔径分类的分离膜

膜种类	MF 膜	UF 膜	NF 膜	RO 膜
公称孔径	>0.1μm	0.01～0.1μm	1nm	<1nm

（2）根据混合物的化学性质。物质通过分离膜的速度取决于以下两个步骤的速度：首先是膜表面接触的混合物进入膜内的速度（称为溶解速度），其次是进入膜内后从膜表面扩散到膜的另一表面的速度。两者的速度和为总速度。总速度越大，透过膜所需要的时间越短。溶解速度完全取决于被分离物与膜材料之间化学性质的差异，扩散速度除化学性质外还与物质的相对分子质量有关。混合物透过的速度相差越大，则分离效率越高；反之，若总速度相等，则无分离效率可言。

2.3.2.3 分离膜所用的材料

目前，分离膜大多数还是高聚物膜。无机材料制成的分离膜还属少数。高聚物膜主要有纤维素衍生物、聚砜类、聚酰胺及杂化含氮高聚物、聚酯类等。无机膜主要有陶瓷膜、玻璃膜、金属膜和分子筛膜。与高聚物相比，无机膜具有以下特点：

（1）热稳定性好。适用于高温高压体系，使用温度一般可达 400℃，有时高达 800℃。

（2）化学性质好。能耐酸和弱碱，pH 值范围广。

（3）抗微生物能力强。一般不和微生物反应。

（4）无机膜件机械强度大。

（5）清洁状态好。

（6）无机膜的孔分布窄，分离性能好。

无机膜的缺点是：没有弹性，比较脆，不易成型加工，可用于制造膜的材料较少，成本较贵，强碱条件下会受到侵蚀。

2.3.2.4 反渗透

A 概述

反渗透技术原理是在高于溶液渗透压的作用下，依据其他物质不能透过半透膜而将这些物质和水分离开来。反渗透膜的膜孔径非常小，因此能够有效地去除水中的溶解盐类、胶体、微生物、有机物等。反渗透系统具有水质好、耗能低、无污染、工艺简单、操作简便等优点。

目前制纯水的方法有四种：蒸馏法、电渗析法、离子交换法和反渗透法。而反渗透又是最先进、效率最高、最节能的制纯水技术。反渗透是20世纪60年代迅速发展起来的一种水处理工艺。目前，它已用在城市用水、锅炉补给水、电厂锅炉补给水、工业废水及海水淡化和各种溶液中溶质分离等方面。

近年来在钢铁行业以反渗透处理水的技术为主的工艺得到了广泛应用，主要用于中高压锅炉的补给水处理、综合废水的深度处理等，其中综合废水的脱盐处理使钢铁行业废水回用率得以提高，大大减少吨钢耗新水量。随着1998年太钢工业废水成功地采用反渗透进行脱盐处理，使得反渗透除盐技术得以在钢铁行业推广和利用，国内一些大型钢铁企业先后建成了以反渗透为主体工艺的污水处理厂，如首钢、本钢、济钢、唐钢、马钢、安钢等。

B 反渗透原理

如果将淡水和盐水用一种只能透过水而不能透过溶质的半透膜隔开，则淡水中的水会穿过半透膜至盐水一侧，这种现象称为渗透。

因此，在进行渗透过程中，由于盐水一侧液面的升高会产生压力，从而抑制淡水中的盐进一步向盐水一侧渗透。最后，当浓水侧液面距淡水面有一定的高度，以至它产生的压力足以抵消其渗透倾向时，浓水侧的液面就不再上升。此时，通过半透膜进入浓溶液的水和通过半透膜离开浓溶液的水量相等，所以它们处于平衡状态。平衡时，淡水液面与同一水平面的盐水液面所承受的压力分别为 p 和 $p+\rho gh$，后者与前者之差 ρgh 称为渗透压差，简称渗透压，以 π 表示。这里，p 表示大气压力，ρ 表示水的密度，g 表示重力加速度，h 表示两室水位差。

根据这一原理，不难推论出，如果在浓水侧外加一个比渗透压高的压力 p，则可以将盐水中的淡水挤出来，即变成盐水中的水向淡水中渗透。这样，其渗透方向和自然渗透相反，即反渗透原理（见图2-4）。

由此可见，实现反渗透过程必须具备两个条件：一是必须具有一种高选择性和高透水性的半透膜；二是操作压力必须高于溶液的渗透压。

C 反渗透膜

渗透现象是18世纪发现的。最初，人们都是用动物做实验。动物膜不是真正的半透膜，它们有许多缺点，在工业上不能应用。所以，反渗透技术的发展，决定于半透膜的制取工艺。

作为反渗透膜的半透膜应具备以下一些特性：（1）透水率大，脱盐高；（2）机械强度大；（3）耐酸、耐碱、耐微生物的侵袭；（4）使用寿命长；（5）制取方便，价格较低。

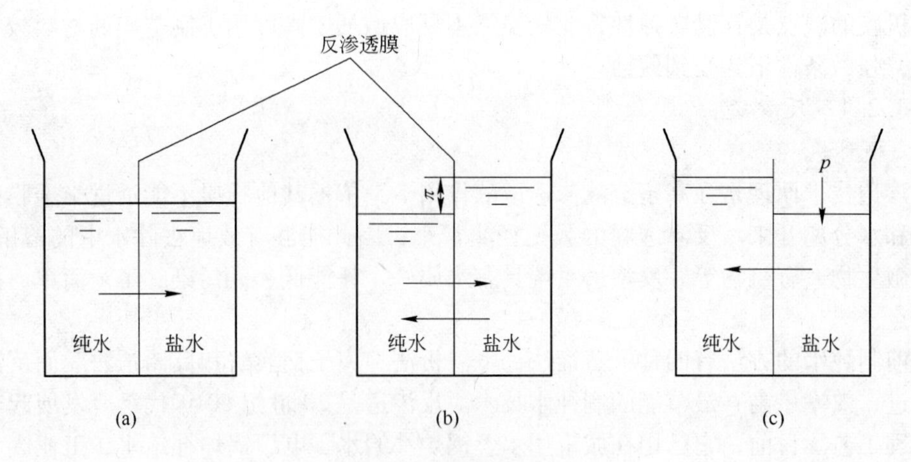

图 2-4 反渗透原理
（a）渗透；（b）渗透平衡；（c）反渗透

反渗透膜能截留大于0.0001μm 的物质，是最精细的一种膜分离产品，其能有效截留所有溶解盐分及相对分子质量大于100 的有机物，同时允许水分子通过。

反渗透膜是一类具有不带电荷的亲水性基团的膜，目前研究得比较多和应用比较广泛的是醋酸纤维素膜、芳香族聚酰胺膜和复合膜。

醋酸纤维素膜又称乙酰纤维素或纤维素醋酸酯，常以含纤维素的棉花、木材等为原料，经过酯化和水解反应制成醋酸纤维素，再加工成反渗透膜。它具有透水率大，脱盐率高和价格便宜的优点。

聚酰胺膜材料包括脂肪族聚酰胺和芳香族聚酰胺两类。目前使用最多的是芳香族聚酰胺膜，它的透水性、除盐率、机械强度和化学稳定性等都较好。它能在 pH 值为 4 ~ 10 的范围内使用（长期使用范围为 pH =5 ~9）。芳香族聚酰胺膜主要制成中空纤维。

复合膜的特征是主要由以上两种材料制成，它是以很薄的致密层和多孔支撑层复合而成。多孔支撑层又称基膜，起增强机械强度的作用；致密层也称表皮层，起脱盐作用，故又称脱盐层。脱盐层厚度一般为50nm，最薄的为30nm。基膜的材料以聚砜最为普遍，其次为聚丙烯和聚丙烯腈。因为聚砜价廉易得，制膜简单，机械强度好，抗压密性能好，化学性能稳定，无毒，能抗生物降解。为进一步增强多孔支撑层的强度，常用聚酯无纺布。脱盐层的材料主要为芳香聚酰胺，此外还有哌嗪酰胺、丙烯-烷基聚酰胺与缩合尿素、糠醇与三羟乙基异氰酸酯、间苯二胺与均苯三甲酰氯等。复合膜的透水率、脱盐率和流量衰减方面的性能都较优越，它的出现大大降低了反渗透的操作压力，延长了膜的寿命，提高了反渗透的经济效益。

D 衡量反渗透膜性能的主要指标

a 脱盐率

脱盐率又称除盐率，通称分离度、截留率，记作 R，定义为进水含盐量经反渗透分离成淡水后所下降的分率，即

$$R = (1 - c_p/c_f) \times 100\%$$

式中，c_f 为进水含盐量，mg/L；c_p 为淡水含盐量，mg/L。

膜元件的脱盐率在其制造成型时就已确定，脱盐率的高低取决于膜元件表面超薄脱盐层的致密度，脱盐层越致密脱盐率越高，同时产水量越低。反渗透对不同物质的脱盐率主要由物质的结构和相对分子质量决定，对高价离子及复杂单价离子的脱盐率可以超过99%，对单价离子如钠离子、钾离子、氯离子的脱盐率稍低，但也可超过98%（膜使用时间越长，化学清洗次数越多，反渗透膜脱盐率越低）。对相对分子质量大于100的有机物脱除率也可到98%，但相对分子质量小于100的有机物脱除率较低。

b 透过速度

（1）水通量（J_w），指反渗透系统的产水能力，即单位时间、单位有效膜面积上透过的水量，又称透水速度，通称为溶剂透过速度，用 J_w 表示。水通量单位可用GFD[gal/(ft^2·d)]、LMH[L/(m^2·h)]和MMD[m^3/(m^2·d)]表示。1MMD = 24.54GFD = 41.67LMH。操作压力大、水温高、含盐量低，回收率小、膜孔隙大，则 J_w 也大；当浓差极化严重或沉积物较多时，J_w 明显下降。反渗透装置运行时，为了减轻膜的污染程度，通常需要将 J_w 控制在膜选用导则所规定的范围内，该规定值与水源有关，井水的较大，地表水的较小。正常使用时反渗透膜 J_w 的年衰减率一般不超过10%。

（2）盐透过速度（J_s）。在单位时间、单位膜面积上透过的盐量，称为盐透过速度，又称透盐率、透盐速度和盐通量，通称为溶质透过速度，用 J_s 表示。水温和回收率低、含盐量和膜孔径小、膜材质对盐的排斥力大，则 J_s 小；当浓差极化严重时，J_s 显著增加。一般情况下，J_s 受压力影响较小。反渗透膜的 J_s 年增加率一般不超过20%。

c 回收率

回收率指膜系统中给水转化成为淡水或透过液的百分比。它是依据预处理的进水水质及用水要求而定的。膜系统的回收率在设计时就已经确定，即：

$$回收率 = (产水流量/进水流量) \times 100\%$$

例如，回收率65%表示用1t盐水可生产出0.65t淡水。被处理水的含盐量越高，允许的回收率越低。

E 反渗透的影响因素

反渗透膜的水通量和脱盐率是反渗透过程中关键的运行参数，这两个参数将受到压力、温度、回收率、给水含盐量、给水pH值因素的影响。

a 进水压力

进水压力本身并不会影响盐透过量，但是进水压力升高使得驱动反渗透的净压力升高，使得产水量加大，同时盐透过量几乎不变，增加的产水量稀释了透过膜的盐分，降低了透盐率，提高脱盐率。当进水压力超过一定值时，由于过高的回收率，加大了浓差极化，又会导致盐透过量增加，抵消了增加的产水量，使得脱盐率不再增加。

b 进水温度

温度对反渗透的运行压力、脱盐率、压降影响最为明显。温度上升，渗透性能增加，在一定水通量下要求的净推动力减少，因此实际运行压力降低。同时溶质透过速率也随温度的升高而增加，盐透过量增加，直接表现为产品水电导率升高。

温度对反渗透各段的压降也有一定的影响，温度升高，水的黏度降低，压降减少，对于反渗透膜的通道由于污堵而使湍流程度增强的装置，黏度对压降的影响更为明显。

反渗透膜产水电导率对进水水温的变化十分敏感。随着水温的增加，产水电导率上升，水通量也呈线性增加，进水水温每升高1℃，产水通量就增加2.5%~3.0%，其原因在于透过膜的水分子黏度下降、扩散性能增强。进水水温的升高同样会导致透盐率的增加和脱盐率的下降，这主要是因为盐分透过膜的扩散速度会因温度的提高而加快。

c　进水pH值

各种膜组件都有一个允许的pH值范围，进水pH值对产水量几乎没有影响；但是即使在允许范围内，pH值对脱盐率也有较大影响。一方面pH值对产品水的电导率也有一定的影响，这是因为反渗透膜本身大都带有一些活性基团，pH值可以影响膜表面的电场进而影响离子的迁移，pH值对进水中杂质的形态有直接影响，如对可离解的有机物，其截留率随pH值的降低而下降；另一方面由于水中溶解的CO_2受pH值影响较大，pH值低时以气态CO_2形式存在，容易透过反渗透膜，所以pH值低时脱盐率也较低，随pH值升高，气态CO_2转化为HCO_3^-和CO_3^{2-}离子，脱盐率也逐渐上升，pH在7.5~8.5之间时，脱盐率达到最高。

d　进水盐浓度

渗透压是水中所含盐分或有机物浓度的函数，含盐量越高，渗透压也越大，进水压力不变的情况下，净压力将减小，产水量降低。透盐率正比于反渗透正反两侧盐浓度差，进水含盐量越高，浓度差也越大，透盐率上升，从而导致脱盐率下降。对同一系统来讲，给水含盐量不同，其运行压力和产品水电导率也有差别，给水含盐量每增加100mg/L，进水压力需增加约0.007MPa，同时由于浓度的增加，产品水电导率也相应地增加。

e　悬浮物

水中的悬浮物就是指在水滤过的同时，在过滤材料表面残留下的物质，以粒子成分为主体。悬浮物含量高会导致反渗透系统很快发生严重堵塞，影响系统的产水量和产水水质。

f　回收率

回收率对反渗透各段压降有很大的影响。在进水总流量保持一定的条件下，回收率增加，由于流经反渗透高压侧的浓水流量减少，总压降降低；回收率减少，总压降增大。实际运行表明，回收率即使变化很小，如1%，也会使总压差产生0.02MPa左右的变化。回收率对产品水电导率的影响取决于盐透过量和产品水量，一般来讲，系统回收率增大，会增加浓水中的含盐量，并相应增加产品水的电导率。

2.3.2.5　纳滤

A　纳滤的概念

纳滤是以压力差为推动力，介于反渗透和超滤之间的截留水中粒径为纳米级颗粒物的一种膜分离技术。它具有以下两个特征：

（1）对于液体中相对分子质量为数百的有机小分子具有分离性能。

（2）对于不同价态的阴离子存在道南效应。物料的荷电性，离子价数和浓度对膜的分离效应有很大影响。

纳滤膜是在反渗透膜的基础上发展起来的。实验证明，它能使90%的NaCl透过膜，而能使99%的蔗糖被残留。由于该膜在渗透过程中截留率大于95%的最小分子均为1nm，故命名为“纳滤膜”。纳滤膜的另一特征就是带有电荷。这也是纳滤膜在低压下仍具有较高的脱盐率和截留相对分子质量为数百的膜也可以脱除无机盐的原因。大多数的纳滤膜带负电，对不同的电荷和不同的价离子有不同的 Donnam 电位，这就决定了其独特的分离性能。纳滤膜材料基本和反渗透膜一样，主要有醋酸纤维素、磺化聚砜（SPS）、聚酰胺、聚乙烯醇（PVA）等。

B 纳滤的应用

与超滤或反渗透相比，纳滤过程对单价离子和相对分子质量低于 200 的有机物截留较差，而对二价或多价离子及相对分子质量介于 200～500 之间的有机物有较高的脱除率。基于这一特性，纳滤过程主要应用于水的软化、净化以及相对分子质量在百级的物质的分离、分级和浓缩（如染料、抗生素、多肽、多醣等化工和生物工程产物的分级和浓缩）、脱色和去异味等；主要用于饮用水中脱除 Ca、Mg 离子等硬度成分、三卤甲烷中间体、异味、色度、农药、合成洗涤剂、可溶性有机物及蒸发残留物质。

2.3.2.6 超滤

A 超滤原理

超滤通常可理解为与膜孔径大小相关的筛分离。以膜两侧的压力作为驱动力，以超滤膜作为过滤介质，在一定的压力下当水流过膜表面时只允许水、无机盐及小分子物质透过膜而阻止了水中的悬浮物、胶体、蛋白质和微生物等大分子（相对分子质量在 500 以上）物质通过，以达到溶液的净化、分离与浓缩的目的。其原理如图 2-5 所示。

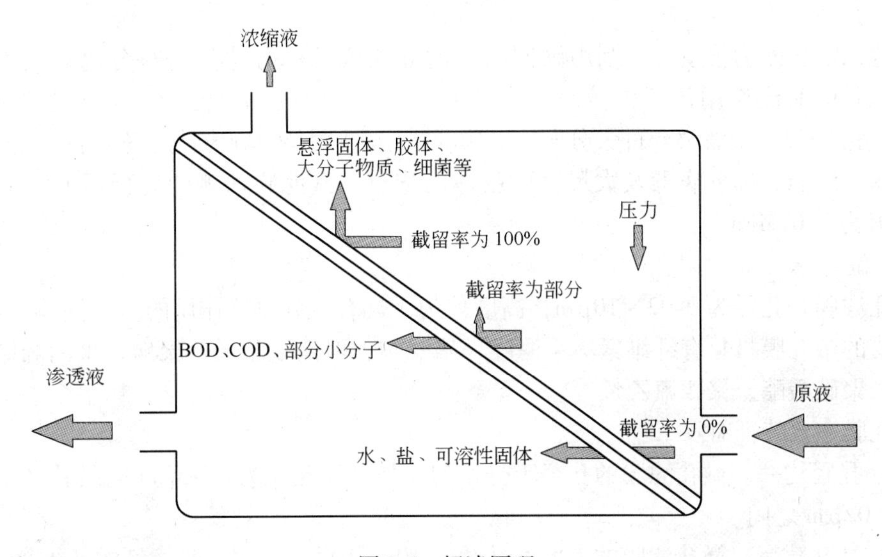

图 2-5 超滤原理

B 超滤膜

超滤装置一般由若干超滤组件构成，通常可分为板框式、管式、螺旋卷式和中空纤维式四种主要类型，工业上应用最广泛的是中空纤维式。中空纤维外径 0.4～2.0mm、内径 0.3～1.4mm，中空纤维管壁上布满微孔，孔径以能截留物质的相对分子质量表达，截留相对分子质量可达几千至几十万。原水在中空纤维外侧或内腔加压流动，分别构成外压式与内压式中空超滤膜。内压式过滤是指原水从中空膜丝外侧经滤膜管壁过滤，形成透过液，从中空膜丝内侧流出，如图2-6所示。外压式过滤是指原水从中空膜丝内侧经滤膜管壁过滤，形成透过液，从中空膜丝外侧流出，如图2-7所示。

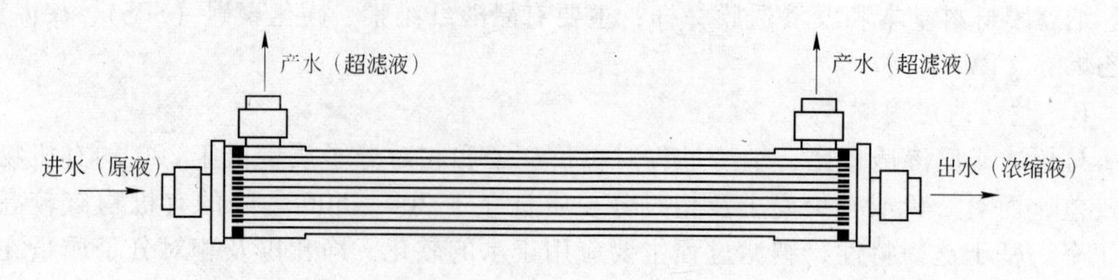

图2-6　内压式超滤膜示意图

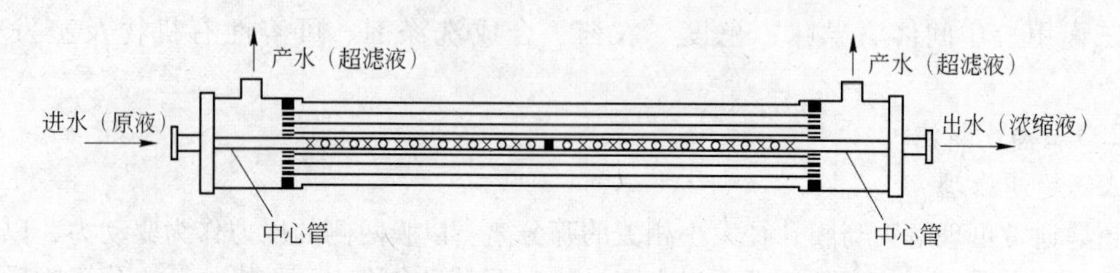

图2-7　外压式超滤膜示意图

2.3.2.7　微滤

A　微滤的机理

微滤以静压差为推动力，利用筛网状过滤介质膜的筛分作用进行分离，又称精密过滤。微滤膜的截流作用包括机械截留、吸附、架桥、膜内部截留等。微滤能截留0.1~1μm之间的颗粒，微滤膜允许大分子有机物和溶解性固体（无机盐）等通过，但能阻挡住悬浮物、细菌、部分病毒及大尺度的胶体的透过，微滤膜两侧的运行压差（有效推动力）一般为0.07MPa。

B　微滤膜

微孔滤膜是孔径为0.02~10μm，高度均匀，具有筛分过滤作用的多孔固体连续介质。目前主要的微孔膜材料有纤维素体系滤膜、聚酰胺、聚偏氟乙烯、聚砜、聚丙烯腈、聚丙烯酸酯、聚碳酸酯、聚四氟乙烯等。

微孔膜主要特征有：

（1）孔径均一。微孔滤膜的孔径十分均匀，如平均孔径为0.45μm的膜孔径变化仅在0.45~0.02μm之间。

（2）高孔隙率。微孔滤膜的表面微孔数为10^7~10^{11}个/cm^2，是滤纸的几十倍。

（3）滤材薄。大部分的微孔膜厚度为150μm左右，比滤纸薄，有利于减少损失。

C　微滤操作

微滤过程操作分死端过滤和错流过滤两种方式。在死端过滤时，溶剂和小于膜孔的溶质粒子在压力推动下透过膜，大于膜孔的溶质粒子被截留，通常堆积在膜面上。随着时间的增加，膜面上堆积的颗粒越来越多，膜的渗透性将下降，这时必须停下来清洗膜表面或更换膜。错流过滤是在压力推动下料液平行于膜面流动，把膜面上的滞留物带走，从而使膜污染保持一个较低的水平。

D 微滤的应用

在水处理中用来水中悬浮物、微小粒子和细菌的去除；在水质分析中用来监测水的污染指数（*SDI* 值），利用同一种水样通过0.45μm 微滤膜后所收集到的水样时间差来衡量水质好坏。

2.3.2.8 电渗析

A 电渗析的原理

电渗析装置是由许多只允许阳离子通过的阳离子交换膜 CM 和只允许阴离子通过的阴离子交换膜 AM 组成的，如图 2-8 所示。这两种膜交替地平行排列在两块正负电极板之间。

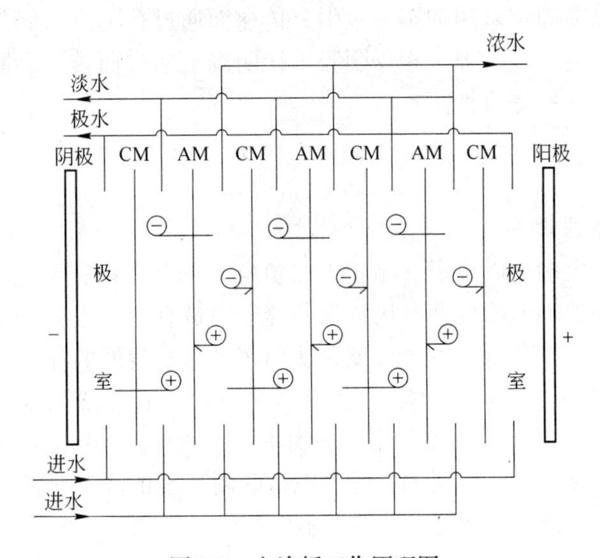

图 2-8 电渗析工作原理图

当加上电压后，在直流电场的作用下，淡室中的全部阳离子趋向阴极，在通过阳膜后，被阴膜截留在浓室中；同样，淡室中的全部阴离子趋向阳极，在通过阴膜后，被阳膜截留在浓室中。于是淡室中电解质浓度逐渐下降，而浓室中电解质浓度则逐渐上升。

实际上电渗析过程除上述反离子迁移过程外，还可能同时发生以下过程：

（1）同名离子迁移。由于离子膜的选择透过性不能达到 100%，再加上膜外浓度过高的影响，在阳膜中会进入阴离子，阴膜中也会进入阳离子，从而进行同名离子迁移。

（2）电解质的渗析。由于膜两侧浓度差的推动作用，电解质由浓水室向淡水室扩散。

（3）水的渗透。淡水室的水由于渗透压的作用向浓水室渗透。

（4）水的电渗透。反离子和同名离子实际上都是水合离子，由于离子水合作用，离子在迁移过程将携带一部分水。

（5）水的电解。当溶液中离子未能及时补充到膜表面时，将迫使水分子电解成 H^+ 和 OH^- 进行迁移，称为极化。

（6）压差渗漏。当膜两侧存在压差时，溶液由压力大的一侧向压力小的一侧渗漏。

B 离子交换膜

离子交换膜是由高分子材料制成的具有离子交换基团的薄膜。其之所以有选择透过性主要是由于膜上孔隙和膜上离子基团的作用。

(1) 膜上孔隙作用。在膜的高分子键之间有足够大的孔隙以容纳离子的进出和通过。

(2) 膜上离子基团的作用。在膜的高分子链上，连接着一些可以解离作用的活性基团。凡是在高分子链上连接的是酸性活性基团（如—SO_3H）的膜称为阳膜；凡是在高分子链上连接的是碱性活性基团（如—$N(CH)_3OH$）的膜称为阴膜。

在水溶液中，膜上的活性基团会发生解离作用，解离所产生的解离离子（或称反离子，如阳膜上解离出来的 H^+ 及阴膜上解离出来的 OH^-）进入溶液。于是，在膜上就留下了带有一定电荷的固定基团。存在于膜微细孔隙中的带有一定电荷的固定基团，好比在一条狭长通道中设立的一个个关卡，以鉴别和选择通过的离子。在外加电场的作用下，溶液中阳离子可被带负电荷固定基团的阳膜吸引，传递而通过孔隙进入膜的另一侧，而阴离子则受到排斥和阻挡不能通过孔隙。相反阴膜可让阴离子通过而排斥和阻挡阳离子。这就是离子交换膜对离子的选择透过性。

2.3.3　电吸附除盐

A　电吸附除盐原理

水处理中的盐类大多是以离子（带正电或负电）的状态存在。电吸附除盐技术的基本思想就是通过施加外加电压形成静电场，强制离子向带有相反电荷的电极处移动，使离子在双电层内富集，大大降低溶液本体浓度，从而实现对水溶液的除盐。

电吸附原理如图 2-9 所示。原水从一端进入由两电极板相隔而成的空间，从另一端流出。原水在阴、阳极之间流动时受到电场的作用，水中离子分别向带相反电荷的电极迁移，被该电极吸附并储存在双电层内。随着电极吸附离子的增多，离子在电极表面富集浓缩，最终实现与水的分离，获得净化/淡化的产品水。

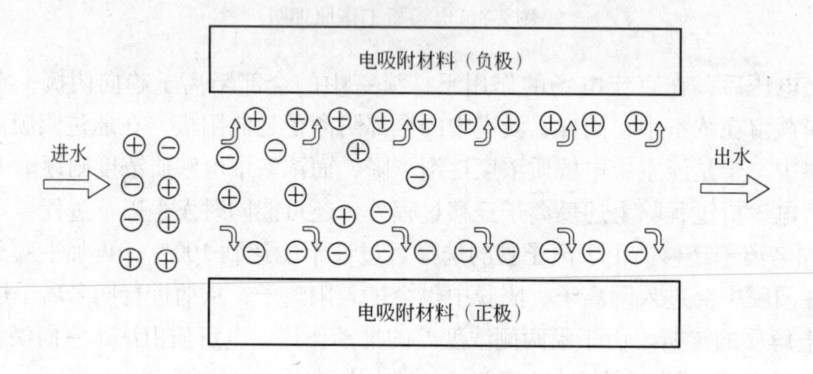

图 2-9　电吸附原理图

在电吸附过程中，电量的储存/释放是通过离子的吸/脱附而不是化学反应来实现的，故而能快速充放电，而且由于在充放电时仅产生离子的吸/脱附，电极结构不会发生变化，所以其充/放电次数在原理上没有限制。

当含有一定量盐类的原水经过由高功能电极材料组成的电吸附模块时，离子在直流电场的作用下被储存在电极表面的双电层中，直至电极达到饱和。此时，将直流电源去掉，并将正、负电极短接，由于直流电场的消失，储存在双电层中的离子又重新回到通道中，随水流排出，电极也由此得到再生。

由于电吸附过程主要利用电场力的作用将阴、阳离子分别吸附到不同的电极表面形成双电层，这会使同一极面上的难溶盐离子浓度积相对低得多，可有效防止难溶盐结垢现象的发生。其次，电吸附极板间水径流与极板呈切线方向，不利于水中析出难溶盐结晶在极板上的生长。电吸附可以在浓水难溶盐过饱和状态下运行。另外，在电吸附模块中，由于电吸附过程中阴、阳离子吸附不平衡导致产生氢离子含量较多的出水，通过倒极的方式，略偏酸性的出水同样会使有微量结垢现象的垢体溶解掉。

电吸附模块处理效果的好坏主要取决于电极的吸附性能。

B 电吸附工艺流程

电吸附工艺流程分为产水和再生两个步骤。产水时，原水经过提升泵进入保安过滤器，大于5μm 的残留固体悬浮物或沉淀物在过滤器中被截留，水被送入电吸附（EST）模块。水中溶解性的盐类被吸附，水质被净化。再生就是模块被反冲洗的过程，用原水冲洗经过短接静置的模块，使电极再生。反冲洗后的水可直接达标排放。电吸附工艺流程如图2-10 所示。

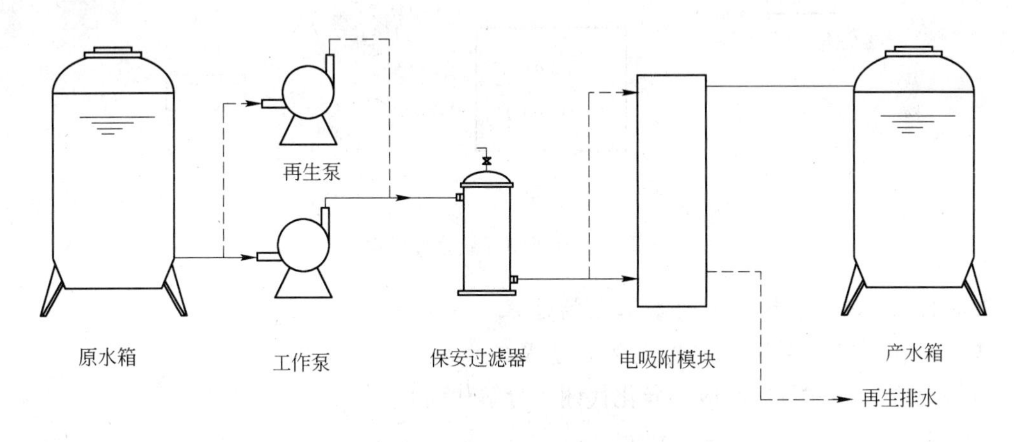

图 2-10 电吸附工艺流程

2.4 生化处理

废水的生化处理法简称为生物处理法或生化法。该法的处理过程是使废水与微生物混合接触，利用微生物体内的生物化学作用分解废水中的有机物和某些无机毒物（如氰化物、硫化物等），使不稳定的有机物和无机毒物转化为无毒物质的一种污水处理方法。

按照反应过程中有无氧气的参与，废水的生物处理法可分为好氧生物处理和厌氧生物处理。

2.4.1 好氧生物处理

2.4.1.1 好氧生物处理的概念

好氧是指这类生物必须在有分子态氧气（O_2）的存在下，才能进行正常的生理生化反应，主要包括大部分微生物、动物以及人类。好氧生物处理就是利用好氧微生物（包括兼性微生物）在有氧气存在的条件下进行生物代谢以降解有机物，使其稳定、无害化的处理方法。微生物利用水中存在的有机污染物为底物进行好氧代谢，经过一系列的生化反应，逐级释放能量，最终以低能位的无机物稳定下来，达到无害化的要求，以便返回自然环境或进一步处理。

2.4.1.2　好氧生物处理的基本原理

生物处理的主体是微生物。有机物的转化广义上可以定义为两种：矿化和共代谢。矿化是将有机物完全无机化的过程，是与微生物生长包括分解代谢与合成代谢过程相关的过程。共代谢通常是由非专一性酶促反应完成的，不导致细胞质量或能量的增加，使有机物得到修饰和转化，但不能使其分子完全分解。有机物好氧分解过程如图 2-11 所示。

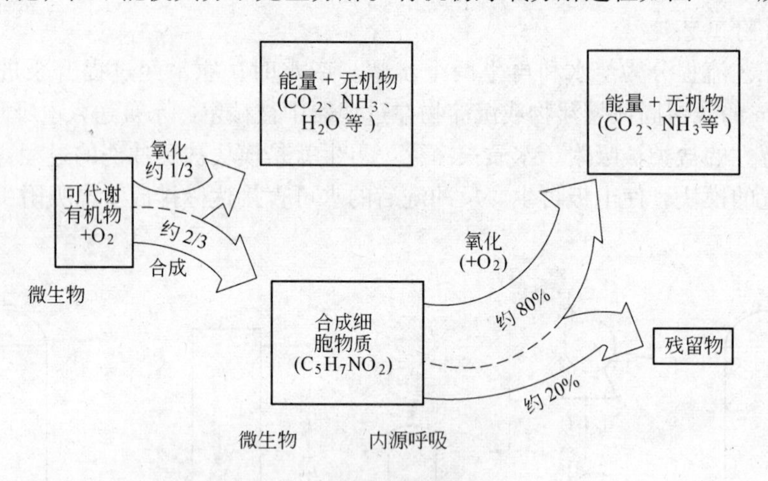

图 2-11　有机物好氧分解过程

2.4.1.3　好氧生物处理的基本生物过程

A　好氧生物处理过程的生化反应方程式

分解反应（又称氧化反应、异化代谢、分解代谢）：

$$\text{CHONS} + O_2 \xrightarrow{\text{异氧微生物}} CO_2 + H_2O + NH_3 + SO_4^{2-} + \cdots + \text{能量}$$

合成反应（又称合成代谢、同化作用）：

$$\text{C、H、O、N、S} + \text{能量} \xrightarrow{\text{异氧微生物}} C_5H_7NO_2$$

内源呼吸（又称细胞物质的自身氧化）：

$$C_5H_7NO_2 + O_2 \xrightarrow{\text{微生物}} CO_2 + H_2O + NH_3 + SO_4^{2-} + \cdots + \text{能量}$$

在正常情况下，各类微生物细胞物质的成分是相对稳定的，一般可用下列实验式来表示：

细菌：$C_5H_7NO_2$；真菌：$C_{16}H_{17}NO_6$；藻类：$C_5H_8NO_2$；原生动物：$C_7H_{14}NO_3$

B　分解与合成的相互关系

(1) 分解与合成两者不可分，而是相互依赖的：

1) 分解过程为合成提供能量和前物，而合成则给分解提供物质基础；

2) 分解过程是一个产能过程，合成过程则是一个耗能过程。

(2) 对有机物的去除，分解与合成都有重要贡献；

(3) 合成量的大小，对于后续污泥的处理有直接影响（污泥的处理费用一般可以占整个城市污水处理厂的40%～50%）。

C 有机物好氧分解的途径

在有机物的好氧分解过程中，有机物的降解、微生物的增殖及溶解氧的消耗这三个过程是同步进行的，也是控制好氧生物处理成功与否的关键过程。

不同形式的有机物被生物降解的历程也不同。一方面，结构简单、小分子、可溶性物质，直接进入细胞壁；结构复杂、大分子、胶体状或颗粒状的物质，则首先被微生物吸附，随后在胞外酶的作用下被水解液化成小分子有机物，再进入细胞内。另一方面，有机物的化学结构不同，其降解过程也会不同。

2.4.1.4 影响好氧生物处理的主要因素

A 溶解氧

活性污泥中的微生物均是好氧菌，所以在混合液中保持一定浓度的溶解氧是非常重要的。对混合液的游离细菌而言，溶解氧保持在0.2～0.3mg/L的浓度，即可满足要求。但是由于活性污泥是由微生物群体构成的絮凝体，溶解氧必须扩散到活性污泥絮体的内部，为使活性污泥系统保持良好的净化功能，溶解氧需要维持在较高的水平。一般要求曝气池出口处溶解氧浓度不小于1～2mg/L。

如果供氧不足，溶解氧浓度过低，会使活性污泥中微生物的生长繁殖受到影响，从而使净化功能下降，且易于滋生丝状菌，产生污泥膨胀现象。但若溶解氧过高，会降低氧的转移效率，从而增加动力费用。

B 水温

水温是好氧生物处理的重要因素之一。在一定范围内，随着温度的升高，细胞中的生化反应速率加快，微生物生长繁殖速率也加快。但由于细胞的组成物如蛋白质、核酸等对温度很敏感，如果温度大幅度增加或大幅度降低，会使细胞组织受到不可逆转的破坏。

一般好氧生物处理最适宜温度15～30℃；当温度大于40℃或小于10℃后，微生物的活性明显下降，反应速率会降至最低程度，甚至完全停止反应。

C 营养物质

微生物细胞组成中，C、H、O、N占90%～97%，其余3%～10%为无机元素，其中P元素的含量占50%。生活污水中含有足够的微生物细胞合成所需的各种营养物质，如碳、氢、氧、氮、磷等，一般不需要再投加营养物质；而某些工业废水却缺乏这些营养物质，则需要投加适量的氮、磷等物质，以保持废水中的营养平衡。一般对于好氧生物处理工艺，应按BOD∶N∶P＝100∶5∶1投加N和P。

D pH值

一般好氧微生物最适宜的pH值在6.5～8.5之间。如果pH值低于4.5时，真菌与细菌竞争，真菌将占优势，引起污泥膨胀，严重影响沉淀分离；如果pH值超过9.0时，微生物代谢速度受到阻碍，微生物的生长繁殖速度将受到影响。

经过一段时间的训化，活性污泥系统也能够处理具有一定酸碱度的废水。但是，如果废水的pH值突然急剧变化，将会破坏整个生物处理系统。因此，在处理pH值变化幅度较大的工业废水时，应在生物处理之前进行中和处理或设均质池。

E 有毒物质（抑制物质）

在工业废水中，有时存在着对微生物具有抑制和杀害作用的化学物质，即有毒物质。

有毒物质对微生物的毒害作用，主要表现为使细菌的正常结构遭到破坏，以及菌体内的酶变性、失去活性。有毒物质主要有重金属、氰化物、H_2S、卤族元素及其化合物、酚、醇、醛染料等，其中重金属是蛋白质的沉淀剂，酚、醇、醛使蛋白质变性或脱水。活性污泥系统中有毒物质的最高允许浓度见表2-11。

表2-11　活性污泥系统中有毒物质的最高允许浓度　（mg/L）

有毒物质		允许浓度	有毒物质	允许浓度
铜化合物（以Cu计）		0.5～1.0	苯	10
锌化合物（以Zn计）		5～13	氯苯	10
镍化合物（以Ni计）		2	对苯二酚	15
铅化合物（以Pb计）		1.0	间苯二酚	450
锑化合物（以Sb计）		0.2	邻苯二酚	100
镉化合物（以Cd计）		1～5	间苯三酚	100
钒化合物（以V计）		5	苯三酚	100
银化合物（以Ag计）		0.25	苯胺	100
铬化合物	（以Cr计）	2～5	二硝基甲苯	12
	（以Cr^{3+}计）	2.7	甲醛	160
	（以Cr^{6+}计）	0.5	乙醛	1000
硫化物	（以S^{2-}计）	5～25	二甲苯	7
	（以H_2S计）	20	甲苯	7
氢氰酸氰化钾		1～8	氯苯	10
硫氰化物		36	吡啶	400
砷化合物（以As^{3+}计）		0.7～2.0	烷基苯磺酸盐	15
汞化合物（以Hg计）		0.5	甘油	5

2.4.1.5　好氧生物处理的分类

好氧生物处理在废水处理工程上应用最广泛、最实用的技术有两大类：一类称为活性污泥法，另一类称为生物膜法。此外还有MBR膜生物反应器法，为好氧生物处理的一种新工艺，在废水的生化处理上已被广泛使用。

A　活性污泥法

废水经过一段时间的曝气后，水中会产生一种以好氧菌为主体的茶褐色絮凝体，其中含有大量的活性微生物，这种污泥絮体就是活性污泥。活性污泥法就是以含于废水中的有机污染物为培养基，在有溶解氧的条件下，连续地培养活性污泥，再利用其吸附凝聚和氧化分解作用净化废水中的有机污染物。

活性污泥法是以悬浮状生物群体的生化代谢作用进行好氧的废水处理形式。微生物在生长繁殖过程中可以形成表面积较大的菌胶团，它可以大量絮凝和吸附废水中悬浮的胶体状或溶解的污染物，并将这些物质吸收入细胞体内，在氧气的参与下，将这些物质完全氧化放出能量、CO_2和H_2O。活性污泥法的污泥浓度一般在4g/L。

活性污泥法净化废水包括下述三个主要过程：

（1）吸附。废水与活性微生物充分接触，形成悬浊混合液，废水中的污染物被比表面积巨大且表面含有多糖类黏性物质的微生物吸附。大分子有机物被吸附后，首先在水解酶的作用下，分解为小分子物质。然后这些小分子与溶解性有机物在酶的作用下或在浓差推动下选择性渗入细胞体内，从而使废水中的有机物含量下降而得到净化。在这一过程中，对于悬浮状态和胶态有机物较多的废水，有机物的去除率是相当高的，往往在 10 ~ 40min 内，BOD 可下降 80% ~90%。此后，下降速度迅速减缓。

（2）代谢。吸收进入细胞体内的污染物通过微生物的代谢反应被降解，一部分经过一系列中间状态氧化为最终产物 CO_2 和 H_2O 等，另一部分转化为新的有机物，使细胞增殖。一般，自然界中的有机物都可以被某些微生物分解，多数合成有机物也可以被经过驯化的微生物分解。活性污泥法是多底物、多菌种的混合培养体系，其中存在错综复杂的代谢方式和途径，它们相互联系、相互影响。

（3）凝聚与沉淀。絮凝体是活性污泥的基本结构，它能够防止游离细菌被微型动物吞噬，并承受曝气等不利因素的影响，更有利于与处理水分离。沉淀是混合液中固相活性污泥颗粒同废水分离的过程。固液分离的好坏直接影响出水水质。如果处理水夹带生物体，出水 BOD 和 SS 将增大。所以，活性污泥的处理效率，同其他生物处理方法一样，应包括二次沉淀池的效率，即用曝气池和二次沉淀池的总效率表示。除了重力沉淀外，也可以用气浮法进行固液分离。

活性污泥法有传统活性污泥法、氧化沟法、序批式活性污泥法、改性序批式活性污泥法等。

传统活性污泥法的基本流程如图 2-12 所示。图中的主体构筑物是曝气池，废水经过适当预处理后（如初沉）后，进入曝气池与池内活性污泥混合，并在池内充分曝气，一方面使活性污泥处于悬浮状态，废水与活性污泥充分接触；另一方面，通过曝气，向活性污泥供氧，保持好氧条件，保证微生物的生长与繁殖。废水中有机物在曝气池内被活性污泥吸附、吸收和氧化分解后，混合液进入二沉池，进行固液分离，排出清水。大部分二沉池的沉淀污泥回流至曝气池进口，与进入曝气池的废水混合。污泥回流的目的是使曝气池内保持足够数量的活性污泥。净增殖的细胞物质将作为剩余污泥排入污泥处理系统。

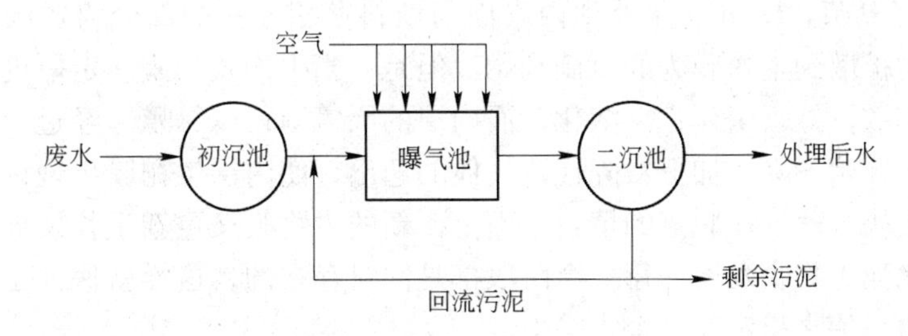

图 2-12 传统活性污泥法的基本流程

B 生物膜法

生物膜法是利用固着生长在载体上的微生物来降解水中有机污染物的一种生物处理方法。从微生物对有机物降解过程的基本原理上分析，生物膜法与活性污泥法是相同的，两者的主要区别在于：活性污泥法是依靠曝气池中悬浮流动的活性污泥来分解有机物，而生物膜法则主要依靠固着于载体表面的微生物膜来净化有机物。

在生物膜法中，微生物附着在填料的表面，形成胶质相连的生物膜。生物膜一般呈蓬松的絮状结构，微孔较多，表面积很大，具有很强的吸附作用，有利于微生物进一步对这些被吸附的有机物分解和利用。在处理过程中，水的流动和空气的搅动使生物膜表面和水不断接触，废水中的有机污染物和溶解氧为生物膜所吸附，生物膜上的微生物不断分解这些有机物质，在氧化分解有机物的同时，生物膜本身也不断新陈代谢，衰老的生物膜脱落下来被处理出水，从生物处理设施中带出并在沉淀池中与水分离。生物膜法的污泥浓度一般在6~8g/L之间。

为了提高污泥浓度，进而提高处理效率，可以将活性污泥法与生物膜法结合起来，即在活性污泥池中添加填料，这种既有挂膜的微生物又有悬浮微生物的生物反应器称为复合式生物反应器，它具有很高的污泥浓度，一般在14g/L左右。

生物膜法有生物滤池法、生物转盘法、生物接触氧化法和生物流化床法等。下面简单介绍其中的生物接触氧化法。

生物接触氧化技术是生物膜法的一种形式，是在生物滤池的基础上，从接触曝气法改良演化而来的，因此又有人称为浸没式滤池法、接触曝气法等。生物接触氧化法是在生物滤池的基础上发展起来的，从生物膜固定和污水流动来看，相似于生物滤池法。从污水充满曝气池和采用人工曝气来看，它又相似于活性污泥法。所以生物接触氧化法的特点介于生物滤池法和活性污泥法之间。

在生物接触氧化法中，微生物主要以生物膜状态固着在填料上，同时又有部分絮体或破碎生物膜悬浮于处理水中。氧化池中生物膜的质量一般在6.2~14g/L之间，而活性污泥法中活性污泥质量一般在2~3g/L之间。从微生物活性来看，生物膜的活性大于悬浮状微生物。生物接触氧化法生物膜的耗氧率比活性污泥法高。因此，生物接触氧化法中，承担有机物转化功能的微生物主要集中在生物膜上。

附着在填料表面的生物膜对废水的净化作用：最初稀疏的细菌附着于填料表面，随着细菌的繁殖逐渐形成很薄的生物膜。在溶解氧和食料（有机物）都充足的条件下，微生物的繁殖十分迅速，生物膜逐渐加厚。生物膜的厚度通常为1.5~2.0mm，其中从表面到1.5mm深处为好氧菌。1.5mm深处到内表面与填料壁相连接的部分为弱厌氧菌。废水中溶解氧和有机物扩散到生物膜为好氧菌利用。但是，当生物膜长到一定厚度时，溶解氧无法向生物膜内扩散，好氧菌死亡、溶化，而内层的厌氧菌得以繁殖。经过一段时间后，厌氧菌在数量上也开始下降，加上新陈代谢气体的逸出，使内层生物膜出现许多空隙，附着力减弱，终于大块脱落。在脱落的填料表面上，新的生物膜又重新生长发展。实际上新陈代谢过程在氧化池生物膜发展的每一个阶段都是同时存在的，这样就保证了处理构筑物去除有机物的能力，使之稳定在一个水平上。

生物接触氧化处理系统除必要的前处理和后处理外，基本组成部分是生物接触氧化池（包括配套的曝气装置）和泥水分离设施（沉淀池或气浮池）。生物接触氧化的中心构筑物是接触氧化池，由池体、填料及支架、曝气装置、进出水装置及排泥管道等部分组成，如图2-13所示。

填料是生物膜的载体，也对截留悬浮物起作用，因此是氧化池的关键，直接影响着生物接触氧化法的效果。通常，对生物接触氧化法载体填料的要求是：有一定的生物膜附着力；比表面积大；空隙率大；水流流态好，利于发挥传质效应；阻力小，强度大；化学和

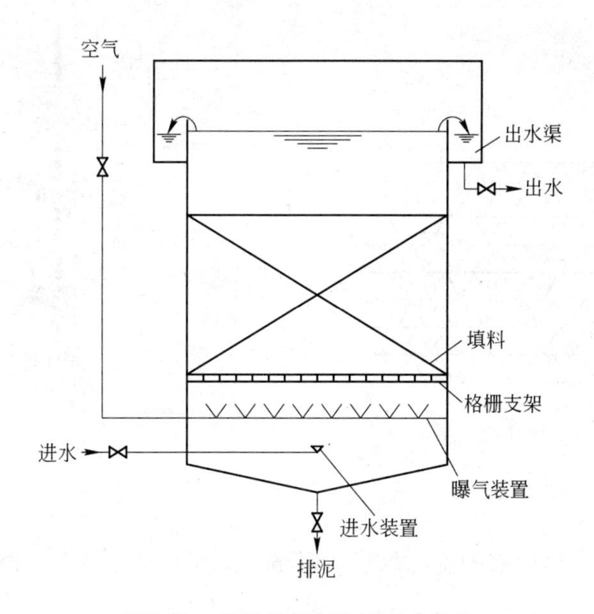

图 2-13　生物接触氧化池基本构造

生物稳定性好，经久耐用；截留悬浮物能力强；不溶出有害物质，不引起二次污染；与水的密度相差不大，以免增加氧化池负荷；形状规则，尺寸均一，使之在填料间形成均一的流速。目前，我国常用的填料有玻璃钢或塑料蜂窝填料、软性纤维填料、半软性填料、立体波纹塑料填料等，如图 2-14 ~ 图 2-16 所示。

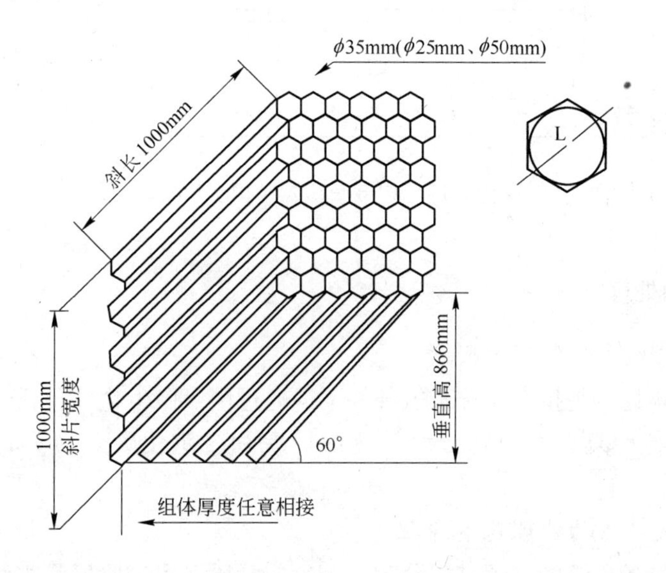

图 2-14　蜂窝管状填料

C　膜生物反应器

膜生物反应器（MBR）工艺是膜分离技术与生物技术有机结合的新型废水处理技术。它利用膜分离设备将生化反应池中的活性污泥和大分子有机物质截留住，省掉二沉池。活性污泥浓度因此大大提高，水力停留时间（*HRT*）和污泥停留时间（*SRT*）可以分别控

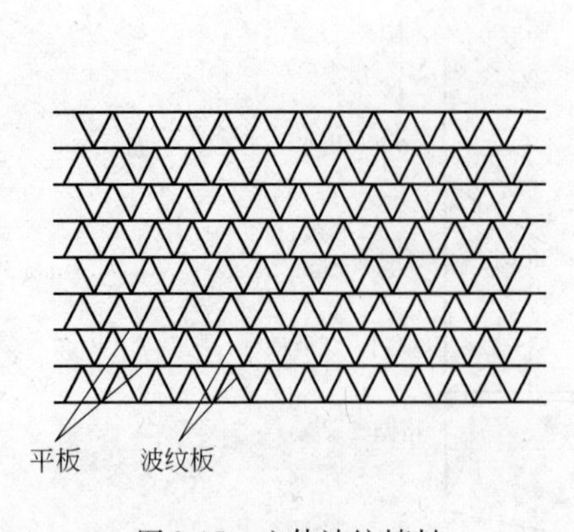

图 2-15　立体波纹填料

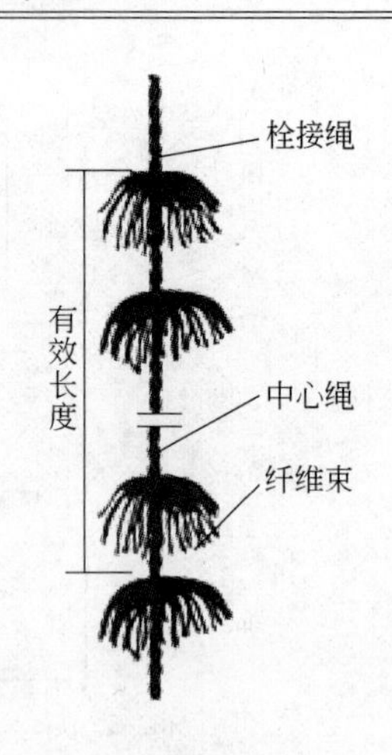

图 2-16　软性纤维填料

制，而难降解的物质在反应器中不断反应、降解。其结构如图 2-17 所示。

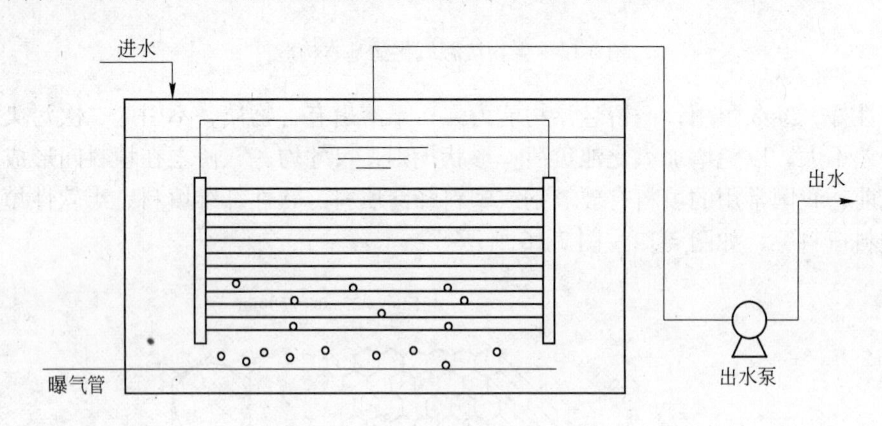

图 2-17　MBR 反应器结构示意图

2.4.2　厌氧生物处理

2.4.2.1　厌氧生物处理的概念

废水厌氧生物处理是指在无分子氧条件下，通过厌氧微生物（包括兼氧微生物）的作用，将废水中的各种复杂有机物分解转化成甲烷和二氧化碳等物质的过程，也称厌氧消化。

2.4.2.2　厌氧生物处理基本原理

有机物在厌氧条件下的降解过程分为三个反应阶段：第一阶段是水解阶段，废水中的溶性大分子有机物和不溶性有机物水解为溶性小分子有机物。第二阶段是产酸和脱氢阶段，水解形成的溶性小分子有机物被产酸细菌作为碳源和能量，最终产生短链的挥发酸，如乙酸等。第三阶段是产甲烷阶段，产甲烷的反应由专一性厌氧细菌来完成，这类细菌将产酸阶段产生的短链挥发酸（主要是乙酸）氧化成甲烷和二氧化碳。厌氧处理的连续反应过程如图 2-18 所示。

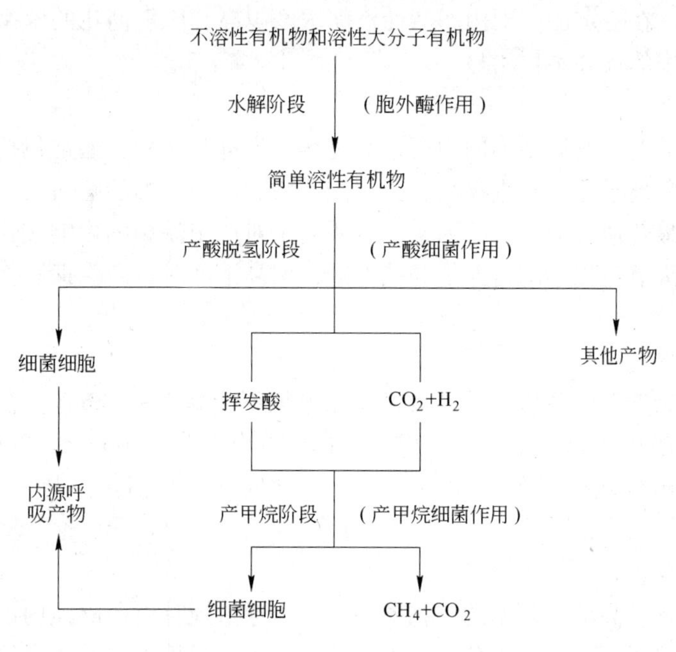

图 2-18 厌氧处理的连续反应过程

2.4.2.3 厌氧生物处理的主要影响因素

A 温度

温度是影响微生物生存及生物化学反应最重要的因素之一。各类微生物适宜的温度范围是不同的，一般认为，产甲烷菌的温度范围是 5～60℃，在 35℃和 53℃左右可以分别获得较高的消化效率，温度为 40～45℃时，厌氧消化效率较低。可以看出，各种产甲烷菌的适宜范围不一致，而且最合适的温度范围较小。

B pH 值

每种微生物可在一定的 pH 值范围内活动，产酸细菌对酸碱度不及甲烷细菌敏感，其适宜的 pH 值范围较广，在 4.5～8.0 之间。产甲烷菌要求环境介质 pH 值中性附近，最适宜的 pH 值为 7.0～7.2，pH 值为 6.6～7.4 较为适宜。

C 营养物质

厌氧处理法中一般要求 COD：N：P =（200 ～ 300）：5：1。在碳、氮、磷比例中，碳、氮比例对厌氧消化的影响更为重要。研究表明，合适的 C：N =（10 ～ 18）：1。

D 有机负荷

有机负荷在厌氧法中，通常指容积有机负荷，它是影响厌氧消化效率的一个重要因素，直接影响产气量和处理效率。在一定范围内，随着有机负荷的提高，产气率趋向下降，而消化器的容积产气量则增多。但是，有机负荷过高会使消化系统中污泥的流失速率大于增长速率而降低消化效率；相反，若有机负荷过低，物料产气率虽然可以提高，但容积产生率降低，反应器容积将增大，使消化设备的利用效率降低，而增加投资和运行费用。

E 厌氧活性污泥

厌氧活性污泥的浓度和性状与消化的效能有密切的关系。性状良好的污泥是厌氧消化效率的基础保证。在一定的范围内，活性污泥浓度越高，厌氧消化的效率也越高，但到了一定程度后，效率的提高不再明显。

F　有毒物质

厌氧系统中的有毒物质会不同程度地对过程产生抑制作用，通常包括有毒有机物、重金属离子和一些阴离子等。有机物主要抑制产乙酸和产甲烷细菌的活动。重金属被认为是使反应器失效的最普通及最主要的因素。金属离子对产甲烷菌的影响按铬、铜、锌、镍等顺序减小。氨是厌氧过程中的营养物和缓冲剂，但高浓度时也产生抑制作用，主要是影响产甲烷阶段。

G　氧化还原电位

产甲烷菌初始繁殖的环境条件是氧化还原电位不能高于 -300mV。在厌氧消化全过程中，不产甲烷阶段可在兼氧条件下完成，氧化还原电位为 -100 ~ +100mV；而在产甲烷阶段，氧化还原电位须控制在 -300 ~ -350mV 之间（中温消化）与 -560 ~600mV 之间（高温消化）。

H　搅拌和混合

混合搅拌也是提高消化效率的工艺条件之一。通过搅拌可消除池内的梯度，增加食料与微生物之间的接触，避免产生分层，促进沼气分离，显著地提高消化的效率。

2.4.2.4　厌氧生物处理的基本流程

图 2-19 所示为废水厌氧处理基本流程，图中以虚线框标出厌氧处理单元，其主要由六部分组成：

（1）厌氧反应器。厌氧处理中的发生生物氧化反应的主体设备。

（2）混合池。促使反应器中主体液体与进水充分混合的设备或手段。

（3）热交换器。促使反应器中主体液体达到所需温度的设备。

（4）加药装置。pH 值调节剂投加设备。

（5）沼气储存池和发电机组。沼气的排放、储存和利用设备。

（6）厌氧污泥处置设备。废弃厌氧生物污泥的储存和处理设备。

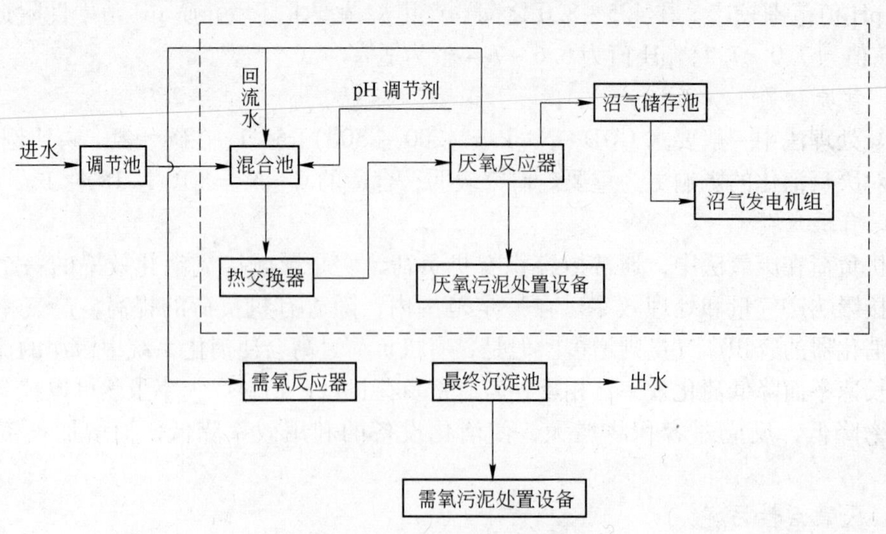

图 2-19　废水厌氧处理基本流程

2.4.2.5 厌氧生物处理的主要工艺和反应器

A 两相厌氧法

两相厌氧法是一种新型的厌氧生物处理工艺，有机底物的厌氧降解，可以分为产酸和产甲烷两个阶段。把这两个阶段的反应分别在两个独立的反应器内进行。分别创造各自最佳的环境条件，培养两类不同的微生物，并有旺盛的生理功能活动，将这两个反应器串联起来，形成能够承受较高负荷率的两相厌氧发酵系统，如图2-20（a）所示。

两相厌氧法的特点：能够向产酸菌、乙酸菌、产甲烷菌分别提供各自最佳的生长繁殖条件，在各自反应器内能够得到最大的反应速度，使各个反应器达到最佳的运行效果；当进水负荷有大幅度变动时，酸化反应器存在着一定的缓冲作用，对后续的产甲烷反应器影响能够缓解；负荷率高，反应器容积小，酸化反应器反应进程快，水力停留时间短，COD可去除20%～25%左右，能够大大减轻产甲烷反应器的负荷；由于反应器容积小，相应的基建费用也较低。

B 厌氧接触法

厌氧接触法实质上就是厌氧活性污泥法，同需氧活性污泥法那样，在消化池出水端设置污泥沉淀池，将沉淀的厌氧生物污泥回流到消化池中，以此来提高消化池中的污泥停留时间，如图2-20（b）所示；也可在消化池出水部位安装固体分离膜以提高污泥停留时间，如图2-20（c）所示。

厌氧接触法的特点是：

（1）由于设置了专门的污泥截留设施，能够回流污泥，通过污泥回流，使厌氧接触法的固体停留时间较长。可保持消化池内10～15g/L的较高污泥浓度，提高了耐冲击能力，使系统运行比较稳定。

（2）容积负荷大大超过普通消化池，中温消化时一般为2～10kg $COD_{Cr}/(m^3 \cdot d)$；水力停留时间比普通消化池大大缩短，如常温下普通消化池的水力停留时间为20～30d，而接触法小于10d。

（3）不存在堵塞问题，可以处理悬浮固体含量较高或颗粒较大的污泥或废水。

（4）混合液经沉淀后，出水水质好，但需要配置沉淀池、污泥回流和脱气等设备，流程较复杂。

（5）厌氧接触法的最大问题是混合液难以在普通沉淀池中进行固液分离，需要设置专门的脱气设施。

C 生物膜反应器

采用生物膜反应器提高污泥的停留时间及污泥浓度，这类反应器有厌氧填充床、厌氧膨胀床/流化床、厌氧生物转盘等，如图2-20(d)～(e)所示。

D 上流式厌氧污泥床反应器

上流式厌氧污泥床反应器（简称UASB）是一种处理污水的厌氧生物方法，又称为升流式厌氧污泥床，如图2-20（f）所示。

污水自下而上通过UASB。反应器底部有一个高浓度、高活性的污泥床，污水中的大部分有机污染物在此间经过厌氧发酵降解为甲烷和二氧化碳。因水流和气泡的搅动，污泥床之上有一个污泥悬浮层。反应器上部设有三相分离器，用以分离消化气、消化液和污泥颗粒。消化气自反应器顶部导出；污泥颗粒自动滑落沉降至反应器底部的污泥床；消化液

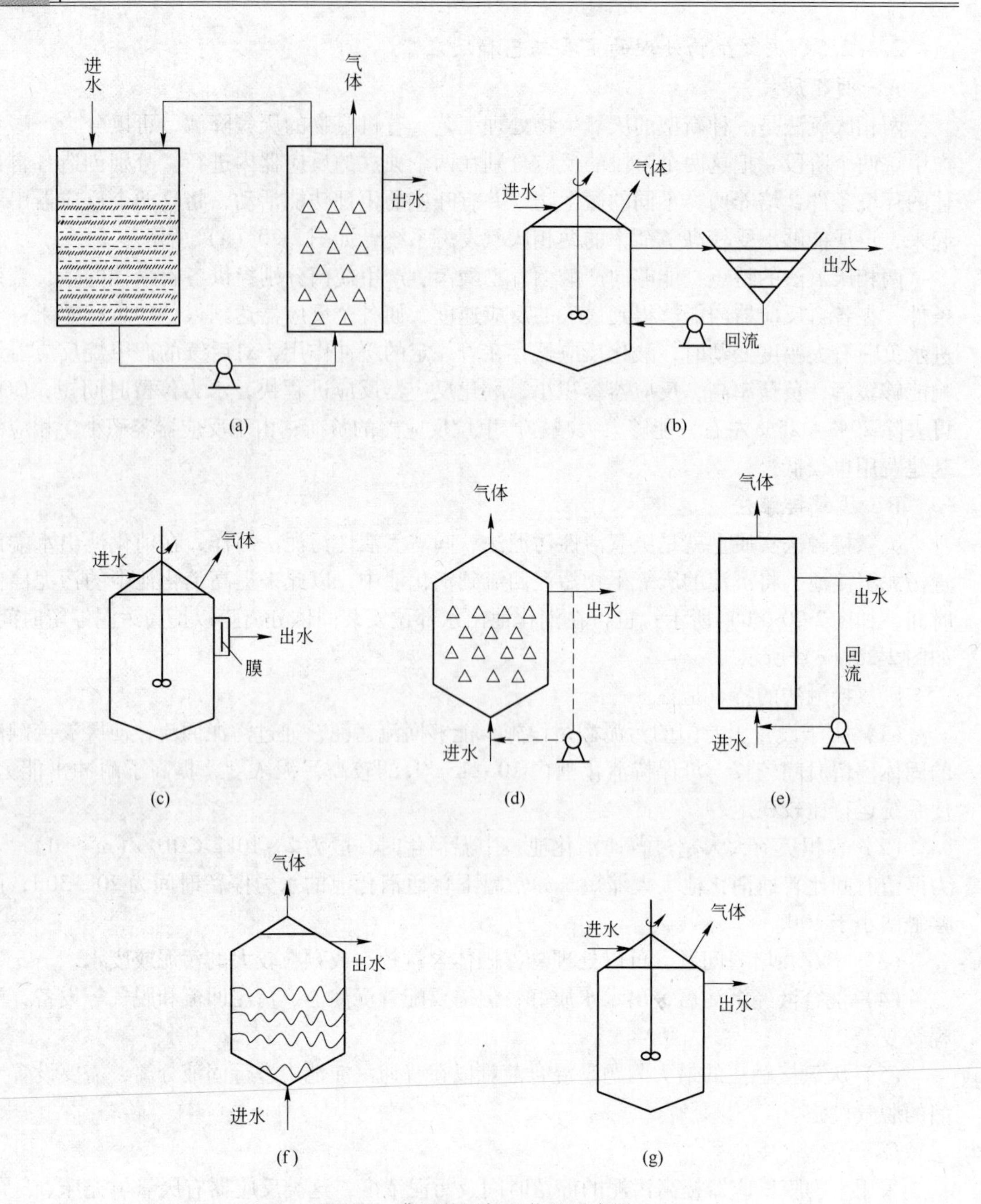

图 2-20 典型的厌氧工艺和反应器

（a）两相厌氧法；（b）厌氧接触法；（c）固体膜分离法；（d）上流式填充床；（e）流化床；（f）上流式厌氧污泥床；（g）完全混合法

从澄清区出水。

UASB 反应器的优点如下：

（1）反应器内污泥浓度高。一般平均污泥浓度为 30～40g/L，污泥床为 40～80g/L，污泥悬浮层为 15～30g/L。

（2）反应器中的污泥颗粒化。颗粒污泥具有生物固体沉降性能好、生物浓度高、固液分离好的特点，使反应器对不利条件的抗性增强是UASB反应器的一个重要特征。

（3）反应器的有机负荷高，适用于高浓度有机废水。

（4）工艺简单投资和运行费用低。反应器内设三相分离器被沉淀区分离的污泥能自动回流到反应区因而无污泥回流设备。反应器无混合搅拌设备。投产运行后利用进水和本身产生的沼气进行搅动实现基质与污泥的充分接触。反应器中不使用填料。提高了容积利用率节省造价及避免堵塞问题。而填料在其他构型中为生物有效停留提供稳定环境是必需的。

UASB反应器的局限如下：

（1）大型装置内易发生短流现象影响处理能力，对配水系统的性能要求较高。

（2）反应器进水*SS*不宜超过200mg/L，以避免对污泥颗粒化不利或减少反应区的有效容积，甚至引起堵塞。

（3）反应器在没有颗粒污泥接种的情况下启动时间长。

（4）反应器对进水水质和负荷的突然变化比较敏感，耐冲击力较差。

（5）反应器中所要求的水温较高，最好在35℃左右。

3 水处理药剂的配制及投加

3.1 概述

3.1.1 钢铁企业水处理药剂的发展历史

我国水处理技术起始于20世纪50年代，化工行业从原苏联引进化工技术的同时使用无机磷酸盐作水处理药剂。70年代引进13套大化肥装置同时引进水处理技术，主要是引进美国贝兹公司的技术，80年代初又从美国Nalco公司引进了磷酸酯水处理技术和从日本栗田公司引进了T-225碱性水处理配方。在此基础上，我国自行开发了国产化的水处理技术和水处理药剂。

钢铁企业水处理药剂的应用主要源于循环冷却水水质稳定技术的发展。我国钢铁企业的循环冷却水水质稳定技术应用起源于20世纪70年代后期，化工行业在引进13套大化肥装置的同时，原冶金部在武钢引进1700mm轧机工程。随着主体设备的引进，与其相配套的水处理技术也相应引进，其中主要有净循环系统、浊循环系统的水质稳定技术，废酸、废油系统的水处理等。随后，原冶金部组织有关设计、科研等单位进行引进消化学习，在钢铁企业中，对水处理技术引起了重视，奠定了水处理药剂应用的基础。20世纪70年代末期到80年代中期，随着宝钢的兴建和投产，水处理技术及水质稳定药剂进一步发展。在宝钢工程中，主要是净循环的开路冷却水系统；软水、纯水的开闭路循环系统；浊循环的高炉煤气洗涤水、转炉烟气除尘、轧钢浊循环水处理；酸、碱废水处理；水源系统的水处理等药剂得到全面发展。

宝钢兴建30多年来，水处理药剂主要依靠引进的局面基本结束，大部分药剂逐步走向国产化。原化工部组织了天津化工研究设计院、南京化工研究院开发了许多国内常用水质稳定剂的产品供应市场，一些乡镇企业也纷纷加入到药剂生产的行列，国内水处理药剂的生产初具规模。随着冶金技术、装备和生产工艺的发展进步，冷却水对稳定生产运行、提高生产效率和产品产量、质量，降低生产成本的作用越显重要，促进了先进的水处理药剂、技术和工艺装备的发展，提高了水的综合利用率。

循环冷却水药剂的使用使循环冷却水的浓缩倍数显著提高，减少了污水的排放，但仍有一些工艺废水不得不排放。随着我国环境保护力度的加大和水资源的日益紧张，污水处理在冶金行业迅速发展，形成了给水处理、循环水处理和污水处理资源化并存的水处理格局，使钢铁水处理工业得到迅猛发展。污水资源化的发展使得絮凝剂、膜阻垢剂等产品在钢铁企业得到广泛应用。

3.1.2 水处理药剂的作用

水处理药剂是工业用水、生活用水、废水处理过程中必需的化学药剂，经过运用这些化学药剂，可使水到达必然的质量要求。它的作用是抑制水垢和污泥的形成、减缓水对金属材料的腐蚀、除去水中的悬浮固体和有毒物质、除臭脱色、软化水质等，从而进一步提高水资源的重复利用率，减少污水排放。在钢铁工业水处理中，水处理药剂的应用，特别是和水处理设备、工艺的配合，使钢铁企业在防止换热设备结垢、腐蚀和黏泥故障等危害的发生起了至关重要的作用，为钢铁企业安全生产运行提供了保证。同时，水处理药剂在钢铁企业污水处理中的应用使综合污水得以再生，实现了污水的资源化，在节能减排中发挥了重要的作用。

3.2 水处理药剂的种类

目前，我国水处理剂的品种主要有阻垢剂、缓蚀剂、杀菌灭藻剂、混凝剂等几大类，其中阻垢剂、缓蚀剂主要应用在循环冷却水处理上，杀菌灭藻剂、混凝剂既可用在循环冷却水的处理上，也可用在污水处理上。

3.2.1 阻垢缓蚀剂

3.2.1.1 有机磷酸

A 有机磷酸的性质

有机磷酸既可防止碱土金属碱盐沉淀，又可阻止腐蚀产物沉积，是广泛使用的阻垢分散剂。有机磷酸的种类很多，但它们的分子结构中都有极稳健的碳—磷键（C—P 键），这种键比聚磷酸盐中的磷—氧—磷（P—O—P）键要牢固得多。因此，有机磷酸具有良好的化学稳定性，不易被水解和降解，在较高温度下不失去活性。它与稀硫酸共沸时也不产生磷酸根离子。有机磷酸与聚羧酸或与聚磷酸盐复配使用时，表现出理想的协同效应，即其效果比单一用任何一种药剂效果都好。

B 有机磷酸的阈值效应

有机磷酸阻垢剂，如羟基乙叉二膦酸、氨基三甲叉膦酸等，其分子中的部分官能团通过静电力吸附于致垢金属盐类正在形成的晶体（晶核）表面的活性点上，抑制晶体增长，从而使形成的许多晶体保持在微晶状态，这等于增加了致垢金属盐类在水中的溶解度；与此同时，由于阻垢剂分子在晶体表面上的吸附，晶体即使增长，也只能畸形地增长，这就使晶体产生畸变。畸变后产生的晶体与金属表面的黏附力减弱，因此不易沉积在金属表面；由于吸附在晶体表面上的官能团只是阻垢剂分子中的部分官能团，那些未参加吸附的官能团，就会对晶体呈现离子性，因电荷的排斥力增大而使晶体处于分散状态。正是由于以上三种作用同时存在，使得水中相同量的致垢金属盐类物质不在金属表面结垢所需阻垢剂的量，远低于所需螯合剂的量。这一现象称为阈值效应，也称为低限量效应或亚化学计量效应。

C 常用的有机磷酸盐和有机磷酸酯阻垢剂

常用的有机磷酸盐和有机磷酸酯阻垢剂有羟基乙叉二膦酸、氨基三甲叉膦酸、乙二氨四甲叉膦酸、2-膦酰基丁烷-1,2,4-三羧酸、2-羟基膦乙酸和多元醇磷酸酯等。表 3-1 为常用的有机磷酸盐和有机磷酸酯阻垢剂的主要质量指标和特性。

表 3-1　常用的有机磷酸盐和有机磷酸酯阻垢剂的主要质量指标和特性

序号	化合物名称	主要质量指标	特性
1	羟基乙叉二膦酸	无色至淡黄色透明液体，活性组分（以 HEDP 计）不低于 50%，钙螯合值不低于 450mg/g	具有良好的螯合及低限抑制作用，对碳钢有良好的缓蚀作用
2	氨基三甲叉膦酸	无色至淡黄色透明液体，活性组分不低于 50%，钙螯合值不低于 300mg/g	具有优良的阻碳酸钙作用，能与铁、铜、铝、锌等多种金属离子形成稳定络合物
3	乙二氨四甲叉膦酸	黄棕色透明液体，活性组分（以 EDTMPS 计）不低于 30%	乙二胺四甲叉膦酸在水溶液中能离解成 8 个正负离子，因而可以与多个金属离子螯合，形成多个单体结构大分子网状络合物，松散地分散于水中，使钙垢正常结晶被破坏
4	2-膦酰基丁烷-1,2,4-三羧酸	无色或淡黄色透明液体，活性组分（以 PBTCA 计）不低于 50%	具有良好的缓蚀阻垢性能，使用范围广，尤其适用于高温、高硬度、高 pH 值的水质
5	2-羟基膦乙酸	棕黑色液体，固含量不低于 50%	与 Zn^{2+} 复配具有优良的缓蚀作用，同时由于含有一个膦基和一个羧基、羟基，又具有很好的阻垢作用
6	多元醇磷酸酯	有机磷酸酯（以 PO_4^{3-} 计）不低于 32%	对稳定冷却水中锌离子具有独特的效果，与锌离子复配成分散性的阻垢缓蚀剂

3.2.1.2　聚羧酸型阻垢分散剂

A　性质

用作阻垢分散剂的聚羧酸型水处理剂，是低分子量聚电解质。其阻垢分散性能与聚合物相对分子质量有关。例如，聚丙烯酸盐按相对分子质量分类：相对分子质量 200×10^4 ~ 10000×10^4 的为絮凝剂；相对分子质量 10000 ~ 20000 的为分散剂；相对分子质量 800 ~ 1000 的为阻垢剂。聚羧酸的阻垢分散性能，与分子中的羧基数目和间隔有关，相对分子质量相同时，羧基数目越多，阻垢分散性能越好。实验证明，相对分子质量在一定范围的聚羧酸，能有效地阻止水中碳酸钙、硫酸钙结垢，防止腐蚀产物沉积，而且对水中的泥土（砂）、粉尘等无定形不溶性物质起到分散作用，使其呈分散状态悬浮在水中。聚羧酸具有溶限效应，少量的聚羧酸可抑制几百倍的钙镁离子成垢。聚羧酸在与有机磷阻垢剂、缓蚀剂复配使用时，不仅起到阻止、分散无机物沉积的作用，还能协同缓蚀剂发挥更好的控制设备腐蚀的作用。

B　阻垢机理

聚羧酸型阻垢分散剂控制水中无机物沉积的机理主要是：（1）改变颗粒之间的吸附力，使之变弱，它们不易聚结；（2）改变颗粒与金属的吸附力，使颗粒不致被吸附在金属表面而容易被冲走；（3）改变颗粒晶体形成速度，干扰颗粒晶体形成的过程，使晶体扭曲；（4）增加粒子的亲水性。

C　常用的聚羧酸阻垢分散剂

表 3-2 为常用的聚羧酸阻垢分散剂的主要质量指标和特性。

表 3-2　常用的聚羧酸阻垢分散剂的主要质量指标和特性

序 号	化合物名称	主要质量指标	特 性
1	聚丙烯酸	相对分子质量为 2000～6000，固含量为 25%～30%，游离单体含量不高于 0.5%	阻碳酸钙效果好，应用广泛
2	水解聚马来酸酐	相对分子质量 300～700，固含量 50%，溴值不高于 160mg/L	阻碳酸钙效果好，生成垢较软，耐高温
3	马来酸-丙烯酸共聚物	相对分子质量 2000～6000，固含量 30%，溴值不高于 160mg/L	阻碳酸钙效果好，生成垢较软，耐高温
4	丙烯酸-2-丙烯酰胺-2-甲基丙磺酸共聚物	固含量不高于 27%	具有在碱性水溶液中分散铁、锌氧化物和磷酸钙的优良性能，因具有磺酸基团，在高钙溶液中可增加碳酸盐的溶解度

3.2.1.3　其他阻垢剂

A　磷酸三钠

磷酸三钠用于锅炉内加药处理，在锅炉水呈碱性条件下，磷酸三钠与水中的钙离子反应生成碱式磷酸钙。碱式磷酸钙呈分散、松软状，易随锅炉排污水排出，不会形成水垢。

磷酸三钠外观为白色或微黄色结晶，含量（以 $Na_3PO_4 \cdot 12H_2O$ 计）不低于 95.0%。

B　腐植酸钠

腐植酸钠是高分子类物质，相对分子质量以 2000～50000 为多，含有羟基、羧基、氨基等活性基团，对金属离子有吸附、配合作用。因此，在水处理中可阻止钙、镁离子成垢。

腐植酸钠外观为黑色颗粒或粉末，腐植酸（以干基计）含量不低于 40%。

C　木质素磺酸钠

木质素磺酸钠是一种天然高分子聚合物，具有很强的分散性。木质素磺酸钠含量为 45%～50%。

D　膜阻垢剂

膜阻垢剂是一种由多种单体药剂复配的复合阻垢剂，它通过晶格畸变及分散作用使易结垢的物质增加溶解度，有效地控制碳酸盐、硫酸盐、硅酸盐、磷酸盐以及氧化铁沉淀造成的结垢。用在反渗透膜的阻垢处理中，一般投加量为 2～6mg/L。

3.2.1.4　缓蚀剂

在循环冷却水处理中控制金属腐蚀的常用方法是向水中加入能阻止金属腐蚀的缓蚀剂。常用的缓蚀剂有铬酸盐、亚硝酸盐、钼酸盐、钨酸盐、硅酸钠、聚磷酸盐、锌盐、有机磷酸、巯基苯并噻唑、苯并三氮唑、甲基苯并三氮唑等，虽然铬酸盐和亚硝酸盐都是良好的缓蚀剂，但从环境保护角度来说禁止使用，因此铬酸盐和亚硝酸盐已不在循环冷却水处理中使用。常用缓蚀剂的主要质量指标和特性见表 3-3。

表3-3 常用缓蚀剂的主要质量指标和特性

序号	化合物名称	主要质量指标	特性
1	三聚磷酸钠	五氧化二磷（以 P_2O_5 计）不低于55%	具有良好的配合金属离子的能力。能与钙、镁、铁等金属离子配合，生成可溶性配合物
2	六偏磷酸钠	总磷酸盐（以 P_2O_5 计）不低于65%	对于某些金属离子（如钙、镁等）有生成可溶性配合物的能力
3	七水硫酸锌	主含量（以 Zn^{2+} 计）不低于21%	阴极型缓蚀剂，成膜速度快，但膜松软不牢，和聚磷酸盐、有机磷酸盐、多元醇磷酸酯、钼酸盐等复配起增效作用
4	钼酸钠	钼酸钠（$Na_2MoO_4 \cdot 2H_2O$）不低于98%	钼酸钠属阳极氧化型缓蚀剂，在阳极铁上形成亚铁-高铁-钼氧化物钝化膜而起缓蚀作用
5	苯并三氮唑	含量不低于99.5%，外观白色至淡黄色针状晶体	苯并三氮唑与铜原子能形成共价键和配位键，相互交替成链状聚合状，使铜的表面不起氧化还原反应，起防蚀作用
6	2-巯基苯并噻唑	外观淡黄色粉末，相对密度1.41～1.42	2-巯基苯并噻唑的缓蚀作用，主要是依靠和金属铜表面上的活性铜原子产生一种化学吸附作用，或进而发生的螯合作用从而形成一层致密和牢固的保护膜
7	甲基苯并三氮唑	外观白色至淡黄色针状晶体，纯度不低于99.5%	甲基苯并三氮唑与苯并三氮唑具有同样的对铜及铜合金的缓蚀作用，但在酸性溶液中，甲基苯并三氮唑的缓蚀作用比苯并三氮唑略强

3.2.1.5 复合阻垢缓蚀剂

A 复合阻垢缓蚀剂的概念

单一品种的阻垢剂和单一品种的缓蚀剂，其阻垢或缓蚀效果往往不够理想。因此，人们常常把两种或两种以上的药剂复配成一种药剂，以便能取长补短，提高其阻垢和缓蚀效果。这几种药剂可以是几种阻垢剂或几种缓蚀剂，也可是几种阻垢剂和几种缓蚀剂，药剂的配方根据水质经过试验确定，几种药剂复配的复合药剂称为阻垢缓蚀剂。

B 复合阻垢缓蚀剂的协同和增效作用

当一种水质的水中同时加入两种或两种以上的阻垢剂和缓蚀剂，且其阻垢和缓蚀效果比单独加入一种药剂的效果更好时，这种作用称为协同和增效作用。例如，在循环冷却水中，单独使用钼酸盐时，其使用浓度为200～500mg/L，才能获得较好的缓蚀效果，而钼酸盐与聚磷酸盐、葡萄糖酸盐等复配，复配后 MoO_4^{2-} 用量可降至4～6mg/L。聚丙烯酸与有机磷酸盐复配成的药剂对其阻垢性能有增效作用，复配的药剂比单独使用聚丙烯酸适应的碱度和硬度更高。

C 复合阻垢缓蚀剂的优点

在循环冷却水处理中，通常采用复合缓蚀剂，而很少使用单一的阻垢剂或缓蚀剂去控制敞开式或密闭式循环冷却水系统中结垢和腐蚀。这是因为与单一冷却水阻垢剂和缓蚀剂相比，复合阻垢剂具有以下优点：

（1）可以降低阻垢剂和缓蚀剂的总浓度，从而降低循环冷却水的处理成本。

（2）适应的水质范围更宽，特别是对高硬度、高碱度的水质适应性更强，可以有效地防止结垢和腐蚀。

（3）可以同时控制循环冷却水系统中多种金属的腐蚀，如可以同时控制碳钢、铜和不锈钢等多种材质的腐蚀。

（4）可以使某些易于析出的药剂能稳定地保持在冷却水中。例如，在碱性冷却水处理中，用锌盐作缓蚀剂时，同时复配磺酸盐共聚物可以作锌离子的稳定剂，使锌离子稳定在水中而不析出。

D 复合阻垢缓蚀剂的种类

复合阻垢缓蚀剂作为一种复配药剂由多种相互增效的成分组成，根据循环冷却水的水质条件和工艺状况通过药剂筛选而定。以低碱度、低硬度为补充水的循环水系统，所用药剂偏重防止腐蚀，称为缓蚀阻垢剂；以高碱度、高硬度为补充水的循环水偏重防止结垢，称为阻垢缓蚀剂。

复合阻垢缓蚀剂由于是复合配方药剂，配方是针对某个循环冷却水系统而设计的，国家没有制定统一标准，冶金行业也没有行业标准，因为冶金工业循环冷却水系统较多而且繁杂，行业标准很难制定。电力行业在2002年制定了《电力发电厂循环冷却水用阻垢缓蚀剂标准》，可以作为冶金行业敞开式间接冷却循环水系统用阻垢缓蚀剂的参考指标。表3-4为电力行业循环冷却水用阻垢缓蚀剂的验收指标。

表3-4 电力行业循环冷却水用阻垢缓蚀剂的验收指标

项　目	A类	B类	C类
唑类（以 $C_4H_4NHN:N$ 计）含量/%	—	≥1.0	≥3.0
磷酸盐（以 PO_4^{3-} 计）含量/%	≥6.8		
亚磷酸（以 PO_3^{3-} 计）含量/%	≤2.25		
正磷酸盐（以 PO_4^{3-} 计）含量/%	≤0.75		
固体含量/%	≥32.0		
pH值（1%水溶液）	3.0±1.5		
密度（20℃）/$g \cdot cm^{-3}$	≥1.15		

注：1. A类阻垢缓蚀剂可用于不锈钢管、钛管循环冷却水处理系统，也可用于碳钢管冲灰水处理系统等。
2. B类阻垢缓蚀剂可用于铜管循环冷却水处理系统。
3. C类阻垢缓蚀剂可用于要求有较高唑类含量的铜管循环冷却水处理系统。

目前，钢铁行业在敞开式循环冷却水处理用的阻垢缓蚀剂主要是磷系复合配方，闭式循环冷却水处理用的阻垢缓蚀剂主要是钼系复合配方。表3-5为天津化工研究设计院生产的TS-315阻垢缓蚀剂质量指标。

表3-5 天津化工研究设计院生产的TS-315阻垢缓蚀剂质量指标

序　号	项　目	性能指标
1	外　观	淡黄色均匀液体
2	固体分	>30%
3	密　度	1.17~1.19g/cm³
4	pH值	2~3
5	有机磷（以 PO_4^{3-} 计）含量	>13%

3.2.2 混凝剂

在水处理中，能够使水中的胶体微粒相互黏合聚结的物质称为混凝剂。混凝剂有无机混凝剂与有机混凝剂。在絮凝沉淀的水处理过程中，由于无机混凝剂常加入混合池中起凝聚的作用，有机混凝剂常加入絮凝反应池中起絮凝的作用，所以常把无机混凝剂称为凝聚剂，而把有机混凝剂称为絮凝剂或助凝剂。在絮凝沉淀的实际应用中，药剂投加顺序是先加凝聚剂后加助凝剂。

常用的无机混凝剂有硫酸铝、硫酸亚铁、聚合氯化铝、聚合硫酸铁等，其中聚合氯化铝、聚合硫酸铁是20世纪60年代后发展起来的一类新型混凝剂，与传统的无机混凝剂相比，效能成倍提高，在水处理中已经成为主流的混凝剂。有机混凝剂常用的有聚丙烯酰胺、聚丙烯酸钠等。

3.2.2.1 聚合氯化铝

A 聚合氯化铝的作用机理

聚合氯化铝，简称PAC，是一种无机高分子混凝剂。它是介于$AlCl_3$和$Al(OH)_3$之间的化合物，通过羟基架桥而聚合。其化学通式为$[Al_2(OH)_nCl_{6-n}]_m$（式中，$1\leqslant n\leqslant 5$，$m\leqslant 10$）。聚合氯化铝有较强的架桥吸附性，在水解过程中伴随电化学、凝聚、吸附和沉淀等物理化学变化，主要通过压缩双层、吸附电中和、吸附架桥、沉淀物网捕等机理作用，使水中细微悬浮粒子和胶体离子脱稳、聚集、絮凝、混凝、沉淀，达到净化处理效果。聚合氯化铝在循环冷却水处理和污水处理中作为混凝剂具有以下特点：

（1）絮凝体形成快、沉降速度快。

（2）适应的水pH值范围宽，一般为5.0~9.0。

（3）腐蚀性小，操作条件好。

B 聚合氯化铝的性质及质量指标

聚合氯化铝液体产品为淡黄色、棕褐色透明或半透明液体；固体产品为黄色或淡黄色固体粉末，且易溶于水。

聚合氯化铝有三个主要指标：三氧化二铝含量、盐基度、水不溶物。三氧化二铝的含量要求均匀、稳定，以实现对胶体颗粒良好的吸附凝聚。盐基度是羟基与铝的比值，即盐基度$B=[OH]/3[Al]$。作为聚合氯化铝最重要的指标之一，盐基度的高低对混凝效果有重要的影响。水质不同，其适用的盐基度不同，这点已经通过大量实验得到证明。因此，必须根据水质筛选最佳范围的盐基度。水不溶物影响加药装置能否运转正常，水不溶物过高会造成加药管道的堵塞，造成维护困难，最终影响凝聚效果。

国家标准GB 15892—2009中规定：固体三氧化二铝（Al_2O_3）含量不低于27%、盐基度40%~90%、水不溶物含量不高于1.5%；液体三氧化二铝（Al_2O_3）含量不低于10%、盐基度40%~90%、水不溶物含量不高于0.5%。

3.2.2.2 聚合硫酸铁

A 聚合硫酸铁的作用机理

聚合硫酸铁，简称PFS，是一种无机高分子絮凝剂，在硫酸铁分子簇的网络结构中引入了羟基，以OH^-架桥形成多核配离子。其化学通式为$[Fe_2(OH)_n(SO_4)_{3-n/2}]_m$（式中，$n<2, m=f(n)$）。聚合硫酸铁是硫酸铁在水解-絮凝过程中的一种中间产物，在其制备过程

中，控制加酸量，使 Fe^{3+} 盐发生水解、聚合反应。液体聚合硫酸铁中含有大量的聚合阳离子，如 $[Fe_3(OH)_4]^{5+}$、$[Fe_4O(OH)_4]^{6+}$、$[Fe_6(OH)_{12}]^{6+}$、通过吸附、架桥，使水中胶体微粒与悬浮物形成粗大的团而迅速沉降，同时发挥电中和等作用，具有水解速度快、絮凝块密度大、适用的 pH 值范围宽等特点。对水中的悬浮物、有机物、重金属离子等能良好地去除，且具有脱色、除臭、破乳化及污泥脱水等功能。

B 聚合硫酸铁的性质及质量指标

聚合氯酸铁液体产品为红褐色黏稠透明液体；固体产品为棕色粉末，且易溶于水。聚合硫酸铁的质量指标中，全铁、盐基度、水不溶物三个指标比较重要，全铁、盐基度要求稳定、均匀，稳定的质量才能有良好的凝聚效果。水不溶物过高，会造成加药管道的堵塞，给设备的检修和维护带来困难，从而影响凝聚效果。

《水处理剂聚合硫酸铁国家标准》（GB 14591—2006）规定：液体聚合硫酸铁中全铁含量不低于11%、盐基度8.0%～16.0%、水不溶物含量不高于0.3%；固体聚合硫酸铁中全铁含量不低于19%、盐基度8.0%～16.0%、水不溶物含量不高于0.5%。

3.2.2.3 聚合氯化铝铁

A 聚合氯化铝铁的作用机理

聚合氯化铝铁，简称 PAFC，其化学通式为 $[Al_2(OH)_nCl_{6-n}]_m \cdot [Fe_2(OH)_NCl_{6-N}]_M$（式中，$n$、$m$、$N$、$M$ 为整数）。

聚合氯化铝铁是由铝盐和铁盐混合水解而成的一种无机高分子混凝剂，依据协同增效原理，加入单质铁离子或三氯化铁和其他含铁化合物复合而制得的高效混凝剂。它集铝盐和铁盐各自优点，对铝离子和铁离子的形态都有明显改善，聚合程度大为提高。

B 聚合氯化铝铁的质量指标

固体聚合氯化铝产品为棕褐色或红褐色粉末，其三氧化二铝（Al_2O_3）含量不低于27%、氧化铁（Fe_2O_3）含量为3%～6%、盐基度为40%～90%、水不溶物含量不高于1.5%；液体聚合氯化铝中三氧化二铝（Al_2O_3）含量不低于10%、氧化铁（Fe_2O_3）含量为1%～2%、盐基度为40%～90%、水不溶物含量不高于0.5%。

3.2.2.4 聚丙烯酰胺

A 聚丙烯酰胺的作用机理

聚丙烯酰胺的作用机理一般认为是吸附-电中和-架桥，但电中和不是主要机理。在絮凝过程中，高分子浓度较低时，吸附在颗粒表面上的高分子长链可能同时吸附在另一个颗粒表面上，通过架桥方式将两个或更多的微粒联系在一起，从而导致絮凝，这就是发生高分子絮凝作用的架桥机理。架桥的必要条件是颗粒上存在空白表面，如果溶液中的高分子浓度很大，颗粒表面已完全被所吸附的高分子所覆盖，则颗粒不会再通过架桥而絮凝，此时高分子起的是保护作用。所以，高分子絮凝剂加入量存在最佳范围，超过最佳范围，絮凝效果反而差。

B 聚丙烯酰胺的性质及质量指标

聚丙烯酰胺简称 PAM，分为阳离子型、阴离子型、非离子型，相对分子质量在400～2000之间，产品外观为白色粉末，易溶于水，温度超过120℃时易分解。

阴离子型聚丙烯酰胺在中性和碱性介质中呈高聚物电解质的特征，对盐类电解质敏感，与高价金属离子能交联成不溶性的凝胶体，其主要用于生活生产用水、工业和城市污水处理，还可用于无机污泥的脱水。

阳离子型聚丙烯酰胺的水溶液是高分子电解质，带有正电荷（活性基），对悬浮的有机胶体和有机物可有效凝聚，并能强化固液分离过程，因此主要用于水中悬浊液和悬浊物的絮凝沉淀，或有机污泥的脱水。

非离子型聚丙烯酰胺为大分子链上不含离子基团，但酰胺基与许多物质，如黏土、纤维素等能产生氢键，因吸附架桥而凝聚。

在水处理中，通常所用聚丙烯酰胺为白色粉状颗粒，配成0.1%～0.3%的水溶液，水溶液为均匀、透明、黏稠的溶液。溶解时，阴、阳离子型聚合物需搅拌1～1.5h，非离子型聚合物需搅拌2～3h。

3.2.3　杀菌灭藻剂

杀菌灭藻剂能有效地控制循环冷却水系统中微生物的生长、繁殖，从而控制循环冷却水系统中微生物腐蚀和微生物黏泥。常用杀菌灭藻剂可以分为氧化性杀菌灭藻剂和非氧化性杀菌灭藻剂两大类，一般两者交替使用。在循环冷却水各个系统中选择杀菌灭藻剂要根据系统特点，所用药剂不能影响系统的运行。在钢铁企业循环冷却水中，间接冷却循环水都要投加杀菌灭藻剂，而直接冷却循环水的一些系统，如高炉煤气洗涤水、炼钢除尘水等高污染水质的系统没有菌藻滋生不用投加杀菌灭藻剂，但连铸浊环水、轧钢浊环水等一些系统和间接冷却循环水系统一样必须投加杀菌灭藻剂，否则微生物黏泥和油泥相互作用堵塞循环水系统管道、设备。近年来，化学法二氧化氯发生器在钢铁企业循环水处理中也有应用，产生的氯气、二氧化氯复合气体投加到水中，防止菌藻滋生。二氧化氯发生器的应用可以实现杀菌灭藻的连续性，特别适用于连铸浊环水、轧钢浊环水这类含油浊环水中。

杀菌灭藻剂在钢铁企业循环水处理中的应用应注意以下事项：

（1）在某一系统应选择几种药剂交替投加，避免系统的抗药性和药剂的优势互补。氧化性和非氧化性也应交替使用。

（2）一般杀菌灭藻剂采用冲击投加，即周期性地一次加入过量的杀菌灭藻剂，使循环水中产生一个相对高的浓度，以迅速有效地杀灭微生物。

（3）投加杀菌灭藻剂期间系统尽量减少排污，以免降低药剂浓度，影响杀菌灭藻效果。

（4）加药点的选择根据工艺条件而定，应本着药剂易于混合溶解的原则。

（5）杀菌灭藻剂的选择要因系统而定，如直接冷却水系统不得加入洁尔灭这类易产生泡沫的药剂，否则会影响产品的质量；而间接冷却水应定期加入洁尔灭这类具有黏泥剥离作用的药剂。

3.2.3.1　二氧化氯

A　二氧化氯的杀生机理

a　二氧化氯的强氧化性

二氧化氯（ClO_2）中Cl原子的标准氧化态是+4价，具有很强的氧化性，其有效氯的含量达到263%，二氧化氯氧化电位是1.84V，比液氯的氧化电位高出0.37V，氧化性是液氯的2.6倍。

b　与细菌的作用机理

一般来讲，细菌的表面带负电，而 ClO_2 在水中几乎100%以单分子型体存在，不带有电荷，所以很容易吸附在细菌的表面。当pH值在6.8~8.5时，细胞膜中渗透酶的活性较高，促进扩散和主动运输很容易进行，此时水溶液中带有负电荷的消毒剂（如氯气、漂白水）可以有良好的灭活效果；当pH值在3~6时，渗透性低，带负电荷消毒剂则失去作用。而 ClO_2 不受pH值的影响，为单纯扩散，不需要载体蛋白运输。进入细胞后可以氧化酶以及损伤细胞或抑制蛋白质的合成等杀菌过程。因此细菌对二氧化氯没有抗药性。

c 与病毒的作用机理

一般认为，ClO_2 可以吸附和穿过病毒的衣壳蛋白，与其中的RNA病毒反应，破坏基因合成RNA病毒的能力，并在病毒表面聚集了高浓度的 ClO_2 分子，因而可以大大加强 ClO_2 的灭活效果。因而病毒对二氧化氯没有抗药性。

B 二氧化氯的质量指标

二氧化氯是一种氧化性杀菌灭藻剂，在实际应用中常制成稳定性的二氧化氯溶液。稳定性二氧化氯溶液为无色或略带黄色透明液体，ClO_2 含量为2.0%，pH值为8.2~9.2。

3.2.3.2 次氯酸钠

A 次氯酸钠的杀生机理

次氯酸钠的杀生机理是依靠次氯酸的强氧化性，次氯酸通过向微生物的细胞壁扩散，与原生质反应，与细胞的蛋白质生成化学稳定的N—Cl键。次氯酸氧化微生物的某些活性物质，抑制并杀死微生物。

B 次氯酸钠的质量指标

次氯酸钠为淡黄色透明液体，次氯酸（以有效氯计）含量不低于10%。

3.2.3.3 氯化异氰尿酸

A 氯化异氰尿酸的杀生机理

氯化异氰尿酸在水中能逐步释放出次氯酸，次氯酸通过向微生物的细胞壁扩散，与原生质反应，与细胞的蛋白质生成化学稳定的N—Cl键。次氯酸氧化微生物的某些活性物质，抑制并杀死微生物。

B 氯化异氰尿酸的质量指标

氯化异氰尿酸及其盐类主要有三氯化异氰尿酸和二氯化异氰尿酸钠两种产品，均为白色结晶性粉末或颗粒。三氯化异氰尿酸中有效氯含量不低于85%，二氯化异氰尿酸钠中有效氯含量不低于50%。

3.2.3.4 异噻唑啉酮

A 异噻唑啉酮的杀生机理

异噻唑啉酮是通过断开细菌和藻类蛋白质的键而起杀生作用，与微生物接触后迅速地抑制其生长。这种抑制过程是不可逆的，从而导致微生物细胞的死亡。在细胞死亡之前，异噻唑啉酮处理过的微生物就不能再合成酶和分泌有黏附性的和生成生物膜的物质。

B 异噻唑啉酮的质量指标

在循环冷却水处理中常用的异噻唑啉酮其活性组分为1.5%，氯比为2.5~4.0。

3.2.3.5 季铵盐

A 季铵盐的杀生机理

季铵盐类杀菌剂的杀生机理虽未完全清楚，但认为主要是以下几方面：(1) 季铵盐类有一个阳离子基因，很容易吸附在带阴电荷的细菌表面，从而改变细胞膜的性质。(2) 季铵盐的亲油基因能通过细胞壁损伤细胞壁和原生质膜。(3) 季铵盐也能通过细胞壁，进入菌体内部，与蛋白质或酶起反应，使微生物的代谢异常。(4) 季铵盐可以侵害生物细胞质膜中的磷酯类物质，引起细胞自溶而死亡。

B 季铵盐的质量指标

在循环冷却水处理中常用的季铵盐类产品有十二烷基二甲基苄基氯化铵，活性物含量为44%～45%的产品称为1227，活性物含量不低于85%的产品称为洁尔灭。

3.2.4 酸、碱、盐药剂

钢铁企业常用的酸碱水处理药剂有浓硫酸、浓盐酸、碳酸钠、氯酸钠、氯化钠等。

硫酸作为pH值调节剂在钢铁企业也有应用，硫酸的使用对于循环水浓缩倍数的提高具有重大意义。循环水中硫酸的加入引进硫酸根，腐蚀性增强，在缓蚀上应加强。硫酸和阻垢缓蚀剂相互配合在确保循环水水质稳定的前提下实现循环水高浓缩倍数运行，作为一项节水措施应该在钢铁企业循环水处理中加以推广。全自动硫酸投加装置的应用使硫酸投加安全、可靠、稳定。

熟石灰在钢铁企业主要应用在污水处理和含油污泥调制。污水处理主要用作助凝剂和降硬剂，污泥调制主要应用在连铸、轧钢等含油污泥中。

碳酸钠在钢铁企业循环水处理中主要用于降硬剂，多用于转炉除尘水处理中。

3.2.4.1 浓硫酸

A 浓硫酸的作用机理

浓硫酸在水处理中作为pH值的调节剂，将其控制在最佳范围之内。浓硫酸加入水中，发生化学反应如下：

$$Ca(HCO_3)_2 + H_2SO_4 = CaSO_4 + 2CO_2\uparrow + 2H_2O$$

B 质量指标

硫酸（H_2SO_4）是透明无色油状液体，含量不低于92.5%。它具有强腐蚀性、刺激性、强氧化性及脱水能力，与皮肤及组织中的水分混合，造成灼伤。接触后要大量水冲洗，必要时送医院救治。在循环冷却水和污水处理中，不宜采用98%浓硫酸，因为98%浓硫酸在冬季特别是北方会结晶，从而堵塞管道。

3.2.4.2 熟石灰

A 熟石灰的作用机理

在综合污水降硬度的过程中，熟石灰和碳酸氢钙发生反应生成碳酸钙沉淀，从而降低水的暂时硬度。

$$Ca(OH)_2 + Ca(HCO_3)_2 = 2CaCO_3\downarrow + 2H_2O$$

B 熟石灰的质量指标

熟石灰($Ca(OH)_2$)为细腻的白色粉末，其氢氧化钙含量不低于90%、细度不小于

149μm（100 目）、盐酸不溶物含量不高于0.1%。盐酸不溶物这项指标必须严格执行，如果盐酸不溶物较多会造成管道堵塞，同时造成石灰乳液泵的磨蚀，降低泵的使用寿命。

3.2.4.3 碳酸钠

A 碳酸钠的作用机理

在综合污水降硬度的过程中，碳酸钠和氯化钙、硫酸钙发生反应生成碳酸钙沉淀，从而降低水的永硬度。

$$CaCl_2 + Na_2CO_3 = CaCO_3 \downarrow + 2NaCl$$

$$CaSO_4 + Na_2CO_3 = CaCO_3 \downarrow + Na_2SO_4$$

B 碳酸钠的质量指标

国家标准 GB 210—1992 规定，碳酸钠总碱量（以 $NaCO_3$ 计）应不低于98.8%，水不溶物含量不高于1.5%。

3.2.4.4 亚硫酸氢钠

A 亚硫酸氢钠的作用机理

在反渗透脱盐处理中，亚硫酸氢钠作为还原剂，与水中残余氯发生反应，达到脱氯的目的，满足 RO 膜对进水残余氯的要求。

B 质量指标

亚硫酸氢钠主含量（以 SO_2 计）64%～67%，水不溶物含量不高于0.03%。

3.3 水处理药剂的配制

3.3.1 溶液的浓度

在水处理应用中，水处理药剂浓度采用质量浓度，单位为克/升，即 g/L。常用水处理药剂配制浓度见表3-6。

表3-6 常用水处理药剂配制浓度 (g/L)

序 号	名 称	浓 度
1	阻垢缓蚀剂（液体）	50～200
2	聚合氯化铝（固体）	50～200
3	聚合硫酸铁（固体）	50～200
4	聚丙烯酰胺	1～3
5	熟石灰	50～200
6	纯 碱	50～200
7	亚硫酸氢钠	20～100

阻垢缓蚀剂通常为液体产品，在循环冷却水处理中有两种投加方式：连续投加和冲击投加。连续投加可以进行稀释后用计量泵投加，也可以投加原液，如果稀释后投加其配制浓度应根据药剂溶液箱的容积、药剂投加量和配制次数而定。

混凝剂投加必须连续均匀、恒定，不可冲击投加。混凝剂药液的配制主要考虑混凝剂浓度和投加量这两个方面。无机混凝剂溶液的浓度通常配成50～200g/L，有机高分子溶液的浓度通常配成1～3g/L。

例3-1 已知药剂箱的有效容积为500L，经计算每天需要加聚合氯化铝120kg，每天配制药剂一次，则配制的聚合氯化铝的质量浓度为多少？

解：已知聚合氯化铝的质量 $m(PAC) = 120kg = 120000g$，药剂箱的有效容积 $V = 500L$，那么：

$$\rho(PAC) = m(PAC)/V = 120000/500 = 240g/L$$

所以，聚合氯化铝的质量浓度为240g/L。

例3-2 已知药剂箱的有效容积为3000L，配制石灰乳液的浓度为100g/L，需要熟石灰多少千克？

解：已知药剂箱的有效容积 $V = 3000L$，石灰乳液的浓度 $\rho[Ca(OH)_2] = 100g/L = 0.1kg/L$，那么：

$$m[Ca(OH)_2] = \rho[Ca(OH)_2] \times V = 0.1 \times 3000 = 300kg$$

所以，需要熟石灰300kg。

3.3.2 药剂的配制

药剂的配制是将一定量的水处理药剂溶解水中，然后稀释成一定浓度的溶液，此溶液再由加药装置投加到水中。固体药剂的配制包括溶解和稀释两个步骤，液体药剂可直接稀释。

溶液的配制设备主要是溶液箱，溶液箱的容积可按下式计算：

$$V = 24aQ/(\rho n)$$

式中，V 为溶液箱的有效容积，L；a 为药剂的最大投加量，g/m^3；Q 为原水水量，m^3/h；n 为每天的配制次数，一般1～3次。在生产实际中，一般每天（24h）配制药剂1～3次为宜，不可过于频繁。

为了加速固体药剂的溶解，并使药液浓度均匀，溶液箱中需要设置搅拌设备。常用的搅拌方式有三种：机械搅拌、水力搅拌和压缩空气搅拌。

（1）机械搅拌溶解。机械搅拌式采用电动机带动桨板或涡轮而进行工作，一般适用于药剂使用量较大的情况。机械搅拌溶解时，将一定量的药剂倒入盛有1/3～1/2水的溶解罐中，开启搅拌机将药剂溶解后，用水稀释到所需的体积，并混匀。机械搅拌溶解装置如图3-1所示。

（2）水力搅拌溶解。水力搅拌直接用水泵从溶液箱内抽取药液再循环到溶液箱，这种搅拌方式结构简单，使用方便，适用于药剂使用量较小的情况。水力搅拌溶解时，将一定量的药剂倒入盛有1/3～1/2水的溶解罐中，开启循环泵使药剂和水快速混合，待药剂溶解后用水稀释到所需的体积，并混匀。水力搅拌溶解装置如图3-2所示。

（3）压缩空气搅拌溶解。压缩空气搅拌是向溶液箱通入压缩空气进行搅拌，空气压力一般为0.1～0.2MPa，空气消耗量一般为 $0.2m^3$(空气)/(m^3(溶液)·min)。压缩空气搅拌溶解时，将一定量的药剂倒入盛有1/3～1/2水的溶解罐中，开启压缩空气阀门用压缩空气将药剂溶解后，用水稀释到所需的体积，并混匀。压缩空气搅拌溶解装置如图3-3所示。

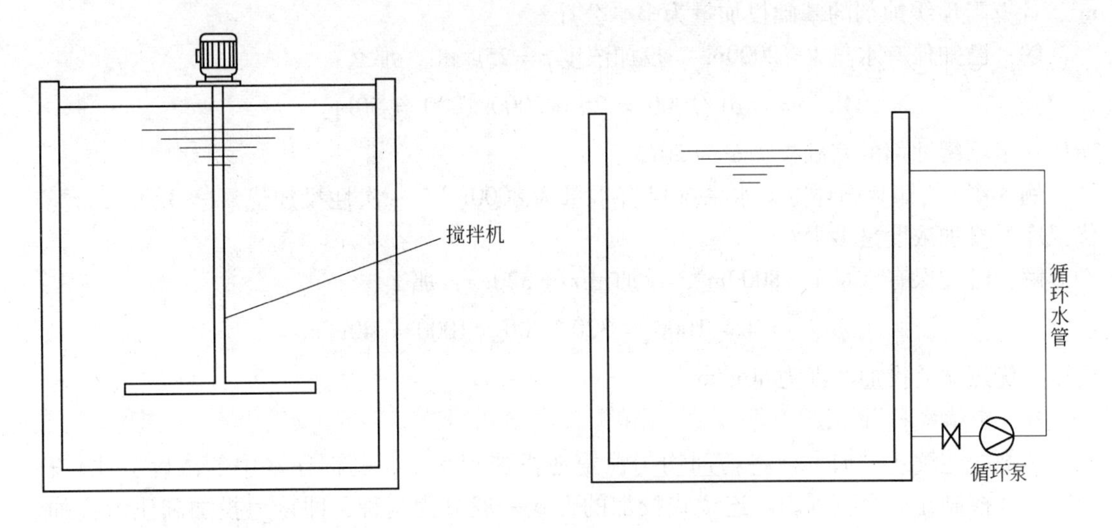

图 3-1　机械搅拌溶解装置　　图 3-2　水力搅拌溶解装置

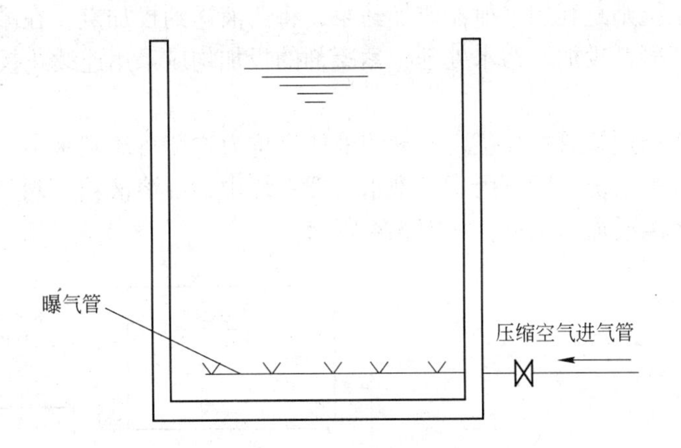

图 3-3　压缩空气搅拌溶解装置

3.3.3　药剂的投加

3.3.3.1　投加方式

A　冲击式投加

药剂的冲击式是指一次将水处理药剂倒入水中，药剂投加初期浓度会很高，经过一段时间后会下降，直至衰减到零。在循环冷却水处理中阻垢缓蚀剂的基础投加和杀菌灭藻剂的投加常采用冲击投加方式，冲击投加量（m）根据循环冷却水系统保有水量 V 和投加浓度 ρ 计算，计算公式如下：

$$m = \rho V/1000$$

式中　m——药剂的质量，kg；

ρ——药剂投加浓度，g/m^3；

V——系统保有水量，m^3。

例 3-3　已知某循环冷却水系统保有水量为 $2000m^3$，阻垢缓蚀剂基础投加浓度为 25g/

m^3，计算阻垢缓蚀剂的基础投加量为多少公斤？

解：已知保有水量 $V=2000m^3$，投加浓度 $\rho=25g/m^3$，那么：

$$m = \rho V/1000 = 25 \times 2000/1000 = 50kg$$

所以，阻垢缓蚀剂的基础投加量为50kg。

例3-4　已知某循环冷却水系统保有水量为 $8000m^3$，一次性投加优氯净320kg，计算优氯净的投加浓度是多少？

解：已知保有水量 $V=8000m^3$，投加量 $m=320kg$，那么：

$$\rho = m/V \times 1000 = 320/8000 \times 1000 = 40g/m^3$$

所以，优氯净的投加浓度为 $40g/m^3$。

B　连续式投加

药剂的连续式投加是指将药剂均匀恒定地投加到水中，药剂在水中的浓度会比较稳定，可以控制在一个范围内。连续式投加的方式一般分为两种，即重力投加和压力投加。重力投加系统主要是利用药液高位槽与投加点的水头高差加药，直接将药液投入管道或水池中。压力投加系统则是利用水射器或加药泵，将药液送到投加点。在敞开式循环冷却水的阻垢缓蚀剂和絮凝剂投加、污水处理中絮凝剂的投加均应采用连续式投加。

a　重力投加

重力投加是将药剂管放在高位，药剂溶液依靠重力连续自流到水中，其流量可以通过阀门控制。重力投加系统一般可用于小型水处理系统中，由溶液箱、阀门、管路、流量计等组成，溶液箱距离投加点很近，如图3-4所示。

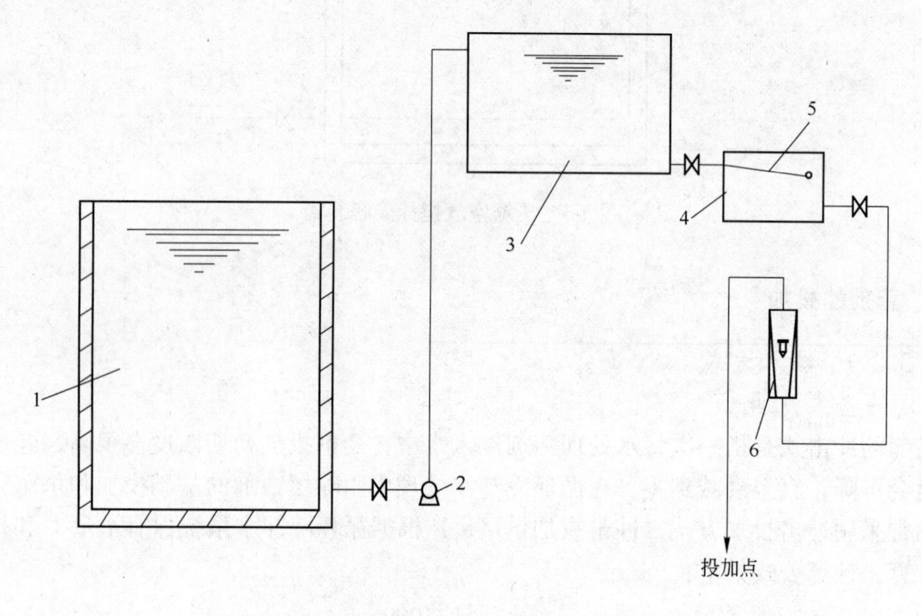

图3-4　重力投加系统

1，3—溶液箱；2—提升泵；4—恒位箱；5—浮球阀；6—流量计

重力投加相对比较粗放，随着技术的发展重力投加逐渐被计量泵投加所取代，但对于小型循环冷却水系统、小型污水处理，重力投加还是比较适用的。重力投加流量等于药剂

罐液体的有效容积除以连续投加的时间，流量是平均流量，随着液位的下降流量会逐渐降低。重力投加的平均流量 s 等于液体的有效容积 V 除以时间 t，即：

$$s = V/t$$

式中，s 为平均流量，L/h；V 为液体的有效容积，L；t 为液体加入时间，h。

流量调节是通过调节流量计前的阀门来控制液体的流量大小。

例 3-5 已知硫酸铝溶液的有效容积为 300L，采用重力投加，24h 连续加完，每小时流量为多少？

解：已知硫酸铝溶液的有效容积 $V = 300$L，投加时间 $t = 24$h，那么：

$$S = V/h = 300/24 = 12.5\text{L/h}$$

所以，每小时流量为 12.5L。

b 水射器投加

水射器基本工作原理是根据能量守恒，采用文丘里喷嘴结构。在喉部流速增大，动能提高而压能下降，以至压力下降至低于大气压而产生抽吸作用，将药剂溶液抽入同水混合加到水中。水射器是液体流量调节及流量计的动力部件。水射器投加系统要求压力水压力大于 0.2MPa，而且恒定。水射器投加系统如图 3-5 所示。

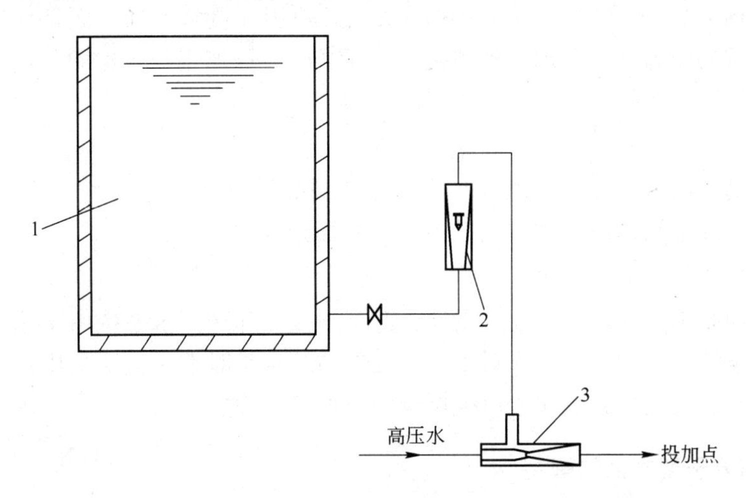

图 3-5 水射器投加系统

1—溶液箱；2—流量计；3—水射器

c 计量泵投加

计量泵投加是加药系统最常用的投加方式，适合自动控制系统，具有准确、恒定、易于调节的特点。投加系统如图 4-6 所示。

3.3.3.2 投加方式的选择

水处理药剂投加方式的选择要根据水系统工艺特点、投加地点、药剂投加量等综合考虑，要本着投加稳定、方便、安全的原则，提高药剂利用的效率，取得水处理的最优化、药剂用量的最小化。

A 阻垢缓蚀剂的投加

间接循环水系统水处理运行方式应连续排污水连续补水连续投药的方式，才能确保药

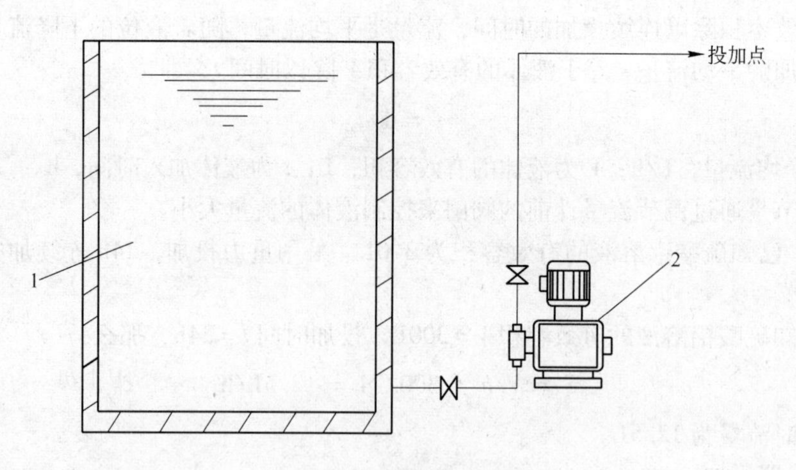

图 3-6　计量泵投加系统

1—溶液箱；2—计量泵

剂投加量的最优化和阻垢缓蚀剂效果的最好化，最好不用重力冲击投加。直接循环水系统必须采用计量泵连续均匀投加，不可重力冲击投加，否则由于水中污染物对药剂吸附实效，不能使药剂 100% 地发挥作用。全密闭系统必须用计量泵投加，而且计量泵的压力高于水泵吸水母管的压力，否则加不到系统中，而半闭式可加到吸水池中。循环冷却水药剂基础投加常采用冲击投加。

B　杀菌灭藻剂的投加

杀菌灭藻剂一般采用冲击投加，对于液体药剂如果投加量比较大、投加地点不方便，可采用水射器、计量泵输送的方式在最短时间内加到水中。

C　混凝剂的投加

混凝剂投加必须采用计量泵连续投加，对于间接冷却循环水系统由于循环水量比较稳定一般采用计量泵连续均匀投加，对于污水处理系统水量时常变化应采用自动控制使计量泵的流量随着水量的变化而变化，以确保药剂投加量的稳定。

3.3.4　有机高分子絮凝剂的配制

3.3.4.1　聚丙烯酰胺高分子聚合物的溶解方法

聚丙烯酰胺不能直接投加到污水中，使用前必须先将它溶解于水中，然后按照一定的投加量将其水溶液加入污水中。

溶解聚合物的水应是干净的水（如新水、净循环水），不能是污水。强酸性或弱碱性的水不适合用来配制聚合物的水溶液。常温的水即可，通常不需要加热。水温过高会使聚合物产生热降解，从而影响使用效果。

聚合物溶液浓度一般为 0.1% ~0.3%，即 1L 水中加入 1 ~3g 聚合物粉剂。浓度的选择要考虑以下因素：

（1）配制聚合物溶液的容器较小而每天的用药量较大时，配制的浓度稍高些，如 0.3%。

（2）当要配制的聚合物相对分子质量较高时，配制的浓度稍稀些，如 0.1%。

（3）聚合物投加到污水中，如因设备原因分散状况不太好时，配制的浓度稍稀些。

（4）聚合物浓度过大，会造成搅拌器电机负载过大，也会造成聚合物水溶液进入污水中后分散状况不好，影响使用效果。但配制浓聚合物溶液时稳定时间增加。

3.3.4.2 聚合物溶液配制方法

聚合物溶液的配制方法如下：

（1）在溶解罐中加入一定量的清水，按照水量计算并称量好所需的聚合物量。

（2）开启搅拌机，将水搅出旋涡，搅拌机叶片末端的线速度不要超过 8m/s，以免造成聚合物降解，同时搅拌的速度又不能太慢，以免聚合物颗粒在水中下沉、结团。

（3）将聚合物慢慢撒入水的旋涡中，注意避免聚合物颗粒进入水中后互相粘连、结团。然后再搅拌一段时间，使聚合物颗粒充分溶解，最后成为均匀、透明、黏稠的溶液。

3.3.4.3 注意事项

聚合物溶液配制的注意事项如下：

（1）配制好的溶液不要通过离心泵输送，以免高速旋转的叶片造成聚合物的剪切降解。

（2）聚合物配成溶液后其存放时间有限。一般来讲，阴离子型聚合物溶液的保存期不超过一周；阳离子型聚合物溶液的保存期不超过一天。

（3）铁离子是造成聚丙烯酰胺化学降解的催化剂。因此，在配制、转移、储存聚丙烯酰胺溶液时，要避免溶液与铁离子接触。配制聚合物溶液的设备最好是采用不锈钢、玻璃钢或塑料衬里的碳钢等材质制成的。

3.4 加药装置

水处理药剂投加装置简称加药装置是水处理中重要的设备之一，其运行是否正常是影响水处理效果的关键。随着水处理技术的进步和发展，对加药装置的要求越来越高，完善的加药装置才能确保设备运行可靠、维修方便。在水处理应用中，常用以马达驱动隔膜计量泵为核心的加药装置和以电磁计量泵为核心的加药装置。

3.4.1 以马达驱动计量泵为核心的加药装置简介

以马达驱动计量泵为核心的加药装置由药剂溶解系统和药剂投加系统组成，药剂溶解系统包括搅拌机、药剂罐、稀释水管路等，药剂投加系统包括计量泵及其附件、管路等。加药装置典型安装如图 3-7 所示。

3.4.1.1 药剂溶解系统

A 搅拌器

搅拌器主要由电机、减速装置、搅拌轴和桨叶等组成。搅拌器的桨叶和轴的材质有不锈钢、碳钢（玻璃钢防腐）等。材质的选择要根据溶解药剂的化学性质来选择，如溶解聚合氯化铝，搅拌器的桨叶和轴不能用不锈钢，因为 Cl^- 对不锈钢具有很强的腐蚀作用。不同药剂适应的轴和桨叶材质见表 3-7。

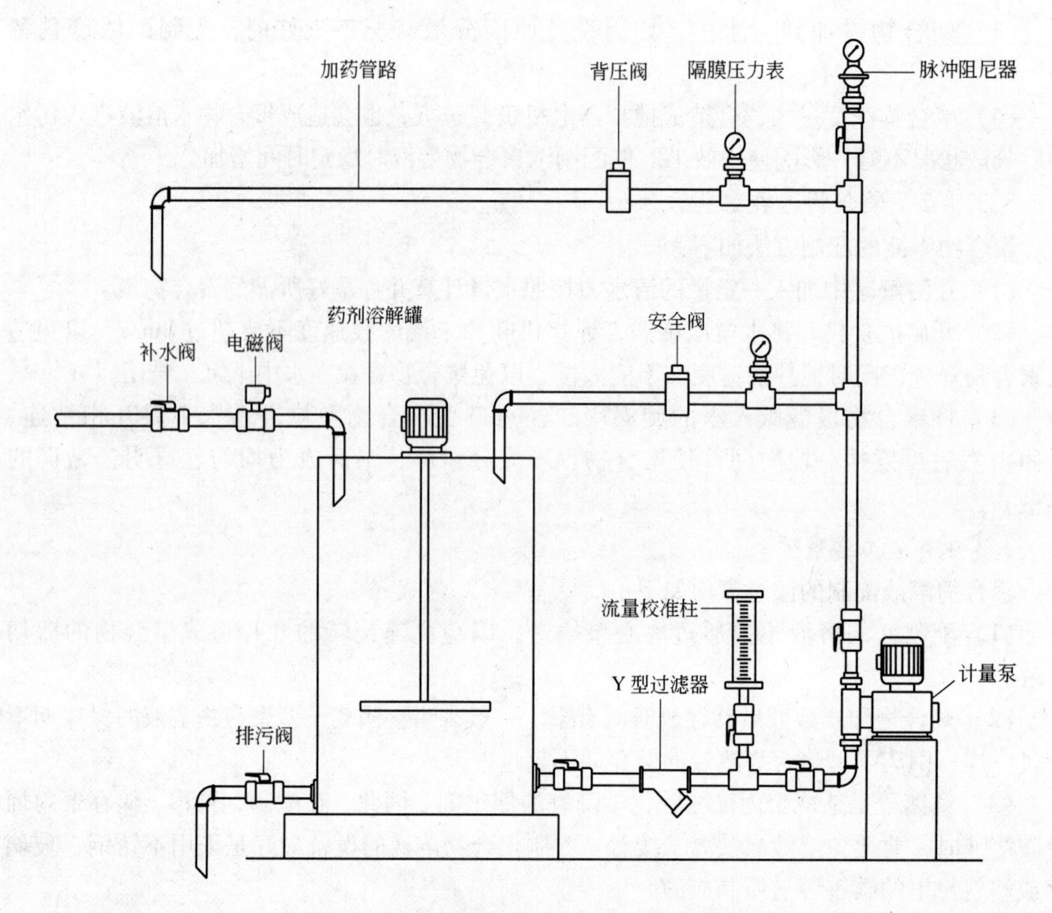

图 3-7 以马达驱动计量泵为核心的加药装置

表 3-7 不同药剂适应的轴和桨叶材质

药 剂 名 称	轴和桨叶的材质
聚丙烯酰胺	碳钢、不锈钢
聚合氯化铝、聚合硫酸铁、氯酸钠有机磷系阻垢缓蚀剂	碳钢、不锈钢包衬氟橡胶或环氧树脂
熟石灰、纯碱	不锈钢 304
浓硫酸	尼 龙

搅拌机转速一般为 100 ~ 200r/min，因为大多数水处理药剂容易溶于水，采用低转速即可，对于难溶物质可以适当提高转速。

B 药剂罐

药剂罐的材质有不锈钢、碳钢防腐、玻璃钢等，常配有磁翻板液位计或超声波液位计。

为了确保药剂罐的使用寿命，药剂罐的材质必须耐腐蚀，选择材质必须考虑药剂的化学性质。表 3-8 为不同药剂适宜的药剂罐材质。

表 3-8 不同药剂适宜的药剂罐材质

药剂名称	药剂罐的材质
聚丙烯酰胺	碳钢、不锈钢
聚合氯化铝、聚合硫酸铁、氯酸钠有机磷系阻垢缓蚀剂	碳钢衬胶、玻璃钢、PVC、HDPE、PE
熟石灰、纯碱	不锈钢 304
浓硫酸	碳钢、HDPE

C 稀释水系统

稀释水系统由进水管路和阀门组成，阀门采用电磁阀或手动球阀。当药剂到最低液位时，开始配药。配药时，打开稀释水完成药剂的配制。

3.4.1.2 药剂投加系统

A 安全阀、背压阀

安全阀用于保护计量泵排出端的整个管路系统，在管路压力过高的情况下阀门打开，该功能是通过隔膜-弹簧系统完成的。如果计量泵吸入端与投加点液位标高差较大，则背压阀是必需的，背压阀通过对泵头单向阀施加一定的正压保证了系统的可靠运行，压力在阀门的隔膜室内生成，压力大小通过弹簧负荷调节螺丝来调节。

泄压阀/安全阀具有安全保护、管路泄压功能，在系统、管路压力过高时，能及时释放压力，起保护作用；防止泵出现死头现象，系统维护过程中可通过它将液体回收。安全阀设定压力大于期望的最大操作压力 20%，但不能超过泵头最大压力。

背压阀持压、防虹吸。它具有保持管线所需压力与流量的作用，同时排放过高压力；但其不同于一般泄压阀，有压力泄放过多，无法持压的缺点。此外，背压阀防止在泵的出口端由于重力或其他作用出现的虹吸现象，消除由于虹吸产生的流量及压力波动。

B 脉动阻尼器/缓冲器

液体实际是不可压缩的，因此不能蓄积压力能，溶液的脉动能会在管路里产生较大的危害。脉动阻尼器是利用气体（氮气）的波意耳定律来蓄积液体的原理（即采用氮气作为压缩介质）而工作的。

脉动阻尼器由承压壳体部分和带有气密隔离件的内胆构成。内胆将室体分成上下两部分，上部内装氮气，下部与外部管路相通，接触液体介质。因此，当管路压力升高时，介质进入脉动阻尼器，由此气体被压缩；当压力下降时，压缩气体膨胀，进而将脉动阻尼内的液体压入管路。通过这种方式达到平缓液体脉动、保护容积泵及管路的目的。

C Y 型过滤器

Y 型过滤器可有效去除管路杂质，保护泵头并且在线维护简单。材质有 PVC、不锈钢等。

D 计量泵

加药装置配有的马达驱动计量泵有机械隔膜计量泵、液压隔膜计量泵等，采用进口品牌，常用的品牌有美国米顿罗、意大利 OBL、美国帕斯菲特、德国普罗名特、日本易威奇等。

3.4.2 以电磁计量泵为核心的加药装置简介

以电磁计量泵为核心的加药装置由药剂溶解系统和药剂投加系统组成，药剂溶解系统包括搅拌机、药剂罐、稀释水管路等，药剂投加系统包括计量泵及其附件、管路等。这种装置适用于小型循环冷却水系统，具有体积小、重量轻、安装方便的特点，常用于阻垢缓蚀剂的配制和投加。电磁计量泵的安装方式有浸灌式安装和吸入提升式安装。浸灌式安装是较为理想的安装方式，而吸入提升式安装适合于吸头小于1.5m、密度不大于水的溶液。加药装置典型安装如图3-8和图3-9所示。

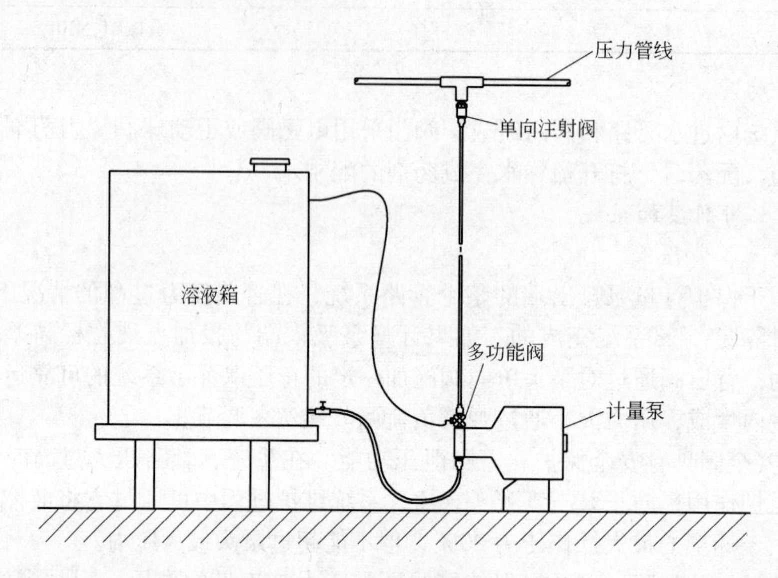

图3-8 浸灌式安装

3.4.2.1 药剂溶解罐

药剂溶解罐由药剂罐、搅拌机、进水电磁阀、高低液位开关等组成。药剂罐常采用的材质有PE、玻璃钢等。药剂罐的容积一般不超过1000L，用来溶解易溶于水的水处理药剂。

3.4.2.2 计量泵及附件

A 电磁计量泵

电磁计量泵泵头包括的部件有泵头、隔膜、阀、背板和安装螺栓。计量泵的流量一般低于100L/h，安装方便。常用的品牌有美国米顿罗、日本易威奇、德国普罗名特等。

B 底阀

底阀本身有一定的重量，可以保持吸液管线伸直并且使吸液管线垂直于化学药桶。另外它也是一个逆止阀，保持化学药液的正向流动。底阀还有助于改善泵的重复精度和正常吸液。底阀内有滤网可以防止固体颗粒被吸入吸液管线，小的固体颗粒吸入可能会导致计量泵隔膜破损。底阀还包括连接件，用来连接吸液管。底阀应当垂直安装，并且保持底

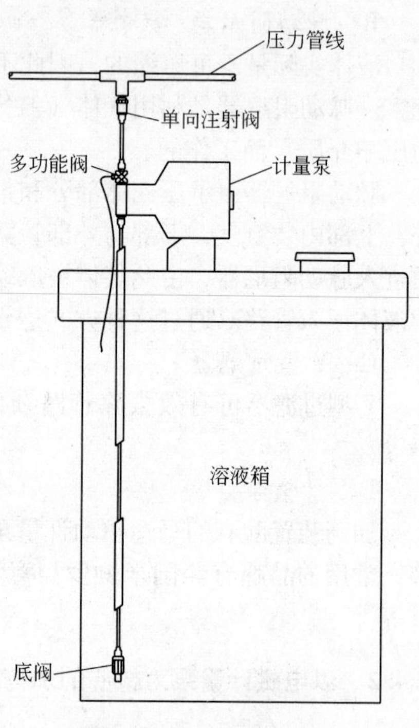

图3-9 吸入提升式安装

阀离开储药桶底部一定的距离。

C　注射阀

注射阀被应用于排液管线和注射点的连接。注射阀不能用作隔离设备或者用作防止虹吸的保护。在要求不是太高的场合中，注射阀可以产生0.05MPa（0.5bar）的背压。

D　多功能阀

多功能阀是非常通用的产品，它可以产生恒定的背压，确保重复计量精度。设备内集成了防虹吸阀的功能，它可以防止化学药品被吸入真空管线，防止水路中产生文丘里效应或负输送压头。设备内集成了泄压阀功能，在系统管路阻塞时可以保护计量泵、管线和其他系统设备，防止过压工作。多功能阀内还集成有引液阀功能，可以释放排液管线的压力，帮助计量泵引液。多功能阀可以使排出液体安全地回流到储药桶中。

E　脉冲阻尼器

选择合适尺寸的脉冲阻尼器可以减小90%或者更多的脉动，使其产生接近于层流的流动。脉冲阻尼器减小被计量介质的加速度并且降低压头损失。

3.4.3　计量泵简介

3.4.3.1　机械隔膜计量泵

A　工作原理

机械隔膜计量泵是电机通过直联传动带动蜗轮蜗杆做变速运动，在曲柄连杆机构的作用下，将旋转运动转变为往复直线运动。滑杆与膜片直接连接，工作时滑杆往复运动时直接推（拉）动膜片来回鼓动，通过泵头上的单向阀启闭作用完成吸排目的，达到输送液体的功能。泵的流量调节是靠旋转调节手轮，带动调节螺杆转动，从而改变挺杆间的间距，改变膜片在泵腔内移动行程来决定流量的大小。调节手轮的刻度决定膜片行程。

B　结构

机械隔膜计量泵由电机、传动箱、缸体三部分组成。传动箱部件由凸轮机构、行程调节机构和速比蜗轮机构组成；通过旋转调节手轮来实行调节挺杆行程，从而改变膜片伸缩距离来达到改变流量的目的。缸体部件是由泵头、吸入阀组、排出阀组、膜片各膜片底座等组成。

典型的机械隔膜计量泵结构如图3-10所示。

3.4.3.2　液压隔膜计量泵

A　工作原理

液压隔膜计量泵是由驱动齿轮带动中空柱塞往复运动，并通过中空柱塞中的液压油驱动计量膜片。中空柱塞上有一个特殊设计的调节孔，使柱塞内外的液压油相同。柱塞外面套有一可调节的用来关闭调节孔的滑环。当调节孔关闭时，柱塞推动里面的液压油来驱动计量膜片。在每个行程中，被柱塞推动来驱动计量隔膜的液压油的量，正好等于被计量的介质的量。吸入阀在介质吸入过程中被打开，使介质流入计量头，在加压时吸入阀则切断。压力阀在介质加压过程中被打开，而在吸入过程中关闭以防止压出的介质回流入计量头。

计量泵流量的调节，可通过柱塞法兰上的手动旋钮实现，也可通过变频器、伺服电机等实现。计量泵的流量不随压力变化而变化，在静态和工作状态下均可进行0% ~100%的

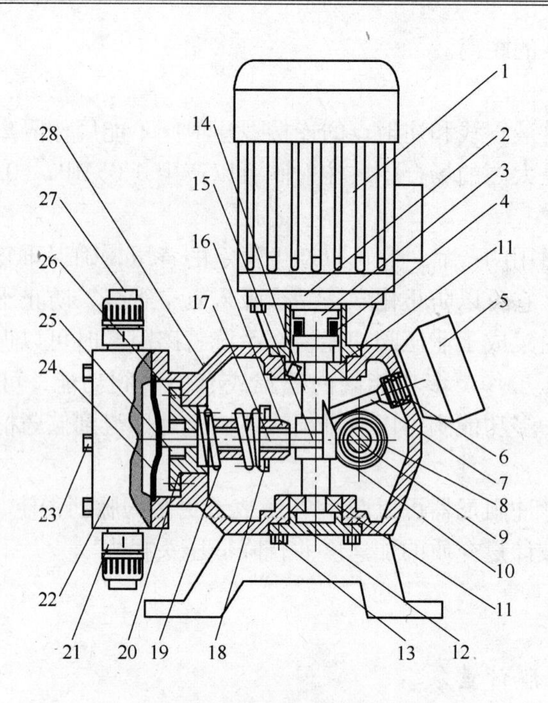

图3-10 典型的机械隔膜计量泵结构

1—电机；2—电机座；3—电机联轴节；4—橡胶缓冲块；5—调节手轮；6—密封圈；7—调节顶杆；8—偏心轮轴承；9—主轴；10—蜗轮；11—轴承；12—轴承盖；13—螺丝；14—蜗杆；15—顶杆；16—导向轴套；17—键；18—弹簧座；19—弹簧；20—密封圈；21—进水阀总成；22—泵头；23—螺栓；24—膜片；25—油封；26—油封座；27—出水阀总成；28—泵体

线性调节。其中，空柱塞不是固定在电机偏心轮上，在吸入行程中，柱塞被弹簧反弹回到零位置，从而有效防止了吸入介质在计量头中形成堵塞时给泵造成的损害。

B 结构

液压隔膜式计量泵由泵头、隔膜、单向阀、阀球等部件组成。典型的液压隔膜计量泵结构如图3-11所示。

3.4.3.3 电磁计量泵

A 工作原理

电磁计量泵是利用电磁推杆带动隔膜在泵头内往复运动，引起泵头膛腔体积和压力的变化，压力的变化引起吸液阀门和排液阀门的开启和关闭，实现液体的定量吸入和排出。电磁计量泵是由电磁铁为驱动，为输送小流量低压力管路液体而设计的一种计量泵。它具有结构简单、能耗小、计量准确以及调节方便的优点；缺点就是计量流量小（常见是小于100L/h），对管路压力要求比较低。

B 结构

电磁计量泵由电磁头、电路板、膜片、泵头的组成。其结构设计特点为：

（1）膜片。由于计量泵输送的一般都是强腐蚀性液体，因此对于直接和被输送液体接触的膜片有很高的防腐要求。

（2）泵头。泵头为被计量流体的过流部分，它的质量好坏一般表现在密封性、防腐

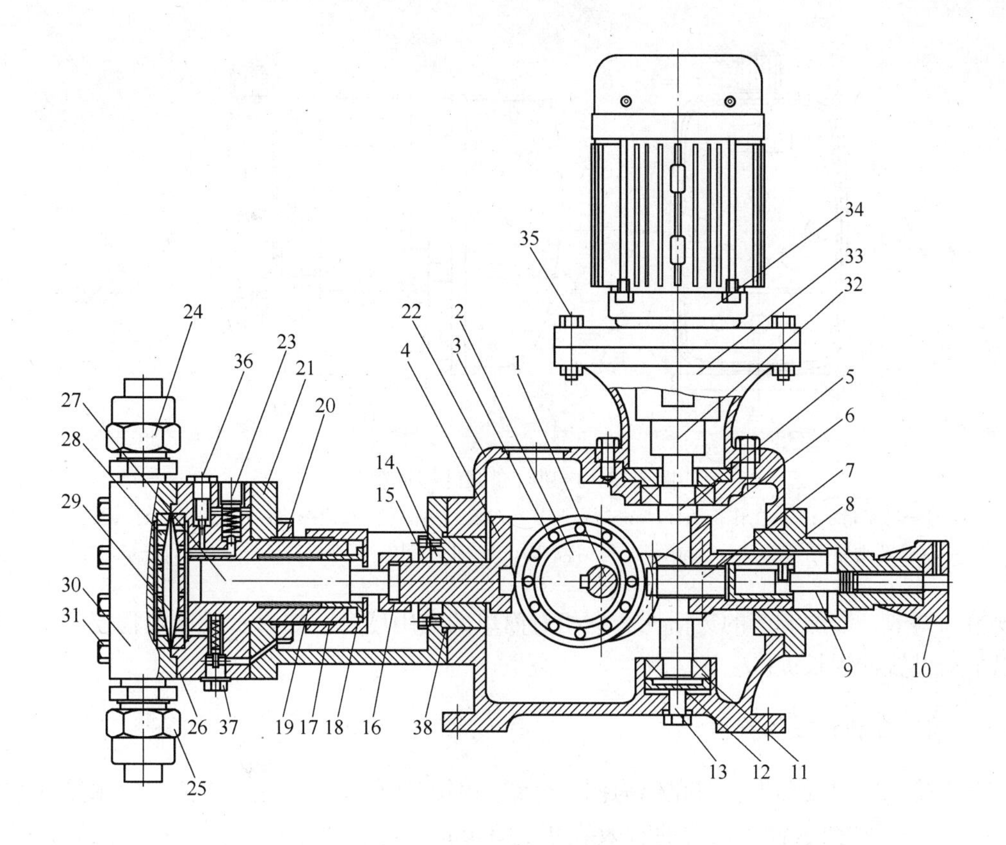

图 3-11 典型的液压隔膜计量泵结构

1—主轴；2—偏心轮；3—滚轮；4—连杆；5—蜗杆；6—蜗轮；7—顶杆；8—调节器；9—调节杆；10—手轮；11—轴承；12—调节顶板；13—调节螺丝；14—油封；15—油封压板；16—连接螺帽；17—填料螺帽；18—填料压板；19—填料；20—圆螺帽；21—泵头连接头；22—泵体；23—过载阀；24—排水阀总成；25—进水阀总成；26—泵头底座；27—柱塞；28—膜片底座；29—膜片；30—泵头；31—泵头螺栓；32—传动轴；33—电机座；34—电机；35—螺栓；36—放气螺丝；37—补油阀；38—密封圈

性、结构稳定性。

（3）电路板。对于电路板一般不存在工艺设计的问题，只是有数字电路和模拟电路之分，主要的质量表现在密封性，因为电路板绝对不能进入水汽。

图 3-12 为电磁计量泵结构示意图。

3.4.3.4 计量泵的冲程

冲程指计量泵工作中活塞的移动距离或体积。脉动是每分钟计量泵工作中活塞往复运动的次数。扬程是每冲程计量泵泵出液体的压力。冲程有两个：一个是冲程长度，一个是冲程频率，长度是隔膜的行程，频率是一分钟活动的次数。

加药计量泵每一次的流体泵出量决定了其计量容量。在一定的有效隔膜面积下，泵的输出流体的体积流量 V 正比于冲程长度 L 和冲程频率 F，即 $V \propto AFL$。在计量介质和工作压力确定情况下，通过调节冲程长度 L 和冲程频率 F 即可实现对计量泵输出的双维调节。

尽管加药计量泵冲程长度和频率都可以作为调节变量，但工程应用中一般将冲程长度视为粗调变量、冲程频率视为细调变量，即调节冲程长度至一定值，然后通过改变其频率

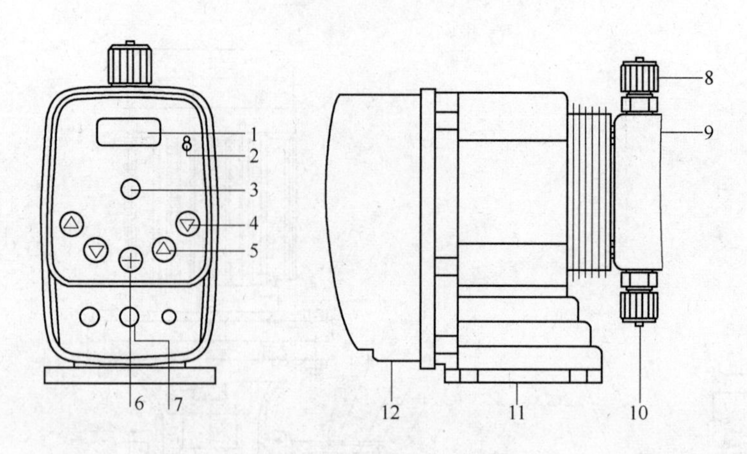

图 3-12　电磁计量泵结构示意图

1—频率指示；2—工作指示灯；3—冲程调节（内置）；4—定时设定按钮；5—频率调节按钮；6—启动停止按钮；7—电源接口；8—排液阀；9—泵头；10—吸液阀；11—泵体；12—泵盖

实现精细调节，增加调节的灵活性。在相对简单的应用场合，如果水量比较稳定均匀，也可以手动设置冲程长度。

3.4.4　药剂配制和投加流程

以连铸二冷水投加聚合氯化铝为例，介绍药剂配制和投加流程。连铸二冷水循环水量为 $1500m^3/h$，加药装置药剂管的有效容积为 $3.0m^3$，计量泵采用美国米顿罗品牌，其参数：流量 240L/h，扬程 30m，电机工频运转。经过试验，聚合氯化铝投加量为 12mg/L，计划每天（24h）配制一次。

3.4.4.1　药剂投加量的计算

首先计算每天加入聚合氯化铝的质量，按下式计算：

$$m = aQ \times 24/1000$$

式中　m——加入聚合氯化铝的质量，kg；

a——聚合氯化铝的投加量，mg/L；

Q——处理的水量，m^3/h。

所以，每天加入聚合氯化铝的质量为 $12 \times 1500 \times 24/1000 = 432kg$。

3.4.4.2　药剂的配制

用磅秤称取聚合氯化铝 432kg，运到药剂溶解罐旁备用。关闭药剂罐排污阀门和出液阀门，打开药剂溶解罐进水阀门，将水放到罐高度的 1/3 ~ 1/2 处，开启搅拌机，徐徐倒入聚合氯化铝，然后再打开进水阀门，将水补充至最高液位。待药剂完全溶解均匀后，关闭搅拌机。

3.4.4.3　药剂的投加

A　计量泵流量的计算

计量泵运行流量可按下列公式计算：

$$q = V/t \times 1000$$

式中 q——计量泵控制流量，L/h；

V——药剂溶液的容积，m^3；

t——计量泵运行时间，h。

所以，计量泵控制流量为 3/24 × 1000 = 125L/h。

B 计量泵流量的校准

对于工频泵流量的校准靠调节计量泵的冲程。首先打开药剂罐出液阀门和校准柱进液阀门，待校准柱充满药剂溶液后关闭药剂罐出液阀门。打开计量泵进出口阀门，记录校准柱的初始高度 h_1，将计量泵的冲程长度调至某一值 k_1，并做好记录。开启计量泵，同时计时，待校准柱的高度下降到某一高度 h_2 时关闭计量泵，同时记录所用时间 t。计算计量泵在冲程长度 k_1 条件下的流量 q_1，按下面公式计算：

$$q_1 = \pi(d/2)^2 \times (h_1 - h_2) \times 1000/t \times 60$$

式中 q_1——计量泵的流量，L/h；

d——校准柱的直径，m；

h_1——校准柱的初始液位，m；

h_2——停泵时校准柱的液位，m；

t——计量泵运行的时间，min。

按照上述步骤，依次调节计量泵冲程长度，直到计量泵流量在 125L/h。

计量泵的流量除了和冲程有关外，还和药剂的性质、浓度、投加地点等因素有关，随着因素的改变计量泵的流量也应进行校准。

C 投加药剂

打开药剂罐出液阀门，开启计量泵向连铸二冷水中投加药剂，在出液口观察药剂流出情况，正常后做好记录。

3.5 石灰乳液投加装置简介

3.5.1 投加原理

石灰乳制备装置是一种将消石灰粉剂储存、配置并投加的设备。消石灰粉剂在石灰料仓内储存，通过振荡器将料仓内粉剂疏松，均匀下料至给料机，螺旋输送给料机将消石灰粉剂送入溶解槽进行溶解，溶解槽搅拌器对溶液进行充分搅匀，制备后的溶液由输送泵送至用户使用点。

3.5.2 装置结构

以某钢厂轧钢污泥调制为例，介绍石灰乳液投加装置。轧钢污泥中含有油，用石灰来进行调制污泥以降低污泥的比阻值。石灰乳液投加装置由除尘器、料仓、料位计、破拱器、插板阀、螺旋给料机、螺旋输送机、溶解槽搅拌器、溶解槽、进水阀、出液阀、泵等组成，其结构如图 3-13 所示。

A 石灰储存料仓

料仓有效容积 $15m^3$，配备人孔，下料锥斗，仓体支架，进料输送管，顶部护栏 1.2m，带背部护圈的爬梯及顶部大袋卸料孔等。料仓配套除尘装置避免粉尘对环境污染。为避免

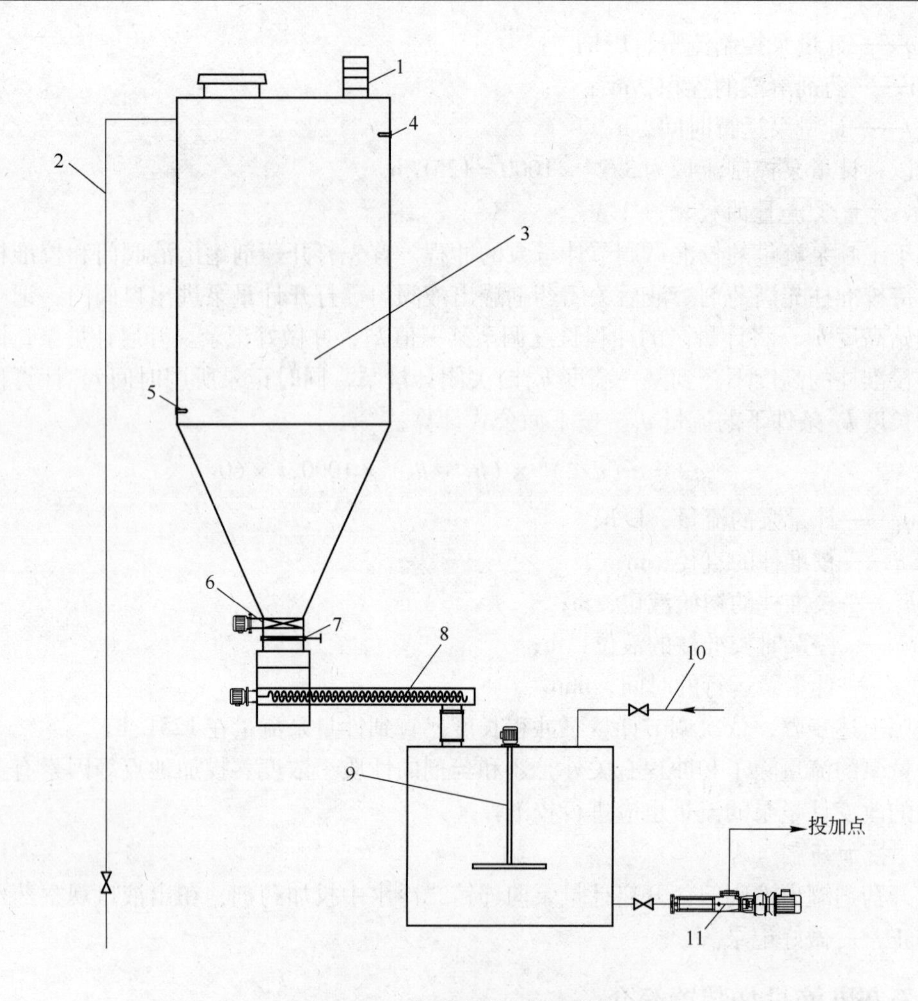

图 3-13　石灰乳液投加装置结构

1—除尘器；2—进料管；3—料仓；4—高限料位计；5—低限料位计；6—振荡器；7—插板阀；8—定量输送机；9—搅拌机；10—进水管；11—投加泵

料仓过压及滤布被粉尘堵塞，料仓配置安全阀、破拱器（气锤）、插板阀。料仓配备三个料位计及低位、高位报警装置，避免过度装料或系统断料。

B　计量输送机

定量输送石灰，输送能力 0～0.5m^3/h，采用变频调速方式来改变石灰输出量，其进料口置于储料罐仓底下部。定量输送机长度为 3～5m。螺旋输送器为双螺旋，输送能力 0～0.8m^3/h。

C　溶解罐、溶解水系统

溶解罐、溶解水系统用于制备石灰乳液，溶解罐的有效容积为 5m^3，外形尺寸约 ϕ1800mm×2000mm，溶解罐配置不锈钢 sus316 搅拌机、超声波液位计、进料口、进水口、出液口、排污口等。溶解罐的容量满足 1h 的溶解量的要求。清洗水供水系统由电磁流量计、电动球阀、减压阀、截止阀及相关管路等组成，用于向溶解罐内供水，用于清洗罐壁、泵腔、管道。

溶解池有效容积 $5m^3$，材质为 Q235A，厚度为 10mm。

搅拌机电机功率 2.2kW。

超声波液位计为 E+H 产品，包括显示仪表和探头。

D　螺杆泵成套装置

螺杆泵成套装置由截止阀、电动球阀、螺杆泵及相关附件、管路等组成。输送石灰乳采用了进口德国耐驰螺杆泵，其流量为 $0\sim3m^3/h$，可调，且一备一用，两台泵确定输送的安全性和可靠性。螺杆泵根据原水流量实现变频调节。

3.6　聚丙烯酰胺投加装置简介

3.6.1　投加原理

聚丙烯酰胺投加装置是一种将聚丙烯酰胺储存、配制和投加的设备。储存于料斗的聚丙烯酰胺通过给料机将干粉送到搅拌溶解槽内，经过搅拌溶解和水混匀后由计量泵送到加药点。

3.6.2　装置结构

聚丙烯酰胺溶解装置常采用三箱式，由干粉投加装置、溶解装置、供水系统等组成，其典型结构示意图如图 3-14 所示。

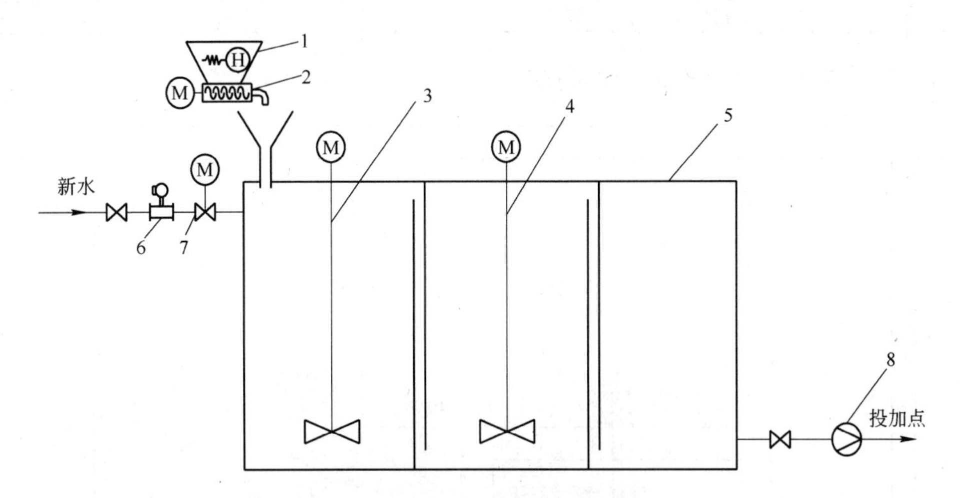

图 3-14　聚丙烯酰胺溶解装置结构示意图

1—料斗；2—干粉投加机；3— 一级搅拌机；4—二级搅拌机；
5—溶液箱；6—流量计；7—电磁阀；8—计量泵

（1）干粉投加装置。干粉投加装置由干粉料斗、螺旋给料机、药液混合装置等组成，用来将干粉送到溶解槽内。干粉料斗用来储存一定量的聚丙烯酰胺干粉，螺旋给料机采用变频调速输送干粉，药液混合装置用来加速干粉的水化作用，缩短溶解时间，防止干粉在投加过程中的结团现象。

（2）溶解装置。溶解装置为组合箱体，分别由配制、熟化和储存三段组成。箱体内置挡板，采用溢流式混合设计结构。

搅拌器：两个搅拌器分别位于配制箱及熟化箱体上，配置箱采用三桨，熟化箱采用双浆，材质为不锈钢。

液位开关：用于检测储存箱内的液位。设三个液位，即高液位、中液位、低液位。

（3）供水系统。供水系统由压力调节阀、电磁阀、流量计及相关管路及手动调节阀组成。电磁阀受控制系统控制，自动向溶解系统内加水或停水。流量计检测供水管路中的水流量。

3.7　加药间和药库的布置

加药间和药库的布置必须得到重视，要本着减少操作人员劳动强度、安全环保、简洁高效的原则，充分发挥水处理药剂的作用。表 3-9 为加药间和药库的布置要求。

表 3-9　加药间和药库的布置要求

位　置	（1）一般加药间和药库合建； （2）应在水站主导风向的下方，并且尽量离开水站主控室和休息室； （3）尽可能靠近加药点，缩短加药管的长度； （4）阻垢缓蚀剂、杀菌灭藻剂、混凝剂、絮凝剂要分别堆放
布置及设施要求	（1）仓库地面要高于加药间地坪； （2）加药间和药库要有足够的通风设施； （3）加药间要设有安全喷淋洗眼器； （4）如果每次加药量较大，应考虑搬运设备； （5）加药间要考虑半地下式，加药平台位于地坪，罐体略高于地坪，便于人工倒药，同时考虑安全防护
储备量	一般按最大日用量的 20～30 天

图 3-15 为加药间和药库的平面布置图。

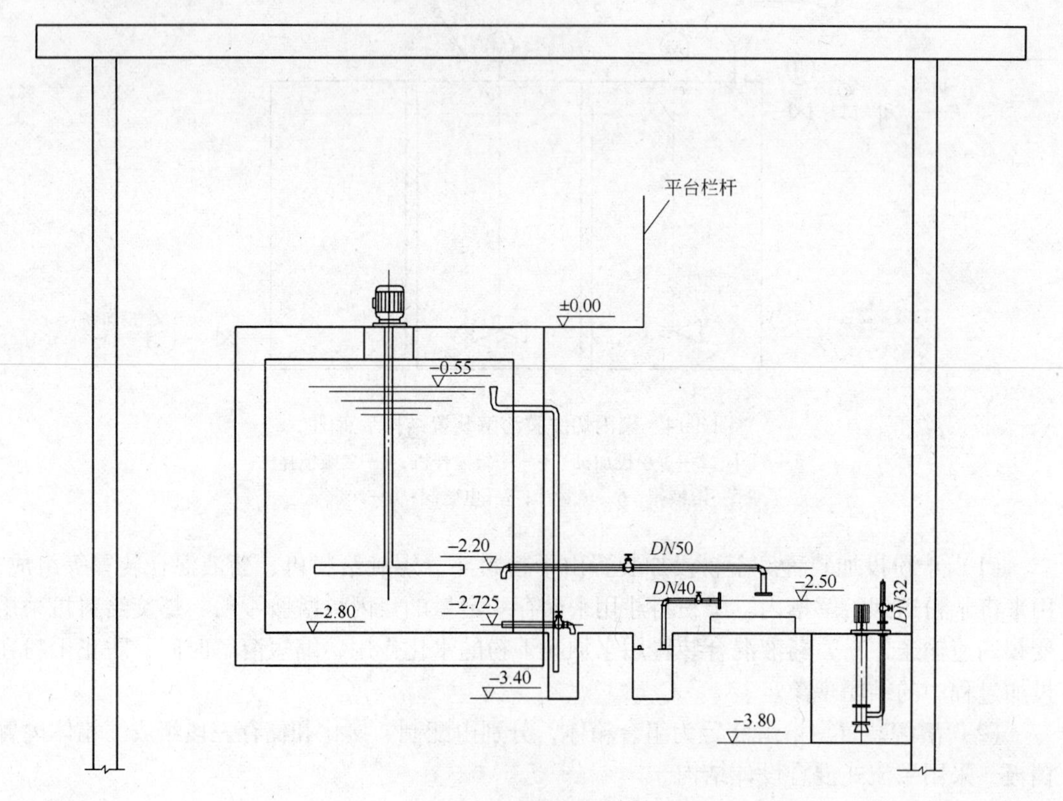

Ⅰ—Ⅰ剖面图

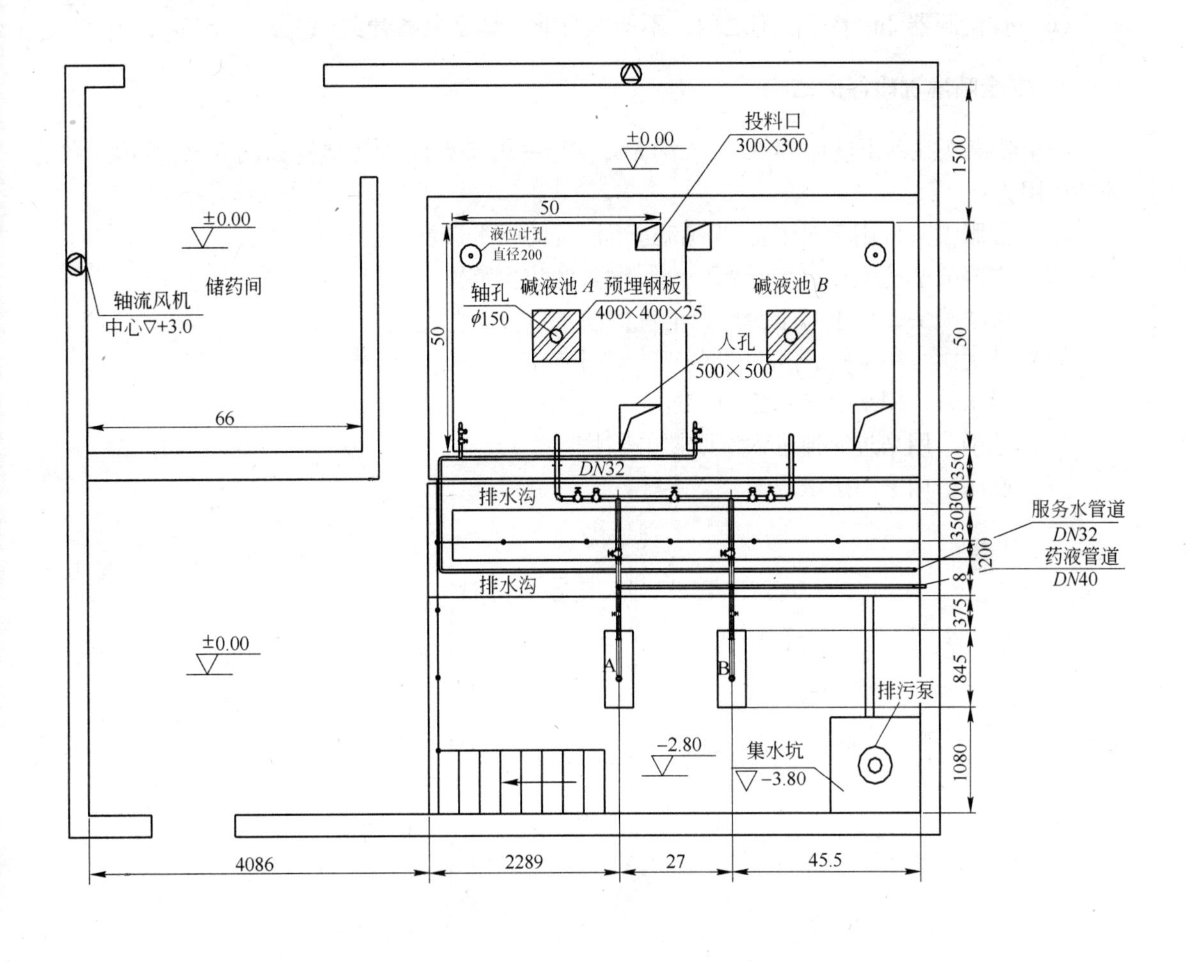

图 3-15　加药间和药库的平面布置图

3.8　安全喷淋装置

3.8.1　安全喷淋装置安装的要求

安全喷淋洗眼器是安全和劳动保护必备的设备，是接触酸、碱、有机物等有毒、腐蚀性物质场合必备的应急、保护设施，当发生意外伤害事故时，通过安全喷淋洗眼器的快速喷淋、冲洗，把伤害程度减轻到最低限度。因此，安全喷淋洗眼器在加药间不可缺少。安全喷淋洗眼器的安装必须依照下列原则：

（1）安装在危险工作区域附近，一般在距离 10m 或 15m 处。

（2）直线到达洗眼器的时间不超过 10s。

（3）不能够越层安装洗眼器。

（4）必须连接饮用自来水。

（5）使用水压在0.2～0.4MPa。

（6）在洗眼器2m半径范围之内，不能够有非防爆型电器开关。

3.8.2　安全喷淋洗眼器的结构

安全喷淋洗眼器由洗眼喷头、淋浴喷头、开关阀等组成，其结构如图3-16所示。各部件作用为：

（1）洗眼喷头，用于对眼部和面部进行清洗的喷水口。

（2）洗眼喷头防尘罩，用于保护洗眼喷头的防尘装置。

（3）淋浴喷头，用于对全身进行清洗的喷水口。

（4）开关阀，用来打开和关闭水流的阀门装置。

（5）通水管，用来引导水流的装置。

（6）滤网，用来过滤掉进入洗眼器的碎片。

（7）底座，用来固定洗眼器。

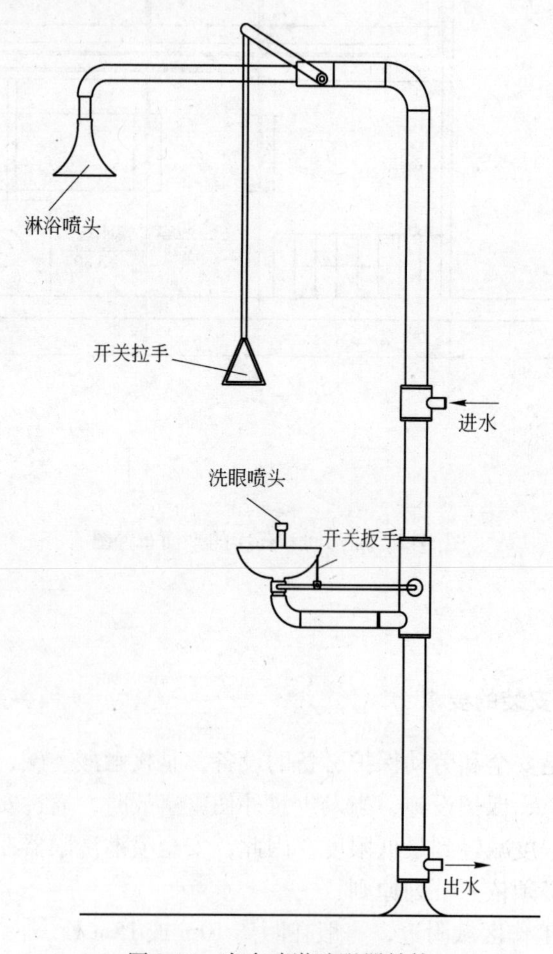

图3-16　安全喷淋洗眼器结构

4　循环冷却水处理与运行管理

4.1　冷却水系统

4.1.1　概述

工业生产中，冷却水流过需要降温的生产设备（常称换热设备，如加热器、冷凝器、反应器和冷却器等），以达到间接或直接冷却物料或生产产品的目的，而冷却水温度上升。冷却水系统分为直流冷却水系统和循环冷却水系统。如果冷却水用于生产设备降温后即排放，此时冷却水只用一次，称为直流冷却水系统；使升温冷却水流过冷却设备将水温回降，用泵送回生产设备再次使用，称为循环冷却水系统。

在工业用水中，冷却水的用量居首位，一般占工业总用水量的80%以上。冷却用水的供需情况，直接影响工业用水的重复率。因此，为了提高工业用水的重复利用率，必须节约冷却用水，将直流冷却水系统改成循环冷却水系统，或提高循环冷却水的浓缩倍数，减少新水补充量和强制排污水量。

但是，由于冷却水的充分利用，造成水中盐类的浓缩，使循环冷却水水质不断恶化。为了防止在冷却水系统发生结垢、腐蚀、微生物黏泥等水质故障，必须进行循环冷却水处理。完善循环冷却水处理工艺，同时使用适宜的水处理药剂，才有可能实现冷却水的重复利用。随着水资源的日益紧张，水处理技术不断得到发展和完善，节水已经成为水处理技术研究的重要课题。

4.1.2　冷却水系统的分类

4.1.2.1　*直流冷却水系统*

在直流冷却水系统中，冷却水仅仅通过换热设备一次，用过后水就被排放掉，工艺流程如图4-1所示。直流冷却水系统包括供水泵、换热设备、管网等，用后水温度有所升高，其余水中各种成分基本保持不变。

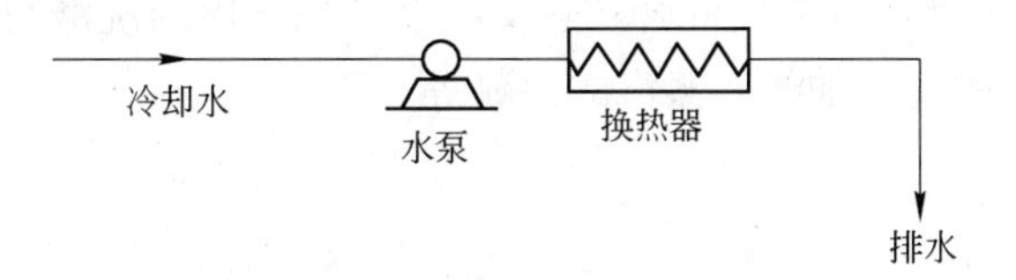

图4-1　直流冷却水系统工艺流程

在钢铁企业中仍然存在直流冷却水系统，特别是一些用水量较小的系统和要求用低温水的系统，如小型空压机冷却水、油冷却器冷却水、水冷空调等。这些小的直流水系统汇集到一起就会使大量的水排放掉，不但浪费了大量的水资源，同时不符合环境保护的要求。小型直流水系统必须根据用水情况和现场条件进行技术改造，应串接使用或循环使用，可以作为大型循环冷却水系统的补充水，也可以建立独立的循环水系统。总之，不管冷却水量的大小，都不能直接排放，必须考虑水的重复利用。

4.1.2.2　循环冷却水系统

在循环冷却水系统中，冷却水通过换热设备和冷却介质后，经过水处理和降温冷却后循环使用。循环冷却水系统包括供水泵、吸水井、水处理设备、冷却降温设备、管网等。循环冷却水系统又分为密闭循环冷却水系统和敞开循环冷却水系统。其中，密闭循环冷却水系统包括全闭式循环冷却水系统和半闭式循环冷却水系统；敞开式循环冷却水系统包括间接冷却循环水系统和直接冷却循环水系统。循环冷却水系统的分类如图 4-2 所示。近年来，随着水资源的日益紧张和环境保护的迫切要求，钢铁企业已基本消灭了直流冷却水系统，实现了冷却水的循环使用或串接使用。

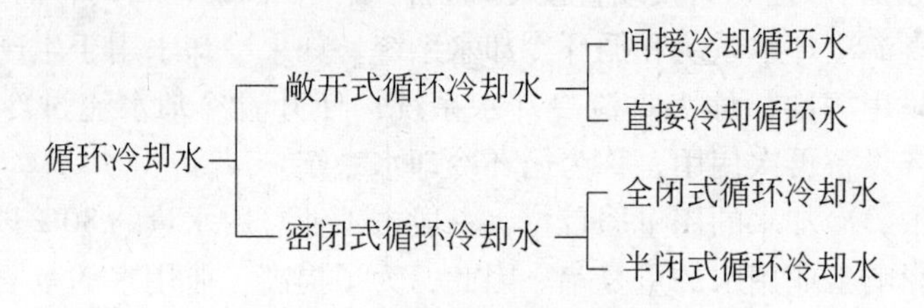

图 4-2　循环冷却水系统分类

4.2　冷却水系统中的换热器

换热器又称换热设备，是将热流体的部分热量传递给冷流体的设备。换热器是通用设备，在生产中占有重要地位。换热器种类很多，但根据冷、热流体热量交换的原理和方式基本上可分三大类，即间壁式、混合式和蓄热式。在钢铁工业中，间壁式换热器和混合式换热器应用较多。

间壁式换热器又称表面式换热器，在这种换热器中，冷热两种流体被壁面隔开，在换热过程中，两种流体互不接触，热量由热流体通过壁面传给冷流体。管壳式、套管式换热器都属于间壁式换热器。

混合式热交换器是依靠冷、热流体直接接触而进行传热的，这种传热方式避免了传热间壁及其两侧的污垢热阻，只要流体间的接触情况良好，就有较大的传热速率。故凡允许流体相互混合的场合，都可以采用混合式热交换器，如气体的洗涤与冷却、循环冷却水的冷却降温、汽-水之间的混合加热、蒸汽的冷凝等。

4.2.1　换热器的传热

工业生产中，温度是控制反应进行的极重要的条件。例如，在炼铁过程中，高炉风口吹入的高温热风和炉底焦炭氧化燃烧生成 CO_2，CO_2 在高温上升中还原出原来以氧化物形态存在的铁。一般高炉风口送的热风温度达到 1100℃以上，最高可达 1200℃以上，提高风温有利于降低焦比，但同时风口承受高温极易被烧变形，甚至烧毁破损。因此，为了延长高炉风口的寿命，高温传给风口的热量必须及时地移走，使风口本体运行处于低温状态。由此可见，传热过程是工业生产中必不可少的基本操作，必须提供或移走一部分热量。

4.2.1.1　传热中的一些基本物理量和单位

传热过程中的一些基本物理量有：热量、传热速率、热强度；焓、比热；导热系数、传热系数等。

热量是能量或功的一种形式。热量的单位为焦耳，符号为J。1焦耳=1牛顿·米。焦耳与卡的换算关系为：1焦耳=0.2389卡。

传热速率是指单位时间传递的热量，又称热流量，用Q表示。传热速率的单位为瓦，符号为W。1瓦=1焦耳/秒。瓦与千卡/时的换算关系为：1W=0.860千卡/时。

热强度是指单位时间单位传热面积所传递的热量，又称热通量、热流密度，是传热设备的性能标志之一，用q表示，其单位为W/m^2。

焓是单位质量的物质所具有的热量，其单位为焦耳/千克（J/kg）或焦耳/摩尔（J/mol）。单位质量的物质，在一定温度下发生相变时所吸收或放出的热量称为潜热。

恒压下的比热容c_p是指压强恒定时（常指1绝对大气压）单位质量的物质温度升高1K所需的热量，单位为J/(kg·K)或J/(mol·K)。c_p值一般是温度的函数。在温度改变时，比热容也有很小的变化，但一般情况下可以忽略。例如，25℃时水的比热容为4.187kJ/(kg·K)。

显热是物体的质量与比热容及温度变化值的乘积，即$mc_p\Delta t$。当物质释放出一部分显热时，物质的温度显著降低，释放出的显热为$mc_p\Delta t$。例如，1kg水从40℃冷却至20℃时，释出显热为$1\times4.187\times(40-20)=83.74$kJ；1kg盐水（$c_p=3.35$kJ/(kg·K)）从0℃冷冻至−20℃，释出显热为$1\times3.35\times[0-(-20)]=67$kJ。

4.2.1.2　传热量

通过热交换器的冷却水，单位时间和单位面积从工艺介质侧所吸收的热量，称为传热量。传热量由下式计算：

$$Q=\frac{\Delta t\times c_p\times R\times10^3}{A}$$

式中　Q——传热量，kJ/(m^2·h)；

Δt——冷却水在热交换器进口、出口的温差，K；

c_p——水的定压比热容，取值为4.18kJ/(kg·K)；

R——循环水量，m^3/h；

A——传热面积，m^2。

4.2.1.3　传热系数

A　器壁传热

工业生产中最常用的传热操作是热流体经管壁或器壁向冷流体传热的过程，该过程称为传热或换热。进行热交换的设备称为热交换器或换热器。这种间壁两侧流体的传热如图4-3所示。

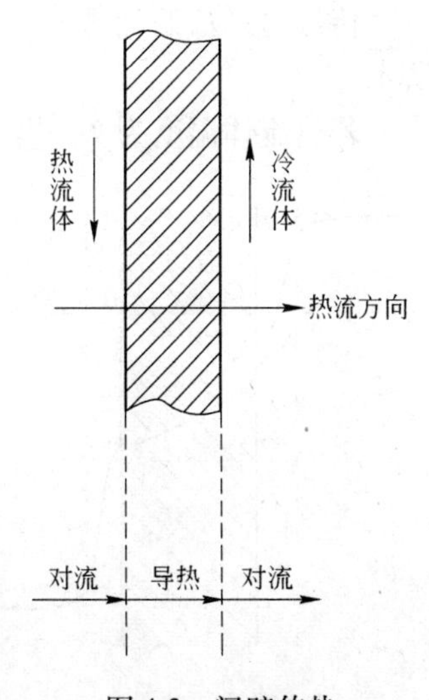

图4-3　间壁传热

当冷、热流体分别从间壁（管壁或平面壁）两侧流过时，热流体一侧流动温度逐渐降低，而冷流体一侧流动温度逐渐升高。很显然，热流体将热量从热流体主体以对流传热的方式传递给间壁，而后热量以导热的方式从间壁的一侧传向另一侧，最后热量从冷流体一侧的间壁以对流传热的方式传递到冷流体的主体，这就是热交换的总过程。整个传热过程由对流—导热—对流三个部分串联组成，因此整个过程也称为总传热。

B　总传热方程

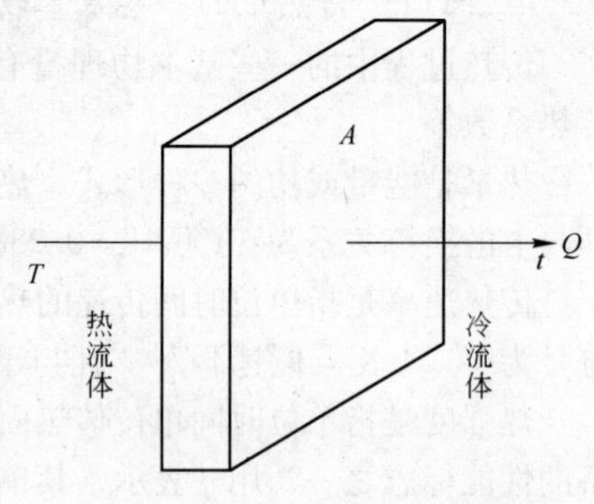

图 4-4　流体通过间壁换热示意图

图 4-4 表示一块固体间壁，它的左边是热流体，温度为 T，右边是冷流体，温度为 t，此间壁垂直于热流方向的传热面积为 A。实验证明，单位时间热流体传给冷流体的热量 Q 与传热面积 A 及两流体的温度差 $\Delta t(=T-t)$ 成正比，即：

$$Q \propto A\Delta t$$

写成等式为：

$$Q = KA\Delta t$$

或

$$Q = \frac{\Delta t}{\dfrac{1}{KA}}$$

式中　Q——传热速率，W；

Δt——温度差，K；

K——传热总系数，$W/(m^2 \cdot K)$；

A——传热面积，m^2。

在实际计算中，由于热流体在传热过程中温度是逐渐降低的，冷流体温度则是逐渐升高的，热流体主体与冷流体主体的温度差 Δt 在不断变化，因而计算中多使用平均温度差 Δt_m，故公式 $Q=KA\Delta t$ 可写成：

$$Q = KA\Delta t_m$$

传热总系数的计算式可以用两流体通过管壁的恒温传热的例子进行推导，如图 4-5 所示。

若热流体温度为 T，热流体一侧的壁温及传热面积分别为 T_w 及 A_1；冷流体的温度为 t，冷流体一侧的壁温及传热面积分别为 t_w 及 A_2；热流体、冷流体的传热分系数分别为 α_1 及 α_2，管壁的导热系数为 λ、壁厚为 δ，则流体向管壁的对流传热速率为：

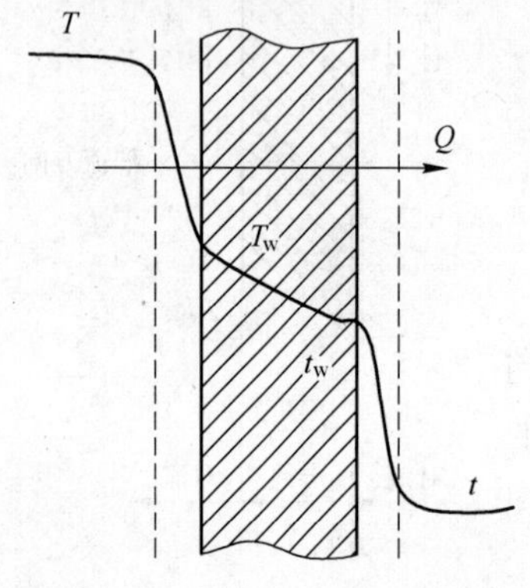

图 4-5　对流传热的温度分布

$$Q_1 = \alpha_1 A_1 (T - T_w) = \frac{\Delta t_1}{\dfrac{1}{\alpha_1 A_1}}$$

管壁的导热速率方程为：

$$Q_2 = \lambda A_m \frac{T_w - t_w}{\delta} = \frac{\Delta t_2}{\dfrac{\delta}{\lambda A_m}}$$

管壁向冷流体的对流传热方程为：

$$Q_3 = \alpha_2 A_2 (t_w - t) = \frac{\Delta t_3}{\dfrac{1}{\alpha_2 A_2}}$$

在稳定条件下，$Q_1 = Q_2 = Q_3 = Q$，把上述三式相加可得：

$$Q = \frac{\Delta t_1 + \Delta t_2 + \Delta t_3}{\dfrac{1}{\alpha_1 A_1} + \dfrac{\delta}{\lambda A_m} + \dfrac{1}{\alpha_2 A_2}} = \frac{\Delta t}{\dfrac{1}{\alpha_1 A_1} + \dfrac{\delta}{\lambda A_m} + \dfrac{1}{\alpha_2 A_2}}$$

此式与总传热方程式比较，可知：

$$\frac{1}{KA} = \frac{1}{\alpha A_1} + \frac{\delta}{\lambda A_m} + \frac{1}{\alpha A_2}$$

上式表明，热交换过程的热阻等于两侧流体的对流传热热阻和管壁的导热热阻之和。上式是计算 K 值的一般式，若传热面为平壁，则 $A_1 = A_m = A_2 = A$，可得：

$$\frac{1}{K} = \frac{1}{\alpha} + \frac{\delta}{\lambda} + \frac{1}{\alpha}$$

$$Q = \frac{A\Delta t}{\dfrac{1}{\alpha_1} + \dfrac{\delta}{\lambda} + \dfrac{1}{\alpha_2}} = KA\Delta t$$

式中，$K = \dfrac{1}{\dfrac{1}{\alpha_1} + \dfrac{\delta}{\lambda} + \dfrac{1}{\alpha_2}}$，称为传热系数或总传热系数，表示间壁两侧流体主体间温度差为 1K 时，单位时间通过 $1m^2$ 间壁所传递的热量，其单位为 $W/(m^2 \cdot K)$。

若传热而为圆筒壁，管壁两侧传热面积不等，传热总系数必须和传热面积相对应。因此，对应不同的传热面积，则有不同的 K 值计算式。若以 A_1 基准，则计算公式为：

$$\frac{1}{K_1 A_1} = \frac{1}{\alpha_1 A_1} + \frac{\delta}{\lambda A_w} + \frac{1}{\alpha_2 A_2}$$

或

$$\frac{1}{K_1} = \frac{1}{\alpha_1} + \frac{\delta A_1}{\lambda A_w} + \frac{A_1}{\alpha_2 A_2}$$

若以 A_m、A_2 为基准，相应的计算式为：

$$\frac{1}{K_m} = \frac{A_m}{\alpha_1 A_1} + \frac{\delta}{\lambda} + \frac{A_m}{\alpha_2 A_2}$$

$$\frac{1}{K_2} = \frac{A_2}{\alpha_1 A_1} + \frac{\delta A_2}{\lambda A_m} + \frac{1}{\alpha_2}$$

若为薄壁管，$A_1 \approx A_m \approx A_2 \approx A$，则可用平壁公式计算 K 值。

传热系数的倒数为系数的总热阻 R：

$$\frac{1}{K} = R = \frac{1}{\alpha_1} + \frac{\delta}{\lambda} + \frac{1}{\alpha_2}$$

C　传热平均温度差

传热平均温度差 Δt_m 是指热交换器里参与热交换的冷热流体温度的差值。根据两流体沿传热壁面流动时各点温度的变化，可分为恒温传热与变温传热两种情况。

a　恒温传热

若两侧流体皆为恒温，此时传热平均温度差就显得十分简单，即为两流体温度之差：

$$\Delta t_m = T - t$$

这种情况是很特殊的，它只是在间壁两侧的流体均发生相变的情况才出现。例如，传热壁的一侧饱和蒸汽冷凝，另一侧则是液体沸腾气化，在化工蒸发和蒸馏中就会有这种恒温传热的例子。

b　变温传热

间壁两侧流体的温度随传热面位置而变，这种情况称为变温传热，这是热交换中较为常见的情形。

变温传热时，两流体的温度差 Δt 也是沿传热壁面不断变化的。因此，传热计算中应使用平均温度差 Δt_m（Δt_m 是指整个传热壁面温度差的平均值）。

图 4-6 所示为逆流和并流传热时，流体的温度沿传热壁面的变化情况。图 4-6（a）所示为套管式热交换器，内管走冷流体，温度由 t_1 升至 t_2，套管环隙走热流体，与冷流体呈逆流，温度由 T_1 降至 T_2。图 4-6（b）也是套管式热交换器，不同的是冷热流体呈并流流动。

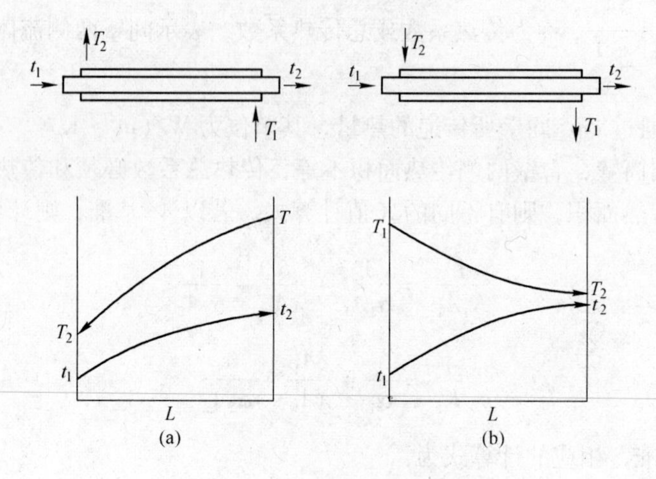

图 4-6　传热操作中的温度变化

（a）逆流；（b）并流

假设热交换器没有热损失，则传热总系数 K 是一个常数。若将热平衡方程写成微分式得：

$$\mathrm{d}Q = W_h c_{ph} \mathrm{d}T = W_c c_{pc} \mathrm{d}t$$

稳定流动时，W_h、W_c 不变，c_{ph} 和 c_{pc} 如果用流体平均温度下的数值，也不随温度变化。由上式可得：

$$\frac{\mathrm{d}Q}{\mathrm{d}T} = w_h c_{ph} = 常数$$

$$\frac{dQ}{dt}=w_c c_{pc}=\text{常数}$$

因此，Q-T 及 Q-t 都是直线关系，可分别表示为：

$$T=mQ+k \text{ 及 } t=m'Q+k'$$

上两式相减可得：
$$T-t=\Delta t=(m-m')Q+(k-k')$$

由上式可知 Δt 与 Q 也呈直线关系。将上述诸直线定性地绘于图 4-7 中。

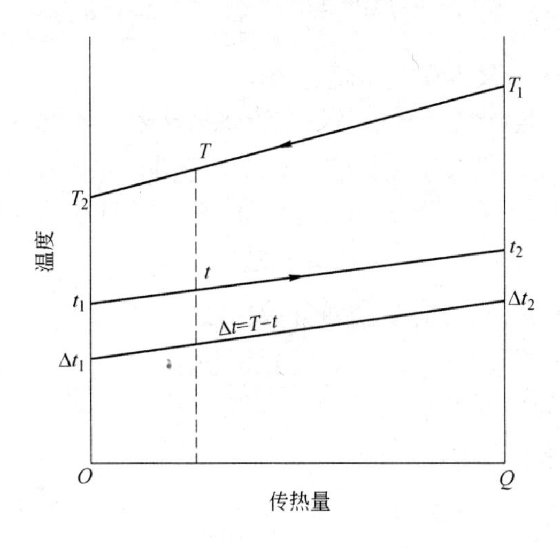

图 4-7　逆流时平均温度差的推导

由图 4-7 可以看出，$Q-\Delta t$ 的直线斜率为：

$$\frac{d(\Delta t)}{dQ}=\frac{\Delta t_2-\Delta t_1}{Q}$$

$$\frac{d(\Delta t)}{K\Delta t dS}=\frac{\Delta t_2-\Delta t_1}{Q}$$

K 为常数，故对上式积分可得：

$$\int_{\Delta t_2}^{\Delta t_1}\frac{d(\Delta t)}{\Delta t}=\frac{(\Delta t_1-\Delta t_2)K}{Q}\int_0^A dA$$

$$\ln\frac{\Delta t_1}{\Delta t_2}=\frac{\Delta t_1-\Delta T_2}{Q}KA$$

$$Q=KA\frac{\Delta t_1-\Delta t_2}{\ln\dfrac{\Delta t_1}{\Delta t_2}}$$

$$Q=KA\frac{(T_1-t_1)-(T_2-t_2)}{\ln\dfrac{T_1-t_1}{T_2-t_2}}=KA\frac{\Delta t_1-\Delta t_2}{\ln\dfrac{\Delta t_1}{\Delta t_2}}=KA\Delta t_m$$

式中，Δt_m 称为对数平均传热温度差；Δt_1、Δt_2 分别为 1（进口）和 2（出口）处的传热温度差。

$$\Delta t_m = \frac{\Delta t_1 - \Delta t_2}{\ln \frac{\Delta t_1}{\Delta t_2}}$$

当初始传热温度差与最终传热温度差间相差不到一倍时（$\Delta t_1 \leqslant 2\Delta t_2$ 或 $\Delta t_2 \leqslant 2\Delta t_1$），为计算方便，可用算术平均温度差代替对数平均温度差：

$$\Delta t_m = \frac{\Delta t_1 + \Delta t_2}{2}$$

其计算误差只有1%～2%，最大误差不超过4%。

例　循环冷却水系统模拟试验装置采用套管式换热器，水和蒸汽体进行热交换。以1和2分别表示初始（进口）和最终（出口）的边界条件，蒸汽温度从 T_1 降到 T_2，水温度由 t_1 升到 t_2，则初始传热温度差为 $T_1 - t_1$，最终传热温度差为 $T_2 - t_2$，则：

$$Q = KA\Delta t_m$$

设初始传热温度差和最终传热温度差间相差不到一倍，那么：

$$\Delta t_m = \frac{\Delta t_1 + \Delta t_2}{2}$$

根据传热关系，传热速率为：

$$Q = KA\Delta t_m = KA\frac{\Delta t_1 + \Delta t_2}{2} = KA\frac{(T_1 - t_1) + (T_2 - t_2)}{2}$$

根据热量守恒关系，传热速率为：

$$Q = Gc_p\Delta t$$

按总传热方程，有：

$$Q = KA\Delta t_m = Gc_p\Delta t$$

$$K = \frac{2Gc_p(t_2 - t_1)}{A[(T_1 - t_1) + (T_2 - t_2)]}$$

式中　G——通过换热管水的流量，kg/h；

c_p——水的定压比热容，kJ/(kg·℃)；

A——换热器的有效传热面积，m^2；

T_1，T_2——蒸汽进出换热器的温度，℃；

t_1，t_2——水进出换热器的温度，℃。

4.2.1.4　污垢热阻

换热器传热面上因沉积物而导致传热效率下降的程度，单位为 $m^2 \cdot K/W$ 或 $m^2 \cdot h \cdot ℃/kJ$，单位换算关系为 $1m^2 \cdot K/W = 0.2778m^2 \cdot h \cdot ℃/kJ$。

污垢热阻(单位为(kJ/(m^2·h·℃))按下式计算：

$$R_t = 1/k_t - 1/k_o$$

式中　R_t——换热器在 t 时刻的污垢热阻；

k_t——换热器在 t 时刻的传热系数；

k_o——换热器运行初始的传热系数。

4.2.2 热交换器介绍

4.2.2.1 列管式热交换器

列管式热交换器属于间壁式热交换器，其构造紧凑，单位容积内有较大的换热面积（每立方米有效容积的传热面可达40～150m^2，一般为60～80m^2），是传热效率较高的热交换器。

列管式热交换器主要由壳体、管束（换热管）、管板（又称花板）、顶盖（又称封头）和连接管等部件组成。在圆筒形壳体中装设由多根平行管组成的管束，管的两端胀接或焊接在花板上。管内与管束隙间分别流动着进行热交换的流体，流体经过间壁而传递热量。管长与壳内径之比常为6～10。

一种流体通过管内流动，其行程称为管程；另一种流体在壳体与管束间的空隙流动，其行程称为壳程。流体一次通过管程的称为单管程列管换热器。当换热器的传热面积较大时，管子数目较多，为提高管程的流体流速，常将管子平均分成若干组，使流体在管内依次往返多次通过，称为多管程。增加管程数虽然可以提高流速使对流传热系数增大，但随着管程数增加，流体流动阻力增大，动力费用增加，结构也变得复杂，故管程数不宜过多，通常多为2、4、6程。同样，为提高壳程的流体流速，增大壳程侧的对流传热系数。常在壳程安装折流挡板，常见的折流挡板有圆缺形（或称弓形）和圆盘形两种，前者应用较为广泛。

列管式热交换器主要有浮头式换热器、固定板式换热器、U形管式换热器等几种形式。

A 浮头式换热器

浮头式换热器如图4-8所示。这种换热器中两端的管板，有一块不与壳体相连，可以沿管长方向自由浮动，称为浮头。当壳体和管束因温差较大而热膨胀不同时，管束连同浮头就可以在壳体内自由伸缩，从而解决热补偿问题。而另外一端的管板又是以法兰与壳体相连接的，因为整个管束可以由壳体中拆卸出来，便于清洗和检修，所以浮头式换热器是应用较多的一种，但由于结构比较复杂，金属耗量多，造价也高。

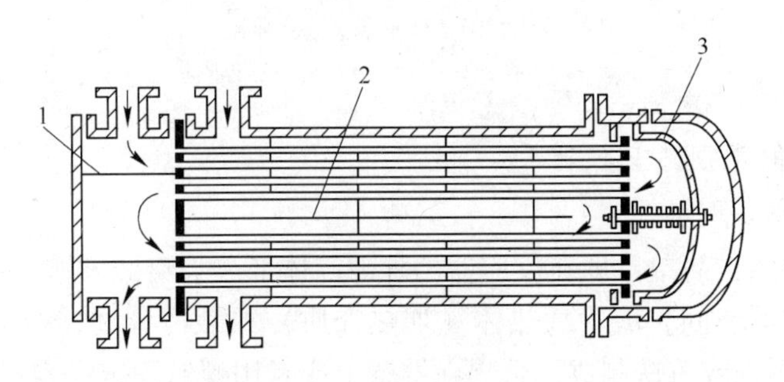

图4-8 浮头式换热器
1—管程隔板；2—壳程隔板；3—浮头

B 固定板式换热器

固定板式换热器即两端管板和壳体连接成一体，因此它具有结构简单和造价低廉的优点。但是由于壳程不易检修和清洗，因此壳程流体应是较洁净且不易结垢的物料。当流体的温度差较大时，应考虑补偿。图4-9所示为具有补偿圈（或称补偿节）的固定板式换热器，即在外壳的适当部位焊上一个补偿圈，当外壳和管束热膨胀不同时，补偿圈发生弹性变形（拉伸或压缩），以适应外壳和管束不同的热膨胀程度。但这种装置只能用在壳壁与管壁温度差低于60～70℃和壳程流体压强不高的情况下。一般壳程压强超过607950Pa（6atm）时，由于补偿圈过厚，难以伸缩，失去温度差补偿的作用，就应考虑其他结构。

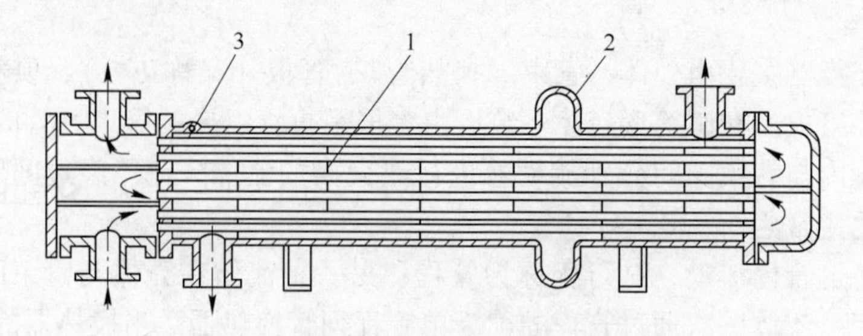

图4-9　具有补偿圈的固定管板式换热器

1—挡板；2—补偿圈；3—放气嘴

C　U形管式换热器

U形管式换热器如图4-10所示。管子弯成U形，两端均固定在一块管板上，因此每根管子皆可以自由伸缩。这种结构比较简单、质量轻，但弯管工作量大，为了满足管子有一定的弯曲半径，管板利用率就差。管内很难机械清洗，因此管内流体必须洁净。管束虽然可以拉出，但中心处的管子仍不便调换。

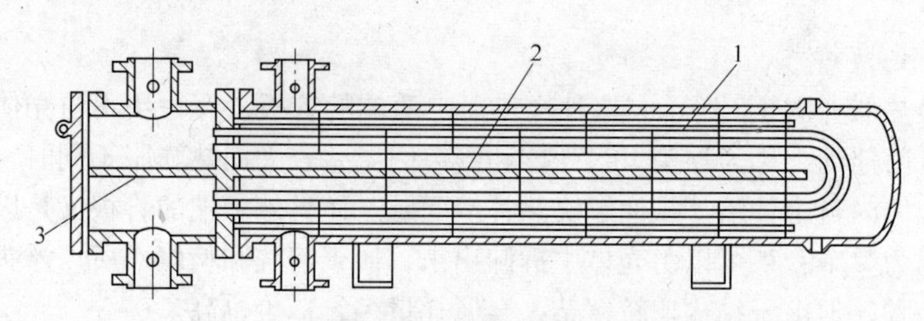

图4-10　U形管式换热器

1—U形管；2—壳程隔板；3—管程隔板

4.2.2.2　其他类型热交换器

A　夹套式换热器

夹套式换热器结构简单，即在反应器的外部筒体部分焊接或安装一夹套层，在夹套与器壁之间形成密闭的空间，成为载热体（加热介质）或载冷体（冷却介质）的通道（图4-11）。夹套通常用钢或铸铁制成，可焊在器壁上或者用螺钉固定在容器的法兰或器盖上。

夹套式换热器主要用于反应器的加热或冷却。当蒸气进行加热时，蒸气由上部接管进入夹套，冷凝水由下部接管排出。如用冷却水进行冷却时，则由夹套下部接管进入，而由上部接管流出。由于夹套内部清洗比较困难，故一般用不易产生垢层的水蒸气、冷却水等作为载热体。

这种换热器的传热系数较小，传热面又受到容器冷凝液的限制，因此适用于传热量不大的场合。为了提高其传热性能，可在容器内安装搅拌器，使容器内液体作强制对流。为了弥补传热面积的不足，还可在容器内加设蛇管等。当夹套内通冷却水时，可在夹套内加设挡板，这样既可使冷却水流向一定，又可使流速增大，以提高对流传热系数。

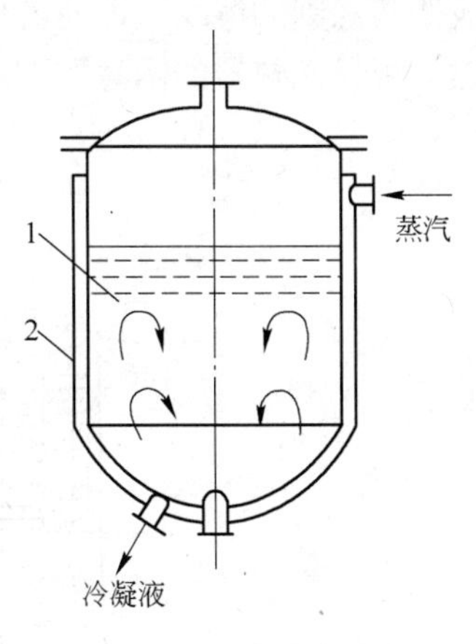

图 4-11　夹套式换热器
1—容器；2—夹套

B　螺旋板式换热器

螺旋板式换热器是由两张平行的薄钢板焊接在一块分隔板（中心隔板）上，并卷制成一对互相隔开的螺旋形流道，如图 4-12 所示。两板之间焊有定距柱以维持流道的间距，同时也增强螺旋板的刚度。螺旋板的两端焊有盖板，两端面及螺旋板上设有冷、热流体进、出口接管。冷、热流体分别在两个螺旋形流道中流动，通过螺旋板进行热量交换。

螺旋板式换热器的直径一般在 1.6m 以内，板宽为 200～1200mm，板厚为 2～4mm，两板间距为 5～25mm。常用材料为碳钢或不锈钢。

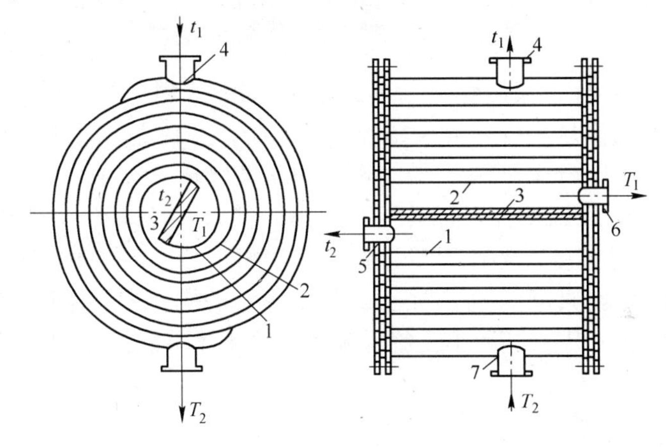

图 4-12　螺旋板式换热器
1，2—金属片；3—隔板；4，5—冷流体连接管；6，7—热流体连接管

螺旋板式换热器的主要优点是：结构紧凑，单位体积所提供的传热面积大（约为列管式换热器的 3 倍）；流体允许有较高的流速（液体可达 2m/s，气体可达 20m/s），湍流程度大，传热系数较大（约为列管换热器的 1～2 倍）；可实现纯逆流操作；不易结垢，不易堵塞。其主要缺点是：操作压力和温度不宜太高，流体流动阻力较大，不易检修，且对焊接质量要求很高。故一般操作压力低于 2MPa，温度在 300～400℃以下。

C　板式换热器

板式换热器是由一组矩形金属薄板平行排列、相邻板之间衬以垫片并用框架夹紧组装而成。两相邻板片的边缘衬有垫片，压紧后可达到密封的目的，且可用垫片的厚度调节两板片间流体通道的大小。每块板的四个角上，各开一个圆孔，其中有两个圆孔和板面上的流道相通，另外两个圆孔则不通，它们的位置在相邻板上是错开的，以分别形成两流体的通道。冷、热流体交替地在板片上两侧流过，通过金属板片进行换热。每块金属板片冲压成凹凸规则的波纹，以使流体均匀流过板面，增加传热面积，并促使流体湍动，有利于传热。板式换热器的示意图如图4-13所示。

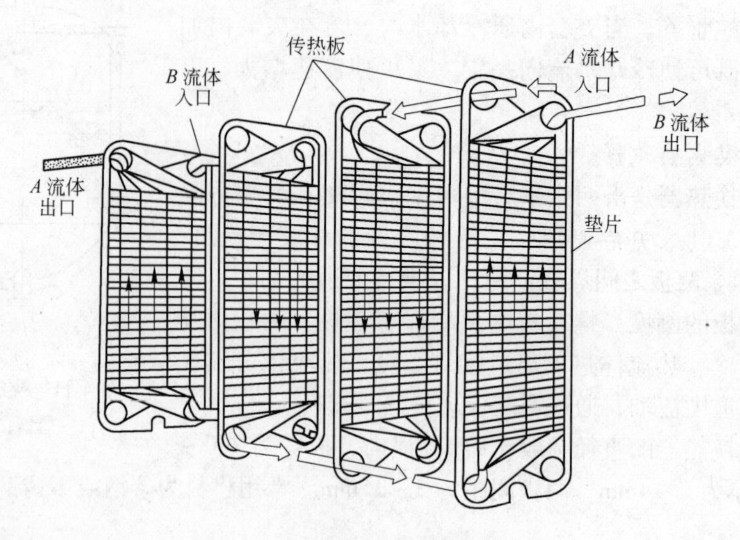

图4-13　板式换热器流体流向示意图

板式换热器的主要优点是：结构紧凑，单位体积设备提供的传热面积大，为250～1000m^2/m^3，而列管式换热器只有40～150m^2/m^3；传热系数高，对低黏度液体传热，传热系数可达1500～4700W/(m^2·℃)，最高可达7000W/(m^2·℃)，操作灵活，适应性大，可以根据需要增减板数以调整传热面积，加工制造容易，检修清洗方便，热损失少。其主要缺点是：因受到板片刚度、垫片种类及沟槽结构的限制，允许的操作压力较低；因受垫片材质的限制，操作温度不能太高，对合成橡胶垫片，操作温度不超过130℃，对压缩石棉垫片也应低于250℃；因板间距小，流道截面小，流速不能过大，所以处理量较小，不易密封，易泄漏，易于堵塞。

D　蛇管式热交换器

蛇管式热交换器分为沉浸式和喷淋式两类。

如图4-14所示为沉浸式蛇管换热器。蛇管多以金属管弯绕成窗口器的形状，沉浸在

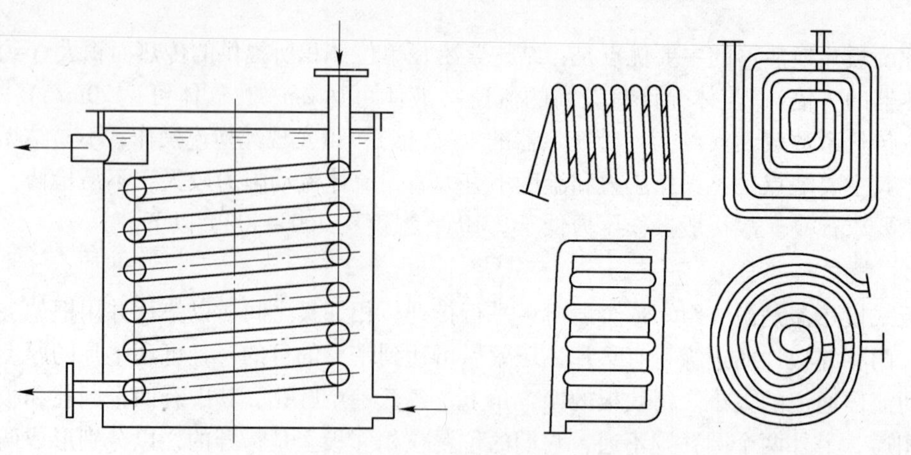

图4-14　沉浸式蛇管换热器

容器中的液体内。两种流体分别在管内、外流动进行热交换。沉浸式蛇管换热器的优点是：结构简单，价格低廉，便于防腐，能承受高压。其主要缺点是：管外对流传热系数较小，因而传热系数 K 值也较小。如在容器内加设搅拌器，则可提高传热系数。

喷淋式蛇管换热器如图 4-15 所示，它是用水作为喷淋冷却剂，以冷却管内的热流体，故常称为水冷器。冷却水从上面的水槽（或分布管）中淋下，沿蛇管表面下流，与管内的热流体进行热交换。这种设备通常放置在室外空气流通处，冷却水在外部汽化时，可带走部分热量，以提高冷却效果。它与沉浸式蛇管换热器相比，具有便于检修、清洗和传热效果较好等优点；其缺点是占地较大，喷淋不易均匀，耗水量大。

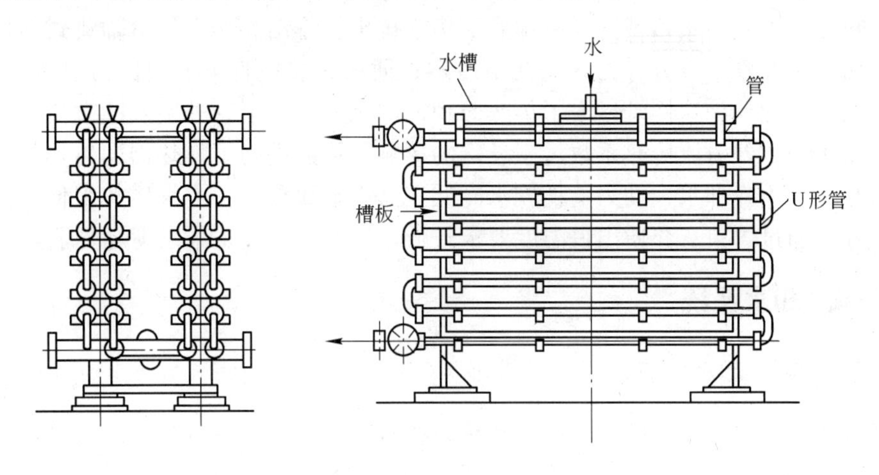

图 4-15 喷淋式蛇管换热器

E 翅片式换热器

为了增加传热面，提高传热效果，在换热管表面上加上纵向（轴向）或横向（径向）翅片，称为翅片换热器，常见的几种翅片形式如图 4-16 所示。

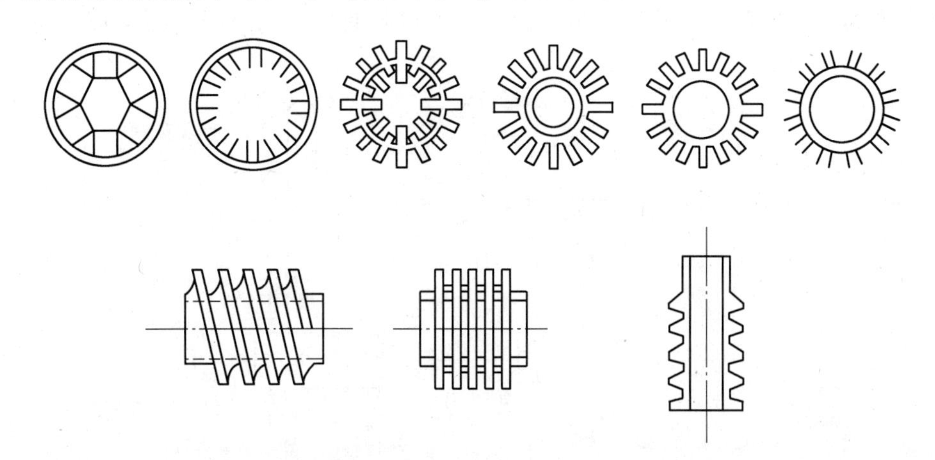

图 4-16 常见的几种翅片形式

当相互换热的两流体的对流传热系数相差较大时，如用水蒸气加热空气或黏性大的液体，用空气冷却热的液体时，则空气或黏性大的液体一侧的热阻为控制性热阻。此时，如在换热管的气体或黏性大的液体一侧增设翅片，既可增大气体一侧的对流传热面积（翅片的面积为光滑管面积的2~9倍），又可增强气体流动的湍动程度，从而提高换热器的传热效果。一般来讲，当两流体的对流传热系数之比等于或大于3时，为强化传热，宜采用翅片式换热器。

翅片的种类很多，按其高度可分为高翅片和低翅片两种。高翅片适用于冷、热流体的对流传热系数相差大的场合，如气体的加热或冷却。低翅片多为螺纹管，适用于冷、热流体的对流传热系数相差不太大的场合，如黏度较大流体的加热或冷却等。

翅片式换热器较为重要的应用是空气冷却器（简称空冷器），由翅片管束、风机和支架组成。热流体进入各管束中，经冷却后汇集于排出管排出。冷空气由轴流式通风机吹过管束，通风机装在管束下方称为强制式空冷器；通风机装在管束上方称为引风式空冷器。由于管外增设了翅片，这样既增大了传热面积，同时又增强了管外空气的端流程度，因而就减少了管了内、外对流传热系数过于悬殊的影响，从而提高了换热器的传热效果。空冷器的优点是：不用冷却水，动力消耗较水冷低。其主要缺点是：空气比热很低，需要有大量的空气强制通过管束；介质出口温度要求较低，用空冷在夏季难以满足要求。

4.3　循环冷却水系统

4.3.1　密闭循环冷却水系统

密闭循环冷却水系统中冷却水通过换热设备后，经过换热器冷却降温后又送到换热设备循环使用。在循环过程中，冷却水几乎不与空气接触，水中各种成分基本不发生变化。换热器一般用空气或另外一套水系统来进行冷却。密闭循环冷却水系统又分全闭式循环冷却水系统和半闭式循环冷却水系统，在钢铁企业中两种密闭循环冷却水系统都有应用。

4.3.1.1　全密闭循环冷却水系统

全密闭循环冷却水系统在整个系统中不与大气接触，系统包括供水泵、脱气罐、膨胀罐、热交换器、补水系统、加药系统、管网等，其典型的工艺流程如图4-17所示。这种

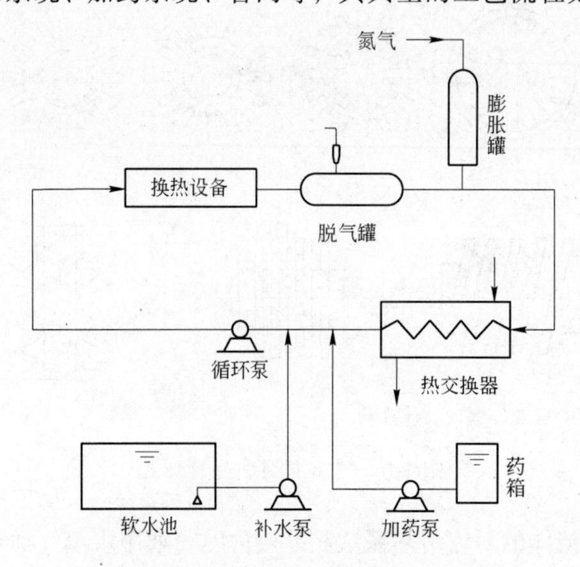

图4-17　全密闭循环冷却水系统工艺流程

方式具有水质稳定、节能节水等优点，一般补水量仅为循环水量的0.5‰左右。

4.3.1.2 半闭式循环冷却水系统

在半闭式循环冷却水系统中，换热设备使用后的水经热交换器降温后，自流到吸水井，再由供水泵送到用户循环使用，在整个循环系统中冷却水只是在吸水井中局部与大气接触。半闭式循环冷却水系统典型的工艺流程如图4-18所示。这种方式向吸水井中补充软（纯）水，同时投加缓蚀阻垢剂。

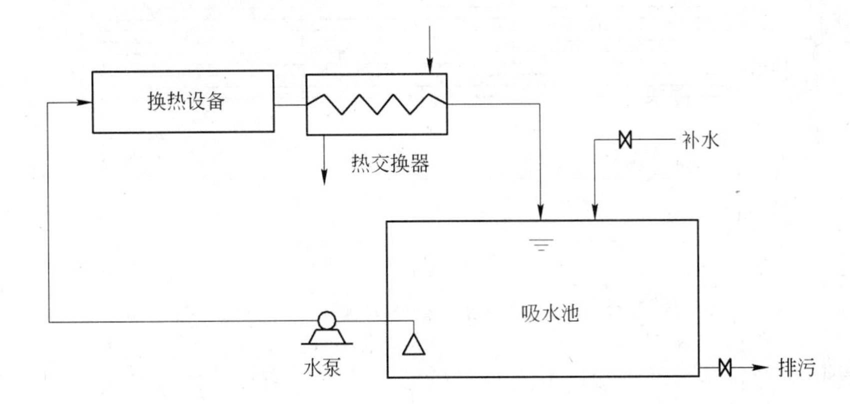

图4-18 半闭式循环冷却水系统工艺流程

4.3.1.3 密闭循环冷却水系统常用的设备

A 闭式蒸发空冷器

闭式蒸发空冷器主要特点是利用管外水膜的蒸发强化管外传热，其工作过程是用泵将设备下部水池中的循环冷却水输送到位于水平放置的光管管束上方的喷淋水分配器，由分配器将冷却水向下喷淋到传热管表面，使管外表面形成连续均匀的薄水膜；同时用风机将空气从设备下部空气吸入窗口吸入，使空气自下向上流动，横掠水平放置的传热管管束。此时传热管的管外换热除依靠水膜与空气流间的显热传递外，管外表面水膜的迅速蒸发吸收了大量的热量，强化了管外传热。由于风机位于设备上部向上抽吸空气，从而在风机下部空间形成负压区域，加速了管外表面水膜的蒸发，有利于强化管外传热。蒸发空冷器中，工艺介质走管内水平流动，空气、水走管外，空气由下向上流动，喷淋水则由上往下流动，水、空气与工艺介质为交叉错流，水与空气为逆流。这样一来从流程布置上也强化了传热传质过程。闭式蒸发空冷器的结构如图4-19所示。

从结构上看，蒸发冷却器的最大特点是将冷却塔和换热器合为一体，省去了单独的循环水冷却系统，减少了设备占地面积，再加上采用光管做传热管，使其一次性投资大大降低，另一方面由于蒸发冷却器采用光管，空气阻力减小，所需的风量也小，再加上它的冷却水自身在设备中循环使用，水的蒸发耗量较低，使其操作费用随之降低。

闭式蒸发冷却器管外喷淋用水来自敞开式循环冷却水系统，经常会在光管外表面结垢、黏泥附着，不但影响了热水冷却效果，同时造成光管的腐蚀。因此，循环冷却水水质稳定十分必要，应在系统中投加阻垢缓蚀剂和杀菌灭藻剂。

B 板式换热器

板式换热器主要由框架和板片两大部分组成。板片由各种材料制成的薄板用各种不同

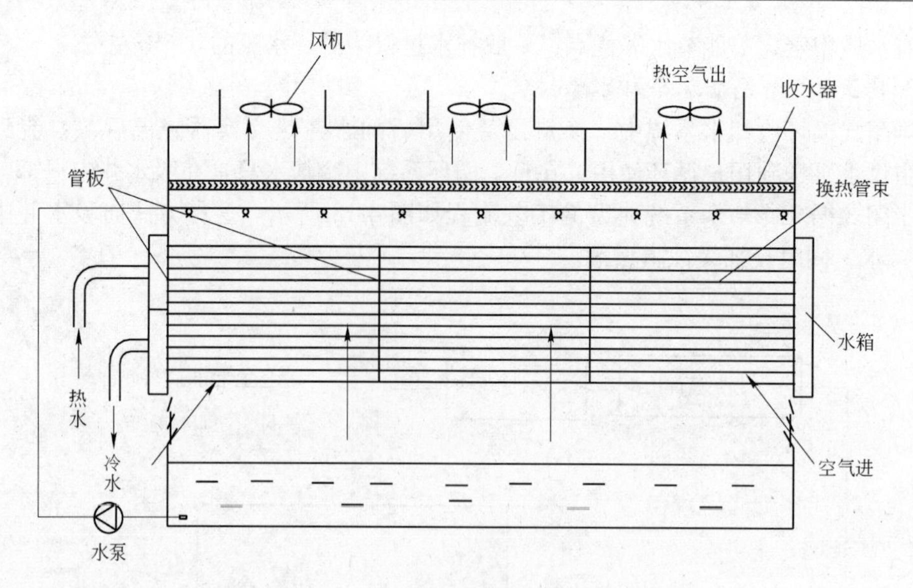

图 4-19　闭式蒸发空冷器结构示意图

形式的磨具压成形状各异的波纹，并在板片的四个角上开有角孔，用于介质的流道。板片的周边及角孔处用橡胶垫片加以密封。框架由固定压紧板、活动压紧板、上下导杆和夹紧螺栓等构成。板式换热器是将板片以叠加的形式装在固定压紧板、活动压紧板中间，然后用夹紧螺栓夹紧而成，其结构如图 4-20 所示。

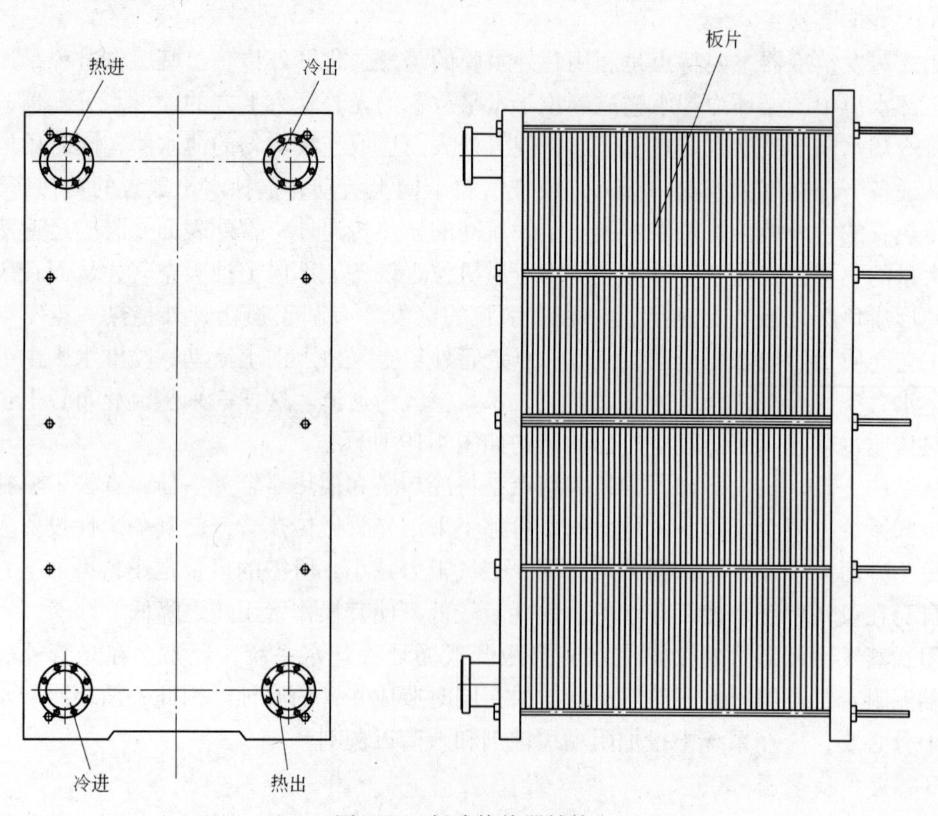

图 4-20　板式换热器结构

在换热器中，冷、热水分别在固体壁面的两侧流过，热流体的热量主要以对流方式传给壁面，经过壁面导热再传给冷流体。为了强化传热效果，冷热水常采用逆流传热方式。通常设计中热水为软水（纯水），冷水来自敞开式循环冷却水系统。从实际应用看，板式换热器冷水侧存在杂物堵塞、结垢、黏泥的问题，因此应在板式换热器冷水进口管道安装过滤器防止杂物堵塞，在敞开式循环冷却水系统投加阻垢缓蚀剂和杀菌灭藻剂。

C 膨胀罐

膨胀罐上部充氮气，可以调节系统压力和吸收系统的热膨胀，同时观察系统软水的漏损，以便及时补水。罐内除纯水或软水外，均被氮气充满。罐的出水管与闭路系统的水管相连。当系统内压力下降时，膨胀罐的水在氮气压力下，压送至管网，随着罐内水量的减少，氮气体积膨胀，压力减少。当补充水进入膨胀罐，氮气体积又被压缩，气体压力慢慢上升。一般膨胀罐设置压力监测器、液位计、安全阀等。膨胀罐示意图如图 4-21 所示。

补水系统根据膨胀罐的液位采用全自动方式，补充水采用软化水或纯水。在补水同时要向系统中投加缓蚀阻垢剂，此外还应定期投加杀菌灭藻剂。药剂必须用计量泵投加，投加点设在供水系统的水泵吸水母管上。

D 脱气罐

脱气罐用于去除水中的气体，避免汽蚀和化学腐蚀的发生。脱气罐设置自动排气阀门、手动排气阀门、安全阀等。脱气罐示意图如图 4-22 所示。

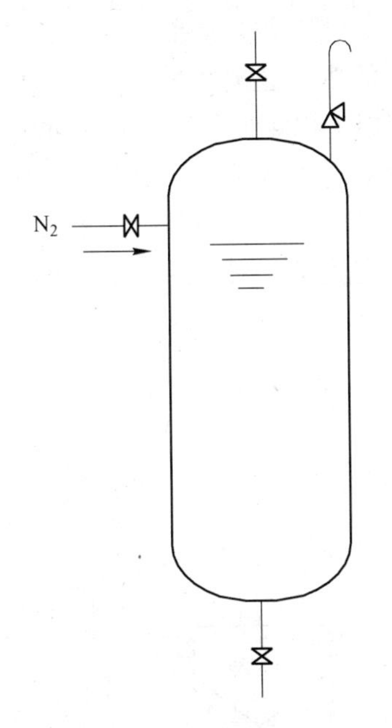

图 4-21 膨胀罐示意图

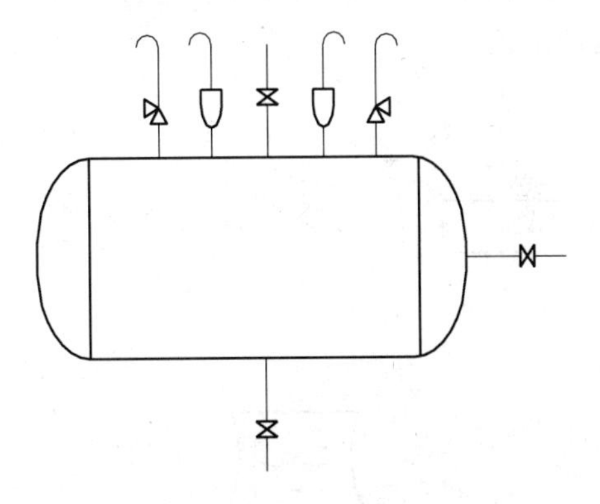

图 4-22 脱气罐示意图

4.3.2 敞开式循环冷却水系统

4.3.2.1 间接冷却循环水系统

间接冷却循环水系统又称净循环冷却水系统，水与冷却介质通过换热器交换热量，水不与物料接触，换热后水仅仅受到热污染，水温有所升高，经过冷却降温后又循环使用，典型的工艺流程如图 4-23 所示。间接冷却循环水系统包括供水泵、冷却塔、吸水井、管道过滤器、旁流过滤器（简称旁滤器）、加药装置、强制排污系统、补水系统、管网、阀门等。

4.3.2.2 直接冷却循环水系统

直接冷却循环水系统又称浊循环冷却水系统，水与冷却介质交换热量中，与物料接

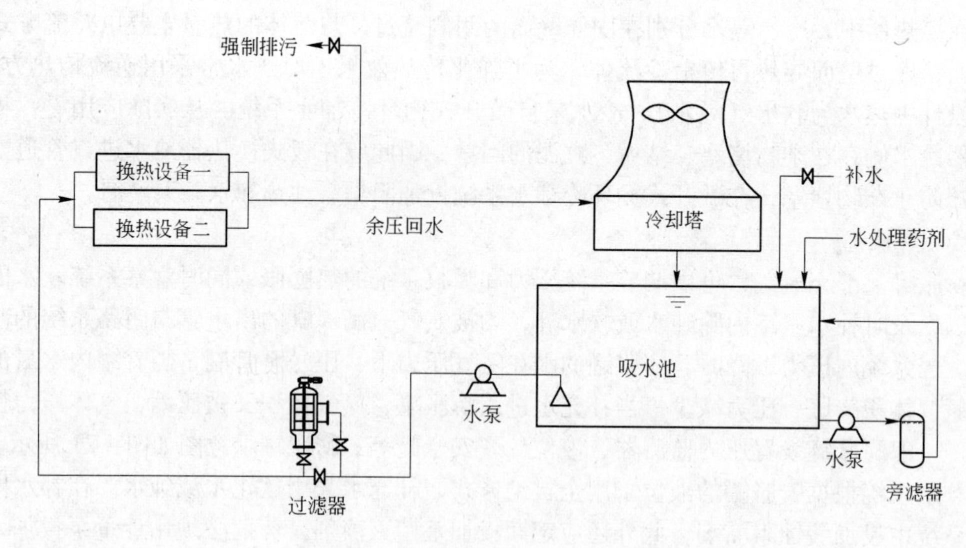

图 4-23　间接冷却循环水系统工艺流程

触，换热后水不仅受到热污染，同时受到物料污染，排出的热水必须经过一系列物化处理后才能循环使用。直接冷却循环水系统典型的工艺流程如图 4-24 所示。浊循环水系统主要包括供水泵、冷却塔、吸水井、管道过滤器、旁流过滤器、加药装置、沉淀池、强制排污系统、补水系统、管网和阀门等。钢铁企业直接冷却循环水系统中冷却水所受污染物不同，水处理设备和工艺不同，应根据污染物的特性和钢铁主体工艺对水质的要求选择适宜的水处理工艺。

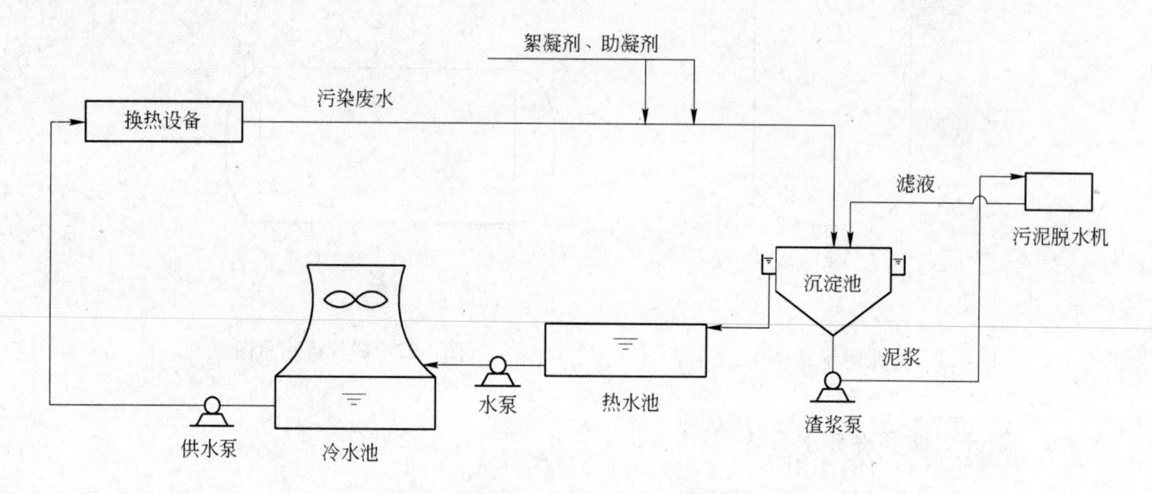

图 4-24　直接冷却循环水系统工艺流程

混凝沉淀作为直接冷却循环水处理的核心工艺在钢铁企业循环水处理中越来越受到重视，使钢铁企业浊环水处理由单一的物理处理单元技术向以物化处理为主体的集成水处理技术发展。混凝沉淀由混合反应、沉淀、加药等单元技术组成。在钢铁企业受到污染的水中含有污染物质如油、氧化铁、粉尘等，如果不进行处理回用必然造成用水设备的堵塞，威胁生产。因此通过絮凝沉淀去除水中污染物质。钢铁企业中浊循环水系统较多，常用的沉淀池有平流沉淀池、辐射沉淀池、斜板沉淀池；混合反应器有管道混合器、机械搅拌混合反应池等；投加的絮凝剂主要有聚合氯化铝、聚合硫酸铁、聚丙烯酰胺等。

4.3.3 循环冷却水系统常用的设备与构筑物

4.3.3.1 水泵

A 水泵的类型

水泵是输送液体或使液体增压的机械。它将原动机的机械能或其他外部能量传送给液体，使液体能量增加，主要用来输送液体包括水、油、酸碱液、乳化液、悬乳液和液态金属等，也可输送液体、气体混合物以及含悬浮固体物的液体。根据不同的工作原理可分为容积泵、叶片泵等类型。容积泵是利用其工作室容积的变化来传递能量；叶片泵是利用回转叶片与水的相互作用来传递能量，有离心泵、轴流泵和混流泵等类型。在循环冷却水系统中常用的供水泵主要是离心泵，离心泵又分为单级单吸离心水泵、单级双吸离心水泵、多级离心泵等。图 4-25 ~ 图 4-27 分别为单级单吸离心水泵、单级双吸离心水泵、多级离心泵的基本构造图。

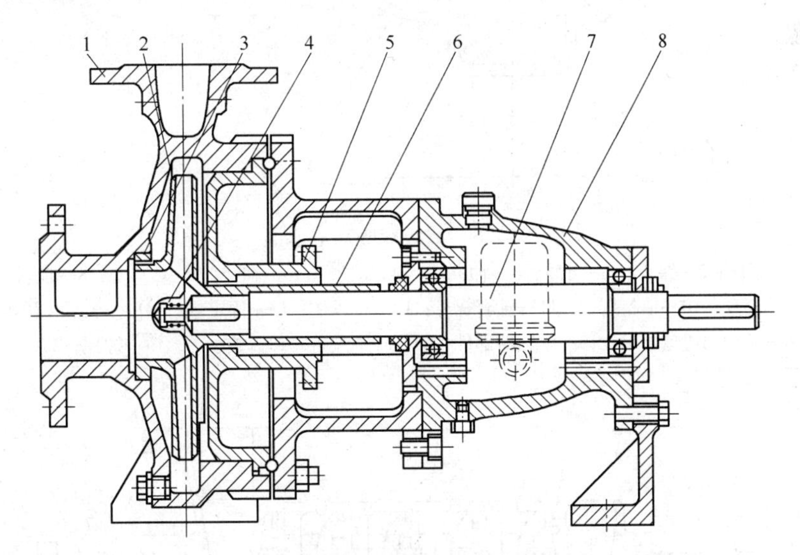

图 4-25 单级单吸离心水泵

1—泵体；2—叶轮；3—密封环；4—叶轮锁母；5—泵盖；6—轴套；7—轴；8—悬架部件

离心泵的工作原理：水泵开动前，先将泵和进水管灌满水，水泵运转后，在叶轮高速旋转而产生的离心力的作用下，叶轮流道里的水被甩向四周，压入蜗壳，叶轮入口形成真空，水池的水在外界大气压力下沿吸水管被吸入补充了这个空间。继而吸入的水又被叶轮甩出经蜗壳而进入出水管。由此可见，若离心泵叶轮不断旋转，则可连续吸水、压水，水便可源源不断地从低处扬到高处或远方。综上所述，离心泵是由于在叶轮的高速旋转所产生的离心力的作用下，将水提向高处的，故称离心泵。

B 水泵的重要参数

a 流量

流量又称排水量或扬水量，用符号 Q 表示。流量表示泵在单位时间内排出泵外的液体

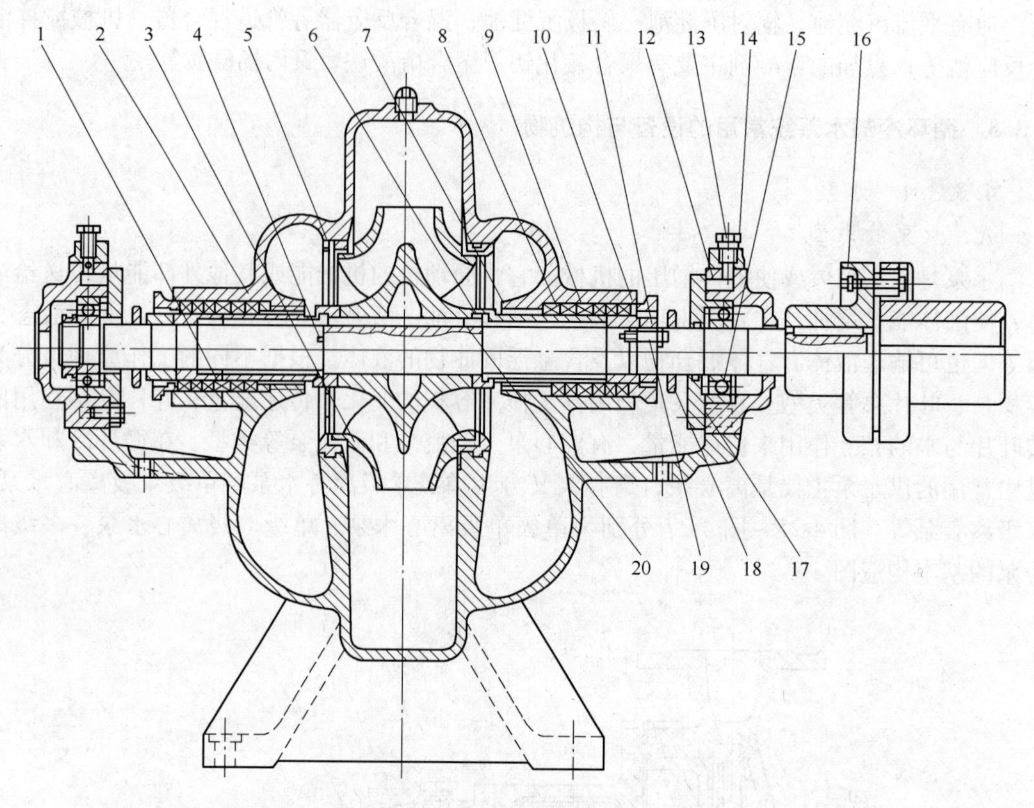

图 4-26 单级双吸离心水泵

1—泵体；2—泵盖；3—叶轮；4—轴；5—双吸密封环；6—轴套；7—填料套；8—填料；9—填料环；10—填料压盖；11—轴套螺母；12—轴承体；13—固定螺钉；14—轴承体压盖；15—单列向心球轴承；16—联轴器部件；17—轴承端盖；18—挡水圈；19—螺柱；20—键

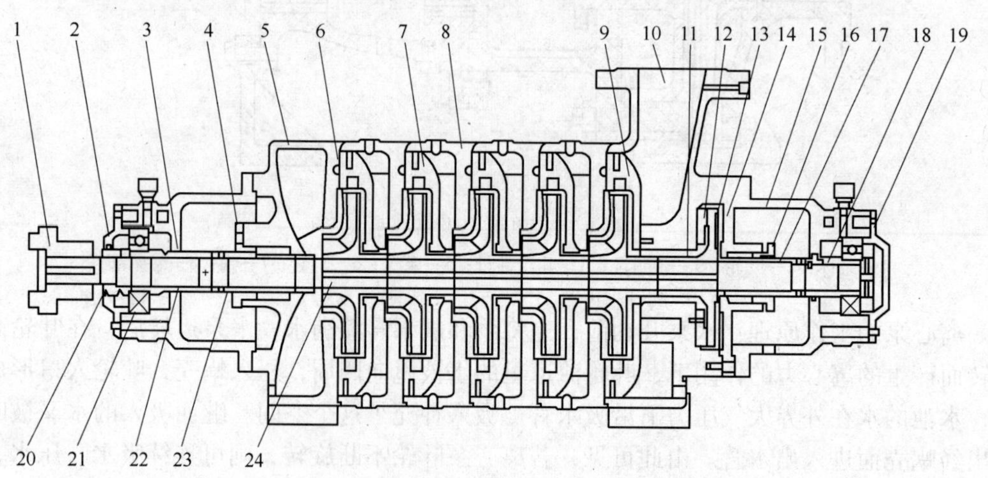

图 4-27 多级离心泵

1—联轴器；2，20—左轴承压盖；3—左轴承座；4—左填料压盖；5—进水段；6—叶轮；7—导叶；8—中段；9—末导叶；10—出水段；11—平衡段；12—平衡环；13—平衡盘；14—填料体；15—右轴承座；16—右填料压盖；17—右填料轴套；18—右轴承衬套；19—右轴承压盖；21—轴承；22—左轴承衬套；23—左填料轴套；24—轴

量，时间可以用 s、min 或 h 为计量单位；如果排出泵外的液体量以体积单位（m^3、L）为计量单位，称为体积流量 Q；如果排出泵外的液体量以质量单位（t、kg）为计量单位，称为质量流量 G。常用的体积流量单位为 m^3/s、m^3/h、L/s 等，常用的质量流量单位为：t/h、kg/s 等。对于水来说，由于水的密度为 $1t/m^3$，$1m^3$ 水的质量是 1t。

b 扬程

扬程用符号 H 表示。单位质量的液体通过泵所获得的能量称为总扬程，简称扬程。水泵的扬程是指从吸水井内水面高度算起经过水泵提升后能达到的高度，以米（m）为单位。

c 功率

水泵的功率分为有效功率、轴功率和配套功率三种。

（1）有效功率。有效功率是指水泵传给水的净功率，也就是水泵在单位时间内，将多少质量的水提升了多少高度，用 $N_{效}$(kW)表示：

$$N_{效} = \frac{\gamma QH}{102}$$

式中 γ——水的密度，kg/L，$\gamma=1$，念作“嘎玛”；

Q——水泵的流量，L/s；

H——水泵扬程，m。

功率的单位：工程单位制用 kg · m/s（千克 · 米/秒）；电动机用 kW（千瓦）；柴油机用马力。它们的换算关系见表 4-1。

表 4-1 功率换算单位

单位名称	1kW	1 马力	1kg · m/s
1kW	1	1.36	102
1 马力	0.736	1	75
1kg · m/s	0.0098	0.0133	1

耗电量的单位为 kW · h（千瓦 · 小时），用符号“W”表示，即 1kW 的电动机使用 1h 的耗电量为 1 度。

因此，理论上将 1000t 水送到 1m 高度所耗的电量应为：

$$W = N_{效}\,t = \frac{\gamma QH}{102}t = \frac{1 \times 1000 \times \frac{1000}{3600} \times 1}{102} \times 1 = 2.723\text{kW} \cdot \text{h}$$

（2）轴功率。轴功率是指电动机输送给水泵的功率。因此水泵的轴功率包括了水泵的有效功率和为了克服水泵中各种损耗的损耗功率。这些功率损耗主要指机械摩擦损失、泄漏损失、泵内水力损失等。轴功率用 N 表示。

（3）配套功率。配套功率是指水泵应选配的电动机功率以 $N_{配}$ 或 N_D 表示。配套功率要比轴功率大，这是由于一方面要克服传动损失的功率，另外也为了保证机组安全运行、防止电动机过载，适当留有余地的缘故。

水泵铭牌上标的是轴功率，水泵产品手册上往往将轴功率与配套功率同时标出。

泵的配带功率 N_D 一般比额定流量点的轴功率大10%～15%，它是考虑泵的启动和大流量下运转的安全系数。

$$N_D = (1.1 \sim 1.15)N$$

效率：水泵的效率是指水泵有效功率与轴功率的比值，以“η”表示，念作“埃搭”，单位为“%”。

$$\eta = \frac{N_{效}}{N} \times 100\%$$

例如，当水泵效率为60%时，理论上将1000t水送到1m高度所耗的电量为：

$$W = \frac{2.723}{0.6} = 4.54\text{kW}\cdot\text{h}$$

又如，当一台水泵抽水量 $Q=100\text{L/s}$，扬程 $H=30\text{m}$，水泵效率 η 为0.7，电机效率为0.9，则该台水泵每小时的耗电量应为：

$$W = \frac{QH}{102\eta}t = \frac{100 \times 30}{102 \times 0.7 \times 0.9} \times 1 = 46.7\text{kW}\cdot\text{h}$$

显而易见，水泵效率的高低，反映了水泵性能的好坏，直接影响耗电量的多少，是一个重要的经济指标。

转速：转速是指水泵叶轮的转动速度，通常以每分钟的转动次数来表示，符号为 n，单位为r/min（转/分）。

离心泵的性能参数与转速有下列关系：

$$Q_1 = Q_2 \frac{n_1}{n_2}$$

$$H_1 = H_2 \left(\frac{n_1}{n_2}\right)^2$$

$$N_1 = N_2 \left(\frac{n_1}{n_2}\right)^3$$

式中 n_1，Q_1，H_1，N_1——分别为额定转速及额定转速下的流量、扬程和功率；

n_2，Q_2，H_2，N_2——分别为实测转速及实测转速下的流量、扬程和功率。

如果实测转速和额定转速不符，那么实测转速下的性能参数必须按上述公式换算成额定转速下的性能参数。

允许吸上真空高度：水泵的允许吸上真空高度是指水泵在标准状态下，即水温20℃，水表面大气压0.1013MPa（10.33m水柱）时，水泵进口允许达到的最大真空值；单位为 mH_2O（米水柱）；用“H_s”表示。在运转中，水泵进口处的真空表读数就是水泵进口处实际真空高度，它应小于允许吸上真空高度，否则就会产生气蚀现象。所谓气蚀就是溶解在水中的空气从水中大量逸出，形成许多小气泡，当这些气泡随水流到高压区时会突然受压而破裂并与水互相撞击使水泵叶轮受到破坏，水泵产生剧烈的震动，叶片出现麻点和孔洞，最后导致水都抽不上来。

4.3.3.2 吸水池

A 吸水池的概念

吸水池是泵站中专门为水泵或其吸水道抽水而修建的水池，它的主要目的是将液流平顺地引至叶轮进口，使泵高效率地稳定运行，它直接影响到泵站的运行效率和安全。吸水池用来储存水，使系统有一定的保有水量，通常系统补充水量是根据吸水池的液位来决定。因此，循环冷却水系统中必须有足够的保有水量以维持水泵的安全运行。吸水池一般为钢筋混凝土结构，由补水管、排水管、液位计、溢流管、吸水管等组成，如图 4-28 所示。

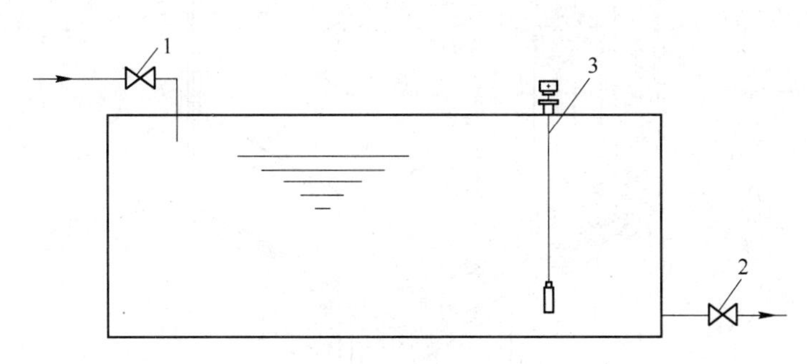

图 4-28 吸水池示意图

1—补水阀门；2—排污阀门；3—液位计

B 保有水量

保有水量是循环冷却水系统内所有水容积的总和，不同的循环冷却水系统保有水量计算方法不一样。间接冷却循环水系统保有水量是吸水池、冷却塔集水池、循环水管道、换热器等有效容积之和；直接冷却循环水系统保有水量是吸水池、冷却塔集水池、循环水管道、水处理设备、换热器等有效容积之和；全闭式循环冷却水系统保有水量是循环水管道、换热器、脱气罐、膨胀罐等有效容积之和；半闭式循环冷却水保有水量是吸水池、循环水管道、换热器等有效容积之和。

4.3.3.3 冷却塔

A 冷却塔的工作原理

冷却塔是利用水和空气的接触，通过蒸发作用来散去工业上产生的废热的一种设备。冷却塔的基本工作原理是：干燥（低焓值）的空气经过风机的抽动后，自进风网处进入冷却塔内；饱和蒸汽分压力大的高温水分子向压力低的空气流动，湿热（高焓值）的水自播水系统洒入塔内。当水滴和空气接触时，一方面由于空气与水的直接传热，另一方面由于水蒸气表面和空气之间存在压力差，在压力的作用下产生蒸发现象，将水中的热量带走即蒸发传热，从而达到降温的目的。

B 冷却塔的结构

以小型逆流式机械通风冷却塔为例，其结构主要由淋水填料、收水器、配水装置、风机等组成，如图 4-29 所示。

a 淋水填料

淋水填料的作用是将配水系统喷淋下来的热水，以水膜或水滴的形式最大限度地增加

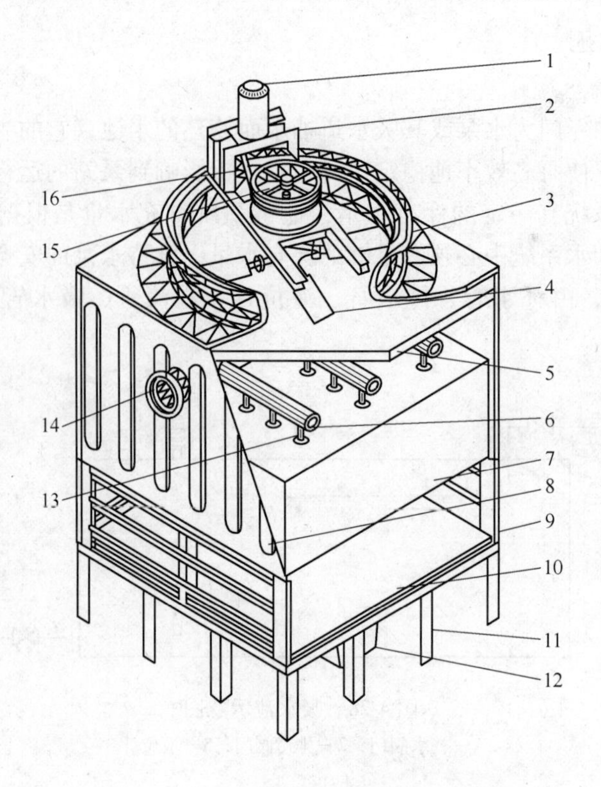

图 4-29　小型逆流式机械通风冷却塔结构

1—电机；2—马达架；3—风筒；4—风机；5—除水器；6—播水管；7—填料；8—塔体；9—入风网；10—消声垫；11—底脚；12—中心缸；13—喷头；14—进水法兰；15—减速器；16—皮带

水和空气的接触面积和时间的装置。填料是冷却塔中的主要换热部件，填料所产生的温降可以达到冷却塔整个冷却温差的70%，淋水填料性能的好坏直接关系到冷却塔的冷却效果。淋水填料的作用是将热水与空气之间的接触面积最大限度地增大，使水与空气充分进行热质交换。

淋水填料按热交换方式可分为点滴式淋水填料、薄膜式淋水填料和点滴薄膜式淋水填料：

（1）点滴式淋水填料，主要是靠水滴与空气之间进行热质交换，填料的热力性能好坏在于将热水溅散为水滴的表面积总和的大小。常用的点滴式淋水填料有水泥弧形板、木板条、M 板、塑料棒或管等。

（2）薄膜式淋水填料是热水在填料表面形成薄膜状缓慢水流，水膜与空气进行热交换，填料的性能主要取决于填料的有效展开面积。展开面积大，散热性能好；面积小，散热性能差，则填料热力性能低。常用的薄膜式淋水填料有 S 波、双斜波、斜折波、复合波、双向波、梯形波、Z 字波、折波、人字波、玻璃钢斜波纹、塑料斜波纹等。

（3）点滴薄膜式淋水填料介于点滴式与薄膜式之间，主要是通过点滴与薄膜两种方式进行热质交换。常用的点滴薄膜式填料有水泥网格板、塑料网格板、竹片格网、陶瓷格网、球形填料等。

三类填料各有特点，薄膜式填料的热力性能较好、点滴薄膜式填料次之、点滴式填料较差，但薄膜式填料对水质要求高，点滴式填料对水质要求低。因此，填料的选用不可一概而论，对于水质较差而对水温要求不严格的工艺系统中的冷却塔淋水填料，可采用点滴式填料或点滴薄膜式，如钢铁企业中的浊环水系统；而对于水质较好的、冷却塔出塔水温影响工艺生产的系统，冷却塔淋水填料应采用热力性能较好的薄膜式填料，如钢铁工业的鼓风机站、电力工业的冷却水系统等；对于浊环水冷却塔水温要求较高的系统中的冷却塔的淋水填料，可采用点滴薄膜式淋水填料。

b 收水器

收水器是减除冷却塔排出湿热空气中夹带的大量细小水滴，避免对周围环境的水雾污染和结冰，节水和保护环境的装置。收水器常采用改性 PVC 材料。所使用收水器应具有收水效率高、气流阻力小、强度高、不变形、安装维修方便的特点。收水器按循环水量计的飘水率应满足不大于0.01%的要求。PVC 片材横截面可以选择 C 形、S 形或其他形状。图 4-30 所示的收水器为 PVC 材质 C 形收水器。

图 4-30 PVC 材质 C 形收水器

c 配水装置

配水装置由配水系统和喷头组成，是把水尽可能均匀地喷洒在淋水填料上的装置。配水系统有管式、槽式配水两种形式，喷头主要形式有反射式、三溅式等形式。图 4-31 所示为常用的 ABS 材质三溅式喷头。这种喷头具有与配水管相连的承插式接口，承插接口采用钻尾丝固定，在承插接口的下部还依次同轴间隔设置有外径依次变小的大溅水盘、小溅水盘和锥形辟水头；并且由至少两支圆周排列立式设置的连杆固定在承插接口上，在大溅水盘和小溅水盘上还分别设置有与锥形管嘴同轴且与锥形管嘴下口内径相比内径依次变小的大漏水孔和小漏水孔、大溅水盘和小溅水盘。

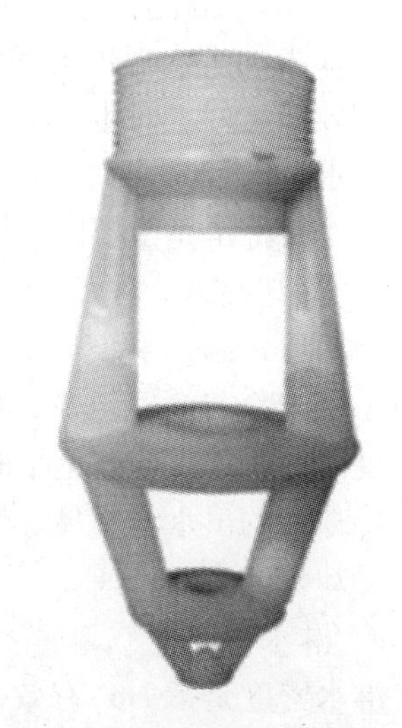

图 4-31 ABS 材质三溅式喷头

C 冷却塔的分类

冷却塔按通风方式分有自然通风冷却塔、机械通风冷却塔；按热水和空气的流动方向分有逆流式冷却塔、横流（交流）式冷却塔。

逆流式机械通风冷却塔的工作过程：热水通过水泵以一定的压力经过管道压至冷却塔的播水系统内，通过播水管上的喷头将水均匀地播洒在填料上面；干燥的低焓值的空气在风机的作用下由底部入风网进入塔内，热水流经填料表面时形成水膜和空气进行热交换，高湿度、高焓值的热风从顶部抽出，冷却水滴入底盆内，经出水管流出。一般情况下，进入塔内的空气是干燥低湿球温度的空气，水和空气之间明显存在着水分子的浓度差和动能压力差，当风机运行时，在塔内静压的作用下，水分子不断地向空气中蒸发，成为水蒸气分子，剩余的水分子的平均动能便会降低，从而使循环水的温度下降。从以上分析可以看出，蒸发降温与空气的温度（通常说的干球温度）低于或高于水温无关，只要水分子能不断地向空气中蒸发，水温就会降低。但是，水向空气中的蒸发不会无休止地进行下去，当与水接触的空气不饱和时，水分子不断地向空气中蒸发，但当水气接触面上的空气达到饱和时，水分子就蒸发不出去，而是处于一种动平衡状态。蒸发出去的水分子数量等于从空气中返回到水中的水分子的数量，水温保持不变。由此可以看出，与水接触的空气越干燥，蒸发就越容易进行，水温就容易降低。

自然通风冷却塔工作过程：高温水通过竖井到主水槽，分配到分水槽、配水槽，再由喷嘴喷洒，向下喷洒的高温水与向上流动的低温空气相接触，产生接触传热；同时，还会因为水的蒸发产生蒸发传热，热水表面的水分子不断转化为水蒸气。在该过程中，从热水中吸收热量，使水得到冷却。

横流式机械通风冷却塔的工作过程：横流式机械通风冷却塔与逆流式机械通风冷却塔所不同的是，在塔内填料中，水自上而下，空气自塔外水平流向塔内，两者流向呈垂直正交。横流式机械通风冷却塔常用在噪声要求严格的居民区内，是空调界使用较多的冷却循环塔。优点：节能、水压低、风阻小、配置低速电机、无滴水噪声和风动噪声、填料和配水系统检修方便。

D　冷却塔的主要性能指标

a　冷却水温差

冷却塔的进水温度 t_1 和出水温度 t_2 之差 Δt 称为冷却水温差。一般来说，温差越大，则冷却效果越好。对生产而言，Δt 越大，则生产设备所需的冷却水的流量可以减少。但如果进水温度 t_1 很高时，即使温差 Δt 很大，冷却后的水温不一定降低到符合要求，因此这样一个指标虽是重要的，但说明的问题是不够全面的。

b　冷却幅高

冷却后水温 t_2 和空气湿球温度 ξ 的接近程度 $\Delta t'$（$\Delta t' = t_2 - \xi$(℃)）称为冷却幅高。$\Delta t'$ 值越小，则冷却效果越好。事实上 $\Delta t'$ 不可能等于零。冷却塔的出水温度与周围环境的湿球温度的接近程度也就是平时所说的冷却幅高。比较理想的是冷却塔的进出口温差要尽量大，冷却塔的出水温度最好尽量接近周围环境的湿球温度。但考虑到综合因素，一般冷却塔的冷却幅高为 3～5℃。

c　淋水密度

淋水密度是指 $1m^2$ 有效面积上每小时所能冷却的水量。用符号 q 表示：$q = Q/F$（Q 为冷却塔流量，m^3/h；F 为冷却塔的有效淋水面积，m^2）。

E 影响冷却塔降温效果的主要因素

循环水量：冷却塔的水流量。当循环水量太大时，会造成冷却塔阻力增大，减少冷却塔的通风量，降低汽水比，降低冷却塔的降温效果。

风量：冷却塔的通风量。风量越多，汽水比越大，散热效能越好。

填料的性能：填料的容积散热系数大时，表明相同体积填料的散热能力高，该填料的热力性能好。

冷却塔的结构：冷却塔结构的合理性直接影响冷却塔内气流的均匀性和整个塔的风阻，从而直接影响冷却塔的降温效果。

例 下面是某发电厂5500m^2 自然通风冷却塔的简要介绍。

（1）概述。某发电厂1台300MW 机组配1座淋水面积为5500m^2 的冷却塔，塔高为115m。夏季频率10%气象条件下冷却塔的出水温度为30.68℃。由于循环水的补给水为中水，水质较差，为便于清理，冷却塔采用槽式配水系统。其结构如图4-32所示。

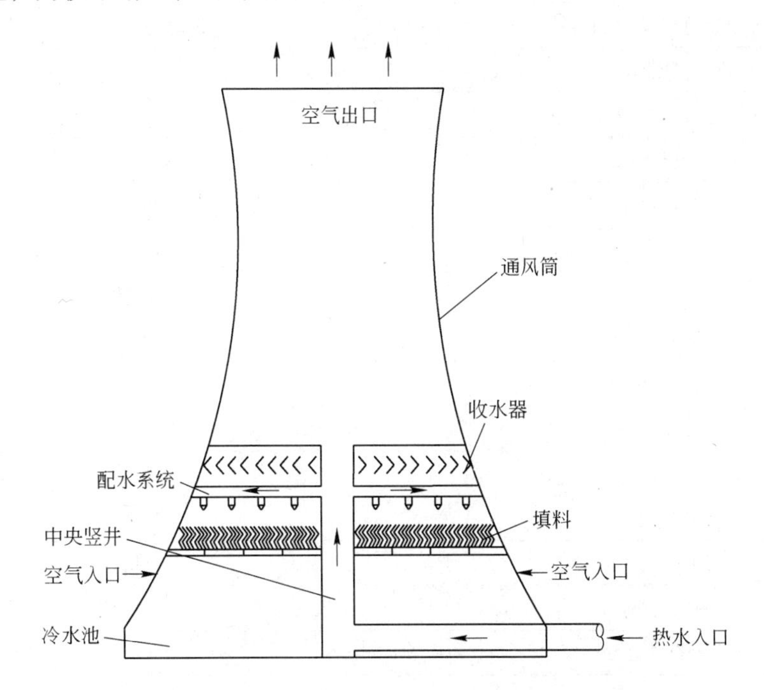

图4-32 某发电厂300MW 机组自然通风冷却塔结构

（2）配水布置。配水系统由主水槽、分水槽、配水槽组成。根据全塔均匀布水、尽量增大冷却塔有效冷却面积的原则，冷却塔设1座中央竖井；8条主水槽，其中4条向内围配水；另4条主水槽担负冷却塔外围配水，主水槽成放射状布置。填料为PVC 塑料，喷嘴采用反射Ⅲ型 ϕ30mm ABS 塑料喷溅装置，除水器采用波160-45型PVC 除水器。

冷却塔的两根 *DN*1800mm 压力进水钢管分别向设于塔中央的复合竖井的内、外层供水，冷却塔配水系统为内、外围分区布置，内、外围面积各占冷却塔淋水面积的50%，内层竖井向内围供水，外层竖井向外围供水。夏季1座塔负担1台机组的水量，冬季配水系统内围停止运行，水量均进入外围配水系统，以加大外围的淋水密度，防止冷却塔冬季结冰。冷却塔内外围配水由塔外循环水管道上的阀门控制。在冷却塔进水管上设有旁路管系统，当冬季启动机组、热负荷较小时，将循环水由旁路管直接排入水池，以防止淋水装置结冰。

（3）设备技术规范。该300MW机组的设备规范见表4-2。

表4-2　某发电厂300MW机组自然塔设备规范

水塔形式	自然通风逆流式冷却塔
淋水面积/m^2	5500
水塔高度/m	115
进风口高度/m	7.83
设计循环水量/m^3	34000（单塔）
集水池深度/m	2.3
集水池储水量/m^3	15200
蒸发损失（夏季供热/冬季纯凝）/$m^3 \cdot h^{-1}$	476/210（单塔）
风吹损失（夏季供热/冬季纯凝）/$m^3 \cdot h^{-1}$	34/21（单塔）
淋水高度/m	9.75
喷嘴数量/个	3636
塔池直径/m	98.374
喉部直径/m	49.3
塔顶直径/m	51.734
竖井高度/m	14.25
内/外竖井直径/m	3.5/5
主水槽顶标高/m	11.920
设计进出水温度/℃	夏季频率10%气象条件下，水塔出水温度为30.68
配水方式	槽式
填料形式	S波
填料材质	PVC填料
填料层高/m	1.0
除水器型式	BO-45/160
除水器材质	PVC除水器
喷嘴数量/个	3636
喷嘴型式	反射Ⅲ型
喷嘴直径/mm	ϕ32
喷嘴材质	ABS工程塑料

4.3.3.4　阀门

阀门是用来对管路及设施内介质进行调节和控制，或对流向进行控制（如逆止阀），以实现管道、系统正常运行，同时方便管道或设施内维护检修的机械装置。

A　阀门的用途及分类

（1）按压力分类：

1）低压阀。$p_N \leqslant 1.6$MPa 的阀门。

2）中压阀。p_N 为 2.5MPa、4.0MPa、6.4MPa 的阀门。

3）高压阀。10MPa$\leqslant p_N \leqslant$100MPa 的阀门。

（2）按结构用途分类：

1）切断阀，包括闸阀、截止阀、旋阀、球阀，用于开启或关闭管道，也用作一定程度的节流。

2）止回阀，包括底阀，用于自动防止管道内介质倒流。

3）节流阀，用于调节管道介质的流量。

4）蝶阀，用于开启或关闭管道内介质，也可作调节用。

B　阀门的结构及原理

a　闸阀

在手轮或电动装置的驱动下，带动闸杆螺母做旋转运动，使闸杆带动闸板相对于闸框上、下垂直运动，实现启闭，这种阀门称为闸阀。

给排水泵站中，离心泵进、出水管上一般都装有闸阀，这样有利于水泵和管道检修。

闸阀如图 4-33 所示。

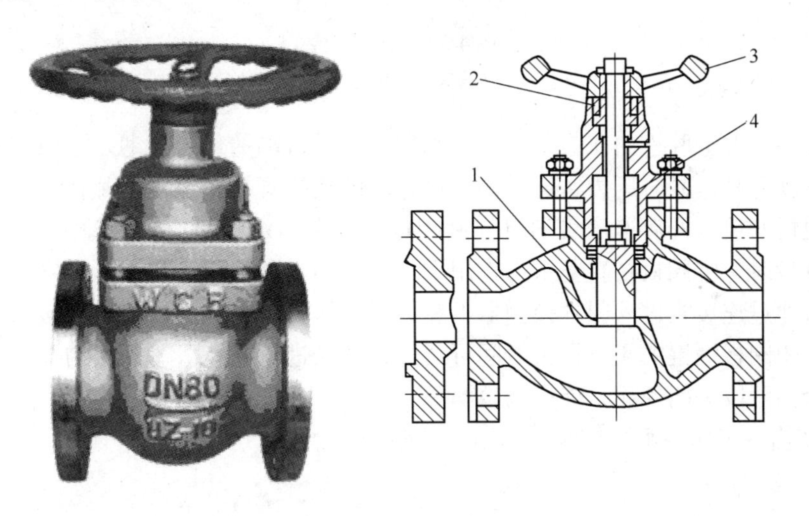

图 4-33　闸阀结构

1—阀体；2—密封圈；3—手轮；4—阀杆

b　蝶阀

蝶阀是指关闭件（阀瓣或蝶板）为圆盘，围绕阀轴旋转来达到开启与关闭的一种阀，在管道上主要起切断和节流作用。蝶阀启闭件是一个圆盘形的蝶板，在阀体内绕其自身的轴线旋转，从而达到启闭或调节的目的。蝶阀全开到全关通常是小于 90°，蝶阀和蝶杆本身没有自锁能力，为了蝶板的定位，要在阀杆上加装蜗轮减速器。采用蜗轮减速器，不仅可以使蝶板具有自锁能力，使其停止在任意位置上，还能改善阀门的操作性能。

蝶阀的结构如图 4-34 所示。

c　多功能水泵控制阀

（1）工作原理。水泵启动前，阀门出口端压力作用在主阀板上，阀门处于关闭位置，

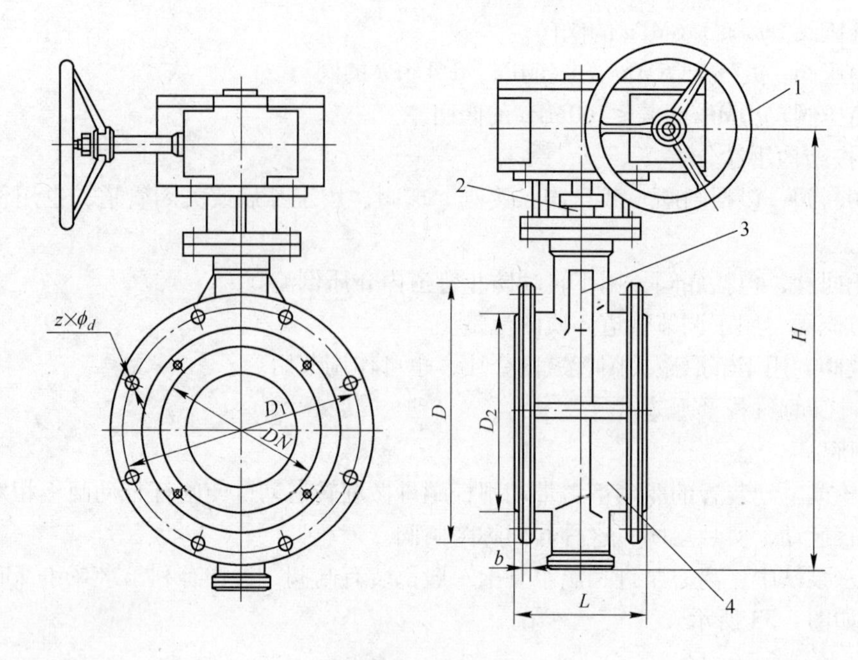

图 4-34　蝶阀结构

1—手轮；2—阀轴；3—蝶板；4—阀体

同时膜片控制器的上腔连通压力水，下腔则与阀门进口端的低压相通。水泵启动后，阀门进口压力逐渐升高，同时压力水通过阀门进口端的连接管缓慢进入膜片控制器下腔，实现主阀板的缓慢开启，开启速度可通过控制阀进行调节。水泵停机，阀门进口的压力降低，当接近零流量时，主阀板在自身重力作用下迅速关闭。因阀门进口端压力降低，阀门出口端的压力水通过连接管进入膜片控制器上腔，下腔水通过阀门进口端的连接管压回至阀门进口端，缓闭阀板缓慢关闭，慢关时间可通过控制阀进行调节。主阀板的速闭和缓闭阀板的缓闭符合两阶段关闭规律，能有效地消除水锤。

（2）结构。多功能水泵控制阀的结构如图 4-35 所示。

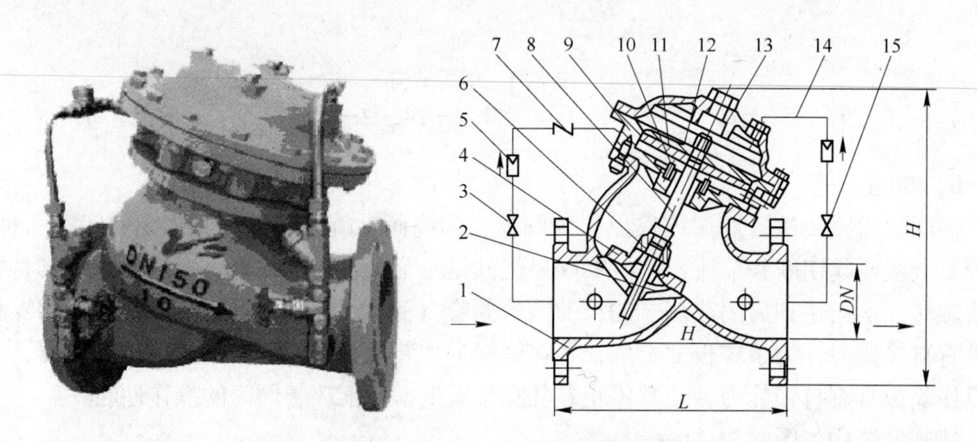

图 4-35　多功能水泵控制阀结构

1—阀体；2—主阀板座；3—进水调节阀；4—主阀板；5—过滤器；6—缓闭阀板；7—微止回阀；8—阀杆；9—膜片座；10—衬套；11—膜片；12—膜片压板；13—阀盖；14—控制管；15—出水调节阀

d　水力遥控浮球阀

（1）工作原理。当管道从进水端给水时，由于针阀、球阀、浮球阀是常开的，水通过微型过滤器、针阀、控制室、球阀、浮球阀进入水池，此时控制室不形成压力，主阀开启，水池供水。

当水池的水面上升至设定高度时，浮球浮起关闭浮球阀，控制室内水压升高，推动主阀关闭，供水停止。当水面下降时，浮球阀重新开启，控制室水压下降，主阀再次开启继续供水，保持液面的设定高度。

（2）结构。水力遥控浮球阀的结构如图4-36所示。

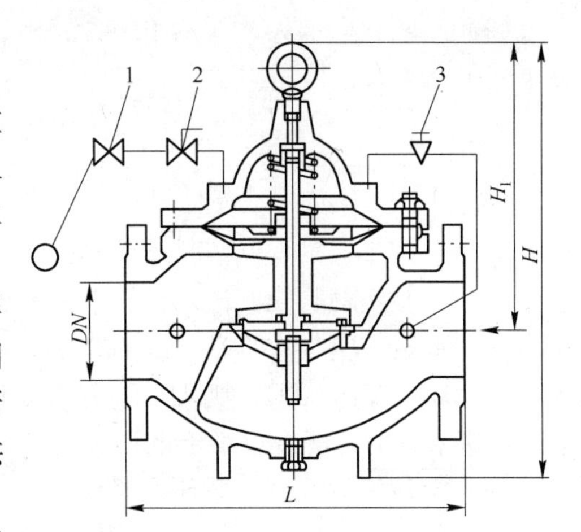

图4-36　水力遥控浮球阀结构
1—浮动导阀；2—球阀；3—针形阀

（3）水力遥控浮球阀的安装。水力遥控浮球阀通常设在水塔、水池、水箱等储水设施旁边，和闸阀或蝶阀一起安装在供水管道上，如图4-37所示。

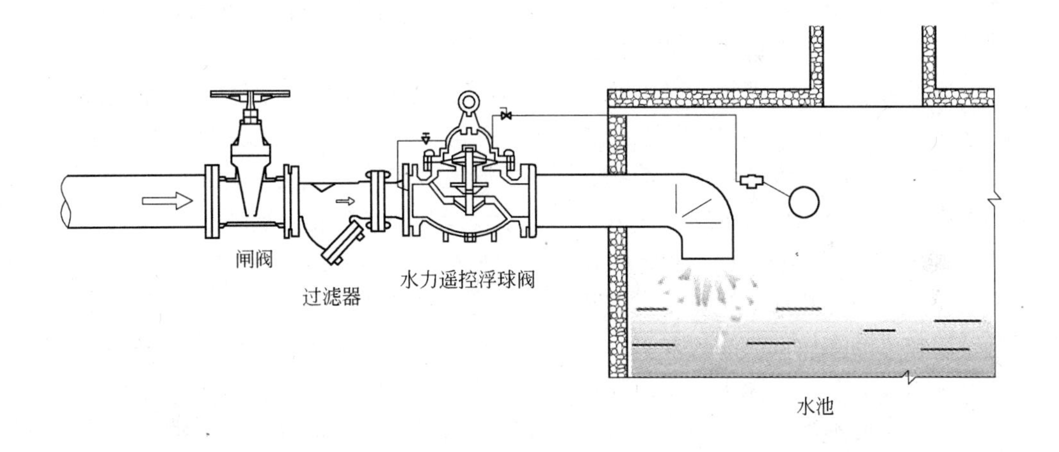

图4-37　水力遥控浮球阀安装示意图

4.4　敞开式循环冷却水系统存在的问题及处理方案

4.4.1　敞开式循环冷却水的特点

敞开式循环冷却水的特点有：

（1）溶解固体浓缩。在补充水中，含有多种无机盐，主要是钙、镁、钠、钾、铁和锰的碳酸盐、重碳酸盐、硫酸盐、氯化物等。在开始运行时，循环水质和补充水相同。在运行过程中，因纯水不断蒸发，水中的溶解固体和悬浮物逐渐积累。循环冷却水系统在高浓缩倍数的条件下运转，系统中溶解固体的含量、水的pH值、硬度和碱度等都比补充水的高得多，使水的结垢和腐蚀性增强。

（2）二氧化碳散失。天然水中含有钙、镁的碳酸盐和重碳酸盐，两类盐与二氧化碳存在下述平衡关系：

$$CaCO_3 + CO_2 + H_2O \rightleftharpoons Ca(HCO_3)_2$$

$$MgCO_3 + CO_2 + H_2O \rightleftharpoons Mg(HCO_3)_2$$

空气中 CO_2 含量很低，只占 0.03% ~0.1%。冷却水在冷却塔中与空气充分接触时，水中的 CO_2 被空气吹脱而送入空气中。试验表明，无论水中原来所含的 CO_3^{2-} 及 HCO_3^- 量是多少，水滴在空气中降落 1.5 ~2s 后，水中 CO_2 几乎全部散失，剩余含量只与温度有关。如循环水温达50℃，则无 CO_2 存在。因此，水中钙、镁的重碳酸盐全部转化为碳酸盐。因碳酸盐的溶解度远小于重碳酸盐，使循环水比补充水更易结垢。

（3）溶解氧量升高。循环冷却水与空气充分接触，水中溶解氧接近平衡浓度。当含氧量接近饱和的水流过换热设备后，由于水温升高，氧的溶解度下降，因此在局部溶解氧达到过饱和。冷却水系统金属的腐蚀与溶解氧的含量有密切关系，冷却水的相对腐蚀率随溶解氧含量和温度升高而增大，至70℃后，因含氧量已相当低，腐蚀率才逐渐减小。

（4）杂质增多。循环冷却水在冷却塔中吸收和洗涤了空气中的污染物（如 SO_2、NO_2、NH_3 等）以及空气携带的泥灰、尘土、植物的绒毛等，结果使水中杂质增多。在不同地区、季节和时间的空气中，杂质的含量不同，进入循环水的污染物量也不同。另外，当工艺热介质发生泄漏时，泄漏的工艺流体也会污染循环水。

（5）微生物滋生。循环冷却水中含有的盐类和其他杂质较高，溶解氧充足，温度适宜（一般25 ~45℃），许多微生物（包括细菌、真菌和藻类）能够在此条件下生长繁殖，结果在冷却水系统中形成大量黏泥沉淀物，附着在管壁、器壁或填料上，影响水气分布，降低传热效率，加速金属设备的腐蚀。微生物也会使冷却塔中的木材腐朽。

敞开式循环冷却水的上述特点，决定了冷却水水质在运行过程中会发生变化，而水质变化的结果，常使冷却水系统发生腐蚀和结垢故障。腐蚀故障不仅缩短设备寿命，而且引起工艺过程效率的降低、产品泄漏和污染等问题，在高温、高压过程的冷却水系统，还可能发生安全事故。结垢故障由水垢或黏泥引起，不仅使传热效率降低，影响冷却效果，严重时使设备堵塞而不得不停工检修。污垢还降低输水能力，增加泵的动力消耗，并促使微生物滋生，间接引起腐蚀。

循环冷却水处理的基本任务就是防止或缓减系统的腐蚀和结垢以及微生物的危害，确保冷却水系统高效、安全地运行。

4.4.2　敞开式循环冷却水系统的存在问题

4.4.2.1　沉积物的产生

A　水垢的生成

循环冷却水系统在运行的过程中，会有各种物质沉积在换热器的传热面，这些物质称为沉积物。它们主要是由水垢、淤泥、腐蚀产物和生物沉积物构成。通常，人们把水垢、淤泥、腐蚀产物和生物沉积物称为污垢。

一般天然水体中都溶解有重碳酸盐，在循环冷却水系统中，重碳酸盐的浓度随着蒸发浓缩而增加，当浓度达到过饱和状态时，或在经过换热器传热表面使水温升高时，会发生分解反应，生成碳酸钙沉淀。

$$Ca(HCO_3)_2 = CaCO_3 + CO_2\uparrow + H_2O$$

冷却水经过冷却塔喷淋后，溶解在水中的游离二氧化碳要逸出，这就促使上述反应向右进行。

如水中溶有适量的磷酸盐时，磷酸根将与钙离子生成磷酸钙，其反应为：

$$2PO_4^{3-} + 3Ca^{2+} = Ca_3(PO_4)_2\downarrow$$

碳酸钙和磷酸钙的溶解度很小，它们的溶解度比起氯化钙和碳酸氢钙要小得多。在0℃时，氯化钙的在100g水中的溶解度是59.5g，碳酸氢钙在100g水中的溶解度是15.5g；而在0℃时，$CaCO_3$ 在100g水中的溶解度只有0.002g，磷酸钙的溶解度更低。碳酸氢钙和碳酸钙的溶解度随pH值和水温的升高而降低，因此特别容易在温度高的传热部位达到过饱和状态而结晶析出，当水流速度较小或传热面较粗糙时，这些结晶就容易沉积在传热表面上形成水垢。

此外，水中溶解的硫酸钙、硅酸钙、硅酸镁等，其阴阳离子的浓度乘积大于其本身溶度积时，也会生成沉淀，沉积传热表面上。这类沉积物通常称为水垢，由于这些水垢结晶致密，比较坚硬，又称为硬垢。通常牢固附着在换热器传热表面上，不易被水冲洗掉。

大多数情况下，换热器传热表面上形成的水垢是以碳酸钙垢为主，这是因为硫酸钙的溶解度远大于碳酸钙的溶解度。例如0℃时，硫酸钙在100g水中的溶解度为0.18g，比碳酸钙的溶解度大90多倍，所以碳酸钙比硫酸钙容易析出。同时在一般天然水中，溶解的磷酸盐较少。因此，除非在水中投加过量的磷酸盐，否则磷酸钙水垢很少出现。

碳酸钙沉积在换热器表面，形成致密的碳酸钙水垢，其导热性能很差，从而降低换热器的传热效率，严重时，使换热器堵塞，系统阻力增大，水泵和冷却塔效率下降，生产能耗增加，产量下降，加快局部腐蚀，甚至造成非正常停产。

B 水质的判断

a 水的饱和 $pH\text{-}pH_s$

冷却水系统中结垢是由碳酸钙沉积引起的，通常可用朗格利尔（Langrlier）指数作为判断碳酸钙沉淀的依据。

当冷却水中碳酸钙的沉淀-溶解反应：

$$Ca^{2+} + HCO_3 \rightleftharpoons CaCO_3(s) + H^+$$

达到平衡时水的pH值被称为该水的饱和pH值，通常用 pH_s 来表示。水的 pH_s 值随水中溶解固体总浓度、碱度、钙离子浓度、温度等因素而变化。pH_s 值计算公式为：

$$pH_s = (9.70 + A + B) - (C + D)$$

式中 A——溶解固体常数（溶解固体浓度的单位用mg/L表示）；

B——温度常数（温度的单位用℃表示）；

C——钙硬度常数（钙离子浓度（以 $CaCO_3$ 计）的单位用mg/L表示）；

D——总碱度常数（总碱度（以 $CaCO_3$ 计）的单位用mg/L表示）。

pH_s 值计算中的 A、B、C 和 D 四个常数可从表4-3中查出。

表 4-3 计算冷却水 pH_s 值的常数

溶解固体 /mg·L⁻¹	A	温度/℃	B	钙硬度或总碱度（以 $CaCO_3$ 计）/mg·L⁻¹	C 或 D	硬度或总碱度（以 $CaCO_3$ 计）/mg·L⁻¹	C 或 D
45	0.07	0	2.6	10	1.00	130	2.11
60	0.08	2	2.54	12	1.08	140	2.15
80	0.09	4	2.49	14	1.15	150	2.18
140	0.11	6	2.44	16	1.20	160	2.20
175	0.12	8	2.39	18	1.26	170	2.23
220	0.13	10	2.34	20	1.30	180	2.26
275	0.14	15	2.21	25	1.40	190	2.28
340	0.15	20	2.09	30	1.48	200	2.23
420	0.16	25	1.98	35	1.54	250	2.40
520	0.17	30	1.88	40	1.60	300	2.48
640	0.18	35	1.79	45	1.65	350	2.54
800	0.19	40	1.71	50	1.70	400	2.60
1000	0.20	45	1.63	55	1.74	450	2.65
1250	0.21	50	1.55	60	1.78	500	2.70
1650	0.22	55	1.48	65	1.81	550	2.74
2200	0.23	60	1.40	70	1.85	600	2.78
3100	0.24	65	1.33	75	1.88	650	2.81
≥4000		70	1.27	80	1.90	700	2.85
≤13000		80	1.16	85	1.93	750	2.88
				90	1.95	800	2.90
				95	1.98	850	2.93
				100	2.00	900	2.95
				105	2.02		
				110	2.04		
				120	2.08		

b 朗格利尔（Langrlier）指数

朗格利尔（Langrlier）指数又称饱和指数，简写为 LSI，其计算公式为：

$$LSI = pH_{act} - pH_s$$

式中 pH_{act}——冷却水运行中的实际 pH 值；

pH_s——冷却水的饱和 pH 值。

用 Langrlier 指数判断水的倾向，见表 4-4。

表 4-4 Langrlier 指数判断水的倾向

Langrlier 指数（LSI）	水 的 倾 向
<0	腐 蚀
0	稳 定
>0	结 垢

c Ryznar 指数

Ryznar 指数又称稳定指数，简写为 RSI，其计算公式为：

$$RSI = 2pH_s - pH_{act}$$

式中 pH_s——冷却水的饱和 pH 值；

pH_{act}——冷却水运行中的实际 pH 值。

用 Ryznar 指数判断水的倾向，见表 4-5。

表 4-5 Ryznar 指数判断水的倾向

Ryznar 指数	水的倾向	Ryznar 指数	水的倾向
4.0～5.0	严重结垢	7.0～7.5	轻微腐蚀
5.0～6.0	轻度结垢	7.5～9.0	严重腐蚀
6.0～7.0	基本稳定	>9.0	极严重腐蚀

例 4-1 已知某水的水质分析值如下：

$[Ca^{2+}]$（以 $CaCO_3$ 计） 100mg/L 总溶解固体 420mg/L

M 碱度（以 $CaCO_3$ 计） 200mg/L 水温 80℃

试计算该水质的 pH_s。

解：根据已知的水质分析值，查表 4-4 得：$A=0.16$，$B=1.16$，$C=2.00$，$D=2.30$。

故 $pH_s = (9.7 + A + B) - (C + D) = 9.7 + 0.16 + 1.16 - 2.00 - 2.30 = 6.72$

例 4-2 某钢铁厂制氧循环冷却水拟使用长江水作冷却水的水源，确定循环冷却水运行的浓缩倍数为 3 倍。根据工艺要求，冷却水的进出水温度分别为 32℃和 42℃，换热器表面最高温度 80℃，长江水质条件如下：

pH 值 7.7 Ca^{2+} 22.35mg/L

总溶解固体 126mg/L M 碱度 104.9mg/L

试分析循环冷却水的倾向。

解：按理想值计算循环冷却水浓缩倍数为 3 的水质如下：

Ca^{2+} 67.05mg/L 总溶解固体 378mg/L

M 碱度 314.7mg/L pH 值 8.8（估计）

饱和指数和稳定指数计算结果见表 4-6。

表 4-6 饱和指数和稳定指数计算结果

温度/℃	循 环 水				
	pH_s	LSI	倾 向	RSI	倾 向
32	7.44	1.36	轻微结垢	6.08	轻微腐蚀
42	7.27	1.53	结垢	5.74	结垢
80	6.76	2.04	严重结垢	4.72	严重结垢

由表4-6可以看出，当循环水3倍浓缩运行时，水温32℃的饱和指数和稳定指数倾向有所不同，说明水质结垢和腐蚀轻微；水温40℃和80℃时，水质结垢。因此，循环水中应该投加阻垢缓蚀剂。

4.4.2.2　腐蚀

在循环冷却水系统中，影响金属腐蚀的因素主要有以下几点：

（1）水质。金属受腐蚀的情况与水质关系密切。钙硬度较高的水质或钙硬度虽不高，但浓缩倍数高时，容易产生致密坚硬的$CaCO_3$水垢，对碳钢起保护作用，所以软水的腐蚀性比硬水严重。水中Cl^-、SO_4^{2-}和溶解盐类含量高时，会加速金属腐蚀，所以海水的腐蚀性比淡水严重。

（2）溶解氧。冷却水中的溶解氧与碳钢设备接触形成腐蚀电池，发生电化学反应，促使金属不断溶解而被腐蚀。电化学反应如下：

在阳极区：
$$Fe = Fe^{2+} + 2e$$

在阴极区：
$$O_2 + 2H_2O + 4e = 4OH^-$$

在水中：
$$Fe^{2+} + 2OH^- = Fe(OH)_2\downarrow$$

反应生成的氢氧化亚铁极易被氧化，在水中溶解氧的作用下，会氧化为氢氧化铁，反应如下：

$$2Fe(OH)_2 + 1/2O_2 + H_2O = 2Fe(OH)_3\downarrow$$

（3）水温。水温升高能加快氧的扩散速度，从而加速腐蚀。实验表明，温度每升高15~30℃，碳钢的腐蚀率就增加一倍。当水温为80℃时，腐蚀速率最大，以后随水温升高溶解氧量减少，腐蚀速率急剧下降。

（4）流速。在流速较低时（<0.3m/s），增大流速可减薄边界层，溶解氧及盐类容易扩散到金属表面，还可冲去表面上的沉积物，使腐蚀加快。当流速继续增加（0.3~0.9m/s），扩散到表面的氧量足以形成一层氧化膜，起到缓蚀作用。当流速更高时，又会磨损氧化膜，使腐蚀率又急剧上升。我国《工业循环冷却水处理设计规范》（GB 50050—2007）规定，在敞开式循环冷却水系统间壁换热设备中，管程的冷却水流速不宜小于0.9m/s，壳程流速小于0.3m/s时，应采取防腐涂层、反向冲洗等措施。

（5）微生物。细菌聚集形成的菌落附着在金属壁上，分泌出的黏液与水中的悬浮物等杂质黏在一起形成黏泥团，在黏泥团的周围和黏泥团的下方形成氧的浓差电池，黏泥团的下方因缺氧而成为活泼的阳极，铁不断被溶解引起严重的局部腐蚀。微生物不仅本身分泌黏液构成沉积物，而且也粘住在正常情况下可以保持在水中的其他杂质，从而增加了沉积物的形成，加速了垢下腐蚀。

微生物黏泥除了会加速垢下腐蚀外，有些细菌排出铵盐、硝酸盐、有机物、硫化物和碳酸盐等代谢物还会直接对金属构成威胁，如厌氧性硫酸盐还原菌，其还原产物H_2S可直接腐蚀金属，生成硫化亚铁，硫化亚铁沉积在钢铁表面与没有被硫化物覆盖的钢铁又构成了一个腐蚀电池，加速金属的腐蚀。

4.4.2.3　污泥和藻类

由于冷却水温度合适，容易滋生大量的细菌、微生物及藻类。微生物由于补充水和周围空气带入的有机物或无机物供给微生物生长所必需的营养物和离子，生产过程中物料的泄漏也为循环水系统微生物种群提供了养料，通过管道、热交换器、冷却塔填料及配水管道系统所提供的大量表面积，有效地促进了微生物种群的生长。在循环冷却水中，微生物滋长给循环冷却水系统带来极大危害，大量微生物分泌的黏液使水中漂浮的杂质和化学沉淀物黏附在换热器的传热面上，即生物黏泥或软垢。黏泥附着除了会引起腐蚀外，还会使冷却水流量减少，从而降低换热器的冷却效率，严重时还会堵塞管道，迫使停产清洗。

4.4.3 敞开式循环冷却水系统处理方案

根据敞开式循环冷却水系统面临问题，结合对各类循环冷却水系统水处理工程的实际处理经验，推荐以下处理办法，来防止换热器管壁结垢、生长黏泥软垢、快速腐蚀等事故的发生，保证生产装置安全、稳定、长周期、满负荷优质运行。

4.4.3.1 设备结垢的解决方法

在敞开式循环冷却水处理中控制冷却水结垢的途径主要有：通过强制排污和补充新水，使水中结垢离子的浓度保持在允许的范围内；对系统补水进行软化，降低水中的总硬度；加酸降低水的碱度；投加阻垢缓蚀剂。在选择控制水垢的具体方案时，应综合考虑循环水量大小、使用要求、药剂来源等因素。

（1）合理控制强制排污水量。在循环冷却水系统中，通过强制排污方式排去一部分含盐量高的水，补充一部分含盐量低的新水，水中含盐量维持在一定的控制指标内，减弱结垢的因素。但在循环冷却水系统中单靠强制排污不能完全解决结垢的问题，必须配合水质稳定技术。强制排污的地点通常设在换热设备回水的管路上，由阀门、流量计和管道组成。

（2）对补水进行软化处理。在钢铁企业循环冷却水系统中，有一些换热强度极高的设备，如高炉风口、结晶器等，采用生水作为补充水，即使采用水质稳定技术，很难做到不结垢。对补充水进行软化处理，除去水的总硬度，彻底消除了生成水垢的因素。为了节约用水，采用软化水作为补充水，最好采用软水密闭循环系统。

（3）加酸降低 pH 值，稳定重碳酸盐。对以高硬度、高碱度为补充水的循环冷却水系统，为了提高循环水的浓缩倍数，一般采用加酸调节水的 pH 值。通常加 H_2SO_4，加酸后，pH 值降低，使碳酸盐转化成溶解度较大的硫酸盐：

$$Ca(HCO_3)_2 + H_2SO_4 = CaSO_4 + 2CO_2\uparrow + 2H_2O$$

加酸操作时，必须注意安全和腐蚀问题，最好配备自动加酸和调节 pH 值的设备和仪表。一般控制 pH 值在 8.2～8.5 之间。在加酸调节水的 pH 值同时要投加阻垢缓蚀剂。

（4）投加阻垢剂。结垢是水中微溶盐结晶沉淀的结果。结晶动力学认为，在盐类过饱和溶液中，首先产生晶核，再形成少量微晶粒，然后这些微晶粒相互碰撞，并按一种特有的次序或方式排列起来，使小晶粒不断长大，形成大晶体。如果投加某些药剂（阻垢剂），破坏或控制结晶的某一进程，水垢就难以形成。

具有阻垢性能的药剂包括螯合剂、抑制剂和分散剂。螯合剂与阳离子形成螯合物或配合物，将金属离子封闭起来，阻止其与阴离子反应生成水垢。其投药量符合化学计量关系。EDTA 是性能良好的螯合剂，几乎能与所有的金属离子螯合。抑制剂能扩大物质结晶的介稳区域，在相当大的过饱和程度上将结垢物质稳定在水中不析出。当水中产生微小晶核时，它们强烈地吸附在晶核上，将晶核和其他离子隔开，从而抑制晶核长大。即使晶粒能长大，但由于晶格排列不正常，发生畸变或扭曲，也难以形成致密而牢固的垢层。聚磷酸盐和磷酸盐是性能优良的钙垢抑制剂。抑制剂的投量是非化学计量的，比螯合剂用量少。分散剂是一类高分子聚合物，如聚丙烯酸盐、聚马来酸、聚丙烯酰胺等，它们吸附在微晶粒上，或者将数个微晶粒连成彼此有相当距离的疏松的微粒团，阻碍微粒互相接触而长大，使其长时间分散在水中。分散剂的阻垢性能与其相对分子质量、官能团有关。对聚丙烯酸来讲，其平均分子质量在1000～6000范围内较好。

阻垢剂的使用效果也受水质、水温、流速、壁温和停留时间等操作因素的影响。一般而论，水温在50℃以下时，阻垢效果好，水温升高，饱和pH_s值降低。水垢的附着速度随流速增大而大幅度减小，流速在0.6m/s时约为流速在0.3m/s时的1/5。当流速超过0.3m/s时，阻垢效果趋于稳定。因流速增加的阻垢效果也可理解为导致壁温下降的结果。一般阻垢剂发挥作用的时间在100h左右，温度越高，停留时间越长，有机药剂分解越多。

4.4.3.2　设备腐蚀的解决方法

在循环冷却水处理中设备的腐蚀控制通常向循环水中投加适应系统水质的复合缓蚀剂，使设备腐蚀控制在标准规定范围。阻垢缓蚀剂的选择要考虑设备的材质，在钢铁行业各个循环水系统中设备的材质有碳钢、不锈钢系统、铜等。如果系统中有铜材设备，则应在阻垢缓蚀剂中添加铜缓蚀剂。

缓蚀剂的种类繁多，就是用在冷却水系统中的，也是多种多样，其缓蚀机理也有多种观点：从电化学角度出发，认为缓蚀剂抑制了阳极过程或阴极过程，使腐蚀电流减少，达到缓蚀剂的作用。从成膜理论出发，认为缓蚀剂在金属表面上形成了一层难溶的膜，阻止了冷却水中氧气的扩散和铁的溶解，起到缓蚀作用。

在循环冷却水处理中，常用的缓蚀剂有铬酸盐、聚磷酸盐、硅酸盐、钼酸盐、亚硝酸盐、锌盐、有机磷酸、有机磷酸酯、有机胺、芳香族唑类等，大多采用复合配方，以降低使用量和增加使用效果。随着环境保护的加强，铬酸盐、亚硝酸盐等有毒药剂的使用受到严格的限制，逐步淡出水处理药剂市场。

4.4.3.3　微生物及其控制

微生物在冷却水系统中繁殖形成黏泥，使传热效率下降，加速金属腐蚀，黏泥腐败后产生臭味，使水质变差。因黏泥引起的故障往往与腐蚀和水垢故障同时发生，按照故障的表现形式，可分为黏泥附着型和淤泥堆积型两类。前者主要是微生物及其代谢物和泥砂等的混合物附着于固体表面上而发生故障，常发生在管道、池壁、冷却塔填料上；后者是水中悬浮物在流速低的部位沉积，生成软泥状物质而发生故障，常发生在水池底部，在换热器壳程和配水池中二类故障都可能发生。

根据微生物生长条件的要求，可以采取多种方法控制冷却水系统的微生物生长繁殖，从而防止黏泥危害。

（1）防止冷却水系统渗入营养物和悬浮物。营养物进入系统主要通过补充水、大气和设备泄漏三条途径。磷系药剂的分解也提供部分营养物。对原水进行混凝沉淀和过滤预处理可去除大部分悬浮物和微生物，对循环水也可采用旁滤池处理。藻类生长需要日光照射进行光合作用，如能遮断阳光，就可防止藻类繁殖。

（2）投加杀菌灭藻剂。在循环冷却水系统中投加杀生剂是目前抑制微生物的通行方法。杀菌灭藻剂以各种方式杀伤微生物：如重金属可穿透细胞壁进入细胞质中，破坏维持生命的蛋白质基团；氯剂、溴剂和有机氮硫类药剂能与微生物蛋白质中的半胱氨酸反应，使以—SH 基为活性点的酶钝化；有些表面活性剂可减少细胞的穿透性，破坏营养物到达细胞的正常流动和代谢产物的排出；季铵盐类药剂能使细胞分泌的黏质物变性，使其附着力下降，从而剥离固体表面。

使用杀菌灭藻剂时，首先要选择那些对相当多的微生物均有杀伤作用的所谓广谱杀菌灭藻剂。也要考虑运行费用以及药剂使用后可能带来的副作用。还要注意到，当细菌受到一种化学物质威胁时，会产生一种使其代谢活动加速的自然趋势，有时甚至可加速 50%，因此不足以致死的剂量，实际上还可能刺激细菌的生长，故投药量要适当。当投药量相同时，采用瞬时投加比间歇投加和连续投加效果好。某些杀生剂长期使用，微生物易产生抗药性。操作条件如 pH 值、水温、流速、有机物及氨浓度等都对杀生剂的效果有很大影响。

4.4.3.4 水中污染物的去除

冶金企业浊环水一些大颗粒物质在沉淀池中沉积，而水中微细颗粒、胶体、乳化油等依然留在水中，随着循环水浓缩倍数的提高，系统出现各种故障，威胁生产。

（1）悬浮物。在冶金企业直接冷却循环水系统中由于水与冷却介质直接接触，不溶性的物料、粉尘等进入水中，密度较大颗粒在水中沉积，而微细颗粒则悬浮在水中，靠自然沉淀很困难。

（2）胶体物质。在冶金企业浊环水中胶体主要是乳化油、铁的化合物和菌藻微生物等。这些物质的微粒由于带有同性电荷而相互排斥，在水中不能相互结合形成更大的颗粒，而稳定在微小的胶体颗粒状态下，使这些颗粒不能依靠重力自然沉淀。冶金企业浊环水系统污染物的去除采用絮凝沉淀，在水中投加破乳剂、混凝剂和助凝剂等。

（3）浮油和浮渣的去除。水中浮油和浮渣的去除采用管式撇油器，通过管式撇油器的定期开启去除浮油和浮渣，将其排到污泥池和泥浆一并处理。

4.5 密闭式循环冷却水系统存在的问题及处理方案

4.5.1 软化水的特点及腐蚀原因

4.5.1.1 软化水的腐蚀原因

软化水对金属的腐蚀与硬水对金属的腐蚀原因基本相同，也与 pH 值、碱度、溶解氧、溶解盐浓度和温度等因素有关，其中最主要的是溶解氧腐蚀。同时，由于软化水中钙离子浓度很低，不能形成致密的碳酸钙沉积物保护金属。

4.5.1.2 软化水腐蚀的影响因素

（1）溶解氧浓度的影响。软化水中的溶解氧对金属腐蚀起着重要的作用，它起着阴极去极化剂的作用，促进金属的腐蚀。即使在氧浓度很低的情况下，也能引起严重的腐蚀。随着氧含量的增加，腐蚀速度加快。

（2）Cl^- 的影响。氯离子的极化度高、半径小，因此具有很高的极性和穿透性，易优先吸附于金属表面，特别是在金属表面成膜存在缺陷或薄弱处，或者在有缝隙的地方及应力集中的小孔处密集。在孔蚀发展过程中，随着蚀孔内金属离子的不断增多，为保持电中性，蚀孔外 Cl^- 优先向蚀孔内迁移，引起蚀孔内进一步酸化，使蚀孔内处于 HCl 腐蚀环境下，促使蚀孔内金属不断溶解，并伴随着 H_2 的生成，反应如下：

$$2HCl + Fe \longrightarrow FeCl_2 + H_2 \uparrow$$

溶液中 Cl^- 的存在，加速了孔蚀的自催化腐蚀过程，Cl^- 浓度越高，孔蚀速度越快。

（3）pH 值的影响。碳钢在 pH 值为 4 ~ 10 的水中，腐蚀速率几乎不变，由溶解氧的浓度扩散控制整个腐蚀过程，氧扩散速率不变，腐蚀速率也不变。当 pH 值小于 4 时，氧化物覆盖膜溶解，阳极反应既有析氢反应，又有耗氧反应，腐蚀速率不再受氧浓度扩散所控制，而是两个去极化反应的综合，腐蚀速率显著增大。当 pH 值大于 10 时，铁的表面形成钝化膜，腐蚀速率很低，但水中含有 Cl^- 时，铁的表面钝化膜不能出现，随着氧浓度的增大，腐蚀速率增大。

（4）温度的影响。对于氧扩散控制的密闭系统的腐蚀，腐蚀速率随温度升高而增大，这是因为加热时氧的浓度没有下降，并且温度升高氧和 Cl^- 的扩散速度明显加快所致。

（5）流速的影响。提高流速会加快氧到达金属表面的速度，自然也增加了碳钢的腐蚀速度。当水中存在一定量 Cl^- 时，碳钢不可能钝化，这时流速增加带来了更多的氧，腐蚀速度将加快。对碳钢，允许的最大水流速度是 1.5m/s。但是，当水流速度低于 0.3m/s 时，腐蚀产物和污垢的沉积加剧，会造成垢下局部腐蚀。

（6）盐浓度。水中所含的无机盐浓度高，介质的电导率也高，电化学腐蚀速度加快。在工业水中，溶解性固体的浓度变化对腐蚀速度的影响是复杂的，既要注意 Cl^- 等侵蚀性离子的腐蚀作用，也应考虑 HCO_3^- 和溶解性固体等因素可能形成保护性垢层而降低腐蚀速率。

4.5.2 软化水腐蚀的解决方案

使用软化水缓蚀剂，从环保角度考虑，所用缓蚀剂避免用铬酸盐、亚硝酸盐等有毒药剂或含有这些药剂的复合药剂，使用钼系、钨系等环保型复合配方药剂，同时应考虑投加杀菌灭藻剂来抑制细菌及微生物的腐蚀。

4.6 污泥处置

直接冷却循环水处理系统中会产生大量污泥，必须对产生的污泥进行处理处置。污泥处理处置的目的是污泥的减量化、无害化及资源化，污泥处理处置的原则是“循环利用、节能降耗、安全环保、稳妥可靠、因地制宜”等。

循环冷却水中产生的污泥处置是将沉淀设备沉淀的污泥经进一步浓缩后用渣浆泵送到污泥脱水设备。污泥的处置包括污泥储池、污泥泵、污泥脱水设备、污泥斗。在冶金企业常用的污泥脱水设备有板框压滤机和带式压滤机。

4.6.1 污泥脱水的原理

4.6.1.1 表征污泥物理性质的常用指标

A 污泥含水率与含固率

污泥中所含水分的质量与湿污泥总质量之比称为污泥含水率。含水率是污泥最重要的物理性质，它决定了污泥体积。污泥含水率与其相态有一定的关系，随着含水率的降低，污泥由液态逐渐变成固态。

污泥的含水率计算公式为：

$$PW = \frac{W}{W + S} \times 100\%$$

式中 PW——污泥含水率,%；

W——污泥中所含水分质量，g；

S——污泥中所含固体质量，g。

污泥的含固率计算公式为：

$$PS = \frac{S}{W + S} \times 100\% = 1 - PW$$

式中 PS——污泥含固率,%；

W——污泥中所含水分质量，g；

S——污泥中所含固体质量，g。

B 污泥比阻

污泥比阻为单位过滤面积上，滤饼单位干固体质量所受到的阻力，其单位为 m/kg，可用来衡量污泥脱水的难易程度。污泥比阻通过试验确定。不同种类的污泥，其比阻值差别较大，一般地说，比阻小于 1×10^{11} m/kg 的污泥易于脱水，大于 1×10^{13} m/kg 的污泥难以脱水。

4.6.1.2 污泥的调制

在污泥脱水中，为了增加污泥脱水效果，降低泥饼的含水率，污泥进入脱水设备之前，需要对其进行浓缩和调制。使用平流沉淀池或辐射沉淀池对污泥进一步浓缩，降低了污泥的含水率。

污泥加药调制是在污泥中加入混凝剂、助凝剂等化学药剂，使污泥颗粒絮凝，改善脱水性能。药剂种类应根据污泥的性质和脱水设备类型选用，投加量应通过试验或参照类似污泥的数据确定。常用的化学调理剂分无机混凝剂和有机絮凝剂两大类。无机混凝剂有氯化铁、硫酸铝、聚合氯化铝、聚合硫酸铁和熟石灰等；有机絮凝剂有阴离子型聚丙烯酰胺和阳离子型聚丙烯酰胺。无机调理剂用量较大，一般均为污泥干固体质量的 5% ~20%，所以滤饼体积大。与无机调理剂相比，有机调理剂用量较少，一般为 0.1% ~0.5%（占污泥干重）。

例如，在冶金含油污泥采用板框压滤机进行脱水，常加入适量熟石灰，可以吸附污泥中的部分油脂，降低含油污泥比阻值，改善滤饼的透气性，促进滤饼形成裂纹，使滤饼容易从滤布上脱落下来，而且避免滤布被污泥堵塞。

4.6.1.3 污泥脱水的原理

污泥过滤脱水是以过滤介质两面的压力差作为推动力，使污泥水分被强制通过过滤介质形成滤液，而固体颗粒被截留在介质上形成滤饼，从而达到脱水的目的。污泥过滤脱水基本过程如图 4-38 所示。过滤开始时，滤液仅需克服过滤介质的阻力；当滤饼逐渐形成后，还必须克服滤饼本身的阻力。

4.6.2　直接冷却循环水系统污泥脱水常用的工艺

4.6.2.1　以板框压滤机为主体设备的污泥脱水工艺流程

A　板框压滤机污泥脱水原理

板框压滤机由交替排列的滤板和滤框构成一组滤室。滤板的表面有沟槽，其凸出部位用以支撑滤布。滤框和滤板的边角上有通孔，组装后构成完整的通道，能通入悬浮液、洗涤水和引出滤液。板、框两侧各有把手支托在横梁上，由压紧装置压紧板、框。板、框之间的滤布起密封垫片的作用。由供料泵将悬浮液压入滤室，在滤布上形成滤渣，直至充满滤室。滤液穿过滤布并沿滤板沟槽流至板、框边角通道，集中排出。过滤完毕，可通入清洗涤水洗涤滤渣。洗涤后，有时还通入压缩空气，除去剩余的洗涤液。随后打开压滤机卸除滤渣，清洗滤布，重新压紧板、框，开始下一工作循环。

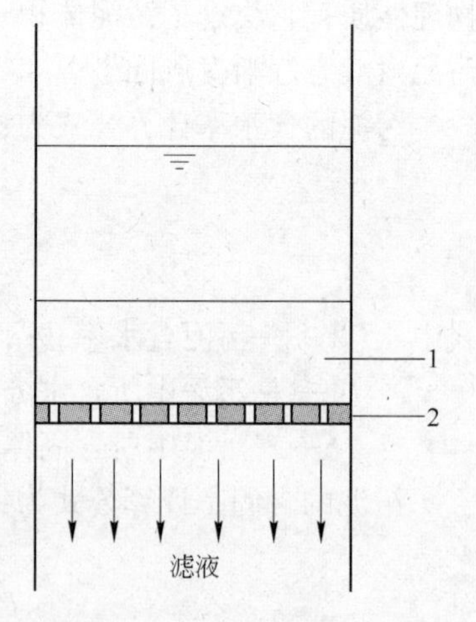

图 4-38　污泥过滤脱水基本过程
1—过滤；2—过滤介质

B　板框压滤机污泥脱水工艺

板框压滤机污泥脱水包括污泥浓缩与调理和板框压滤脱水两个步骤，其工艺流程如图 4-39 所示。

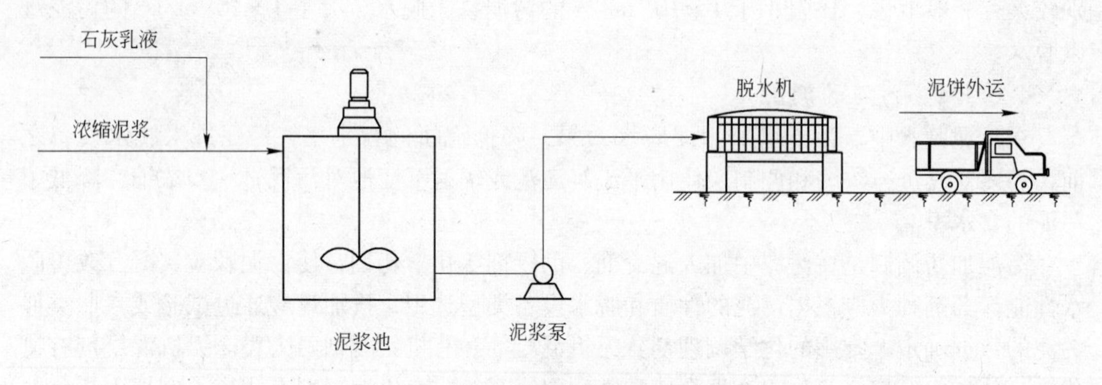

图 4-39　板框压滤机污泥脱水工艺流程

污泥浓缩与调理是污泥进入板框压滤机前很重要的一步。首先通过重力浓缩降低污泥的含水率，然后通过对污泥加入絮凝剂和助凝剂进行调理，改善污泥脱水性能，减小水与污泥固体颗粒的结合力，加速污泥脱水。在冶金企业由于污泥中含有油类物质，常使用石灰调制污泥。

污泥脱水采用板框压滤机主要分为五个步骤：进料过滤—反吹—隔膜压榨—拉板卸料—水洗。

4.6.2.2　以带式压滤机为主体设备的污泥脱水工艺流程

A　带式压滤机污泥脱水原理

经过浓缩的污泥与一定浓度的絮凝剂在静、动态混合器中充分混合以后，污泥中的微小固体颗粒聚凝成体积较大的絮状团块，同时分离出自由水；絮凝后的污泥被输送到浓缩重力脱水的滤带上，在重力的作用下自由水被分离，形成不流动状态的污泥；然后夹持在上、下两条网带之间，经过楔形预压区、低压区和高压区，在由小到大的挤压力、剪切力作用下，逐步挤压污泥，以达到最大程度的泥、水分离；最后形成滤饼排出。

B 带式压滤机污泥脱水的步骤

带式压滤机污泥脱水包括化学预处理脱水、重力浓缩脱水段、楔形区预压脱水段、挤压辊高压脱水段和滤饼排出等步骤。

（1）化学预处理脱水。为了提高污泥的脱水性，改良滤饼的性质，增加物料的渗透性，需对污泥进行化学处理，常使用管道混合器以达到化学加药絮凝的作用。

（2）重力浓缩脱水段。污泥经布料斗均匀送入网带，污泥随滤带向前运行，游离态水在自重作用下通过滤带流入接水槽。重力脱水也可以说是高度浓缩段，主要作用是脱去污泥中的自由水，使污泥的流动性减小，为进一步挤压做准备。

（3）楔形区预压脱水段。重力脱水后的污泥流动性几乎完全丧失，随着带式压滤机滤带的向前运行，上、下滤带间距逐渐减少，物料开始受到轻微压力，并随着滤带运行，压力逐渐增大。楔形区的作用是延长重力脱水时间，增加絮团的挤压稳定性，为进入压力区做准备。

（4）挤压辊高压脱水段。物料脱离楔形区就进入压力区，物料在此区内受挤压，沿滤带运行方向压力随挤压辊直径的减少而增加，物料受到挤压体积收缩，物料内的间隙游离水被挤出，此时基本形成滤饼，继续向前至压力尾部的高压区，经过高压后滤饼的含水量可降至最低。

（5）滤饼排出。物料经过以上各阶段的脱水处理后形成滤饼排出，通过刮泥板刮下，上、下滤带分开，经过高压冲洗水清除滤网孔间的微量物料，继续进入下一步脱水循环。

C 化学预处理脱水系统组成

化学预处理脱水系统主要由絮凝剂溶解罐、污泥缓冲罐、污泥混凝器、供料泵、供药泵等组成，其主要目的是对污泥投加絮凝剂并经过污泥混凝器作用，使污泥与药剂充分混凝反应，使之达到絮凝的目的。

污泥预处理的好坏是重型带式压滤机的关键技术之一。对于絮凝剂的投加种类及投加量，需根据不同物料和性质来选择，这些参数可根据小样试验或开机试验来确定。在采用带式压滤机进行污泥脱水时，常用聚丙烯酰胺作为絮凝剂。对有机物含量高的污泥，较为有效的絮凝剂是阳离子聚丙烯酰胺，有机物含量越高，宜选用聚合度越高的阳离子型聚丙烯酰胺。对无机物为主的污泥，可以考虑采用阴离子型聚丙烯酰胺。污泥性质的不同直接影响调理效果，浮渣和剩余活性污泥则较难脱水，混合污泥的脱水性能则介于两者之间。一般来讲，越难脱水的污泥，絮凝剂量越大；污泥颗粒细小，会导致絮凝剂消耗量的增加；污泥中的有机物含量和碱度高，也会导致絮凝剂用量的加大。另外，污泥含固率也影响絮凝剂的投加量，一般污泥含固率越高，在使用污泥脱水机时絮凝剂的投放量越大。

图4-40所示为重型带式压滤机污泥脱水工艺流程。

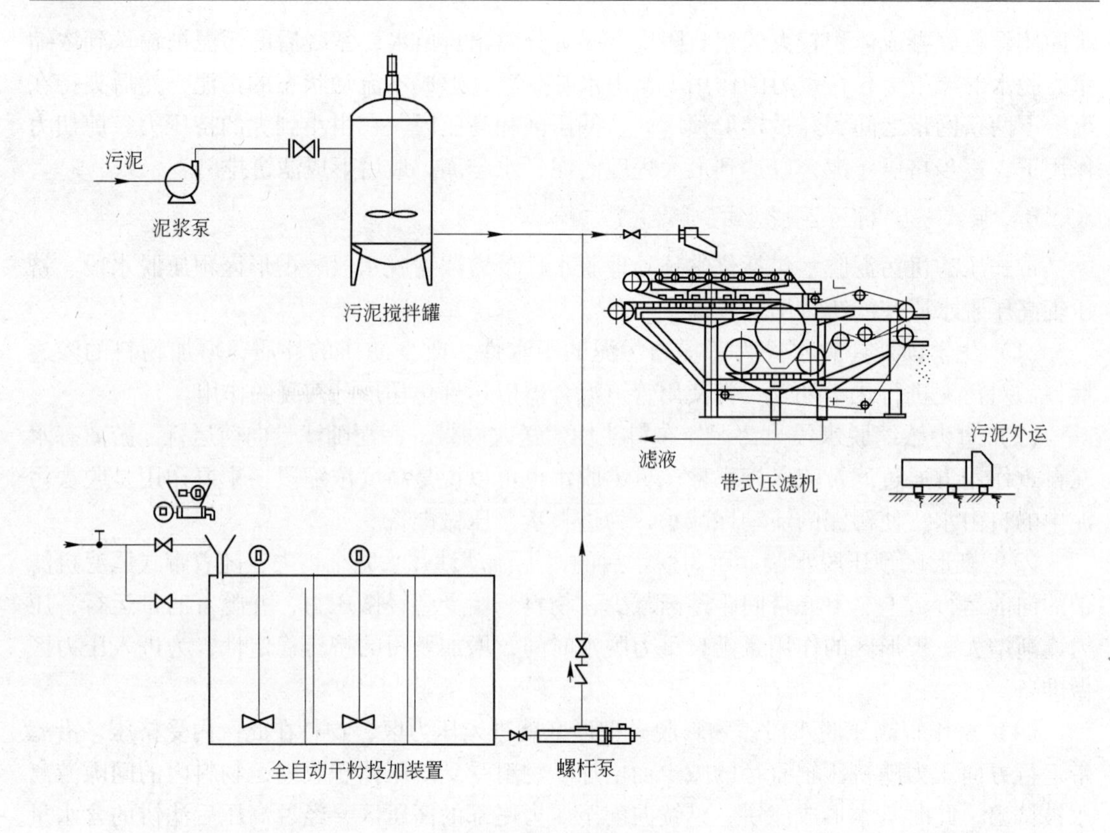

图 4-40　重型带式压滤机污泥脱水工艺流程

4.7　循环冷却水系统的清洗与预膜

4.7.1　循环冷却水系统清洗与预膜的必要性

循环冷却水系统，无论是新系统或者是老系统，在开车正常投药之前都要进行系统清洗和预膜工作。清洗和预膜工作被称为循环水系统化学处理的预处理。对于新系统来讲，设备和管道在安装过程中，难免会有碎屑、杂物和尘土留在系统之中，有时冷却设备的锈蚀和油污也很严重，这些杂物和油污如不清洗干净，将会影响下一步的预膜处理。老系统的冷却设备还常有结垢、黏泥和金属腐蚀产物，严重影响设备寿命和换热效率。因此，清洗工作做得好，对新系统来讲，可以提高预膜效果，减少腐蚀和结垢的产生；对已投产的老系统来讲，可以提高换热效率，改善工艺操作条件，保证长的生产周期，降低能耗和延长设备使用寿命。所以，清洗工作是循环水系统开车必不可少的一个环节。

循环水系统的预膜是为了提高缓蚀剂的成膜效果，常在循环水开车初期投加较高的缓蚀剂量，待成膜后，再降低药剂浓度维持补膜，即所谓的正常处理。这种预膜处理，其目的是希望在金属表面上能很快地形成一层保护膜，提高缓蚀剂抑制腐蚀的效果。实践也证明，同一个系统中，经过预膜和未经预膜的设备，在用同样的缓蚀剂情况下，其缓蚀效果却相差很大。因此，循环水开车初期的预膜工作必须要给予高度重视。

循环冷却水系统除了在开车时必须要进行预膜外，在发生以下情况时也需进行重新预膜：（1）年度大检修系统停水后；（2）系统进行酸洗之后；（3）停水 40h 或换热设备暴露在空气中 12h；（4）循环冷却水系统 pH 值小于 4 达 2h。

4.7.2 循环冷却水系统清洗的清洗范围

循环冷却水的清洗范围包括清除冷却塔、冷却水管道内壁、换热设备等水垢、生物黏泥和腐蚀产物等沉积物。

4.7.2.1 污垢的分类与特性

冷却水系统中的污垢分为两大类：水垢和污泥。常见的水垢有碳酸盐垢（$CaCO_3$）、磷酸盐垢（$Ca_3(PO_4)_2$）或羟基磷灰石（$Ca_2OH(PO_4)$）、硫酸盐垢（$CaSO_4$）、镁盐（$Mg(OH)_2$、$MgSiO_3$）、硅垢（二氧化硅或硅酸钙）、铁锈垢（铁的氧化物）。常见的污泥有灰尘或泥渣、砂粒、腐蚀产物、天然有机物、微生物菌落、氧化铝、磷酸铝、磷酸铁等矿物质以及微生物黏泥、油泥等。其中微生物黏泥是由微生物及其排泄物产生的具有滑腻感的胶状黏泥。

A 水垢的特点

水垢的成分大都有反常的溶解度（即升高温度溶解度反而降低）的难溶盐或微溶盐。这些盐是随补充水进入冷却系统的，在冷却水循环过程中，水质被浓缩，这些离子浓度逐渐升高，并在水中呈过饱和状态。粗糙的金属表面和水中杂质对盐的结晶析出起到催化作用，促使这些盐以固定晶格沿着垂直于热交换器的方向形成硬而致密的水垢。温度对水垢的形成有很大影响，因此水垢主要在温度较高的热交换器表面形成，而且在温度较高的冷却水出口端垢层更厚些。

B 污泥的特点

污泥的成分来自补充水中的悬浮物、胶体物质以及空气中的灰尘粒子等，它是表面很滑的黏胶状物质，往往形成体积庞大湿而软的片状物。污泥中含有各种无机盐沉淀和微生物。污泥可以在所有与水接触的冷却水系统表面上形成，特别容易在系统的滞留区域沉积，在冷却塔的塔池底部和水不易流动的死角，淤泥沉积最多。由于污泥中含有细菌生长所需的营养物质，因此水中微生物在污泥沉积的区域大量繁殖并形成微生物黏泥，而且微生物新陈代谢产物在黏泥上形成一层黏液外壳，它起到类似过滤器的作用使本来悬浮在水中的泥渣、灰尘、有机物及腐蚀产物被黏附在黏泥表面与水分离，从而加大了污泥的沉积。冷却水中的污泥（黏泥、油泥等）有很强的内部相互聚合的能力，使污泥容易相互联结成片生长，它同时与金属表面有很强的结合能力，因此污泥与设备表面黏着牢固，甚至在很光滑表面也能牢固黏附。

4.7.2.2 污垢的危害

污垢的危害主要表现在以下几方面：

（1）污垢都是热不良导体，污垢的沉积降低了传热效果，降低了生产效率。

（2）污垢的积聚导致了局部腐蚀，使设备在短期内穿孔而破坏。

（3）污垢在管道内沉积降低了水流截面积，增大了水流阻力，由于管道堵塞增加输水时的能量消耗，使生产成本提高。

（4）停车清洗造成生产中断，并缩短了连续运转的周期，给生产带来了损失。

（5）污垢增加必然增加清洗次数，使清洗使用的药剂、材料和设备等开支加大。因此要尽量避免污垢的形成，同时及时清理沉积的污垢。

水垢与几种常见物质的导热系数比较见表4-7。

表4-7　水垢与几种常见物质的导热系数比较

物　质	导热系数 /kcal·$(m^2 \cdot h \cdot ℃)^{-1}$	物　质	导热系数 /kcal·$(m^2 \cdot h \cdot ℃)^{-1}$	物　质	导热系数 /kcal·$(m^2 \cdot h \cdot ℃)^{-1}$
碳　钢	30～45	软质水垢	0.7～2.0	碳酸盐水垢	0.4～0.6
铸　铁	25～50	硅质水垢	0.07～0.2	油脂膜	0.1
铜	260～340	水	0.25	煤　灰	0.05～0.1
黄　铜	75～100	硫酸盐水垢	0.5～2.0	空　气	0.04

注：1kcal＝4.184kJ。

4.7.3　循环冷却水系统的清洗方法

清洗冷却水系统主要采用加入药剂使污垢溶解、剥离的化学清洗和机械除垢的物理清洗。

4.7.3.1　化学清洗

一般把化学药剂加入冷却水系统，通过循环方式把污垢溶解，不必将热交换器拆开，而且设备内小的间隙也能清洗到，一般没有死角，但如果设备管线已被污垢完全堵塞就无法进行化学清洗。清洗时如果使用酸等对金属有强腐蚀性的药剂，虽然加入缓蚀剂，也不可避免地造成金属腐蚀。化学清洗产生的大量废液必须经过处理才能排放，否则将影响环境。因此应根据污垢的具体情况选择合适的化学清洗剂和清洗方法。表4-8列有冷却水系统化学清洗方法及常用清洗药品。

表4-8　冷却水系统化学清洗方法及常用清洗药品

清洗方法	使用主要药品	用　途	清洗方法	使用主要药品	用　途
碱　洗	氢氧化钠、碳酸钠、磷酸钠	脱　脂	中和防锈	一定比例的钝化剂，如亚硝酸钠、苯甲酸钠等	生成防锈钝化膜
氨　洗	氨　水	除铜垢	污泥剥离	一定组成的剥离剂如季铵盐等	污泥剥离
酸　洗	盐酸、硫酸、硝酸、氢氟酸、磷酸、柠檬酸、羟基乙酸、乙二胺四乙酸	除去氧化铁及各种金属氧化物	溶剂清洗	四氯化碳、三氯乙烯等	除去有机垢

碱洗主要用于新设备清除油脂以及使运转后设备中产生的硫酸盐垢、硅酸盐垢等硬垢，使之转化为可被酸洗去除的水垢或软垢。使用最多的是酸洗，用以去除水垢及腐蚀产品，根据具体情况使用盐酸等无机酸或柠檬酸等有机酸。酸洗时必须加缓蚀剂，酸洗后必须进行预膜处理。酸洗缓蚀剂是减缓金属腐蚀的添加剂，它是具有抑制金属生锈腐蚀的无机物或有机物化学药品的总称。酸洗缓蚀剂是应用于工艺条件下的缓蚀剂，其作用就是防

止或减缓酸洗过程中金属的腐蚀，保证被清洗设备在酸洗除垢的同时，不遭受酸液的腐蚀破坏。常用的缓蚀剂有 Lan-826 酸洗缓蚀剂、硫脲、乌洛托品等。

当冷却水系统中的沉积污垢主要是微生物黏泥时，单纯用碱洗或酸洗很难得到理想结果，此时要用杀菌灭藻剂或污泥剥离剂处理。使用的污泥剥离剂有季铵盐阳离子表面活性剂、二氧化氯等。另外，冷却水系统清洗中也使用一些特殊的或专用清洗剂：如清洗金属表面的油污、泥砂、浮锈常用磺化琥珀酸二-2-乙基己酯钠盐的溶液，它具有很好的润滑、乳化、渗透作用，使污泥易从金属表面被剥离去除。用有机磷酸盐和聚丙烯酸钠的混合物作清洗剂，利用其缓蚀阻垢及螯合作用把钙垢去除。用三聚磷酸钠或六偏磷酸钠等聚合磷酸盐作清洗剂，利用聚磷酸盐的络合作用清除污垢。

使用化学清洗剂时应注意设备材质或清洗剂的适应关系，如盐酸会引起不锈钢点蚀，因此一般不用盐酸清洗不锈钢换热器。不同材质可参考选用的清洗剂见表 4-9。

表 4-9 不同材质使用的清洗剂参考

材 质	铸铁	不锈钢	铜	铜合金	材 质	铸铁	不锈钢	铜	铜合金
盐 酸	√	×	√	√	氨	√	√	×	√
氢氟酸	×	√	×	×	氢氧化钠	√	√	√	√
有机酸	√	√	√	√	碳酸钠	√	√	√	√
螯合剂	√	√	√	√					

注：√表示可用，×表示不可用。

4.7.3.2 物理清洗

物理清洗是指通过物理的或机械的方法对冷却水系统或其设备进行清洗的一大类清洗方法。常用的物理清洗方法有捅刷、吹气、冲洗、反冲洗、高压水力冲洗、管道清管器清洗、胶球清洗等。

捅刷常常作为其他清洗方法的预备工序，先除去一些大的沉积物。吹气是把空气吹入换热器中，以破坏水的正常流动方式，促使换热器管壁上的沉积物松动或开裂。冲洗是最常用和最简便的清洗方法。它是将洁净的工业用水通过水枪或以较大的流速去冲洗冷却水系统及换热器内部疏松的沉积物和碎片。这些方法的不足之处是不易冲掉那些较硬的、黏结得很牢的沉积物，如硬垢和腐蚀产物，在化学清洗之后，通常需要进行冲洗。在碱洗和酸洗两种工种交替进行之间，通常也需要进行冲洗。反冲洗又称回洗，是通过改变换热器中水的流向来达到清洗目的。对于硬垢及致密的沉积物，反冲洗的效果不好，有时会无效。

高压水力清洗是采用高速水的射流，以一定倾角作用于被清洗的表面。与化学清洗相比，高压水力清洗有以下优点：(1) 清洗作业的时间通常较短。(2) 不会引起换热器的腐蚀。(3) 清洗后的废水处理比较简单。(4) 遇到列管式换热器那样的多通道循环系统，如果管束中有一条或多条通道被完全堵塞时，化学清洗有时会无效，而高压水力清洗则是有效的。(5) 可以大大降低清洗时产生有毒气体的可能性。

胶球清洗可以在不停车条件下进行，故广泛应用于发电厂凝汽器铜合金管内壁的清洗。

物理清洗的优点：(1) 可以省去化学清洗所需的药剂费用。(2) 避免了化学清洗后清洗废液带来的排放或处理问题。(3) 不易引起被清洗设备的腐蚀。

物理清洗的缺点：(1) 一部分物理清洗方法需要在冷却水系统中断运行后才能进行。(2) 对于黏结性强的硬垢和腐蚀产物，物理清洗（除了高压水力清洗和刮管器清洗外）的效果不佳。(3) 清洗操作比较费工。

4.7.3.3　预膜

A　预膜的目的

冷却水循环系统内设备和管道经化学清洗后，金属的本体裸露出来，很容易在水中溶解氧等的作用下再发生腐蚀。为了保证正常运行时缓蚀阻垢剂的补膜、修膜作用，应进行预膜处理。

通过预膜剂的作用，使金属表面形成一层致密均匀的保护膜，从而使金属免于腐蚀。

B　常用的预膜方案

(1) 专用配方的预膜方案。这种方案所用的预膜配方的组成与该循环水系统正常运行时所用的配方组成之间并无直接联系。这种方案性能一般都较好，但在操作及管理上要麻烦一些，如常用的专用预膜方案——聚磷酸盐-锌盐预膜方案。

(2) 提高浓度的预膜方案。这种方案的特点是预膜配方的组成与正常运行配方的组成之间有密切联系。在预膜阶段，将正常运行时的配方浓度提高若干倍（通常为2~4倍）作为预膜配方（表4-10），在预膜浓度下运行一段时间；然后，把配方的浓度降低到正常运行。这种方案的效果虽不及采用专用配方的预膜方案，但操作和管理上都比较方便。

表4-10　提高浓度的预膜方案

主缓蚀剂	浓度/$mg \cdot L^{-1}$		预膜时间/d	主缓蚀剂	浓度/$mg \cdot L^{-1}$		预膜时间/d
	预膜浓度	运行浓度			预膜浓度	运行浓度	
铬酸盐	30~50	5~20	3~4	聚硅酸盐	40~50	10~20	10~12
聚磷酸盐	40~60	10~30	5~6	钼酸盐	40~60	5~20	10~12
锌　盐	10~20	3~5	5~6				

C　影响预膜质量的因素

(1) 钙离子。在磷锌预膜处理过程中，钙离子的含量是影响预膜质量的最大因素之一。一般认为钙离子的含量最好大于0.05%（以$CaCO_3$计），中等硬度的水质最佳。

(2) 浊度。预膜时水的浊度对预膜质量影响较大。如浊度过高，则生成的膜就会松散，在水流的冲击下容易脱落。另外，浊度过高会吸附阴离子聚磷酸盐，从而改变沉积膜的组成、结构，导致膜的不均匀。

(3) pH值。在不同的pH值条件下，膜的形成是不一致的，这也和预膜剂的组成有关。pH值过高，沉积物沉积速度快且量多，因而形成的膜厚而且不均匀（实际上可认为形成了垢）；pH值过低，磷锌预膜剂无法在金属表面沉积。

一般预膜时，pH值控制在5.5~7.5之间，这也需根据系统的工况条件来进行选择，如水的硬度、预膜剂的浓度、水温、设备的壁温等。

(4) 温度。水温较高有利于分子的扩散，加速预膜剂的水解反应，使成膜速度加快。

(5) 流速。水的流速较大，有利于预膜剂和水中溶解氧的扩散，加速成膜，且使生成的膜均匀。但流速大于2.5m/s，则可加剧水流对金属表面的冲击作用，使膜的沉积受到影响，甚至引起腐蚀。流速过慢，不仅成膜速度慢，而且影响膜的均匀性，流速一般以

1.0～1.5m/s为宜。

（6）金属离子。锌离子本身是一种阴极型缓蚀剂，在阴极高pH值区形成$Zn(OH)_2$沉淀，抑制了阴极反应，起到了缓蚀作用。锌成膜速度快，但松软不牢固，一般不单独使用，必须与聚磷酸盐结合使用，水解形成较致密的膜。

铁离子对预膜会产生不利影响。如预膜时Fe^{3+}含量较高，则会使膜松散、不牢固且不均匀。因此，Fe^{3+}含量应控制在1mg/L以下。

铜离子过高，会与金属铁发生置换而析出，从而发生电偶腐蚀。因此，Cu^{2+}应小于0.1mg/L或加入掩蔽剂进行处理。

（7）预膜剂的浓度。Betz807是国内最早引进的预膜剂，其投加浓度在600～800mg/L之间，但随着工业生产经验的增多，大多数均用200～300mg/L，一般水质硬度较高时取低限，水质硬度较低时取高限。另外，还与换热设备负荷、Cl^-等有关，有时甚至用量在150mg/L左右。

（8）分散剂。由于预膜剂是沉积型缓蚀剂，为了防止其在水中沉积过快，从设备的运行状况、成膜的均匀性等方面考虑，应适当投加分散剂。

（9）溶解氧。由于聚磷酸盐是以电沉积原理来实现沉积，主要靠阳极溶解产生腐蚀电流来完成。对于敞开式循环冷却水，溶解氧要求大于2mg/L。

D 监测与控制的指标

（1）pH值。水的pH值一般控制在5.5～7.5之间，可用H_2SO_4来调节。

如果有条件硫酸的投加可以采用在线pH计自动控制硫酸的投加，根据实际运行的pH值自动调节加酸量。一般来讲，由于集水池（水泥）、管内的浮锈、水中的污垢等也要消耗酸，因此初期的耗酸量较大，调节pH值时应注意缓慢、均匀、多点投加，并进行在线监测加以控制。

（2）总磷、钙离子、浊度。如果采用聚磷酸盐和硫酸锌作预膜剂，根据水中的总磷（以PO_4^{3-}）数值可以判断预膜剂的用量，一般总磷控制在100～200mg/L之间，也可根据具体的工况进行适当的增减。

冷却水中钙离子应大于50mg/L，如果钙离子达不到，应该另外投加氯化钙等药剂提高水中的钙离子浓度。

浊度应小于10mg/L，如果浊度过高，必须通过排污补充新水降低冷却水的浊度。

4.8 循环冷却水系统运行管理的必要性

4.8.1 循环冷却水运行的故障

冷却水的循环使用节约了大量水资源，减少了污水排放，但由于冷却水的蒸发浓缩水中各种离子和污染物的含量增加，使循环冷却水系统水质恶化，在系统运行中会出现结垢、腐蚀、黏泥（油泥）附着等故障，严重威胁着生产安全，造成被迫停产，给企业带来了经济损失。循环冷却水系统的使用必须制定合理完善的水处理方案，避免或减少循环冷却水系统各种故障的发生。

（1）结垢。换热设备结垢是钢铁企业用水设备普遍存在的问题，直接影响钢铁企业的正常生产。如果循环水处理措施不当，水质控制不好，冷却水中难溶性盐类在换热设备传热面上结晶析出，造成停产检修，给企业带来损失。如高炉风口结垢，会造成烧毁风口，迫使高炉休风；连铸结晶器结垢，铜管变形，造成钢坯角裂、脱方等；转炉文氏管喉口结垢，造成烟气净化不好、走烟不畅等，需要停产清理积灰。因此，换热设备结垢问题是影响钢铁企业生产的一大因素。

（2）腐蚀。以腐蚀性水质为补水的循环水系统，如果水处理措施不到位，会出现换热设备、用水设备、管道的腐蚀，影响设备的使用寿命，给生产带来危害，造成一定的经济损失。如余热发电厂凝汽器铜管腐蚀穿孔时，将导致冷却水混入凝结水中，使凝结水遭受污染，将引起锅炉结垢、腐蚀。

（3）黏泥附着。黏泥附着是钢铁企业循环水的又一大危害，应引起重视。在连铸浊环水和轧钢浊环水中，微生物黏泥和油泥相互作用，会造成过滤器、管道、喷嘴、滤布等的堵塞，使设备不能正常运转，威胁钢铁生产。如连铸浊环水油泥堵塞过滤器，会造成供水量不足，同时造成过滤器滤板损坏，威胁连铸生产。

4.8.2 循环冷却水处理的重要性

循环冷却水系统故障的发生使工业循环冷却水处理技术得以应用，水资源的日益紧张和环境保护意识的加强进一步推动循环水处理技术的发展，使循环水处理技术日益成熟。工业技术装备水平的提升和污水的资源化对循环冷却水处理技术提出了更高要求，循环冷却水处理技术必须同企业先进的技术装备、供水水质相适应，减少系统故障发生，同时实现污水排放最小化，提高水资源的重复利用率。

由于循环冷却水系统在日常运行中，换热设备会产生结垢、腐蚀和滋生生物黏泥，因此冷却水系统须进行水质稳定处理，以解决上述问题，保证钢铁生产装置安全、稳定、长周期、高负荷优质运行。循环冷却水处理技术的采用大大提高了循环冷却水的浓缩倍数，减少了新水补充量和污水排放量，从节约水资源和环境保护上具有重要意义。

（1）稳定生产负荷。换热设备的结垢使传热效率下降，对生产负荷构成明显影响。特别是钢铁企业有些循环冷却水系统换热设备的换热强度极高，控制不好循环水系统各项参数，换热设备很容易出现结垢。如钢铁厂余热发电系统如果凝汽器结垢，造成排气温度升高，被迫降低发电负荷，减少发电量。

（2）减少停车处理次数。钢铁生产设备大修周期一般为一年半、两年，甚至两年以上，大修期间同时对冷却水系统进行检修、清洗处理。而未进行水质稳定处理或水处理方案不合理，会使设备产生结垢、腐蚀和滋生生物黏泥等故障，使设备检修周期大大缩短。停车检修不但影响钢铁产量，同时耗费人力、物力，给企业带来一定的经济损失。如转炉除尘水系统如果不采取合理的水质稳定方案，造成文氏管喉口积灰结垢，每天都需要停机清灰除垢。

（3）节约使用新水，减少污水排放量。钢铁企业是用水大户，随着环保要求越来越高，水资源日趋紧张，新水成本也越来越高，节约用水对企业已非常重要。实施水质稳定处理方案对循环水系统运行进行管理，能确保系统高负荷稳定运行，同时节约用水。如两台25MW余热发电机组循环冷却水量为15000m^3/h，浓缩倍数从1.5倍提高到2.5倍，平均每天可减少污水排放5000多吨。

4.9 钢铁企业循环冷却水水质标准

钢铁企业循环冷却水系统对水质要求不一，水质对钢铁生产主体影响也不尽相同。循环冷却水指标制定要根据循环水处理工艺、补水水质、水处理技术水平、钢铁主体对水质要求等，以满足钢铁生产需要和降低吨钢耗水量为原则，又要考虑尽可能降低水处理成本，不可过分追求高品质水质。钢铁企业循环水系统中净环水主要水质管理项目有pH值、碱度、Ca^{2+}、浓缩倍数、水温、药剂浓度，其控制的指标值根据实际情况制定的企业标准来确定。转炉浊环水水质管理项目有pH值、碱度、总硬度、SS、水温；高炉浊环水指标有pH值、碱度、SS、水温、Zn^{2+}；连铸、轧钢浊环水主要水质指标有pH值、碱度、钙离子、浓缩倍数、悬浮物、油、药剂浓度。对一些现场可控指标，如浓缩倍数、药剂浓度、悬浮物、水温等，必须严格执行水质管理标准，如超出控制指标应查找原因，并采取相应措施。例如，循环水中药剂浓度低于指标，除应补加药剂外，还应查找造成浓度低的原因。总之，必须严格执行循环水质量控制标准，做到现场监测、水质抽查相结合，在确保水处理效果前提下降低水处理成本。循环冷却水水质指标不是一成不变的，随着钢铁生产主体生产技术发展和水处理技术进步要重新制定水质指标，不断提高供水质量，实现供水质量最优化、成本最小化、吨钢耗新水最低化。

4.9.1 补充水水质标准

钢铁企业循环冷却水的补充水可以分为生产新水、软化水、净化水。生产新水主要来自市政管网的自来水，或取自地下深井水或净化后的地表水；净化水来自污水处理厂后的水。生产新水水质受所在水源地的地质条件影响，难以制定统一的标准，但对其pH值、电导率、浊度等几项指标加以限制；净化水可参考国家规范再生水的水质指标。表4-11为生产新水和净化水的水质指标。软化水的水质标准通常采用低压锅炉用水标准，见表4-12。

表4-11 生产新水和净化水水质标准

序 号	指 标	水质标准	
		生产新水	净化水
1	pH值	7.0~8.0	6.8~8.2
2	悬浮物/$mg \cdot L^{-1}$	<5	<10
3	电导率/$\mu S \cdot cm^{-1}$	<1000	<1500
4	Cl^-/$mg \cdot L^{-1}$	<150	<250
5	Ca^{2+}/$mg \cdot L^{-1}$	<150	<200
6	总碱度（以$CaCO_3$计）/$mg \cdot L^{-1}$	<250	<200
7	COD_{Cr}/$mg \cdot L^{-1}$	<10	<20

表4-12 软化水水质标准

序 号	指 标	水质标准	序 号	指 标	水质标准
1	pH值	7.0~8.0	3	Cl^-/$mg \cdot L^{-1}$	<150
2	电导率/$\mu S \cdot cm^{-1}$	<1000	4	总硬度/$mmol \cdot L^{-1}$	0.03

4.9.2 循环冷却水水质标准

4.9.2.1 直接冷却循环水水质标准

钢铁企业直接冷却循环水由于生产原料不同、产品品种不同和生产工艺的不同，各个系统具有不同的特点，虽然很难制定统一的标准，但各个企业必须根据实际情况制定水质控制指标用来水处理运行管理。表4-13为钢铁企业直接冷却循环水水质控制指标。

表4-13 直接冷却循环水水质控制指标

直接冷却循环水系统	指标	水质标准	直接冷却循环水系统	指标	水质标准
高炉煤气洗涤水	pH值	7.0~8.0	连铸二冷水	pH值	7.0~8.2
				浓缩倍数	≤1.8
	悬浮物/mg·L^{-1}	≤100		油	≤5
	Zn^{2+}/mg·L^{-1}	≤5		Cl^-	≤500
				悬浮物	≤25
转炉除尘水	pH值	7.0~10.3	轧机浊环水	pH值	7.0~8.5
				浓缩倍数	≤2.0
	总硬度/mg·L^{-1}	≤150		油	≤5
				酚酞碱度	≤50
	悬浮物/mg·L^{-1}	≤150		悬浮物	≤25

4.9.2.2 间接冷却循环水水质标准

A 敞开式循环冷却水水质标准

敞开式循环冷却水水质控制指标应根据换热设备的热负荷、工况条件、补充水的水质和所采用的水处理药剂配方等因素确定，可参考表4-14规定的内容。

表4-14 敞开式循环冷却水水质标准

序号	指标	要求或使用条件	水质标准
1	pH值	根据药剂配方和补充水水质确定	7.0~9.2
2	甲基橙碱度+钙硬度（以$CaCO_3$计）	碳酸钙稳定指数 *RSI*≥3.3	≤1100
		传热面水侧壁温大于70℃	钙硬度小于200
3	酚酞碱度（以$CaCO_3$计）	根据药剂配方和浓缩倍数确定	≤50
4	Cl^-		≤1000
5	总铁		≤1.0

B 密闭式循环冷却水水质标准

密闭式循环冷却水一般采用软化水或除盐水，主要考虑设备的腐蚀，可参考表4-15的水质控制标准。

表 4-15 密闭式循环冷却水水质标准

序 号	指 标	要求和使用条件	水 质 标 准
1	总硬度	以软化水为补水	≤18
2	电导率	以除盐水为补水	≤25
3	总 铁		≤1.0
4	Cl^-	以软化水为补水	≤1000

4.9.3 循环冷却水运行监测效果

4.9.3.1 开式间接冷却循环水

（1）设备传热面水侧污垢热阻值应小于 $3.44 \times 10^{-4} m^2 \cdot K/W$，设备传热面水侧黏附速率不应大于 15mg/($cm^2$ · 月)。

（2）碳钢设备传热面水侧腐蚀速率应小于 0.075mm/a，铜合金和不锈钢设备传热面水侧腐蚀速率应小于 0.005mm/a。

（3）生物黏泥量不大于 $3mL/m^3$，异养菌总数不大于 1×10^5 个/mL。

4.9.3.2 闭式循环冷却水

（1）设备传热面水侧污垢热阻值应小于 $0.86 \times 10^{-4} m^2 \cdot K/W$，设备传热面水侧黏附速率不应大于 25mg/($cm^2$ · 月)。

（2）碳钢设备传热面水侧腐蚀速率应小于 0.075mm/a，铜合金和不锈钢设备传热面水侧腐蚀速率应小于 0.005mm/a。

4.10 循环冷却水浓缩倍数的控制

钢铁企业是用水大户，降低吨钢耗新水是钢铁企业节能减排的一个重要指标。提高循环冷却水的浓缩倍数，可以降低补充水的用量，节约水资源；钢铁循环冷却水中含有油、氧化铁等污染物，降低排污水量，从而减少对环境的污染和废水的处理量；可以节约水处理剂的消耗量，从而降低冷却水处理的成本。但过多地提高冷却水的浓缩倍数，会使冷却水中的硬度、碱度太高，水的结垢倾向增大，而且加入的水处理药剂适应水的碱度和硬度有限，避免不了结垢和腐蚀故障的发生。

因此，要保证冷却水的处理效果，必须控制好循环冷却水的浓缩倍数。通常对于钢铁企业来讲，各个循环冷却水系统要根据水质和系统特点确定浓缩倍数，在确保循环冷却水安全运行的前提下最大限度地提高浓缩倍数。

4.10.1 循环冷却水系统的水平衡

4.10.1.1 开式循环冷却水系统的水平衡

循环冷却水系统的水平衡是循环冷却水运行管理的重要内容，做好水平衡，降低新水补充量，减少排污水量，同时确保水质稳定，减少故障发生。图 4-41 所示为敞开式循环冷却水系统水量平衡。

A 敞开式循环冷却水系统的水量

a 蒸发损失量

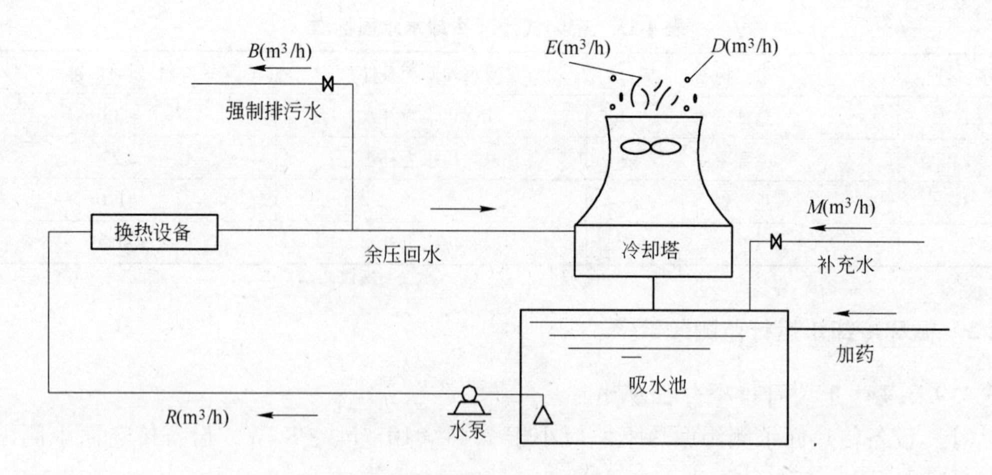

图 4-41　敞开式循环冷却水系统水量平衡

蒸发水量是因蒸发损失的水量。蒸发损失量是水平衡中一个重要的量，其大小关系到系统补充水量。蒸发损失量按下式计算：

$$R \times 10^3 \times \Delta T \times c_p = E \times 10^3 \times r$$

式中　R——循环水量，m^3/h；

c_p——水的比热，kJ/(kg·℃)，水温 40℃时为 4.178kJ/(kg·℃)；

E——蒸发损失量，m^3/h；

r——水的蒸发潜热，kJ/(kg·℃)，水温 40℃时约为 2420kJ/(kg·℃)。

$$E = (R \times 1/100) \times \Delta T/5.8 (m^3/h)$$

从上式中可以计算出，当循环水冷却塔进出口温差为 5.8℃时，循环水量蒸发约为 1%。

蒸发损失量受季节气候影响较大。在气温高的夏季，计算出的蒸发损失量和实际蒸发损失量几乎一致；但在冬季，由于冷却水被冷空气冷却，所求出的蒸发损失量和实际蒸发损失量不同。表 4-16 为计算的蒸发损失量和实际蒸发损失量的关系。

表 4-16　实际蒸发损失量和计算蒸发损失量的关系

季　节	夏	春、秋	冬
实际蒸发损失量/计算蒸发损失量/%	90～100	70～80	50～60

b　风吹损失量

由于风吹呈水滴由冷却塔飞溅出去而损失的水量，根据冷却塔的设计和当地气候而异，一般机械通风冷却塔的风吹损失量占循环水量的 0.05%～0.2%。当冷却塔收水效果好，风不大，可以忽略不计。

c　强制排污量

强制排污水量是每小时因浓缩倍数控制而强制排放的水量。强制排污量从防止结垢和腐蚀来考虑，是决定补充水量的又一主要因素。

d 渗漏量

渗漏量是设备、阀门的跑冒滴漏造成，在设备管理良好下可忽略不计。

e 补充水量

补充水量是每小时补充给冷却水系统中的水量。冷却水在系统内总水量保持在一定的状态下运行，必须补充水保持总水量不变。

补充水量 M 通常按下式计算：

$$M = E + D + B + F$$

式中 E——蒸发损失量，m^3/h；

D——风吹损失，m^3/h；

B——强制排污水量，m^3/h；

F——渗漏损失，m^3/h。

在实际应用过程中，我们通常忽略风吹损失、渗漏损失，因为正常情况下很小，那么 $M = E + B$。

f 保有水量

保有水量是在管线和水池等整个冷却水系统中所保存的水量。在阻垢缓蚀剂的基础投加和杀菌灭藻剂的冲击投加中，常用保有水量计算药剂投加量。

g 循环水量

循环水量是每小时用泵输送的总水量。在循环水处理中可根据循环水量估算补充水量，是水质管理中重要的参数。

B 浓缩倍数

在敞开式循环冷却水系统中，由于循环水在冷却塔降温过程中大量的水蒸气从水中逸出，由于水蒸气带走纯水，而盐分留在系统水中，水中的各种离子浓度越来越高，为了使水中各种离子浓度维持在一定的范围，必须补入新水，排放浓水。通常用循环冷却水浓缩倍数控制水中含盐量的高低。用来计算浓缩倍数的离子，要求不受外界条件的干扰，如沉淀损失、药剂带入等，实际工作中选用的有氯离子、二氧化硅、钾离子、钠离子等。

循环冷却水的浓缩倍数是指循环冷却水中某离子的浓度与补充水中某离子浓度之比，以 K 表示，即：

$$K = c_{循} / c_{补}$$

式中 $c_{循}$——循环冷却水中某离子的浓度；

$c_{补}$——补充水中某离子的浓度。

如果忽略风吹损失、渗漏损失，那么循环冷却水的浓缩倍数等于补充水量与排污水量之比，即：

$$K = M/B$$

由于补充水量 $M = E + B$，因此强制排污水量按下式计算：

$$B = E/(K - 1)$$

由这些关系式，可以方便地得出循环水浓缩倍数对补充水量、排污水量的影响，具体见表4-17。

表 4-17　浓缩倍数、补充水量和排污水量关系

浓缩倍数	补充水量	排污水量	排污水量/补充水量/%
1.2	$6E$	$5E$	83
1.5	$3E$	$2E$	66
1.8	$2.25E$	$1.25E$	55
2.0	$2E$	$1E$	50
2.5	$1.67E$	$0.67E$	40
3.0	$1.5E$	$0.5E$	33
4.0	$1.33E$	$0.33E$	24

表 4-17 中 E 为系统蒸发水量，一般可取总循环量的 1% 来表示。可以看出，对于一个循环冷却水系统，提高浓缩倍数可以减少新水补充量，浓缩倍数从 1.2 倍提高到 3.0 倍，强制排污水量占补充水量的百分比从 83% 下降到 33%。

4.10.1.2　密闭式循环冷却水的水平衡

密闭式循环冷却水由于整个循环系统处于封闭式状态，没有水的蒸发损失、风吹损失、强制排污损失，只有泄漏损失。泄漏损失为设备检修时的排水、设备和管网的泄漏，因此在密闭式循环冷却水系统中补充水量等于泄漏损失量。

4.10.2　循环冷却水浓缩倍数的控制和调节

4.10.2.1　循环冷却水浓缩倍数的控制

浓缩倍数作为循环冷却水的重要指标，在实际运行中往往没有引起足够的认识。钢铁企业循环冷却水系统较多，工艺各异，补水水质差别较大，特别是南北方水质硬度差别大。因此，对于每个循环冷却水系统制定统一的浓缩倍数指标比较困难。必须根据用水设备要求，同时结合补充水水质和水处理方案，制定浓缩倍数指标，并在实际运行中可以进行调整。

浓缩倍数控制应遵循的原则：

（1）浓缩倍数的制定要考虑安全运行和节水，避免结垢和腐蚀故障发生，同时必须最大限度地减少污水排放。

（2）浓缩倍数控制现场必须具有可操作性，易于调节和控制。

（3）要考虑换热设备的换热强度。

（4）要完善水处理工艺，实现补排水、加药与监测三位一体的运行方式。

《循环冷却水处理设计规范》（GB 50050—2007）间冷开式冷却水设计浓缩倍数不宜大于 5.0 倍，且不应小于 3.0，但在钢铁企业中北方以地下水作为补充水即使采用 PBTCA 和磺酸盐共聚物复合的药剂也很难做到，一般只能控制在 2.0 左右。在直接冷却循环水中，如高炉煤气洗涤水、转炉除尘水这样的系统无须控制浓缩倍数，而且也无法计算，连铸二冷水、轧钢浊环水的浓缩倍数最好控制在 1.5～2.0 倍。循环冷却水系统加酸可以提高浓缩倍数，但必须考虑腐蚀问题。

4.10.2.2　循环冷却水浓缩倍数的调节

循环冷却水浓缩倍数调节是通过排补水来实现的。要保证浓缩倍数稳定，必须连续排

污、连续补水，而且排污水量和补充水量要有计量，易于调节和控制。浓缩倍数不可过高或过低，如果过高，即使在加药情况下仍会造成换热设备结垢；如果过低，不但造成大量水资源浪费，也会造成换热设备结垢的可能。因此，必须通过调节排污水量控制好浓缩倍数。

A　强制排污系统

强制排污管安装在回水上塔前的主管道上，管道上安装手动蝶阀和超声波流量计，通过调节手动蝶阀控制排污水量。强制排污系统工艺流程如图 4-42 所示。由于在同一季节排污量基本是恒定的，因此手动阀门调节不太频繁，不会给运行人员带来麻烦。强制排污水必须定向排放，考虑污水的回收与回用。

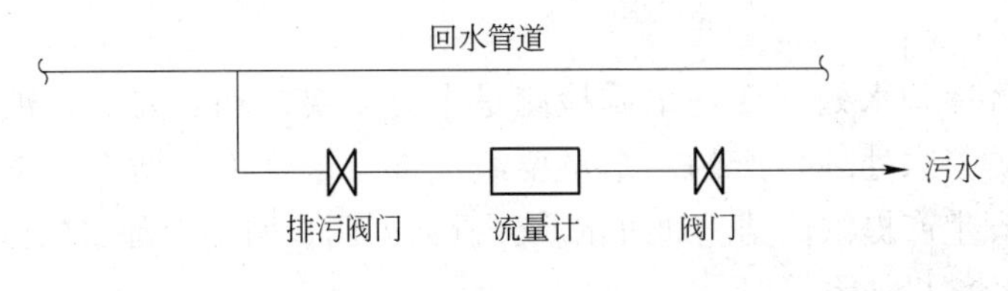

图 4-42　强制排污系统工艺流程

B　补水系统

补水一般取自供水管网，向吸水池中补水。补水采用水力浮球阀自动补水维持恒液位，在补水管上安装超声波流量计。当水池的水面上升至设定高度时，浮球浮起关闭浮球阀，控制室内水压升高，推动主阀关闭，供水停止。当水面下降时，浮球阀重新开启，控制室水压下降，主阀再次开启继续供水，保持液面的设定高度。水力浮球阀的使用不但减轻了操作人员的劳动强度，而且确保了吸水池水位的稳定。补水系统工艺流程如图 4-43 所示。

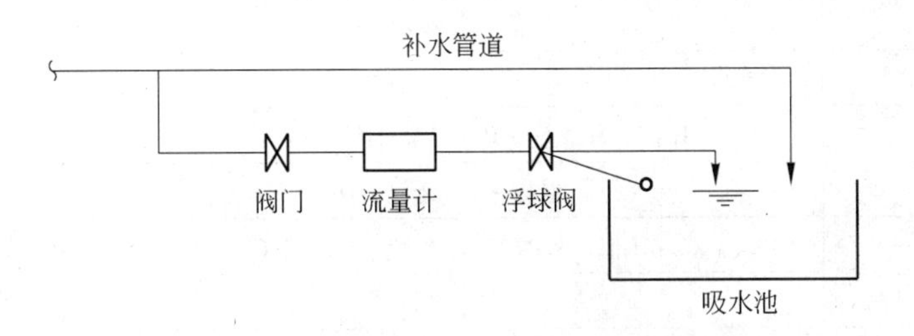

图 4-43　补水系统工艺流程

4.11　水处理药剂量的控制

在间接冷却循环水系统中阻垢缓蚀剂投加量是由补水量决定的。化学运行方式为连续排污、连续补水、连续均匀恒定加药，将循环冷却水浓缩倍数和药剂浓度控制在最佳范围，在实现排污水量和加药量最低前提下确保循环冷却水正常运行。

直接冷却循环水系统的絮凝剂和阻垢缓蚀剂投加应按循环水量计算，因为循环过程中大部分药剂被悬浮物吸附或反应而失效。因为循环水量是连续、均匀、恒定的，所以药剂投加也应该连续、均匀、恒定。如果浊环水系统设备回水悬浮物有变化，药剂浓度可做调整，以保证絮凝沉淀效果。药剂不可冲击投加，否则不但水处理效果差，而且对循环冷却水系统有一定的影响。如在高炉煤气洗涤水中投加聚丙烯酰胺和聚合硫化铁两种絮凝剂，两种药剂溶解均匀后，应分别由计量泵连续均匀地投加到高炉煤气洗涤水系统混合池、反应池中，药剂、悬浮物和水快速混合均匀、反应，才能形成大而密实的絮体。

钢铁企业循环冷却水系统中为了避免黏泥产生，往往投加杀菌灭藻剂，一般采用冲击投加方式。如果投加易发泡药剂，必须考虑泡沫对整个系统有无影响，以保证系统安全运行。例如，在制氧循环冷却水中投加季铵盐类杀菌灭藻剂，如果不同时投加消泡剂水中会产生大量泡沫，使空冷塔气液分离产生困难，也会造成空冷塔空气出塔大量带水事故。

4.12　水质管理

钢铁工业循环冷却水处理现场水质检测是十分重要的和必要的，被称为水处理的眼睛。现场水质监测是水处理生产的一个重要组成部分，分析数据不但掌握水处理运行状况，而且为水处理生产提供依据。通过水质分析数据调节循环冷却水的浓缩倍数、水处理设备运行参数和药剂投加量等。

4.12.1　水质监测项目

在钢铁企业循环冷却水处理中常常需要对循环水的补充水和循环水进行分析，不同系统的分析项目不同，如补充水有新水、软化水、纯水、净化水。循环水分析项目和频率见表4-18。

表4-18　循环水分析项目和频率

系　统		分析项目	分析频率
软化水		pH值、总硬度、Cl^-	每天一次
纯　水		pH值、电导率	每天一次
净化水		pH值、M碱度、P碱度、Ca^{2+}、Cl^-、浊度	每天一次
		电导率、总磷、COD	每周两次
新　水		pH值、M碱度、P碱度、Ca^{2+}、Cl^-	每天一次
		电导率	每周两次
间接冷却循环水		pH值、M碱度、P碱度、Ca^{2+}、Cl^-、浊度、总磷	每天一次
软水密闭循环水		总硬度、Cl^-	每天一次
		pH值、电导率、钼酸盐、铁离子	每周两次
纯水密闭循环水		pH值、电导率、钼酸盐、铁离子	每周两次
直接冷却循环水	高炉煤洗水	pH值、M碱度、P碱度、Ca^{2+}、Cl^-、浊度	每天一次
		电导率、Zn^{2+}、沉淀池进出口悬浮物	每周两次
	转炉除尘水	pH值、M碱度、P碱度、总硬度、浊度	每天一次
		电导率、Ca^{2+}、Cl^-、沉淀池进出口悬浮物	每周两次
	连铸、轧钢浊环水	pH值、M碱度、P碱度、Ca^{2+}、Cl^-、浊度	每天一次
		电导率、Ca^{2+}、Cl^-、沉淀池进出口悬浮物	每周两次

4.12.2 水质监测项目的意义

A pH 值

随着循环冷却水浓缩倍数的提高，水的 pH 值逐渐增加而成碱性，这是因为冷却水通过冷却塔时，二氧化碳要逸出的缘故。一般当原水 pH 值为 7.0～8.0、浓缩倍数为 1.5～3.0 时，冷却水 pH 值在 8.4～9.0 之间。但对于高炉煤气洗涤水和转炉除尘水高污染系统，它们的 pH 值受操作工艺、炉料质量影响。高炉煤气洗涤水吸收二氧化碳 pH 值一般在 6.5～8.0 之间；转炉除尘水受石灰加入量和质量的影响，pH 值一般在 9.5～12.5 之间。

在循环冷却水处理中一般通过加酸或碱调整 pH 值。为了进一步提高循环冷却水的浓缩倍数，常在水中加入硫酸调节 pH 值，在含锌高炉煤气洗涤水中通常加氢氧化钠调节 pH 值，从而去除水中的锌离子。

B 电导率

电导率反映水中含盐量的高低，与水中含盐量不成正比关系，但随着电导率的增加，水中含盐量也相应增加。水中含盐量的增加使循环冷却水结垢和腐蚀因素增强。通常可用循环水和补充水的电导率比值计算循环水的浓缩倍数。

C 碱度

碱度是指水中能和氢离子发生中和反应的碱性物质的总量。碱度以三种形态出现：氢氧化物碱度，即 OH^- 含量；碳酸盐碱度，即 CO_3^{2-}；重碳酸盐碱度，即 HCO_3^-。

用酚酞指示剂测得的碱度称为酚酞碱度，它是总碱度的一部分。用甲基橙指示剂测得的碱度称为甲基橙碱度，即总碱度。碳酸盐碱度与氢氧化物碱度，或碳酸盐碱度与重碳酸盐碱度，它们都能共存于水中。但氢氧化物碱度却不能与重碳酸盐碱度共存于水中，因为它们相遇时要发生化学反应，其反应为：

$$Ca(HCO_3)_2 + Ca(OH)_2 = 2CaCO_3 + 2H_2O$$

碱度是循环冷却水监测的一个重要指标。在循环冷却水中通常水的 pH 值大于 8.30，水中存在重碳酸盐碱度和碳酸盐碱度。

D 钙离子和总硬度

钙离子是循环冷却水监测的又一个重要指标。钙离子和重碳酸根共存时容易受热分解形成碳酸钙沉淀，其化学反应式为：

$$Ca(HCO_3)_2 = CaCO_3\downarrow + CO_2 + H_2O$$

形成的碳酸钙吸附在换热设备器壁表面结垢。

硬度是指由钙与镁的各种盐类组成。水的硬度又分为碳酸盐硬度和非碳酸盐硬度两种。碳酸盐硬度主要指钙和镁的重碳酸盐和碳酸盐，这种水煮沸后生成碳酸钙沉淀析出，这种硬度又称为暂时硬度。非碳酸盐硬度是指钙和镁的硫酸盐、氯化物和硝酸盐所形成的硬度，用煮沸方法不能析出沉淀，这种硬度又称为永久硬度。碳酸盐硬度和非碳酸盐硬度的总和称为总硬度。总硬度是考核软化水质量的重要指标。

E 总磷

在循环冷却水处理中，所用阻垢缓蚀剂大多数配方为磷系阻垢缓蚀剂，分析水中总磷来判断水中药剂浓度，指导药剂投加，使药剂浓度控制在最佳范围之内。

F 钼酸盐

钢铁企业软水密闭循环系统所用缓蚀阻垢剂配方主要为钼系配方，钼酸盐含量反映水中药剂的浓度，指导药剂投加。

G 浊度和悬浮物

水的浊度反映了水中悬浮物质、胶体等含量的高低，水中悬浮物过高会和微生物形成黏泥堵塞换热器、过滤器，同时也会和碳酸钙晶体相互作用加速结垢。

H 锌离子

循环冷却水系统所加的阻垢缓蚀剂常加入锌盐作为缓蚀剂的成分，在弱碱性条件下锌盐过高会产生锌垢。

I 全铁

水中铁离子除了补充水中带入外，设备腐蚀是造成水中铁离子含量高的重要原因。分析水中铁离子含量可反映出腐蚀情况。

J 氯离子

氯离子是水质管理的又一重要指标。氯离子是判断水的腐蚀性一个指标，特别对于换热设备材质为不锈钢的尤为重要。氯离子通常计算循环水的浓缩倍数，但当水中加入含氯杀菌剂时要改为其他离子，如钠离子、二氧化硅、电导率等来计算浓缩倍数。

4.13 循环冷却水处理效果评价

4.13.1 制定循环冷却水处理目标

循环冷却水处理最终目的是达到良好的水处理效果，水处理效果的评价要以目标值为依据。有国家标准的，如间接冷却循环水系统的腐蚀速率、污垢沉淀速度、黏泥量、细菌总数等，要以国家标准为控制指标。如没有国家标准，如浊环水系统的污垢沉积速度、悬浮物去除率等，要制定企业标准。循环冷却水化学处理阻垢缓蚀、杀菌灭藻效果评价，要根据腐蚀速率、污垢沉淀速度、黏泥量、细菌总数等。循环冷却水机械处理，如沉淀池、过滤器、压滤机效果评价，要根据悬浮物去除率、泥饼含水率等目标值来确定。根据定期测定数据与目标值相比，确定水处理效果，如达不到目标值，要查找原因。

4.13.2 循环冷却水处理效果评价

4.13.2.1 监测点设置

监测点设置要本着有代表性、易于观察的原则，不受生产主体的影响，可以在线观察，也可以拆下观察。间接冷却循环水系统可在吸水井安装挂片，在回水管道上旁路安装监测仪器。直接冷却循环水系统可在吸水井安装挂片，在送水管道上旁路安装监测仪器。在冷却塔进出水管道上安装取样管用来水温的测量。图4-44所示为循环冷却水监测装置。

4.13.2.2 水处理效果检查

A 水质分析

水质分析是保证水处理取得良好效果行之有效的方法，应严格按照规定的水质管理目标值操作。钢铁工业水处理设备运行效果检查，可根据现场监测数据。如沉淀池、过滤器

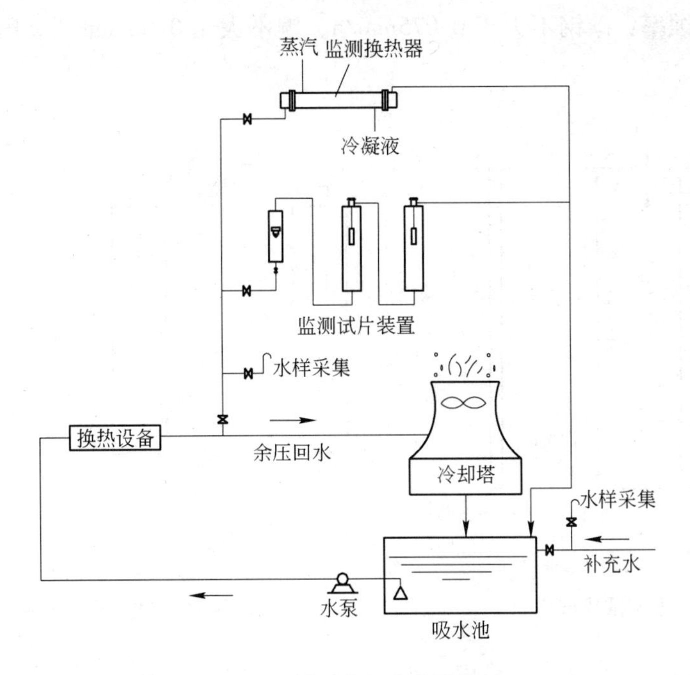

图 4-44 循环冷却水监测装置

处理效果，可根据进出口 *SS*，计算 *SS* 去除率；冷却塔降温效果可根据进出口水温，计算温差值；污泥脱水设备的脱水效果可通过计算泥饼含水率来评价。

通过测定补充水和循环水中总铁的含量，从中找出规律性的变化，同时与其他监测手段相结合，这样就可以了解系统腐蚀情况。结垢监测，可以通过成垢离子或分子的化学分析（通过水冷却器进出口循环水中 Ca^{2+} 及 HCO_3^- 浓度的测定）来推测系统结垢趋势，如果水中钙离子丢失严重，说明循环水阻垢效果较差，结垢的倾向大。用氯离子（电导率）和钙离子的比值来判断循环冷却水结垢的趋势，虽然由于补充水的成分变化导致这一比值偏离真实值，但这种方法具有简单、快速的优点，仍然被广泛采用。当循环冷却水与补充水氯离子（电导率）比值和循环冷却水与补充水钙离子比值相等时，则表示换热设备未结垢。其判别式如下：

$$\frac{\text{循环水钙离子}}{\text{补充水钙离子}} = \frac{\text{循环水氯离子}}{\text{补充水氯离子}} = \frac{\text{循环水电导率}}{\text{补充水电导率}}$$

若上式中循环冷却水与补充水钙离子比值小于和循环冷却水与补充水氯离子（电导率）的比值，则说明有碳酸钙沉淀析出，一般在循环冷却水处理中规定其差值小于 0.2。

B 挂片腐蚀试验

化学处理效果检查可根据检查挂片、监测仪器上试验管污垢沉积速率和腐蚀速率确定效果。

挂片腐蚀试验是循环冷却水系统腐蚀监测行之有效的方法之一，目前被国内外广泛采用。试验用挂片，可采用Ⅰ型 50mm×25mm×2mm 或Ⅱ型 72.4mm×11.5mm×2mm，它是和设备材质相同材料制作的冷却水化学处理标准腐蚀试片。图 4-45 所示为Ⅰ型试片规格。

腐蚀试验用挂片应安放在专用挂片架上或放置在冷却水回水管线上。每隔 1～2 月取出，试片平均腐蚀率：碳钢不大于0.075mm/a、铜不大于0.005mm/a。图4-46所示为试片监测器示意图。

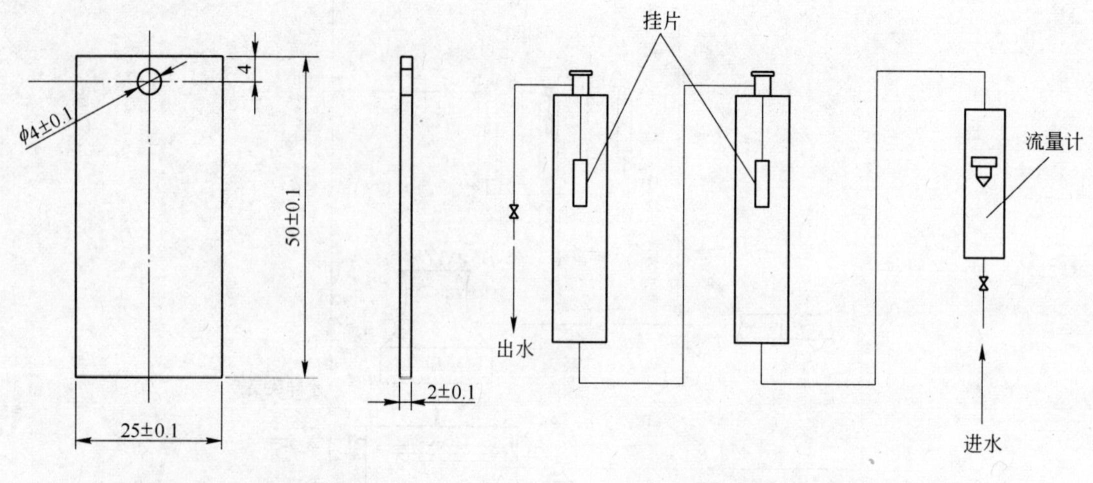

图4-45　Ⅰ型试片规格　　　　图4-46　试片监测器示意图

监测试片可以放在冷却水水槽内，水槽接自循环水的回水管，其结构如图4-47所示。

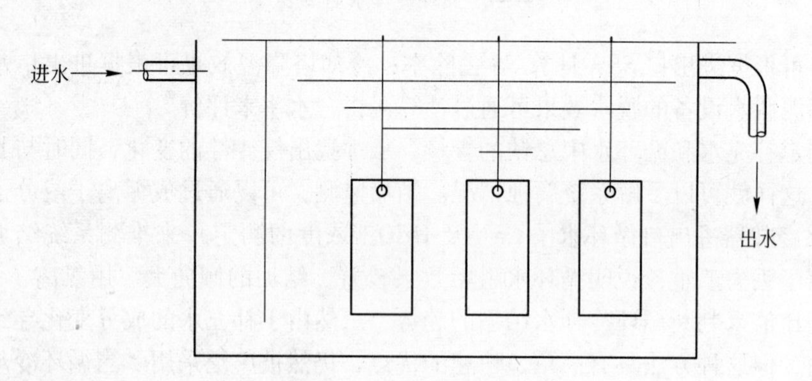

图4-47　监测试片水槽

对于监测试片，要定期检查试片上附着的腐蚀产物。观察腐蚀产物的颜色、形态、特征和分布情况等，并进行记录。对试片进行处理后，测定试片在冷却水中的腐蚀速率。试片腐蚀速率（单位：mm/a）按下式计算：

$$\text{腐蚀速率} = c\Delta w/S\rho t$$

式中　c——系数，取87.6；

Δw——试片的失重，mg；

S——试片的总表面积，cm^2；

ρ——金属的密度，g/cm^3（其中，碳钢7.85、不锈钢7.92、紫铜8.92、黄铜8.50、铝2.70）；

t——试片在冷却水中暴露的时间，h。

C 现场换热设备的监测

现场检查效果最为直观、准确，如连铸结晶器、转炉烟道喉口、高炉风口等经常检修的换热设备可从直接观察设备结垢情况确定，而高炉冷却壁、高炉煤气洗涤设备等一些换热设备很难有检修机会或检修机会不多，可通过在管道旁路安装的监测仪器观察效果。在换热设备的进出水管道上，安装流量计、温度计和压力表等测量仪表，定期记录该换热设备水流量、水温和压力等参数的变化，对了解换热设备运行状况具有很好的参考价值。例如，空分氮水预冷系统空冷塔阻力增大，说明空冷塔存在结垢的可能；冷冻机进出口水温差变小、水流量减少，说明冷冻机蒸发器水侧存在结垢的可能。

D 微生物监测

由微生物分泌产生的黏液等水中各种悬浮杂质，黏在一起而形成黏泥，是冷却水化学处理中三大危害之一，特别是对于磷系配方更为重要，微生物控制好坏是全有机碱性水处理技术成败关键之一，对大量水走壳程的水冷器尤为重要。为了控制系统中黏泥，防止形成污垢及垢下腐蚀，要定期进行杀菌灭藻及生物黏液剥离处理，其效果好坏的评判一是通过化学分析项目的测定，二是通过测定循环水中的生物黏泥量及异氧菌、硫酸还原菌、铁细菌的含量。

循环冷却水中监测微生物的化学分析项目有：

(1) 余氯（游离氯）。加氯杀菌时要注意余氯出现的时间和余氯量，因为微生物繁殖严重时就会使循环水中耗氯量大大地增加。一般循环水中余氯控制在0.5～0.8mg/L之间。

(2) 氨。循环水中一般不含氨，但由于工艺介质泄漏或吸入空气中的氨时也会使水中含氨，这时不能掉以轻心，除积极寻找氨的泄漏点外，还要注意水中是否含有亚硝酸根。水中的氨含量最好是控制在10mg/L以下。

(3) NO_2^-。当水中出现含氨和亚硝酸根时，说是水中已有亚硝酸菌将氨转化为亚硝酸根，这时循环水系统加氯将变得十分困难，耗氯量增加，余氯难以达到指标。水中NO_2^-含量最好是控制在小于1mg/L。

(4) 化学需氧量。水中微生物繁殖严重时会使COD增加，因为细菌分泌的黏液增加了水中有机物含量，故通过化学需氧量的分析，可以观察到水中微生物变化的动向。正常情况下水中COD最好小于5mg/L（$KMnO_4$法）。

(5) 微生物黏泥量。微生物黏泥量的测量常采用生物过滤网法。用标准的浮游生物网，在一定时间内过滤定量的水，将截留下来的悬浊物放入量筒内静置一定时间，测其沉淀后黏泥量的容积，以mL表示。

(6) 异氧菌数。异养菌数的测定通常是采集水样在实验室中用平皿计数法测定。按细菌平皿计数法求出每毫升水中的异养菌个数。

4.14 某钢铁公司轧钢循环冷却水化学处理开车方案实例

4.14.1 水质判断

A 循环冷却水处理工艺

轧钢循环冷却水系统是供加热炉装料端、出料炉门、出料端冷却用水以及马达通风及空调、液压润滑系统、仪表冷却等用水，回水经一组冷却塔降温冷却后回到冷水池后循环使用。

B　循环水系统补水水质条件

循环水系统补水水质条件见表4-19。

表4-19　循环冷却水系统补水水质条件

分析项目	单位	数值	分析项目	单位	数值
pH值		7.6	总硬度（以$CaCO_3$计）	mg/L	240
电导率	μS/cm	650	总碱度（以$CaCO_3$计）	mg/L	140
悬浮物	mg/L	36	硫酸根离子（以SO_4^{2-}计）	mg/L	70
Ca^{2+}（以$CaCO_3$计）	mg/L	120	Cl^-	mg/L	70

C　水质判断

根据补充水水质，对原水及浓缩水的$CaCO_3$饱和指数（LSI）、稳定指数（RSI）进行了计算，并对其结垢和腐蚀倾向进行了判断，结果见表4-20。

表4-20　水质结垢和腐蚀倾向

分析项目	原水	2倍浓缩水	3倍浓缩水
	80℃	80℃	80℃
pH_s	7.15	6.29	6.13
LSI	0.45	2.31	2.47
RSI	6.70	3.98	3.66
结垢和腐蚀倾向	轻微结垢、腐蚀	结垢	结垢

从表4-20中可以看出，轧钢循环冷却水的补充水经过2倍、3倍浓缩后均成为典型的高硬度、高碱度结垢型水质。因此循环冷却水处理的重点是防止结垢。同时，随着循环水浓缩倍数的提高，Cl^-、SO_4^{2-}等腐蚀性离子的增加，腐蚀性将加强，因此循环冷却水处理也同时考虑防腐蚀。

4.14.2　开车前的准备

开车前的准备如下：

（1）开车前必须对循环冷却水系统工艺、设备进行了解，并且满足开车的条件。

（2）制定详细的循环水开车方案，为开车提供理论依据。

（3）开车前所有药剂都必须准备到位，所用的药剂有清洗剂、消泡剂、预膜剂、阻垢缓蚀剂。

（4）开车前化验室具备化学分析的条件，保证为开车提供准确可靠的依据。

4.14.3　日常化学处理

4.14.3.1　系统预处理

循环冷却水系统预处理是水处理技术中非常重要的环节，对防护金属材质表面，充分发挥正常用缓蚀阻垢剂功效，使循环冷却水系统获得最高效率和最长的设备寿命具有不可忽视的作用。

A 循环冷却水系统的化学清洗

为了确保冷却水系统达到并保持设计冷却效率，必须始终维持冷却设备的清洁运行和投加适当的水处理药剂。然而，无论首次运转的全新冷却设备，还是运行多年的冷却水系统，都含有轻重不同的油类、黏泥、污垢以及各种腐蚀产物，它们附着在金属表面。对于新开车系统来说，设备和管道在安装过程中，难免会有碎屑、杂物和尘土留在系统之中，有时冷却设备的锈蚀和油污也很严重，这些杂物和油污如不清洗干净，将会影响下一步的预膜处理和正常运行。清洗处理彻底，正常运行效果就好。因此，清洗工作做得好，对新开车系统来讲，可以提高正常运行效果，减少腐蚀和结垢的产生。所以，清洗工作是循环水系统开车必不可少的一个环节。

（1）清洗配方：

化学清洗剂　　MD-101，0.06%

消泡剂　　MD-105，0.01%

（2）控制条件：

pH　　5.0～6.0

时间　　24～48h

（3）分析监测项目。

（4）总铁、浊度每4h一次，pH值每小时一次。

（5）清洗终点。以4h内浊度和总铁基本不再增加为准。

（6）操作步骤：

1）化学清洗工作开始前，应先打扫和清理管道、冷却塔、冷却水池以及冷却设备，然后向水池和循环水系统中充水，开泵进行循环冲洗、排放。在冷却塔的进出水管道加有回水旁路管，可以使回水不经塔进行清洗，以免污染物中大块儿颗粒堵塞冷却塔填料。另外，初期水冲洗循环水管道时，也应避免大块颗粒进入换热设备，有条件的话，安装旁路或就地排放一段时间。水冲洗至系统浊度不再上升为止，一次性放水或置换排放至系统浊度接近补充水浊度，即停止补水和排污，开始实施化学清洗工作。

2）水冲洗完成后，注入新鲜补水，调节系统储水量适中，循环量最大，关闭补、排水阀门。为了保持化学清洗药剂浓度，化学清洗期间，尽量不实施补、排水操作，除非水质浊度上升太高，可考虑酌量置换水质。

3）取样测定水的pH值、浊度。

4）在各系统中挂入碳钢监测试片。

5）投加化学清洗剂至水泵吸入口附近。

6）在远离水泵吸入口处缓慢用H_2SO_4调节pH值至5.0～6.0。

7）化学清洗期间，尽可能提高循环水的流速，以便使清洗药剂与金属表面充分接触。

8）清洗过程中应按规定进行分析监测，并随时观察设备表面状况，若系统中泡沫多，则投加适量消泡剂加以控制。

9）化学清洗处理后的循环水，必须在预膜之前全部排放掉。有条件的话，可以直接排放，重新充水；条件不许可，也可以进行大排大补，快速置换排放，排放时注意不要经过冷却塔的填料，以免洗涤下来的油污、黏泥以及各种混杂的碎片重新污染塔体。排放完毕，再用新鲜水冲洗冷却水系统，经过数次置换排放，使系统中残留的药剂浓度降至最低限度，并使循环水浊度小于10mg/L、总铁小于1.0mg/L，即可停止换水，关闭补、排水阀门，调节系统保有水量适中，可以考虑对系统实施全系统预膜处理。

B　预膜处理

循环冷却水系统的预膜是为了提高缓蚀剂的成膜效果，需要在循环水开车初期投加较高的缓蚀剂量。待成膜后，再降低药剂浓度维持日常补膜，即所谓的正常处理。这种预膜处理，其目的是希望在金属表面上很快形成一层保护膜，提高缓蚀剂抑制腐蚀的效果。

(1) 预膜配方：

预膜剂　　MD-102，0.1%

(2) 控制条件：

pH值　　6.0~7.0（用H_2SO_4调节）

时间　　24~36h

温度　　常温，不带热负荷

(3) 分析监测项目：

pH值　　每8h测定一次

总磷　　投加后测定一次

(4) 操作步骤：

1）验证待预膜水质是否合格，为了确保预膜效果，必须对化学清洗置换后水质进行确认：一是水质的浊度、总铁含量，浊度过高或含有较多的铁离子均影响成膜的质量，故一般要求浊度小于10mg/L、总铁小于1.0mg/L为好；二是要随时掌握水温，假如系统预膜期间正处于设备调试可能水温会有变化，要根据水温变化情况及生产负荷情况，调整预膜时间；三是控制循环水流速，流速过大，会引起对设备的冲刷腐蚀，流速过小，影响预膜剂的扩散速度，不利于成膜，也影响成膜的均匀性，一般控制在0.5~3.0m/s之间即可。

2）预膜水质合格后，调节循环水系统的保有水量，关闭系统的补、排水阀门，启动循环泵，巡检设备无异常后，即可投加预膜药剂开始预膜。

3）开泵循环后一次性将预膜剂加入给水泵吸入口附近，并在远离泵吸入口处加入工业H_2SO_4调节至pH值为6.0~7.0，运行约24h后根据预膜情况确定加入预膜分散剂。

4）预膜过程中应仔细观察碳钢试片的表面成膜状况。预膜好的试片光亮无锈，在阳光下呈七彩色晕。

5）预膜结束后，大排大补，置换排放。在置换期间，应根据生产负荷及循环水pH值回升情况，决定是否控制循环水的pH值，置换至循环水总磷小于0.001%时，关闭补、排水阀门，投加正常水处理药剂，系统进入正常运行阶段。

C　化学清洗及预膜效果检测

(1) 化学清洗技术指标：

碳钢腐蚀率　　$<6g/(m^2 \cdot h)$

不锈钢及铜合金腐蚀率　　$<2g/(m^2 \cdot h)$

(2) 在循环水系统各部分，均可悬挂标准腐蚀监测挂片，以监测化学清洗的腐蚀情况。

（3）在化学清洗开始与化学清洗期间定期测定循环水浊度、总铁的化学变化，并定期目测系统水面表观状况的变化，以检测清洗效果。

（4）在化学清洗期间，应巡查各换热设备的状况，对一些关键设备可以有针对性地取样分析进出口变化情况并做好相关记录。

（5）关于预膜处理的效果，目前尚无准确、简便、快速的方法进行现场检测。一般是在生产系统进行预膜时，利用旁路挂片进行检测，观察挂片上的成膜情况。预膜好的碳钢片光亮无锈，在阳光下观察有七彩色晕。也可用配制的化学溶液，滴于挂片上进行检验。化学溶液的配制及检验方法如下：

1）硫酸铜溶液法。称取15g氯化钠和5g硫酸铜溶于100mL水中，将配制好的硫酸铜溶液同时滴于预膜的和未预膜的挂片上，同时测定两个挂片上出现红点所需的时间，两者的时差越大，表示预膜效果越好。因为红点是硫酸铜与Fe反应后被置换出来的Cu所致，如膜形成均匀、孔率少，则硫酸铜溶液不易与膜下Fe起反应，因此出现红点所需的时间就长；反之就短。

2）亚铁氰化钾溶液法。称取15g氯化钠和5g亚铁氰化钾溶于100mL水中，将配制好的亚铁氰化钾溶液同时滴于预膜的和未预膜的挂片上，测定两个挂片上出现蓝点所需的时间，两者的时差越大，表示预膜效果越好。

4.14.3.2 循环冷却水日常运行处理

（1）日常运行药剂配方：

阻垢缓蚀剂	MD-110，0.0025%
杀菌灭藻剂	MD-701 200mg/L 和 MD-802 100mg/L 交替使用，5～10月每15天加一次，11～4月每30天加一次

（2）控制条件：

浓缩倍数	$K=2.5$
总磷（以 PO_3^{4-} 计）	3.0～5.0mg/L
pH值	维持自然pH值
浊度	小于10NTU
污垢热阻值	$3.44\times10^{-4}m^2\cdot K/W$
腐蚀率	<0.075mm/a（碳钢）
	<0.005mm/a（铜）
	<0.005mm/a（不锈钢）
异养菌总数	$<1\times10^5$ 个/mL

4.14.3.3 药剂配制及投加方法

（1）缓蚀阻垢剂的配制及投加。阻垢缓蚀剂必须连续加入水系统，每天配药量按下式计算：

$$每天配药量(kg) = 加药浓度 \times 补充水量(m^3/h) \times 24h$$

投加方法采用计量泵投加。

（2）杀菌灭藻剂的投加。杀菌剂采用冲击式投加方式，加药点为冷水池。两种杀菌剂交替使用加药。

$$每次加药量(kg) = 加药浓度(mg/L) \times 保有水量(m^3)/1000$$

4.14.3.4　水处理日常监测

（1）分析项目及频率（表4-21）。

表4-21　水处理日常监测分析项目

序　号	分析项目	分析频率		循环水水质控制指标
		补充水	循环水	
1	pH值	一次/周	一次/天	
2	电导率	一次/周	一次/天	
3	$Cl^-/mg \cdot L^{-1}$	一次/周	一次/班	<175
4	Ca^{2+}	一次/周	一次/天	
5	浊度/NTU		一次/天	<10
6	总磷/$mg \cdot L^{-1}$		一次/天	3.0~5.0
7	总碱/$mg \cdot L^{-1}$	一次/周	一次/天	<400
8	Mg^{2+}	一次/周	一次/天	
9	腐蚀率/$mm \cdot a^{-1}$		一次/月	<0.075（碳钢） <0.005（铜和不锈钢）

（2）其他日常监测。除了日常分析监测外，还需进行以下日常直观检查：

1）需注意观察循环水的异味、浊度。若浊度超标，应及时对过滤装置进行反冲洗。

2）腐蚀监测挂片表面状况。

3）加药装置是否正常。

（3）记录数据和日常报告。

1）记录数据。现场水处理调节，主要依据记录的各种数据。因此，保持原始记录数据的完整性和连续性是必不可少的。

2）日常报告。每班人员应将数据及时记入日报表中，该表内容包括分析结果、药耗情况、直观检查等。

4.14.3.5　考核标准

（1）技术考核：

碳钢腐蚀率　　<0.075mm/a

铜和不锈钢腐蚀率　　<0.005mm/a

污垢热阻值　　$<3.44 \times 10^{-4} m^2 \cdot K/W$

异养菌总数　　$<1 \times 10^5$ 个/mL

（2）设备考核。在轧钢系统停产检修期间打开换热设备进行检查，观察结垢和腐蚀情况，并写出书面检查报告，拍照记录，做出运行结果评价。

5　钢铁工业各工序循环冷却水处理

5.1　烧结工序循环冷却水处理

5.1.1　烧结工艺概述

烧结矿是高炉冶炼的主要原料，其生产工序主要包括烧结料的准备、配料与混合、烧结和产品处理等。烧结生产工艺的过程就是将准备好的矿粉（精矿粉或富矿粉）、燃料（焦粉和无烟煤）和溶剂（石灰石、白云石和生石灰），按一定的比例配料，然后再配入一部分烧结机尾筛分的返矿，送到混合机混匀和造球。混好的料由布料器铺到烧结机台车上点火烧结，烧成的烧结矿经破碎机破碎筛分后，筛上成品烧结矿送往高炉，筛下物为返矿，返矿配入混合料重新烧结。烧结过程产生的废气经除尘器除尘后，由风机抽入烟囱，排入大气。烧结工艺流程如图 5-1 所示。

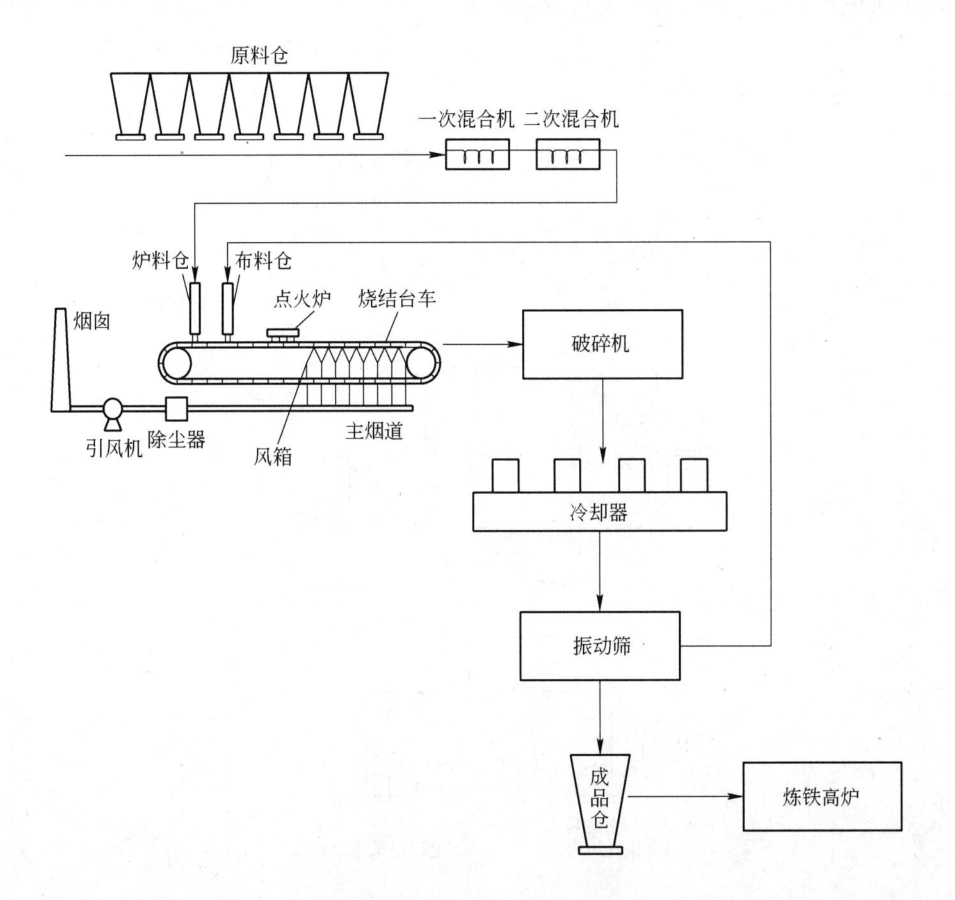

图 5-1　烧结厂工艺流程

烧结厂的规模按面积来划分：面积大于或等于 200m^2 的为大型烧结厂；面积大于或等于 50m^2 的为中型烧结厂；面积小于 50m^2 的为小型烧结厂。目前国内烧结机单机最大面积为 660m^2。

5.1.2　烧结水处理系统

烧结设备冷却水系统分为间接冷却循环水系统和直接冷却循环水系统。随着钢铁工业技术的发展，烧结厂工艺趋向于带式烧结机大型化。而对于大型厂的除尘设备多采用电除尘器，从而代替了湿式除尘，省去了间接冷却循环水系统，不但节约了水资源，而且减少了环境污染。

5.1.2.1　间接冷却循环水处理系统

A　冷却设备

一般烧结间接冷却循环水系统冷却设备包括：（1）烧结机水冷隔热板冷却；（2）烧结矿单辊破碎机轴心冷却；（3）抽风机室风机电机冷却器、油冷却器、电除尘风机冷却；（4）环式冷却机风机和稀油站润滑冷却用水；（5）烧结机机尾监控摄像机冷却用水。换热设备主要材质有碳钢、铸铁、铜、不锈钢等。

烧结机水冷隔热板设在点火器和布料器之间，用来保持经布料器分布在烧结机上的混合料的温度和湿度，防止水分蒸发。水冷隔热板为一空心钢板，中间充满水，通过水的流动将点火器散发的热量带走。

抽风机电动机冷却器安装在电机颈部的通风柜中（图 5-2），冷却器的出风口与电机的

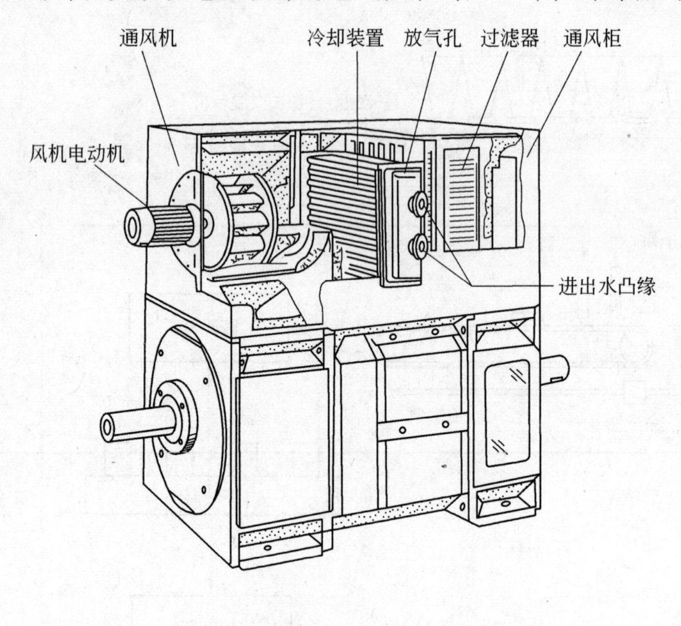

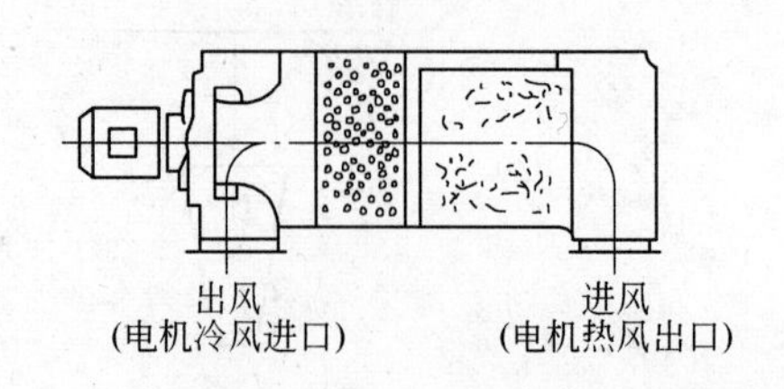

图 5-2　电动机冷却器

进风口、冷却器的进风口与电机的出风口紧密配合，与电机形成一个封闭的循环通风系统，它的功能是把电机损耗产生的热量（热空气）送至冷却器，通过冷却器将热空气进行冷却。冷却器内部排列着翅片吸热管，管内通冷水进行冷却，冷却后的空气经风机送入电机内，使冷热空气密闭循环交换。

B 循环冷却水工艺及水处理要点

烧结间接冷却循环水系统由循环水泵、机械通风冷却塔、管网、加药装置等组成。烧结设备使用后的水，利用余压上冷却塔降温冷却后，由供水泵送到设备循环使用，其典型的工艺流程如图 5-3 所示。在循环冷却水系统中以工业水作为补充水，由于循环水的蒸发浓缩，结垢、腐蚀和微生物黏泥是影响循环水系统运行的主要故障，因此必须对循环冷却水进行处理实现水质稳定。烧结厂用水较少，如 450m² 烧结机的循环水量在 500～600m³/h 之间，其循环冷却水处理基本与一般冷却水处理一样。

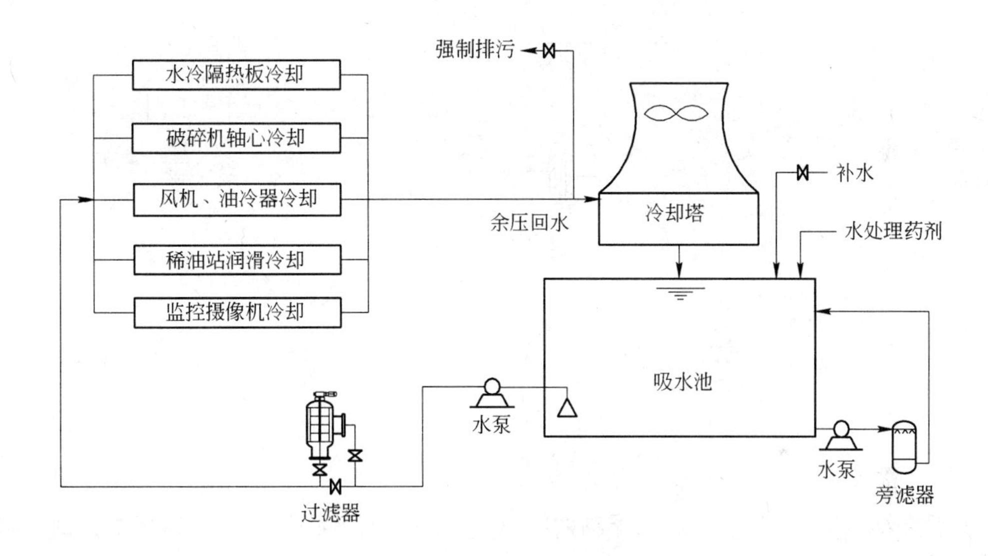

图 5-3 烧结厂间接循环水系统工艺流程

在间接冷却循环水系统中水质稳定的措施是浓缩倍数的控制和加药。循环水浓缩倍数的控制是通过补水和强制排污实现的。补水系统最好采用水力浮球阀实现自动补水，强制排污系统设在设备回水管道上，通过调整阀门来实现。强制排污水取自净环水，只是含盐量有所升高，可以作为烧结工艺用水，实现水的串接使用，不但节约水资源，而且减少污水排放。控制好循环水浓缩倍数的同时投加水处理药剂，一般在间接冷却循环水系统投加阻垢缓蚀剂和杀菌灭藻剂，阻垢缓蚀剂通过加药装置投加到水中，杀菌灭藻剂可定期冲击加入水中。

5.1.2.2 直接冷却循环水处理系统

烧结厂生产废水主要来自湿式除尘器产生的废水、冲洗地坪产生的废水。废水水质为高悬浮物、高 pH 值，一般固体悬浮物含量为 0.5%～5%，pH 值为 10～13。废水中固体物主要成分是烧结混合矿料，由铁粉、焦粉、碳酸钙、镁、硅和硫等组成，其中铁的含量近 40%。生产废水从节能、环保、经济上考虑不能外排，必须进行泥水分离，一方面废水经处理后循环使用，另一方面矿泥必须回收再利用。

烧结废水处理的关键：一是悬浮物的去除；二是污泥脱水。悬浮物的去除可采用絮凝沉淀，所投加药剂有聚合氯化铝和聚丙烯酰胺，沉淀池可用平流沉淀池或斜板沉淀池，出水悬浮物可小于25mg/L。烧结废水处理工艺很多，典型的有“沉淀—干化”处理流程、“浓缩池—浓泥斗”处理流程、“浓缩池—水封拉链机”处理流程、“浓缩池—过滤脱水”处理流程等。

烧结厂废水处理流程如图5-4所示。烧结污水通过投入药剂来增加悬浮物沉淀效果，然后进入浓缩池沉淀，污泥进入板框压滤机或带式压滤机，经过浓缩池产生的清水出水悬浮物含量小于25mg/L，循环使用。

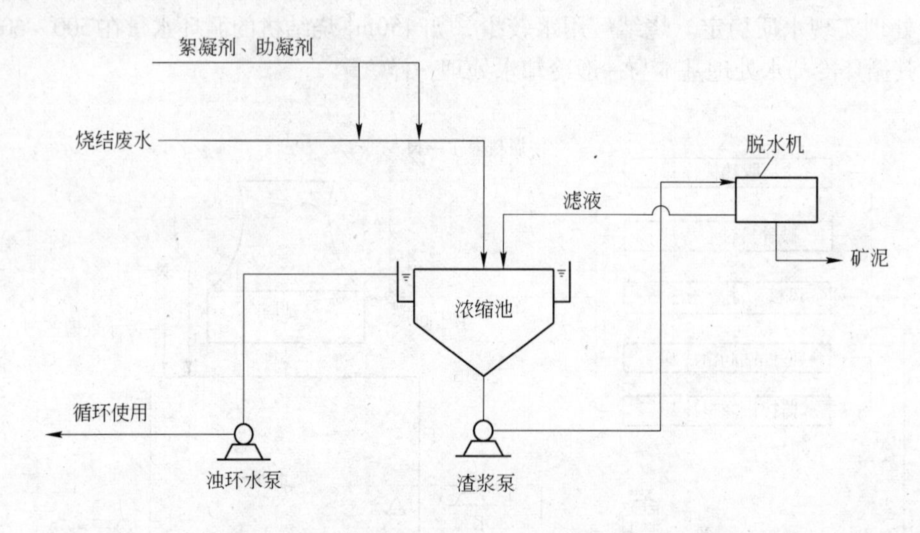

图5-4　烧结厂废水处理流程

根据烧结废水高pH值、高悬浮物的特点，投加药剂絮凝剂用聚合氯化铝，助凝剂用聚丙烯酰胺，聚合氯化铝投加量一般为10～15mg/L，聚丙烯酰胺投加量一般为0.15～0.30mg/L。污泥脱水关键在于污泥浓度和污泥脱水设备的选择，经过加药絮凝和浓缩后，泥浆浓度大于30%，可满足污泥脱水设备的要求。对于小型烧结厂污泥产量不大，可采用板框压滤机，经脱水后污泥含水率低于25%；大型烧结机污泥产生量较大，为了减轻工人劳动强度可采用带式压滤机。采用带式压滤机污泥在进压滤机前应投加聚丙烯酰胺，脱水后的污泥送到烧结料厂。

5.2　焦化工序循环冷却水处理

5.2.1　焦化工艺概述

将各种经过洗选的炼焦煤按一定比例配合后，在炼焦炉内进行高温干馏，可以得到焦炭和荒煤气，将荒煤气进行加工处理，可以得到多种化工产品和焦炉煤气。焦化生产工艺流程如图5-5所示。焦炭是炼铁的燃料和还原剂，它能将氧化铁（铁矿）还原为生铁，焦炉煤气发热值高，是钢铁厂及民用的优质燃料，又因其含氢量多，也是生产合成氨的原料。目前我国最大焦炉为7.63m 60孔焦炉。

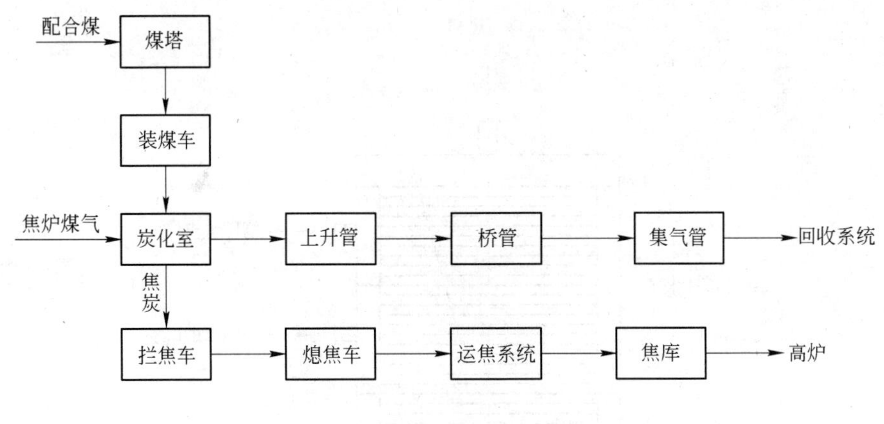

图5-5 焦化生产工艺流程

5.2.2 焦化循环冷却水处理系统

焦化循环冷却水处理系统为间接冷却循环水，一般包括低温水系统、回收循环水系统、制冷循环水系统、除尘地面站循环水系统和干熄焦及热电站循环水系统等。

5.2.2.1 煤气净化循环冷却水处理系统

A 冷却设备

来自焦炉的荒煤气经冷却冷凝分离焦油、氨水和净化脱除焦油雾、萘、硫、氨及苯等后，成为净化煤气。在煤气净化的同时可回收或加工制取化产品。煤气净化工段组成为：冷凝鼓风工段、硫铵工段、终冷洗苯工段、脱硫工段、硫酸工段、粗苯蒸馏工段及油库等。换热设备主要有横管冷却器、螺旋板式换热器等。

横管冷却器主要应用在焦化生产中对焦炉煤气的冷却。煤气由焦炉引向化学产品回收车间，经过气液分离器后温度一般在80～85℃，且含有大量的焦油气和水汽。为了便于输送，并减少鼓风机的动力消耗和有效回收化学产品，煤气须在初冷却器中进一步冷却至20～25℃。而现有大多采用的冷却方式为间接冷却，即采用横管式冷却器。其工作原理如下：在冷却器中煤气走壳程并垂直于冷却水管，由上向下流动。水走管程，一段为循环水，二段为低温水，均由下向上流动。煤气在冷却器内冷却过程中，有大部分水汽和焦油被冷凝下来，并有一部分氨、硫化氢和二氧化碳溶解于所生成的冷凝液中，同时有大量萘析出溶解于焦油中，随煤气由上向下流动，并经液封槽排出。而煤气由鼓风机抽送至后面工序。横管冷却器结构如图5-6所示。

螺旋板式换热器设备由两张钢板卷制而成，形成了两个均匀的螺旋通道，两种传热介质可进行全逆流流动，大大增强了换热效果，即使两种小温差介质，也能达到理想的换热效果。螺旋板换热器与一般列管式换热器相比是不容易堵塞的，尤其是泥沙、小贝壳等悬浮颗粒杂质不易在螺旋通道内沉积，分析其原因：一是因为它是单通道，杂质在通道内的沉积一形成，周转的流就会提高至把它冲掉；二是因为螺旋通道内没有死角，杂质容易被冲出。螺旋板式换热器如图5-7所示。在焦炉煤气净化中常用于粗苯的冷却。

B 水处理系统

煤气净化车间设备冷却用水由循环给水系统供给。煤气净化循环水系统由回收循环水

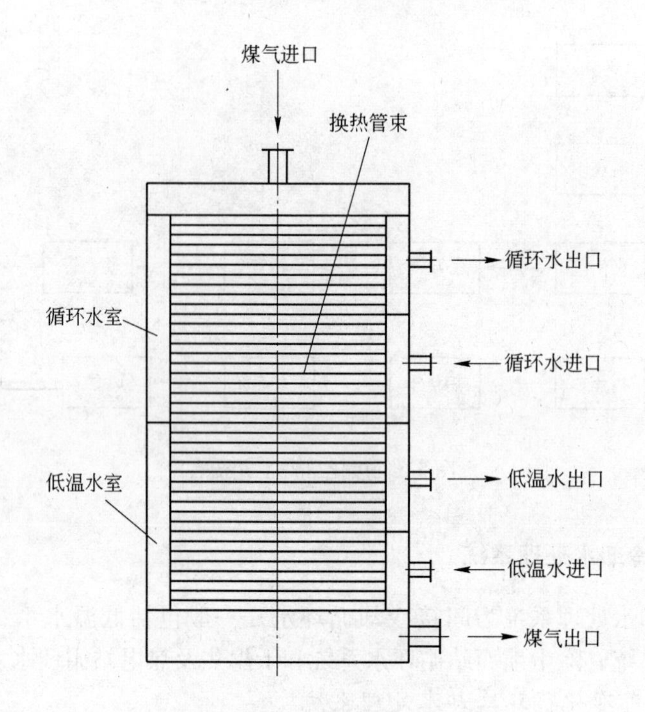

图 5-6　横管冷却器结构

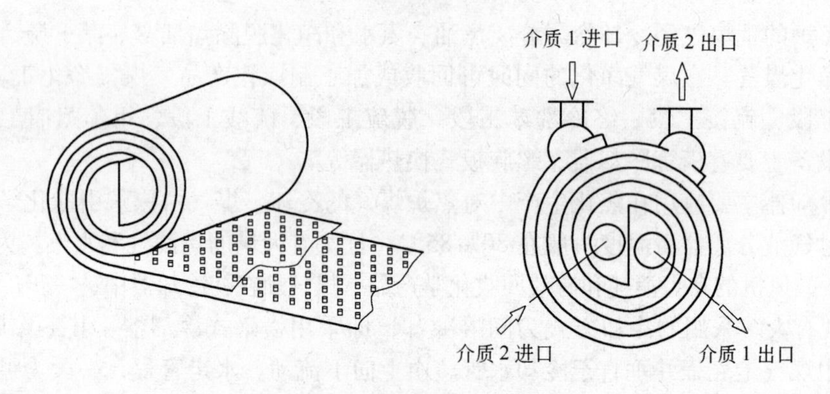

图 5-7　螺旋板式换热器

泵、机械抽风冷却塔、旁流过滤器、循环水管网及水质稳定装置等组成。用水设备主要材质有碳钢、不锈钢、铜等。在焦化循环水处理中煤气净化水处理系统常和制冷机冷却器、焦化地面除尘站冷却水共用一个系统实现循环冷却水的处理。其典型的工艺流程如图 5-8 所示。

为确保煤气净化循环水处理系统高效、稳定地运行，防止循环水系统的管道和设备腐蚀、结垢，向循环水系统投加缓蚀阻垢剂并进行杀菌灭藻处理。旁流过滤器一般采用石英砂做滤料，用来降低水中的悬浮物。自清洗过滤器安装在供水管道上，用来截留水中杂物，以免堵塞换热设备，降低换热效率。循环水的浓缩倍数控制是通过补水和强制排污实现的，过滤器反洗排水和强制排污水不得随意外排，必须考虑排污水的回收再利用，可同钢铁厂其他强制排污水一同考虑。

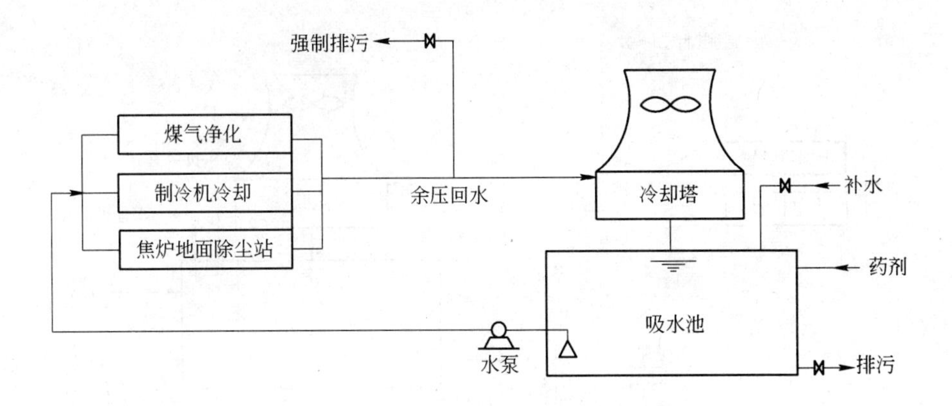

图 5-8 焦化循环冷却水处理工艺流程

5.2.2.2 低温循环冷却水处理系统

低温循环冷却水处理系统由低温水泵、溴化锂制冷机及低温水管网等组成，主要供给冷凝鼓风工段、脱硫工段、粗苯蒸馏工段、终冷洗苯工段等工段低温水设备冷却用。回水流回低温水吸水井，由低温水泵加压，经制冷机制冷后供设备循环使用，其典型的工艺流程如图 5-9 所示。低温冷却水由于在低温状态下运行，不存在结垢现象，应根据补充水水质考虑腐蚀。如果补充水存在腐蚀的倾向，可以考虑在系统中投加缓蚀剂。如果腐蚀是由于微生物造成的，必须定期投加杀菌灭藻剂，控制水中微生物和细菌的繁殖，必要时用新水置换掉部分循环水。

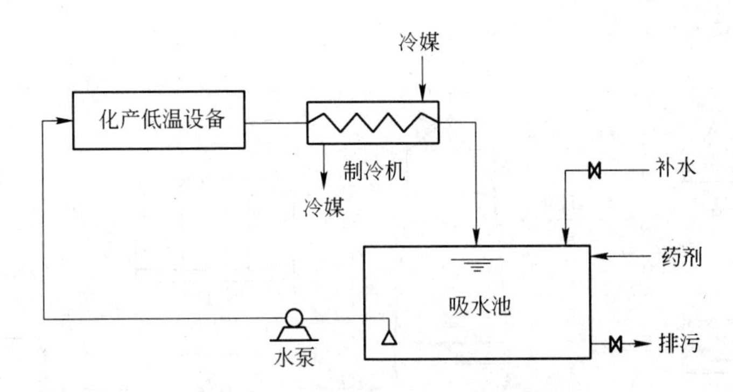

图 5-9 焦化低温水处理工艺流程

5.2.3 干熄焦及热电站循环冷却水处理系统

采用干法熄焦，干熄焦装置、汽轮发电机组冷却用水由循环给水系统供给。干熄焦及热电站循环冷却水处理系统由冷却塔、干熄焦循环水泵、热电站循环水泵、循环水管网、旁流过滤器、自清洗管道过滤器及水质稳定装置等组成，其典型的工艺流程如图 5-10 所示。

热电站循环冷却水处理系统是典型的汽轮发电机冷却用水处理系统，本节对它不详细论述。5.8 节专门对发电循环冷却水处理进行详细讨论。

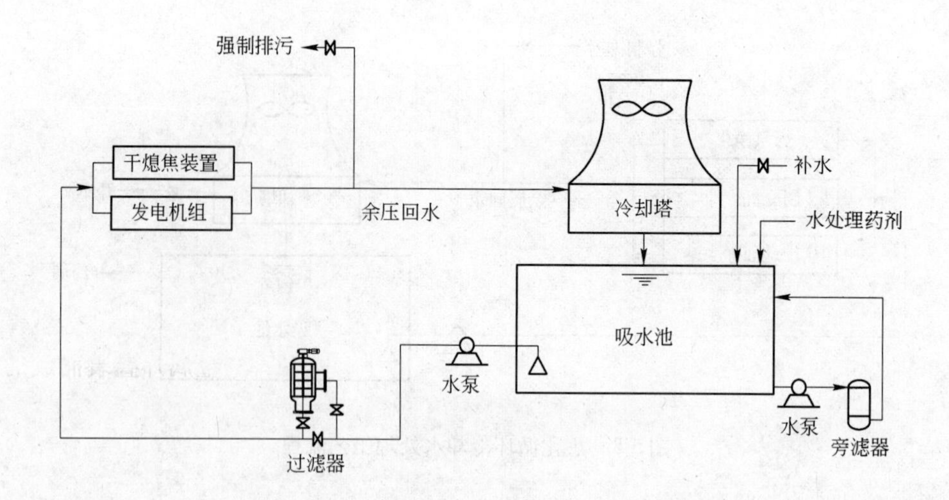

图 5-10　干熄焦及热电站循环冷却水处理工艺流程

5.3　炼铁工序循环冷却水处理

炼铁工艺是将原料（矿石和熔剂）及燃料（焦炭）送入高炉，通入热风，使原料在高温下熔炼成铁水，同时产生炉渣和高炉煤气。炼铁产生的高炉渣，经水淬后成水渣，用于生产水泥等制品，是很好的建筑材料。炼铁厂包含有高炉、热风炉、高炉煤气洗涤设施、鼓风机、铸铁机、冲渣池等，以及与之配套的辅助设施，其生产工艺流程如图 5-11 所示。目前我国最大的高炉为 6300m^3。

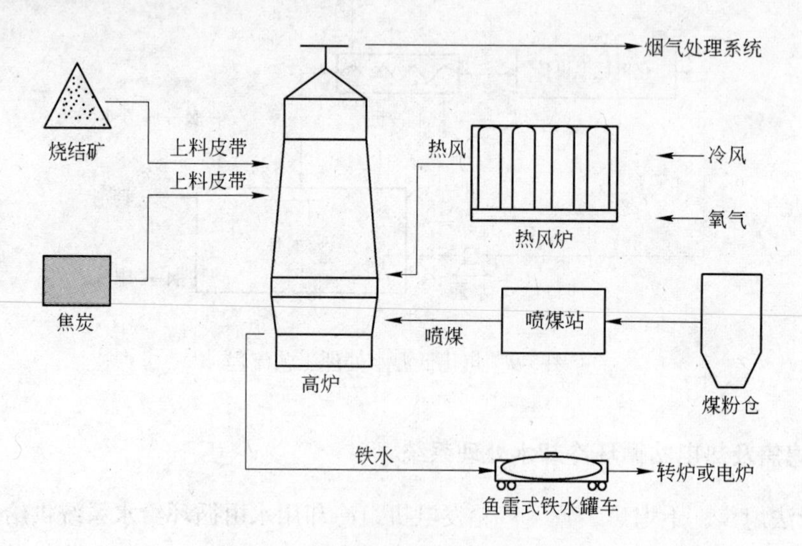

图 5-11　炼铁生产工艺流程

炼铁厂给水主要用于：高炉、热风炉冷却；高炉煤气洗涤（干式除尘没有该系统）；鼓风机站、空压机站、TRT 发电；炉渣的粒化等。一般大型高炉水系统分为间接循环冷却水系统、软水（纯水）密闭循环水系统、直接循环冷却水系统、炉渣粒化循环水系统。目前我国新建大型高炉采用干法除尘，没有直接冷却循环水系统。

5.3.1　间接冷却循环水处理系统

A　冷却设备

间接冷却循环水处理系统，即净循环冷却水处理系统，主要供高炉鼓风机站、空压机站、液压站、TRT 发电、水-水热交换器等用水。鼓风机站冷却设备有电机、润滑油冷却器、动力油冷却器，冷油器进出口油温分别为 50 ~ 60℃和 38 ~ 42℃。空压站冷却设备有空气冷却器、油冷却器等。

板式换热器是高炉软水密闭循环系统中的水-水热交换器，通过水-水热交换将使用过升温的软水冷却下来。板式换热器是由一系列具有一定波纹形状的金属片叠装而成的一种高效换热器。各种板片之间形成薄矩形通道，通过板片进行热量交换。板式换热器主要由框架和板片两大部分组成。板片由各种材料制成的薄板用各种不同形式的模具压成形状各异的波纹，并在板片的四个角上开有角孔，用于介质的流道。板片的周边及角孔处用橡胶垫片加以密封。框架由固定压紧板、活动压紧板、上下导杆和夹紧螺栓等构成。板式换热器是将板片以叠加的形式装在固定压紧板、活动压紧板中间，然后用夹紧螺栓夹紧而成。图 5-12 所示为板式换热器的结构示意图。

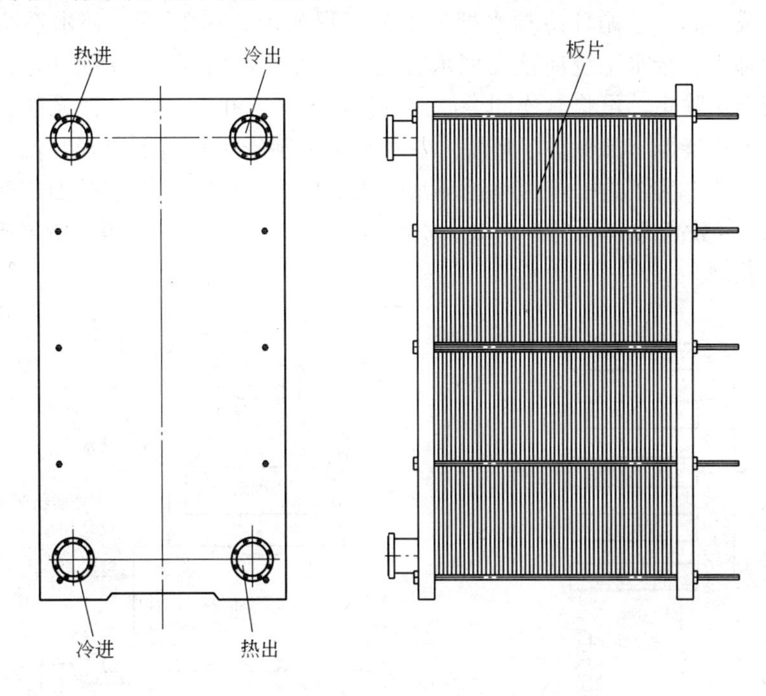

图 5-12　板式换热器结构示意图

油冷却器是普遍使用的一种油冷却设备，利用该设备可使具有一定温差的两种液体介质实现热交换，从而达到降低油温、保证设备正常运行的目的，主要用于设备润滑油冷却、变速系统油冷却、变压器油冷却等。使用油冷却器通过调节冷却水流量来达到降低润滑油温度的目的。图 5-13 所示为列管式油冷却器结构示意图。列管式冷却器由壳体、前盖、后盖、冷却芯等组成。冷却芯由换热管、固定管板、浮动管板、折流板、支撑杆组成。换热管采用紫铜翅片管，管束一端固定、一端浮动，因而有效地避免因热膨胀而引起

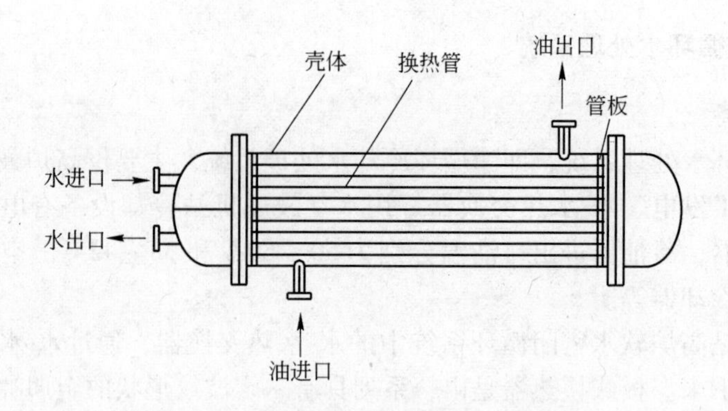

图 5-13 列管式油冷却器结构示意图

的结构故障。冷却管可以从壳体中抽出，便于检查、清洗和维修。

换热设备主要材质有碳钢、铜和不锈钢等。

B 水处理系统

循环冷却水处理系统由供水泵、冷却塔、吸水井、补排水系统、旁滤器、水质稳定剂投加系统等组成。高炉净循环冷却水处理工艺流程如图 5-14 所示。补水系统采用水力浮球阀实现连续补水，排水系统应该在回水管道上安装一排污阀门，污水排到浊环水系统，如果高炉采用干法除尘，可将其连同旁滤器的排污水一起排入高炉冲渣系统，实现系统零排放，既节约了水资源，又保护了环境。在补水和强制排污管道上应安装流量计，以控制循环水的浓缩倍数。为了进一步提高循环水的浓缩倍数，可在系统中投加硫酸控制循环水的 pH 值。浓缩倍数高低应该视补充水水质而定，一般控制在 2 ~ 3 倍。所加药剂有阻垢缓蚀剂、杀菌灭藻剂。

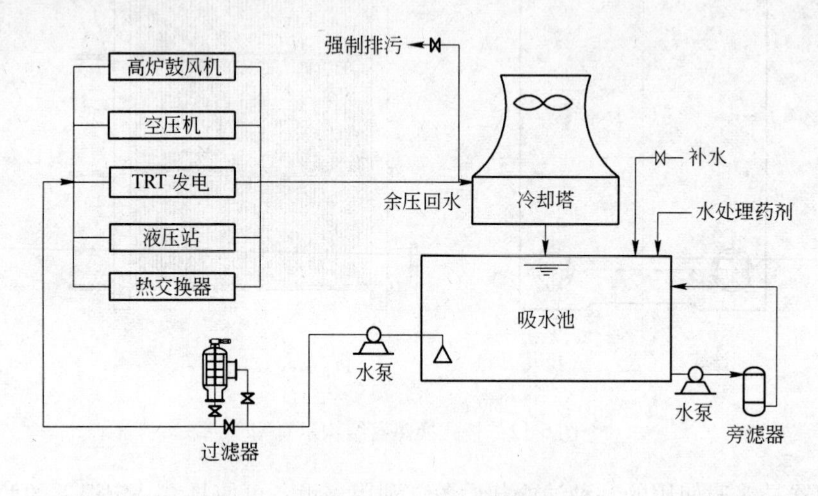

图 5-14 高炉净循环冷却水处理工艺流程

高炉净循环冷却水系统属于典型的间接冷却循环水系统，水处理应从阻垢缓蚀、杀菌灭藻两方面考虑，而板式换热器的堵塞是高炉净环水应该关注的问题。板式换热器板片间隙只有 1mm，而且流道复杂，很容易堵塞。如果板片堵塞，影响换热效果，不得不进行清洗，板片清洗比较麻烦。板片堵塞的原因：一是杂物堵塞；二是结垢堵塞。为避免杂物堵塞，可在板式换热器进水总管上安装自清洗管道过滤器，依靠其截流住水中杂物。为避免结垢，除了控制好水的各项指标、投加水处理药剂外，还应关注几台换热器的配水，必须通过调整每台换热器进水阀门，使每台换热器进水均匀，如果进水不均匀，使得水量小的换热器水流速过低。即使水处理工作做得再好，也可能出现污垢在换热器板片间沉积现象。

5.3.2　软水（纯水）密闭循环系统

5.3.2.1　冷却设备

高炉冷却目的在于保证高炉不被烧坏并延长其砌体与设备的使用期限。高炉冷却效果的好坏是影响高炉一代寿命的重要因素。高炉冷却系统包括高炉冷却壁、风口、炉底、热风阀等各种冷却设备，而这些设备热负荷强度极高，特别是高炉风口小套热流密度高，若采用以生水为补充水的间接冷却方式，在低浓缩倍数运行，即使投加阻垢缓蚀剂仍不能避免这些换热设备结垢，结垢影响了高炉的寿命。因此，要提高高炉的一代寿命，必须供给优质冷却水。软水（纯水）密闭循环的采用避免了设备结垢，同时没有强制排污水量，从环保角度考虑也是优选的方式。

高炉炉衬内部温度高达1400℃，一般耐火砖都要软化和变形。高炉冷却装置是为延长砖衬寿命而设置的，用以使炉衬内的热量传递出去，并在高炉下部使炉渣在炉衬上冷凝成一层保护性渣皮。按结构不同，高炉冷却设备大致可分为外部喷水冷却、风口渣口冷却、冷却壁和冷却水箱以及风冷（水冷）炉底等装置。

冷却壁是高炉内部的冷却设备，置于炉壳与炉衬之间，主要材质为铸铁、铸钢或铜。冷却壁主要用于风口及以下区域，起冷却高炉炉缸内衬的作用。图5-15所示为铸铜冷却壁示意图。

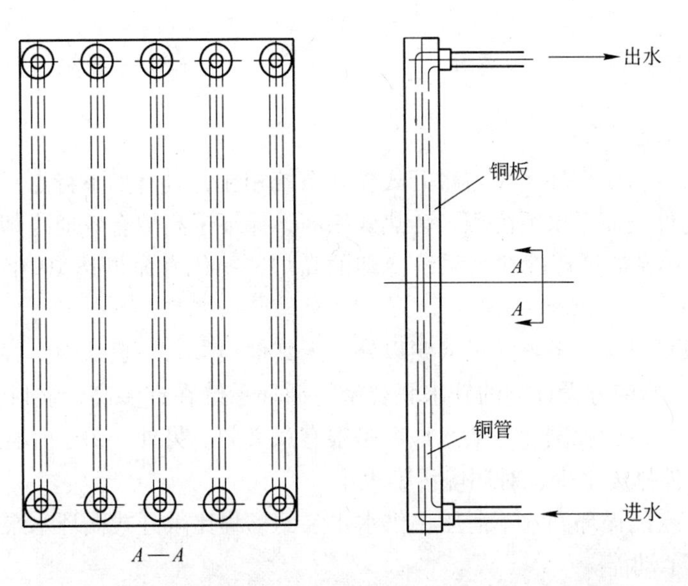

图5-15　铸铜冷却壁示意图

高炉风口是保证高炉正常生产的关键部件，通常安装于炉腹与炉底之间的炉墙中，前段有500mm伸入炉内，直接受到液态渣铁的热冲蚀和掉落热料的严重磨损，容易失效。频繁更换风口会导致高炉休风，减少高炉产量。高炉风口的使用环境极端恶劣，要承受约1500℃以上的高温，冷却是极重要的因素。由于软水密闭循环的采用，避免了因结垢物附着使传热面结垢、烧毁风口的现象。高炉风口的结构有空腔水冷风口、双腔旋流风口、贯流式风口、双进双出风口、偏心式风口。图5-16所示为贯流式风口结构示意图。

热风阀是安装在高炉热风炉系统的热风管上，用来控制热风炉燃烧期和送风期管路启闭的切断设备。阀板是热风阀的主要部件，它承受着高达1000～1350℃的高温，必须通过冷却才能正常工作。图5-17所示为热风阀结构示意图。

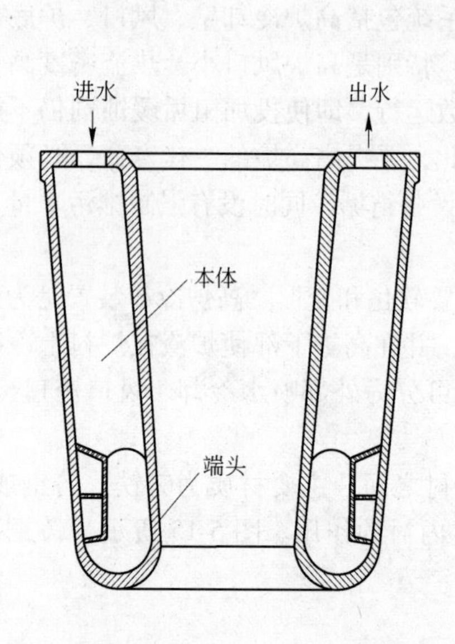

图5-16　贯流式风口结构示意图

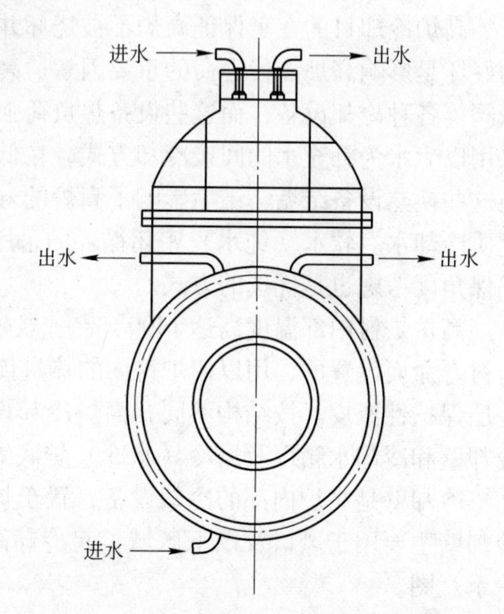

图5-17　热风阀结构示意图

5.3.2.2　水处理系统

软水（纯水）密闭循环系统与敞开式循环系统相比，具有如下特点：

（1）冷却构件表面无水垢沉积，传热效率高，保证了高炉有效地冷却，延长了高炉的寿命。如一座采用密闭循环冷却水系统冷却的高炉，一代寿命可达10年以上，中间无需中修。

（2）节水效果显著。系统除了渗漏以外，无其他损失。一般认为，补充水量仅为系统容积的0.1%。中冶南方设计院的软水联合密闭循环系统在许多高炉实际运用中补水量一般小于0.05%，这对于我国北方缺水地区是很有意义的。另外，由于补充水量少，水处理药剂费用也少，外排废水少、对环境污染也小。

（3）节能。密闭循环回水不泄压，供水水泵的扬程比敞开式循环水泵的扬程低30%～40%，因此节约了动能。

软水（纯水）密闭循环系统包括水泵、供水管网、脱气罐、膨胀罐、热交换器、加药装置等。其工艺流程如图5-18所示。软水（纯水）密闭循环系统多为水-水热交换，在盛满软水（纯水）的膨胀罐内，以氮气作密封，在整个循环过程中系统是密闭的。由于软水

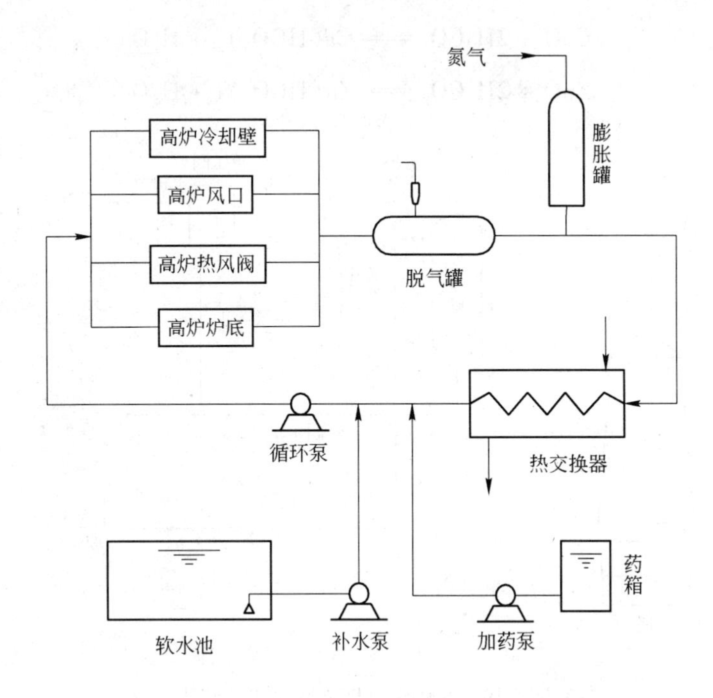

图 5-18 高炉软水（纯水）密闭循环工艺流程

（纯水）中存在溶解氧，具有腐蚀倾向，因此在系统中需要投加缓蚀剂、杀菌剂以保护设备和管道。软水（纯水）密闭循环系统的缓蚀剂应采用环保型药剂，最好采用钼系缓蚀剂，配方中少用或不用亚硝酸盐类药剂。

高炉密闭循环水系统的补充水可采用软水或纯水，至于采用软水还是纯水应根据各个企业具体情况而定。企业供水管网方便提供哪种水就采用哪种水，但如果单独设置制水设备建议采用软水。无论从设备投资和运行成本上考虑软水比较合适，软水采用钠离子交换器制取，产水率95%左右；而采用反渗透制取纯水，产水率70%～80%。

5.3.3 高炉煤气洗涤水系统

5.3.3.1 高炉煤气洗涤水的形成

高炉煤气湿法除尘是利用高炉煤气洗涤装置将煤气中烟尘带进水中达到烟气净化和降温的目的。高炉煤气洗涤采用塔文除尘、双文方式、比肖夫塔等洗涤方式。高炉煤气进入洗涤系统时的烟尘含量5～10g/m^3（标态），洗涤后要求含尘量小于10mg/m^3（标态）。湿法除尘工艺常用的有塔文系统处理流程、双文系统处理流程、比肖夫塔煤气清洗系统（环缝洗涤系统）三种方式。图5-19所示为高炉煤气塔文除尘工艺流程图。

高炉所用原料和燃料有烧结矿、块矿、焦炭、煤粉，采用富氧喷煤冶炼方式。从高炉引出的煤气，先经过干除尘，然后进入煤气洗涤设备。由于水与煤气直接接触，煤气中的粉尘进入水中，烟气中的SO_2、SO_3、CO_2和粉尘中的Ca、Mg、Zn等溶解于水中，使洗涤水的pH值降低，Ca^{2+}、Mg^{2+}、Zn^{2+}和悬浮物质增加，形成了高锌、高钙、高悬浮物的高炉煤气洗涤水。化学反应如下：

$$CO_2 + H_2O \xlongequal{\quad} H_2CO_3$$

$$CaO + 2H_2CO_3 = Ca(HCO_3)_2 + H_2O$$

$$ZnO + 2H_2CO_3 = Zn(HCO_3)_2 + H_2O$$

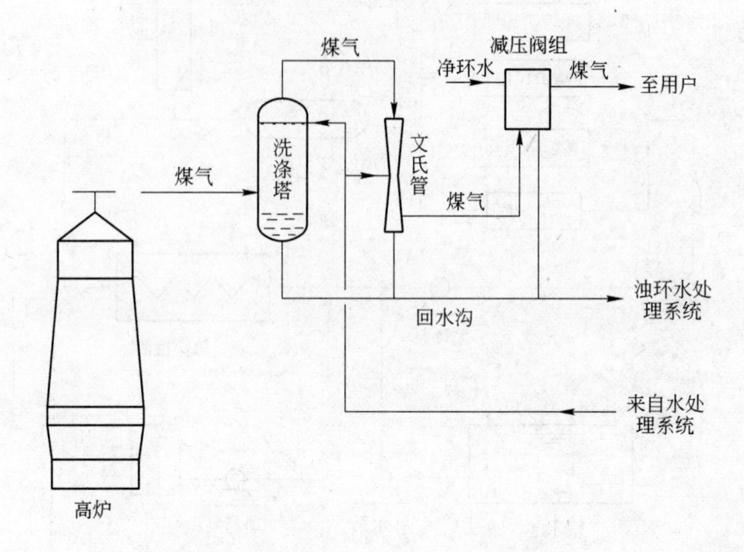

图 5-19　高炉煤气塔文除尘工艺流程

高炉煤气洗涤水经处理后循环使用，形成了高炉煤气洗涤水的循环系统。

水中悬浮物的去除采用絮凝沉淀方式，降温冷却采用加压上塔方式。高炉煤气洗涤水净化煤气后从高炉煤气洗涤系统出来汇集到回水渠道，进沉淀池，出水汇集到高架渠道流到热水池，经水泵加压上冷却塔降温冷却回到冷水池送往高炉煤气洗涤塔循环使用，沉淀池排出污泥经一组渣浆泵送到污泥脱水设备。

5.3.3.2　含锌高炉煤气洗涤水的水质特点及故障

高炉煤气洗涤水的水质受高炉冶炼物料的影响很大，特别是高炉铁矿石中含锌，使高炉煤气洗涤水中含有锌离子的结垢型水质。高炉煤气洗涤水系统中各流程段水质也是不同的，因此将高炉煤气洗涤水系统分为回水段、中间段、送水段。回水段是从洗涤设备出来到沉淀设备进口，中间段是从沉淀设备出口到冷水池，送水段是降温冷却后到送往洗涤设备。表 5-1 为典型的含锌高炉煤气洗涤水水质。

表 5-1　典型的含锌高炉煤气洗涤水水质

流程段	pH 值	总溶固 /mg·L^{-1}	总碱度 /mg·L^{-1}	钙硬度 /mg·L^{-1}	水温/℃	Zn^{2+} /mg·L^{-1}	悬浮物 /mg·L^{-1}
回水段	6.65	1996	190	890	50	86.20	1200
中间段	6.80	1980	193	879	45	81.60	72
送水段	7.34	1948	188	845	38	70.85	65

从表 5-1 可以看出，高炉煤气洗涤水的高含盐量、高钙、高锌以及锌含量和 pH 值变化大成为其主要特点。

由表 5-1 数据计算 Langerlier 指数和 Ryznar 指数，计算结果见表 5-2。

表 5-2 Langerlier 指数和 Ryznar 指数计算结果

流程段	pH_s	LSI 指数	倾 向	Ryznar 指数	倾 向
回水段	6.24	0.41	结 垢	5.83	轻度结垢
中间段	6.32	0.48	结 垢	5.84	轻度结垢
送水段	6.46	0.88	结 垢	5.58	轻度结垢

从表 5-2 计算出的 Langerlier 指数和 Ryznar 指数的结果看，流程中三段水都是结垢型水。从 Ryznar 指数看，三段水都是轻度结垢型水，但这些指数中的 pH_s 只是冷却水中碳酸钙饱和时的 pH 值，而未考虑 Zn^{2+} 对水的稳定倾向的影响。对现场高炉煤气洗涤水取样进行实验，从实验室实验情况看出，在流程中三段水的 pH 值条件下，Zn^{2+} 具有析出结垢倾向，而且随着 pH 值上升、水温升高和锌离子含量的增加，Zn^{2+} 析出结垢倾向越强。

在典型的含锌高炉煤气洗涤水系统中沉淀池出水到冷水池管道、送水管道、冷却塔喷头结垢，洗涤塔送水管道、阀门等处尤为严重，供水泵叶轮、洗涤塔喷头也存在结垢现象，洗涤塔出水管道不存在结垢现象。

高炉煤气洗涤水系统中水垢大多为灰白色夹杂黑色颗粒，除水泵叶轮、洗涤塔喷头水垢致密坚硬外，其他都较疏松。从管道中垢样分析成分看，主要是锌、钙、铁和酸不溶物，这说明污垢主要是由锌、钙垢和悬浮物组成。表 5-3 为高炉煤气洗涤水水垢样分析数据。

表 5-3 高炉煤气洗涤水水垢组成 （%）

组 成	酸不溶物	550℃烧碱	950℃烧碱	CaO	ZnO	Fe_2O_3
数 值	7.87	20.42	12.27	15.46	34.38	5.61

从表 5-1 中可以看出，水的 pH 值、Zn^{2+}、Ca^{2+} 在水系统的各个流程段都有所变化。pH 值从回水段到送水段的变化，这是由于洗涤水从煤气洗涤设备流到沉淀设备后呈向大气敞开状态，特别是加压喷淋曝气后水中二氧化碳逸出造成 pH 值上升。水中 Zn^{2+}、Ca^{2+} 从回水段到中间段、送水段都有不同程度的丢失。从采集的水样可以看出，加压喷淋后水中有灰白色物质，呈分散状态悬浮于水中。这说明水中悬浮物质是锌和钙析出物的微小晶粒。pH 值的上升和二氧化碳的逸出，水中的锌和钙在过饱和状态下存在，碱式碳酸锌和碳酸钙结晶析出，以微小晶粒存在水中，在外界条件发生变化时，微晶同管道壁、池壁、设备碰撞，在其上吸附生长成垢。

$$2HCO_3^- \xlongequal{} CO_3^{2-} + H_2O + CO_2\uparrow$$

$$4Zn^{2+} + 4CO_3^{2-} + 4H_2O \xlongequal{} Zn_4CO_3(OH)_6 \cdot H_2O\downarrow + 3CO_2\uparrow$$

$$Ca^{2+} + CO_3^- \xlongequal{} CaCO_3\downarrow$$

高炉煤气洗涤水中悬浮物也是水垢形成的一个主要因素。悬浮物是在煤气洗涤过程中烟尘进入水中形成的，主要由氧化铁、焦炭分、煤粉、矿粉等组成。水在运行中，碱式碳酸锌、碳酸钙以水中悬浮物为晶核生长，加速了碱式碳酸锌、碳酸钙结晶析出过程。碱式碳酸锌、碳酸钙对水中悬浮物沉积也有一定促进作用，如絮凝剂一样使悬浮物絮凝变粗长大。悬浮物和碱式碳酸锌、碳酸钙相互作用、互为生长，共同附着在设备、管壁和池壁上形成水垢。

5.3.3.3　高炉煤气洗涤水的处理流程

高炉煤气洗涤水从煤气洗涤塔、文氏管、减压阀、湿式电除尘等设施排出，水中主要含有 TFe、Fe_2O_3、FeO、SiO_2、CaO、MnO、C 等物质，以铁粉为主，还含有焦炭粉末及少量酚、氰有毒物质。高炉煤气洗涤水处理包括絮凝沉淀、冷却、水质稳定、污泥脱水等主要工序。高炉煤气洗涤水净化煤气后从高炉煤气洗涤系统出来汇集到回水渠道，进沉淀池，出水汇集到高架渠道流到热水池，经水泵加压上冷却塔降温冷却回到冷水池送往高炉煤气洗涤塔循环使用，沉淀池排出污泥经一组渣浆泵送到污泥脱水设备。高炉煤气洗涤水处理工艺流程如图 5-20 所示。

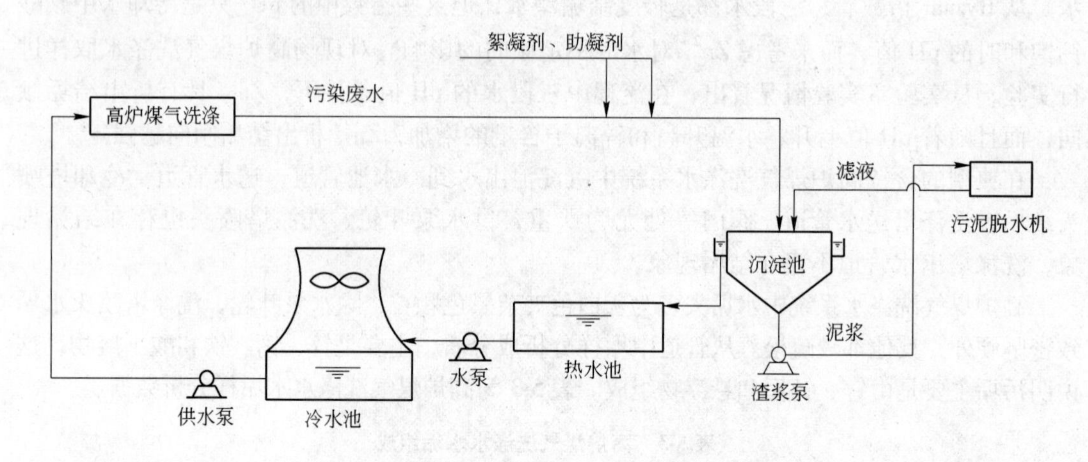

图 5-20　高炉煤气洗涤水处理工艺流程

A　悬浮物的去除

高炉煤气洗涤水悬浮物含量为 700 ~ 3000mg/L，一般粒径为 50 ~ 60μm，部分粗颗粒粒径为 100 ~ 300μm。采用自然沉淀法去除悬浮物，出水悬浮物为 100 ~ 200mg/L。煤气洗涤处理工艺大多数钢铁厂采用辐射沉淀池，近年来斜板沉淀池也有应用。为了提高供水质量，减少结垢因素，建议悬浮物控制在 35mg/L 以内，通过絮凝沉淀可以实现。采用絮凝沉淀可以投加混凝剂和助凝剂。常用的混凝剂有聚合氯化铝和聚合硫酸铁，助凝剂采用聚丙烯酰胺。絮凝剂和助凝剂应投加在沉淀池进水渠道上，相距 10m 以上，而且应在渠道上安装混合装置，以利于悬浮物和药剂的混合反应，提高沉淀效果。

B　结垢的防止

对于含锌洗涤水，结垢是主要故障。为了解决结垢问题，在沉淀池出口投加阻垢剂，实践证明只能缓解结垢速度。最好在回水渠道投加絮凝剂之前先投加氢氧化钠，然后依次投加絮凝剂、助凝剂，沉淀池出口投加阻垢剂。投加氢氧化钠调节水的 pH 值，使其控制在 7.2 ~ 8.0 之间，pH 值在 7.7 ~ 8.0 之间锌的去除率最高，锌离子小于 5mg/L。水中加入氢氧化钠后，溶解性的锌离子变成不溶性的氢氧化锌，氢氧化锌在絮凝剂的作用下和悬浮物一起成为絮体在沉淀池中沉淀。氢氧化钠的投加应采用全自动控制方式，把水的 pH 值控制在范围之内。阻垢剂应根据循环水量连续均匀投加，筛选阻锌垢好的药剂。

C　污泥处置

从沉淀池排出的污泥浓度为 10% ~ 20%，用泥浆泵送到二次浓缩池进一步浓缩，经浓缩后将含泥量为30% ~40%的泥浆直接送到过滤机，经过滤脱水后得到含水率为20% ~30%的泥饼，送到烧结回收利用。图5-21所示为泥浆脱水工艺流程。

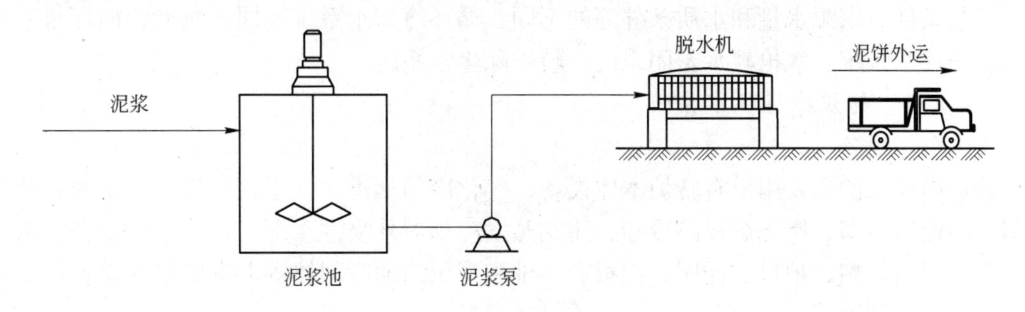

图5-21 泥浆脱水工艺流程

常采用的脱水设备主要有GN筒型内滤式真空过滤机、筒型外滤式真空过滤机、圆盘真空过滤机、带式压滤机和板框压滤机。内滤式真空过滤机在许多钢铁厂应用，但存在操作较复杂、效率低、滤布寿命短、更换时间长、脱水率低等缺点，逐渐被带式压滤机和板框压滤机所取代。

5.4 炼钢工序循环冷却水处理

5.4.1 炼钢

炼钢厂主要有转炉炼钢车间、连续铸钢车间；另外，炼钢车间根据冶炼品种钢的需要，设置各种炉外精炼设备，包括LF炉、VD炉、RH炉和VOD炉等。

炼钢厂的规模按转炉容量来划分：容量大于等于100t为大型；容量大于等于50t为中型；容量小于50t为小型。目前我国最大的转炉为300t。

氧气转炉炼钢是以铁水为原料，吹入纯氧进行冶炼，钢水装入钢水包送连铸车间连续铸锭。主要原燃料有铁水、氧气、石灰石、白云石、萤石等。转炉炼钢生产工艺流程如图5-22所示。

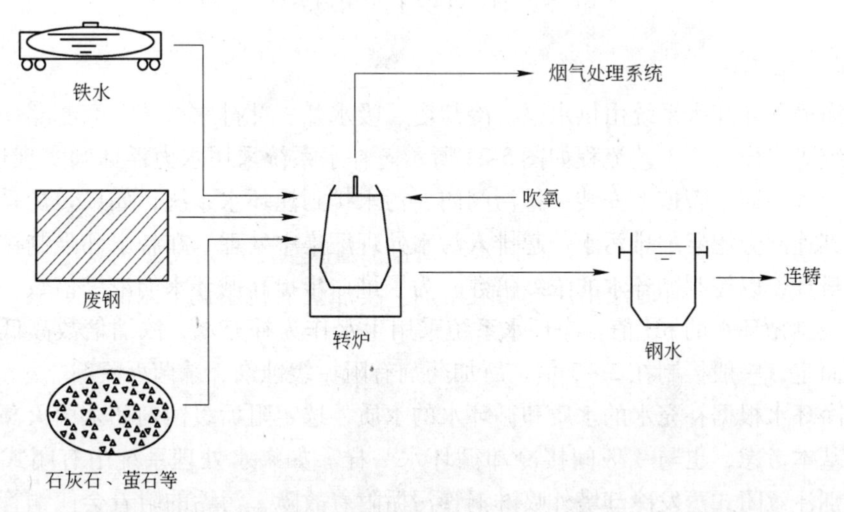

图5-22 转炉炼钢生产工艺流程

炼钢用水有工业新水、设备冷却用水、软化水等。工业新水用于循环冷却水系统的补水，软化水用于汽化烟道冷却，设备冷却用水采用循环冷却水。氧气转炉炼钢根据转炉大小、工艺条件、水源水量和水质条件等的不同，循环冷却水系统不同。典型的循环水系统有转炉净环水系统、氧枪软水密闭系统、转炉除尘水系统。

5.4.1.1　转炉净循环水系统

A　冷却设备

转炉净环水的主要用户有转炉本体设备、气化冷却烟道、铁水预处理、氧枪密封装置冷却、副枪帽冷却、精炼炉设备冷却、闭式蒸发冷却器外喷淋水等。转炉本体设备的水冷部件有烟罩、炉帽、炉口、托圈、挡板、耳轴和液压站油冷却器等。主要用水设备材质有碳钢、不锈钢和铜等。

氧气顶吹转炉由炉体、托圈、耳轴和倾动机械等组成。炉体为钢板焊接体，可分为炉帽、炉身和炉底三个部分。炉帽一般和炉身焊成一体。转炉有支承炉身的托圈。氧气顶吹转炉结构示意图如图 5-23 所示。

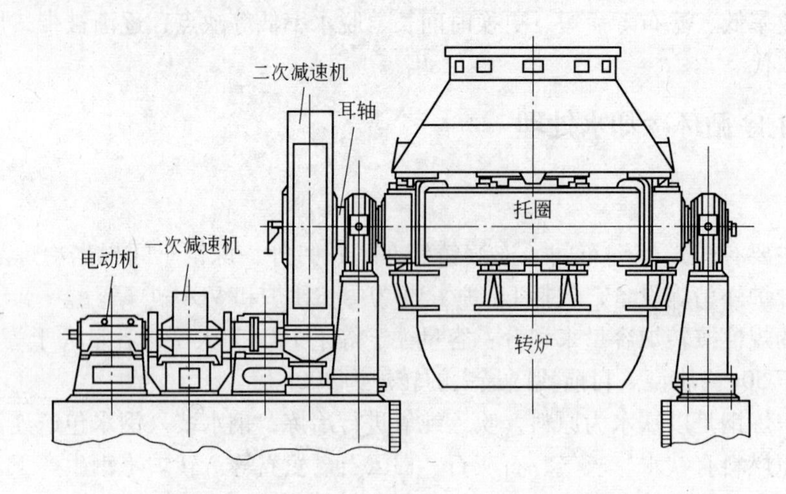

图 5-23　氧气顶吹转炉结构示意图

B　水处理系统

转炉净循环冷却水系统由供水泵、冷却塔、吸水井、补排水系统、旁滤器、水质稳定剂投加系统等组成，其工艺流程如图 5-24 所示。补水系统采用水力浮球阀实现连续补水。排水系统应该在回水管道上安装一排污阀门，污水排到浊环水系统，如果转炉采用干法除尘，可将其连同旁滤器的排污水一起排入污水处理厂集中处理。在补水和强制排污管道上应安装流量计，以控制循环水的浓缩倍数。为了进一步提高循环水的浓缩倍数，可在系统投加硫酸控制循环水的 pH 值。净环水系统采用生水作为补充水，浓缩倍数高低应该视补充水水质而定，一般控制在 2 ~ 3 倍。所加药剂有阻垢缓蚀剂、杀菌灭藻剂。

炼钢净环水根据补充水的水质和循环水的水质，选定阻垢缓蚀剂和杀菌灭藻剂，在水处理上的基本考虑，也与一般间接冷却循环水一样。如果水处理系统中有闭式蒸发冷却塔，要特别注意闭式蒸发冷却塔外喷淋铜管污垢附着故障，污垢的附着会使铜管传热效率大大降低，所以制定水处理方案时要加以关注。

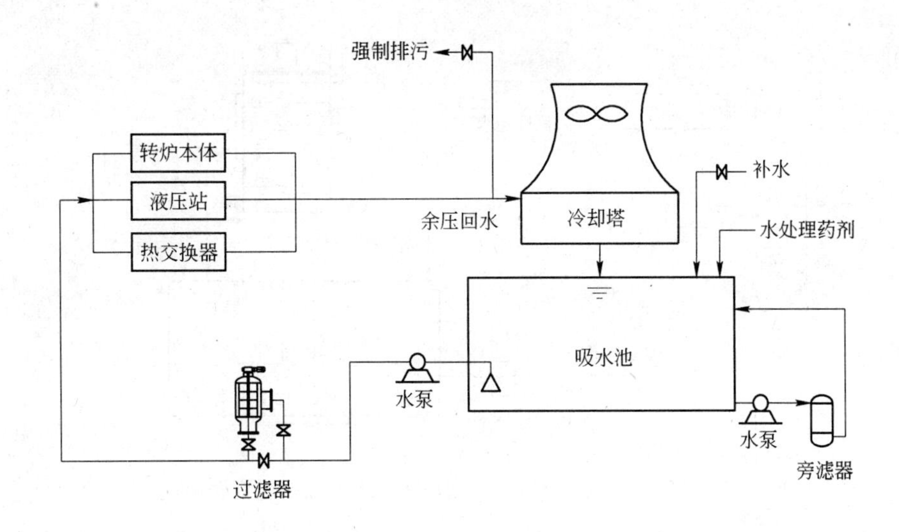

图 5-24 转炉净循环水处理工艺流程

5.4.1.2 氧枪软水密闭循环冷却水系统

A 冷却设备

氧枪是转炉炼钢的关键设备，其性能特征直接影响冶炼效果和吹炼时间，从而影响钢材的质量和产量。氧枪由三层同心钢管组成，内管道是氧气通道，内层管与中层管之间是冷却水的进水通道，中层管与外层管之间是冷却水的出水通道。氧枪主要是靠由外壁到冷却水之间的对流传热来冷却的。其结构如图 5-25 所示。

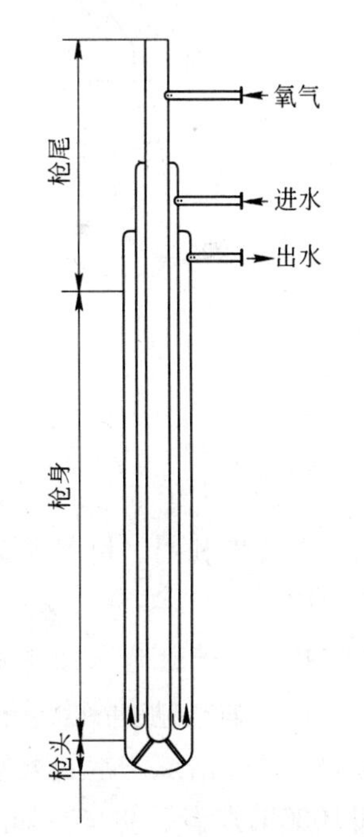

图 5-25 氧枪结构示意图

B 水处理系统

氧枪作为高热负荷的冷却设备，冷却水除了考虑流量和压力外，必须考虑供水质量，采用软水密闭循环系统。氧枪材质为碳钢，闭式蒸发冷却塔交换器材质为铜。常用的软水密闭循环冷却水系统由供水泵、闭式蒸发冷却塔、吸水井、补排水系统和水质稳定剂投加装置等组成。软水密闭循环系统采用水-水热交换，冷媒水使用炼钢净环水。典型的氧枪软水密闭循环冷却水处理工艺流程如图 5-26 所示。

由于软水（纯水）中存在溶解氧，具有腐蚀倾向，因此缓蚀是水处理考虑的要点，根据水质选用缓蚀剂、杀菌剂以保护设备和管道。

5.4.1.3 转炉除尘水系统

A 转炉除尘工艺

转炉烟气净化分燃烧法和未燃法。目前一般采用未燃法湿法除尘和干法除尘。转炉烟气湿法除尘是利用转炉烟气洗涤装置将烟气中烟尘带进水中达到烟气净化降温目的，工艺流程如图 5-27 所示。干法烟气净化是烟气经汽化冷却烟道后经蒸发冷却器、电除尘器净化后回收利用，干尘经压块后

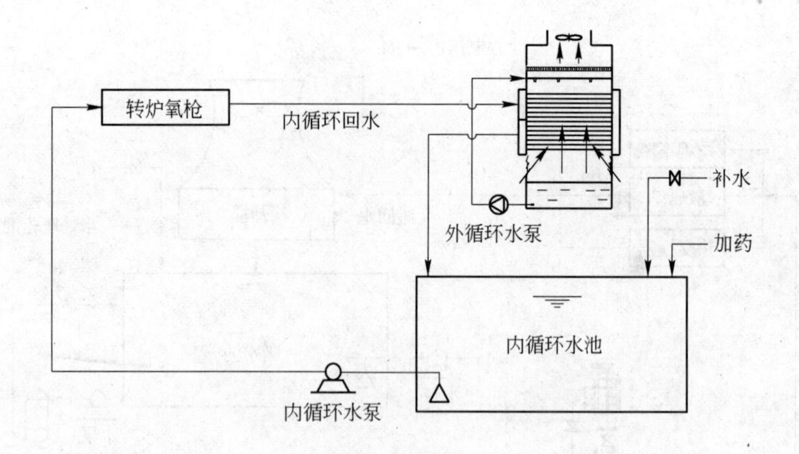

图 5-26　氧枪软水密闭循环冷却水处理工艺流程

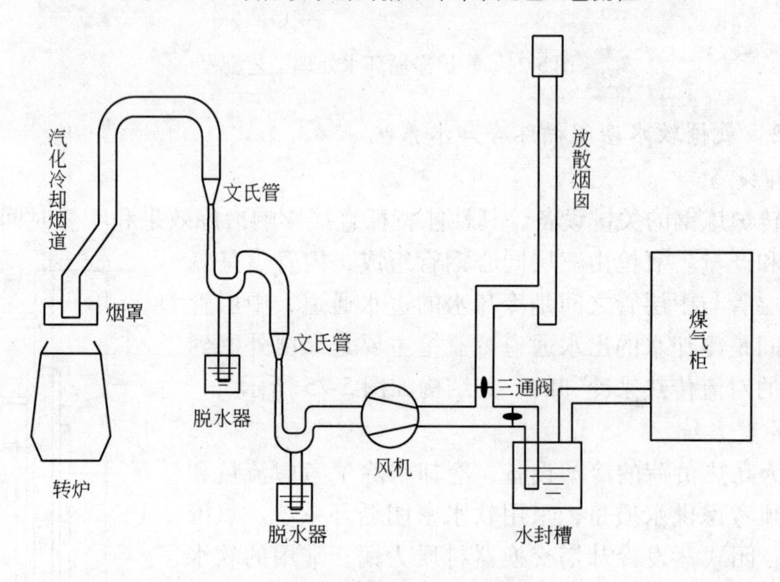

图 5-27　转炉烟气湿法除尘工艺流程

直接供转炉利用。目前大型转炉多采用干法除尘，不但节约了大量水资源，同时有利于环境保护。

B　转炉除尘水的形成及特点

转炉烟气湿法除尘是利用转炉烟气洗涤装置将烟气中烟尘带进水中达到烟气净化降温目的。转炉冶炼产生的大量高温（1450℃左右）、含尘烟气被烟罩捕集，经汽化烟道冷却到1000℃左右。初步冷却的烟气经过一级文氏管冷却并除去大颗粒烟尘，再经过二级文氏管除去微细粉尘。供两级文氏管进行除尘和降温使用后的水，通过脱水器排出，即成为转炉除尘废水。

转炉除尘水在不同的时期所表现的水质是不同的，与转炉冶炼操作、烟气净化操作、辅料品种质量、循环水运行管理等有关。根据硬度大小可分为高 pH 值、高硬度水质和高 pH 值、低硬度水质。转炉除尘水常见水质类型见表 5-4。

表 5-4　转炉除尘水常见水质类型

类　型	pH 值	电导率 /μS · cm^{-1}	$M_{碱度}$ /mgN · L^{-1}	$P_{碱度}$ /mgN · L^{-1}	总硬度 /mg · L^{-1}	钙硬度 /mg · L^{-1}	Cl$^-$ /mg · L^{-1}
高硬度	12.42	5605	13.5	10.80	795	585	285
低硬度	11.52	3985	19.20	11.60	238	6	238
低硬度	10.30	4000	17.61	6.54	40.40	12.75	219
低硬度	10.89	4120	4.56	3.12	112	80	172

（1）高 pH 值、高硬度水质。这种水质 pH 值大于 12.00，总硬度大于 500mg/L，碱度以 OH^- 为主、CO_3^{2-} 为辅或不含 CO_3^{2-}，属于高 pH 值、高碱度、高硬度强结垢型水质。水质形成的主要原因是烟气中 CaO、K_2O、Na_2O、CO_2 含量不平衡造成的，CaO 含量过高，K_2O、Na_2O、CO_2 含量较低。化学反应如下：

$$CaO + H_2O \longrightarrow Ca(OH)_2$$

$$Ca(HCO_3)_2 + Ca(OH)_2(过量) \longrightarrow 2CaCO_3 \downarrow + 2H_2O$$

这样水中存在溶解后的 $Ca(OH)_2$、$CaCO_3$，造成了含 OH^-、CO_3^{2-}、Ca^{2+} 的高碱度、高硬度水质。

高 pH 值、高硬度水在文氏管、水泵叶轮、冷却塔、管道中结垢相当严重，对生产危害极大，是水质稳定中最难处理的，单靠投加水质稳定剂效果不好。除尘一文、二文喉口严重结垢，垢层厚而致密坚硬，影响了除尘系统的正常生产，需要每天停炉清理，清理时比较困难；风机叶轮结垢，会导致其寿命缩短，发生喘振，效率降低，直接威胁炼钢生产；水泵叶轮结垢，会降低过水流量，增加水泵负荷，电流升高，影响正常供水；管道结垢，会减小截面积，提高水流速度和压力，严重时会降低过水流量；冷却塔填料、布水管结垢，会造成布水不匀，淋水不均，使冷却效率降低，造成供水温度升高，冷却塔风机、填料检修频繁。因此，转炉炼钢除尘水系统故障对炼钢生产造成一定威胁，应引起重视。在除尘水系统不同部位垢样采集分析，主要成分为氧化铁和氧化钙，不同部位其含量有所不同。

水、气混合后会在文氏管中发生如下反应：

$$Ca(OH)_2(过量) + CO_2 \longrightarrow CaCO_3 \downarrow + H_2O$$

生成的 $CaCO_3$ 晶体在文氏管喉口部位吸附析出生长成垢。

在冷水池中含 OH^-、CO_3^{2-}、Ca^{2+} 的水和含 HCO_3^- 补充水混合后发生如下反应：

$$Ca(HCO_3)_2 + Ca(OH)_2(过量) \longrightarrow 2CaCO_3 \downarrow + 2H_2O$$

生成的碳酸钙在水泵叶轮高速搅动下加快碳酸钙结晶生长速度，在水泵叶轮长大成垢。

在冷却塔中水在喷淋曝气后，含 OH^-、CO_3^{2-}、Ca^{2+} 水吸收了空气中的二氧化碳，发生如下反应：

$$Ca(OH)_2(过量) + CO_2 \longrightarrow CaCO_3 \downarrow + H_2O$$

生成的碳酸钙微晶吸附在冷却塔布水管、填料、风机叶片等处长大成垢。

（2）高 pH 值、低硬度水质。这种水质 pH 值小于 12.00，总硬度小于 100mg/L，碱度以 CO_3^{2-} 为主、OH^- 为辅或以 HCO_3^-、CO_3^{2-} 为主，不含 OH^-，属于结垢型水质。在文氏管、水泵叶轮、管道、冷却塔填料处也结垢，但较轻。水质稳定较为容易，投加水质稳定剂可以达到良好阻垢效果。水质形成的主要原因是烟气中 CaO、K_2O、Na_2O、CO_2 和水相互反应造成的，化学反应如下：

$$CaO + H_2O \xlongequal{} Ca(OH)_2$$

$$K_2O + H_2O \xlongequal{} 2KOH$$

$$Na_2O + H_2O \xlongequal{} 2NaOH$$

$$2KOH + CO_2 \xlongequal{} K_2CO_3 + H_2O$$

$$2NaOH + CO_2 \xlongequal{} Na_2CO_3 + H_2O$$

$$Ca(OH)_2 + K_2CO_3 \xlongequal{} CaCO_3\downarrow + 2KOH$$

$$Ca(OH)_2 + Na_2CO_3 \xlongequal{} CaCO_3\downarrow + 2NaOH$$

反应生成的碳酸钙快而松散、吸附力弱，会随水进入沉淀池和悬浮物一起沉淀。由于水中 CaO、K_2O、Na_2O、CO_2 含量的变化，水中碱度也发生变化，或为 CO_3^{2-} 碱度、OH^- 碱度，或为 HCO_3^- 碱度、CO_3^{2-} 碱度。

C　转炉除尘水处理工艺

转炉除尘废水经过粗颗粒去除、絮凝沉淀、水质稳定、污泥处置等水处理单元技术组合工艺处理后循环使用。图 5-28 所示为以斜板沉淀池为核心的转炉除尘水处理工艺流程。

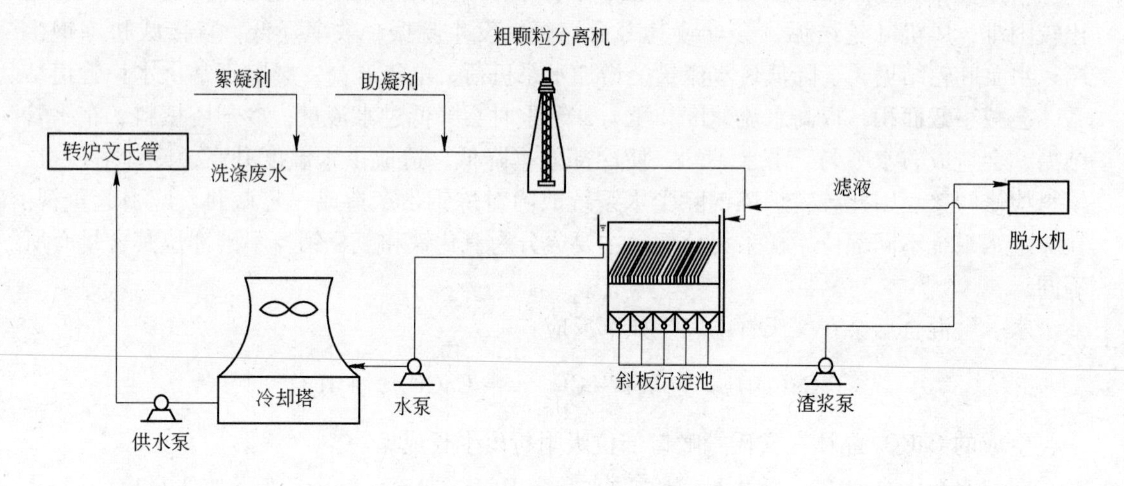

图 5-28　转炉除尘水处理工艺流程

a　粗颗粒去除

转炉未燃法烟气净化污水中烟尘粒径大于 60μm，占 10% ~15%。这些粗颗粒极易使沉淀池排泥管道和污泥脱水设备堵塞及泥浆泵和管道磨损，因此除尘水需先经粗颗粒分离机，去除大于 60μm 的粗颗粒，然后再进入沉淀池。粗颗粒分离设备包括分离槽、耐磨螺旋分级输送机、料斗等。分离槽停留时间一般为 2 ~5min，停留时间过长会使细颗粒沉淀，影响分离机正常工作。

b 絮凝沉淀

转炉除尘水悬浮物含量较高，一般5000～10000mg/L，水处理工艺设计往往只考虑自然沉淀。自然沉淀不用投加药剂，但微细颗粒和胶体物质不能去除，增加了结垢因素。在转炉除尘水处理中常用的沉淀池有辐射沉淀池和斜板沉淀池。

絮凝沉淀是提高水质、减少系统故障发生的必然选择。常投加的药剂有聚合氯化铝、聚合硫酸铁、聚丙烯酰胺，为了降低水硬度往往加入纯碱。絮凝剂和助凝剂应投加在沉淀池进水渠道上，相距10m以上，而且应在渠道上安装混合装置，以利于悬浮物和药剂的混合反应，提高沉淀效果。对于高pH值、高硬度的转炉除尘水，结垢是主要故障。为了解决结垢问题，在沉淀池出口投加阻垢剂。实践证明，单纯投加阻垢剂只能缓解结垢速度，但很难控制转炉除尘水系统特别是文氏管喉口结垢的问题。为了有效地解决高pH值、高硬度的转炉尘水结垢的问题，应在转炉除尘水系统的回水中投加纯碱，投加点选在絮凝剂投加点之前，在回水渠道的投加顺序为先投加纯碱，再投加絮凝剂、助凝剂。投加纯碱调节水的总硬度，使其控制在150mg/L以内，同时pH值小于12。水中加入纯碱后，氢氧化钙和纯碱反应，产生的碳酸钙在絮凝剂的作用下和悬浮物一起成为絮体在沉淀池中沉淀。

c 水质稳定

絮凝沉淀不但降低了水的悬浮物，而且降低了水的总硬度，大大减少了转炉除尘水系统结垢的因素，为了进一步降低结垢速度应在沉淀池出口投加阻垢剂，阻垢剂的投加必须根据循环水量连续均匀稳定投加。阻垢剂的选择必须对高pH值具有适应性。

D 污泥处置

从沉淀池排出的污泥浓度为25%～35%，用泥浆泵直接送到过滤机，经过滤脱水后得到含水率为20%～30%的泥饼，送到烧结回收利用。滤后水不得外排，必须回到循环水系统中。

常采用的脱水设备主要有真空过滤机、带式压滤机和板框压滤机。从各家钢铁企业使用情况看，主要是用板框压滤机和带式压滤机进行转炉尘泥的脱水。

5.4.1.4 炉外精炼装置循环冷却水

一般要炼品种钢，不管转炉和电炉都配有炉外精炼装置。炉外精炼装置用于脱除钢水中的气体和夹杂物，以提高钢的质量。常用的炉外精炼装置有LFRH、VD、VOD等。一般炉外精炼装置水系统有精炼炉设备间接冷却循环水和真空系统直接冷却循环水两个系统(即净环和浊环)。精炼炉设备冷却水冷却炉盖、料孔、电气设备、真空管道等。间接冷却系统可同转炉或电炉净环水一并处理，直接冷却水系统采用混凝沉淀或过滤处理。

真空系统直接冷却循环水主要是蒸汽喷射系统冷凝器冷却水。混凝沉淀可加PAC和PAM，使沉淀池出水悬浮物小于30mg/L。如果真空系统排水悬浮物低于过滤器允许进水的悬浮物时，可以直接采用过滤单元技术，也可满足循环水系统对悬浮物的要求。对于直接冷却循环水系统应根据补充水水质，考虑结垢问题，可以在系统水中投加阻垢剂。

5.4.1.5 电炉炼钢循环冷却水系统

一般来讲，电炉炼钢水处理和转炉炼钢水处理区别不大，有净环水系统，可以是开式间接冷却循环水或闭式间接冷却循环水，一般没有浊环水，采用干法布袋除尘。净环水系统主要冷却电炉炉体、氧枪、电气设备、烟道等，水处理要点与转炉炼钢相似，但热负荷要大些，如果采用开式循环水以生水为补水要注意结垢问题。

5.4.2　连铸

5.4.2.1　工艺概述

连续铸钢机的使用取代了模铸。模铸是将冶炼合格的钢水直接倒入模具中铸成各种断面的钢坯。连铸生产流程如图5-29所示。连铸机的结构形式有立式、立弯式、弧形、水平式，其中以弧形连铸机应用最为广泛。一般小方坯、小圆坯连铸机的二次冷却，采用喷水冷却；大方坯、大圆坯和板坯连铸机采用气-水雾化冷却。

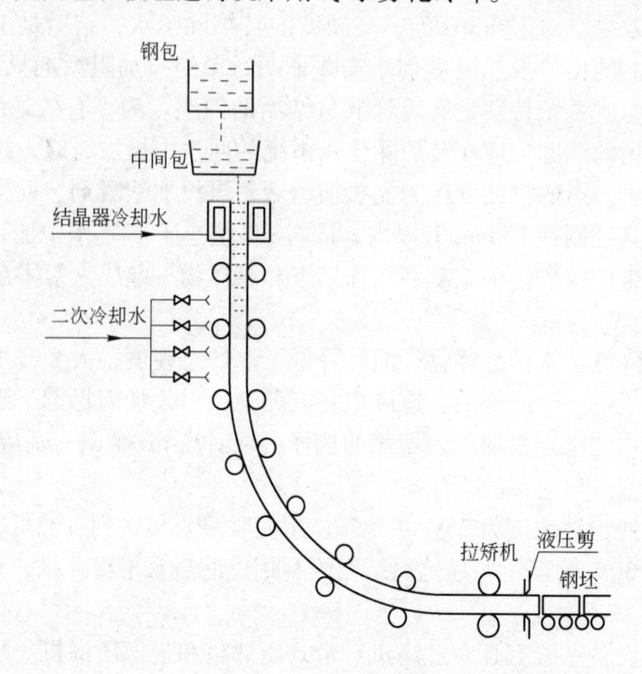

图5-29　连铸生产工艺流程

连铸用水有工业新水、软化水和设备冷却水等。工业新水用于循环冷却水的补充水，软化水用于密闭循环冷却水的补充水。连铸用水设备有连铸机间接冷却、结晶器冷却、二次喷淋冷却和设备直接冷却、火焰切割机及铸坯钢渣粒化用水等。连铸循环水一般包括三个系统：（1）连铸设备间接冷却循环水系统；（2）结晶器软水密闭循环水系统；（3）连铸二次喷淋冷却及设备直接冷却循环水系统。

5.4.2.2　连铸净循环水系统

A　冷却设备

连铸净循环水系统主要供连铸机轴承座冷却、连铸扇形段上下辊子内通水冷却、液压站油冷却、闭式蒸发冷却塔用水等，主要用水设备材质用碳钢、不锈钢和铜等。

B　水处理工艺

循环冷却水系统由供水泵、冷却塔、吸水井、补排水系统、旁滤器、水质稳定剂投加系统等。工艺如图5-30所示。投加药剂有阻垢缓蚀剂和杀菌灭藻剂。

连铸净循环水系统作为敞开式循环水系统其主要故障依然是结垢、腐蚀和微生物黏泥。常采用的水处理措施有投加阻垢缓蚀剂和杀菌灭藻剂，同时采用旁流过滤降低水的悬浮物。

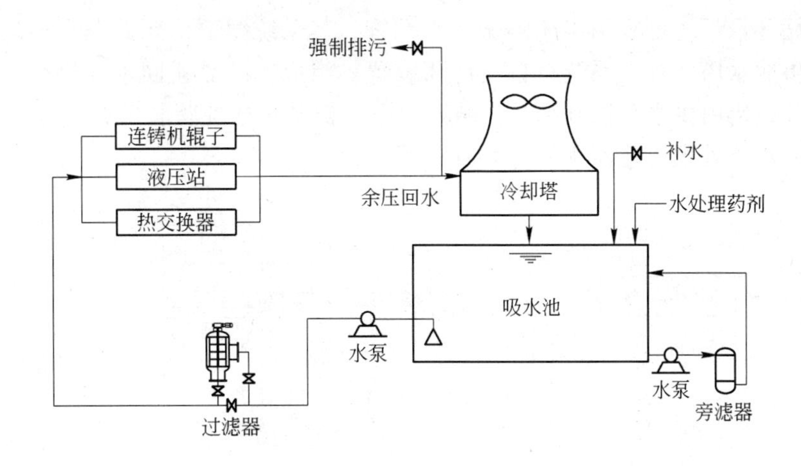

图 5-30　连铸净循环水处理工艺流程

5.4.2.3　结晶器软水密闭循环水系统

A　冷却设备

结晶器是连铸机非常重要的部件，它是一个强制水冷的无底钢锭模，称为连铸设备的“心脏”。按结晶器本身结构，可分为三种类型：

（1）管式结晶器。管式结晶器由铜管、冷却水套、底脚板和足辊等部件组成。内腔由带有锥度的弧形无缝铜管，其外面套以钢质内水套使之形成 5～7mm 冷却水通道，利用隔板及橡胶垫与外水套相连，形成上、下两个水室，冷却水从给水管进入下水室，以 6～8m/s 的速度流经水缝，进入上水室，从排水管排出。这种结晶器结构简单，制造方便，广泛用于小方坯连铸机上。

（2）整体式结晶器。整体式结晶器是用整块铜锭刨削制成的，在其内腔四周钻有许多小孔用以通冷却水。这种结晶器刚性好、易维护、寿命较长，但制造成本高、耗铜多，近几年已不采用。

（3）组合式结晶器。组合式结晶器由内外弧铜板、窄边铜板、冷却水箱、窄边夹紧和厚边调整装置以及足辊所组成。内腔由 4 块铜板组合，在 20～50mm 的铜板上刨槽，并与一块铜板连接起来，冷却水在槽中通过。大方坯和板坯连铸机都用这种形式的结晶器。

B　结晶器密闭循环水的特点及处理要点

结晶器的作用是将连续不断地注入其内腔的钢液通过水冷铜壁强制冷却，导出钢液的热量，使之逐渐凝固成为具有所要求的断面形状和一定坯壳厚度的铸坯，并使这种芯部仍为液相的铸坯连续不断地从结晶器下口拉出，为其在以后的二冷区域内完全凝固创造条件。

连铸结晶器冷却水在铜管水套内以较大的流速通过，把高温钢水的大量热量带走，使其凝固形成壳坯，称为一次冷却。结晶器作为高换热强度的冷却设备，结晶器钢液面下附近冷面最高温度达 100～150℃，有机磷系阻垢缓蚀剂在此温度下分解失效。采用生水作为补充水的循环冷却水系统即使在低浓缩倍数和投加阻垢缓蚀剂的条件下，结晶器仍不可避免地结垢，造成结晶器铜管变形。因此，软水密闭循环是结晶器循环水运行方式的必然选择。

结晶器循环水系统可采用半闭路循环水系统，其系统主要由闭式蒸发冷塔、吸水井、循环水泵、事故水塔、补水系统、自动加药装置等组成。结晶器回水经热交换器降温后，自流到吸水井，再由供水泵送到结晶器循环使用。软水补充在吸水井中。典型的结晶器软水密闭循环冷却水处理工艺流程如图 5-31 所示。

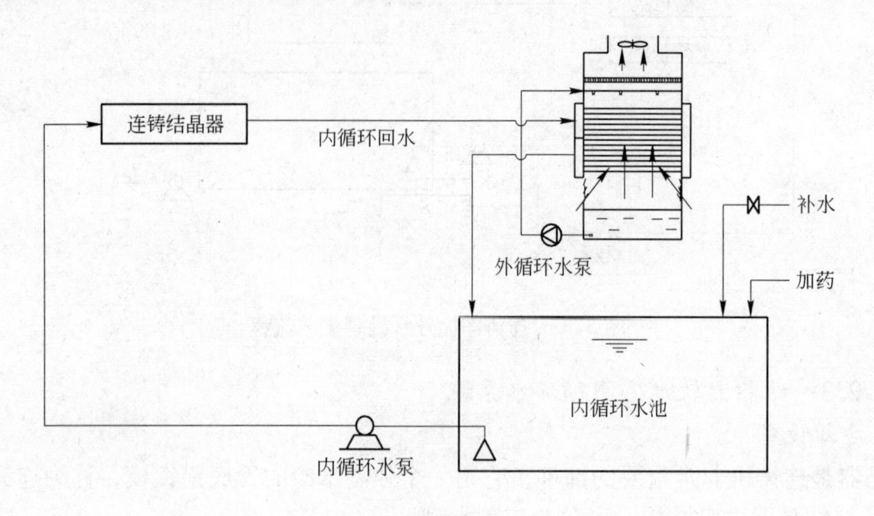

图 5-31　结晶器软水密闭循环冷却水处理工艺流程

软水密闭循环的采用解决了结晶器结垢问题，但由于水中溶解氧的存在，金属设备腐蚀加剧，水中总铁含量升高，水体呈赤黄色，水中微生物在无任何控制的情况下繁殖加快，生物黏泥含量升高，浊度上升。腐蚀产物及生物黏泥进入结晶器冷面高温区沉积，从而阻碍结晶器传热，进出口温差减小。因此，系统必须采取水质稳定措施，在水中投加缓蚀阻垢剂。

根据该系统特点，考虑到软水中存在一定的总硬度，一般控制循环水的总硬度在 18mg/L 以下，缓蚀阻垢剂配方为以防腐蚀为主兼顾阻垢。目前，国内外用于软水闭路系统的缓蚀剂大致有亚硝酸盐、铬酸盐、磷酸盐、硅酸盐、硼酸盐、有机胺、钼酸盐、钼-磷-锌复合配方、钨酸盐等，从我国各钢厂实际应用来看采用钼系药剂较多。系统应定期投加杀菌灭藻剂，防止生物黏泥的产生。

5.4.2.4　连铸二次冷却循环水系统

A　主要用水设备

连铸喷嘴是连铸二冷区主要用水设备。喷嘴有全水喷嘴、气-水喷嘴。图 5-32 所示为气-水喷嘴。

B　连铸二冷水的形成及特点

炼钢生产中，从结晶器中拉出的钢坯只在表层凝固，内部不凝固，在二次冷却区直接将水喷淋在钢坯上，使钢坯完全固化。二次冷却区由机架、辊道和喷水冷却设备构成，喷淋冷却用水称为连铸二冷水，又称连铸浊环水。连铸浊环水质量是炼钢连铸生产中不容忽视的问题，是实现炼钢优质高效生产的条件之一，同时也是节约水资源、减少污水排放的有效手段。为了确保连铸生产的正常运行，必须选择最优水处理工艺对连铸浊环水进行处理，以满足连铸生产需要。

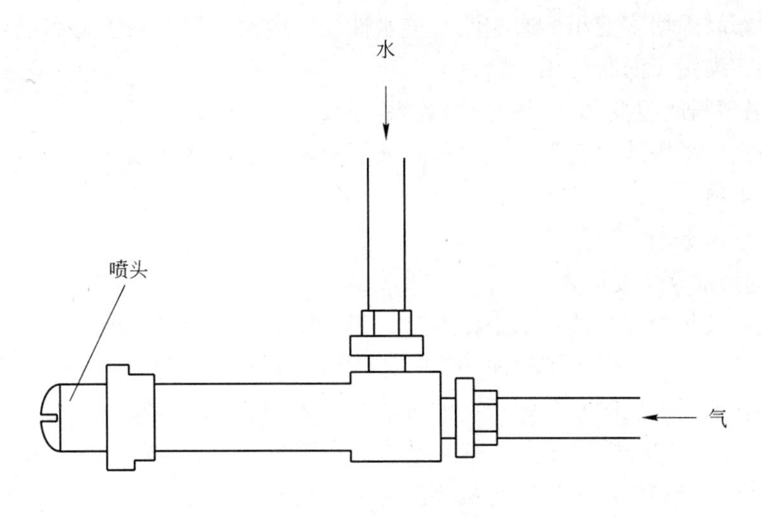

图 5-32 气-水喷嘴

在连铸过程中，二次冷却区处于高温状态，水与高温钢坯直接接触，受到热污染，造成水温急剧升高。钢坯在喷淋冷却中，粒度不等的氧化铁皮及灰尘带到水中，使水中悬浮物含量升高、浊度增加。连铸设备在运行和检修中，会出现漏油现象，泄漏的油脂进入到浊环水中。因此，连铸浊环水含氧化铁皮、油和其他杂质以及水温高成为它的特点。同时，连铸浊环水与钢铁其他浊环水系统不同，如高炉煤气洗涤水、转炉除尘水等浊环水系统受水中污染物影响其主要化学成分发生显著变化，而连铸浊环水的 pH 值、电导率、碱度、Ca^{2+}、Cl^- 等指标不受水中氧化铁皮、油等污染物的影响，因而连铸浊环水又具有净环水的特点。

C 连铸二冷水的故障

a 喷嘴堵塞

炼钢生产中，连铸坯主要有小方坯、大方坯、圆坯、异型坯，用水设备主要为喷嘴，二冷区钢坯喷淋冷却是由许多喷嘴完成的。钢坯种类不同所用喷嘴也不同，主要有全水喷雾喷嘴、气-水喷雾喷嘴，孔径从零点几毫米到几毫米不等，材质有铜、不锈钢等。喷嘴是连铸二次冷却系统的关键设备，如果喷嘴堵塞，会影响钢坯的冷却效果，导致铸坯冷却不均，造成钢坯裂纹、脱方、漏钢等钢坯质量事故，同时造成连铸停产检修，给企业带来经济损失。堵塞喷嘴的物质主要为油泥和污垢。此外，在喷嘴内部堵塞的同时，也会在喷嘴外部、辊道、机架上结垢。喷嘴外部结垢，厚厚的垢物包裹着喷嘴影响了雾化效果。

b 过滤器滤料板结失效

在机械过滤器中采用石英砂、无烟煤单层滤料或无烟煤、石英砂双层滤料和果壳滤料。如果浊环水中油和微细悬浮物质得不到有效处理，大量含油污泥被滤器截留，滤料被油泥包裹，造成滤料间隙减少，造成滤料反冲洗效果差，进一步造成滤料板结失效，不得不停下过滤器清洗滤料或更换滤料。如果不及时清洗滤料，会造成过滤器压力升高，使滤板变形跑料。如果在进入二冷区前干线管道上安装有全自动机械过滤器，也存在滤网被油泥堵塞的问题。

c 污泥脱水机滤布堵塞

脱水机滤布间隙堵塞变小，影响滤布透水性能，增大了污泥泵阻力和运行时间，加大了泥饼含水率，缩短了滤布使用寿命。

d　冷却塔填料间隙变小，影响降温效果

污垢黏附在冷却塔的填料上，在填料表面形成隔热层。堵塞填料间通道，降低冷却效果，甚至压垮填料。

D　故障原因分析

a　油泥的形成及主要因素

微细氧化铁及灰尘等和油在水中相遇时，正、负电荷吸引形成油泥。水中微生物产生的生物黏膜好像黏结剂，促进了油泥的生长，增加了油泥吸附能力，使得油泥在管道低流速处吸附沉积。油泥形成的主要因素有油（脂）、悬浮物、微生物。

（1）油（脂）。连铸机用油主要有齿轮油、液压油、结晶器润滑油、水-乙二醇抗燃液压油等。在日常检修和生产中，连铸机会发生漏油现象，泄露的油脂随喷淋冷却水进入到供水系统中，在水中漂浮、溶解或乳化。连铸所产生的废水中含油一般在20～50mg/L之间，最多的含量可达到每升数百毫克。油在水中以O/W型存在，油粒粒径小于100μm。

（2）悬浮物。连铸浊环水供铸坯二次喷淋及切割渣粒化水用水、设备直接冷却水及冲氧化铁皮水用水，氧化铁随水进入系统中。水中的悬浮物主要由微细氧化铁颗粒、金属粉尘组成，另外有少量的灰尘、泥土等物质。板带连铸浊环水中悬浮物质成分和粒径分布见表5-5。

表5-5　板带连铸浊环水中悬浮物质成分和粒径分布　（%）

悬浮物成分							颗粒直径				
Fe、FeO、Fe_2O_3	C	SiO_2	CaO	MgO	Al_2O_3	油及其他	>100μm	100～40μm	40～20μm	20～5μm	<5μm
89.1	0.3	0.55	0.11	0.06	0.26	9.62	95.7	3.7	0.15	0.3	0.15

（3）微生物。冷却水中的微生物的来源主要有两方面：一是在冷却塔中，当水与空气接触时空气中的微生物进入水体；二是在补充水中含有微生物。泄漏到水系统中的油为微生物的生长提供了养料，使得微生物难以控制。微生物的失控将直接导致腐蚀和沉积问题，造成喷嘴堵塞。

b　结垢原因分析

连铸二冷水在长期运行中，由于蒸发浓缩含盐量升高，水中重碳酸盐分解生成碳酸钙，而碳酸钙溶解度随温度升高而降低。因此，如果使用含碳酸盐较多的水作为冷却水，在二次冷却区会受热分解：

$$Ca(HCO_3)_2 = CaCO_3\downarrow + H_2O + CO_2\uparrow$$

尽管投加阻垢缓蚀剂，但由于二次冷却区处于高温状态，水从喷嘴喷淋到机架、辊道、喷嘴外部等处，由于阻垢缓蚀剂中的有机磷在高温条件下分解失效，使碳酸钙的K_{sp}减小，碳酸钙过饱和析出，在机架、辊道、喷嘴外部等处结晶长大成垢。

E　连铸二冷水处理流程

连铸二冷水处理流程有三级处理流程和两级处理流程。三级处理流程为：旋流沉淀池

—二次沉淀池—过滤器—冷却塔冷却后回用。两级处理流程为：旋流沉淀池—二次沉淀池——冷却塔冷却后回用。实践证明，采用二级处理流程完全可以满足生产要求，省去过滤器不但减少了设备投资和占地，同时减少了运行费用和污水排放。典型的处理流程为：旋流沉淀池—絮凝沉淀—冷却塔降温。图 5-33 所示为连铸二冷水以平流沉淀池为核心的水处理工艺流程。

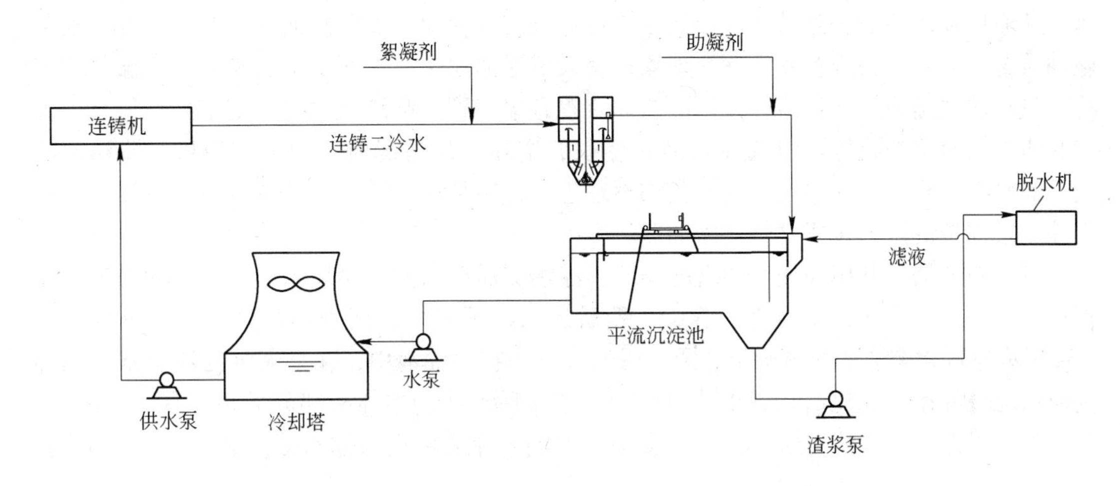

图 5-33 连铸二冷水以平流沉淀池为核心的水处理工艺流程

连铸二冷水处理工艺的优化组合。根据连铸二冷水的特点，处理任务为油和悬浮物的去除、阻垢缓蚀和杀菌灭藻。连铸二冷水的处理采用物理化学集成水处理技术，处理单元包括粗颗粒去除、浮油和浮渣去除、微细氧化铁和乳化油的去除、水质稳定和污泥处置等。

a 氧化铁和油的去除

(1) 微细氧化铁及粉尘、乳化油的去除。旋流沉淀池去除颗粒大于 60μm 的氧化铁皮，而颗粒较小的氧化铁等悬浮物质靠自然沉淀难以去除，采用絮凝沉淀可以去除颗粒较小的氧化铁、水中乳化油和胶体物质等。连铸二冷水处理中常用的沉淀池有平流沉淀池和斜板（管）沉淀池等。

连铸二冷水处理中絮凝剂和助凝剂的投加是影响沉淀池出水水质的重要因素，药剂不能直接投加到沉淀池中，必须选择好药剂投加点。絮凝剂可投加到旋流沉淀池中，助凝剂可投加在沉淀池进水管道上的管道混合器中。药剂投加后经混合反应使水中油、微细氧化铁、粉尘等悬浮物通过凝聚、絮凝作用在二次沉淀池中沉降到沉淀池底，含油污泥同氧化铁皮一起用抓斗抓走外运或用渣浆泵送到污泥脱水设备，上浮的含油浮渣进入隔油池或由撇油器送入油水分离装置。在连铸二冷水处理中，一些企业采用化学除油器和稀土磁盘分离装置取代沉淀池，从实际应用来看影响化学除油器和稀土磁盘分离装置的水处理效果的仍然是药剂的投加，因此在连铸二冷水处理中药剂投加至关重要。

絮凝剂、助凝剂的投加应配有溶解设备，采用计量泵投加。药剂投加量不是一成不变的，要根据水中油、悬浮物质含量多少加以调整，以最少投加量取得最好水处理效果。絮凝剂可采用聚合氯化铝、聚合氯化铁铝等，助凝剂可用聚丙烯酰胺类有机高分子化合物。实践证明，采用完善的化学絮凝法去除水中的油和悬浮物质效果不错，出水可满足连铸生产需要。

（2）浮油（脂）、浮渣、絮体的去除。在连铸设备漏油后，大量浮油漂浮在水面上，必须及时对浮油进行清除。如果不能及时清除，水在循环中油会在水流搅拌下被乳化或溶解，从而增加水中油去除难度。浮油去除可通过在沉淀池中安装撇油管或在旋流井中安装撇油装置。如果连铸设备发生漏油现象，有大量浮油漂浮在水面上，要及时开启撇油装置将大量浮油去除回收。目前，常用的撇油装置有集油管、刮渣撇油机、钢带撇油机、浮油回收机、圆盘除油机等。但从各大钢铁企业的实际应用情况看，钢带撇油机、浮油回收机、圆盘除油机等一些浮油去除设备均不理想，特别是在浮油含量较高时很难将浮油全部去除，最理想的撇油装置是管式撇油器。

管式撇油器是利用油和水的密度不同，浮油漂浮在水面的原理工作的。转动撇油管使管口正好在油层下面，使油流入管中，然后进入浮油槽中，而水则被挡在管口外面。图5-34所示为管式撇油器的结构示意图。撇油管应装在隔油池中，在平流沉淀池中常和刮油刮渣机配合使用。乳化油和氧化铁微细颗粒絮凝后形成的絮体有部分下降，有部分上浮，上浮絮体、浮油、浮渣可通过撇油管去除。浮油、浮渣可进入油水分离装置进一步分离，油外运回收，水回到系统中。

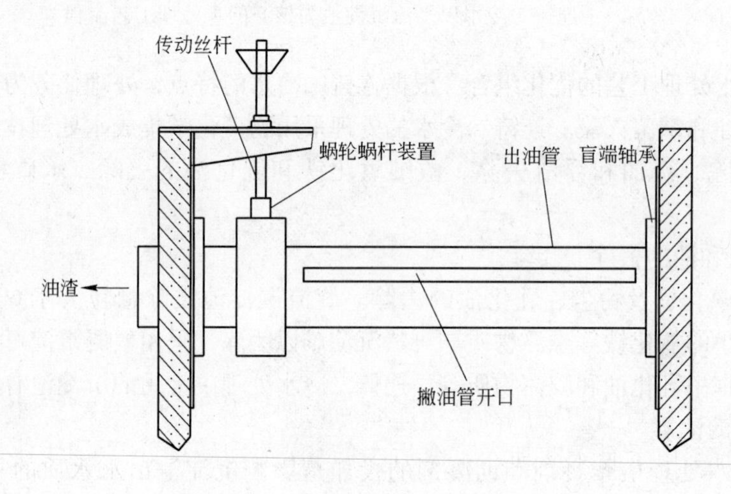

图5-34　管式撇油器的结构示意图

连铸二冷水所用隔油池可采用重力型隔油池。重力型隔油池是处理含油废水最常用的设备，其处理过程通常是将含油废水置于池中进行油水重力分离，然后撇去废水表面的油（脂）。

b　微生物的控制

水中微生物的控制可采用投加杀菌灭藻剂。杀菌灭藻剂可采用优氯净、二氧化氯等强氧化性产品，非氧化性杀菌灭藻剂采用无泡沫产品。水中微生物的控制也可采用化学法二氧化氯发生器制取二氧化氯连续投加到循环水中，一般余氯控制在0.5～1.0mg/L之间。

c　水垢的防止

水质稳定是连铸二冷水不可忽视的水处理单元技术。浊环水在长期循环运行中各种成垢离子增加，结垢和腐蚀因素增强，如果没有水质稳定势必造成设备结垢。因此，必须根据补充水水质和供水系统状况控制水质指标，选择适宜药剂，完善水质稳定工艺，通过科学管理确保连铸浊环水喷嘴不结垢和腐蚀。由于水中悬浮物和油对药剂的吸收，投加药剂应按循环水量连续均匀投加。

由于有机磷药剂在高温条件下分解失效，单靠投加阻垢缓蚀剂很难保证连铸设备不结垢，应采用投加硫酸调节水的 pH 值和同时投加水处理药剂的水质稳定方案，把连铸循环水的 pH 值控制在一定范围内。实践证明，以高硬度、高碱度作为补水的连铸浊环水系统通过硫酸调节 pH 值和投加水处理药剂的水质稳定方案，可以大大延缓连铸设备结垢速度，甚至做到连铸设备无垢运行。

d 过滤器的应用

在循环冷却水处理中水的过滤是不可缺少的环节，常用的过滤器有机械过滤器和自清洗过滤器。

机械过滤器在连铸浊环水处理中作为旁流过滤器。采用化学絮凝处理沉淀池出水基本上可满足连铸生产需要，但为了进一步降低水中的悬浮物、油、胶体等物质，也可以考虑增加旁滤这一工序。同时，机械过滤器可作为安全措施或应急处理之用，避免因沉淀设备的故障导致水质恶化。旁滤量比间接冷却循环水的旁滤量大些，取系统循环水量 5% ~10% 的水进行过滤。过滤器反冲洗排水可送到沉淀池的污泥处理系统一并处理。

自清洗过滤器在连铸二冷水处理中不可缺少，是重要的工序。由于连铸二冷水喷嘴孔径细小，喷嘴被水中杂物堵塞是最常见的故障，为了避免这一故障的发生，在供水干线管道中安装自清洗过滤器截流水中的杂物。根据连铸二冷水常用的喷嘴来看，自清洗过滤器的过滤精度通常 200μm 就可以满足喷嘴的使用要求。

e 污泥处置

从沉淀池排出的污泥浓度为 10% ~20%，用泥浆泵送到二次浓缩池进一步浓缩，经浓缩后将含泥量为 30% ~40% 的泥浆直接送到板框压滤机，经过滤脱水后得到含水率为 20% ~30% 的泥饼回收利用。

采用板框压滤机进行污泥脱水，污泥必须投加石灰进行调制。所加熟石灰量为污泥量的 5% 左右。由于石灰的加入，滤后水的 pH 值和碱度升高，为了不增加循环水系统结垢的因素，滤后水不得回到系统中，应考虑连同其他污水一起进入综合污水处理厂。

5.5 热轧厂循环冷却水处理

5.5.1 轧钢工艺概述

炼钢炉冶炼的钢水，浇注成连铸坯，连铸坯经轧钢厂轧制成钢材才能使用。热轧是将钢坯在加热炉或均热炉中加热到 1150 ~ 1250℃，然后在轧机中进行轧制。钢材的品种一般可分为钢板、钢管、型钢和线材四大类。图 5-35 所示为热轧板卷生产工艺流程。

轧钢厂用水有工业新水、软化水和设备冷却水。循环冷却水系统分为间接循环冷却水

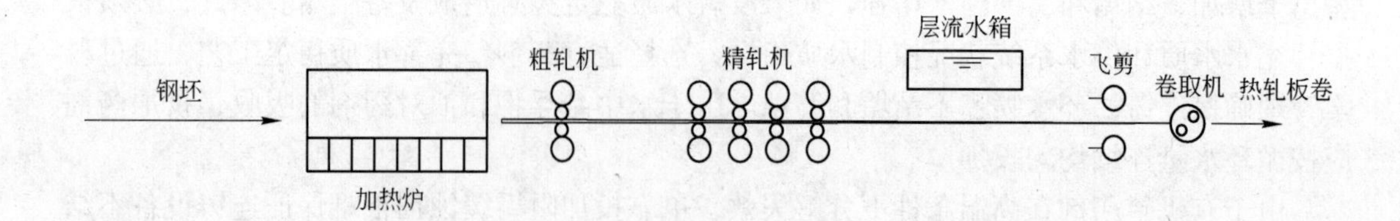

图 5-35　热轧板卷生产工艺流程

系统和直接冷却循环冷却水系统。热轧带钢直接冷却水系统分为轧钢浊环水和层流冷却循环水系统，中厚板直接冷却水系统分为轧钢浊环水和控冷（层流）循环水系统，棒材直接冷却水系统分为轧钢浊环水和穿水冷却循环水系统，线材直接冷却水系统分为轧钢浊环水和水冷箱循环水系统。由于四大类钢材循环水类似，本书只对热轧带钢循环冷却水加以讨论。

5.5.2　间接冷却循环水系统

5.5.2.1　冷却设备

热轧厂用水冷却设备主要有加热炉、电机及空调、液压润滑系统和仪表等。

5.5.2.2　水处理系统

间接冷却循环水系统的回水经冷却塔降温冷却后回到冷水池，循环使用。其工艺流程如图 5-36 所示。换热设备主要材质有碳钢、铜和不锈钢等。循环冷却水系统由供水泵、吸水井、冷却塔、旁滤器、加药装置、补排水系统等组成。投加药剂有阻垢缓蚀剂和杀菌灭藻剂。

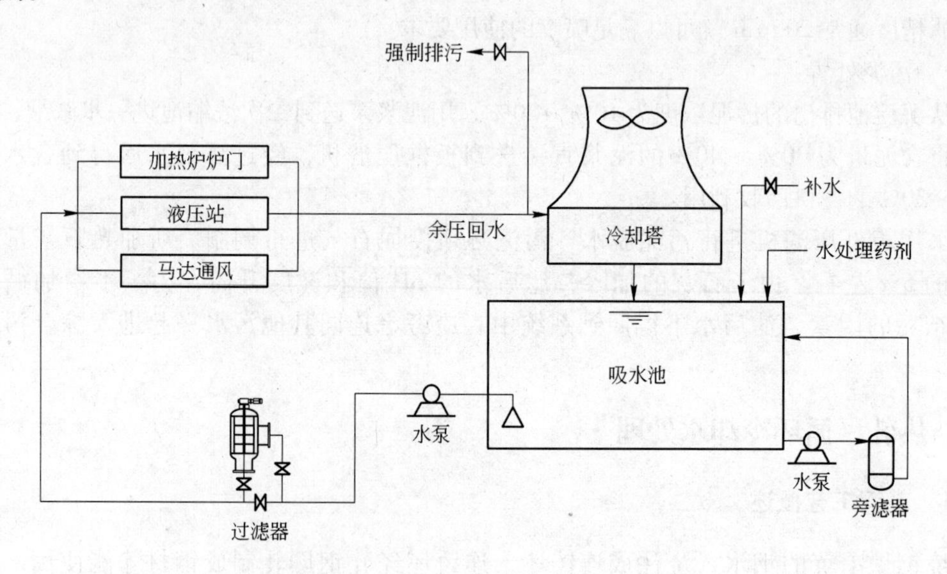

图 5-36　轧钢间接冷却循环水处理工艺流程

加热炉用水主要供加热炉装料端、出料炉门、出料端冷却用水，换热强度偏高。运行中必须控制好循环水的浓缩倍数，同时投加耐高温型阻垢剂以避免加热炉用水设备的结垢。

5.5.3 直接冷却循环水系统

5.5.3.1 主要用水设备

轧钢浊环水用水有轧辊冷却、辊道冷却、高压除鳞、加热炉水封槽等用水和冲氧化铁皮水用水。喷嘴是轧钢浊环水最主要的用水设备。轧钢喷嘴示意图如图5-37所示。

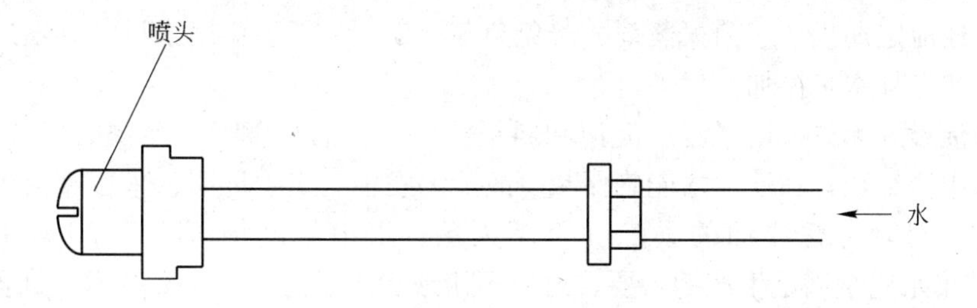

图5-37 轧钢喷嘴示意图

5.5.3.2 水处理工艺

含氧化铁皮和油的水回到旋流沉淀池除去大颗粒氧化铁皮后，一部分用泵提升后供冲氧化铁皮水用水，另一部分用泵提升后送往二次沉淀池去除水中微细氧化铁皮和油后流到热水池，经一组加压泵上塔冷却后回到冷水池循环使用。污泥由一组泥浆泵送往泥浆处理系统处理。图5-38所示为轧钢浊环水处理工艺流程。

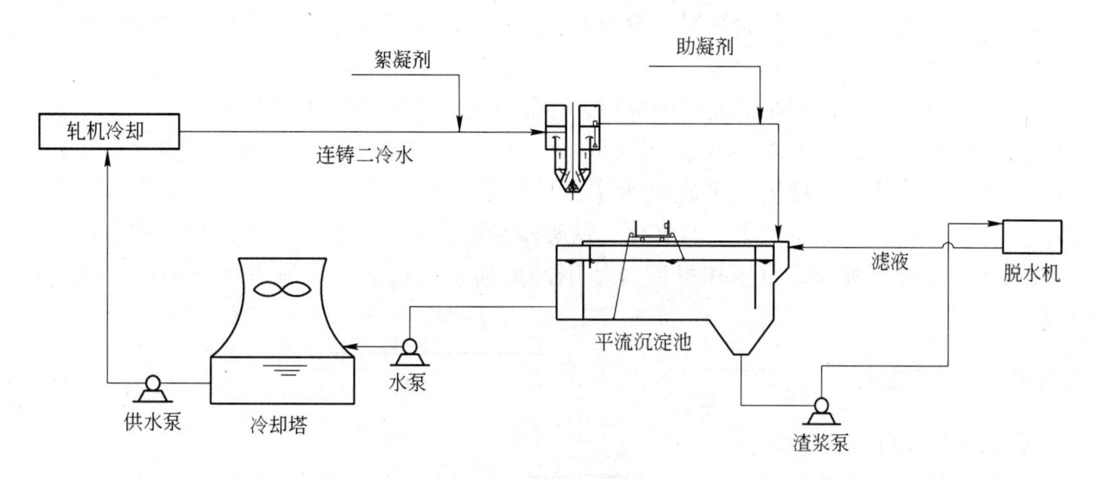

图5-38 轧钢浊环水处理工艺流程

5.5.3.3 轧钢浊环水处理要点

轧机在轧制过程中的直接冷却水含有大量的氧化铁皮、润滑油和油脂，油和脂主要是液压元件油缸的泄漏和检修渗漏。水中油含量与轧机设备运行状况和管理水平有关。从国内各个钢铁厂实际情况看，轧钢浊环水普遍存在油含量高的现象。氧化铁微细颗粒、粉尘、油在运行中形成油泥，其危害：一是极易堵塞喷嘴、过滤器；二是促进菌藻的繁殖，加快黏泥的形成。因此，氧化铁皮和油的去除成为轧钢浊环水处理的主要任务。

水中氧化铁皮粒径在1.0mm以上的约占50%，0.1～1.0mm的约占40%～50%。因此，颗粒较大的氧化铁皮具有很好的沉淀性能，国内大多数企业轧钢浊环水大颗粒（粒径大于60μm）的氧化铁皮的去除都采用下旋式旋流沉淀池，沉淀池出水悬浮物一般在100mg/L左右。旋流沉淀池内的氧化铁皮用抓斗抓出放在氧化铁皮渣池进行脱水，经脱水后的氧化铁皮用抓斗抓出后外运回用。

在二次沉淀池应絮凝沉淀以去除微细氧化铁和油，投加药剂有聚合氯化铝和聚丙烯酰胺。此外，还应定期投加杀菌灭藻剂，避免菌藻滋生。为了避免用水设备结垢还应投加阻垢缓蚀剂，按循环水量投加。

二次沉淀设施无论采用平流沉淀池和斜板沉淀池，油和微细悬浮物的絮凝不可缺少，只有去除水中微细颗粒和油，才能确保减少故障的发生。实践证明，采用絮凝沉淀技术处理含油污水，同时考虑浮油的去除和杀菌灭藻，水中悬浮物可小于30mg/L、油小于10mg/L，其出水完全满足生产的需要，可以不用或少用过滤这一单元技术。许多钢铁厂采用过滤这一单元，无论采用多介质滤料，还是核桃壳滤料，如果絮凝沉淀做不好，都会出现故障。采用石英砂滤料会造成板结，致使过滤器无法运行，不得停下来更换滤料；采用核桃壳滤料尽管由于搅拌器的作用滤料不板结，但由于搅拌磨蚀，滤料粒径变小，过滤器跑料现象发生，滤料跑到系统中堵塞管道过滤器和喷嘴，造成停产。二次沉淀池排出的泥浆，经浓缩、调制、脱水后回用。污泥脱水可采用板框压滤机和带式压滤机。由于轧钢污泥中含有油类物质，采用污泥脱水设备进行脱水时，滤布容易被堵塞，影响设备正常进行。采用板框压滤机可在含油污泥中投加熟石灰改善污泥的脱水性能，以利于板框压滤机脱水；采用带式压滤机在含油污泥中投加熟石灰的同时，还在带式压滤机的进泥管道中投加聚丙烯酰胺。

稀土磁盘机近年来在轧钢废水中应用，尽管其占地面积小，但如果废水中乳化油含量高和非磁性物质少，出水效果不好，轧钢废水中受工艺和操作制度影响，水中含有非磁性的氧化铁。采用稀土磁盘机处理轧钢废水，关键要做好浮油的去除和水中悬浮物质的絮凝，只有使油类、非磁性粉尘、四氧化三铁等微粒形成密实的絮体才能在稀土磁盘机磁盘上吸附。稀土磁盘机和磁力压榨机配合使用，被刮泥板刮下的污泥进入磁力压榨机进行脱水。

5.5.4　轧钢层流水

5.5.4.1　用水设备

轧钢层流水系统供输出辊道、层流顶喷底喷、带钢侧喷等用水，主要用水设备为喷嘴。

5.5.4.2　轧钢层流水处理典型工艺及水处理要点

层流水回水回到一热水池（层流铁皮坑），从热水池取一部分水经过滤器过滤后上塔冷却回到冷水池，从冷水池取水送往轧机供带钢侧喷用水。热水池和冷水池中水溢流到混合水池，从中取水送往输出辊道冷却和层流顶喷底喷用水，同时可送往调节水箱。轧钢层流水处理工艺流程如图5-39所示。

层流冷却水由于水中含有微细氧化铁皮和油，一般采用机械过滤器对层流水进行过

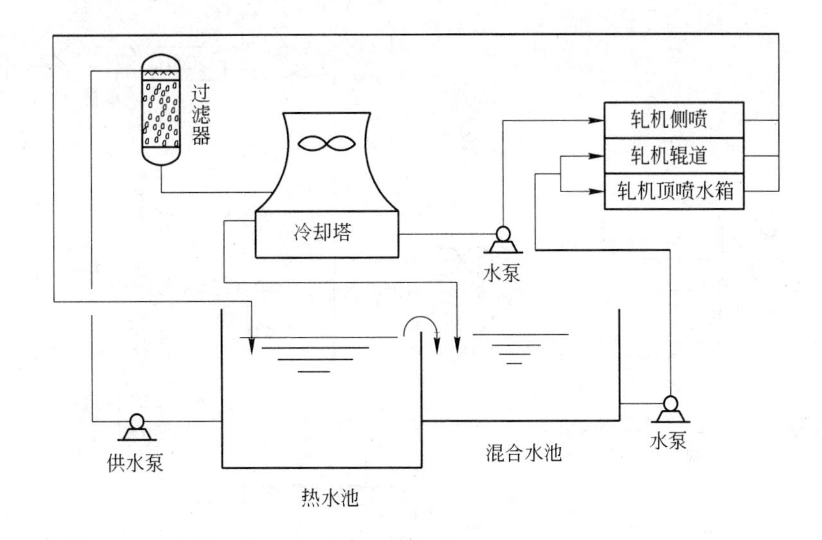

图 5-39 轧钢层流水处理工艺流程

滤，过滤水量占循环水量的40%～50%。但由于机械过滤器会出现滤料板结现象，使得过滤器检修频繁，不得不更换滤料。在过滤器设计和滤料的选用中，必须考虑滤料的板结问题，采取措施加以解决，如加大反洗强度、定期对滤料进行化学清洗等。结垢和菌藻繁殖问题必须考虑，在控制好层流水浓缩倍数同时必须投加阻垢缓蚀剂和杀菌灭藻剂，否则喷嘴结垢堵塞和黏泥堵塞不可避免。过滤器的反洗废水中含有大量微细氧化铁和油，不能外排，和其他系统过滤器反洗排水一同处理，并考虑回用。

5.6 冷轧厂循环冷却水处理

5.6.1 冷轧厂工艺概述

冷轧厂一般包括热卷库、酸洗机组、冷轧机组、退火机组、镀锌机组、彩涂机组及酸再生机组等。冷轧厂的原料热轧板卷由热轧厂送至冷轧厂的钢卷库存放，生产时钢卷吊运至酸洗机组、热轧钢卷在该机组中连续地进行酸洗、烘干、涂油、切边和剪切等作业，酸洗后的钢卷由运输设备送轧制前跨，由吊车将钢卷吊至冷轧机组进行轧制或吊至带钢表面涂层机组进行深加工。其工艺流程如图 5-40 所示。

冷轧厂用水主要由工业新水、除盐水和设备冷却水等。工业新水主要作为间接冷却水的补充水，除盐水作为工艺用水，设备冷却水是间接冷却循环水。

5.6.2 冷轧循环冷却水

5.6.2.1 冷却设备

间接冷却循环水的主要用户：(1) 酸洗机组的主要用户。酸洗入口液压站冷却水、焊接冷却水、电气室设备冷却水、酸洗出口段液压站冷却水。(2) 冷轧机组的主要用户。主马达通风冷却水、液压站、润滑油站设备冷却水、乳化液站油冷却器冷却水。(3) 退火机组的主要用户。罩式退火炉的快速冷却系统，连续退火炉入口液压站冷却用水、出口液压

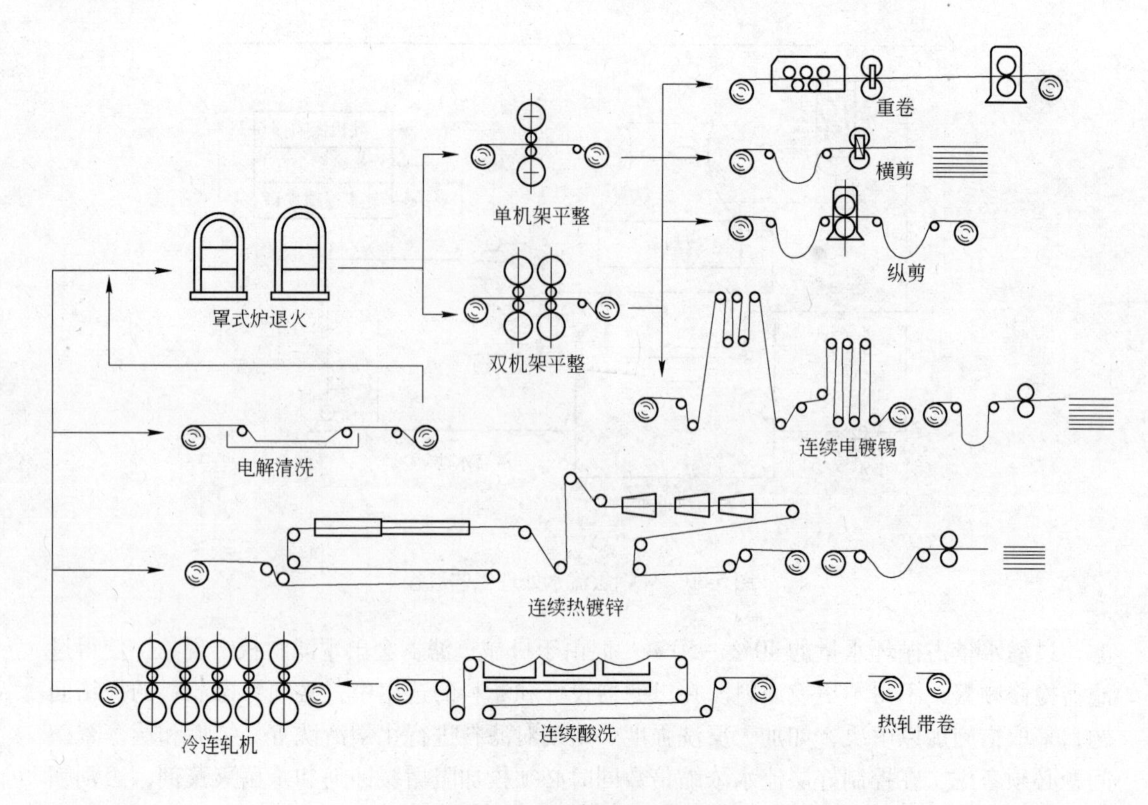

图 5-40　冷轧带钢工艺流程

站冷却用水，退火炉设备冷却水。（4）连续热镀锌机组的主要用户。出入口液压站冷却水、退火炉设备冷却水。（5）连续电镀锌机组。主要供给液压站、润滑油站及电机通风等用水。

5.6.2.2　水处理系统

冷轧厂的冷却水各机组设备使用后，回水利用余压通过管路上冷却塔，经过降温后回到吸水井，再通过水泵送到各机组循环使用，工艺流程如图 5-41 所示。为了避

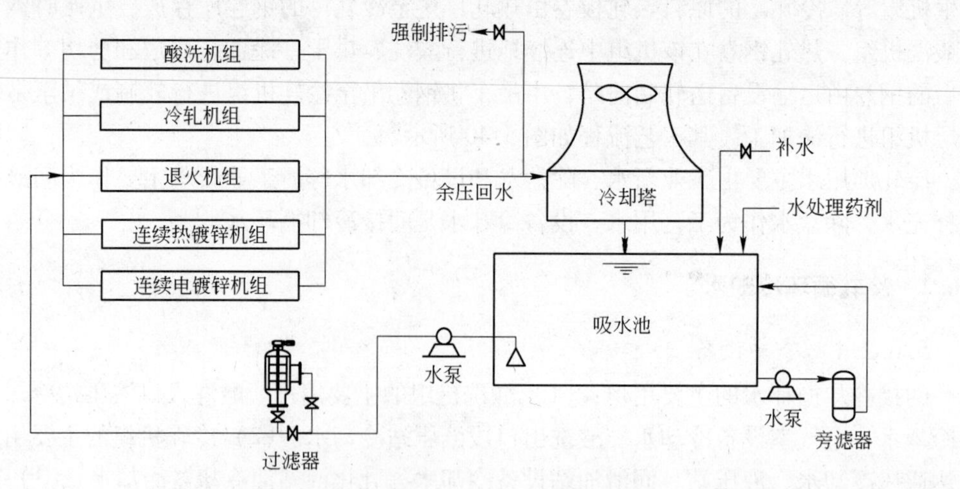

图 5-41　冷轧循环冷却水处理工艺流程

免循环冷却水故障的发生，在控制好循环水浓缩倍数的同时投加阻垢缓蚀剂和杀菌灭藻剂。

5.7　制氧厂循环冷却水处理

5.7.1　制氧工艺概述

在钢铁生产中，炼钢转炉吹入纯氧以去除铁水中的碳而进行炼钢，炼铁高炉采用富氧喷煤来提高冶炼强度、降低焦比。因此，制氧在钢铁生产中十分重要，被称为钢铁生产的心脏。

制氧机的原理是利用空气分离技术，首先将空气以高密度压缩，再利用空气中各成分的冷凝点的不同使之在一定的温度下进行气液脱离，再进一步精馏而得。制氧工艺流程如图5-42所示。

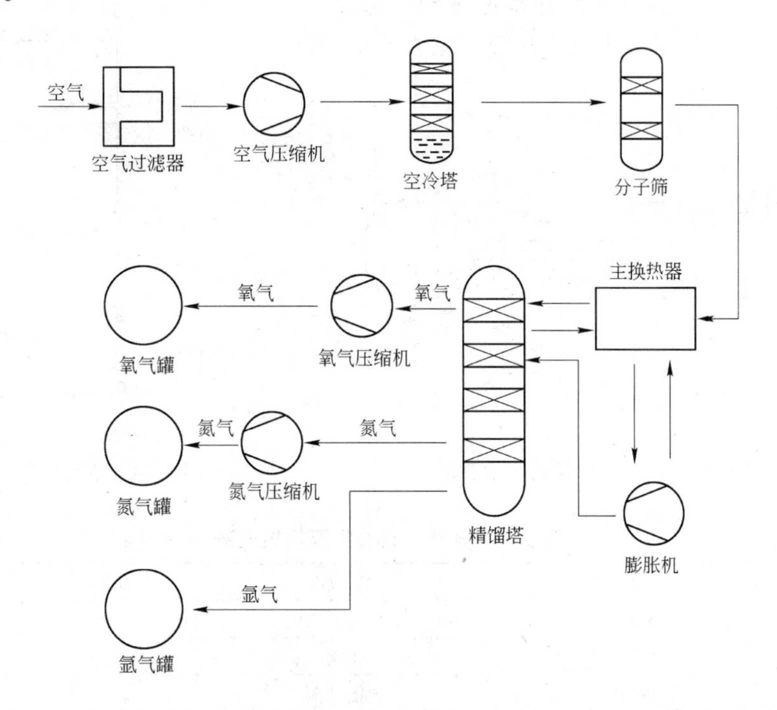

图5-42　制氧工艺流程

制氧生产中压缩气体的冷却、润滑油的冷却和一些设备的冷却等都是采用水冷却实现的，这些冷却用水从冷却设备出来后温度升高，通过降温冷却再循环使用，从而形成了制氧循环冷却水系统。循环冷却水系统作为制氧生产的重要组成部分，其水量、水压、水质对制氧生产产生重要的影响，是实现制氧高产、稳产的主要因素。因此，必须对制氧循环冷却水系统加以重视，通过合理的循环水工艺、先进的水处理技术和科学管理，控制好水量、水压和水质，在合理、高效利用水资源的同时满足制氧生产的需要。

5.7.2　制氧循环水处理工艺及主要用水设备

5.7.2.1　用水设备

制氧循环冷却水系统分为常温冷却水系统和氮水预冷系统。空压机、氧压机、氮压机、空冷塔、水冷塔、冷冻机、油冷器等是制氧机主要的用水设备。

常温冷却水是设备间接冷却水，不与产品或物料直接接触，使用后只是水温升高，在得到降温处理后循环使用。常温冷却水换热器主要是管式冷却器，其材质有碳钢、铜、不锈钢和铝等，其结构如图5-43所示。

氮水预冷系统主要使用常温冷却水和由水冷塔、冷冻机产生的低温水，冷却由空压机送到空冷塔的压缩空气，使空气温度降低，水温升高，同时也吸收了空气中 SO_2、SO_3、CO_2 等气体和粉尘，在使用过程中和空气直接接触。图5-44所示为空冷塔结构示意图。氮水预冷系统冷却水和常温冷却水汇集到一起经降温后循环使用。制氧水系统主要换热设备见表5-6。

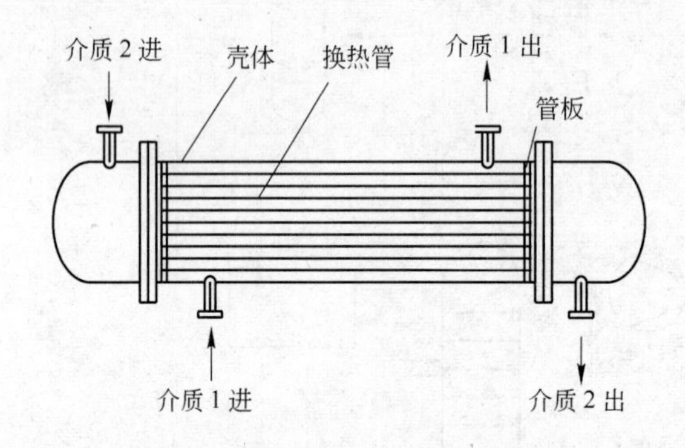

图5-43　管式冷却器结构示意图

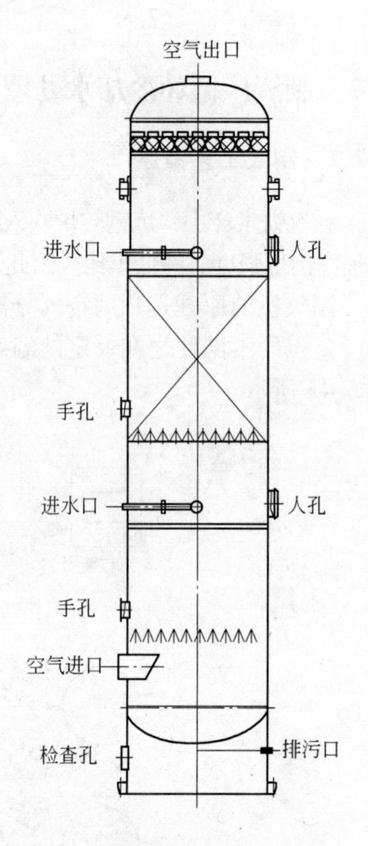

图5-44　空冷塔结构示意图

表5-6　制氧水系统主要换热设备

系　统	换热设备	材　质	冷却介质	温度/℃
氮水预冷	空冷塔	不锈钢、碳钢	空　气	进气109，出气10
	水冷塔	碳钢	水	<8
	冷冻机	碳钢、铜	水	4~5
常温水	原料空气压缩机级间冷却器	碳钢、铜、不锈钢、铝	空　气	各级出口温度100左右，末冷后40以下
	增压空气压缩机级间冷却器、末端冷却器	碳钢、铜、不锈钢、铝	空　气	
	氧气压缩机级间冷却器	碳钢、铜、不锈钢、铝	氧　气	排气温度冷前不高于160，冷后不高于40
	氮气压缩机级间冷却器	碳钢、铜、不锈钢、铝	氮　气	排气温度冷前不高于160，冷后不高于40
	油冷器	碳钢、铜	润滑油	35~50

5.7.2.2　水处理工艺

A　氮水预冷系统

氮水预冷系统工艺流程如图5-45所示。空气循环冷却水分为两路，其中一路回到水冷塔上部，经与污氮气充分接触，水从常温冷却到8℃后积在水冷塔下部，经上水泵加压到空气冷却塔上层冷却空气，或经上水泵加压到冷冻机进一步冷却到5～7℃后再到空气冷却塔冷却空气。

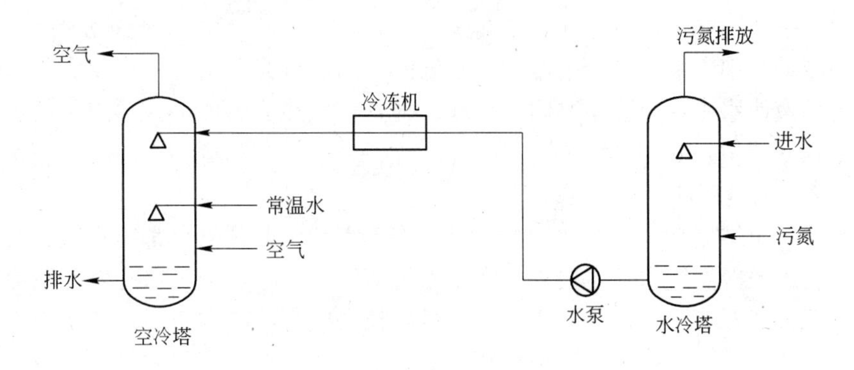

图5-45 氮水预冷系统工艺流程

B 常温冷却水系统

常温冷却水系统是典型的间接冷却循环水，其工艺流程如图5-46所示。

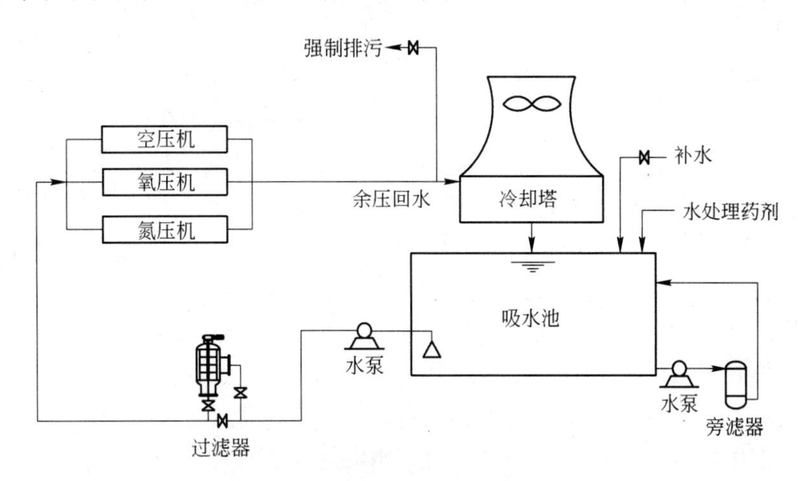

图5-46 常温冷却水系统工艺流程

5.7.3 制氧循环冷却水存在的问题及原因分析

5.7.3.1 常温冷却水系统存在的问题

循环冷却水在运行中随着浓缩倍数的升高和悬浮物含量的增加，会出现换热设备结垢和黏泥附着现象。换热设备的结垢和黏泥附着大大降低了换热设备的换热效率，致使换热气体温度和润滑油温度升高，影响了压缩机、膨胀机等制氧设备的正常运行，严重者导致停产。例如，如果空压机冷却器结垢，会使空压机出口压力和流量都降低，严重时还会发生喘振。因此循环冷却水系统结垢和黏泥附着是制氧生产中不容忽视的问题。

以地下水和地表水作补充水的循环冷却水系统，当浓缩倍数升高都会成为结垢型水。在循环冷却水中，重碳酸盐的浓度随着浓缩倍数增加，水温升高，会发生下列反应：

$$Ca(HCO_3)_2 = CaCO_3 \downarrow + CO_2 + H_2O$$

冷却水经过冷却塔向下喷淋时，溶解在水中的游离二氧化碳逸出，加快 $CaCO_3$ 形成。水中 $[Ca^{2+}][CO_3^{2-}] > K_{sp}$时，$CaCO_3$ 在换热器表面结晶析出生长成垢，不断沉积在换热器水侧表面。

在循环冷却水中，由于养分的浓缩、水温的升高和日光照射，微生物大量繁殖，微生物分泌出的黏液使水中悬浮物质黏附在一起，附着在换热器表面上，形成了附着力极强的生物黏泥。

5.7.3.2　氮水预冷系统存在的问题

氮水预冷系统结垢在制氧行业十分常见，许多钢铁企业制氧厂都出现过，对生产影响非常严重。氮水预冷系统水垢主要出现在冷冻机蒸发器冷冻水侧、水冷塔和空冷塔填料及喷嘴、水冷泵过滤器滤网等部位，水垢的大量生长会减少冷冻水流量、造成空冷塔阻力增加，对制氧生产造成严重威胁。冷冻机蒸发器水侧铜管水垢致密坚硬呈灰白色，包围在铜管周围。空冷塔、水冷塔中水垢呈松散状态沉积在填料上、堆积在填料空隙中，呈白色。氮水预冷系统典型水垢成分见表 5-7。

表 5-7　氮水预冷系统典型水垢主要成分

成　分	CaO	有机磷（以 PO_4^{3-} 计）	ZnO	其　他
含量/%	42.96	1.02	1.13	余　量

从表 5-7 可以看出，在低温条件下产生水垢的主要成分以氧化钙为主。

空气冷却塔有喷淋式、筛板式、填料式。填料式空冷塔采用填料作为传质、传热载体取得了良好的工艺效果，不但处理能力大、压降小，而且提高了传热传质效果。填料式空冷塔分为上、下两层填料，上层填料为不锈钢共轭环，下层填料为聚丙烯塑料共轭环。在空冷塔中，来自空压机的空气（109℃左右）经下段填料被常温水冷却后，进入上段再被低温水进一步冷却。如果填料结垢，填料间隙减少，表面润湿性能被破坏，空冷塔阻力增大，传质、传热效果减弱，空气预冷效果达不到设计要求。

冷冻机蒸发器铜管结垢，水垢包围在铜管周围，使水流通道截面积减小，冷冻水流量减少，冷冻机进出口水温差缩小，出水水量、水温达不到要求。

冷冻机、水冷塔、空冷塔水垢是在低温（<8℃）条件下产生的，但它在成垢机理上和常温垢相同，都是由于水中$[Ca^{2+}][CO_3^{2-}] > K_{sp}$时，$Ca^{2+}$过饱和析出成垢。由于低温水是以常温循环冷却水为水源，而且共用一套大循环系统。在常温循环冷却水处理中采用投加有机磷系阻垢缓蚀药剂高浓缩倍数下运行，在此条件下常温冷却水比较稳定，是由于有机磷酸盐的阻垢作用，有机磷酸盐的加入提高了循环水中 $CaCO_3$ 的 K_{sp}，相对增加了 $CaCO_3$的溶解度，而在低温条件下（有机磷酸盐阈值效应，使有机磷酸盐与钙离子配合）有机磷与钙组合物发生沉淀，使有机磷失去阻垢作用，$CaCO_3$ 的 K_{sp}减少，导致 $CaCO_3$ 的过饱和结晶析出长大成垢。

5.7.4　避免制氧循环冷却水故障发生的措施

制氧循环冷却水系统不同于钢铁行业其他间接冷却循环水系统，氮水预冷系统结垢成为制氧循环冷却水处理的难点和关键所在。制氧循环冷却水要做到高浓缩倍数运行的条件下常温系统和低温系统不结垢，必须在循环水系统中同时投加常温和低温阻垢剂。北京科技大学、北京麦尔得科贸有限公司生产的MD系列阻垢剂成功应用于制氧循环冷却水处理中，在高浓缩倍数下同时投加常温和低温两种药剂，做到了常温系统和低温系统均不结垢。

如果制氧循环水系统菌藻繁殖严重，水中悬浮物较高，必须在投加阻垢缓蚀剂的同时投加杀菌灭藻剂。投加杀菌灭藻剂的选择，要考虑制氧循环冷却水的特殊性，由于水与空气直接接触，所投加药剂不能产生气体污染空气，同时水中不能产生泡沫，否则会影响空气品质，也会造成空气带水事故。如果制氧水中悬浮物较高，应增加旁滤设施降低水中悬浮物，这样大大降低了黏泥附着速度，而且可少加或不加杀菌灭藻剂，不但避免了黏泥产生，而且降低了水处理成本。

5.8 发电厂循环冷却水处理

5.8.1 发电工艺概述

在钢铁联合企业中为了节约能源和保护环境，对企业内部余压、废热和富裕的煤气等进行利用建起了一些发电厂，如TRT发电、干熄焦发电、炼钢废热发电、烧结废热发电等。

高炉煤气余压透平装置（TRT）是利用高炉煤气具有的压力能及热能，使煤气通过透平膨胀机做功，将其转化为机械能，驱动发电机发电的一种二次能量回收装置。采用TRT发电技术，要求高炉炉顶煤气压力大于0.08MPa，煤气压力越高，效益越大。采用TRT发电技术，吨铁发电量为20～40kW·h，是炼铁工序重大节能项目。

在干熄焦发电、炼钢废热发电、烧结废热发电等余热发电机组中设置余热锅炉，用于与废气的热量交换，热交换后锅炉产生的过热蒸汽倒入汽轮机做功，汽轮机带动发电机向外输出电能。做功后的蒸汽经凝汽器冷凝成凝结水，通过锅炉给水泵增压进入锅炉省煤器进行加热，经省煤器加热后的高温水送到汽包，进入锅炉汽包内的高温水在锅炉内循环受热，最终产生过热蒸汽进入汽轮机。做功后的蒸汽经过凝汽器冷凝后形成凝结水，重新参与系统循环。循环过程中消耗掉的水由制水装置制出的纯（软）水补充到系统中。

废热发电工艺流程如图5-47所示。

5.8.2 发电循环冷却水处理系统

5.8.2.1 冷却设备

余热发电冷却设备有凝汽器、油冷却器等。

凝汽器是将汽轮机排汽冷凝成水的一种换热器，又称复水器。凝汽器主要用于汽轮机动力装置中，分为水冷凝汽器和空冷凝汽器两种。

水冷表面式凝汽器主要由壳体、管束、热井、水室等部分组成，其结构如图5-48所示。汽轮机的排汽通过喉部进入壳体，在冷却管束上冷凝成水并汇集于热井，由凝结水泵抽出。冷却水（又称循环水）从进口水室进入冷却管束并从出口水室排出。为保证蒸汽凝结时在凝汽器内维持高度、真空和良好的传热效果，还配有抽气设备，它不断将漏入凝汽器中的空气和其他不凝结气体抽出。抽气设备主要有射水抽气器、射汽抽气器、机械真空

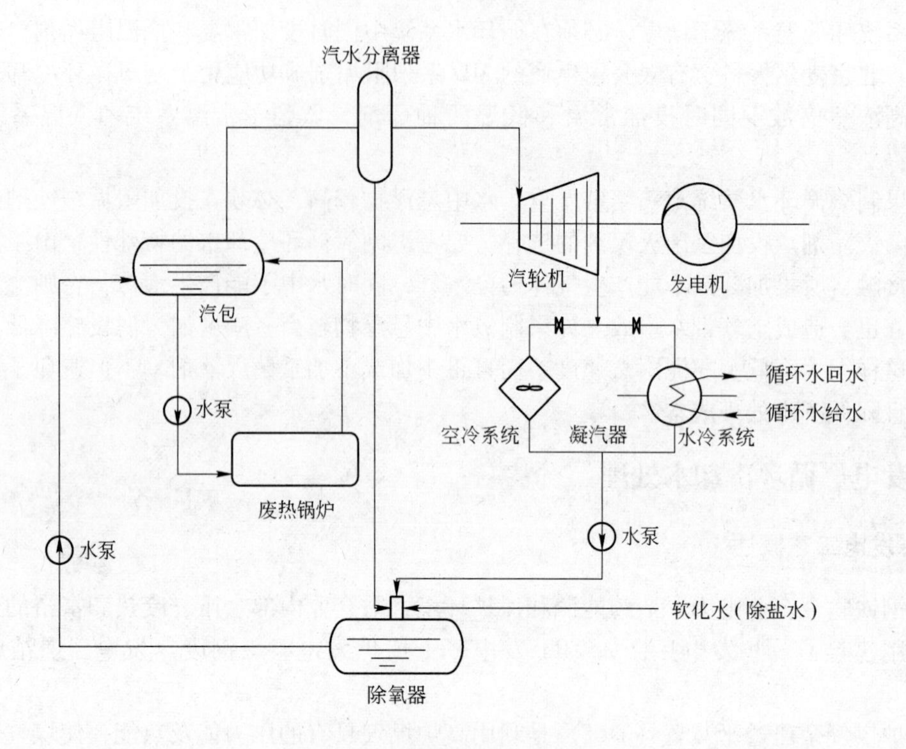

图 5-47　废热发电工艺流程

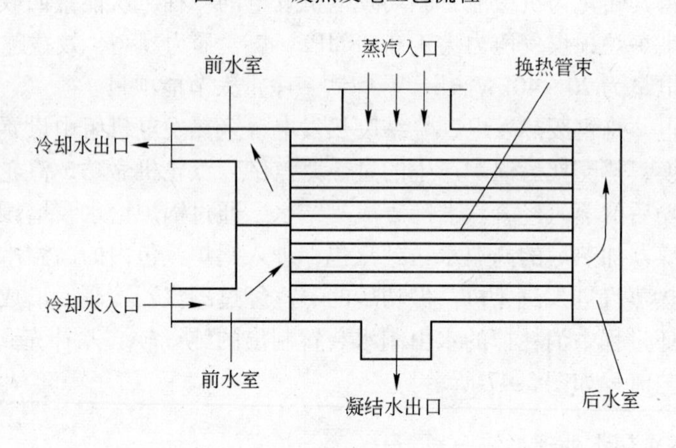

图 5-48　水冷式表面凝汽器结构

泵和联合真空泵等。

空冷表面式凝汽器是通过空气借助风机在管束外侧横向通过或自然通风，而蒸汽在管束内流动被冷凝成水。为提高管外传热，这种凝汽器均采用外肋片管。它的背压比水冷凝器高得多。

5.8.2.2　工艺

发电冷却水送入汽轮机凝汽器以冷凝做功后的蒸汽，温度升高后的水回到冷却塔冷却后进入循环水池，再用水泵从水池抽出送到汽轮机凝汽器。其工艺流程如图 5-49 所示。

发电循环冷却水处理与一般间接冷却循环水处理相同，但应根据补水水质、阻垢、缓

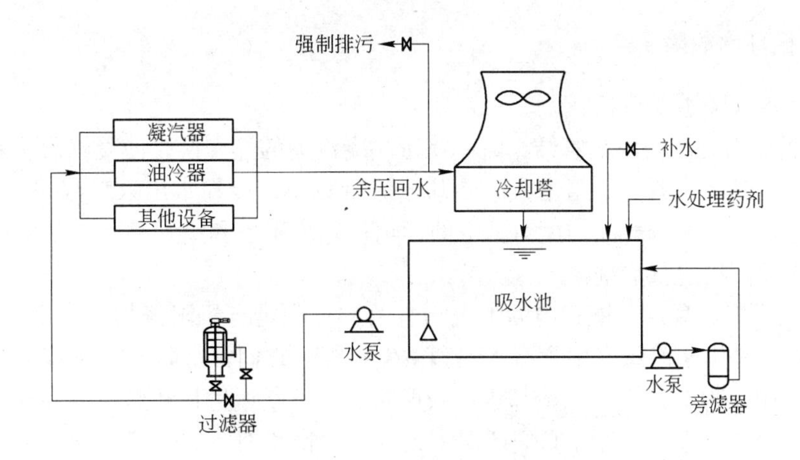

图 5-49 发电循环冷却水处理工艺流程

蚀和杀菌灭藻一并考虑。除了凝汽器铜管（不锈钢）结垢外，微生物黏泥堵塞换热管成为影响发电生产的问题，所以制定水处理方案要特别注意微生物黏泥的处理。

5.8.2.3 汽轮机系统的主要指标

在实际运行中除了水处理系统之外，还要关注以下汽轮机系统的重要参数：

（1）凝汽器真空度。凝汽器真空度是汽轮机运行的重要指标。凝汽器真空的形成是由于汽轮机的排汽被凝结成水，其比容急剧缩小。当排气凝结成水后，体积大为缩小，使凝汽器侧形成高度真空，它是汽水系统完成循环的必要条件。在运行中真空下降，将直接影响汽轮机汽耗和机组出力，同时也给机组的安全运行带来很大的影响。凝汽器内所形成的真空受凝汽器传热情况、真空系统严密性状况、冷却水温度和流量、机组的排气量及抽汽器的工作状况等因素制约。因此，有必要分析机组凝汽器真空下降的原因。

（2）凝汽器的端差。凝汽器压力下的饱和温度（汽轮机排气温度）与凝汽器冷却水出口温度之差称为端差。对一定的凝汽器，端差的大小与凝汽器冷却水入口温度、凝汽器单位面积蒸汽负荷、凝汽器铜管的表面洁净度、凝汽器内的漏入空气量以及冷却水在管内的流速有关。一个清洁的凝汽器，在一定的循环水温度和循环水量及单位蒸汽负荷下就有一定的端差值指标，一般端差值指标是当循环水量增加，冷却水出口温度越低，端差越大，反之亦然；单位蒸汽负荷越大，端差越大，反之亦然。实际运行中，若端差值比端差指标值高得太多，则表明凝汽器冷却表面铜管污脏，致使导热条件恶化。端差增加的原因有：1）凝汽器铜管（不锈钢）水侧或汽侧结垢；2）凝汽器汽侧漏入空气；3）冷却水管堵塞；4）冷却水量增加等。对于端差增加要查找原因，如果是凝汽器铜管（不锈钢）水侧结垢，要检查水处理措施是否合理，如果水处理措施不当，必须重新制定合理的水处理方案，确保水质稳定。如果结垢严重，可对凝汽器进行在线清洗。

（3）循环冷却水温升。循环冷却水温升在发电循环冷却水处理中也是一个比较重要的指标，它是指循环水出入口温差。温升可监视凝汽器冷却水量是否满足汽轮机排气冷却之用，在一定的负荷有一定的温升值。另外，温升还可供分析凝汽器铜管是否堵塞、计算蒸发水量等。发电循环冷却水温升一般为 6 ~ 8℃，最高可达 10℃。

5.8.3 发电循环水故障

发电循环水故障主要包括：

（1）结垢。当凝汽器内铜管结垢时，将影响凝汽器的热交换，使凝汽器端差增大，排汽温度上升，此时凝汽器内水阻增大，冷却通流量减小，冷却水出入口温差也随之增加，造成真空下降。凝结器冷却面结垢对真空的影响是逐步积累和增强的，当结垢过多，真空过低时，就必须停机进行清洗。

（2）黏泥附着。凝汽器铜管内的附着物有两种：一是有机附着物，二是无机附着物。产生有机附着物是由于冷却水中含有水藻和微生物等，它们常常附着在铜管管壁上，并在适当的温度（10～30℃）下，从冷却水中吸取营养，不断地生长和繁殖。有机附着物往往和一些黏泥混杂在一起。另外，它们还混有大量微生物和细菌的分解产物。所以，凝汽器中的有机物大都呈灰绿色。无机附着物一般指冷却水中的污泥、砂粒和工业生产的废渣等。它们是由于冷却水在铜管内流速较低时引起的沉积附着物。

有机附着物和无机附着物相互作用形成生物黏泥，附着在铜管内壁，降低了铜管的换热能力。当黏泥过厚时，真空度下降，也要被迫停机清洗。

5.8.4 发电循环冷却水处理系统典型的工艺组成

根据水质特点和工艺选择，循环水处理任务一是防止结垢，二是防止生物黏泥。结垢的防止采用循环水高浓缩倍数运行技术，采用硫酸调 pH 值投加性能优异的阻垢缓蚀剂，浓缩倍数控制在2.5～3.5倍。生物黏泥的防止采用杀菌灭藻，冲击投加杀菌灭藻剂，同时对循环水旁流过滤，去除水中悬浮物。

5.8.4.1 强制排污和补水系统

循环水系统的水量消耗取决于水质稳定运行时的浓缩倍数，浓缩倍数取决于循环水系统的蒸发水量和排污水量，循环水系统蒸发水量在同一季节基本为一固定量，排污水量是决定循环水消耗水量的关键。因此，强制排污成为循环水浓缩倍数控制的关键。强制排污管安装在回水上塔前的主管道上，管道上安装手动蝶阀和超声波流量计，通过调节手动蝶阀控制排污水量。由于在同一季节排污量基本是恒定的，因此手动阀门开关不太频繁，给运行人员不会带来麻烦。

浓缩倍数的控制是通过补水和排污来完成的。补水采用水力浮球阀自动补水维持恒液位，在补水管上安装超声波流量计，不但减轻了运行人员的劳动强度，同时确保了水质的稳定。当水池的水面上升至设定高度时，浮球浮起，关闭浮球阀，控制室内水压升高，推动主阀关闭，供水停止；当水面下降时，浮球阀重新开启，控制室水压下降，主阀再次开启继续供水，保持液面的设定高度。

5.8.4.2 加药系统

（1）阻垢剂投加系统。阻垢剂投加系统由药剂溶解罐、计量泵和投加管路组成，采用连续投加方式。计量泵变频调速，易于控制加药量，使药剂浓度控制在一定范围内。

（2）全自动硫酸投加系统。硫酸投加系统由硫酸储罐、计量泵和投加管路组成；采用PID 控制模式，使水的 pH 值控制在指标范围内。

（3）杀菌灭藻剂投加系统。阻垢剂投加系统由药剂溶解罐、计量泵和投加管路组成；

采用投加方式，计量泵在最短时间内将杀菌灭藻剂投加到水中。

5.8.4.3 过滤系统

（1）旁滤系统。发电循环水冷却地区高炉、焦化、烧结、锅炉等厂区内，大气中的灰尘、粉尘等各种杂质，均会通过冷却塔进入循环水系统，形成悬浮物质。采用旁流过滤系统，滤除循环水中悬浮物，控制在规定范围内，避免悬浮物与微生物黏液相互作用，在系统内累积而沉积在换热管内，形成黏泥。旁滤系统按循环水量的10%考虑，由旁滤送水泵和过滤器及自动控制系统组成。视水中悬浮物的高低，运行人员可采用间断运行的方式。

（2）自清洗过滤器。在干线管道上装自清洗过滤器，防止大颗粒物质堵塞凝汽器铜管。

5.8.5 水质在线监测仪表

（1）电导率仪。在补充水管道上和循环水送水管道上安装监测管线，在监测管线上分别安装了电导率仪表，测量补充水和循环水的电导率，实时传输到PLC控制器和上位机上，进行数据分析。计算循环水的浓缩倍数，当浓缩倍数超出设定值，报警系统报警，提醒运行人员调节强制排污阀门。

（2）pH计。在循环水送水管道上安装一台pH计，用以控制硫酸投加泵的运行。加酸自动控制系统是通过在线测量系统pH值，由PLC的pH自动控制器控制加酸泵向吸水井中加入所需剂量的浓硫酸，实现系统pH值的自动控制。该系统由pH计等在线监测仪表、pH自动控制器、流量开关、储酸罐和计量泵等组成。

流量开关用于监视监测管线中的水流情况，当监测管线中的水流中断时，流量开关发出报警，pH自动控制器将停止计量泵向系统加酸。

控制器对计量泵的控制采用比例控制方式和PID控制方式。在比例控制方式下，需要先设定两个pH控制点，即上限1点和下限2点。当运行水质的pH值检测为上限1点时，监控系统程序发出信号自动启动加药计量泵，开始加药，随着硫酸投加后的作用以及投加量的累积增加，运行水质的pH值会逐渐降低，监控系统程序输出的控制信号也将随之发生改变，加药计量泵的加药量也随之减小；当运行水质的pH值达到下限2点时，监控系统程序会发出停止加药计量泵加药的控制信号，加药计量泵停止工作；当运行水质pH值回升时，监控系统将重新根据实时所检测的水质pH值启动加药计量泵，这样水运行系统将会维持在一个有效的pH值范围内运行。在PID控制方式下，自动跟踪设定的pH值，随pH值检测结果变化而改变PID控制信号至加药计量泵，在线控制加药计量泵的速度。

6 钢铁企业污水处理与回用

6.1 钢铁企业工业污水的来源及分类

钢铁企业工业污水按其来源来分，可以分为：循环冷却水系统排污水；脱盐水和软化水制取设施产生的浓盐水；小型直流水和生活污水；钢铁厂各工序在生产运行过程中产生的废水等。

6.1.1 循环冷却水系统排污水

循环冷却水系统的排污水包括强制排污水、旁流过滤器的排污水、管道过滤器的排污水和压滤机过滤水等。

（1）强制排污水。强制排污是循环冷却水控制浓缩倍数，实现水质稳定的重要环节，是循环水处理的重要组成部分。通常在间接循环水系统中回水管道上安装强制排污系统，由管道、阀门、流量计等组成。一般在循环水系统强制排污水量占循环水量的0.5%～1.5%。

密闭式纯水或软化水循环水系统一般只有渗水和漏水，基本不用考虑平时运行的排污水。高炉煤气洗涤水、转炉除尘水等重浊循环水系统没有强制排污水系统，污泥带走的水量完全可以维持系统水质平衡，而转炉除尘水处理要求没有排污。连铸二冷水、轧钢浊环水等轻浊循环水与间接冷却水一样有强制排污水系统，其浓缩倍数必须控制。

（2）过滤器的反洗排水。过滤器反洗的目的是清除滤层中积累的污物，以恢复滤层的截污能力，是过滤器运行的一个重要步骤。反洗水量和循环水的悬浮物和杂物含量、过滤器的形式有关，一般石英砂过滤器反洗水量为过滤水量的0.5%～1.0%，自清洗过滤器反洗水量为过滤水量的0.05%～0.5%。

（3）过滤机的过滤水。在钢铁企业中广泛使用板框压滤机和带式压滤机进行污泥脱水，一般污泥含水量在70%～90%之间，脱水量污泥含水量降到30%左右，滤后水一般回到循环水系统中，但在连铸二冷水、轧钢浊环水等含油污水的污泥往往需要投加熟石灰进行调制，滤后水pH值较高，不得回到循环水系统中，应到排水系统中。

6.1.2 除盐水、软化水制取设施产生的废水

除盐水、软化水常用于钢铁企业炼铁、炼钢、连铸等单元关键设备的间接冷却密闭式循环水系统以及锅炉的补充用水。

（1）钠离子交换器的废水。钠离子交换器用于制备软化水，在树脂再生、反洗过程中产生5%左右的含氯化钠、氯化钙的废水。

（2）阴阳离子交换器产生的废水。采用阳床—阴床—混床工艺制备除盐水，阳床再生产生含碱废水，阴床再生产生含酸废水，总废水量约占原水的10%。

（3）反渗透产生的废水。随着超滤加反渗透制备除盐水的工艺日益成熟，现已广泛应用于钢铁企业除盐水的制取。但在制成除盐水的同时，也将产生占除盐水水量20%～40%的浓盐水。

浓盐水含盐量是原水的2～4倍，可串级使用或直接排放。浓盐水的脱盐回用也已从中试阶段走向生产阶段，开始应用于污水回用系统。

6.1.3 小型直流水和生活污水

在大型钢铁联合企业中，除了烧结、炼铁、焦化、炼钢、轧钢等主体生产厂外，还存在运输、机械加工、动力、后勤等附属单位，一些用水设备为小型直流水，如水冷空调、小型空压机、煤气加压机等。这些直流水小且分散，很难改为循环水，这些小型直流水排放到排水管网中成为了污水，水量不可忽视。

另外，来自职工食堂、浴池等生活污水也成为大型钢铁联合企业的污水来源之一，特别是在食堂做饭和职工洗浴的时间段会产生大量的污水。

6.1.4 钢铁厂各工序在生产运行过程中产生的废水

钢铁厂各工序在生产运行过程中产生的废水包括：

（1）烧结厂的废水，主要为湿式除尘器产生的废水和冲洗地坪、输送皮带产生的废水，以夹带固体悬浮物为主，主要成分是烧结混合矿料。

（2）焦化厂的废水，主要为剩余氨水、产品回收及精制过程中产生的高浓度焦化废水、蒸氨废水、低浓度焦化废水，废水中酚氰化物、COD物质含量较高。

（3）冷轧厂的废水，主要为中性盐及含铬废水、酸性废水、浓碱及乳化液废水、稀碱含油废水、光整及平整废液等。

随着水处理技术的发展，焦化废水、冷轧废水均能够处理至钢铁厂工业污水排放的标准，这些处理后的水可以用于对水质要求不高的用户或直接达标排放，也可以适量进入综合污水处理系统，但其量不得影响综合污水处理厂的正常运行。

6.2 焦化废水的处理

6.2.1 焦化废水的来源

6.2.1.1 生化废水的产生

焦化生化废水主要是炼焦和煤气净化及化工产品精制过程中排放出的含酚、氰、油、氨氮等有毒、有害物质的废水，由蒸氨废水和煤气水封排水、含油废水等其他一些低浓度焦化废水组成。蒸氨废水是由剩余氨水和部分其他高浓度废水组成的混合剩余氨水经蒸氨塔蒸出氨后，从塔底排出的废水，是一种高浓度焦化废水。

剩余氨水是焦化厂最重要的生化废水源，来自从焦炉炭化室逸出的煤气冷凝液，由冷凝鼓风工段循环氨水泵排出，送往剩余氨水储槽。剩余氨水产量等于装炉煤带入的表面水（一般为装煤量的10%左右）和煤高温炼焦中产生的化合水（一般约为干煤量的2%）之和扣除冷却后饱和湿煤气带走的水量后的数值。剩余氨水在储槽中与其他生产装置送来的工艺废水混合后，称为混合剩余氨水。其他生产装置送来的工艺废水主要有粗苯分离水、煤气终冷排污水等。混合剩余氨水的组成和性质见表6-1。

表6-1　混合剩余氨水的组成和性质

项　目	数　值	项　目	数　值
COD/mg · L^{-1}	6000 ~ 10000	NH_3-N/mg · L^{-1}	4000 ~ 5000
酚/mg · L^{-1}	600 ~ 2500	油/mg · L^{-1}	300 ~ 600
T-CN^-/mg · L^{-1}	20 ~ 400	pH 值	9 ~ 11
SCN^-/mg · L^{-1}	400 ~ 600	水温/℃	34 ~ 40

蒸氨是将混合剩余氨水进行蒸馏，通过蒸氨处理后降低其氨氮，为生化处理做准备。目前，国内焦化厂剩余氨水脱氨多采用蒸氨工艺，剩余氨水经除油后作为蒸氨的原料氨水。氨水中含有挥发氨和固定铵，为了分解剩余氨水中的固定铵盐，在蒸氨前加入碱性溶液，分解成挥发氨后蒸出。一般采用氢氧化钠分解固定铵盐，其反应为：$NH_4Cl + NaOH \rightarrow NaCl + NH_4OH$。常用的蒸氨工艺有直接蒸氨工艺和间接蒸氨工艺。直接蒸氨工艺是在蒸氨塔的塔底直接通入水蒸气作为蒸馏热源，原料氨水与蒸氨废水换热至90 ~ 98℃，与用于分解氨水中固定氨的5%氢氧化钠溶液一起进入蒸氨塔上部，塔底通入的蒸汽将氨蒸出，氨蒸汽经塔顶分凝器后，产生的冷凝液作为回流直接流入塔内，氨气可直接送到硫铵工段或进一步冷凝成浓氨水。蒸氨塔底部排出的废水，与原料氨水换热后送往生化处理。间接蒸氨工艺与直接蒸氨工艺不同之处就是利用再沸器加热蒸氨塔塔底废水，产生的蒸汽作为蒸馏热源，而因加热塔废水的热源不同又分为水蒸气加热、煤气管式炉加热、导热油加热。

直接蒸氨工艺流程如图6-1所示。

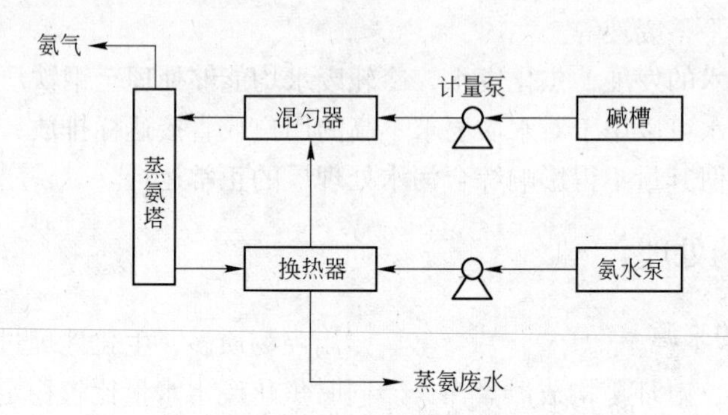

图6-1　直接蒸氨工艺流程

6.2.1.2　焦化废水的特性

焦化废水是一种污染范围广、危害性大的工业污水。其危害性主要表现在以下几方面：

（1）对人体的毒害作用。焦化废水含有酚，酚类化合物是原型质毒物，可使蛋白质凝固，其水溶液很容易通过皮肤引起全身中毒。饮用水中含酚能影响人体健康，即使水中含酚0.002mg/L，用氯消毒也会产生氯酚恶臭。

焦化废水中的氰化物虽然浓度低，但由于氰化物是剧毒物质，含有氰化物的废水对人体的危害非常严重，人食入可引起急性中毒。

地下水或地表水受到含氨氮的废水污染后，氨转化为亚硝酸盐、硝酸盐，直接影响人体的健康。

（2）对水体和水生物的危害。焦化废水主要含有有机物。绝大多数有机物具有生物可降解性，因此能消耗水中溶解氧。当氧浓度低于某一限值，会导致鱼群大量死亡。当氧消耗殆尽时，将造成水质腐败，严重地影响环境卫生。

水中含酚0.1～0.2mg/L时，鱼肉有臭味；浓度高时，能引起鱼类大量死亡，甚至绝迹。酚的毒性还可以大大抑制水体其他生物（如细菌、海藻、软体动物等）的自然生长速度，有时甚至会停止生长。

由于水中NH_4^+-N的氧化，会造成水体中溶解氧浓度降低，导致水体发黑、发臭，水质下降，对水生动植物的生存造成影响。水中氮素含量太多会导致水体富营养化，进而造成一系列的严重后果。由于氮的存在，致使光合微生物（大多数为藻类）的数量增加，即水体发生富营养化现象。藻类代谢的最终产物可产生引起有色度和味道的化合物：由于蓝-绿藻类产生的毒素，家畜损伤，鱼类死亡；由于藻类的腐烂，使水体中出现氧亏现象。

焦化废水中其他物质如油、悬浮物、氰化物等对水体与鱼类也都有危害，含氮化合物能导致水体富营养化。

（3）对农业的危害。用未经处理的焦化废水直接灌溉农田，将使农作物减产和枯死。高浓度的酚在植物体内积累，产品食味恶化，带酚味，品质下降，特别是对蔬菜作物影响更大。废水中的油类物质不但影响农作物的生长发育，而且被植物体吸收，使粮食、蔬菜变味。高浓度的含盐废水，不但使土壤盐碱化，而且对水稻的危害较大，导致叶子失水，干枯致死。水中的有机物由于氧化分解生成产物，使水稻的养分吸收和体内代谢过程受到抑制，导致减产。

6.2.1.3 焦化废水的组成

焦化废水主要污染物有酚、氰、氨氮、吡啶及多环芳香族化合物等，属成分复杂的难于生物降解的典型工业废水。焦化废水中的易降解有机物主要是酚类化合物和苯类化合物，吡咯、萘、呋喃、咪唑类属于可降解类有机物。难降解的有机物主要有吡啶、咔唑、联苯、三联苯等。废水中的特征污染物为氨氮、酚类、氰化物、硫化物及油分，含有大量有机物组分和多种有害难降解成分，有毒剂抑制性物质多，生化处理过程中难以实现有机污染物的完全降解，对环境构成严重污染。同时焦化废水水量比较稳定，但水质因工艺而差别很大，BOD/COD值一般为0.28～0.32，可生化性一般。

韦朝海等调查了国内38家典型焦化厂的废水水质特征，统计该38家企业污染物浓度及算术平均值，可代表国内焦化废水的普遍特征，结果见表6-2。其中最大值和最小值指38家企业中该项水质指标最高及最低的排放浓度。可以看出：不同企业水质变化很大，某些污染物浓度相差10倍以上；COD、氨氮、酚类的平均浓度分别为3433.7mg/L、549.3mg/L和483.0mg/L；COD和BOD数值较高，组成复杂，BOD/COD均值为0.32，属可生化废水；由于氰化物等物质的存在，废水呈碱性，部分呈强碱性；氨氮和酚类物质浓度高，酚类易于生物降解，而氨氮达标排放则有一定困难；硫化物和氰化物的浓度较其他废水高；每生产1t焦炭平均产生废水$0.5m^3$。

表 6-2　国内典型焦化企业废水水质特征

统计类别	最大值	最小值	平均值
pH 值	10.3	7	8.2
COD/$mg \cdot L^{-1}$	8000	1000	3433.7
BOD/$mg \cdot L^{-1}$	2050	334.5	903.4
氨氮/$mg \cdot L^{-1}$	3250	72.8	549.3
酚类/$mg \cdot L^{-1}$	1300	90	483.0
氰化物/$mg \cdot L^{-1}$	350	4.9	34.8
油类/$mg \cdot L^{-1}$	385.3	10	113.7
硫化物/$mg \cdot L^{-1}$	215	17.5	94.2
SS/$mg \cdot L^{-1}$	500	75	199.2
生产规模/万吨·年$^{-1}$	600	25	151.8
废水量/$m^3 \cdot h^{-1}$	206	2.6	60.5
吨焦废水/$m^3 \cdot h^{-1}$	1.022	0.024	0.5

6.2.2　生化废水处理的原理

6.2.2.1　生化处理的基本原理

根据在处理过程中起作用的微生物对氧气要求的不同，生化处理法可分为好氧生物处理、厌氧生物处理和两者结合的生物处理。

（1）好氧生物处理。好氧生物处理是在有氧的情况下，借助好氧微生物的作用来进行的。在处理过程中，污水中的溶解性有机物透过细菌的细胞壁为细菌所吸收，固体的和胶体的有机物先附着在细菌体外，由细菌所分泌的外酶分解为溶解性物质，再渗入细菌细胞。细菌通过自身的生命活动如氧化、还原、合成等过程，把一部分被吸收的有机物氧化成简单的无机物（如有机物中的 C 被氧化成 CO_2，H 和 O 化合成水，N 被氧化成 NH_3，P 被氧化成 PO_4^{3-}，S 被氧化成 SO_4^{2-} 等），并放出细菌生长、活动所需要的能量，而把另一部分有机物转化为生物体所必需的营养质，组成新的原生质，于是细菌逐渐长大、分裂，产生更多的细菌。焦化废水生物脱酚就是利用这一原理。

（2）厌氧生物处理。厌氧生物处理是在无氧的条件下，借厌氧微生物的作用来分解有机物。分解初期，微生物活动中的分解产物是有机酸、醇、二氧化碳、氨、硫化氢及其他一些硫化物等。在这一阶段，有机酸大量积累，pH 值随着下降，所以也称为酸性发酵阶段，参与的细菌统称产酸细菌。在分解后期，主要是甲烷菌的作用，有机酸迅速分解，pH 值迅速上升，所以这一阶段的分解也称为碱性发酵阶段。

（3）好氧-厌氧结合的生物处理。焦化废水脱氮是好氧和厌氧生物处理的综合过程，在适宜的条件下，将废水中的 NH_3-N、COD 等污染物降解。

焦化废水中的氮，主要以氨氮形态存在。脱除氨氮要经过硝化反应过程和反硝化反应过程。

1）硝化反应过程。氨氮转化的第一个过程是硝化。硝化菌把氨氮转化成硝酸盐的过程称为硝化。硝化是一个两步的过程，分别利用两类微生物，即亚硝酸盐菌和硝酸盐菌。

这些细菌所利用的碳源是无机碳（如二氧化碳、碳酸盐等）。第一步反应为亚硝酸盐菌将氨氮转化成亚硝酸盐；第二步反应为硝酸盐菌将亚硝酸盐转化成硝酸盐。亚硝酸盐菌和硝酸盐菌统称为硝化菌。硝化菌是好氧菌，对环境非常敏感。反应过程如下：

第一步反应： $NH_4^+ + 3/2O_2 = NO_2^- + 2H^+ + H_2O$

第二步反应： $NO_2^- + 1/2O_2 = NO_3^-$

上述两式合并可以写成： $NH_4^+ + 2O_2 = NO_3^- + 2H^+ + H_2O$

硝化菌利用反应产生的能量来合成新细菌体和维持正常的生命活动。亚硝化菌的生长速度较快、世代期较短，较易适应水质、水量的变化和其他不利环境。而硝化菌在水质水量和环境变化时较易影响其生长，在受到抑制时，易在硝化过程中发生 NO_2^- 的积累。

2）反硝化反应过程。反硝化过程是在反硝化菌的作用下，将硝酸盐转化成氮气，从水中逸出。反硝化过程要在缺氧状态下进行，溶解氧的浓度不能超过0.2mg/L，否则反硝化过程就会停止。

反硝化过程由以下步骤完成：

硝酸盐还原为亚硝酸盐： $2NO_3 + 4H + 4e \longrightarrow 2NO_2 + 2H_2O$

亚硝酸盐还原为一氧化氮： $2NO_2 + 4H + 2e \longrightarrow 2NO + 2H_2O$

一氧化氮还原为一氧化二氮： $2NO + 2H + 2e \longrightarrow N_2O + H_2O$

一氧化二氮还原为氮气： $N_2O + 2H + 2e \longrightarrow N_2 + H_2O$

反硝化菌利用的碳源是有机碳。

6.2.2.2 生化处理的主要运行参数

A 污染物浓度的表示法

废水中的污染物一般是有机和无机化合物的复杂混合物，要进行全分析是很困难的，常采用综合指标间接表示其含量。这些综合指标有生化需氧量（BOD）、化学需氧量（COD）等。

（1）生化需氧量（BOD）。生化需氧量（BOD）是指在好氧条件下，细菌分解可生物降解的有机物质所需的氧量，单位为mg/L。BOD试验可看作是湿式氧化过程。氧化过程进行得很慢，而且具有明显的阶段性。在第一阶段，主要是有机物被转化为无机的 CO_2、H_2O 和 NH_3，故也称为无机化阶段。在第二阶段，主要是氨依次被转化为亚硝酸盐和硝酸盐，故也称为硝化阶段。一般有机物在20℃的环境中，需要20天左右才能基本完成第一阶段的氧化分解过程，这在实际应用上是有困难的。因此，以5天作为测定生化需氧量的标准时间，以 BOD_5 表示。

（2）化学需氧量（COD）。化学需氧量（COD）是指废水在酸性溶液中被化学氧化剂高锰酸钾或重铬酸钾氧化有机物所需要的氧量，分别用 COD_{Mn} 和 COD_{Cr} 表示，单位为mg/L。化学需氧量几乎可以表示有机物被全部氧化所需的氧量。测定不受水质的影响，2～3h即可完成。一般工业废水及生活污水常采用 COD_{Cr} 法测定水的化学需氧量。

B 生物处理工艺有关名词解释

（1）水力停留时间。水力停留时间是指进入生物处理装置的废水在装置内的停留时间，以 HRT 表示。如果反应器的有效容积为 V(m^3)、进水流量为 Q(m^3/h)，则 HRT = V/Q。

（2）混合液悬浮固体浓度（MLSS）。混合液悬浮固体浓度是指曝气池中 1L 混合液所含悬浮固体（活性污泥）的量，以 mg/L 或 g/L 表示。它主要包括活性微生物、微生物自身氧化的残留物、吸附在活性污泥上的不能被微生物降解的有机物和无机物。工程上以 MLSS 作为间接计量活性污泥微生物的指标。

在混合液悬浮固体中的有机物的量，常被称为混合液挥发性悬浮固体浓度（MLVSS）。MLVSS 表示的活性污泥微生物量比用 MLSS 表示的更切合实际。

就废水处理而言，污泥浓度高，运转较安全，泡沫少，曝气池容积也可以缩小；但污泥浓度过高，混合液黏滞度变大，氧的吸收率下降，污泥与水分离困难。常规方法，浓度控制在 2 ~4g/L 之间。

（3）生化处理的负荷。生化处理的负荷有两种表示法：污泥负荷和容积负荷。

1）污泥负荷（SLR 或 L_s），单位质量的活性污泥在单位时间内所能承受的污染物量。

例如：BOD_5 污泥负荷，单位是 kg BOD_5/(kg MLSS · d)；COD 污泥负荷，单位是 kg COD/(kg MLSS · d)；NH_3-N 污泥负荷，单位是 kg NH_3-N/(kg MLSS · d)。

2）容积负荷（VLR 或 L_v），单位处理装置的有效容积在单位时间内所能承受的污染物量。

例如：BOD_5 容积负荷，单位是 kg BOD_5/(m^3 · d)；COD 容积负荷，单位是 kg COD/(m^3 · d)；NH_3-N 容积负荷，单位是 kg NH_3-N/(m^3 · d)。

（4）污泥容积指数（SVL 或 I_v）。污泥容积指数是表示污泥沉降性能的参数。其定义是生化装置中的污泥悬浮液在静置 30min 的情况下，1g 活性污泥所占的体积，单位是 mL/g。污泥容积指数能反应活性污泥的松散程度和凝聚沉降性能。污泥指数过低，说明泥粒细小紧密，含无机物多，缺乏活性和吸附能力；污泥指数过高，说明污泥太松散，沉降性能差，有可能发生或已经发生膨胀。

（5）污泥沉降比（SV）。污泥沉降比是指曝气池混合液在 100mL 量筒中，静置 30min 后，沉降污泥与混合液之体积比（%）。正常污泥在静置 30min 后，一般可达到它的最大密度。污泥沉降比主要反应混合液中污泥数量的多少，可以用来控制污泥的排放时间和排放数量。性能良好的活性污泥，沉降比在 15% ~40% 之间。

（6）溶解氧（DO）。溶解于水中的分子状态氧为溶解氧，单位是 mg/L。淡水在 1 个大气压下，20℃时溶解氧极限值为 9. 2mg/L，废水则远远低于此值。

（7）活性污泥回流比。活性污泥回流比是活性污泥回流量与曝气池处理水量的比。污泥回流的作用是保证有足够的微生物与进水混合，维持合理的污泥负荷。回流的污泥是二次沉淀池沉淀的污泥，一般回流到曝气池的起端。

（8）污泥龄（t_s）。污泥龄是指活性污泥在曝气池中的平均停留时间，可用下式表示：

$$\text{污泥龄} = \text{曝气池中的活性污泥量} / \text{每天从曝气池系统排出的剩余污泥量}$$

$$t_s = (X \times V_T)/(Q_S \times X_R + Q \times X_E)$$

式中　t_s——泥龄，d；

X——曝气池中的活性污泥浓度，即 MLSS，kg/m^3；

V_T——曝气池总体积，m^3；

Q_S——每天排出的剩余污泥体积，m^3/d；

X_R——剩余污泥浓度，kg/m^3；

Q——设计污水流量，m^3/d；

X_E——二沉池出水的悬浮固体浓度，kg/m^3。

污泥龄和增殖有密切关系，可用污泥龄控制剩余污泥量。污泥龄还可以反应微生物的组成，世代时间比污泥龄长的微生物在系统中将被逐渐淘汰。

对污泥龄变化最敏感的是活性污泥的沉淀性能。当污泥龄很小时，微生物多呈游离状，能够产生凝聚作用的微生物不能在系统中存活，活性污泥的沉淀性能将恶化。反之，污泥龄过长时，活性污泥在二次沉淀池内长期缺氧，污泥絮凝体将遭到解体破坏。

活性污泥的活性同样也和污泥龄有关，污泥龄增高，其中主要由衰死细菌细胞残骸组成的惰性物质越积越多。虽然在系统中活性污泥的浓度很高，但是在污泥中存活的具有降解底物功能的活体数却较少。

（9）表面负荷。表面负荷是指单位沉淀池面积在单位时间内所能处理的污水量，单位为 $m^3/(m^2 \cdot h)$。

6.2.2.3 影响微生物生长的因素

（1）pH 值。废水的 pH 值主要影响细菌细胞质膜上的电荷性质。细胞质膜上的正常电荷有助于细菌对某些物质的吸收，如果电荷性质发生变化，将影响细菌细胞正常的物质代谢。高浓度的氢离子可引起菌体表面蛋白质和核酸水解。对好氧性生物处理，pH 值一般保持在 6～9 之间；对厌氧性生物处理，pH 值应保持在 6.5～8.0 之间。在运行过程中，pH 值不能突然变化太大，以防止微生物生长繁殖受到抑制或死亡，影响处理效果。生物脱氮法的硝化菌主要降解 NH_3，产生 NO_3^- 和 H^+，使污水 pH 值下降，若不及时补给碱液，硝化反应就会停止。

（2）有毒物质。凡对微生物具有抑制生长繁殖或扼杀作用的化学物质都是有毒物质，简称毒物。毒物包括重金属盐、氰化物、硫化物、砷化物、某些有机物以及油脂等。不同类型的毒物化学性质不同，对微生物毒害作用也不同。例如，许多重金属离子能与微生物蛋白质结合，使蛋白质沉淀或变性，使酶失去活性；酚、氰等在浓度高时将破坏细菌的细胞质膜和细菌体内的酶；油脂可能以油膜包围微生物有机体，使之与氧隔绝，妨碍对营养物质的吸附和吸收。毒物毒性的强弱随着废水的 pH 值、溶解氧含量以及同时存在几种有毒物质等因素的不同，可以有较大的差异。不同种类的微生物对毒物毒性的承耐力不同，经驯化后的微生物对毒物毒性的承受力可以大大提高。

（3）氧气。供给充足的氧是好氧性生物处理顺利进行的决定性因素之一。供氧不足将使处理效果明显下降，甚至造成局部厌氧分解，使曝气池污泥上浮。供氧过多除造成浪费外，还会在营养缺乏时引起污泥和生物膜的自身氧化，影响处理效果。

硝化菌是专性好氧菌，以氧化 NH_3-N 或 NO_2-N 以获得足够的能量用于生长。故溶解氧的高低直接影响硝化菌的生长及活性。当溶解氧升高时，硝化速率也增加，当溶解氧低于 0.5mg/L 时，硝化反应趋于停止。焦化废水处理的实际运行表明，曝气区混合液的溶解氧维持在 2～4mg/L 为宜，出水溶解氧不低于 1mg/L，氧的存在会抑制异化反硝化细菌对硝酸盐的还原，从而影响脱氮能否进行到底。悬浮污泥反硝化系统缺氧区的 DO 应控制在

0.5mg/L 以下。

（4）温度。适宜温度可以加速微生物的生长繁殖。一般好氧性生物处理水温为 20～40℃，可获得满意的处理效果。温度过低时，微生物代谢作用减慢，活动受到抑制；当温度降低于 10℃，生化过程速度降低 1～2 倍。温度过高时，微生物细胞原生质胶体凝固，使酶作用停止，造成微生物死亡。因此需要调节到适宜温度，再进行生化处理。

6.2.3 A-A-O 法在焦化废水处理中的应用

6.2.3.1 A-A-O 法简介

A-A-O 工艺又称 A^2/O，由厌氧、缺氧和好氧三个阶段组成，其工艺由厌氧反应池（厌氧池）、缺氧反应池（缺氧池）、好氧反应池（好氧池）和沉淀池组成。

（1）厌氧池。焦化废水及从沉淀池排出的回流污泥同步进入厌氧池，废水与池中组合填料上生物膜（厌氧菌）充分接触进行生化反应。在厌氧池，废水中的苯酚、二甲酚以及喹啉、异喹啉、吲哚、吡啶等杂环化合物得到了较大的转化或去除，厌氧酸化段的设置对于复杂有机物的转化与去除是十分有利的。因此，废水经过厌氧酸化段后水质得到了很好的改善，废水的可生化性较原水有所提高，为后续反硝化段提供了较为有效的碳源。

为满足厌氧池和生化池生化反应需要，为微生物提供磷，在厌氧池进水考虑了磷盐管道，运行中应根据实际情况进行操作。

（2）缺氧池。废水从厌氧池进入缺氧池，在此以进水的有机物作为反硝化的碳源和能源，以好氧池混合液中的硝态氮为反硝化的氧源，在池中组合填料上生物膜（兼性菌团）作用下进行反硝化脱氮反应，使回流液中的 NO_2-N、NO_3-N 转化为 N_2 排出，同时降解有机物。在兼性脱氮菌的作用下，利用污水中有机碳化物作为氢供体，将废水中的 NO_3^-、NO_2^- 还原成 N_2 排出。另外，由于焦化废水中所含反硝化碳源不足，需在缺氧池中加入工业葡萄糖作为补充碳源。

经过缺氧段的处理，硝态氮被转化为氮气，达到脱氮的目的。同时，废水中的大部分有机物得到了去除，使废水以较低的 COD 进入好氧段，这对于好氧段进行的硝化反应是十分有利的。

（3）好氧池。好氧池即为曝气池，微生物的生物化学过程主要在好氧池中进行的，在这里去除 COD、硝化和吸收磷。废水中的氨氮被氧化成亚硝态氮及硝态氮。缺氧池出水流入好氧池，与经污泥泵提升后送回到好氧池的活性污泥充分混合，由微生物降解废水中的有机物，同时对混合液进行搅拌。另外还需投加纯（Na_2CO_3）及磷盐。

实际运行中为了均和好氧池进水水质，在好氧池的进水槽中加入稀释水，以生产消防水作为稀释水。好氧池上设有消泡水管道，当好氧池中泡沫多时，应打开消泡水管阀门进行消泡。

（4）沉淀池。沉淀池又称为二沉池，其功能是泥水分离，污泥的一部分回流至厌氧池，上清液排放。好氧池末端出水管自流进入二沉池中心管，在二沉池中进行泥水分离。二沉池出水经自流管道流到混凝系统，进行混凝沉淀。经过混凝沉淀池进行泥水分离，在混凝部分投加混凝剂和助凝剂，以增加沉淀部分污泥的沉淀性能，并且进一步降低出水 COD。

二沉池分离出来的活性污泥经回流污泥泵提升后，大部分作为回流污泥送回好氧池循环使用，剩余污泥和混凝沉淀池的污泥定时排至污泥浓缩池进行浓缩稳定处理，浓缩池上清液回流至调节池再次进行处理，浓缩池污泥排入污泥贮池中，定时由污泥脱水机进行脱水处理。脱水前需加入 PAM 与污泥进行絮凝反应，提高污泥脱水效率。污泥脱水后外运处置。

6.2.3.2 A-A-O 法处理焦化废水实例

A 概况

某钢铁集团焦化公司焦化废水处理系统的处理能力为 45m³/h，采用 A-A-O 工艺处理蒸氨废水和其他废水。其工艺流程如图 6-2 所示。

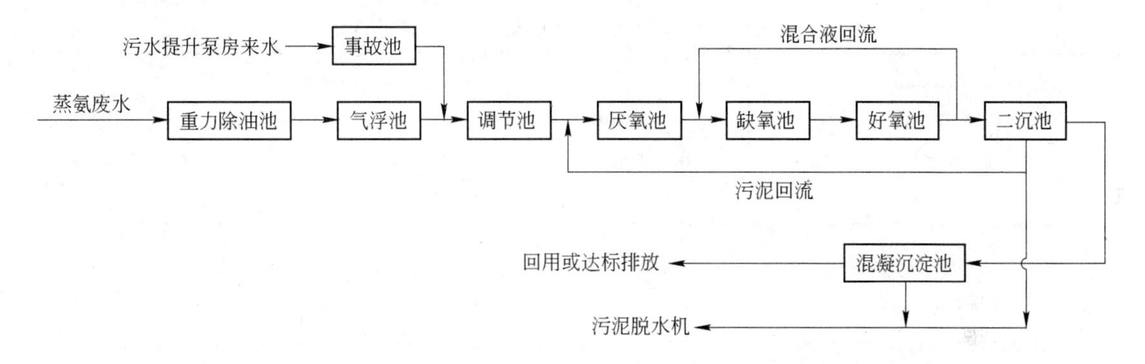

图 6-2 焦化废水 A-A-O 法处理工艺流程

经过处理后水中污染物达到了《钢铁工业水污染物排放标准》(GB 13456—1992) 中的二级标准。焦化原废水和处理后废水水质见表 6-3。

表 6-3 焦化原废水和处理后废水水质 (mg/L)

污染指标	COD_{Cr}	NH_3-N	酚	氰	悬浮物
原废水	3500	200	1200	55	330
处理后水	<150	<25	<0.5	<0.5	<70

B 主要设备及运行参数

A-A-O 法处理焦化废水主要设备及运行参数见表 6-4。

表 6-4 A-A-O 法处理焦化废水主要设备及运行参数

水 池	设计流量	水力停留时间	有效接触时间	加药装置
重力除油池		10min		
气浮池		20min		
调节池		24h		
厌氧酸化池	45m³/h	5.6h	5.1h	
缺氧池	45m³/h	9.4h	8.5h	投加葡萄糖
好氧池	45m³/h	24.1h	20.6h	投加纯碱
混凝池		混合时间 6min	反应时间 27min	投加聚铁、聚丙烯酰胺
沉淀池(2格)	单格 22.5m³/h	表面负荷 0.8m³/(m²·h)	沉淀时间 3.2h	
污泥浓缩池	15m³/d	30h(单池)		
污泥储池	15m³/d	25.6h(单池)		

6.2.4 生物流化床在焦化生化废水处理中的应用实例

6.2.4.1 概况

某钢铁公司焦化系统年产330万吨焦炭，废水主要由蒸氨废水、煤气水封水等焦化生产过程产生的焦化废水和生活污水等组成，废水流量为120m³/h，其中蒸氨废水和煤气水封水的流量为105m³/h、生活污水流量为15m³/h。设计废水进水流量及进出水水质指标见表6-5。

表6-5 设计废水进水流量及进出水水质指标

项 目	设计流量 $/m^3 \cdot d^{-1}$	COD_{Cr} $/mg \cdot L^{-1}$	氨氮 $/mg \cdot L^{-1}$	悬浮物 $/mg \cdot L^{-1}$	氰化物 $/mg \cdot L^{-1}$	挥发酚 $/mg \cdot L^{-1}$	油 $/mg \cdot L^{-1}$	pH值
进 水	2880	6400	60	310	55	1200	50	9.0~9.5
出 水		<100	<15	<70	<0.5	<0.5	<8	6~9

6.2.4.2 主要工艺

A 工艺流程

生化废水处理采用的主要工艺为生物流化床 $O/O_1/H/O_2$ 工艺，工艺流程如图6-3所示。

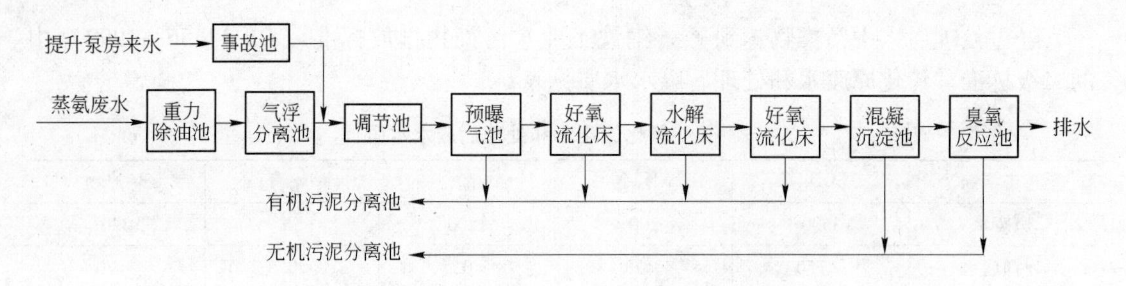

图6-3 生物流化床处理工艺流程

B 主要构筑物设计参数

生物流化床处理工艺主要构筑物设计参数见表6-6。

表6-6 生物流化床处理工艺主要构筑物设计参数

技术单元	气浮池	调节池	预曝气池	一级好氧池	水解池	二级好氧池	沉淀分离池	臭氧催化池
水力停留时间/h	1.5	>12	15	15.2	10	11	1	3
容积负荷 $/kg\ COD \cdot (m^3 \cdot d)^{-1}$				4.6	1.8	1.01		

6.2.4.3 技术原理

A 预处理

a 除油池

蒸氨废水中含有较多油类物质，会对后续生物处理产生抑制作用，故设置含聚油填料的竖流隔油池以去除焦化废水中的重油，一方面可以减少后续生物处理的难度，另一方面可以回收油分。隔油池分两段竖流隔油池，废水分两路流入池内竖流筒，从低端流出，经过隔油池中的聚油填料后经隔油池四周水槽流入气浮反应池。由于隔油池中废水流速较低，密度小于1.0而粒径较大的油珠上浮到水面上，密度大于1.0油珠附于聚油填料后便沉于池底。由于重油有很大的黏度，为了防止泵的堵塞，分别在旋流除油池和竖流除油池底部设置蒸汽加热盘管，提高重油的流动性。

b　气浮池

采用气浮泡沫分离作为除油池之后的第二段预处理技术。焦化废水处理过程中的泡沫分离是一个难题，严重影响生化处理系统的正常运行和有机污染物的降解。对焦化废水中易起泡沫的物质采用气浮的方式进行预处理，废水经隔油处理后，仍含有较多的浮油和乳化油，因此在进入气浮反应池后，投加破乳剂、混凝剂，可将分离的泡沫和乳化态的焦油有效地去除，酚类物质也得到部分去除，在一定程度上提高了废水的可生化性能。同时，在反应池内通过投加硫酸亚铁，去除废水中大部分的硫化物。

采用尼可尼泵气浮池，利用尼可尼涡流泵的特点，靠涡流泵和溶解罐、分离罐的组合，在大幅度地提高气体的溶解效率的同时可获得高密度、高质量的微细气泡。同传统方式相比较，省去了空压机、释放头等简化了装置的配置，单用涡流泵就可实现自动抽吸空气、混合搅拌及压送的功能。同时在气浮反应池后增加泡沫池，用于收集气浮反应池的泡沫混合液，气浮反应池气浮出水自流进入出水槽，泡沫混合液进入泡沫的高级氧化装置。

c　泡沫的高级氧化装置

Fenton试剂催化氧化处理可以使分离液的COD去除率达到68%以上，利用Fenton试剂较强的氧化能力能够将其含有的有毒/难降解有机物转化为低毒或无毒的小分子有机物，为其后续的生物处理创造良好的条件。

过氧化氢与催化剂Fe^{2+}构成的氧化体系通常称为Fenton试剂。在催化剂作用下，过氧化氢能产生两种活泼的氢氧自由基，从而引发和传播自由基链反应，加快有机物和还原性物质的氧化。Fenton试剂一般在pH值为3.5下进行，在该pH值时羟基自由基生成速率最大。Fenton试剂可以将当时很多已知的有机化合物如羧酸、醇、酯类氧化为无机态，氧化效果十分明显。Fenton试剂是由H_2O_2和Fe^{2+}混合得到的一种强氧化剂，特别适用于某些难治理的或对生物有毒性的工业废水的处理，具有反应迅速、温度和压力等反应条件缓和且无二次污染等优点。

B　生物处理

生物流化床作为单元技术，将各单元技术组合成为高效的生物除碳、脱毒工艺。废水处理技术是一种生物强化工艺，既具有附着生长法又具有悬浮法生长特征，是一个典型的复杂体系。生物流化床既可使基质去除能力最大化，又可使污泥产量最小化。生物流化床的流态化操作方式为反应器内废水与微生物之间创造了良好的混合和传质条件，无论是氧化还是还原基质的传递速率，均较固定床和活性污泥系统有明显的提高。该技术在高浓度有毒/难降解有机废水的处理方面尤能体现其独特的优势。图6-4和图6-5所示分别为好氧和厌氧三相生物流化床示意图。

厌氧或者兼氧生物流化床单元技术主要作为水解难降解的大分子物质为易降解的小分子物质，并同时消减废水毒性，为后续好氧降解提供有利条件。根据废水水质成分的分析，焦化厂排出的废水中大部分为难生物降解的有机物，通过厌氧生物流化床可以改变有

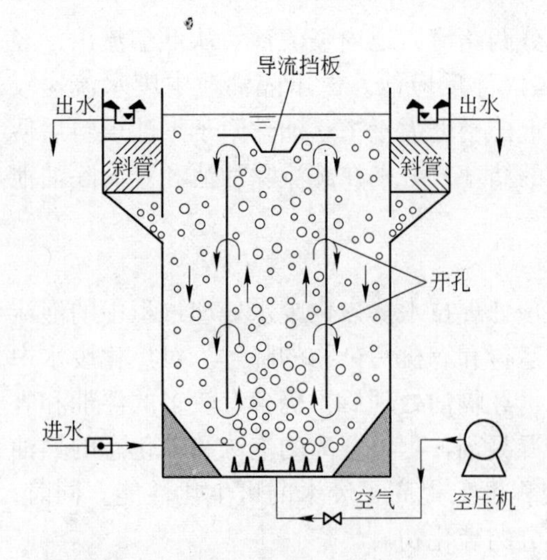

图 6-4　好氧三相生物流化床示意图

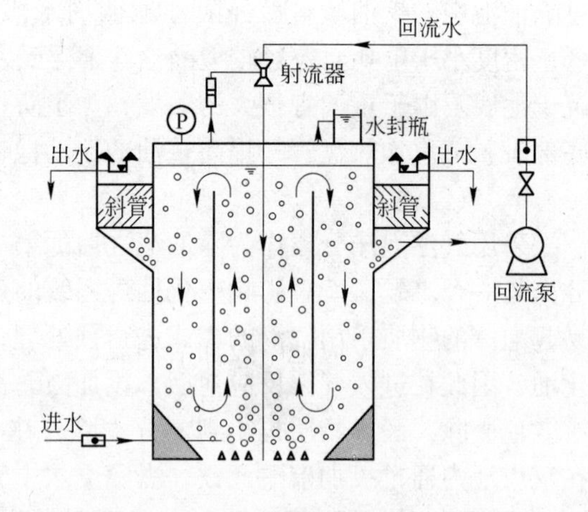

图 6-5　厌氧三相生物流化床示意图

机物的局部结构，尤其是芳香族化合物如酚、苯、萘、吡啶、蒽等在此阶段进行开环反应，将大分子有机物转化为易降解的小分子化合物，提高好氧降解的可生化性。厌氧酸化过程对降低废水的生物毒性也具有重要的作用。厌氧生物流化床采用多孔性微粒状的填料作为生物固定化的载体，依靠微生物活动产出甲烷气体的搅拌作用以及泵力水力条件实现生物颗粒在床层均匀流动，强化反应器内部的传质过程，使废水中的有机质与微生物充分接触并被微生物迅速利用而降解。由于使用颗粒载体的比表面积大（每立方米载体的比表面积可达 2000～3000m^2），可实现高微生物量运行；此外，在反应器的中上部设置软性填料层，可稳定污泥层并进一步实现厌氧反应器的接触反应效率。焦化废水中含有较高含量的 NH_3-N，其去除途径主要是通过二级好氧工艺转化为 NO_3-N，然后回流至厌氧或者水解工艺段，通过反硝化去除。因此，厌氧和水解工艺除了水解焦化废水中难降解的大分子污染物外，还具有去除氨氮的功能。

一级好氧生物三相流化床是废水处理过程降解有机污染物的关键步骤，能将废水中大部分含碳物质去除。在一级好氧生物三相流化床内填充新型大孔道生物载体颗粒，使兼氧和好氧微生物种群由内至外均匀分布于载体的内孔和表面，附着在载体表面的好氧微生物在气体的推动下在反应器中不断地实现闭路循环，捕捉并利用废水中的有机成分。在流化床底隙区设置挡板，能够有效改善反应器中流体的水力特性，十字型挡板的添加因降低反应器底部的摩擦阻力系数而提高了流体循环速度。流化床分离区设置斜板沉淀，能够有效分离活性污泥，保证池体内活性污泥的浓度，相比其他生物法，减少了回流污泥带来的动力消耗。由于反应器内的生物能量和有机质浓度高达 4g/L 以上，进水 COD 负荷大于 4.5kg/(m^3·d)。一级好氧生物流化床可对 COD 实现 80% 的去除率。二级好氧流化床主要是为去除焦化废水中的氨氮而设计。一级好氧流化床充分降解废水中有机污染物，为二级好氧流化床培养高级硝化菌营造了良好的环境，氨氮在这里大量被转化为硝态氮，通过将二级好氧的泥水混合物回流至缺氧进行反硝化而将氨氮去除，从而完成氨氮去除的目的。硝化过程消耗大量的碱，而反硝化产生碱，通过硝化阶段泥水混合物回流至反硝化阶段，可以利用反硝化产生的碱为二级好氧硝化提供一定量的碱源，可以节省一定的运行成本。

C 深度处理

经过高效的三相生物流化床组合工艺的生物处理过程，焦化废水已经接近国家排放标准，为了焦化废水的进一步除碳和脱毒，采用混凝沉淀作为深度处理技术，在混凝沉淀池中投加混凝剂和絮凝剂，通过双电层压缩、吸附-电中和、吸附架桥以及网捕等一系列作用，使胶体脱稳、颗粒微小的悬浮固体凝聚成颗粒较大的絮凝体。经过后续的沉淀分离，将污水中剩余悬浮固体及有机物得到进一步的去除，同时污水中的某些溶解性物质也可以得到一定程度的去除。为了确保达标排放，在混凝沉淀后设计了臭氧催化氧化池。采用臭氧催化氧化流化床形式，流化态能够使臭氧与废水完全混合，增加其接触时间，使得反应更充分。同时，反应池中投加活性炭，起到催化氧化作用。

6.2.4.4 运行效果

A 各反应器运行效果

$O/O_1/H/O_2$ 工艺运行之后，每个反应器运行平稳，能够充分发挥各自的作用，为下一道工序的稳定运行提供保障。表 6-7 反映了各反应器的运行指标和去除率，表内数值为 2012 年全年累计平均值。

表 6-7 各反应器运行指标及其去除率

指 标	进水	隔油池	O	O_1	H	O_2	深度处理	砂滤池
COD/mg · L^{-1}	5500	5189	786.2	675	600.7	226.6	120.5	79.3
去除率/%		5.65	84.85	14.14	11.01	62.28	46.82	34.19
NH_3-N/mg · L^{-1}	52.9	50.8	38.2	38.2	0.00	11.3	7.6	5.53
去除率/%		3.97	24.80	0.00	-1.57	70.88	32.74	27.24
挥发酚/mg · L^{-1}	1128.6	1080.5	29.05	16.24	8.13	0.41	0.03	0.02
去除率/%		4.26	97.31	44.10	49.94	94.96	92.68	33.33
硫化物/mg · L^{-1}	76	35	15	14.5	13	1.51	0.5	0.05
去除率/%		53.95	57.14	3.33	10.34	88.38	66.89	90.00
油/mg · L^{-1}	46.8	23.1	5.7	2.8	1.9	0.17	0.015	0.011
去除率/%		50.64	75.32	50.88	32.14	91.05	91.18	26.67
氰化物/mg · L^{-1}	47.3	36.1	18.05	16.7	12.8	1.15	0.2	0.16
去除率/%		23.68	50.00	7.48	23.35	91.02	82.61	20.00
悬浮物/mg · L^{-1}	300	150	—	—	—	100	50	40
去除率/%		50.00	—	—	—	—	50.00	20.00

B 生化系统出水水质

表 6-8 为焦化废水处理运行的实际数据。从运行数据来看，三个最主要的水质指标 COD、氨氮和氰化物在外排废水中的含量均低于设计标准。

表 6-8 焦化废水水处理进行的实际数据

项 目	设计流量 /m^3 · d^{-1}	COD_{Cr} /mg · L^{-1}	氨氮 /mg · L^{-1}	悬浮物 /mg · L^{-1}	氰化物 /mg · L^{-1}	挥发酚 /mg · L^{-1}
进水	2640	5500	50	310	55	1200
出水		<100	<10	<50	<0.2	<0.5

6.3 冷轧厂废水的处理

6.3.1 冷轧厂废水的来源

冷轧带钢各生产机组包括酸洗、冷轧、退火、平整、镀层等。生产过程中产生的废水一般有四种类型：酸性废水、稀碱含油废水、含油废水和含铬废水。

6.3.1.1 酸性废水的产生

酸性废水主要由酸洗-轧机联合机组的漂洗段产生。冷轧带钢产品以热轧带钢作为原料，因其表面有氧化铁皮，在冷轧前要把氧化铁皮清除掉。

目前冷轧厂多采用高速运行的连续酸洗机组或推拉式酸洗机组。以连续酸洗机组为例，是将带钢连续地通过几个酸洗槽进行酸洗。为使作业线上过程连续，将前一个热轧带钢卷的尾部和后一个钢卷头部焊接起来，酸洗后按需要的卷重、卷径切断带钢并收卷。酸洗段包括酸洗、冷热水洗及烘干三个环节。

酸洗段可以采用硫酸酸洗、盐酸酸洗两种方式。但由于硫酸酸洗效果差、而且污染严重，盐酸具有与氧化铁皮化学反应快、生成盐在水中溶解性强、清洗效率高等优点，因此大多数冷轧厂酸洗机组采用盐酸进行酸洗。

盐酸溶液与氧化铁皮的化学反应为：

$$FeO + 2HCl = FeCl_2 + H_2O$$

$$Fe_2O_3 + 6HCl = 2FeCl_3 + 3H_2O$$

盐酸溶液能较快地溶蚀各种氧化铁皮，酸洗反应可以从外层往里进行。盐酸酸洗是以化学腐蚀为主，盐酸酸洗对金属基体的侵蚀很弱。因此，盐酸酸洗的效率对带钢氧化铁皮的结构并不敏感，而且酸洗后的板带钢表面银亮洁净。酸洗反应速度与酸洗前带钢氧化铁皮的松裂程度密切相关。

采用酸洗清除氧化铁皮，随之产生废酸液和酸洗漂洗水，废酸液再生后循环使用，酸洗漂洗水循环使用。由于酸洗漂洗水的循环使用，其电导率逐渐升高，当电导率超标后排放一部分水，补充新的脱盐水。排放废水中含有游离酸、悬浮物和铁离子等污染物。

6.3.1.2 稀碱含油废水的产生

稀碱含油废水主要由脱脂段产生。经过冷轧的带钢表面带有轧制油和铁粉等杂质，在带钢进入连续退火炉前为了获得清洁、干燥的表面，需对带钢进行清洗，以防止表面缺陷的发生。脱脂段一般用碱液喷洗带钢，去除带钢表面的部分油脂、氧化铁皮，然后进入到电解槽中，用碱液作为电解液进一步对带钢进行清洗，最后进入到热水刷洗槽中，去除带钢表面的污物和碱液。所有这些在生产过程中不断产生的含油及含碱废水，在经过一定次数的循环利用后排放到废水处理站。

6.3.1.3 含油废水的产生

冷轧含油乳化液废水主要来自冷轧轧机组、磨辊间和带钢脱脂机组、湿平整工艺及各机组的油库排水等。

在冷轧生产中良好的冷却效果可以减少对轧辊的磨损，提高轧辊的寿命，提高带钢厚度的均匀性和表面质量。润滑对轧辊及带材的温度升高有抑制作用，能有效地减少金属的变形抗力。一般轧机使用乳化液，它具有润滑和冷却两种功能。乳化液成分较为复杂，主要是由2%～10%的矿物油或植物油、阴离子型或非离子型的乳化剂和水组成。由于含有大量的矿物油或植物油、乳化剂及其他有机物，含油废水具有乳化程度高、性质稳定、COD高的特点。

平整是带钢经再结晶退火后以0.3%～3.3%的压下率所进行的冷精轧过程。冷轧连退火机组平整液系统对冷轧带钢进行平整时，向带钢表面喷洒平整液，就可以清洗带钢及轧辊表面，提高带钢表面质量。目前广泛采用有机型的平整液进行湿平整。平整液一般由以下几部分组成：除锈剂、表面活性剂、润滑剂、消泡剂及去离子水等。

6.3.1.4 含铬废水的产生

铬是生物体及微生物体所必需的微量金属元素之一，但超过一定量的铬会对人类和环境带来极大的压力并造成严重的危害。通常认为金属铬和二价铬无毒，三价铬毒性很小，危害最大的是六价铬的化合物。鉴于铬的危害性，我国对铬的排放形态和排放量进行了严格的限制，规定了铬的排放标准为：六价铬离子的浓度上限规定为0.5mg/L，总铬含量不得超过1.5mg/L。

钝化液系统是冷轧带钢生产线产生含铬废水的最主要单元。冷轧厂生产线主要有不锈钢生产线、硅钢生产线、镀锌/镀铝锌生产线、镀锡生产线和彩涂板生产线，这些生产线都会产生含铬废水。钝化液中Cr^{6+}中浓度很高，在冷轧生产线的带钢表面清洗段产生高浓度的含铬废水。

镀铬机组也是产生含铬废水的主要来源之一。镀铬机组采用两步法工艺，冷轧薄带钢首先在高浓度CrO_3(150g/L)一步液中镀金属铬，再在高浓度CrO_3(50g/L)二步液中镀氧化铬。镀铬槽由预浸槽、电镀槽、回收槽组成，回收槽将镀液回收，通过清洗来防止电镀溶液被带出。镀氧化铬段由预浸槽、电镀槽、冲洗槽组成。镀氧化铬段是镀铬工艺的最终环节，需要彻底清除钢板，冲洗槽内的铬离子浓度控制在30g/L以下，以确保镀层质量。冲洗槽内的铬离子浓度超标后排放到废水处理站。

6.3.2 酸性废水的处理

6.3.2.1 酸性废水的处理方法

酸性废水主要处理过程是去除水中溶解和悬浮的污染物，最终调节pH值至达标排放或回用。溶解的污染物主要包括溶解的金属（主要是溶解铁）和废酸。废水的pH值一般低于1.5，呈强酸性。酸性废水一般采用中和沉淀法进行处理。其典型工艺流程如图6-6所示。

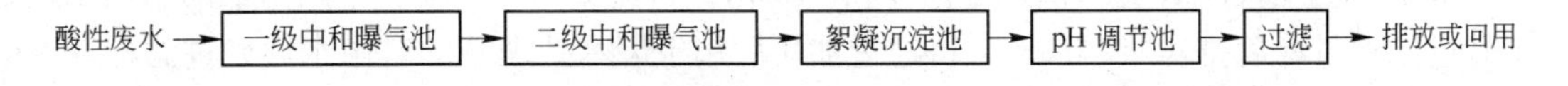

图6-6 酸性污水处理系统典型工艺流程

在污水处理工艺中，通常将中和处理作为生物处理或混凝处理的预处理。在中和反应中可以除去污水中的金属离子和重金属离子，生成不溶于水的氢氧化物沉淀，再通过混凝沉淀处理最终将污染物去除。在冷轧酸性废水中含有大量的二价铁盐，发生中和反应后可以生成$Fe(OH)_3$沉淀，再经过混凝沉淀处理后即可产出达到排放标准的回用水。

由于冷轧酸轧区排出的废水水量和水质变化较大，因此含酸废水从冷轧机组排出后首先进入调节池，进行水质和水量的均化，然后进入中和处理。一般采用两级中和：一级中和 pH 值控制在 7.0～7.5；二级中和采用曝气除铁，pH 值控制在 7.5～8.5。在中和池发生如下反应：

$$H^+ + OH^- = H_2O$$

$$Fe^{2+} + 2OH^- = Fe(OH)_2 \downarrow$$

$$4Fe(OH)_2 + O_2 + 2H_2O = 4Fe(OH)_3 \downarrow$$

$$4Fe^{2+} + O_2 + 4H^+ = 4Fe^{3+} + 2H_2O$$

$$2Fe^{3+} + 6OH^- = 2Fe(OH)_3 \downarrow$$

通常采用石灰作为中和剂，2mol Fe^{3+} 需要 3mol $Ca(OH)_2$，2mol HCl 需要 1mol $Ca(OH)_2$，$Ca(OH)_2$ 投加浓度为 10%。

经曝气处理的废水进入絮凝沉淀池，投加絮凝剂和助凝剂，使 $Fe(OH)_3$ 和悬浮物形成密实的絮体，经过沉淀除去。沉淀池可采用斜板沉淀池、辐射沉淀池、平流沉淀池等，投加药剂使用聚合氯化铝、聚丙烯酰胺。沉淀池出水需要最终中和，以达到排放或回用标准。如果处理后的污水回用，沉淀池出水还需经过滤器过滤。沉淀池沉淀的污泥需进行浓缩、脱水处理。

6.3.2.2　实例

某公司冷轧厂酸性废水处理量 300m³/h，最大 400m³/h。废水水质见表 6-9。

表 6-9　某公司冷轧厂酸性废水水质

项　目	pH 值	SS/mg·L⁻¹	COD/mg·L⁻¹	油/mg·L⁻¹	铁离子/mg·L⁻¹
产生的废水	1～2	>200	50～500	200～600	1000～5000
达标的废水	6.5～8.5	<50	<70	<5	<1

冷轧生产线各机组排放的酸性废水流入两个酸性废水调节池，调节池的出水用泵提升至一级中和曝气池，一级中和曝气池出水自流到二级中和曝气池。一级中和曝气池和二级中和曝气池中投加石灰乳、消泡剂等药剂并加以曝气处理，使废水中的 Fe^{2+} 转化为可沉淀的 $Fe(OH)_3$。

二级中和曝气池出水通过分配槽流入反应澄清池，反应澄清池中投加絮凝剂和助凝剂，使水中的悬浮物形成粗大密实的絮体。澄清池出水排入 pH 值调节中和池。废水在 pH 值调节中和池经投加 HCl、NaOH 药剂调节 pH 值，自流至中间水池。中间水池的水用泵送至砂过滤器过滤后排入回用水池，再通过加压后用于废水处理站的自用水。砂过滤器反洗排水排放至调节池。

澄清池的污泥通过污泥泵定时输送至高密度污泥罐和浓缩池，输送至高密度污泥罐的污泥与按废水 pH 值投加的石灰乳混合后自流至酸性废水第一中和池；输送至浓缩池的污泥经浓缩，降低含水率后，用泵送至板框压滤机脱水，脱水后污泥含固率大于 35%，经泥斗储存，定期用汽车外运统一处理。

酸性废水处理工艺流程如图 6-7 所示。

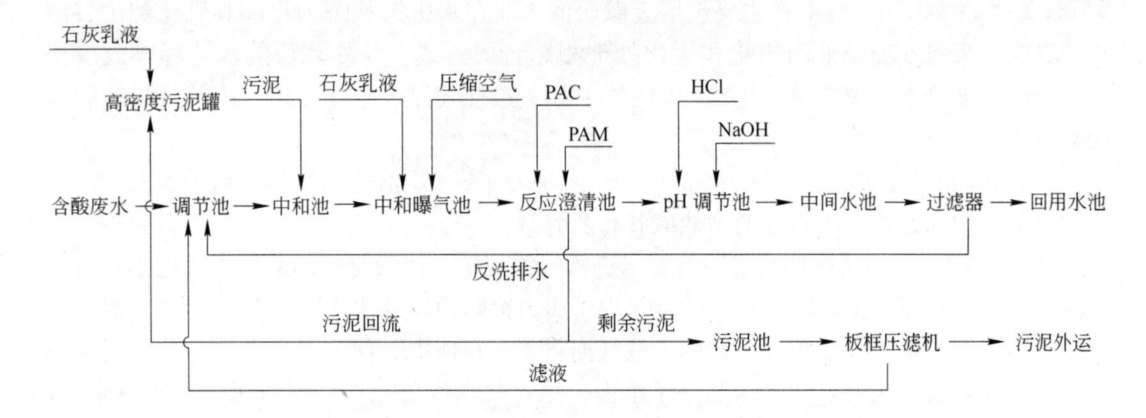

图 6-7 酸性废水处理系统工艺流程

酸性废水处理系统主要构筑物及设备如表 6-10。

表 6-10 酸性废水处理系统主要构筑物及设备

构筑物及设备	台（套）	规 格	构筑物及设备	台（套）	规 格
调节池	2	$1500m^3$	板框压滤机	2	板片 1000m × 1000m，25 片；泥饼含水率小于 25%
一级中和曝气池	1	$100m^3$	污泥泵	2	$Q = 10m^3/h$，$H = 30m$
二级中和曝气池	2	$100m^3$	石灰乳液配制和投加装置	1	石灰料仓 $120m^3$；2 个石灰搅拌罐 $120m^3$；2 台石灰乳液投加泵 $Q = 20m^3/h$，$H = 30m$
机械混合池	1	$25m^3$	混凝剂投加装置	2	溶解罐 $3m^3$；计量泵 $Q = 120L/h$，$H = 70m$
絮凝反应池	2	$30m^3$	三箱式全自动助凝剂配置和投加装置	1	料斗 70L；螺旋输送机 $Q = 15L/h$；溶液箱 500L；2 台投加泵 $Q = 240L/h$，$H = 70m$
澄清池	2	沉淀区有效面积 $125m^2$，表面负荷 $1.6m^3/(m^2 \cdot h)$	盐酸储存投加装置	1	1 个低位酸罐 $30m^3$；盐酸箱 $10m^3$；计量泵 $Q = 100L/h$，$H = 70m$
pH 调节池	1	$100m^3$	氢氧化钠储存和投加装置	1	1 个低位溶液罐 $30m^3$；溶液箱 $10m^3$；计量泵 $Q = 100L/h$，$H = 70m$
过滤器	5	四用一备，单台处理能力 $105m^3/h$			
污泥浓缩池	2	尺寸 10m × 3m × 3.5m			

6.3.3 稀碱含油废水的处理

6.3.3.1 稀碱含油废水的处理方法

冷轧清洗段的稀碱含油废水主要处理过程是去除水中溶解和悬浮物的污染物，最终调节 pH 值排放或回用。污染物主要包括废碱、油。油在水中的状态为浮油和乳化油。目前在稀碱含油废水处理中采用物化和生化处理相结合的方式，使处理后的水达标排放或回用。稀碱含油废水处理的单元包括 pH 值的中和、絮凝气浮、生化处理、沉淀、过滤和污泥处置等。

（1）pH 值的中和。废水在 pH 值中和单元主要完成 pH 值的调节和铁离子的去除，采用两级曝气中和方式，所用药剂为盐酸和石灰乳液。

（2）絮凝气浮。通过加药混凝的废水进入气浮池中，溶气罐中的溶气水在进水管口下部溶气释放器减压，使溶解于水中的空气由于压力突降而释放出大量微气泡，微气泡在上升过程中遇到废水中已经凝聚的絮体，微气泡附着在絮体上，使之很快上浮，这样废水中的浮渣、浮油及乳化油等杂物全部浮于水面，通过气浮设备上部的刮渣机刮到废渣罐中，再利用渣浆泵将其送到含油废水处理系统中去，而处理后的水则通过池底部排除，进入生化处理系统进一步处理。

（3）生化处理。废水经气浮处理去除铁、悬浮物、油等污染物后，进入生化处理单元去除水中 COD，其中常用的工艺有 A-O 工艺法、生物接触氧化法和 MBR 膜生物反应器等。

6.3.3.2　实例

某公司冷轧厂稀碱含油废水处理量 $100m^3/h$，最大 $150m^3/h$。废水水质见表 6-11。

表 6-11　某公司冷轧厂稀碱含油废水水质

项　目	pH 值	$SS/mg \cdot L^{-1}$	$COD/mg \cdot L^{-1}$	油$/mg \cdot L^{-1}$	铁离子$/mg \cdot L^{-1}$
产生的废水	8～14	200～400	50～2000	100～200	10～50
达标的废水	6.5～8.5	<50	<70	<5	<1

稀碱含油废水流入两个稀碱含油废水调节池，调节池的出水用泵提升至一级中和池，一级中和池出水自流到二级中和池。中和池中投加酸加以曝气处理。一级中和 pH 值控制在 7.0～7.5 之间，二级中和 pH 值控制在 7.5～8.5 之间。

二级中和池出水进入絮凝槽，在絮凝槽中投加助凝剂，使絮体进一步增大，提高沉淀效果，絮凝槽出水通过分配槽流入溶气气浮池去除浮油、乳化油、悬浮物等污染物。气浮池出水还需经生物接触氧化池进一步处理，以保证出水中的油及 COD_{Cr} 能达到处理要求。

为使生物接触氧化池能正常有效运转，废水在进生物接触氧化池之前需对其进行 pH 值调节、降温等处理，pH 值控制在 6.5～8.5 之间，水温控制在 10～35℃之间。生物接触氧化池出水自流至澄清池中沉淀去除生物污泥，澄清池出水流至中间水池，中间水池的水用泵送至砂过滤器过滤后排入回用水池，再通过加压后回用。

生物接触氧化池的污泥和澄清池产生的污泥先进入污泥回流池。污泥回流池的污泥一部分用泵提升回流至生物接触氧化池；另一部分新增的污泥用泵输送到污泥浓缩池经浓缩降低含水率后，用泵送至板框压滤机脱水。脱水后污泥含固率大于 35%，经泥斗储存，定期用汽车外运统一处理。稀碱含油废水处理工艺流程如图 6-8 所示。

稀碱含油废水处理系统主要构筑物及设备见表 6-12。

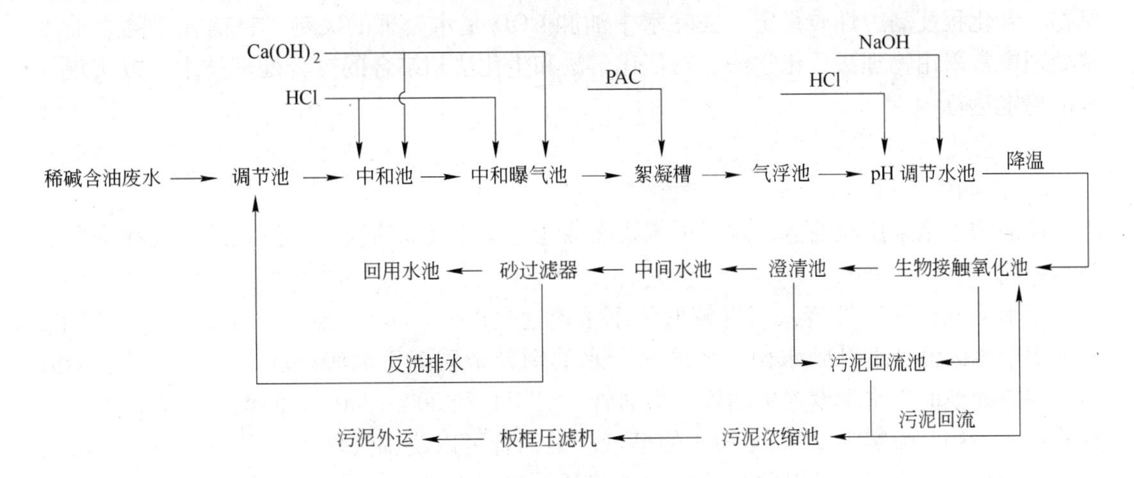

图 6-8 稀碱含油废水处理工艺流程

表 6-12 稀碱含油废水处理系统主要构筑物及设备

构筑物及设备	台（套）	规格	构筑物及设备	台（套）	规格
调节池	2	$1500m^3$	板框压滤机	2	板片 1000m × 1000m，25 片；泥饼含水率小于 25%
一级中和池	1	$100m^3$	污泥泵	2	$Q = 10m^3/h$，$H = 30m$
二级中和曝气池	2	$100m^3$	石灰乳液配制和投加装置	1	石灰料仓 $120m^3$；2 个石灰搅拌罐 $120m^3$；2 台石灰乳液投加泵 $Q = 20m^3/h$，$H = 30m$
絮凝槽	1	$25m^3$	混凝剂投加装置	2	溶解罐 $3m^3$；计量泵 $Q = 120L/h$，$H = 70m$
气浮池	2	配套溶气罐，溶气水泵，空压机，渣槽	三箱式全自动助凝剂配置和投加装置	1	料斗 70L；螺旋输送机 $Q = 15L/h$；溶液箱 500L；2 台投加泵 $Q = 240L/h$，$H = 70m$
pH 调节池	1	$100m^3$	盐酸储存投加装置	1	1 个低位酸罐 $30m^3$；盐酸箱 $10m^3$；计量泵 $Q = 100L/h$，$H = 70m$
板式换热器	2		生物接触氧化池	2	配套鼓风机；污泥提升泵，容积有机负荷 N_V 为 2.0kg COD/(m^3 · d)
冷却塔	2		澄清池	2	沉淀区有效面积 $125m^2$，表面负荷 $1.6m^3/(m^2 \cdot h)$
过滤器	5	四用一备，单台处理能力 $105m^3/h$			
污泥浓缩池	2	尺寸 10m × 3m × 3.5m			

6.3.4 含油及乳化液废水处理系统

6.3.4.1 含油废水处理的单元技术

冷轧含油及乳化液废水成分较为复杂，含有大量的矿物油或植物油、乳化剂及其他有机物，乳化程度高、性质稳定，去除水中油和COD是水处理的关键。目前在冷轧含油废水处理中常采用物理法、化学法、物理化学法和生化法相结合的综合处理技术，以实现排水的稳定达标。

A　预处理

a　浮油的去除

浮油的去除采用隔油池，常用平流式隔油池。平流式隔油池与平流式沉淀池在构造上基本相同。

废水从池子的一端流入，以较低的水平流速（2~5mm/s）流经池子，流动过程中，密度小于水的油粒上升到水面，密度大于水的颗粒杂质沉于池底，水从池子的另一端流出。在隔油池的出水端设置集油管。集油管一般用直径200~300mm的钢管制成，沿长度在管壁的一侧开弧宽为60℃或90℃的槽口。集油管可以绕轴线转动。排油时将集油管的开槽方向转向水平面以下以收集浮油，并将浮油导出池外。为了能及时排油及排除底泥，在大型隔油池还应设置刮油刮泥机。刮油刮泥机的刮板移动速度一般应与池中流速相近，以减少对水流的影响。收集在排泥斗中的污泥由设在池底的排泥管借助静水压力排走。隔油池的池底构造与沉淀池相同。

平流式隔油池的特点是构造简单、便于运行管理、油水分离效果稳定。平流式隔油池的设计与平流式沉淀池基本相似，按表面负荷设计时，一般采用1.2$m^3/(m^2 \cdot h)$；按停留时间设计时，一般采用2h。

b　乳化油的分离

仅仅依靠油滴与水的密度差产生上浮而进行油、水分离，油的去除效率一般为70%~80%。隔油池的出水仍含有一定数量的乳化油和附着在悬浮固体上的油分，一般较难达到后续处理工艺的要求。

乳化油的去除常采用气浮法。气浮法分离油、水的效果较好，出水中含油量一般可小于20mg/L。含油废水在进入气浮池前必须破乳。

（1）乳化油的形成及破乳方法。当油和水相混，又有乳化剂存在，乳化剂会在油滴与水滴表面上形成一层稳定的薄膜，这时油和水就不会分层，而呈一种不透明的乳状液。当分散相是油滴时，称水包油乳状液；当分散相是水滴时，则称为油包水乳状液。乳状液的类型取决于乳化剂。

（2）常用的破乳方法简介。破乳的方法有多种，但基本原理一样，即破坏液滴界面上的稳定薄膜，使油、水得以分离。破乳途径有下述几种：

1）投加盐类、酸类可使乳化剂失去乳化作用。往废乳化液中加入酸（如盐酸、硫酸和硝酸等），称为酸化法。所加入的酸可利用工业废酸。由于在目前的乳化液配方中，多数选用阴离子型乳化剂（如石油磺酸钠、磺化蓖麻油），遇到酸就会破坏，乳化生成相应的有机酸，使油水分离，而酸中氢离子的引入，也有助于破乳的过程。酸的用量是待处理乳化液质量的0.2%，浓度为37%；如果采用废酸时，则酸的用量应适当加大。在废乳化油中添加盐类电解质（如0.4%氯化钙）和凝聚剂（如0.2%明矾），称为聚化法。酸化法的优点是油质较好，成本低廉，水质也好，水质中含油量一般在20mg/L以下，化学需氧量（COD）值也比其他破乳方法低；其缺点是沉渣较多。聚化法的优点是投药量少，一般工厂均有条件使用，但油质较差。

2）改变温度。改变乳化液的温度（加热或冷冻）来破坏乳状液的稳定。破乳方法的选择是以试验为依据。某些含油废水，当废水温度升到65～75℃时，可达到破乳的效果。

3）投加化学破乳剂。相当多的乳状液，必须投加化学破乳剂。目前所用的化学破乳剂通常是钙、镁、铁、铝的盐类或无机酸。水处理中常用的混凝剂也是较好的破乳剂，它不仅有破坏乳化剂的作用，而且还对废水中的其他杂质起到混凝的作用。

c 气浮除油

破乳后的废水常用气浮装置去除浮油、乳化油和悬浮物等。

d 过滤

在乳化含油废水处理中，一般采用纸带过滤机对废水进行过滤。

纸带过滤机主要由以下几部分组成：液箱、废布箱、过滤无纺布（通称过滤纸）、传动结构、发讯机构、驱动装置、水流缓冲装置及液泵等。图6-9所示为重力式纸带过滤机结构。

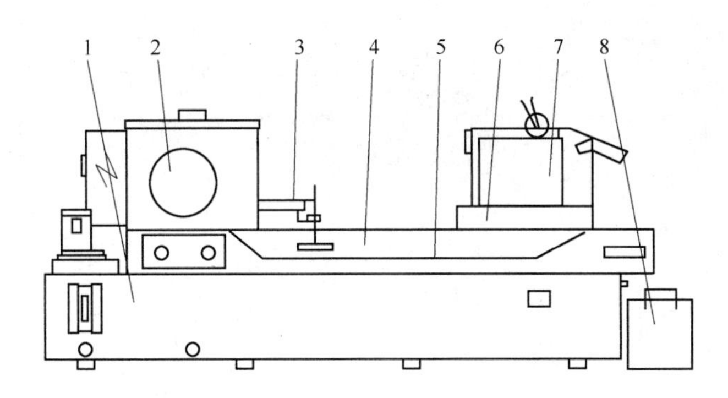

图6-9 重力式纸带过滤机结构

1—净水箱；2—过滤纸；3—液位开关；4—滤液池；5—输送网；6—接水盘；7—磁性分离器；8—污纸箱

纸带过滤机是依靠液体自身的重力透过滤布，隔离杂物，从而达到净化液体目的。传动机构的链条、丝网形成一定的液池深度，滤布铺在链条、丝网上。工作时携有杂质的污液通过水流缓冲装置流到无纺布上时，杂质被滤布隔离形成滤饼，滤饼越来越厚，污液液面上升，浮起液位控制器发讯，减速机启动，拖动滤布，污物及脏布落入污纸箱，从而实现滤布的自动更换；滤布更新后污液液面下降，减速机停止转动，机器进入下一步过滤循环。过滤后的纯净液体由液泵输送至主机。

B 超滤系统

a 概述

超滤对含油废水中油类物质的去除机理，可用聚合物超滤膜对油类物质的亲和能力来解释。超滤膜的破乳与超滤膜的亲和性及含油废水的性质有关。在超滤过程中，水包油型乳状液首先在膜表面润湿，并发生一定程度铺展。在一定的压力推动下，液滴之间发生不同程度的聚集，超过一定范围时，液滴不可逆地聚结成大液滴，水相则连续地通过膜孔，从而使油水得到很好的分离。

由于超滤技术具有分离、浓缩、纯化和精制功能，又兼有高效、节能、环保作用，同时具有分子级过滤及过滤过程简单、易于控制等特征，因此已引起国内外相关行业的广泛关注。作为一种含油废水处理高新技术，超滤技术已被广泛应用于钢铁、化工、医药等领域，且处理工艺日臻完善。目前，宝钢、武钢、鞍钢天铁、马钢等大型钢铁企业均采用这项先进的废水处理技术处理冷轧含油废水。

采用有机膜超滤对 pH 值及温度要求高，在 pH 值超过 11 的情况下不宜长期使用，而且会改变膜的截留能力。目前应用于冷轧废水的无机膜超滤技术采用的陶瓷膜是以无机陶瓷材料经特殊工艺制备而成的非对称膜。无机膜超滤技术虽然起步较晚，但因其清洗周期短、使用寿命长以及具有很高的热稳定性等优点，而得到了迅猛发展，并已取代有机膜超滤技术，迅速占领了钢铁企业冷轧含油废水处理的市场。

b　超滤技术的基本工艺流程

超滤的基本操作有三种，分别是间歇式操作、连续式操作和重过滤。

（1）间歇式操作。常用于小规模生产，从保证膜透过通量来看，这种方式效率最高，因为膜始终可保证在最佳浓度范围内进行操作。在低浓度时，可得到很高的膜透过通量。图 6-10 所示为间歇式超滤过程。

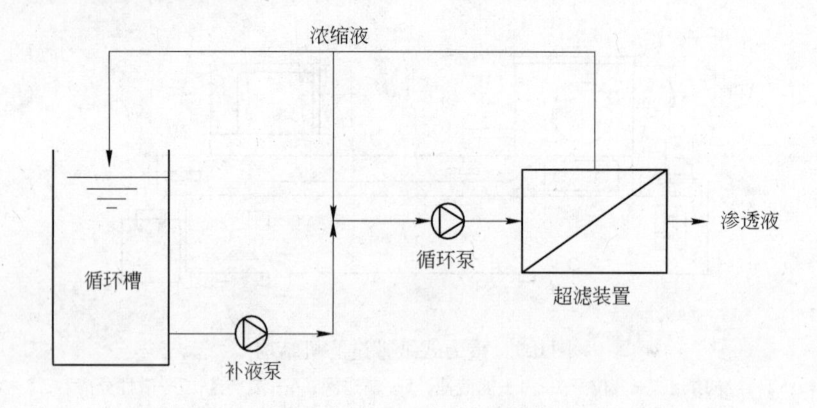

图 6-10　间歇式超滤过程

（2）连续式操作。这种连续式超滤操作常用于大规模生产。由于需要分离物料的生产量常比控制浓度差化所需的最小流量还小，因此运行时采用部分循环式方式，而且循环量常比料液量大得多。这种系统实际上是由密封式循环操作串联起来的，如图 6-11 所示。

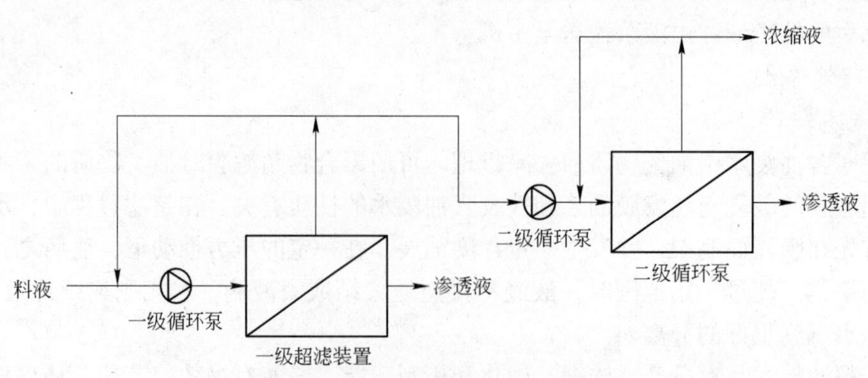

图 6-11　多级连续式超滤过程

（3）重过滤。重过滤用于大分子和小分子的分离。在料液中含各种大小分子溶质的混合物，如果不断加入纯溶剂（水）以补充滤出液的体积，这样低分子组分就逐渐被清洗出去，从而实现大小分子的分离。图6-12所示为重分离超滤过程。

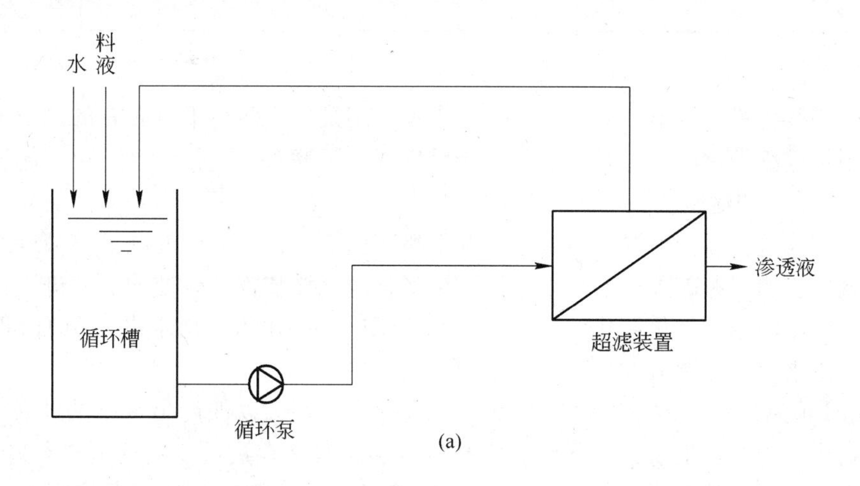

(a)

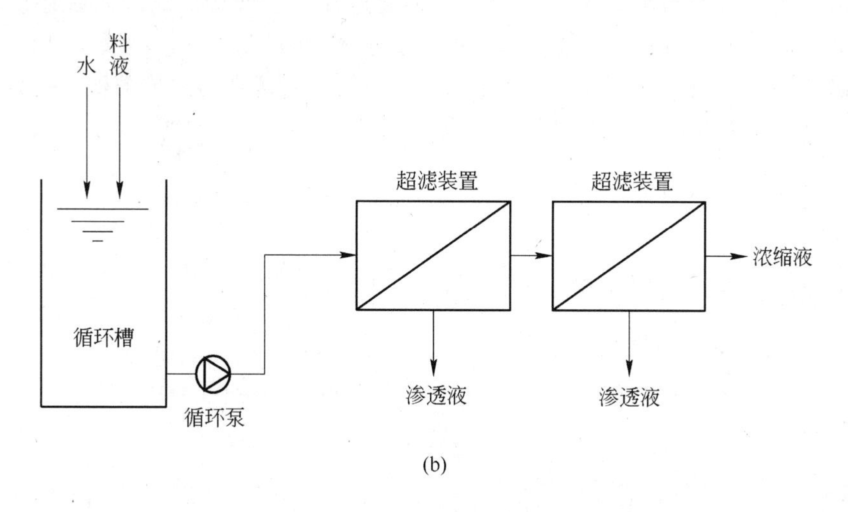

(b)

图6-12 重分离超滤过程

（a）固定体积间歇式重分离；（b）连续式重分离

C 生化处理

生化处理是含油及乳化液废水的深度处理阶段，常用在超滤处理后进一步降低水的COD，使废水达标排放或回用。含油及乳化液废水的生化处理常采用A-O工艺法、生物接触氧化法和MBR膜生物反应器等。

6.3.4.2 实例

A 概况

某公司冷轧厂含油废水平均处理量29m^3/h，其中乳化液废水18m^3/h，湿平整液废水11m^3/h，水质见表6-13。

表 6-13　某公司冷轧厂含油废水水质

项　目	pH 值	SS/mg·L^{-1}	COD/mg·L^{-1}	油/mg·L^{-1}	铁离子/mg·L^{-1}
乳化液废水	9～14	>200	2000～50000	1000～15000	50～500
平整液废水	8～9		10000～16000		
达标的废水	6.5～8.5	<50	<100	<5	<1

B　主要工艺

冷轧生产线各机组排出的含油及乳化液废水，用泵送至两个平行布置的调节池。调节后的废水用泵送纸带过滤机过滤，去除粗渣后进入到超滤系统进行油水分离。超滤出水进入含油 pH 调节中和池。

冷轧生产线各机组排出湿平整液送至湿平整液调节池，调节后的湿平整液废水用泵送至湿平整液破乳槽，经破乳后的废水自流到湿平整液气浮装置，去处油渣后进入催化氧化中间水池，由泵输送到催化氧化装置处理降解 COD_{Cr}，催化氧化出水进入含油 pH 调节中和池与超滤出水混合并调节 pH 值。

调节 pH 值后的废水还需经膜生物反应器进一步处理，以保证出水中的油及 COD_{Cr} 能达到处理要求。为使膜生物反应器能正常有效运转，废水在进反应器前需进行降温处理。膜生物反应器处理后的出水进入回用水池，再通过加压后回用。超滤系统还设有清洗装置，定期对超滤装置清洗，以恢复超滤装置出水通量。调节池及超滤系统排出废油进入油回收系统破乳回收。膜生物反应器的剩余污泥通过污泥泵送到污泥浓缩池进行处理。含油及乳化液废水处理系统工艺流程如图 6-13 所示。

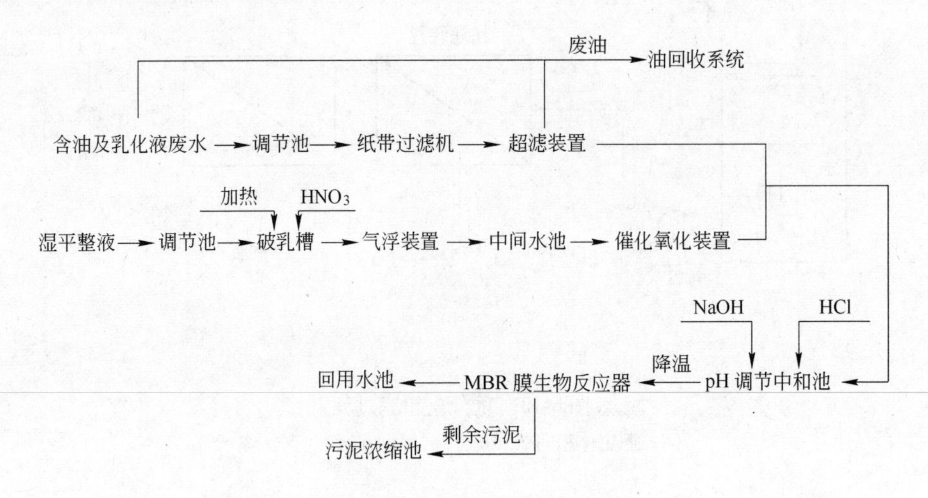

图 6-13　含油及乳化液废水处理系统工艺流程

主要设备及构筑物见表 6-14。

表 6-14　某公司冷轧厂含油废水处理系统主要设备及构筑物

构筑物及设备	台（套）	规　格	构筑物及设备	台（套）	规　格
含油及乳化液废水调节池	2	400m^3	板框压滤机	2	板片 1000m × 1000m，25 片；泥饼含水率小于 25%
平整液废水调节池	2	150m^3	污泥泵	2	$Q=10m^3/h$，$H=30m$

续表 6-14

构筑物及设备	台（套）	规格	构筑物及设备	台（套）	规格
纸带过滤机	2	单台处理能力 $20m^3/h$，带磁滚。每套配置一个渣槽，渣槽、滤网为不锈钢（SS304）；滤带为无纺布	石灰乳液配制和投加装置	1	石灰料仓 $120m^3$；2 个石灰搅拌罐 $120m^3$；2 台石灰乳液投加泵 $Q=20m^3/h$，$H=30m$
破乳槽	2	$50m^3$，$\phi4.6m\times3.2m$，不锈钢材质，外壁保温；蒸汽盘管自动加热，硝酸酸化	混凝剂投加装置	2	溶解罐 $3m^3$；计量泵 $Q=120L/h$，$H=70m$
气浮池	2	单台处理水量 $12m^3/h$；配套溶气罐、溶气水泵、空压机、渣槽	三箱式全自动助凝剂配置和投加装置	1	料斗 70L；螺旋输送机 $Q=15L/h$；溶液箱 500L；2 台投加泵 $Q=240L/h$，$H=70m$
超滤装置	8	6 用 2 备，每套水处理水量 $2m^3/h$，配套循环槽、漂洗槽、酸洗槽、碱洗槽	盐酸储存投加装置	1	1 个低位酸罐 $30m^3$；盐酸箱 $10m^3$；计量泵 $Q=100L/h$，$H=70m$
催化氧化装置	2		氢氧化钠投加装置	1	1 个低位溶液罐 $30m^3$；溶液箱 $10m^3$；计量泵 $Q=100L/h$，$H=70m$
pH 调节池	1		澄清池	2	沉淀区有效面积 $125m^2$，表面负荷 $1.6m^3/(m^2\cdot h)$
冷却塔	2				
MBR 装置	2	单台处理能力 $20m^3/h$；采用浸没式平板膜			

6.3.5 含铬废水的处理

6.3.5.1 含铬废水的处理方法

还原沉淀法是目前应用较为广泛的含铬废水处理方法。基本原理是在酸性条件下向废水中加入还原剂将 Cr^{6+} 还原成 Cr^{3+}，然后再加入石灰或氢氧化钠使其在碱性条件下生成氢氧化铬沉淀通过含铬沉淀器去除铬离子。可作为还原剂的有 SO_2、$FeSO_4$、Na_2SO_3、$NaHSO_3$、Fe 等。由于还原沉淀法具有一次性投资小、运行费用低、处理效果好、操作管理简便的优点，因而得到广泛应用。

Cr^{6+} 不管在酸性还是碱性条件下，总以稳定的铬酸根离子状态存在。因此，可按照下列化学反应方程式将 Cr^{6+} 还原成 Cr^{3+} 后进行中和，使之生成难溶性的 $Cr(OH)_3$ 沉淀而除去。

$$4H_2CrO_4 + 6NaHSO_3 + 3H_2SO_4 \longrightarrow 2Cr_2(SO_4)_3 + 3Na_2SO_4 + 10H_2O \qquad (6\text{-}1)$$

$$Cr_2(SO_4)_3 + 6NaOH \longrightarrow 2Cr(OH)_3\downarrow + 3Na_2SO_4 \qquad (6\text{-}2)$$

反应式（6-1）为还原反应，若 pH 值在 3 以下，反应在短时间内即进行结束。如果使反应式（6-2）在 pH 值为 7.5～8.5 范围内进行，则 Cr^{3+} 即以 $Cr(OH)_3$ 形式沉淀析出。

6.3.5.2　实例

A　概况

某冷轧厂含铬废水平均 $3m^3/h$，水质见表 6-15。

表 6-15　某冷轧厂含铬废水水质

项　目	pH 值	悬浮物/$mg \cdot L^{-1}$	总铬/$mg \cdot L^{-1}$	$CrO_3/mg \cdot L^{-1}$
废　水	2～3	>100	250～3000	120～2000
处理后水	6.5～8.5	<50	<1.5	<0.5

B　主要工艺

来自热镀锌机组和彩涂机组的钝化废水，分别输送至废水处理站浓铬废水调节池。从浓铬废水调节池提升到稀铬废水调节池中稀释，再用泵提升至还原罐中还原。还原罐分为两级，还原药剂采用 $NaHSO_3$。当还原处理后的出水中 Cr^{6+} 浓度小于 0.5mg/L 时，进入中和罐中和。中和罐分两级。二级中和罐出水自流到澄清池，澄清池中投加助凝剂，使絮体进一步增大，提高沉淀效果，澄清池中达标后的废水排放到回用水池。

澄清池的污泥一部分通过污泥泵输送至高密度污泥罐。输送至高密度污泥罐的污泥与按废水 pH 值投加的石灰乳混合后自流至含铬废水一级中和罐，另一部分用泵送至压滤机脱水。脱水后污泥含固率大于 35%，经泥斗储存，定期用汽车外运统一处理。含铬废水处理系统工艺流程如图 6-14 所示。

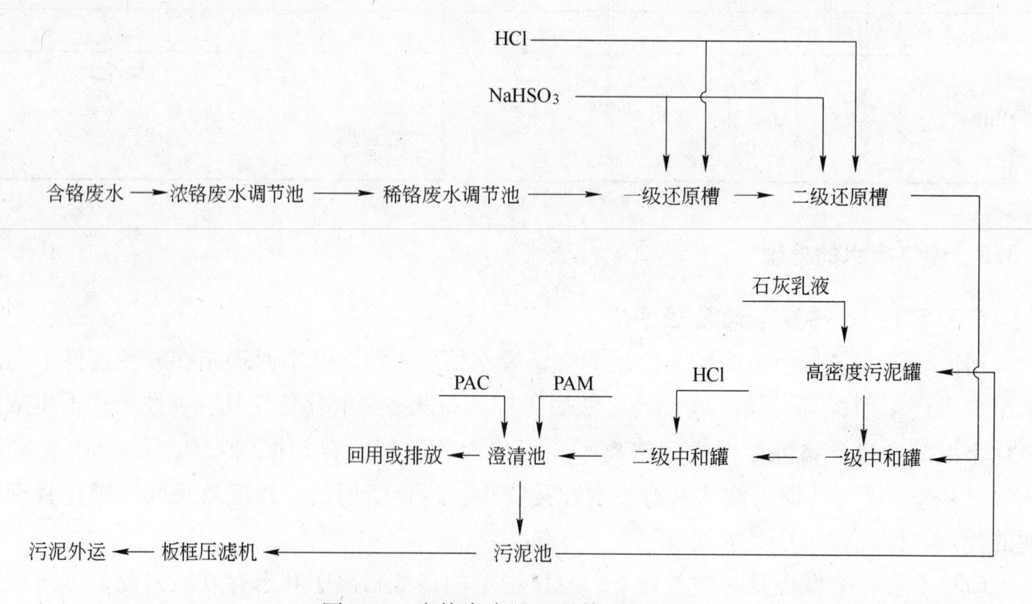

图 6-14　含铬废水处理系统工艺流程

含铬废水处理系统主要设备及构筑物见表 6-16。

表 6-16 某冷轧厂含铬废水处理系统主要设备及构筑物

构筑物及设备	台（套）	规 格	构筑物及设备	台（套）	规 格
浓铬废水调节池	1	$10m^3$	板框压滤机	2	板片 1000m × 1000m，25 片；泥饼含水率小于 25%
稀铬废水调节池	1	$10m^3$	污泥泵	2	$Q=10m^3/h$，$H=30m$
一级还原槽	1	$5m^3$	石灰乳液配制和投加装置	1	石灰料仓 $120m^3$；2 个石灰搅拌罐 $120m^3$；2 台石灰乳液投加泵 $Q=20m^3/h$，$H=30m$
二级还原槽	1	$5m^3$	混凝剂投加装置	2	溶解罐 $3m^3$；计量泵 $Q=120L/h$，$H=70m$
一级中和罐	1	$3m^3$	三箱式全自动助凝剂配置和投加装置	1	料斗 70L；螺旋输送机 $Q=15L/h$；溶液箱 500L；2 台投加泵 $Q=240L/h$，$H=70m$
二级中和罐	1	$3m^3$	盐酸储存投加装置	1	1 个低位酸罐 $30m^3$；盐酸箱 $10m^3$；计量泵 $Q=240L/h$，$H=70m$
澄清池	2	沉淀区有效面积 $6m^2$，表面负荷 $1.0m^3/(m^2 \cdot h)$			
污泥储罐	2	$10m^3$			
污泥浓缩池	2	尺寸 10m × 3m × 3.5m			

6.3.6 冷轧废水处理运行管理

6.3.6.1 MBR 膜的清洗操作

MBR 膜组件在运行一段时间后，会受到微生物不同程度的污染，导致膜通量的下降。因此，需要清洗膜组件，恢复膜的通量。

MBR 膜的清洗操作分为在线清洗和系统外清洗。

（1）在线清洗。

清洗药剂：次氯酸钠，有效氯 3000mg/L；

清洗用量：$2L/m^2$ 膜表面积。

清洗步骤如下：

1）关闭自吸泵，停止过滤，关闭吸水管上的阀门。

2）2min 后关闭曝气阀门，停止曝气。

若药剂注入管内进入空气，在低流量运转药液注入泵的同时，运转自吸泵，排除管内的空气。

打开药液注入管阀门，运转药液注入泵，开始注入药液。在 30min 内注入全部药液。之后，停止药液注入泵，关闭阀门，静止 90min。药液和膜的接触时间总计为 120min。

打开膜组件曝气阀门，持续曝气 30min 左右。注意，此过程不得开启自吸泵进行过滤操作。

3）打开自吸泵进水管路上的阀门，开启自吸泵，开始再次的正常运转。

（2）系统外清洗。

1）清洗药剂：

① 次氯酸钠和氢氧化钠的混合液。

次氯酸钠：有效氯浓度3000mg/L；

氢氧化钠：4%。

② 只用有效氯浓度3000mg/L的次氯酸钠，不过清洗效果比混合药剂要差。

2）清洗用量：以浸没膜组件为准。

3）清洗步骤：

① 拆除膜组件上面的曝气管线和吸水管线。

用高压水清洗膜组件内部，并除去附着的活性污泥。注意：不要让污泥污染吸引管内部。

使膜组件完全浸没于装满指定清洗液的清洗池，静置6～24h。如果每隔1h搅拌1min，清洗效果更佳。

清洗液温度如果在30℃时，清洗效果会更好；但是温度不得超过40℃，否则会引起膜的老化，影响膜的使用寿命。

② 清洗结束后，用清水冲洗膜组件。

③ 将膜组件的曝气管线和吸水管线复位，置入膜生物区。

④ 膜组件先不进行过滤操作，曝气30min，然后按原先正常通量的1/2运行30min。

⑤ 将膜组件通量调节至原先正常通量。

清洗液先用硫代硫酸钠还原，再加盐酸中和。注意：不得先加盐酸还原。

6.3.6.2　超滤设备的清洗

（1）清洗步骤：

1）漂洗。关闭乳化液进口阀，渗透阀。打开清洗进水阀，出水阀，打开清洗系统的清水箱出水阀，在环境温度下，漂洗0.5～1min。在没有渗透压的情况下，膜管通道内的污染物微粒就被交叉流带走，同时，污染物微粒也不会被压入膜管支撑体。

2）碱洗。关闭出水阀，清水箱出水阀，打开清洗系统的碱洗箱出水阀、碱洗回水阀，清洗出水阀，用2%～5%的陶瓷膜专用碱基清洗剂溶液在55～70℃时循环清洗15～20min。

3）缓慢打开清洗滤液阀，并连续清洗15～30min。这一过程是清洗陶瓷膜支撑体和组件滤液侧。

4）同时排放组件通道内的滞留液和滤液。

5）用漂洗水对管道内碱液进行置换。

6）酸洗。关闭排放系统和清水出水阀，打开清洗系统硝酸清洗箱的出水阀及酸洗回水阀。用2%～5%的HNO_3溶液在60～80℃时循环15～20min。这一步用于去除膜表面的沉淀盐。

7）慢打开清洗滤液阀，并连续清洗15～30min。这一过程是清洗陶瓷膜支撑体和组件滤液侧。

8）用漂洗水对管道内酸液进行置换。

9）测量净水通量，从而确定清洗是否彻底。

（2）清洗注意事项：

1）每台设备运行一段时间后应及时进行清洗，防止膜管干燥和膜表面发霉变质；否则，在清洗前需用清洗液长期浸泡，并延长清洗时间。

2）根据污染物的不同，可调整具体的清洗程序，如先酸洗后再碱洗，可取得更好的清洗效果。

3）当漂洗箱、碱洗箱、酸洗箱内低液位时，循环泵应停止运行。

6.4 钢铁企业综合污水处理与回用技术

6.4.1 钢铁企业综合污水处理与回用的必要性

6.4.1.1 钢铁企业综合污水的来源

钢铁企业综合污水处理是指钢铁企业在总排口或相当规模的分排口集中处理综合污水，以达到相应用水水质指标和回用水水量的污水处理。

钢铁企业综合污水主要来自企业循环冷却水系统的强制排污水、一些小型分散直流水系统的排水、企业许多生产工艺排放的污水、企业生活设施排放的生活污水等，这些污水主要在企业排水系统中汇集进入综合污水处理厂，而一些生产工序单独排放的污水经简单处理后可以用提升泵送到污水处理厂。如烧结污水、锅炉冲灰水等高悬浮物的污水可以先经过自然沉淀后降低悬浮物再送到污水处理厂，连铸、轧钢等系统含油污水可以先经过隔油池去除浮油后再送到污水处理厂。但对于如焦化废水、钠离子交换器废水、冷轧废水等重度污染废水，不可进入综合污水处理厂，必须单独处理达标排放或回用，否则会对综合污水造成水质冲击，影响综合污水处理设施的正常运行，使污水处理厂出水难以达到回用标准。

6.4.1.2 污水处理的必要性

钢铁企业综合污水处理与回用技术可减少企业外排污水量，提高水重复利用率，节水效果显著，达到钢铁企业增产不增水和企业持续发展的目的。

我国钢铁企业发展历程多数是由小变大，经过逐步改建、扩建、填平补齐等过程而发展起来的。很多企业供排水系统不完整、设备技术落后、装备水平低、监测管理技术参差不齐，因此用水量大、循环率低成为这些钢铁企业的普遍问题。为了提高用水循环率、实现节约用水、减少外排污水对环境造成的污染，采用综合污水处理回用技术是大势所趋。

水资源短缺是我国钢铁行业面临的迫切问题，它关系到企业的生存、发展和效益。综合污水处理技术符合当今钢铁企业节水降耗、消除水污染的技术路线与发展要求，符合国家节水规划的指导方针，是我国钢铁企业建立起新的用水理念，解决水资源短缺的直接、经济、可靠的途径，对我国钢铁工业的可持续发展具有重要的经济、社会以及环境意义。我国水资源严重短缺，随着经济建设的发展和时间的推移，用水紧张状况必将更为严重。我国钢铁企业要增加生产用水实现增产和发展，综合污水回用处理是很好的途径，其发展前景广阔。

6.4.2 钢铁企业综合污水处理厂对水质的要求

6.4.2.1 钢铁企业综合污水处理的再生阶段和深度处理阶段

污水处理的目标关系到污水处理工艺的选择。随着水资源的日益紧张，钢铁企业综合污水的处理目标已不再是达标排放，而把回收再利用作为水处理的目标，要求污水处理后的出水水质需要达到回用标准。目前，大多数钢铁企业综合污水处理采用预处理和深度处理的工艺。混凝沉淀—过滤—消毒的工艺组合称为综合污水的再生阶段，在再生处理过程中主要是去除水中的悬浮物、降低水中的COD、总硬度、总磷等。再生水可以作为生产消防水使用，用于钢铁生产工艺过程、循环冷却水的补充水、除盐水制备用的原水等。但如果用于循环冷却的补充水必须考虑再生水的含盐量，因为再生处理过程中再生水的含盐量没有降低，氯离子、硫酸根等离子较高，水质的腐蚀性增强。在全厂或区域大循环水系统中，若要保持水的高重复利用率，则必须考虑水质整体平衡，因此须防止水中盐类富集，避免氯离子、硫酸根离子等腐蚀性离子过高。在污水处理回用中设有除盐水系统，对再生水进行脱盐处理，一般采用部分再生水除盐，除盐系统称为深度处理。用于进行脱盐的再生水量，应根据再生水的水质和用途确定，如果除盐水用于和再生水进行勾兑来维持水中盐类的平衡，勾兑后的水作为循环冷却水的补充水，一般用于脱盐处理的再生水按再生水产量的30% ~40%来考虑。大多数钢铁企业再生水脱盐的工艺采用超滤+反渗透的工艺，即再生水经过多介质过滤器—超滤—反渗透的工艺脱盐。总之，污水处理回用必须考虑水质和水量两个平衡，才能确保污水的全部回用。

6.4.2.2 钢铁企业综合污水处理对进水水质的要求

A 再生处理系统对进水水质的要求

钢铁企业综合污水具有高悬浮物、高含盐量、高碱度和硬度、含油的特点，属于轻度污染水质，采用传统的混凝反应—沉淀—过滤—消毒的工艺，加上部分脱盐工艺进行处理。进污水处理厂的综合污水避免混入焦化生化废水、冷轧废水等重度污染废水，否则工艺很难适应。如果一些重度污染废水经过单独处理后不会影响综合污水的水质，可以全部或部分进入综合污水处理厂。

a 水温

水温是混凝反应的一个重要因素，它既影响化学反应，也影响水的黏度，所以也就影响了颗粒在水中运动的速度，影响絮体的大小和密实度。水温高，有利于絮凝沉淀；水温低，凝聚效果相应降低。在混凝过程中，即使增加混凝剂投加量，创造良好的反应条件等也不能弥补水温降低对絮凝效果的影响。综合污水夏季的水温多在30℃左右，即使是寒冷的北方地区，冬天水温也都保持在15℃以上，这一水温范围有利于混凝反应。

b 溶解性总固体

在新水含盐量较高的北方地区，总排废水的溶解性总固体都在1500mg/L以上。因为传统的工艺不能降低溶解性总固体，如果过高会增加水的腐蚀性，回用时会造成设备的腐蚀，作为循环冷却水的补充水会给水质稳定带来很大的麻烦，及时投加缓蚀效果好的药剂很难达到国家标准。

c 油

一般钢铁综合污水油含量为5~10mg/L。轧钢厂在设备检修时，一定量的油泄漏到废水中会造成油含量的升高，大量的废油不可进入综合污水处理厂，一旦进入水处理系统很难将其处理掉，会造成过滤器滤料、板框压滤机滤布等的堵塞和板结。一旦发现污水中的油升高必须找到污染源将其关闭，因为综合污水处理工艺可以将少量的浮油、非溶解性油去除。

d COD

钢铁综合污水 COD 值为 20 ~ 50mg/L。COD 的主要贡献是厂区内的生活污水、循环冷却水中的油脂和少量有机废水等。混凝沉淀工艺可将大部分非溶解性 COD 去除，但溶解性 COD 只能去除部分。如果 COD 过高必须采用生化法进行处理。

e 悬浮物

钢铁企业综合污水一般悬浮物含量低于 300mg/L，具有易于絮凝沉淀的特点，如果水中有机物和油含量高可以加入熟石灰作为助凝剂以形成较大而密实的絮体。

f 总硬度

石灰降低暂时硬度，纯碱降低永久硬度，但由于综合污水成分复杂，加上石灰和纯碱都是良好的助凝剂，如果总硬度过高时用来降低总硬度的助凝剂耗量很大，很不经济。因此总硬度也是加以限制的重要指标。

g 氨氮

作为再生水回用中一个重要的指标必须加以控制，否则补充到循环水系统中会造成系统的腐蚀，加入阻垢缓蚀是很难控制的。水中氨氮高时，会在冷却水系统中发生硝化反应，导致循环水的 pH 值异常降低，引发系统的酸性腐蚀。

(1) 对系统管材及换热设备的腐蚀。氨对循环冷却水系统的微生物繁殖的促进作用使系统中微生物的量大幅增加，微生物产生的黏泥和腐蚀产物覆盖在换热设备水冷器壁的表面会降低冷却水的冷却效果，堵塞换热设备冷却水的通道，阻止缓蚀剂到达金属表面发挥其缓蚀作用。

图 6-15 所示为含氨氮再生水对生产消防水管道的腐蚀。

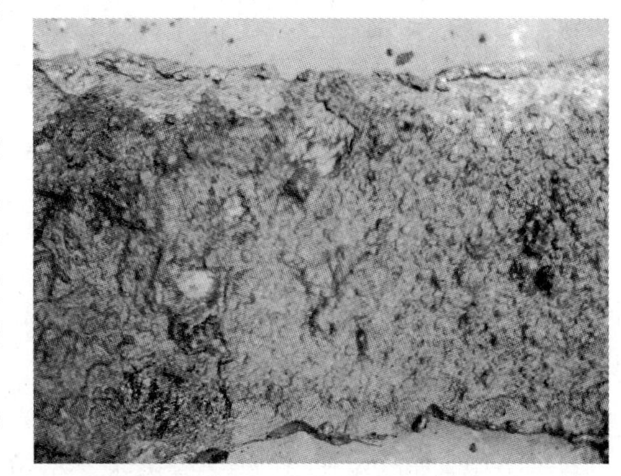

图 6-15 含氨氮再生水对生产消防水管道的腐蚀

氨氮在循环冷却水系统中发生硝化反应产生的大量酸造成水系统 pH 值下降，对系统管材，主要是铜管和碳钢管造成酸性腐蚀，另外也会造成冷却塔水泥构筑物酸性腐蚀。

1) 对铜管的腐蚀。当循环冷却水中存在氧化剂（如溶解氧），并且含有较高含量的氨时，氨就会选择性地腐蚀铜，形成可溶性的铜氨配离子 $[Cu(NH_3)_4]^{2+}$，发生氨的电化学腐蚀。

阳极过程是在氨性环境中的氧化：

$$Cu + 4NH_3 = [Cu(NH_3)_4]^{2+} + 2e$$

阴极过程则是溶解氧的还原：

$$1/2O_2 + H_2O + 2e = 2OH^-$$

当水中的氨质量浓度较少（1~2mg/L以下）时，氨与铜生成铜氨配离子的倾向较小，因而不会产生氨腐蚀。但当氨质量浓度大于6mg/L时，铜管会有明显的腐蚀。

2）对碳钢腐蚀的原因。循环冷却水系统中常见的细菌有铁细菌、硝化细菌、亚硝化细菌、硫细菌、硫酸盐还原菌等。其中，硝化细菌和亚硝化细菌是好氧性自养菌，适宜于生长在中性或碱性环境，不能在强酸性条件下生长。硝化细菌在充足的氧气、适宜的温度下，能使水中的氨氧化成亚硝酸和硝酸：

$$2NH_3 + 3O_2 \xrightarrow{\text{亚硝化菌}} 2HNO_2 + 2H_2O + \text{能量}$$

$$2HNO_2 + O_2 \xrightarrow{\text{硝化菌}} 2HNO_3 + \text{能量}$$

硝酸的形成导致循环冷却水pH值的降低，造成碳钢设备、管道的腐蚀。当pH值低到5.5以下时，碳钢表面形成的钝化膜会很快遭到破坏；pH值低到4.5左右时，析氢反应开始，铁迅速溶解。钢铁材料的溶解，使管道和换热设备的壁厚变薄，导致泄漏；同时，溶解下来的腐蚀产物又会在一定条件下迅速生成难溶的氢氧化铁沉淀，附着在换热设备器壁表面，降低传热系数，促进局部腐蚀，造成穿孔事故。

（2）对氧化性杀菌剂的分解硝化作用。循环冷却水杀菌普遍使用氯系氧化性杀菌剂。氨是强还原性物质，易与氧化性杀菌剂发生反应。

加氯后水中氯通常以次氯酸的形式存在，次氯酸极易与水中的氨进行反应形成三种氯胺，反应过程如下：

$$NH_3 + HOCl = NH_2Cl + H_2O$$

$$NH_3 + 2HOCl = NHCl_2 + 2H_2O$$

$$NH_3 + 3HOCl = NCl_3 + 3H_2O$$

（3）促进微生物繁殖。氨氮是硝化细菌、亚硝化细菌进行硝化反应所必需的营养源，而且冷却水系统中充足的溶解氧、适宜的温度和良好的光照等因素适合硝化细菌与亚硝化细菌的生长。

h Cl^-和SO_4^{2-}

再生水用于循环冷却水的补充水，必须严格控制进水的Cl^-和SO_4^{2-}。循环冷却水在浓缩过程中，除重碳酸盐浓度随浓缩倍数增长而增加外，氯化物、硫酸盐等的浓度也会增加。当Cl^-和SO_4^{2-}浓度增高时，会加速碳钢的腐蚀。Cl^-和SO_4^{2-}会使金属表面保护膜的保护性能降低，尤其是Cl^-离子半径小、穿透性强，容易穿过膜层，置换氧原子形成氯化物，加速阳极过程的进行，使腐蚀加速，所以氯离子是引起点蚀的原因之一。对于不锈钢制造的换热器，Cl^-是引起应力腐蚀的主要原因，因此冷却水中Cl^-离子的含量过高，常使设备上应力集中部位，如换热器花板上胀管的边缘迅速受到腐蚀破坏。循环冷却水系统中如有不锈钢制的换热器时，一般要求Cl^-的含量不超过500mg/L。

在综合污水中钠离子交换器的再生废水是使水中Cl^-离子升高的主要原因，因此必须尽量不使钠离子交换器再生废水进入综合污水中。钠离子交换废水可以达标排放或者用于高炉冲渣、转炉焖渣等。

为了确保综合污水处理后再生水的水质，有必要结合工艺制定综合污水质量标准，采用混凝反应—沉淀—过滤—消毒的工艺建议综合污水质量指标见表6-17。

表6-17 综合污水处理厂进水水质指标

指 标	数 值	指 标	数 值
pH值	6.5～8.5	Cl^-/mg·L^{-1}	≤400
SS/mg·L^{-1}	≤300	电导率/μS·cm^{-1}	≤1800
COD/mg·L^{-1}	≤40	总铁/mg·L^{-1}	≤2
油/mg·L^{-1}	≤20	氨氮/mg·L^{-1}	≤6
钙硬度(以$CaCO_3$计)/mg·L^{-1}	≤500	总磷(以PO_4^{3-}计)/mg·L^{-1}	≤2.5
总碱度(以$CaCO_3$计)/mg·L^{-1}	≤400	温度/℃	10～30

B 超滤膜对进水水质要求

根据中空纤维超滤膜的特性，有一定的供水水质要求。因为水中的悬浮物、胶体、微生物和其他杂质会附于膜表面，而使膜受到污染。由于超滤膜水通量比较大，被截留杂质在膜表面上的浓度迅速增大产生所谓浓度极化现象，更为严重的是有一些很细小的微粒会进入膜孔内而堵塞水通道。另外，水中微生物及其新陈代谢产物生成黏性物质也会附着在膜表面。这些因素都会导致超滤膜透水率的下降以及分离性能的变化。同时对超滤供水温度、pH值和浓度等也有一定限度的要求。因此对超滤供水必须进行适当的预处理和调整水质，满足供水要求条件，以延长超滤膜的使用寿命，降低水处理的费用。

a 微生物（细菌、藻类）

当水中含有微生物时，黏附在超滤膜表面时生长繁殖，可能使微孔完全堵塞，甚至使中空纤维内腔完全堵塞。

b 悬浮物和胶体物质

对于粒径5μm以上的杂质，可以选用5μm过滤精度的滤器去除。但对于0.3～5μm的微细颗粒和胶体，利用上述常规的过滤技术很难去除。虽然超滤对这些微粒和胶体有绝对的去除作用，但对中空纤维超滤膜的危害是极为严重的。因为在过滤过程中，大量胶体微粒随透过膜的产水流涌至膜表面，随着连续运行，被膜截留下来的微粒容易形成凝胶层，更严重的是，一些与膜孔径大小相当及小于膜孔径的粒子会渗入膜孔内部堵塞流水通道而产生不可逆的变化现象。另外，水中铁、锰以及在再生处理流程中加入的铁系、铝系混凝剂形成的胶体，都有可能在膜表面形成凝胶层。胶体粒子带有电荷，是物质分子和离子的聚合体，胶体所以能在水中稳定存在，主要是同性电荷的胶体粒子相互排斥的结果。向原水中加入与胶体粒子电性相反的荷电物质（絮凝剂）以打破胶体粒子的稳定性，使带荷电的胶体粒子中和成电中性而使分散的胶体粒子凝聚成大的团块，而后利用过滤或沉降便可以比较容易地去除。

c 可溶性有机物

可溶性有机物用絮凝沉降、多介质过滤以及超滤均无法彻底去除。目前多采用氧化法，利用氯或次氯酸钠（NaClO）进行氧化，对除去可溶性有机物效果比较好。

d 供水温度

超滤膜透水性能的发挥与温度高低有直接的关系。超滤膜组件标定的透水速率一般是用纯水在25℃条件下测试的，超滤膜的透水速率与温度成正比，温度系数约为0.02/1℃，即温度每升高1℃，透水速率约相应增加2.0%。因此当供水温度较低时（如低于5℃），可采用某种升温措施，使其在较高温度下运行，以提高工作效率。但当温度过高时，同样对膜不利，会导致膜性能的变化，对此，可采用冷却措施，降低供水温度。

e　供水pH值

用不同材料制成的超滤膜对pH值的适应范围不同，如醋酸纤维素（CA）膜适合pH值为4～6，聚丙烯腈（PAN）和聚偏二氟乙烯（PVDF）等膜可在pH值为2～12的范围内使用。如果进水超过使用范围，需要加以调整，目前常用的pH调节剂主要有酸（HCl和H_2SO_4）等和碱（NaOH等）。

C　反渗透膜对进水水质的要求

a　浊度

浊度是由于不溶性物质的存在而引起液体透明度的降低。现在国际、国内通用的是以六次甲基四胺+硫酸肼反应形成浊度标准液，用散射光浊度仪测得的浊度，以NTU表示。一般反渗透系统进水要求浊度小于1NTU。

b　温度

温度是反渗透系统中的一个重要参数，它直接影响系统运行的压力（高压泵的选择）、膜元件数量、产水水质以及各种可能会沉淀析出的晶体的溶解度。反渗透膜随水温降低，膜通量下降，产水量下降。一般情况下，温度每降低3℃，反渗透系统产水量降低约10%；温度每降低5℃，给水泵压力则需增加约15%。温度升高，则反渗透系统透盐率增加，即产水电导率升高；温度降低，则反渗透系统透盐率降低，即产水电导率降低。如果水温过低，为了维持系统产水量，采用换热器将水温提升至超滤和反渗透正常运行水温。一般钢铁企业综合污水的水温范围在超滤和反渗透运行的范围之内，即使在北方寒冷的冬天也不用换热器升温。

c　SDI值

SDI值称为污染指数，是表征反渗透系统进水水质的重要指标，是判断反渗透进水胶体和颗粒污染程度的最好方法。通常反渗透系统给水SDI值低于3时，膜系统的污染风险较低，设备运行一般不会出现膜系统的过快污染；当SDI值大于5时，则说明在反渗透系统运行时可能会引起严重的膜污染。

d　氧化还原电位ORP

氧化还原电位ORP是表征水中氧化性物质和还原性物质多少的一种参数。氧化还原电位一般以毫伏（mV）为单位。当氧化还原电位呈正值时，表示水中体含氧化性物质；当氧化还原电位呈负值时，表示水体中含还原性物质。反渗透系统进水一般要求*ORP*小于200mV。

水体中的氧化性物质通常是游离性余氯、臭氧等。聚酰胺复合膜的耐氧化性较差，一般膜元件要求的进水游离性余氯含量不超过0.1mg/L。水体中的氧化性物质常采用投加还原剂的方法去除。

e　离子成分

水中溶解的无机盐，其阴阳离子结合后形成的难溶盐或微溶盐在一定的温度下有一定的溶解度，在反渗透系统中随着进水不断被浓缩，超过其溶解度极限时，它们就会在RO

膜面上结垢。常见的难溶盐有 $CaCO_3$、$CaSO_4$ 和 $Ca_3(PO_4)_2$。如果水中的阴阳离子可以形成难溶盐或微溶盐，水处理系统中必须考虑结垢控制措施，防止难溶盐或微溶盐超过其溶解度而引发沉淀与结垢。

f 硬度

水的硬度是指水中钙、镁离子的浓度，对于硬度和碱度都较高的水，应特别注意防止 $CaCO_3$ 结垢。

g 二氧化硅

一般水中溶解性二氧化硅的含量为 1～100mg/L。过饱和二氧化硅能够自动聚合形成不溶性的胶体硅或胶状硅，引起膜的污染。二氧化硅污染是反渗透膜元件污染中比较严重的一种，因为一旦发生沉淀，极难进行清除。

h 含盐量

采用双膜法进行脱盐处理，也必须限制溶解性总固体，否则会加剧膜的污堵。如果综合污水的溶解性总固体升高，必须找原因，加以限制综合污水处理厂进水的溶解性总固体。一般如果焦化生化废水、冷轧废水、钠离子交换器废水、反渗透的浓盐水等进入综合污水处理厂都会造成溶解性总固体的升高。

i 铁离子

钢铁综合污水的铁离子含量为 2～10mg/L，其主要来源于连铸和轧钢的浊环水系统。如果铁离子过高水处理工艺必须采用曝气除铁来降低水中铁离子的含量，否则对反渗透膜的影响较大。水中的铁以 $Fe(OH)_3$ 胶体的形式悬浮于水中，它们没有被机械过滤器、保安过滤器、超滤膜等截留，而是进入到反渗透系统中造成反渗透膜的铁污染。

反渗透膜进水水质要求指标见表 6-18。

表 6-18 反渗透膜进水水质指标

指 标	反渗透膜	膜元件污染类型
浊度/NTU	<1	淤泥、泥沙污染
SDI 值	<5	淤泥、泥沙、胶体污染
pH 值	3～10	膜元件水解
水温/℃	5～45	过低的温度导致过高的压力，系统不经济；高温将导致膜不可逆的性能衰减
硬度(Ca、Mg)/$mg \cdot L^{-1}$		无机盐垢
碱度/$mg \cdot L^{-1}$		碳酸盐垢
COD_{Cr}/$mg \cdot L^{-1}$	<15	有机物污染
TOC/$mg \cdot L^{-1}$	<2	有机物污染
游离氯/$mg \cdot L^{-1}$	普通膜小于 0.1，抗氧化膜无要求	膜元件氧化
铁/$mg \cdot L^{-1}$	<0.05	铁污染
锰/$mg \cdot L^{-1}$	<0.1	锰污染
表面活性剂/$mg \cdot L^{-1}$	检不出	不可逆的产水量衰减
洗涤剂、油分等	检不出	有机物、油污染

6.4.3 钢铁综合污水处理常用的单元技术

6.4.3.1 预处理常用的单元技术

A 水的均质均量

在综合污水处理中水的均质均量采用调节池。由于钢铁企业污水排放，水量和水质都有波动，甚至在一天之内都可能有很大的变化。这种变化对污水处理设备正常发挥其功能是不利的，水量和水质的波动越大，过程参数难以控制，处理效果越不稳定；反之，波动越小，效果就越稳定。在这种情况下，应在污水处理系统之前，设置均化调节池，用以进行水量的调节和水质的均化，以保证污水处理的正常进行。

水质调节，让调节池收集各类污水能有充分的混合时间，确保调节池出水水质稳定。水质稳定有利于水处理药剂如絮凝剂、石灰、纯碱、硫酸等投加量的稳定。如果水质不稳定，可能造成药剂量的不足或浪费，因为这些药剂的投加都是按水量的比例来投加的，如果水质波动过大药剂投加量很难调整。此外，综合污水水质的稳定为预处理后出水的稳定创造条件，稳定的水质作为循环冷却水的补充水，可以使循环水水质易于控制和调节。同时，作为深度处理的进水，水质的稳定有利于深度处理各工序的稳定操作。

水量调节，由于每个污水处理工艺收纳废水都会出现水量峰值和低谷的时期，为能保证工艺连续稳流量运行，调节池还起到水量调节的作用。水量调节在综合污水的预处理中至关重要，是水处理成功的关键。如果水量波动太大，不但会造成水泵频繁启停，同时会造成水处理药剂投加泵的频率频繁改变，频率变化的范围一旦适应不了水量的变化就会造成水处理药剂的不足或药剂量的流量过小。因为计量泵的频率变化范围很窄，对于一般计量泵有效的频率范围为20~50Hz。如果药剂量不足会造成出水水质差，如果计量泵流速过低会造成管道的淤积堵塞。所以调节水池必须具有避峰填谷的作用，把水量控制在合理的范围。

在钢铁企业综合污水处理中，调节水池实际就是一座变水位的储水池，来水为重力流，出水用泵抽出。池中最高水位不高于来水管的设计水位，最低水位为死水位。为使均质调节池出水水质均匀和避免其中污染物沉淀，均质调节池内应设搅拌、混合装置，可以采用水泵循环搅拌、空气搅拌、射流搅拌、机械搅拌等方式，机械搅拌常用潜水搅拌机。停留时间根据污水水质成分、浓度、水量大小及变化情况而定，一般按2.5~3.5h考虑。在池前常设置格栅以去除大颗粒杂质。

B 污水的絮凝沉淀

污水的絮凝沉淀是污水预处理中的核心工艺，其运行是否正常关系到出水质量。这个单元包括混合、反应、沉淀、污泥排放等工序。

a 混合

混合作为絮凝沉淀的一个重要工序，要求进水与药剂快速混合，混合时间为1~3min。通常采用静态混合器和机械混合池。从实际应用上来看应该采用机械混合。机械混合适应来水流量的变化，混合效果好，水头损失小，投药方便。在混合池中投加药剂有石灰乳和混凝剂，用以混凝悬浮固体和油，同时和暂时硬度发生反应：

$$Ca(HCO_3)_2 + Ca(OH)_2 = 2CaCO_3\downarrow + 2H_2O$$

b 絮凝反应

经过混凝后的水进入絮凝反应池，聚合物的注入增强水的絮凝，细小絮体和聚丙烯酰胺反应形成密实粗大的絮体。投加纯碱和永久硬度发生反应：

$$Na_2CO_3 + CaCl_2 = CaCO_3\downarrow + 2NaCl$$

$$Na_2CO_3 + CaSO_4 = CaCO_3\downarrow + Na_2SO_4$$

c 沉淀

在污水处理中常用的沉淀池有平流沉淀池、斜板（管）沉淀池和辐射沉淀池。在污水处理厂中斜板沉淀池应用较多，因为其具有停留时间短、沉淀效果好、与混合反应易于配合的优点。

在沉淀这个工序，对水中悬浮的絮体进行分离去除，达到固液两相分离，使水达到净化，污泥排放到污泥储池。

C 水的 pH 值调节

来自沉淀池的出水由于石灰的加入，水的 pH 值升高到 8.5 ~ 10.0 之间，必须在水中投加硫酸调节水的 pH 值，使 pH 值控制在 7.0 ~ 8.0 之间。

D 过滤

沉淀池的出水浊度一般低于 5NTU，为了进一步降低水的浊度，对沉淀池出水进行过滤，将浊度降到 1NTU 以下，以获得更高品质的回用水。过滤可采用滤池或过滤器，采用滤池靠重力流，而采用过滤器必须进行水泵加压。从节能看，沉淀池配套滤池是经济的，而且运行比较简单。澄清后的水被分配到滤池中以去除残留的 SS 以满足保证值。滤池的反冲洗采用气、水反冲洗方式。

E 消毒

再生水作为循环冷却水的补充水，必须控制水中的微生物，因为微生物的滋生会使金属发生腐蚀。这是由于微生物排出的黏液与无机垢和泥砂杂物等形成的沉积物附着在金属表面，形成氧的浓差电池，促使金属腐蚀。此外，在金属表面的沉淀物之间缺乏氧，因此一些厌氧菌（主要是硫酸盐还原菌）得以繁殖，当温度为 25 ~ 30℃时，繁殖更快。它分解水中的硫酸盐，产生 H_2S，引起碳钢腐蚀，其反应如下：

$$SO_4^{2-} + 8H^+ + 8e \longrightarrow S^{2-} + H_2O + \text{能量(细菌生存所需)}$$

$$Fe^{2+} + S^{2-} \longrightarrow FeS\downarrow$$

铁细菌是钢铁锈瘤产生的主要原因，它能使 Fe^{2+} 氧化成 Fe^{3+}，释放能量供细菌生存需要：

$$Fe^{2+} \longrightarrow Fe^{3+} + \text{能量(细菌生存所需)}$$

上述各种因素对碳钢引起的腐蚀常使供水管道和换热器壁被腐蚀穿孔，形成渗漏，或工艺介质泄漏入冷却水中，损失物料，污染水体；或冷却水渗入工艺介质中，使产品质量受到影响。当供水管道和换热器腐蚀严重时，不但会造成水的大量损失，而且严重威胁生产，不得不停产更换。因此再生水细菌的腐蚀不容忽视，在某种程度上比水垢危害更大。

6.4.3.2 深度处理的单元技术

反渗透装置是深度处理中最主要的装置。反渗透系统利用反渗透膜的特性来除去水中绝大部分可溶性盐分、胶体、有机物及微生物。再生水是不能直接进入反渗透膜元件的，因为其中所含的杂质会污染膜元件，影响系统的稳定运行和膜元件的寿命。因此，再生水进入反渗透膜元件前必须进行前置处理。前置处理就是根据原水中杂质的特性，采取合适的工艺对其进行处理，使其达到反渗透膜元件进水要求的过程，因其在整个水处理工艺流程中的位置在反渗透之前，所以称为前置处理。前置处理主要目的是进一步去除水中的悬浮物、胶体、色度、浊度、有机物等妨碍后续反渗透运行的杂质。钢铁企业综合污水处理后的再生水脱盐的预处理系统主要包括多介质过滤器和超滤装置。

（1）多介质过滤器。多介质过滤器主要通过过滤层截留去除水中大部分悬浮物和胶体。从实际运行情况来看，多介质过滤器产水 SDI 值冬季可保证 SDI_{15} 在 4 左右，夏季 SDI_{15} 在 4 以上。之所以会有这样的波动主要是由于夏季微生物繁殖较为严重，多介质过滤器本身对微生物没有良好的过滤控制能力，因此使得夏季多介质过滤器产水水质恶化，这也是为什么考虑在多介质后面增加超滤系统的原因之一。

（2）超滤。以超滤膜作为反渗透预处理，通过更小的过滤孔径截留水中的微粒、胶体、细菌、大分子有机物和部分的病毒等，能够更好地保护反渗透膜。实践表明，前置处理工艺在夏季等水质恶化的季节，其产水水质往往也随着恶化，从而使得后续的反渗透工艺运行污染负荷增大，而增加超滤（UF）前置处理工艺来有效地去除悬浮物、微生物以及胶体等污染物，进一步并且稳定前置处理出水水质，使 SDI_{15} 小于 3，从而有效地保护反渗透长期稳定运行。

（3）微过滤。精密过滤器又称保安过滤器，一般设置在压力容器前，以去除细小微粒，来满足后续工序对进水的要求。

为了防止前置处理中未能完全去除或新产生的悬浮颗粒进入反渗透系统，保护高压泵和反渗透膜，通常在反渗透进水前设置滤芯式保安过滤器。一般采用孔径小于 10μm，根据实际设计情况可设计为 5μm 或更低。

保安过滤器的进出水需设置压力表，当运行时进出水压差达到极限值时，应及时更换滤芯。由于滤芯的清洗恢复效率较低，因此最好使用一次性滤芯。

保安过滤器的外壳采用不锈钢，内装精度 5μm 滤袋。在正常工作情况下，滤袋可维持 3～4 个月的使用寿命；当大于设定的压差（通常为 0.07～0.1MPa）时，应当更换。

（4）杀菌消毒。再生水中含有微生物，包括细菌、真菌、病毒等。含有微生物的水如果不经过杀菌处理直接进入反渗透膜元件，微生物会在反渗透浓缩作用下，富集在膜元件表面，形成微生物膜，严重影响膜元件的产水量和脱盐率，造成压力降增加。而且膜元件出现微生物污染后，进行清洗的效果都不是很好，所以对含微生物的再生水必须在前置处理中采取杀菌措施。

常用的杀菌工艺为化学杀菌，即在水中投加杀菌剂。杀菌剂有氧化性杀菌剂和非氧化性杀菌剂。氧化性杀菌剂有二氧化氯、次氯酸钠等；非氧化性杀菌剂有异噻唑啉酮、甲醛等。

使用氧化性杀菌剂时一定要注意，普通聚酰胺复合膜耐氧化性较差，一般膜元件所能承受的最高进水余氯为 0.1mg/L，因此在投加氧化性杀菌剂的预处理中，还必须设置相应工艺去除残余的氧化剂，通常采用投加还原剂亚硫酸氢钠。

（5）针对难溶盐预防结垢。无机盐结垢是反渗透膜元件最常见的污染类型。水中含有的饱和难溶盐类如果不经过处理直接进入膜元件，在反渗透浓缩作用下，饱和盐类将达到过饱和浓度，形成晶体在膜表面沉淀下来产生污染。

针对碳酸钙结垢，可以采用朗格利尔指数 LSI 来表示其结垢倾向。其计算公式如下：

$$LSI = pH_c - pH_s$$

式中　pH_c——浓水的 pH 值；

pH_s——$CaCO_3$ 饱和时的 pH 值。

当 LSI≥0 时，就会出现 $CaCO_3$ 结垢，如果保证碳酸钙不析出必须使 LSI 为负值。

对于碳酸钙、硫酸钙等无机难溶盐结垢的预防通常在前置处理中投加阻垢剂处理。

6.4.4　常用的水处理药剂及作用

6.4.4.1　熟石灰

A　熟石灰的性能

熟石灰的主要成分为氢氧化钙，是一种微细的白色粉末状物体，属于微溶解物质，20°水温溶解度为 0.165%，水溶液呈强碱性，粉尘具有一定的挥发性。水处理用的熟石灰一般含量越高越好，目数也越大越好。

B　熟石灰的作用

熟石灰的作用可以概括为：

（1）水的软化和助凝作用。在综合污水处理中，通常是通过投加石灰乳液控制出水 pH 值为 9.5～10.5，以利于软化反应和助凝作用。在软化反应过程中产生大量各种形态的 $CaCO_3$ 结晶，降低水中暂时硬度的同时生成结晶核心，还可以对其他悬浮颗粒起凝聚、吸附作用，增加颗粒碰撞速率，增加絮凝体密度，加速不溶物的沉淀分离，提高混凝效果。石灰通过调节 pH 值起到对含乳化液废水脱稳破乳的作用，而且石灰乳液引起的 pH 值升高也为氨氮和磷酸盐的去除创造了条件。为了提高工艺的沉淀效果，在处理过程中投加适量的混凝剂与有机高分子助凝剂，通过压缩双电层作用使分散的悬浮物、$CaCO_3$ 结晶、有机物、有机黏泥、胶体等带电体失稳，在机械混合搅拌和有机高分子助凝剂架桥与网捕作用下，颗粒物质碰撞结合长大，使污染物变得容易沉降。石灰参与的软化反应有：

$$CO_2 + Ca(OH)_2 = CaCO_3\downarrow + H_2O$$

$$Ca(HCO_3)_2 + Ca(OH)_2 = 2CaCO_3\downarrow + 2H_2O$$

$$Mg(HCO_3)_2 + 2Ca(OH)_2 = 2CaCO_3\downarrow + Mg(OH)_2\downarrow + 2H_2O$$

（2）降低磷酸盐的含量。氢氧化钙用作去除水中磷酸盐的药剂。在沉淀过程中，对于不溶解性的磷酸钙的形成起主要作用的不是 Ca^{2+}，而是 OH^- 离子，因为随着 pH 值的提高，磷酸钙的溶解性降低，采用 $Ca(OH)_2$ 除磷要求的 pH 值为 8.5 以上。磷酸钙的形成是按如下反应式进行的：

$$5Ca^{2+} + 3PO_4^{3-} + OH^- \longrightarrow Ca_5(PO_4)_3OH\downarrow \qquad (pH \geqslant 8.5)$$

但在 pH 值为 8.5～10.5 的范围内除了会产生磷酸钙沉淀外，还会产生碳酸钙，这也许会导致在池壁或渠、管壁上结垢，反应式如下：

$$Ca^{2+} + CO_3^{2-} \longrightarrow CaCO_3$$

与钙进行磷酸盐沉析的反应除了受到pH值的影响，还受到碳酸氢根浓度（碱度）的影响。在一定的pH值情况下，钙的投加量是与碱度成正比的。

(3) 污泥调制。污泥处理系统用来污泥脱水。来自沉淀池浓缩池段的剩余污泥在污泥储存池内储存并混合，然后由进泥泵输送到板框压滤机进行脱水。污泥脱水效果的好坏与污泥的组成、性质有关。如果污泥比阻值较高，会造成污泥脱水困难。对于含油和生活污泥高的污泥一般脱水困难，在絮凝沉淀中投加石灰不但降低暂时硬度而且可降低污泥的比阻值，改善污泥的脱水性能。

6.4.4.2　絮凝剂

常用的絮凝剂有聚合氯化铝、聚合硫酸铁和聚丙烯酰胺等。其中，聚合氯化铝和聚合硫酸铁作为混凝剂投加在混合装置中，聚丙烯酰胺作为助凝剂投加在反应装置中。

正确选择污水最适合的絮凝剂品种及其最佳投加量，最好通过一定的实验来确定。过量投加絮凝剂会造成深度处理中膜的污染，尤其是用聚合氯化铝和聚合硫酸铁时，必须保证这两种絮凝剂的质量，同时需要定时检测出水的Fe^{2+}、Fe^{3+}、Al^{3+}离子浓度，防止膜元件的胶体污染。使用聚丙烯酰胺也要防止阴离子型聚丙烯酰胺对带正电荷膜元件和阳离子型聚丙烯酰胺对普通带负电荷膜元件的影响，同时过量的聚丙烯酰胺残留在水中也会造成膜元件的污堵。

6.4.5　综合污水处理的工艺介绍

6.4.5.1　以得利满高密度澄清池为主体工艺的预处理

A　工艺及组成

a　工艺

水处理工艺流程的选择是水处理成败的关键，处理工艺是否合理直接关系到水处理系统的处理效果、处理出水水质、运行稳定性、建设投资、运行成本等。因此，必须结合实际情况，综合考虑各方面因素，慎重选择适宜的处理工艺流程，以达到最佳的处理效果和经济效益。

水处理系统是对工业废水和部分生活污水进行处理，经过格栅机分离杂物、调节水池均质均量、提升泵站、絮凝沉淀、污泥脱水等工艺单元，将无机污染物进行分离，有机污染物转换成污泥，使污水得到净化，其水质达到工业回用水水质标准，用于工业生产。

综合污水处理系统的污水水源来自工业废水和生活污水，污水中主要含有悬浮物、COD及少量浮油等。来自不同污水回收系统的污水经收集后一同进入调节池进行均质均量，再由一组提升泵提升后通过机械混合池和聚合氯化铝混合后进入絮凝池，在絮凝池中投加聚丙烯酰胺形成矾花，然后进入沉淀池，经沉淀池处理后的水进入回用水池，然后进行加二氧化氯消毒。沉淀池所产生污泥经污泥泵送到污泥脱水间污泥储池，经板框压滤机脱水。预处理系统工艺流程如图6-16所示。

b　水处理系统各单元功能

水处理系统包括配水井、闸板阀、机械格栅、调节池、提升水池、前混凝池、高密度澄清池、后混凝池、V形滤池、加药系统、污泥处理系统、自动控制系统等单元。各单元功能见表6-19。

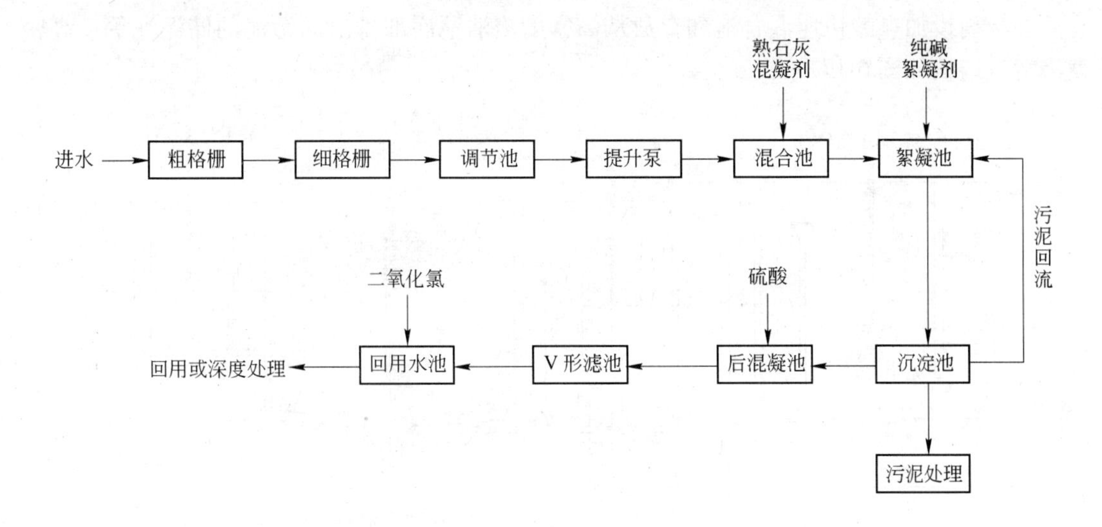

图6-16 预处理系统工艺流程

表6-19 水处理系统各单元功能

序 号	名 称	主 要 功 能
1	配水井	来自不同系统的污水进入配水井实现混合
2	闸板阀	用于切断水流
3	机械格栅	利用机械旋转筛网将水中颗粒物自动分离
4	调节水池	对水质水量进行均化
5	提升水池	对污水进行提升，实现污水连续运行
6	机械混合池	实现污水和药剂的快速混合形成细小絮体
7	絮凝反应池	细小絮体和聚丙烯酰胺反应形成密实粗大的絮体
8	沉淀池	对水中悬浮物质进行分离去除，达到固液两相分离，使水达到净化，污泥排放到污泥储池
9	清水池	作为回用水池
10	加药系统	用来投加熟石灰、絮凝剂、纯碱、硫酸等水处理药剂
11	污泥处理系统	将污水处理过程中产生的污泥进行脱水、干化以及外运
12	自动控制系统	通过自动控制系统实现水泵运行、药剂投加的自动化

B 高密度澄清池的运行管理

a 高密度澄清池的结构及工艺组成

法国得利满公司运用先进技术开发出崭新的高密度澄清池系统，该系统应用广泛，适用于饮用水生产、污水处理、工业废水处理和污泥处理等领域。高密度澄清池带有外部泥渣回流的专利澄清技术。高密度澄清池又简称高密池。

高密度澄清池系统通常包括以下几部分：高密池上游带有混凝剂投加的快速搅拌池、带有聚合物投加和污泥回流功能的反应池、配备斜管模块的沉淀池、配备刮泥机的污泥浓缩池、澄清水的集水槽及水渠、污泥回流和排放系统、带有泥位检测的控制系统、设置带有后混凝剂投加点的快速混合池和存放从高密度澄清池底部排出的污泥的储泥池等。高密度澄清池结构如图6-17所示。

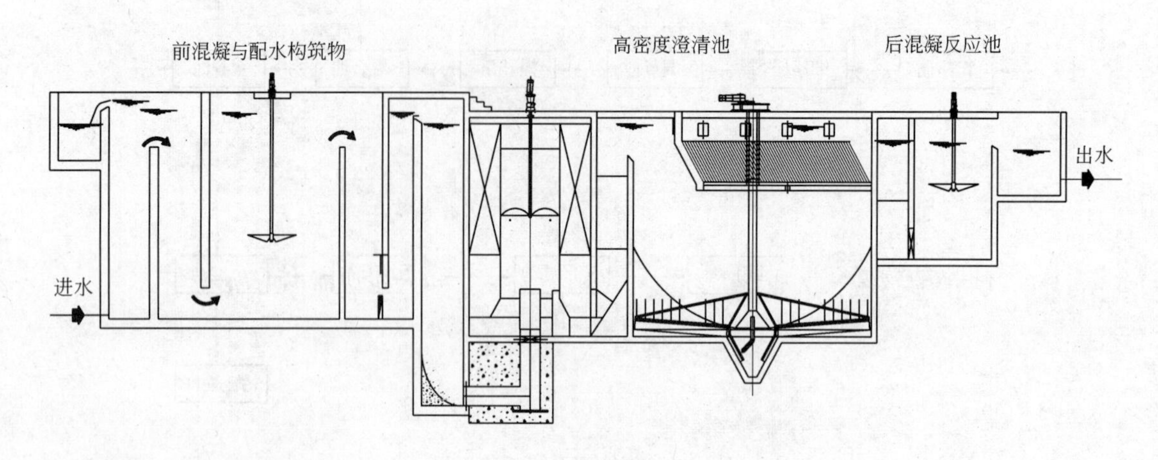

图6-17 高密度澄清池结构

(1) 快速搅拌池。原水首先流入快速搅拌池，与混凝剂及石灰接触后进行混凝，一台快速搅拌器连续运行，以帮助混凝剂混合反应和暂时硬度去除反应并避免矾花沉淀。一台药剂投加泵将混凝剂投加到快速搅拌池入口；另一台药剂投加泵将石灰投加到快速搅拌池进口渠道。通过变频器按照原水流量和需要的投加浓度来控制加药泵的运行。

(2) 反应池。在高密度澄清池系统中，反应池模块是非常重要的部分，因为该模块决定了水和污泥处理的效果，所以反应池必须合理地调整。

药剂的投加量取决于原水的性质、悬浮物浓度及软化反应的产物。投加量必须按照浓度最高的进水通过烧杯试验来确定。试验中需控制以下参数：原水的温度、pH值、固体悬浮物、色度、碱度、最佳pH值、最佳投药量和产泥量。

反应池搅拌器的转速应确保聚合物搅拌充足和絮凝良好。如果转速过高，矾花就有被打碎的危险。

(3) 沉淀池。沉淀池是高密度澄清池系统中重要的部分，大部分矾花就在这里沉淀和浓缩。连续刮扫促进了沉淀污泥的浓缩。部分污泥回流到反应池中。这种精确控制的外部污泥回流用来维持均匀絮凝所要求的高污泥浓度。斜板模块放置在沉淀池顶部，用于去除残留的矾花和产生最终合格的水。

b 高密度澄清池的运行管理

(1) 运行参数的检查。原水特性：流量、浊度、温度、混凝试验结果、有机物含量、碱度、pH值、使用的药剂。

沉淀后水的特性：浊度、pH值、残留铁的含量、滤池阻塞程度、过滤周期。

(2) 反应池中污泥的百分比。污泥回流的目的在于加速矾花的生长以及增加矾花的密度。污泥在1L的带有刻度的量筒中沉淀10min后的泥层高度即为污泥的百分比（以%表示）。刻度量筒中的沉淀污泥的量应该是30～150mL，也就是说，性能良好的泥层的百分比一般在3%～15%之间。如果没有足够的污泥，所取得的处理效果就不会满意。如果泥量过多，就会超出固体负荷的限制，泥床有上升的危险。好的污泥回流能达到5%～10%的污泥百分比。

改变回流泵的流量可以调节污泥的百分比。最佳的调节是在流量最大的情况下完成的。污泥比率超过15%，减小回流泵的流量。如果泥床升高了，那么就降低预设的百分比值（回流泵流量）。当回流污泥的百分比值得到满足时，不管原水流量如何，回流泵的调整值均可以保持。高密度澄清池以悬浮污泥的流速工作。反应池中污泥的百分比值在低于进口流量的范围下升高。

如果流量突增或泥床升高，可以采取以下两种干涉方式：一是降低污泥回流流量；二是逐步提高原水流量，每一步大约为最大流量的10%，每一步所需的时间是20～30min。污泥回流结束后，在操作过程中泥床也同样升高，额外的污泥排放由PLC的自控系统自动完成。

（3）泥位的控制。泥床的作用在于为回流积攒足够的污泥并提高污泥浓度。泥位的稳定性是一个判断高密池运行状况的指标。通过一系列的仪表监测污泥界面并以此为依据对排泥进行控制和调节。

高泥位检测仪表用于当泥位明显升高时进行加速排泥控制。低泥位检测探头用于保证回流的稳定性和在系统中保持一定的泥位、该探头的作用将禁止或减少排泥。

如果泥床过低，那么就有回流污泥不够的危险，一是会引起澄清效果不好，二是使排放的污泥浓度低。

如果在没有污泥的情况下启动高密度澄清池，必须从泥斗底部开始污泥循环，以快速在絮凝池内得到准确的浓度。当泥床位置升至0.5～1m时，开始从池锥部位循环污泥。污泥回流完满结束后，在操作过程中泥床也同样升高，额外的污泥排放由PLC的自控系统自动完成。

必须定期通过取样点对泥层的状况进行检查。检查的方法是检测各个取样点的污泥百分比。通过检查可以得知泥层深度、探头的运行状况、斜管下是否有泥。该检查通常为每天一次，必须根据实际运行情况来确定检查的频率。

如果泥位探测器出故障，那么必须定期打开取样阀观察泥床液位的情况。观察的次数取决于该系统运作的稳定性。

为实现该功能，四个取样点设计如下：1号取样点用于排放的污泥；2号取样点用于回流污泥；3号取样点正常泥位；4号取样点刚在澄清水的斜板下。高泥位的设定点位于第3与第4号取样点之间，低泥位的设定点位于第2与第3号取样点之间，泥床液位必须稳定在第2与第3号取样点之间。1号取样点用来检查回流污泥的质量。从4号取样点提取的样品应为清水，而且斜板模块附近不应有污泥存在；否则，显示泥床液位过高。

（4）故障诊断。高密度澄清池故障诊断见表6-20。

表6-20 高密度澄清池故障诊断

事 故	可能的原因	措 施
混合搅拌机减速机摆动	减速机底座地脚螺栓松动	紧固地脚螺栓
	搅拌机桨叶积泥结垢	停机后清理桨叶

续表 6-20

事　故	可能的原因	措　施
反应池中污泥百分比极低	高密度澄清池中没有足够的污泥	停止排泥，从污泥漏斗的底部开始循环
	污泥回流泵： （1）停止 （2）故障	检查： （1）重新启动 （2）调整
	污泥回流管道堵塞	用相应的支管带适当的压力水疏通，必要时停机清理
	搅拌器停止	检查，重新启动 注意停机期间产生的污泥沉淀物
	缺乏混凝剂	检查并调节投加量
	缺乏聚合物	检查聚合物的质量（制备日期、浓度等） 检查干粉泵投加量和稀释水量； 检查聚合物投加泵流量
反应池中污泥百分比过高	污泥回流量极高	检查污泥回流泵的调节情况，必要时，降低泵的流量
	泥床的提升	检查在取样点 2 号和 3 号之间的污泥液位； 检查液位探测器的功能状况； 检查排泥泵的调节情况； 检查聚合物的投加； 必要时：降低污泥液位，延长额外排泥的时间
高密度澄清池	泥位传感器故障	检查并再次校准
	排泥不充分	检查泵，必要时提高； 排放流量； 排放时间
污泥液位高	刮泥机停止	检查，重新启动刮泥机 说明： 必要时，手动通过额外排泥降低污泥的液位或停机清理沉淀池污泥
污泥液位低	污泥液位极低	检查真实的污泥液位（取样点）
	排泥过多	检查泵，必要时降低泵的流量
	回流停止或缺乏回流	检查并重新启动回流泵
	刮泥机停止	检查并重新启动
刮泥机过力矩	沉淀池内污泥过多	检查排放的污泥浓度，进行额外或强行排泥
	污泥保存时间过长	进行额外或强行排泥或停机清理沉淀池
	外部因素导致刮泥机堵塞	清空沉淀池
斜管下的污泥浓度高 污泥浓度大于1%	泥位过高	必要时，停止高密度澄清池的药剂投加，需 15～30min
	沉淀池中污泥浓度过高	进行手动或自动排泥
清水浊度高	反应池中污泥百分比过低	检查并调节
	缺乏混凝剂	检查并调节
	缺乏聚合物或稀释	检查并调节
	污泥发酵（停留时间过长）	手动或自动强行排泥 必要时： （1）更换污泥 （2）调节排泥流量 （3）提高刮泥机的旋转速度

续表 6-20

事 故	可能的原因	措 施
反应搅拌器故障	停机	检查并重新启动
	旋转速度过低	检查并调节
	旋转速度过高（矾花断裂）	检查并调节
	严重的纤维沉积	停机清理
局部矾花溢出	污泥泥位过高	检查污泥液位； 检查斜管下的污泥百分比，是否出现浓度大于1%
	集水槽标高偏差	检查并调整
斜管堵塞		停止高密度澄清池进水，在 30 ~ 120min 内沉淀； 进行手动排泥，直至污泥液位在斜管之下； 若还有污泥残留，请清洗斜管
藻类堵塞斜管	停机时间长及光照	定期清洗斜板 注意： 停机前，必须清除藻类物质，可以用次氯酸钠消毒液进行消毒（投加量 50 ~ 100g/m^3）(1 ~ 2 天)
	原水水质	最后进行原水分析 说明： 为避免事故： （1）在前部加氯 （2）覆盖斜板，遮挡光照
斜管藻类物质的生长	延长停机及光照	清洗斜板 注意： 排放程序前（或过程中），清除藻类物质； 若上述效果不够好，可以用次氯酸钠消毒液进行消毒（氯含量 50 ~ 100g/m^3，1 ~ 2 天）
	原水水质	最后进行原水分析 为避免事故： 在前部加氯； 覆盖斜板

6.4.5.2 以超滤和反渗透为主体的深度处理工艺

A 双膜法脱盐工艺及组成

a 双膜法脱盐工艺

以超滤和反渗透为主体的回用水深度处理工艺流程如图 6-18 所示。

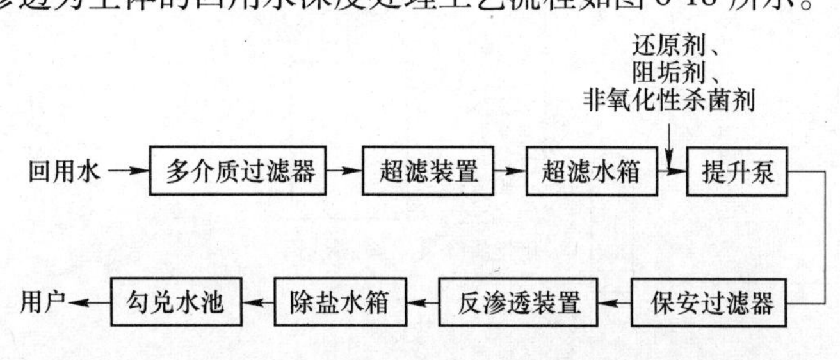

图 6-18 以超滤和反渗透为主体的回用水深度处理工艺流程

b　双膜法脱盐系统各单元功能

双膜法脱盐系统各单元功能见表6-21。

表6-21　双膜法脱盐系统各单元功能

序号	名称	主要功能
1	多介质过滤器	利用一种或几种过滤介质，在一定的压力下把浊度较高的水通过一定厚度的粒状或非粒材料，从而有效地除去悬浮杂质使水澄清的过程。常用的滤料有石英砂、无烟煤、锰砂等，出水浊度可达3NTU以下
2	超滤装置	截留水中胶体、颗粒和相对分子质量较高的物质，而水和小的溶质颗粒透过膜
3	保安过滤器	防止预处理中未能完全去除或新产生的悬浮颗粒进入反渗透系统，保护高压泵和反渗透膜
4	高压泵	提升原水的压力以克服渗透压并有充足余压以生产纯水
5	RO装置	在有盐分的水中（如原水），施以比自然渗透压力更大的压力，使渗透向相反方向进行，把原水中的水分子压到膜的另一边，变成洁净的水，从而达到除去水中杂质、盐分的目的

B　超滤装置

a　超滤系统的组成

超滤系统通常由超滤膜组件、水箱、原水泵、反洗泵、阀门、管道、监控仪表和控制系统等组成，如图6-19所示。

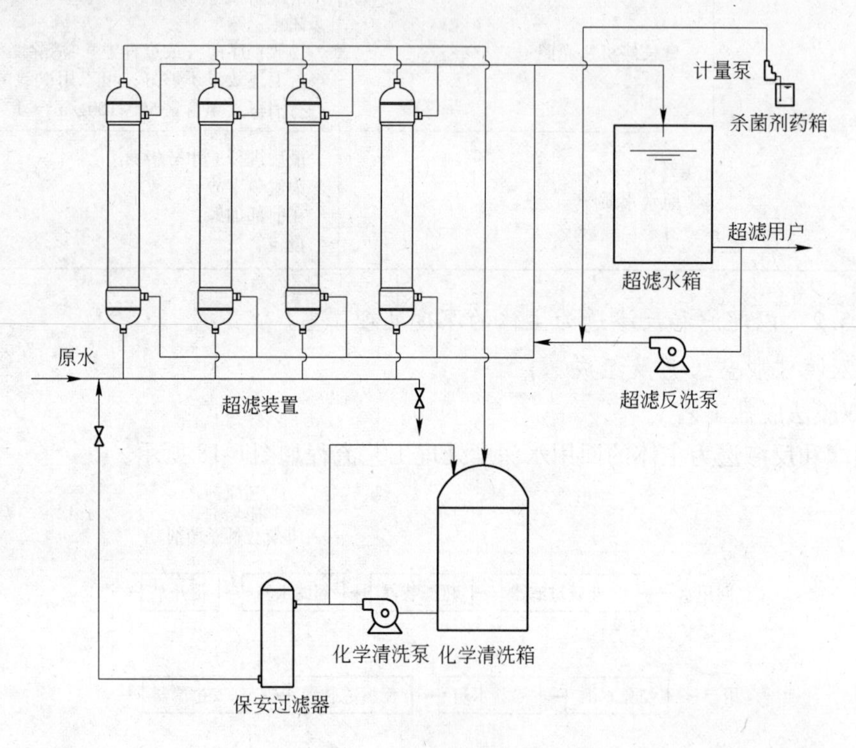

图6-19　超滤系统基本组成

（1）超滤膜模块。超滤膜组件是由超滤膜或膜元件、布水间隔体、内连接件、壳体、密封件及封头组成的膜应用单元，其结构如图6-20所示。

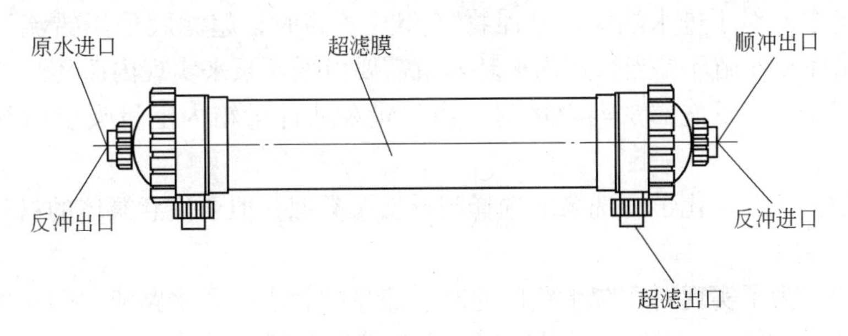

图6-20 超滤膜组件结构

将一定数量的膜组件连成一个整体即成为模块，此模块与单个组件在正常过滤、反洗、化学清洗和完整性等方面基本相同。模块包含监控仪表、阀门、支架、连接件等，模块完全可以成为一个系统独立运行，模块的产水量 = 单支膜组件的产水量 × 膜组件的数量，并可以通过多个模块来并联组成一个大的超滤系统。一般20～40支中空纤维超滤膜组件组成一个模块。超滤膜模块如图6-21所示。

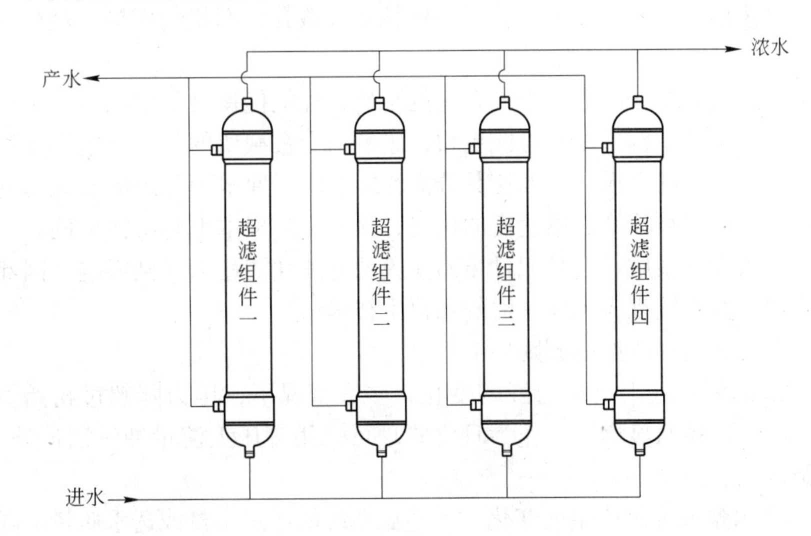

图6-21 超滤膜模块示意图

（2）水箱。中间水箱对系统的进水或产水起到缓冲的作用。

（3）原水泵。超滤膜是靠压力差为推动力进行过滤的，当原水的水压和流量不能满足过滤需求时，系统需要增加水泵来提升水压达到超滤进水的压力（0.1～0.3MPa）和流量要求。原水泵的选型：根据超滤系统设计中所需要的进水工作压力、跨膜压差和通水流量，来选择泵的扬程和流量。一般选择水泵的扬程和流量应当等于或略大于设计供水量和工作压力，以满足超滤系统的正常运行。

（4）反洗泵。超滤膜运行一段时间（30～60min）后，膜管内壁和过滤微孔有微小颗粒杂质、胶体、微生物等附着和堵塞，造成水通量逐渐下降。为了将这些污染物排出膜管，恢复超滤膜的水通量，比较有效的办法就是对超滤进行定期的反洗，反洗的水量要比正常产水时大2～3倍，这样才能最大程度地将污染物反洗出来，反洗泵就是起到此作用。

（5）循环泵。对于进水浊度或悬浮物（SS）较高时，超滤膜采用错流过滤，而错流过滤又有内循环和外循环，当采用内循环时就需要由循环泵来实现内循环。

（6）计量泵。当反洗需加药杀菌时，由计量泵从计量箱内定量吸取药剂泵入反洗水管道。

（7）化学清洗泵。化学清洗泵的选择与反洗泵类似，但要注意泵体的材料要能耐化学试剂的溶解和腐蚀。

（8）阀门。为了实现对系统水路的通断、流量的大小以及水路流向的切换，在系统管路上适当位置设置阀门，阀门分手动阀门和自动控制阀门。手动阀门分为球阀、蝶阀、截止阀、调节阀、闸阀、减压阀等；自动阀门分为电磁阀、气动蝶阀、电动阀等。

（9）监控仪表。监控系统各种运行参数的仪器仪表、传感器等，如压力表、流量计、浊度计、液位计、压力开关、温度计等。

b　超滤系统的污染及清洗

超滤膜运行一段时间后，膜的水通量下降、跨膜压差增大，主要原因是浓差极化和膜的污染。浓差极化则可以通过提高流速和错流来降低，膜的污染则需要通过频繁地反洗和定期的化学清洗来清除。膜污染种类：微小颗粒堵塞微孔、有机物污染、微生物污染、胶体的污染。

由于超滤膜的功能是去除原液中所含有的杂质，性能优良与截留相对分子质量较低的中空纤维超滤膜，被杂质污染堵塞可能更快，膜表面会被截留的各种有害杂质所覆盖，甚至膜孔也会被更为细小的杂质堵塞而使其分离性能下降。原水预处理的有无与处理质量的好坏，只能决定超滤膜被堵塞污染速度的快慢，而无法从根本上解决污染问题，即使预处理再彻底，水中极少量杂质也会日积月累而使膜的分离性能逐渐受到影响。因此膜的堵塞是绝对的，一般超滤系统都应当建立清洗和再生技术。

判断超滤膜是否需要清洗的原则如下：

（1）根据超滤装置进出口压力降的变化，多数情况下，压力降超过初始值0.05MPa时，说明流体阻力已经明显增大，作为日常管理可采用等压大流量冲洗法冲洗，如无效，再选用化学清洗法。

（2）根据透水量或透水质量的变化，当超滤系统的透过水量或透水质量下降到不可接受程度时，说明透过水流路被阻，或者因浓度极化现象而影响了膜的分离性能。此种情况，多采用物理-化学相结合清洗法，即进行物理方法快速冲洗去大量污染物质，然后再用化学方法清洗，以节约化学药品。

（3）运行中的超滤系统根据膜被污染的规律，可采用周期性的定时清洗，可以是手动清洗。对于工业大型装置，则宜通过自动控制系统按顺序设定时间定时清洗。

c　超滤膜清洗的方法

清洗膜的方法可分为物理方法和化学方法两大类：

（1）物理清洗法。该方法是利用机械的力量来去除膜表面污染物，整个清洗过程不发生任何化学反应，常采用等压水力冲洗法。

等压水力冲洗法对于中空纤维超滤膜冲洗是行之有效的方法之一。具体做法是关闭超滤液出口阀门，全开浓缩水出口阀门，此时中空纤维内外两侧压力逐渐趋于相等，因压力差黏附于膜表面的污垢松动，用增大流量的水冲洗表面，这对去除膜表面上大量松软杂质有效。

（2）化学清洗法。利用某种化学药品与膜面有害物质进行化学或溶解作用来达到清洗的目的。选择化学药品的原则：一是不能与膜及其他组件材质发生任何化学反应或溶解作用；二是不能因为使用化学药品而引起二次污染。

化学清洗前冲洗干净整个系统管路及溶液箱，然后停止超滤装置运行，关闭进水气动阀和手动阀，打开化学清洗装置出口阀和回水阀。清洗过程中主要监测清洗液温度、pH值、清洗压力和颜色变化。

1）EDTA碱洗。根据溶液箱及管路体积，用超滤装置滤后水配制好1.0%的EDTA钠盐溶液，并用磷酸三钠调节溶液的pH值为10.5左右。启动化学清洗泵，调整出口压力在0.05MPa左右，使清洗液在超滤筒内循环。化学清洗液约有3/4由原水端回流至化学清洗箱，另外1/4清洗液透过超滤膜由滤后水进入化学清洗箱。清洗液循环1h后再浸泡1h。清洗采用动态循环与静态浸泡相结合。

2）柠檬酸酸洗。配制1%的柠檬酸溶液，用分析纯的氨水调节溶液的pH值为3左右。参照碱洗操作，也采用动态循环与静态浸泡相结合。

C　反渗透装置

a　反渗透系统的组成

反渗透系统由反渗透给水泵、保安过滤器、高压泵、反渗透膜元件、淡水箱、管道阀门以及流量、电导率、pH、压力检测仪表和控制盘组成，包括反渗透需要的加还原剂设备以及加阻垢剂设备。再生水经过多介质过滤器和超滤装置前置处理后，通过反渗透给水泵升压后经过保安过滤器精密过滤，经高压泵升压，进入反渗透设备，分离出的淡水送往淡水箱，浓水排放。

（1）5μm保安过滤器。5μm保安过滤器的作用是截留原水带来的大于5μm的颗粒，以防止其进入反渗透系统。这种颗粒经高压泵加速后可能击穿反渗透膜组件，造成大量漏盐的情况，同时划伤高压泵的叶轮。当过滤器进出口压差大于设定的值（通常为0.07～0.1MPa）时，应当更换，其正常的使用寿命为3～6个月。保安过滤器采用耐腐蚀的304不锈钢材质外壳。滤棒是由聚丙烯熔喷制成，其特点：1）孔形呈锥形结构；2）过滤能进入深处，形成深层过滤；3）纳污量大、寿命长；4）便于快速更换。

（2）高压泵。高压泵的作用是为反渗透本体装置提供足够的进水压力，保证反渗透膜的正常运行。根据反渗透本身的特性，需有一定的推动力来克服渗透压等阻力，才能保证达到设计的产水量。

（3）反渗透本体装置。反渗透本体装置是本系统中最主要的脱盐装置，反渗透系统利用反渗透膜的特性来除去水中绝大部分可溶性盐分、胶体、有机物及微生物。

经过前置处理后合格的原水进入置于压力容器内的膜组件，水分子和极少量的小分子量有机物通过膜层，经收集管道集中后，通往产水管再注入反渗透水箱。反之，不能通过的就经由另一组收集管道集中后通往浓水排放管，排入收集箱。系统的进水、产水和浓水管道上都装有一系列的控制阀门、监控仪表及程控操作系统，它们将保证设备能长期保质、保量地运行。

膜单元（RO 模块）由标准支架和膜壳压力容器、连接管道及进水、浓水和产水总管组成。膜元件安装在压力容器中。压力容器两端有产水出口，位于端板的中心，进水和浓水口分别位于容器相对两端。每只膜壳压力容器可串连 1 ~9 只膜元件。

膜组件结构如图 6-22 所示。第一只膜元件的产水管和最后一支元件的产水管与膜壳端板相连接。膜壳的产水管互相连接。每个膜元件的一端有一个浓水密封圈，将膜元件内部流道与元件外层和膜壳之间的间隙隔开，防止进水的短路现象，迫使进水全部通过膜元件的流道。在进水流经每只元件时，部分进水体积转化为产水。剩余进水的盐浓度增加。产水经由产水管导出。收集起来的产水的盐度沿浓水走向增加，在进水处最低，在浓水口最高。

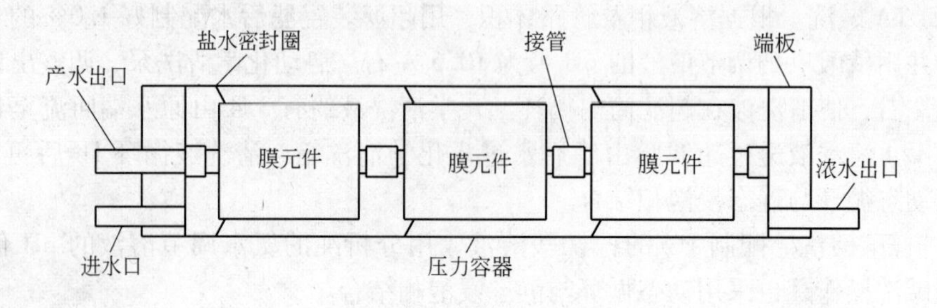

图 6-22 膜组件结构

系统的压力容器被分为几组，称为浓水分段，在每一段中的压力容器平行并联。每段所含的压力容器数目沿进水走向减少，一般为 2 : 1，如图 6-23 所示。

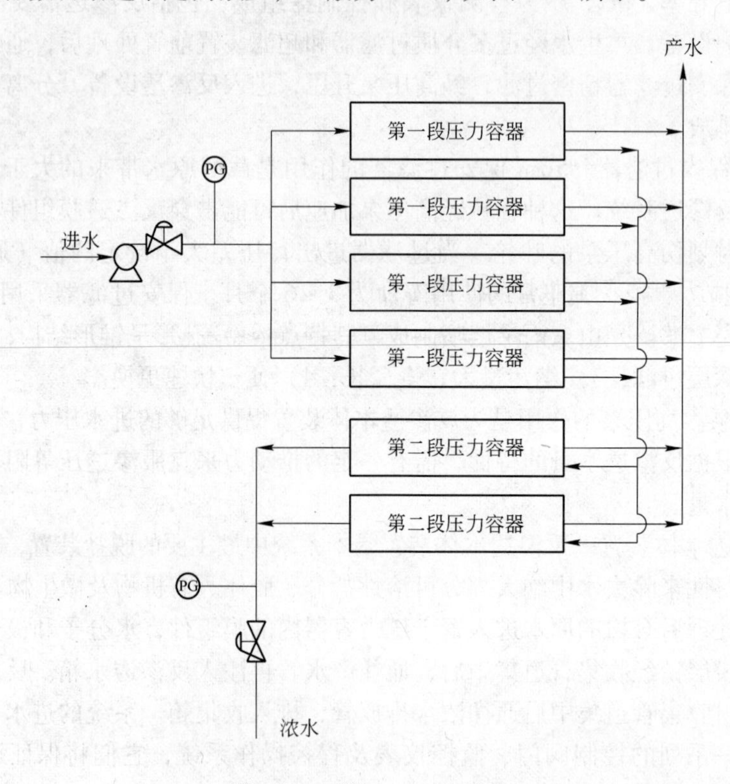

图 6-23 两段 2 : 1 RO 系统

由图6-23可以看出，进水通过压力容器的流量分布呈金字塔形，在塔底的进水流量高，在塔顶的浓水流量相对低。随着进水流量的减小，平行压力容器数目逐段递减。所有组件的产水最后汇集到一个共同总管中。

再生水的脱盐处理中反渗透膜组件常采用抗污染复合膜，单根膜脱盐率达99.5%。例如一套产水量Q为200m^3/h的反渗透装置配置162根BW30-400型抗污染复合膜的膜组件，分别安装在27根FRP压力容器内，成18×9排列，反渗透的回收率通常按75%设计。

（4）反渗透清洗和冲洗。清洗的作用是根据反渗透膜运行污染的情况，配制一定浓度的特定清洗溶液，清除反渗透膜中的污染物质，以恢复膜的原有特性。

无论前置处理如何彻底，反渗透经过长期使用后，反渗透膜表面仍会受到结垢的污染。所以反渗透系统设置一套公用反渗透清洗系统，当膜组件受到污染后，可进行化学清洗。它包括一台5μ保安过滤器、一台清洗箱及一批配套仪表、阀门、管道等附件。

冲洗的作用是用反渗透产水置换反渗透膜中停机后滞留的浓水，防止浓水侧亚稳态的结垢物质出现结垢，以保护反渗透膜。高压泵停机后，通过合格的过滤水对反渗透膜进行低压冲洗。

b RO膜的污染与清洗

（1）RO膜污染的化学清洗。无论预处理有多么完善，在长期运行过程中，在膜上总是会日益积累水中存在的各种污染物，从而使装置性能（脱盐率和产水量）下降和组件进、出口压力升高，因此需定期进行化学清洗。

（2）清洗条件：

1）装置的产水量比初期投运时或上一次清洗后降低5%～10%时。

2）装置的脱盐率比初期投运时或上一次清洗后降低2.5%～5%时。

3）装置各段的压力差值为初期投运时或上一次清洗后的1～2倍时。

4）装置需用长期停运时用保护溶液保护前。

出现上述四种情况之一时，必须进行化学清洗。

（3）膜污染特征与清洗的选择。膜上积累的污染物通常有胶体、混合胶体、金属氧化物、微溶盐（如$CaCO_3$、$CaSO_4$等）和细菌残骸等，也有可能几种污染物混杂在一起，因此没有一种万能的清洗剂，只有根据情况具体对待。污染物类型与装置性能的变化见表6-22。

表6-22 污染物类型与装置性能的变化

污染物类型	装置性能变化		
	盐透过率SP	压差Δp	产水量PR
金属氧化物（Fe和Mn等）	迅速增加①，≥2X	迅速增加①，≥2X	迅速降低①，≥20%～25%
钙沉淀物（$CaCO_3$、$CaSO_4$等）	明显增加，10%～25%	中等程度增加，10%～25%	略有降低，10%
胶体（多半是硅胶体）	缓慢增加②，≥2X	缓慢增加②，≥2X	缓慢降低②，≥50%
混合胶体（铁有机物和硅酸铝）	迅速增加①	缓慢增加②，≥2X	缓慢降低②，50%
细菌残骸③	明显增加，≥2X	明显增加，≥2X	明显降低，≥50%

注：P为组件进出口压差值；X为初投时或上次清洗的值。

① 发生在24h之内。

② 发生在2～3周以上。

③ 无保护剂保护情况下长期停运存放。

（4）系统注意事项：

1）新投入的反渗透设备或新更换组件，必须低压冲洗使膜保护剂从浓水和产水中排掉，防止保护剂流入成品水箱，运行排放产水至产水水质合格。

2）反渗透设备的正常使用温度为5～33℃、最佳温度为24～27℃、最高温度为35℃，进水温度每升一度或降低一度，产水将增加或减少2.7%～3.0%。

3）反渗透装置一旦投运，每天至少要运行1h。

4）如果开机时出现启停振荡状态，原因是高压泵进口压力太低，可能浓水开度太大、多介质过滤器压差太大或原水泵出口压太低，均需调整。

5）需经常对照前期运行情况（如压力、流量、脱盐率、产水量、温度等参数），如果发现有明显差异，及时分析原因，及时处理。

6）一旦开机后尽量少停机，以保证足够长的循环时间。

7）系统停运时间不宜超过两天（特别在夏天高温季节），在长时间不用水时必须进行保护性运行，前置RO要保证每天运行时间不低于1h（尤其是夏天）。系统需要长期停运前，RO膜必须通入保护液（可用0.1%～1.0%的甲醛溶液）。

c　反渗透膜的清洗步骤

（1）准备工作：

1）开启清洗保安过滤器入口门，开启清洗水箱回水门，启动反渗透停运冲洗水泵（在自压充分情况下不需启泵），从除盐水箱引水至清洗水箱；停运反渗透装置必须停运冲洗水泵，关闭清洗保安过滤器入口门、清洗水箱回水门。

2）关闭反渗透浓水调节门，检查核实反渗透产水出口门、冲洗进水门、电动慢开门、浓水排放门、不合格产品水排放门是否处于关闭状态。

（2）柠檬酸溶液清洗。柠檬酸2%，用氨水调pH值至3左右。

1）配药。按比例配制清洗溶液，关闭清洗保安过滤器出入口门，开清洗水泵出入口门，开启清洗水箱回水门，启动清洗水泵循环5min使溶液充分溶解混合。

2）一段、二段循环清洗。

开启反渗透冲洗进水门，开启反渗透一段清洗回流门/二段清洗入口门，开启反渗透产水回流门，缓慢开启清洗保安过滤器出口门及排气门，缓慢关闭清洗水箱回水门，排气门出水后关闭排气门。

检查循环管路是否有回水，是否有泄漏，如果无回水或有泄漏停止清洗并处理缺陷。检查液位是否稳定，控制RO设备进水压力不高于0.5Mpa，清洗温度45℃左右，循环30～50min后检测药液浓度并记录，清洗（或浸泡）10h以上。

3）一、二段设备冲洗。排空反渗透系统，将清洗水箱注满超滤产水，开启反渗透浓水排放门和不合格产品水排放门，利用清洗水泵清洗入口管路；打开反渗透产水回流门，开启反渗透二段清洗回流门清洗回流管路3min后关闭阀门，排空清洗水箱；利用清水泵将反渗透系统进行冲洗至出水与进水pH值相近即可；清洗水箱，排空清洗保安过滤器。

（3）NaOH溶液清洗。NaOH 0.1%，用盐酸调pH值至11.5。

1）配药。

同柠檬酸溶液清洗。

2）一段、二段循环清洗。

同柠檬酸溶液清洗。

3）一、二段设备冲洗。

同柠檬酸溶液清洗。

（4）EDTA 清洗。

EDTA 1%，用氢氧化钠调 pH 值至 11 ~ 12。

1）配药。

同柠檬酸溶液清洗。

2）一段、二段循环清洗。

同柠檬酸溶液清洗。

3）一、二段设备冲洗。

同柠檬酸溶液清洗。

（5）再次开机。打开反渗透浓水排放调节门，检查反渗透系统阀门是否处于启动前备用状态。正常投运反渗透，调整反渗透浓水排放调节门，使反渗透回收率至 75%。

反渗透膜清洗流程如图 6-24 所示。

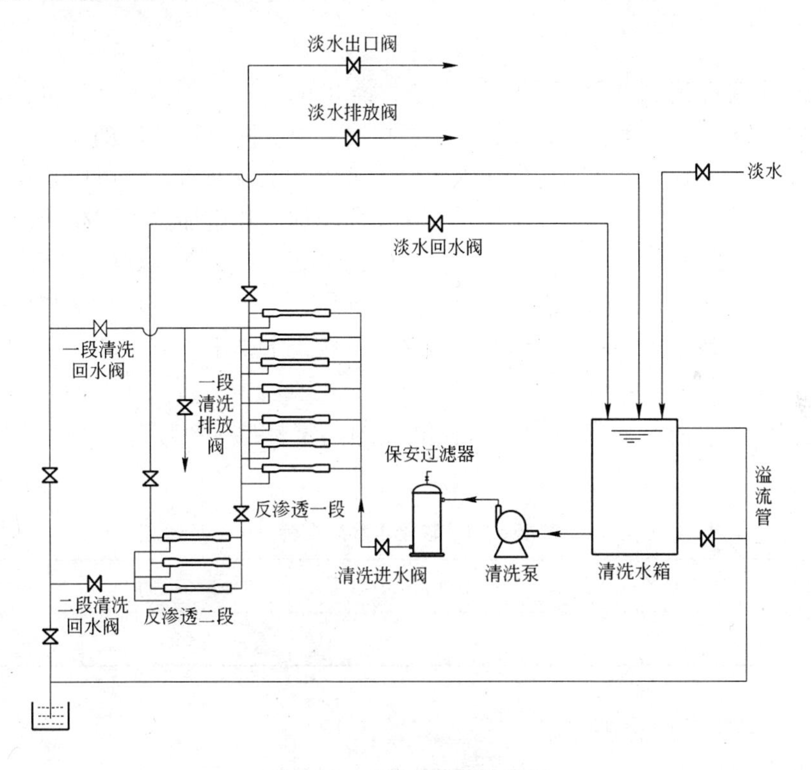

图 6-24 反渗透膜清洗流程

6.5 再生水的回用

6.5.1 钢铁企业水资源的水质分类

6.5.1.1 高品质工业水

A 除盐水

除盐水是指利用各种水处理工艺，除去悬浮物、胶体和无机的阳离子、阴离子等水中杂质后，所得到的成品水。制取除盐水的原水可以用工业水，也可以用污水处理厂的再生水，由于工业水水质优于再生水，使得工业水的产水率高于再生水。在钢铁企业中除盐水用于中高压锅炉的补给水、纯水密闭循环系统的补充水、冷却水补给水的勾兑水、冷轧板的冲洗水等，在钢铁联合企业中随着干熄焦、节能锅炉、纯水密闭循环等节能技术的采用提高了除盐水的用量。

近年来，随着水资源的日益紧张和环境保护力度的加强，各钢铁企业陆续建成了综合污水处理厂，而污水处理厂的净化水含盐量较高，作为工业水的使用，特别是作为循环水的补充水受到了限制，难以做到高浓缩倍数运行。因此，为了解决水中盐类平衡的问题，许多综合污水处理厂配套深度处理，即采用双膜法对再生水进行脱盐处理，如果作为中高压锅炉用水一级反渗透出水加混床可确保除盐水满足中高压锅炉对水质要求。例如，1000 万吨钢产量的大型钢铁联合企业，除盐水的用量在 400 ~ 600m^3/h 之间。

如果以再生水作为原水采用一级反渗透制备除盐水，其电导率不大于 5μS/cm。

B　软化水

水的硬度主要由其中的阳离子钙（Ca^{2+}）、镁（Mg^{2+}）离子构成。当含有硬度的原水通过交换器的树脂层时，水中的钙、镁离子被树脂吸附，同时释放出钠离子，这样交换器内流出的水就制成了软化水。制备软化水的原水可以是工业新水，也可以是再生水。软化水在钢铁企业中使用广泛，主要用于炼钢汽化烟道冷却、轧钢加热炉汽化冷却、烧结环冷锅炉用水、软水密闭循环系统等。随着钢铁生产的发展，换热强度高的循环冷却水系统对补水的品质要求越来越高，如结晶器、氧枪、精炼炉、高炉、热风炉等冷却用水，采用软水密闭循环，不但确保换热设备不结垢同时系统没有废水排出，节水环保，使得软水密闭循环系统在钢铁企业广泛使用。

钢铁企业软化水的品质执行中华人民共和国国家标准 GB 1576—2001，其指标见表 6-23。

表 6-23　软化水水质指标

pH 值（25℃）	总硬度/mmol · L^{-1}	悬浮物/mg · L^{-1}	含油量/mg · L^{-1}	含铁量/mg · L^{-1}
≥7	≤0.03	≤5	≤2	≤0.3

6.5.1.2　良好品质工业水

A　工业新水

工业新水来自市政供水管网，或取自江、河、湖泊，经过混凝—沉淀—过滤—消毒等工艺去除水中悬浮物、胶体、有机物等制成工业新水，或取自地下，经加压作为生产新水。在钢铁企业中工业用水主要来自工业新水，其水质良好，但受地域影响水质差别较大，南方特别是长江流域水的含盐量、碱度、硬度较低，北方特别是地下水的含盐量、碱度、硬度较高。在钢铁企业中主要用于冷却水、优质水制取的原水、生产消防水、厂区生活用水等。工业新水由于各个地区差别较大，无法制定统一标准，但水的 pH 值、悬浮物、COD、Cl^-、电导率可参考表 6-24 所列指标。

表 6-24 工业新水水质指标

pH 值	电导率/$\mu S \cdot cm^{-1}$	总硬度/$mg \cdot L^{-1}$	$Cl^-/mg \cdot L^{-1}$	COD/$mg \cdot L^{-1}$	悬浮物/$mg \cdot L^{-1}$
7.0~8.0	≤1500	≤500	≤350	<10	<10

B 再生水

再生水是指污水经适当处理后，达到一定的水质指标，满足某种使用要求，可以进行有益使用的水。在钢铁企业中再生水经收集进入综合污水处理厂，经混凝—沉淀—过滤—消毒—软化等工艺处理后可达到循环水的补充水水质标准，如果其含盐量较高，可通过加反渗透制取除盐水勾兑成工业新水水质。

钢铁企业综合污水处理厂的再生水回用指标可参考《工业循环冷却水处理设计规范》(GB 50050—2007)，其指标见表 6-25。

表 6-25 再生水水质指标

项 目	单 位	指 标
pH 值		7.0~8.0
电导率	μS/cm	≤200
悬浮物	mg/L	≤10
浊 度	NTU	≤5
COD	mg/L	≤20
铁	mg/L	≤0.5
Cl^-	mg/L	≤250
钙硬度（以碳酸钙计）	mg/L	≤500
甲基橙碱度（以碳酸钙计）	mg/L	≤250
石油类	mg/L	≤5
游离余氯	mg/L	0.1~0.2
总磷（以 P 计）	mg/L	≤1
氨 氮	mg/L	≤5

6.5.1.3 低品质工业水

A 反渗透浓水

钢铁企业脱盐水的制取采用反渗透工艺，制取过程中产生浓盐水，浓盐水的量大小取决于原水的水质，如含盐量、总硬度、COD 等。在钢铁企业，一般如果以工业新水作为原水，产水率在 75%~80%，浓缩因子在 4~5 倍，浓盐水含盐量为原水的 4~5 倍。如果以再生水作为原水，产水率在 50%~60%，浓缩因子在 2~2.5 倍，浓盐水含盐量为原水的 2~2.5 倍。一般浓盐水具有低悬浮物、高含盐量的特点。

反渗透浓盐水可以部分进入综合污水处理厂，其量大小视综合污水处理厂的设计工艺而定，但不得影响综合污水处理厂再生水的品质，其余作为低品质工业水使用。

B 离子交换树脂再生废水

钠离子交换器废水包括设备再生废水、反洗废水，水量占交换器进水的 5% 左右。钠离子交换树脂采用饱和食盐水再生，一般制备 1t 软化水需要 0.5kg 食盐。再生排水和反洗排水过程中没有交换完的氯化钠和置换后的钙离子随着废水排出设备，使得废水成为高氯、高钙的水质，不但具有极强的结垢性，同时还具有极强的腐蚀性。典型的钠离子交换器废水水质见表6-26。

表6-26　典型的钠离子交换器废水水质

pH值	电导率/$\mu S \cdot cm^{-1}$	M碱度/$mmol \cdot L^{-1}$	P碱度/$mmol \cdot L^{-1}$	Ca^{2+}/$mg \cdot L^{-1}$	Cl^-/$mg \cdot L^{-1}$
7.16	67500	4.10	0	1197	16498

钠离子交换器再生废水不得进入综合污水处理厂，但可以考虑作为低品质工业水利用。

C　焦化废水再生水

焦化废水目前采用预处理—生化—混凝沉淀—过滤工艺处理，处理后达标排放，符合一级排放标准。其水质见表6-27。

表6-27　焦化废水处理后的水质

pH值	碱度/$mg \cdot L^{-1}$	COD_{Cr}/$mg \cdot L^{-1}$	NH_3-N/$mg \cdot L^{-1}$	挥发酚/$mg \cdot L^{-1}$	硫化物/$mg \cdot L^{-1}$	氰化物/$mg \cdot L^{-1}$	SS/$mg \cdot L^{-1}$	油/$mg \cdot L^{-1}$	电导率/$\mu S \cdot cm^{-1}$
6~9	<100	<100	<50	<0.5	<1	<1	<200	<10	<5000

焦化废水处理后达到一级排放标准，除了排放外应作为低品位工业水加以回用，减少新水资源的消耗。

D　冷轧废水再生水

冷轧废水包括含酸废水、含碱废水、含油及乳化液废水、湿平整液废水、含铬废水，其常用的处理工艺见表6-28。

表6-28　冷轧废水种类及处理工艺

种　类	主要处理工艺
酸性废水	中和—中和曝气—絮凝沉淀—过滤
碱性废水	中和—中和曝气—絮凝气浮—生物接触氧化—澄清—过滤
含油及乳化液废水	纸带过滤机—超滤—MBR膜生物反应器
湿平整液废水	破乳—气浮—催化氧化—MBR膜生物反应器
含铬废水	稀释—还原—澄清

冷轧废水属于典型的化学物质污染水质，几种废水必须分别处理达到排放标准，水质见表6-29。

表6-29　冷轧废水达标排放水质

项　目	单　位	数　值
pH值		6~9
SS	mg/L	≤50
COD	mg/L	≤60
石油类	mg/L	≤5
铁	mg/L	≤10
锌	mg/L	≤2
总　铬	mg/L	≤1.5

6.5.2　钢铁企业再生水的回用和水平衡

钢铁企业再生水的回用是实现企业废水零排放的前提。通过合理利用和调配水资源，特别是再生水资源的处理和回用，实现企业节水和废水零排放的目标。

钢铁企业水平衡包括水量平衡和水质平衡，做好水平衡首先考虑水质平衡，什么系统使用什么样的水质，先定质后定量。水质平衡是本着按质供水、低质低用、高质高用的原则，在确保水质满足生产需要的前提下，实现低品质水质使用的最大化、良好品质水质和高品质水质使用的最小化。

6.5.2.1　供水管网的优化配置

全厂除设有工业新水供水管网、软水和脱盐水供水管网外，还应设回用水（或中水）供水管网、浓盐水回用供水管网、低品质供水管网。回用水（或中水）来自废水处理厂生产废水（或生活污水）处理后的出水，可作为各单元浊环水系统补充水、洗车、道路浇洒或冲厕、绿化等用水；浓盐水来自软水或脱盐水制备系统产生的二次污染水，通过管网收集并进行简易处理后供原料场洒水、高炉冲渣、钢渣场等低品质水用户。低品质水如生化废水、冷轧废水、软化水再生水等，在确保达标排放水质的前提，可作为转炉除尘水、高炉冲渣水、钢渣热焖用水、烧结配料用水等。

合理配置供水管网，使各类水的利用做到定量、定质、定向配置，为水平衡提供基础保障。实现水的定量必须完善计量设施，使各类水供应量有计量、有统计、有考核。在各类水供水管网总管上和各用户点安装在线流量计。定质供水必须对全厂用户对水质的要求制定标准，对生产的各类水制定标准，为定质供水提供依据；同时，加强水质监测，对各类水水质定期进行取样分析，采用现场分析和中心实验室分析相结合，现场分析是常规分析，要求每天数次，中心实验室分析是全分析，要求一周一两次，同时可在水管线上一些在线仪表如 pH 值、电导率、浊度、总硬度、COD 等在线分析仪表。水的定向在定量和定质基础上，通过水泵和管网把水输送到各个用户，避免水的随意排放。水的定量、定质、定向管理为水平衡的实现提供了基础保障。

6.5.2.2　低品质工业水的充分利用

在水资源利用中要优先考虑低品质工业水，只要能通过现有的、成熟的水质稳定技术确保用水安全就要把低品质工业水作为首选对象。低品质水产生量、低品质水用量和达标排放量的关系可用如下公式表示：

$$\text{达标排放量} = \text{低品质水产生量} - \text{低品质水用量}$$

从以上公式可以看出，要实现达标排放量的最小化，必须加大低品质水用量，从而达到节约新水资源、减少污水排放的目的。

在大型钢铁联合企业中，所产生的低品质工业水及用户见表 6-30。

表 6-30　大型钢铁联合企业主要低品质工业水及用户

低品质水			低品质水用户		
品种	水质	水量	品种	水质	水量
生化再生水	达标排放	Q_{11}	高炉冲渣	pH = 6.5 ~ 8.5，SS < 50mg/L	Q_{21}

续表 6-30

低品质水			低品质水用户		
品　种	水　质	水　量	品　种	水　质	水　量
冷轧再生水	达标排放	Q_{12}	钢渣热焖	pH = 6.5 ~ 8.5，SS < 50mg/L	Q_{22}
软化水再生水	达标排放	Q_{13}	焦炉熄焦	pH = 6.5 ~ 8.5，SS < 50mg/L	Q_{23}
除盐水再生水	达标排放	Q_{14}	烧结配料	pH = 6.5 ~ 8.5，SS < 50mg/L	Q_{24}
总　量	Q_1		总　量	Q_2	

通过表 6-30 对低品质水的水质和水量、低品质水用户的水质和用量进行调查、统计和分析，在确保低品质水水质的前提下，实现低品质水用量的最大化和低品质水排放的最小化。图 6-25 所示为低品质工业水系统平衡图。

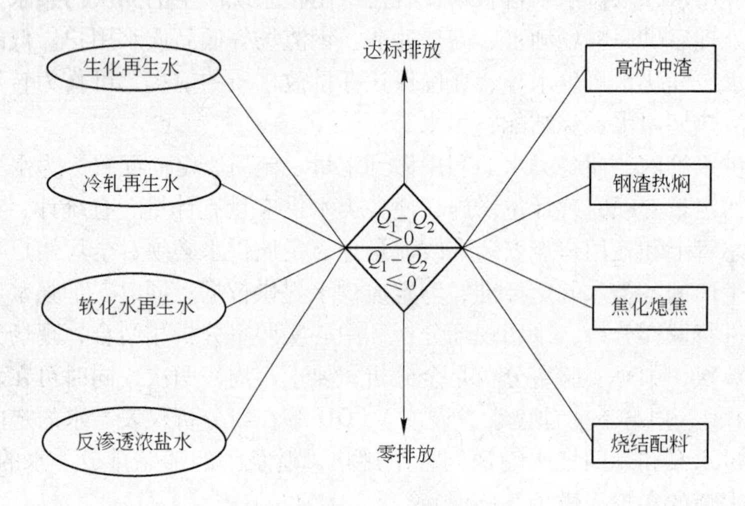

图 6-25　低品质工业水系统平衡图

北京科技大学李素芹教授等发明的钢铁工业数字化水网系统为钢铁企业水平衡的管理提供了技术保障。系统由上位机控制系统、数据通讯网络、PLC 控制系统和在线仪表及传感器组成，其中在线仪表由水位计、pH 分析仪、水温仪、悬浮物分析仪、硬度分析仪、碱度分析仪、油分析仪、电导分析仪、热阻分析仪、氯分析仪、钙分析仪、镁分析仪、SiO_2 分析仪、总溶固分析仪组成；在水网现场安装在线监测仪器，通过传感器及其组件将数据传送至 PLC，再经过 PLC 控制输送到系统的人机界面，通过软件的编程实现数据的显示、判断和警示功能。由于现场数据能够及时传输至 PC 机，操作人员能实时掌握水网运行情况，通过诊断系统的结果来指导控制现场运行。该系统能够使工作人员随时掌握水质水量运行状况，从宏观上管理控制水网系统，挖掘节水潜力，将水资源浪费降到最低。

6.5.3　某钢铁联合企业综合污水零排放方案实例

6.5.3.1　概述

某钢铁公司为一家大型钢铁联合企业，有烧结、焦化、炼铁、炼钢、轧钢工序，配套制氧、发电等。其中，配置 400m^2 烧结机一台、2800m^3 高炉一座、180 吨转炉一台、1750mm 带钢热连轧机一台、1500m^3/h 制氧机两台、25MW 发电机一台、7m60 孔焦炉两座，烧结、炼铁、炼钢均采用干法除尘，焦炉配套 190t/h 干熄焦装置一套。

该公司处于北方缺水地区，以地下深井水作为水源，新水用量 1200m^3/h，综合污水排放量为 1000m^3/h，生化废水排放量为 100m^3/h。表 6-31 为新水水质指标。

表 6-31 某钢铁公司新水水质指标

水质指标	单位	数值
pH 值		7.4
悬浮物	mg/L	13
总硬度（$CaCO_3$ 计）	mg/L	310
甲基橙碱度（$CaCO_3$ 计）	mg/L	284
氯化物	mg/L	34
总铁	mg/L	0.24
电导率	μS/cm	794

6.5.3.2 各生产工序循环冷却水系统情况

（1）烧结。采用干法除尘。循环冷却水水量为 550m^3/h，浓缩倍数为 1.5～1.6，强制排污水约 10m^3/h，工艺混料用水约 50m^3/h。

（2）炼铁。采用干法除尘。软水密闭循环系统循环水量为 4200m^3/h，以软化水作为补充水。敞开式间接冷却水系统循环水量为 5500m^3/h，浓缩倍数为 1.8～2.2 倍，强制排污水量约为 55m^3/h。高炉冲渣采用印巴法，循环水量为 4600m^3/h，补充水量 150～200m^3/h。

（3）焦化。焦化采用干熄焦。煤气净化循环冷却水系统循环水量为 5800m^3/h，浓缩倍数 1.8～2.2 倍，强制排污水约 58m^3/h；制冷机组循环冷却水系统循环水量 2400m^3/h，浓缩倍数 1.8～2.2 倍，强制排污水约 24m^3/h；干熄焦发电循环冷却水系统循环水量 6000m^3/h，浓缩倍数 1.8～2.2 倍，强制排污水约 60m^3/h。生化废水达标排放量为 120m^3/h。干熄焦除盐水用量为 10m^3/h。

（4）炼钢。炼钢采用干法除尘。炼钢净环水循环水量为 2600m^3/h，浓缩倍数 1.8～2.2 倍，强制排污水约 25m^3/h；氧枪和 LF 炉软水密闭循环系统循环水量 1500m^3/h。转炉焖渣循环水量 1000m^3/h，补水量约 40m^3/h。

（5）连铸。结晶器软水密闭循环系统循环水量为 1800m^3/h；连铸净环水系统循环水量 2600m^3/h，浓缩倍数 1.8～2.2，强制排污水量 25m^3/h；连铸浊环水系统循环水量 1100m^3/h，浓缩倍数 1.5～1.6，强制排污水量 40m^3/h。

（6）轧钢。轧钢净环水循环水量 4800m^3/h，浓缩倍数 1.8～2.2，强制排污水量 48m^3/h；浊环水循环水量 8500m^3/h，浓缩倍数 1.8～2.2，强制排污水量 85m^3/h；层流水循环水量 11000m^3/h，浓缩倍数 1.8～2.2，强制排污水量 90m^3/h。

（7）动力。制氧循环冷却水循环水量 4000m^3/h，浓缩倍数 1.8～2.2，强制排污水量 40m^3/h；发电循环冷却水系统循环水量 12000m^3/h，浓缩倍数 1.8～2.2，强制排污水量

$250m^3/h$。发电、干熄焦锅炉等用除盐水约 $300m^3/h$ 的除盐水系统。

（8）其他辅助单位。其他辅助单位污水排放约 $350m^3/h$，软水再生废水排放约 $10m^3/h$。

6.5.3.3 污水综合零排放方案

（1）污水资源化利用：

1）焦化的生化废水处理达标后用于高炉冲渣水的补充水，钠离子交换器的废水用于转炉焖渣的补充水。焦化达标排放的废水 $120m^3/h$，储存在回用水池中，水池有效容积 $1500m^3$，具有调节水量的作用，以适应高炉冲渣补水量的波动，避免水量的不足或溢流。钠离子交换器的废水 $10m^3/h$ 用于转炉焖渣，不足部分用反渗透装置的浓水补充。

2）其他综合污水采用混凝反应沉淀—过滤—消毒进行处理用于循环冷却水的补充水，考虑盐的浓缩，对部分再生水进行脱盐处理和再生水勾兑。综合污水约 $1160m^3/h$，其中 $600m^3/h$ 用于脱盐处理。浓盐水约 $150m^3/h$，用于烧结混料用水、转炉焖渣等。

（2）优化供水管网。根据用户对水质的不同要求，优化供水管网的配置，优先考虑低品质水的利用，采用数字化管网技术建立水质和水量的平衡系统，合理调配低品质水，实现低品质水利用的最大化，从而实现综合污水零排放的目标。

综合污水零排放的水平衡图如图 6-26 所示。

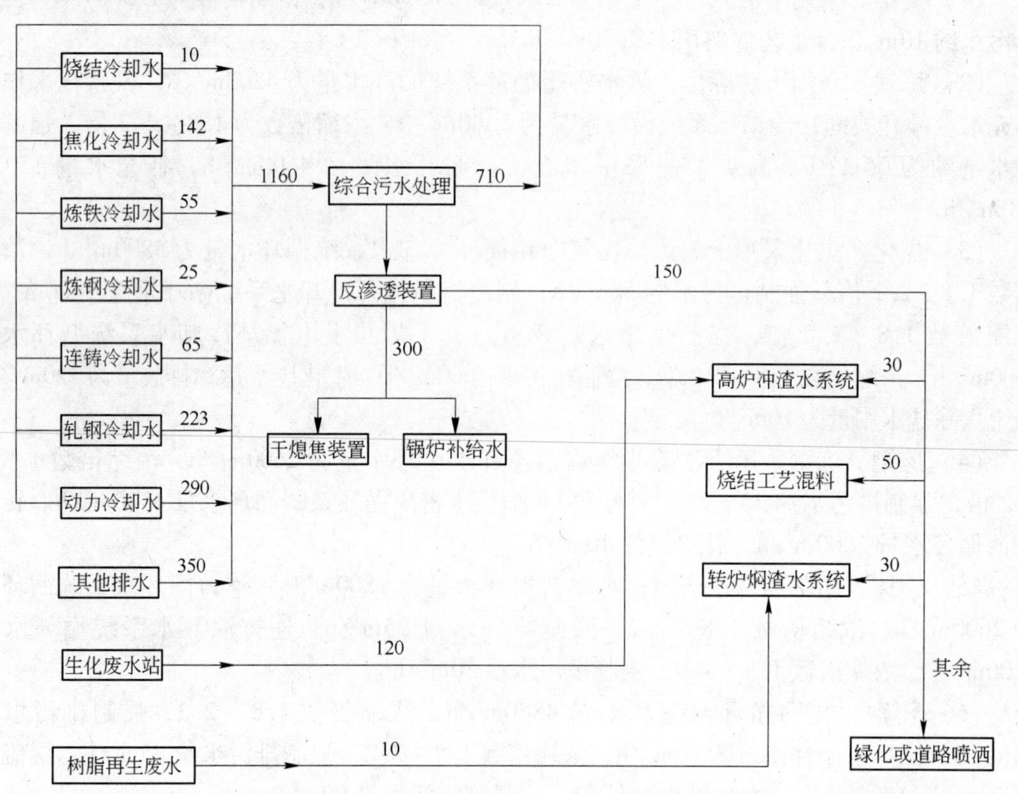

图 6-26 某钢铁企业综合污水零排放的水平衡图

（注：图中数据为年平均水量（m^3/h））

6.6 废水处理过程中安全技术

6.6.1 概述

废水处理包括管网输送、泵站和水处理系统三方面所构成的工业水处理系统。这一过程的生产安全、劳动保护需要采取防护措施，建章立制，遵守安全操作法，改善生产环境和条件，强化安全责任制，加强安全生产教育和培训，遵循“抓生产必须抓安全”的原则，按照《中华人民共和国宪法》第四十八条规定：“加强劳动保护，改善劳动条件”，做好各项生产安全、劳动保护工作。

世界上大多数国家通过制定安全生产法律，来保障劳动者的安全与健康，在降低劳动灾害和劳动伤害的发生、创建舒适劳动环境方面，取得了一定的成效。至今我国在安全生产领域也颁布了大量法律法规。2002 年 6 月 29 日中华人民共和国第九届全国人民代表大会常务委员会第二十八次会议通过《中华人民共和国安全生产法》，自 2002 年 11 月 1 日起开始施行。《劳动法》、《煤炭法》、《矿山安全法》、《职业病防治法》、《海上交通安全法》、《道路交通安全法》、《消防法》、《铁路法》、《民航法》、《电力法》、《建筑法》等十余部专门法律中，都有安全生产方面的规定。还有《国务院关于特大安全事故行政责任追究的规定》、《危险化学品安全管理条例》、《烟花爆竹安全管理条例》、《民用爆炸物品安全条例》、《使用有毒物品作业场所劳动保护条例》、《安全生产许可证条例》和《中华人民共和国工业产品生产许可证管理条例》等 50 多部行政法规。各地都出台了一批地方性法规规章，21 个省（区、市）颁布了《安全生产条例》。

加强安全生产，改善劳动条件，保护劳动者在生产过程中安全健康，是国家的一项基本政策。抓生产必须抓安全，抓效益必须以保障劳动者的安全健康为目标和原则。为了这一原则和目标，必须牢固树立安全第一、预防为主的思想，把生产过程中的危险因素消灭在萌芽之中；把危害健康的防范措施切实落实；把国务院对安全生产的重要规定与本行业实际结合起来，建章立制，做到“安全生产有规程，劳动保护有条例，检查落实有依据，处理事故有准则”。

6.6.2 废水处理安全防范的主要内容和措施

6.6.2.1 防毒气危害的措施

A 概述

在城市下水道中、污水处理厂各种池下和井下，都有可能存在有毒有害气体。这些有毒有害气体种类繁多、成分复杂，根据危害方式的不同，可将它们分为有毒有害气体和易燃易爆气体两大类。有毒有害气体主要通过人的呼吸器官在人体内部直接造成危害，如硫化氢、氰化氢、一氧化碳等气体。这些气体在人体内部一般起的作用是抑制人体内部组织或细胞的换氧能力，引起肌体组织缺氧而发生窒息。而易燃易爆气体则是通过各种外因，如接触未熄灭的火柴棍、烟蒂等火种引起燃烧甚至爆炸而造成危害，甲烷（沼气）、石油气、煤气等均属于这一类。下水道和污水池中危害性最大的气体是硫化氢和氰化氢，尤其是硫化氢，不论哪个污水厂都存在。

硫化氢的第一个主要来源是城市的石油、化工、皮革、皮毛、纺织、印染、采矿、冶金等多种工厂或车间的废水所携带的硫化物进入下水道后，遇到酸性废水起反应，生成毒性硫化氢气体。硫化氢的第二个来源是城市生活污水、污泥等，在下水道或污水池中长期缺氧，发生厌气分解而生成。

B　硫化氢的特性及危害

硫化氢分子式为 H_2S，是可燃性无色气体，具有典型的臭蛋味和毒性。其相对密度为1.19，比空气略重。

人体吸入硫化氢可引起急性中毒和慢性损害。急性硫化氢中毒可分为三级：轻度中毒、中度中毒和重度中毒。不同程度的中毒，其临床表现有明显的差别。轻度中毒表现为畏光、流泪、眼刺痛、异物感、流涕、鼻及咽喉灼热感等症状，检查可见眼结膜充血、肺部干性罗音等；此外，还可有轻度头昏、头痛、乏力症状。中度中毒表现为立即出现头昏、头痛、乏力、恶心、呕吐、共济失调等症状，可有短暂意识障碍，同时可引起呼吸道黏膜刺激症状和眼刺激症状，检查可见肺部干性或湿性罗音、眼结膜充血、水肿等。重度中毒表现为明显的中枢神经系统的症状，首先出现头晕、心悸、呼吸困难、行动迟钝，继而出现烦躁、意识模糊、呕吐、腹泻、腹痛和抽搐，迅速进入昏迷状态，最后可因呼吸麻痹而死亡。在接触极高浓度硫化氢时，可发生“电击样”中毒，接触者在数秒内突然倒下，呼吸停止。长期反复吸入一定量的硫化氢可引起嗅觉减退，以及出现神经衰弱综合征和植物神经功能障碍。

患有明显的呼吸系统疾病、神经系统器质性疾病、精神病和严重的神经官能症、明显的心血管疾病的人，不宜从事硫化氢作业。

C　硫化氢的产生来源

(1) 由垃圾、污水、沉淀淤积有机物、腐败动植物自发产生。

(2) 各种工业污水，成分复杂，含硫化物和各种废酸，进入排水管道后极易混合产出硫化氢。而且在排水管道内时间、地点具有不确定性，今天没有不等于明天没有。另外，也可能含有氰化物，如电镀或其他化学反应产生含氰废水，遇酸产生氢氰酸剧毒气体。

D　硫化氢的产生地点

硫化氢气体比空气重，容易产生、积聚在封闭半封闭的空间内。结合污水处理的实际情况，以下地点列为容易产生、积聚硫化氢的危险地点：

(1) 使用、储存硫、硫化碱、含硫化合物、酸的作业区间，封闭、半封闭的釜、罐、储存池、沉降池等地方。

(2) 地下污水管道、污水井、污水池、污水处理站、化粪井、污水收集排放泵站、污水河道、沟渠等封闭、半封闭地方、涉及污水回收站。

(3) 地窖、地洞、地下室、地下建筑物、涵洞、垃圾池等潮湿、空气不易流通的受限空间地方。凡是空气不易流通的空间均可称为受限空间。

E　安全措施

鉴于在下水道、集水井和泵站内均有硫化氢出现的可能性，鉴于历史上的一系列惨痛教训，污水处理厂必须采取一系列安全措施来预防硫化氢中毒：

(1) 掌握污水性质，弄清硫化氢污染来源。每个泵站和污水厂，应对进水的硫化物浓度作分析，1L 生活污水一般只含零点几到十几毫克的硫化物（视腐败程度而异）。工业污水排入下水道的硫化物浓度要求低于1mg/L，但目前许多工厂做不到，工业硫化物和酸性废水的滥排滥放是造成下水道、泵站、污水厂内硫化氢超标的主要根源。对超标排放硫化物和酸性废水的工厂应采取严厉的监督措施，严重威胁排水工人生命安全的，应向上级有关领导申报、封工厂污水的排放口。

（2）经常检测工作环境、泵站集水井、敞口出水井、处理构筑物的硫化氢浓度。下池、下井工作时，必须连续监测池内、井内的硫化氢浓度。

（3）用通风机鼓风是预防 H_2S 中毒的有效措施。通风能吹散 H_2S，降低其浓度，下池、下井必须用通风机通气，并必须注意由于硫化氢相对密度大、不易被吹出的情况。在管道通风时，必须把相邻井盖打开，让风一边进，一边出。泵站中通风宜将风机安装在泵站底层，把毒气抽出。

（4）配备必要的防 H_2S 用具。防毒面具能够预防 H_2S 中毒，但必须选用针对性的滤罐。下井、下池操作最安全的防护用具是通风面罩，该用具配有空压机、对讲机等，人体呼吸地面上送入的空气，而与环境毒气隔绝。

（5）建立下池、下井操作票制度。进入污水集水池底部清理垃圾，进入下水道、下池、下井操作，都属于危险作业，应该预先填写下池、下井操作票，经过安全技术员会签并经领导批准后才能进行。建立这一管理制度能够有效控制下池下井次数，避免盲目操作，并能督促职工重视安全操作，避免事故的发生。

（6）必须对职工进行预防 H_2S 中毒的安全教育。下水道、泵站、处理厂内既然存在硫化氢，那么必须使职工认识硫化氢的性质、特征、中毒护理及预防措施。用 H_2S 中毒事故的血的教训教育职工更是必不可少的。

6.6.2.2 安全用电的措施

水处理厂经常要操作机械设备，如刮砂机、刮泥机及其他有关机械，而这些机械几乎都是用电驱动的，因此用电安全知识是水处理厂职工必须掌握的。

对电气设备要经常进行安全检查，检查包括：电气设备绝缘有无破损，绝缘电阻是否合格，设备裸露带电部分是否有防护，保护接零或接地是否正确、可靠，保护装置是否符合要求，手提式灯和局部照明灯电压是否为安全电压，安全用具和电器灭火器材是否齐全，电气连接部位是否完好等。

对水处理厂职工来说，必须遵守十点安全用电要求：

（1）不是电工不能拆装电气设备。

（2）损坏的电气设备应请电工及时修复。

（3）电气设备金属外壳应有有效的接地线。

（4）移动电具要用三眼（四眼）插座，要用三芯（四芯）坚韧橡皮线或塑料护套线，室外移动性闸刀开关和插座等要装在安全电箱内。

（5）手提式灯必须采用 36V 以下的电压，特别潮湿的地方（如沟槽内）不得超过 12V。

（6）各种临时线必须限期拆除，不得私自乱接。

（7）注意使电器设备在额定容量范围内使用。

（8）电器设备要有适当的防护装置或警告牌。

（9）要遵守安全用电操作规程，特别是遵守保养和检修电器的工作票制度，以及操作时使用必要的绝缘用具。

（10）要经常进行安全活动，学习安全用电知识。发现有人触电首要的是尽快使触电人脱离电源。当触电人脱离电源后应迅速根据具体情况对症救治，同时向医务部门呼救。

水处理厂职工除了具备安全用电和触电急救知识外，还应懂得电器灭火知识。由于设备损坏或违章操作会造成线路短路，导线或设备过负荷，使局部接触电阻过大，从而产生大量的热量，引起火灾。当发生电器火灾时，首先应切断电源，然后用不导电的灭火器灭火。不导电的灭火器指干粉灭火机、1211灭火机、二氧化碳灭火机等。这些灭火机绝缘性能好，但射程不远，所以灭火时不能站得太远，应站在上风为宜。

6.6.2.3　防溺水和高空坠落的措施

水处理厂职工常在污水池上工作，防溺水事故极其重要，为此：（1）污水池必须有栏杆，栏杆高度1.2m。（2）污水池管理工不准随便越栏工作，越栏工作必须穿好救生衣，并有人监护。（3）在没有栏杆的污水池上工作时，必须穿好救生衣。（4）污水池区域必须设置若干救生圈，以备不测之需。（5）池上走道不能太光滑，也不能高低不平。（6）铁栅、井盖如有腐蚀损坏，需及时掉换。此外，污水处理工还应懂得溺水急救方法。

水处理厂职工有时需要登高作业，如调换杆上电灯泡，放空污水池后在池上工作。登高作业应牢记登高作业“三件宝”（安全帽、安全带、安全网），并遵守登高作业的一系列规定。

6.6.2.4　使用水处理药剂的安全措施

A　浓硫酸

a　浓硫酸的危害

浓硫酸为无色透明油状液体，无臭。对皮肤、黏膜等组织有强烈的刺激和腐蚀作用。浓硫酸蒸气或雾可引起结膜炎、结膜水肿、角膜浑浊，以致失明，引起呼吸道刺激，重者发生呼吸困难和肺水肿，高浓度引起喉痉挛或声门水肿而窒息死亡；口服后引起消化道烧伤以致溃疡形成；严重者可能有胃穿孔、腹膜炎、肾损害、休克等；皮肤灼伤轻者出现红斑、重者形成溃疡，愈后斑痕收缩影响功能；溅入眼内可造成灼伤，甚至角膜穿孔、全眼炎以至失明。

b　浓硫酸的操作处置

（1）操作尽可能机械化、自动化。

（2）操作人员必须经过专门培训，严格遵守操作规程。

（3）建议操作人员佩戴自吸过滤式防毒面具（全面罩），穿橡胶耐酸碱服，戴橡胶耐酸碱手套。

（4）远离火种、热源，工作场所严禁吸烟。远离易燃、可燃物。

（5）防止蒸气泄漏到工作场所空气中。

（6）避免与还原剂、碱类、碱金属接触。搬运时要轻装轻卸，防止包装及容器损坏。

（7）配备相应品种和数量的消防器材及泄漏应急处理设备。

（8）倒空的容器可能残留有害物，必须对残留物进行处理，可用水稀释残留物后进行中和。

（9）稀释或制备溶液时，应把酸加入水中，避免沸腾和飞溅。

c　浓硫酸泄漏的处理

（1）迅速撤离泄漏污染区人员至安全区，并进行隔离，严格限制出入。

（2）建议应急处理人员戴自给正压式呼吸器，穿防酸碱工作服，不要直接接触泄漏物。

（3）尽可能切断泄漏源，防止流入下水道、排洪沟等限制性空间。

（4）浓硫酸的小量泄漏，应用砂土、干燥石灰或苏打灰混合；也可以用大量水冲洗，洗水稀释后放入废水系统。

（5）浓硫酸的大量泄漏，应构筑围堤或挖坑收容；用泵转移至槽车或专用收集器内，回收或运至废物处理场所处置。

B　浓盐酸

a　浓盐酸的性质及危害

浓盐酸是氯化氢气体的水溶液，为无色有刺激性液体，工业品因含有铁、氯等杂质而微带黄色，相对密度为1.19。

接触其蒸气或烟雾，可引起急性中毒，出现眼结膜炎、鼻及口腔黏膜有烧灼感、鼻出血、齿龈出血、气管炎等；误服可引起消化道灼伤、溃疡形成，有可能引起胃穿孔、腹膜炎等；眼和皮肤接触可致灼伤。

b　浓盐酸操作注意事项

（1）密闭操作，注意通风。操作尽可能机械化、自动化。

（2）操作人员必须经过专门培训，严格遵守操作规程。建议操作人员佩戴自吸过滤式防毒面具（全面罩），穿橡胶耐酸碱服，戴橡胶耐酸碱手套。

（3）远离易燃、可燃物。防止蒸气泄漏到工作场所空气中。避免与碱类、胺类、碱金属接触。

（4）搬运时要轻装轻卸，防止包装及容器损坏。

（5）配备泄漏应急处理设备和材料，如安全喷淋洗眼器、弱碱（小苏打、肥皂水等）中和剂、消毒纱布等。

（6）倒空的容器可能残留有害物，必须进行处理，可用水稀释残留物后进行中和。

c　泄漏应急处理

（1）根据液体流动和蒸气扩散的影响区域划定警戒区，无关人员从侧风、上风向撤离至安全区。

（2）建议应急处理人员戴正压自给式呼吸器，穿防酸碱服。穿上适当的防护服前严禁接触破裂的容器和泄漏物。

（3）喷雾状水抑制蒸气或改变蒸气云流向，避免水流接触泄漏物。

（4）勿使水进入包装容器内；尽可能切断泄漏源，防止泄漏物进入水体、下水道、地下室或密闭性空间。

（5）盐酸的小量泄漏，用干燥的砂土或其他不燃材料覆盖泄漏物，也可以用大量水冲洗，洗水稀释后放入废水系统。

（6）盐酸的大量泄漏，构筑围堤或挖坑收容；用粉状石灰石（$CaCO_3$）、熟石灰、苏打灰（Na_2CO_3）或碳酸氢钠（$NaHCO_3$）中和；用抗溶性泡沫覆盖，减少蒸发；用耐腐蚀泵转移至槽车或专用收集器内。

C　氢氧化钠

a　危害

氢氧化钠纯品为无色透明的结晶，有块状、片状、棒状或粒状。水溶液呈强碱性。有强烈刺激和腐蚀性，粉尘刺激眼和呼吸道，腐蚀鼻黏膜；皮肤和眼直接接触可引起灼伤，误服可造成消化道灼伤，黏膜糜烂、出血和休克。

b　操作防护

接触和使用氢氧化钠时，要戴防护眼镜、橡胶手套和橡胶靴，防止氢氧化钠触及皮肤和眼睛。清扫工作场地时要戴口罩，以防含有烧碱微粒的尘土进入体内。

如果不慎被氢氧化钠沾染了皮肤，应立即用大量清水冲洗。工作场地应随时有硼酸或稀醋酸溶液（2%）和水管备用。

c　泄漏应急处理

隔离泄漏污染区，限制出入，建议应急处理人员戴防尘面具（全面罩），穿防酸碱工作服，不要直接接触泄漏物；如果小量泄漏，应该避免扬尘，用洁净的铲子收集于干燥、洁净、有盖的容器中，也可以用大量水冲洗，洗水稀释后放入废水系统；如果大量泄漏，收集回收或运至废物处理场所处置。

D　亚氯酸钠

a　化学性质

固体亚氯酸钠为白色或微带黄绿色结晶，呈碱性，轻微吸潮，易溶于水、醇。颗粒状亚氯酸钠在室温和正常储存条件下比较稳定，其稳定性大于次氯酸钠、小于氯酸钠。固体和碱性水溶液加热到170℃以上时，分解成氯酸钠和次氯酸钠，遇酸易分解放出二氧化氯气体；与木屑、有机物、还原性物质接触、撞击、摩擦时容易爆炸或燃烧，有毒。

b　储运注意事项

工业亚氯酸钠与有机物混合容易爆炸，属于二级无机氧化剂；应密闭储存于阴凉、通风干燥处，在储运过程中应避免日晒和接近火源、热源，产品不能存放在木结构的库房内，不能与易燃品、还原剂混放；装卸时要轻拿轻放，防止猛烈撞击。

失火时可用水、砂土、各种灭火器扑救。

c　毒性与防护措施

粉尘对呼吸器管、黏膜、眼睛和皮肤有刺激作用，其溶液不慎溅入眼睛或皮肤上，应立即用水冲洗干净，误食后应立即饮用食盐水或温肥皂水，使其吐出后送医院治疗。致死量为10g。

E　氯气

a　化学性质

氯气为黄绿色气体，有窒息性气味；20℃相对密度为2.98，比空气重2倍多，所以氯气在空气中是聚集在下层。液态氯为黄绿色液体，沸点时相对密度1.57、沸点－34.03℃；在常压下即气化，所以需要在压力下装在耐压钢瓶内才能保持其液态。

b　危害与对策

氯气具有强烈的刺激性臭味和腐蚀性、有剧毒，特别对呼吸器官有刺激作用，刺激黏膜，导致眼睛流泪，使眼、鼻、咽部有烧灼、刺痛和窒息感；吸入后可引起恶心、呕吐、上腹痛、腹泻等症状；吸入过多可导致循环系统障碍，直至死亡。生产环境空气中氯的操作人员，应穿戴规定的防护用具。如果不慎吸入氯气时，应立即脱离工作现场，进行急救。

氯气虽不自燃，但能助燃。盛放氯的钢瓶应严格密封，防止漏气。钢瓶应远离易燃物。

泄漏时撤离危险区，戴隔离式防毒面具处理现场，先用稀碱中和，再用特大量水冲洗残液。

6.6.2.5 化验室安全措施

水处理厂一般都有水质化验室，化验室工作应遵守以下几点安全规则：

（1）加热挥发性或易燃性有机溶剂时，禁止用火焰或电炉直接加热，必须在水浴炉或电热板上缓慢进行。

（2）可燃物质如汽油、酒精、煤油等物，不可放在煤气灯、电炉或其他火源附近。

（3）在加热蒸馏及有关用火或电热工作中，至少要有一人负责管理。操作高温电热炉时要戴好手套。

（4）电热设备所用电线应经常检查是否完整无损。电热器械应有合适垫板。

（5）电源总开关应安装坚固的外罩。开关电闸时，绝不可用湿手并应注意力集中。

（6）剧毒药品必须制定保管、使用制度，应设专柜并双人双锁保管。

（7）强酸与氨水分开存放。

（8）稀释硫酸时必须仔细缓慢地将硫酸加到水中，而不能将水加到硫酸中。

（9）用移液管吸取酸、碱和有害性溶液时，不能用口吸而必须用橡皮球吸取。

（10）倒、用硝酸、氨水和氢氟酸等必须戴好橡皮手套。开启乙醚和氨水等易挥发的试剂瓶时，绝不可使瓶口对着自己或他人，尤其在夏季开启时气体极易大量冲出，如不小心，会引起严重伤害事故。

（11）产生有害气体的操作，必须在通风柜内进行。

（12）操作离心机时，必须在完全停止转动后才能开盖。

（13）压力容器如氢气钢瓶等必须远离热源，并停放稳定。

（14）接触污水和药品后，应注意洗手，手上有伤口时不可接触污水和药品。

（15）化验室应具备有消防设备，如黄沙桶和四氯化碳灭火器等。黄沙桶内的黄沙应保持干燥，不可浸水。

（16）化验室内应保持空气流通、环境整洁，每天工作结束，应进行水、电等安全检查。在冬季，下班前应进行防冻措施检查。

7 锅炉水处理

7.1 概述

7.1.1 钢铁企业蒸汽的产生与利用

蒸汽是钢铁企业生产所必须的能源介质之一。根据品质不同，钢铁企业的蒸汽可分为高压蒸汽和低压蒸汽。在高压侧，主要是动力锅炉产生新蒸汽以及干熄焦（CDQ）余热锅炉产汽，动力锅炉通过燃烧煤气等能源产汽，CDQ 锅炉则通过回收红焦的热量产汽；在低压侧，主要是汽轮机抽汽或排汽以及钢铁生产过程中各生产工序回收的余热蒸汽。

钢铁企业蒸汽系统一般具有如下特点：

（1）蒸汽生产渠道多样,包括动力锅炉、电站锅炉与抽汽和钢铁生产各工序的余热锅炉等。

（2）蒸汽管网纵横交织、输送距离远，蒸汽汽源相对集中，而蒸汽用户往往较为分散，所以需要远距离输送。

（3）钢铁生产各工序蒸汽用户多，对蒸汽品质需求不同，用量变化波动大。

（4）消耗燃料的结构复杂，包括煤炭及各种煤气。

（5）某些生产工序在使用蒸汽的同时也通过余热锅炉产生蒸汽，如焦化工序、烧结工序、炼钢工序等。

7.1.2 锅炉的基本组成

钢铁企业所用锅炉一般为中压、低压锅炉。低压、中压、高压和超高压锅炉是由锅炉产生蒸汽的压力大小不同而划分的，按照表压力分等级如下：

（1）低压锅炉：<2.45MPa；

（2）中压锅炉：3.82～5.78MPa；

（3）高压锅炉：5.88～12.64MPa；

（4）超高压锅炉：12.74～15.58MPa；

（5）亚临界锅炉：15.68～18.62MPa；

（6）高临界锅炉：>22.45MPa。

7.1.2.1 立式水管锅炉

立式水管锅炉是指炉膛、受热面及水循环系统均被包在立式壳内的一种锅炉。它是目前应用比较广泛的一种锅炉。此类锅炉的特点：体积小，占地面积小，结构紧凑；压力较低，一般在 1.27MPa 以下；蒸发量较小，一般在 1t/h 以下；没有重型炉墙，运输方便；炉膛小，水冷程度大，只能燃烧优质煤。图 7-1 所示为立式水管锅炉结构示意图。

锅炉分为三部分：最下部分为炉膛，其周围为容水空间；最上部分的下部分为容水空间、上部分为容汽空间，蒸汽从顶部引出；中间部分为很多直水管，通过这些小管将上、下两部分容水空间连通。水管中有一根粗的管子称为下降管。

锅炉运行时，烟气从炉膛向上流至水管外边，由于设立了挡烟隔墙，烟气只能在水管外横向冲刷管壁，并旋转，然后从烟囱排出。这样的布置改善了水管的传热。锅内的水受热变成汽水混合物，从水管上升，在上部进行汽水分离，蒸汽聚集于汽空间而向外引出，水再经下降管向下流动而形成水循环。

此类锅炉的优点：烟气流程长，受热面积多；水循环较为合理；升压快，比同容量的其他锅炉热效率高；水垢较易清除，换管方便。

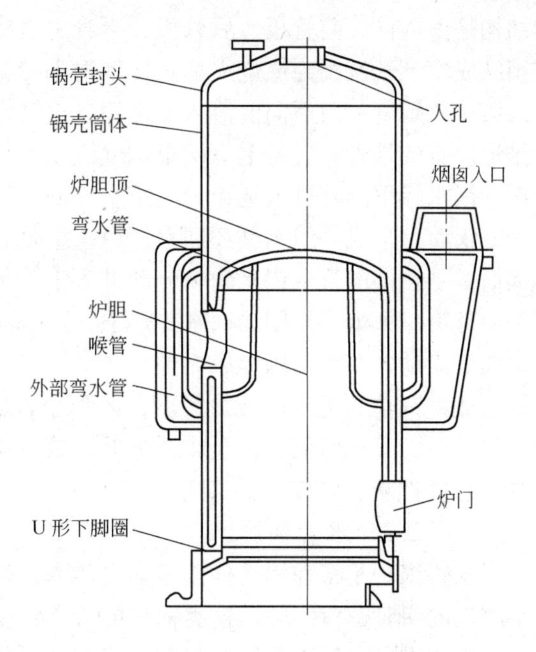

图 7-1 立式水管锅炉结构示意图

7.1.2.2 卧式快装锅炉

卧式快装锅炉是卧式纵锅筒三回程水火管锅炉的一种。这种锅炉既有水管（水冷壁管和后棚管）又有烟管，是水、火管组合式锅炉。因为它是在制造厂装配完成后出厂，到使用现场后在此基础上即可较快地完成安装工作，故称为快装锅炉。由于制造厂的工艺条件比较好，所以能全面保证锅炉的质量。应用比较广泛的 KZL 型锅炉如图 7-2 所示。其

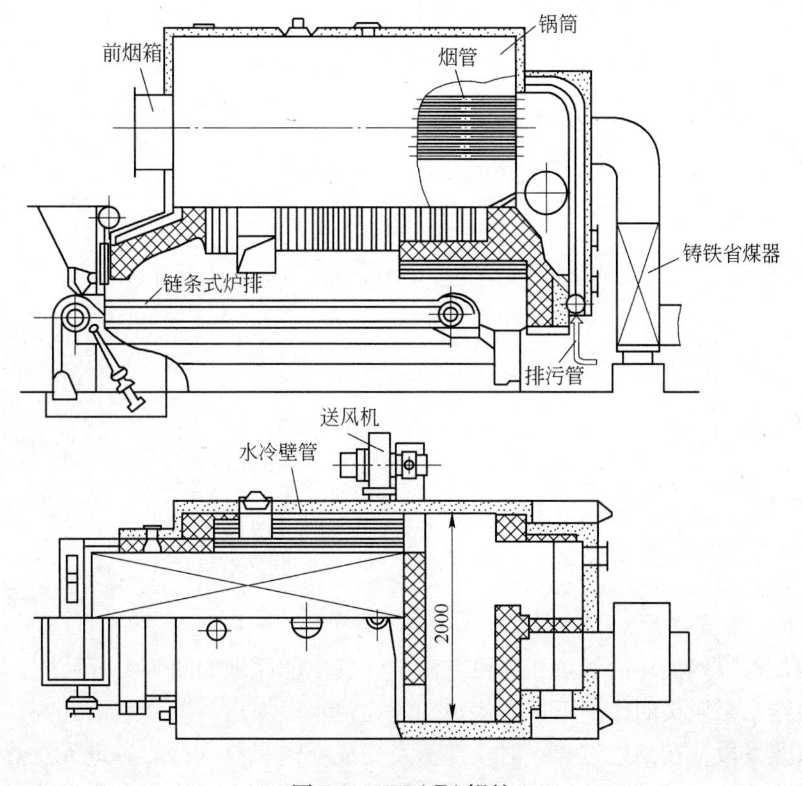

图 7-2 KZL(Ⅱ)锅炉

结构是由锅筒、前管板、后管板、烟管、水冷壁管、下降管、后棚管、水冷壁集箱和下降箱组成。烟气流程为燃烧火焰直接辐射水冷壁管和锅壳下部，高温烟气从锅炉后部一侧进入第一束烟管，由后向前流入前烟箱，再转入第二束烟管，由前向后流入后烟室进入烟囱排出。有的烟管布置是上下两束烟气流动先上后下，水分为三个循环回路：一组是锅筒下部的锅水经下降管进入集箱分配给水冷壁管吸收炉膛辐射热后，形成汽水混合物向上流动进入锅筒，形成一组水循环回路；另一组是后棚管受热不同，受热强的管内锅水向上流入锅筒，受热弱的管内锅水向下流动进入集箱再分配给强的后棚形成一组水循环回路；还有一组是第一束烟管周围的锅水受热强，锅水向上流动，第二束烟管周围的锅水受热弱，锅水向下流动，在锅筒内形成循环。

此类锅炉的优点：结构紧凑，体积小，占地面积小，安装方便，费用低；热效率高，节约燃料，升火出汽快，金属耗量低。缺点：对水质要求较高，清理水垢、检修不便；烟管内容易积灰，对煤种要求高。

7.1.2.3　水管锅炉

水管锅炉是指在锅筒外面增加受热面，烟气在受热管子外部流动，水或蒸汽在管子内部流动的一种蒸汽锅炉。这类锅炉的特点：受热面的布置比较合理，有较大的辐射吸热比例；燃烧设备布置不受结构限制；锅筒直径相对较小，且不直接受火、安全性较好。目前容量在 4t/h 以上的国产蒸汽锅炉大多采用水管锅炉的结构形式。

水管锅炉形式繁多，构造各异，但其共同点都是由水冷壁管、锅筒、集箱、对流管束和下降管及省煤器等构件组成的锅炉整体，如图 7-3 所示。目前，在工业锅炉中，双锅筒锅炉应用较多，如图 7-3(b)所示。

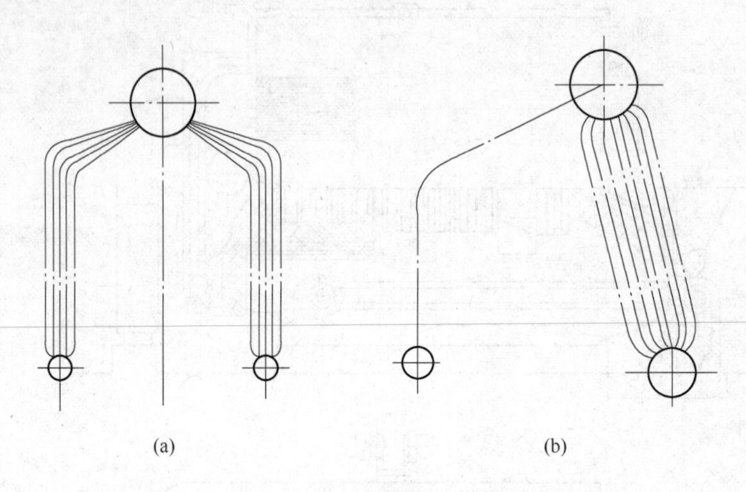

图 7-3　水管锅炉结构示意图

（a）单锅筒弯水管锅炉；（b）双锅筒弯水管锅炉

7.1.2.4　直流锅炉

直流锅炉与自然循环的锅炉相比没有汽包。其工作原理如图 7-4 所示。

给水在给水泵压头的作用下进入锅炉，先在热水段加热，温度逐渐升高，到达饱和温度后，进入蒸发段，在到达过热点时全部蒸发变成干饱和蒸汽；然后进入过热段，温度逐渐升高，成为有一定过热度的过热蒸汽。给水顺序通过各段受热面，全部蒸发直至变成了

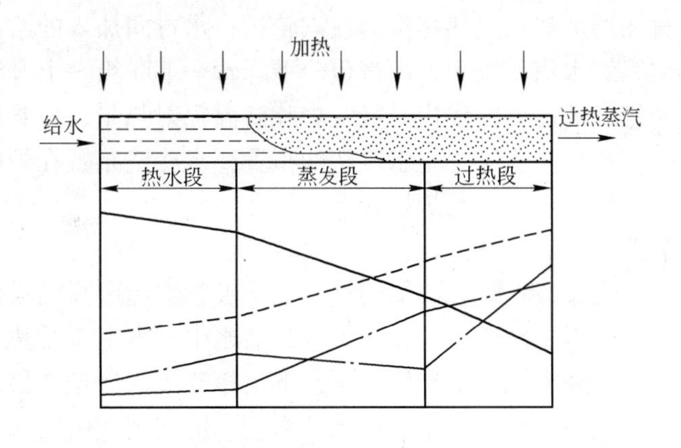

图 7-4　直流锅炉工作原理

过热蒸汽，其水加热段、蒸发段和过热段之间不像自然循环锅炉那样有固定的部件来实现，各段之间没有明显的分界线，随着工作状况的变化还会有一定的前移或后退。

直流锅炉与自然循环锅炉由于工作原理不同，在结构和运行方面也有不少差别。直流锅炉的特点：金属耗量少；不受锅筒工作压力的限制；制造、安装、运输方便；蒸发受热面的布置比较自由；启动和停炉快。

7.1.3　锅炉的工作过程

蒸汽经汽轮机后进入凝汽器，被冷却成凝结水，又由凝结水泵送到低压加热器，加热后送入除氧器，再由给水泵将已除氧的水送到高压加热器后进入锅炉。图 7-5 所示为凝汽式发电厂水汽循环系统主要流程。

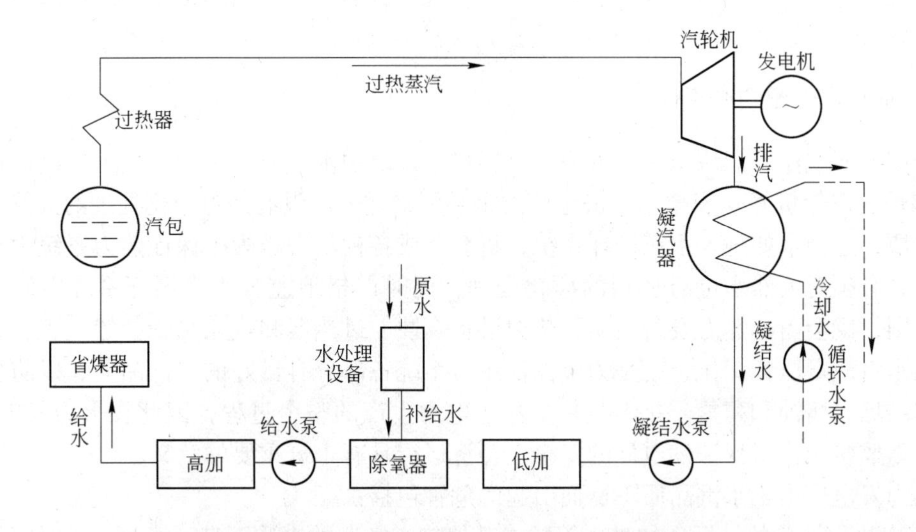

图 7-5　凝汽式发电厂水汽循环系统主要流程

7.1.3.1　锅炉的水循环

锅炉给水经省煤器进入汽包，然后由下降管经下联箱进入上升管（水冷壁管或炉管），在上升管中，水吸收炉膛中热量，成为汽水混合物又回到汽包；汽水混合物在汽包汽水分离，饱和蒸汽导入过热器加热成过热蒸汽送往汽轮机；水再同加入的给水进入下降管并重复上述过程。在汽包锅炉水汽系统中，由汽包→下降管→下联箱→上升管→汽包所组成的回路，称为水循环系统。水冷壁的作用：吸收炉膛高温辐射热量，使管内的水汽化；降低炉膛内壁温度，保护炉墙，防止结焦。水冷壁的布置：水冷壁布置在炉膛四周，犹如钢管组成的笼子，包围着火焰，把火焰与炉墙隔开。

7.1.3.2 水冷壁管的水循环

锅炉的水冷壁管垂直布置在炉膛四周的壁面上，吸收炉膛中高温火焰的辐射热，管子里有一部分水变成蒸汽，而下降管布置在炉外或炉墙之中基本上不受热。这样便形成了比重差，水就从上锅筒经下降管流入下集箱，再经下集箱流入水冷壁。最后，水冷壁管中的汽水混合物向上流入上锅筒，经锅筒中的汽水分离后，饱和蒸汽引出锅筒，水留在锅筒内的水空间，继续参加循环。

7.1.3.3 对流管束的水循环

在整个对流管束都吸收烟气的热量，没有单独不吸热的下降管。在这种情况下，对流管束中的水如何流动，哪部分下降，哪部分上升，就要看这些对流管束相对吸收热量的多少。根据烟气流动方向，在前面烟道的管束，因烟温高吸收热量多，管束中产生的蒸汽多；在后面的管束，因烟温低吸收热量相对少。这样，高温区管束中的汽水混合物的密度小，水由下锅筒向上流入上锅筒；低温区管束中的水或汽水混合物的密度大，水由上锅筒向下流入下锅筒。结果就形成了低温区管束为下降管，高温区管束为上升管，使水循环流动。

7.1.3.4 锅炉的汽循环

锅炉的蒸汽系统比较简单，它由分汽缸、蒸汽管道及其阀门配件所组成。分汽缸起稳压缓冲调节及分配蒸汽的作用，它与主蒸汽管及送至各用户（或车间）的蒸汽分管相连。主蒸汽管有单母管和双母管两种。

7.1.4 锅炉水处理的必要性

长期的实践使人们认识到，火力发电厂热力系统中水汽品质是影响火力发电厂热力设备（锅炉、汽轮机等）安全、经济运行的重要因素之一。没有经过净化处理的天然水含有许多杂质，这种水如进入水汽循环系统，将会造成各种危害。为了保证热力系统中有良好的水质，必须对天然水进行适当的净化处理，同时严格地监督水汽循环系统中的水汽质量；否则，就会引起热力设备结垢、热力设备腐蚀、过热器和汽轮机积盐等危害。火力发电厂的水汽质量监督工作，就是为了保证热力系统各部分有良好的水汽品质，以防止热力设备的结垢、腐蚀和积盐。化学监督贯穿于电力生产的整个过程，因此在火力发电厂中，水汽质量监督工作对保证发电厂的安全、经济运行具有十分重要的意义。

热力发电厂由于水汽品质不良而引起的危害包括：

（1）热力设备的结垢。如进入锅炉或其他热交换器的水质不良，经过一段时间的运行后，在和水接触的受热面上，就会生成一些固体附着物，这种现象称为结垢。这些固体附着物称为水垢。因为水垢的导热性能比金属差几百倍，而这些水垢又极易在热负荷很高的锅炉炉管中生成，所以结垢对锅炉（或热交换器）的危害性很大。它可使结垢部位的金属管壁温度过高，引起金属强度下降，这样在管内压力的作用下，就会发生管道局部变形、产生鼓包，甚至引起爆管等严重事故。结垢不仅危害电厂的安全运行，而且还会大大降低发电厂的经济性。

（2）热力设备的腐蚀。发电厂热力设备的金属经常和水接触，若水质不良，会引起金属的腐蚀。热力发电厂的给水管道、各种加热器、锅炉的省煤器、水冷壁、过热器和汽轮机凝汽器等，都会因水质不良而引起腐蚀。腐蚀不仅会缩短设备本身的使用期限，造成经济损失，同时还由于金属腐蚀产物转入水中，使给水中杂质增多，从而又加剧在高热负荷受热面上的结垢过程；而结成的垢转而又会促进锅炉炉管的腐蚀。此种恶性循环会迅速导致爆管事故。此外，如金属的腐蚀产物被蒸汽带到汽轮机中沉积下来后，也会严重地影响汽轮机的安全、经济运行。

（3）过热器和汽轮机的积盐。水质不良会使锅炉不能产生高纯度的蒸汽，随蒸汽带出的杂质就会沉积在蒸汽通过的各个部位，如过热器和汽轮机，这种现象称为积盐。过热器管内积盐会引起金属管壁过热甚至爆管。汽轮机内积盐会大大降低汽轮机的出力和效率，特别是高温高压的大容量汽轮机，它的高压部分蒸汽流通的截面积很小，很少量的积盐也会大大增加蒸汽流通的阻力，使汽轮机的出力下降。当汽轮机积盐严重时，还会使推力轴承负荷增大，隔板弯曲，造成事故停机。

7.1.5　锅炉用水水质要求

锅炉给水中的杂质可以分为三种类型：一是溶解固体，二是溶解气体，三是悬浮物质。

水质硬度是防止锅炉结垢的一项很重要的指标。含钙、镁离子的水在受热蒸发浓缩过程中，极易生成难溶盐类，沉积在受热面上形成水垢。而锅炉结垢会造成燃料浪费、能耗增加。控制好给水水质，尤其是硬度指标，对锅炉的安全运行、节能降耗有着重要的意义。对于中压锅炉，目前的给水预处理已经可以将盐类物质处理到很低的水平，电导率一般都会小于5μS/cm（高压锅炉小于0.2μS/cm），硬度为零。低压锅炉使用软化水，总硬度要求小于0.03mmol/L。

7.2　锅炉水、汽质量标准

不管锅炉蒸发量大小或蒸汽参数高低，使用符合要求的水质，则是锅炉能够安全、经济、可靠而稳定运行，以及产出合格的蒸汽或热水的前提。水质不良会导致锅炉损坏。实践证明，大多数锅炉的损坏与水质不良有关。显然，应熟悉锅炉用水，了解水质不良对锅炉的危害，掌握水、汽质量标准，做好锅炉用水处理，并在运行中严格按标准要求监督水、汽质量，以确保锅炉用水和蒸汽品质以及锅炉安全经济运行。

7.2.1　锅炉用水名称

由于锅炉水汽循环系统中水质有较大差别，因此对于不同水质，给予不同的名称，现分述如下：

（1）原水，也称生水。它是未经任何处理的天然水（如江河水、湖泊水、地下水和水库水等）或城市自来水，作为锅炉补给水的水源。

（2）锅炉补给水。原水经各种水处理后，其水质符合补给水水质要求，用来补充锅炉蒸发损失的水，称为锅炉补给水。根据补给水处理工艺不同，补给水又可以分为：

1）澄清水，去除了原水中悬浮杂质的水。

2）软化水，去除了原水中钙、镁离子的水。

3）凝结水，锅炉产生的蒸汽，用于汽轮机（透平机）做功以后，经冷却水冷凝成的水。

（3）给水。送进锅炉的水称给水。锅炉给水可以由汽轮机的凝结水、补给水和各种热力设备的疏水等组成，也可以单独用补给水。

（4）锅炉水，指在锅炉本体的蒸发系统中流动着受热沸腾而产生蒸汽的水。

（5）排污水。为了保持锅炉水在一定浓度范围内运行，从而防止锅炉结垢和改善蒸汽品质，需从锅炉中排放掉一部分锅炉水，以排走由给水带入的盐分和锅内的沉渣，这部分排出的锅炉水称为排污水。

（6）疏水。各种蒸汽管道和各种热力设备中的蒸汽凝结水称为疏水。

（7）减温水，锅炉喷淋减温器用水。减温水用于调节过热器出口蒸汽在允许温度范围内，以保护过热器管壁温度不超过允许的工作温度。

7.2.2　锅炉给水质量标准

锅炉给水的硬度、溶氧、铁、铜、钠和二氧化硅含量，应符合表7-1的规定。

表7-1　锅炉给水的硬度、溶氧、铁、铜、钠和二氧化硅含量

炉　型	锅炉压力/MPa	硬度/μmol·L^{-1}	溶氧/μg·L^{-1}	铁/μg·L^{-1}	铜/μg·L^{-1}	钠/μg·L^{-1}	二氧化硅/μg·L^{-1}
汽包炉	3.8～5.8	≤3.0	≤15	≤50	≤10	—	应保证蒸汽中二氧化硅符合标准
	5.9～12.6	≤2.0	≤7	≤30	≤5	—	
	12.7～15.6	≤2.0	≤7	≤20	≤5	—	
	15.7～18.3	约0	≤7	≤20	≤5	—	
直流炉	5.9～18.3	约0	≤7	≤10	≤5	≤10	≤20

锅炉给水的pH值、联氨和油含量，一般应符合表7-2的规定。

表7-2　锅炉给水的pH值、联氨和油含量

炉　型	锅炉压力/MPa	pH值（25℃）	联氨/μg·L^{-1}	油/mg·L^{-1}
汽包炉	3.8～5.8	8.5～9.2		<1.0
	5.9～12.6 12.7～15.6 15.7～18.3	8.8～9.3或9.0～9.5（加热器为钢管）	10～50或10～30（挥发性处理）	≤0.3
直流炉	5.9～18.3			

7.2.3　锅炉补给水质量标准

补给水的质量以不影响锅炉给水质量为标准，一般可按表7-3控制。

表 7-3 锅炉补给水的水质标准

种 类	硬度/μmol·L⁻¹	二氧化硅/μg·L⁻¹	电导率（25℃）/μS·cm⁻¹	碱度/mmol·L⁻¹
一级化学除盐系统出水	约 0	≤100	≤10	—
一级化学除盐-混床系统出水	约 0	≤20	≤0.3	—
石灰、二级钠离子交换系统出水	≤5.0	—	—	0.8～1.2
氢-钠离子交换系统出水	≤5.0	—	—	0.3～0.5
二级钠离子交换系统出水	≤5.0	—	—	—

7.2.4 锅炉水质量标准

钢铁企业水汽系统一般采用有汽包的锅炉。用水采用磷酸盐处理时，其炉水磷酸根含量和 pH 值，应按表 7-4 的规定控制。

表 7-4 汽包锅炉采用磷酸盐处理时，其锅水磷酸根含量和 pH 值

锅炉压力/MPa	磷酸根/mg·L⁻¹			pH 值（25℃）
	单段蒸发	分段蒸发		
		净 段	盐 段	
3.8～5.8	5～15	5～12	≤75	9～11
5.9～12.6	2～10	2～10	≤50	9～10.5
12.7～15.6	2～8	2～8	≤40	9～10
15.7～18.3	0.5～3			9～10

炉水的含盐量和二氧化硅含量，应通过水汽品质试验确定，一般可参考表 7-5 的规定控制。

表 7-5 炉水的含盐量和二氧化硅含量

锅炉压力/MPa	含盐量/mg·L⁻¹	二氧化硅/mg·L⁻¹
5.9～12.6	≤100	≤2.00
12.7～15.6	≤50	≤0.45
15.7～18.3	≤20	≤0.25

对于用除盐水作为补给水的锅炉，炉水含盐量也可用电导率进行连续监控，其控制范围需经试验确定。

有汽包的锅炉进行磷酸盐－pH 控制时，其炉水的 Na^+ 和 PO_4^{3-} 的摩尔比值一般应维持在 2.3～2.8 之间。若炉水的 Na^+ 与 PO_4^{3-} 的摩尔比低于 2.3，可加中和剂进行调节。

7.2.5 减温水质量标准

锅炉蒸汽采用混合减温时，其减温水质量，应保证减温后蒸汽中钠、二氧化硅和金属氧化物的含量符合蒸汽质量标准。

7.2.6　蒸汽质量标准

自然循环、强制循环汽包锅炉或直流锅炉的饱和蒸汽和过热蒸汽，其质量应符合表7-6的规定。

表 7-6　蒸汽和过热蒸汽质量

炉　型	锅炉压力/MPa	钠/$\mu g \cdot kg^{-1}$		二氧化硅/$\mu g \cdot kg^{-1}$
		磷酸盐处理	挥发性处理	
汽包炉	3.8～5.8	≤15		≤20
	5.9～18.3	≤10		
直流炉	5.9～18.3	≤10		

7.3　钢铁企业的废热锅炉

7.3.1　干熄焦废热锅炉

7.3.1.1　干熄焦工艺流程介绍

装满红焦的焦罐由电机车牵引至提升井架下，通过自动对位装置对准提升位置。提升机将装满红焦的焦罐提升并横移至干熄炉炉顶，通过带料钟的装入装置将焦炭装入干熄炉内。在干熄炉中焦炭与惰性气体直接进行热交换，焦炭被冷却后经排焦装置卸至胶带输送机上，经胶带输送机送往筛焦工段。

冷却焦炭的惰性气体由循环风机通过干熄炉底部的供气装置鼓入干熄炉与红焦炭进行换热。由干熄槽出来的热惰性气体温度随着入炉焦炭温度的不同而变化。如果入炉焦炭温度稳定在1050℃，该温度约为980℃。热的惰性气体经一次除尘器除尘后进入余热锅炉换热，温度降至170℃。惰性气体由锅炉出来后，再经二次除尘和循环风机加压，经水预热器冷却至约130℃进入干熄槽循环使用。

除尘器分离出的焦粉，由专门的输送设备将其收集在储槽内，以备外运。

干熄焦的装入、排焦、预存室放散等处产生的烟尘均进入干熄焦环境除尘系统进行除尘后达标排放。

干熄焦工艺流程如图7-6所示。

7.3.1.2　干熄焦锅炉

经除盐、除氧后约104℃的锅炉用水由锅炉给水泵送往干熄焦锅炉，经过锅炉省煤器进入锅炉锅筒，并在锅炉省煤器部位与循环气体进行热交换，吸收循环气体中的热量；锅炉锅筒出来的饱和水经锅炉强制循环泵重新送往锅炉，经过锅炉鳍片管蒸发器和光管蒸发器后再次进入锅炉锅筒，并在锅炉蒸发器部位与循环气体进行热交换，吸收循环气体中的热量；锅炉锅筒出来的蒸汽经过一次过热器、二次过热器，进一步与循环气体进行热交换，吸收循环气体中的热量后产生过热蒸汽外送。

干熄焦锅炉产生的蒸汽，送往干熄焦汽轮发电站，利用蒸汽的热能带动汽轮机产生机械能，机械能又转化成电能。从汽轮机出来的压力和温度都降低了的饱和蒸汽再并入蒸汽管网使用。

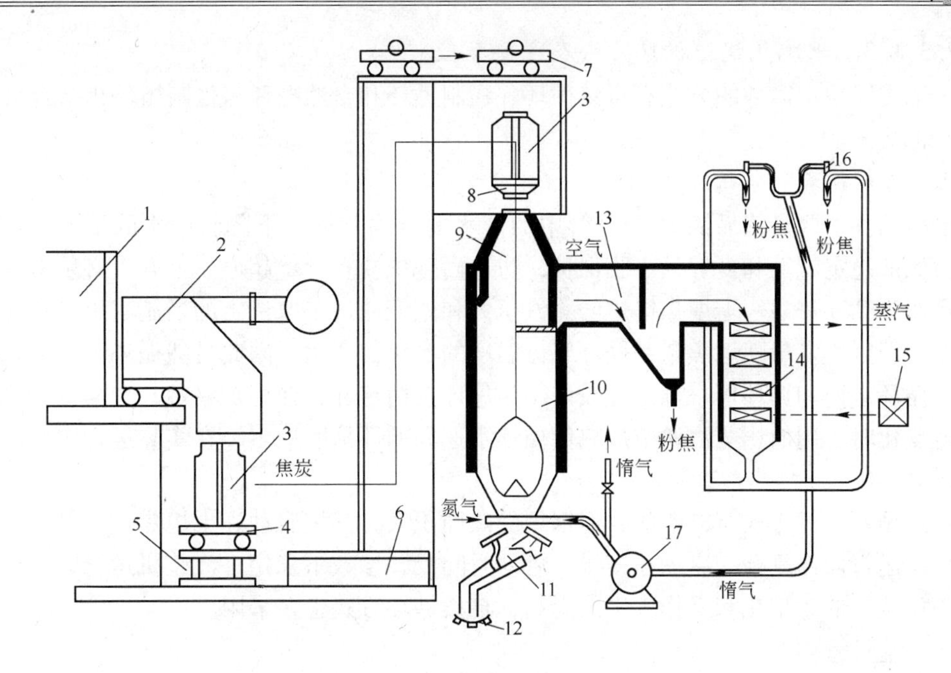

图 7-6 干熄焦工艺流程

1—焦炉；2—导焦车；3—焦罐；4—横移台车；5—运载车；6—横移牵引装置；7—吊车；8—装炉装置；9—预存室；10—冷却室；11—排焦装置；12—皮带机；13—一次除尘器；14—锅炉；15—水除氧器；16—二次除尘器；17—循环风机

典型的干熄焦锅炉系统如图 7-7 所示。

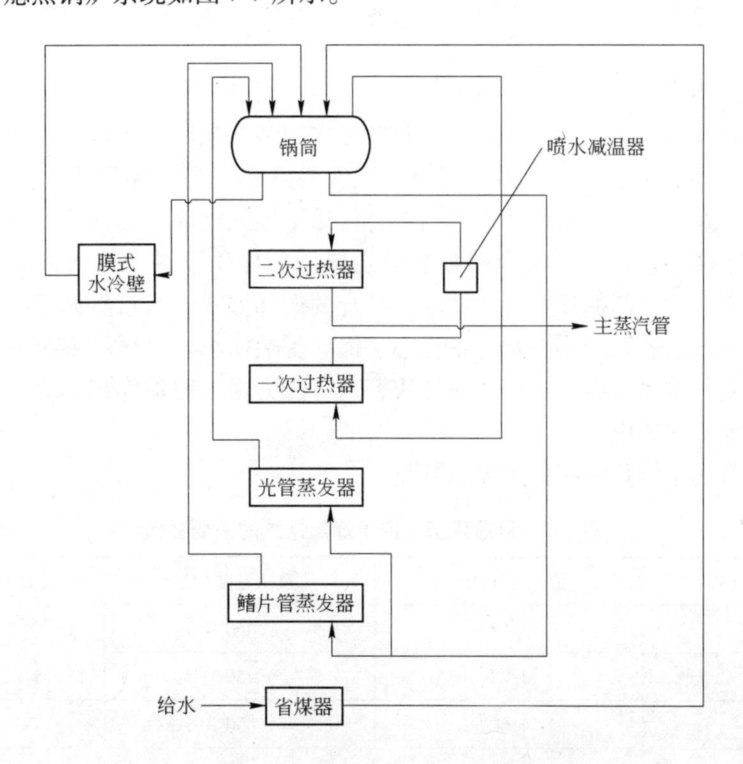

图 7-7 典型的干熄焦锅炉系统

7.3.1.3　干熄焦锅炉循环方式及主要参数

干熄焦锅炉水循环的方式有自然循环、强制循环和自然循环与强制循环相结合（联合循环）的方式。

A　自然循环

自然循环主要是依靠锅炉-上升管中的汽水混合物与锅炉下降管中水的重度差形成循环。为保证稳定流动和良好的水膜保护，防止内壁积盐和管壁超温，上升管必须有一定的上升水速和循环倍率。干熄焦锅炉的蒸汽压力和温度通过采取一定的措施，可基本保证其稳定性。但因蒸发量随熄焦量和循环气体温度的变化而变化，因此自然循环干熄焦锅炉上升管的循环水速和循环倍率稳定性较差。为保证其稳定性，在锅炉稳定、熄焦量和循环气体温度变化时，用低压蒸汽调节加热使循环水速和循环倍率稳定，在实际运行中要求操作水平较高。

自然循环运行方式节电明显，但锅炉受热面积大，锅炉启动和干熄焦量及循环气体温度变化使运行操作复杂、启动速度慢、启动时间长、参数不稳定、汽轮机运行时间短。随着干熄焦装置的大型化和操作水平的提高，自然循环方式也在采用。

B　强制循环

强制循环方式是利用循环水泵机械力的强制作用使锅炉水流动换热。锅炉水循环是通过强制循环水泵来实现动力供应的，用水泵将锅炉水送入蒸发器吸热汽化成为汽水混合物后再返回锅筒。强制循环水泵的流量和压头与锅炉的循环倍率选择及锅筒设置高度、水循环回流阻力、蒸汽压力有关。

单一的强制循环方式有结构紧凑、锅炉受热面积小的优点；但因其耗电量大，运行费用高。

C　联合循环

联合循环方式在干熄焦锅炉的锅筒和蒸发器之间装有强制循环水泵，一部分锅炉水由下降管至强制循环水泵，经提高循环回路的压头打入蒸发器，饱和水在蒸发器内加热汽化，汽水混合物在热压和强制循环水泵的压力作用下进入锅筒，此部分为强制循环。另一部分锅炉水由下降管进入膜式水冷壁吸热后在热压的作用下进入锅筒，此部分为自然循环。这种循环方式为强制循环和自然循环相结合的循环方式。与自然循环相比较，联合循环方式具有锅炉汽包容积较小、水冷壁径小、锅炉受热面小、水循环系统质量轻、循环倍率低、水动力安全可靠、启动和停炉速度快、适应能力强、锅炉体积小等优点。其缺点是强制循环水泵需要消耗电。

目前我国常用干熄焦锅炉的主要参数见表7-7。

表7-7　目前我国常用干熄焦锅炉的主要参数

焦炭处理能力/$t\cdot h^{-1}$	蒸气压力/MPa	蒸汽温度/℃	最大产汽量/$t\cdot h^{-1}$
75	3.62	450	35
100	3.82	450	55
125	4.60	450	67
140	4.20	470	85

7.3.2 转炉汽化冷却废热锅炉

7.3.2.1 转炉汽化烟道

转炉汽化烟道是转炉炼钢的主要配套设备之一，在工作时要最大限度地收集高温烟气，承受最高的炉气温度与剧烈频繁的温度变化。一般炼钢转炉用汽化冷却烟道包括活动烟罩、炉口固定段烟道、中间段烟道和末段烟道。活动烟罩置于转炉上方。转炉的冶炼周期决定转炉烟气余热的特性：间歇性、波动性和周期性等。在吹氧期间，随炉内铁水温度升高，烟气量和烟气温度急剧增大和升高并达到最大值；吹氧结束后则不产生烟气。配套的汽化冷却烟道（余热锅炉）则吸收部分烟气热量，将转炉烟气从1400~1600℃冷却到700~900℃。余热锅炉产汽量、蒸汽压力及温度随转炉生产呈周期变化。

转炉余热锅炉汽水系统由软水除氧系统、余热锅炉给水系统、余热锅炉低压热水强制循环系统、高压热水强制循环系统、自然循环系统、蒸汽排放系统、连续和定期排污系统、加药系统等组成。烟道式余热锅炉汽化冷却系统如图7-8所示。

7.3.2.2 转炉余热锅炉的参数

表7-8为常用转炉余热锅炉的参数。

表7-8 常用转炉余热锅炉的参数

转炉容积/t	锅炉出口蒸汽压力/MPa	蒸汽最高温度/℃	产汽量/$t \cdot h^{-1}$
60	1.0~1.5	200	10~12
100	1.0~2.0	215	15~17
120	1.1~2.0	225	15~19
150	1.2~2.1	235	18~22

7.3.3 加热炉余热锅炉

加热炉是轧钢生产中不可缺少的设备之一，它在很大程度上影响着产品的质量和技术经济指标。一般加热炉由以下几部分组成：炉膛、燃料系统、供风系统、排烟系统、冷却系统、余热利用装置等。加热炉汽包是加热炉的重要设备之一，它的稳定运行对整个生产的连续性、安全性以及产品的质量都会产生影响。

7.3.3.1 加热炉汽化冷却原理

目前钢坯的加热炉大致分推钢式加热炉和步进梁加热炉，下面以步进梁加热炉为例说明加热炉汽化冷却原理。

冷却水通过循环泵吸入管、循环水泵、冷却水总管，进入加热炉支撑梁的冷却水进水联箱。活动梁的活动进水联箱通过旋转接头组与活动梁进水固定联箱相连。冷却水从进水联箱接出的进水支管流经各冷却部件。各段炉底梁与一组冷却回水管相连，在进水联箱和回水联箱之间这些回路并联工作。在炉底支撑梁中，部分冷却水吸热发生汽化，汽水混合物流经各回水管，进入回水联箱（活动梁系统的活动回水联箱通过旋转接头组与活动梁固

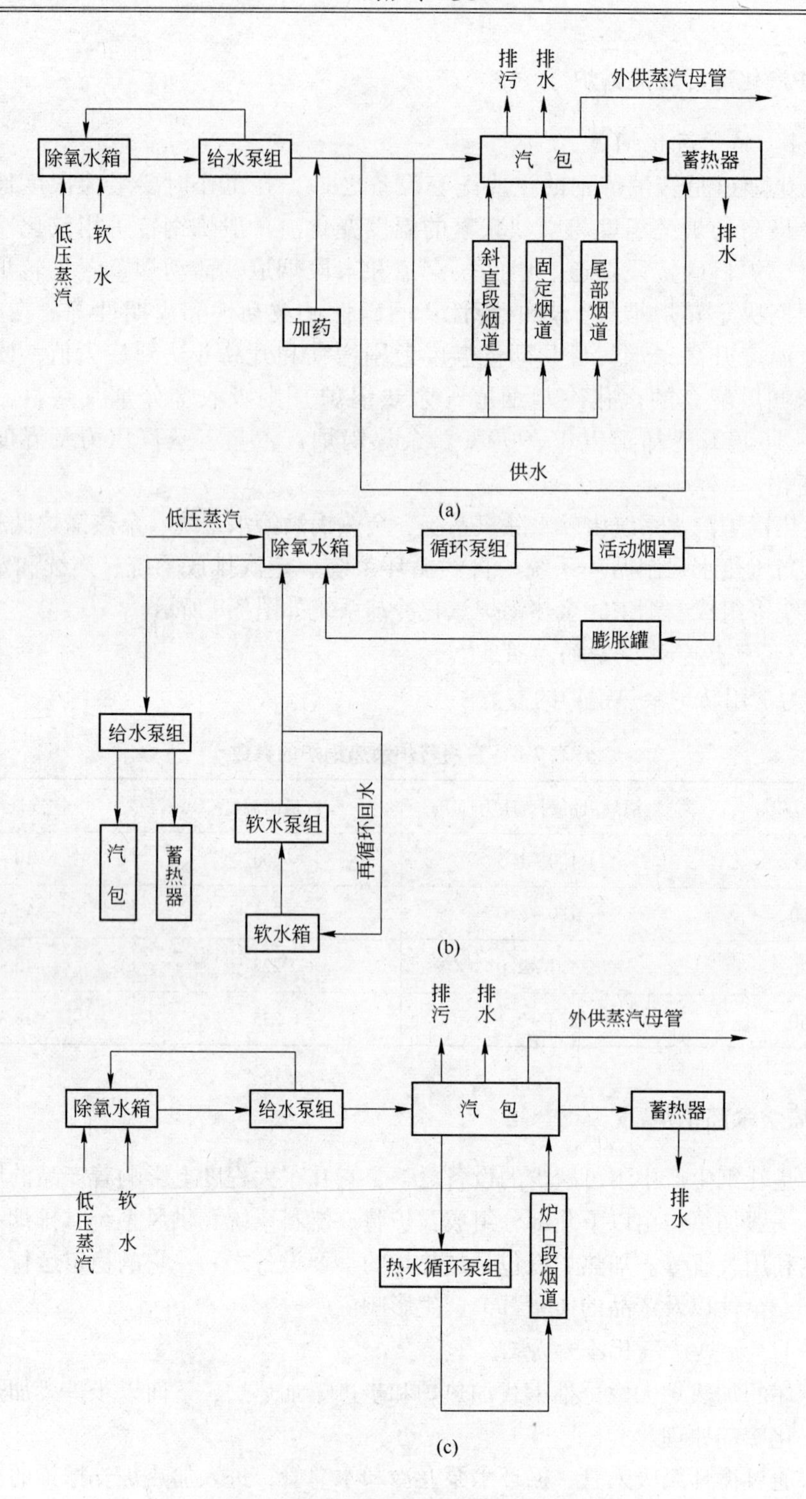

图 7-8 烟道式余热锅炉汽化冷却系统

(a) 自然循环示意图；(b) 低压强制循环示意图；(c) 高压强制循环示意图

定回水联箱相接)，然后通过回水总管，从联箱返回汽包。汽化冷却工艺流程如图 7-9 所示。

汽化冷却装置的循环方式有两种：一是自然循环；二是强制循环。

自然循环是依靠下降管和上升管内工质（水和汽水混合物）的重度差形成的。自然循环系统是由汽包、下降管、炉底管和上升管组成的简单回路。在这个回路中，炉底管受热后，一部分水变成蒸汽，在上升集管中的汽水混合物向上流入汽包内，下降管中的水向下流入炉底管内，这样就形成了定向的自然循环流动。强制循环的动力是由循环水泵产生的。循环水泵迫使工质产生从汽包起经下降管、循环泵、炉底管和上升管，再回到汽包的密闭循环。

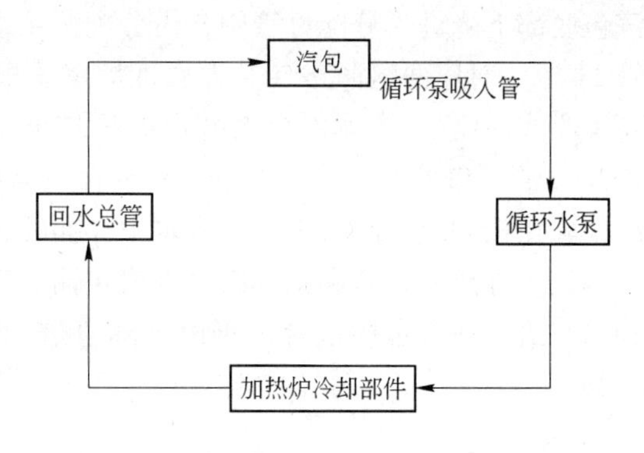

图 7-9 汽化冷却工艺流程

自然循环不需要循环水泵，也不要设置备用水冷却装置，不但具有系统简单、维护方便、消耗电能少、工作安全可靠等优点，而且在遇到突然停电时，也比较容易实现安全停炉。强制循环需要设置循环水泵和备用水冷却装置，系统复杂、维护不便、消耗电能多，尤其遇到突然停电时，转换水冷却的操作较为繁杂，容易造成停炉事故。

7.3.3.2 汽化冷却的优点

加热炉冷却构件采用汽化冷却，主要是利用水变成蒸汽时吸收大量的汽化潜热，使冷却构件得到充分的冷却。受水汽化条件的限制，在常规条件下汽化冷却只适用于高温冷却对象。加热炉的冷却构件采用汽化冷却时，具有以下优点：

（1）节约水资源。汽化冷却的耗水量比水冷却少得多。因为每公斤水汽化冷却时的总热量大大超过水冷却时所吸收的热量。

（2）能量循环利用。工业水冷却时，由冷却水带走的热量全部损失，而采用汽化冷却所产生的蒸汽，则可供生产、生活使用，甚至可以用来发电。

（3）采用水冷却时，一般使用工业水，其硬度较高，容易造成水垢，常使冷却构件发生过热或烧坏。当采用汽化冷却时，一般用软水为介质，以避免造成水垢，从而延长冷却构件的寿命。

（4）纵炉底管采用汽化冷却时，其表面温度比采用水冷却时的要高一些，这对于减轻钢料加热时形成的黑印、改善钢料温度的均匀性有一定的好处。

7.3.3.3 加热炉汽化冷却系统

某钢铁厂年产 60 万吨中厚板，配套一座蓄热式高炉煤气加热炉，炉子规模及主要参数：

炉子形式：端进侧出推钢式连续加热炉；

煤气/空气预热温度：1000℃/1000℃；

排烟温度：≤150℃；

炉底管数量：纵管 2 根，横管 11 根；

汽包设计压力：0.8MPa；

平均产气量：3 ~ 4t/h。

加热炉汽化冷却系统集下单上系统，如图 7-10 所示。水由一根 $D219\times6$ 的下降管沿汽包底部下降进入分配母管中，再分配至4组炉底管回路中，其中纵炉底管2根、横炉底管11根，对应两组回路（其中靠近炉尾6根横炉底管串联成一组，靠近炉头5根横炉底管串联成一组）。汽水混合物沿着4根 $D159\times5$ 的上升管单独进入汽包，在高于正常水位100mm的管口处，水落入汽包中，带有一定水分的蒸汽通过缝隙挡板时，夹在气流中的水滴便附在板面上，因自重而落入水中，而经过粗分离后的饱和蒸汽由汽包上方匀气孔板进一步汽水分离后，饱和蒸汽由蒸汽汽包输出管引出并入管网，供用户使用。分离下来的饱和水与给水在汽包中混合，仍由下降管进入炉底管回路。周而复始，实现自然循环汽化冷却。

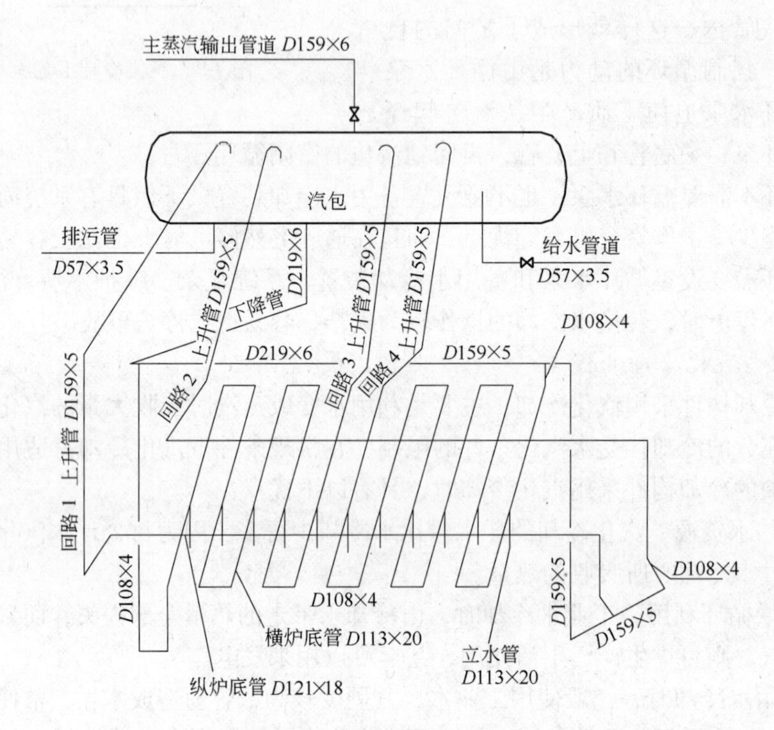

图7-10　加热炉汽化冷却系统

7.3.4　烧结机余热锅炉

7.3.4.1　烧结余热的产生

一般地，烧结机生产时热烧结矿从烧结机的尾部落下，经单齿辊破碎机破碎后落到环式冷却机上。落到机尾导料溜槽上的烧结矿温度可达700～800℃，落到环冷机后温度仍在600℃以上。在环冷机四周布置冷却鼓风机，通过鼓风使空气强制穿过料矿层。经吸收热矿热量后，在第一段风罩内空气风温提高到300～350℃，最高可达400～450℃。余热回收系统正是利用了此风罩内收集的烟气余热，在风罩出口的管路上设置了电动热风阀，通过调节热风阀的开度来控制废气流量。遇到紧急情况时，可立即关闭热风阀，切断废烟气回收管路。

7.3.4.2　余热锅炉

余热锅炉装置的组成结构主要有汽包、蒸汽发生器（含热管、过热器）、管路阀门及仪表。热管形状为翅片状，这有利于增大换热面积、强化传热效率，从而提高换热系数。

锅炉给水进入省煤气加热后，接近饱和温度的水进入汽包，汽包内的水经下降管进入蒸发器，在蒸发器内受热后成为汽水混合物又回到汽包，在汽包内进行汽水分离，分离下来的水进入汽包的水空间，饱和蒸汽则通过饱和蒸汽引出管被送到过热器，饱和蒸汽在过热器内被加热成过热蒸汽，然后经减温器调温，达到规定的蒸汽温度后，经主汽管送到汽轮机。烧结机余热锅炉系统如图7-11所示。

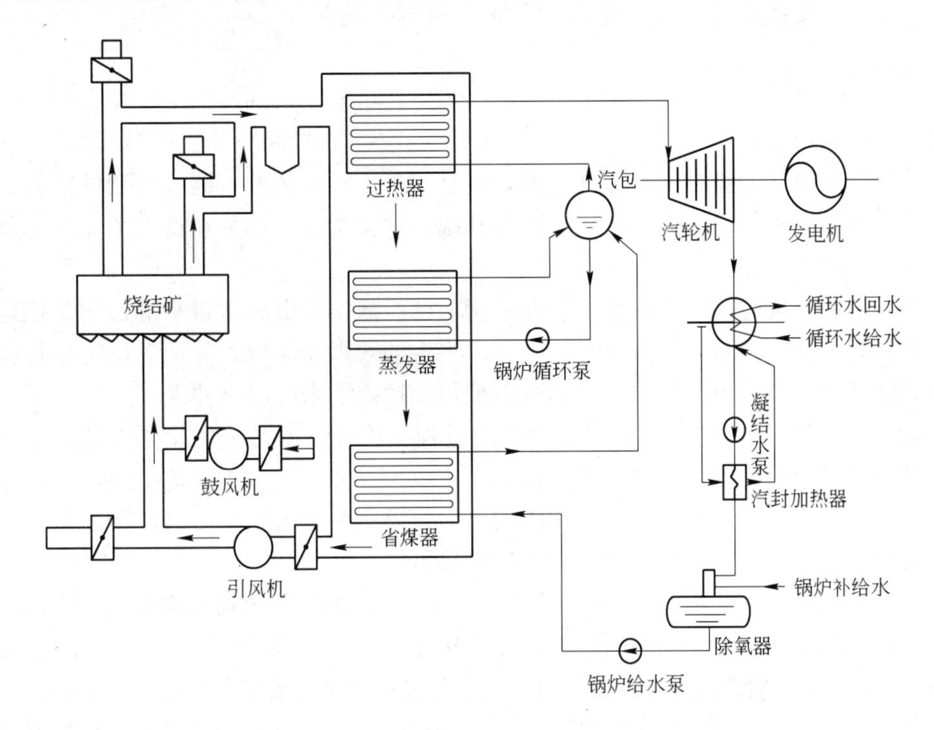

图7-11　烧结机余热锅炉系统

某钢铁厂烧结机为300m²，配带一台336m² 冷却机。烧结冷却机烟罩出口的360～395℃废气从余热锅炉顶部进入余热锅炉（内设过热器、蒸发器、省煤器），进行热交换，经余热锅炉换热后的过热蒸汽推动汽轮发电机组发电。余热锅炉采用卧式自然循环汽包炉，额定参数：烟气温度395℃、流量40万 m^3/h，过热蒸汽温度375℃、压力1.95MPa、流量37.4t/h。

7.4　软化水的制备

7.4.1　软化水制备的原理

水的硬度主要由其中的钙（Ca^{2+}）、镁（Mg^{2+}）离子构成。当含有硬度的原水通过交换器的树脂层时，水中的钙、镁离子被树脂吸附，同时释放出钠离子，这样交换器内流出的水就是去掉了硬度离子的软化水。当树脂吸附钙、镁离子达到一定的饱和度后，出水的硬度增大，此时软水器会按照预定的程序自动进行失效树脂的再生工作，利用饱和氯化钠溶液（盐水）通过树脂，使失效的树脂重新恢复至钠型树脂。制取软化水的设备称为钠离子交换器。

离子交换软化处理的原理是将原水通过钠型阳离子交换树脂，使水中的硬度成分 Ca^{2+}、Mg^{2+} 与树脂中的 Na^{+} 相交换，从而吸附水中的 Ca^{2+}、Mg^{2+}，使水得到软化。如以 RNa 代表钠型树脂，其交换过程如下：

$$2RNa + Ca^{2+} \xlongequal{} R_2Ca + 2Na^{+}$$

$$2RNa + Mg^{2+} \xlongequal{} R_2Mg + 2Na^{+}$$

即水通过钠离子交换器后，水中的 Ca^{2+}、Mg^{2+} 被置换成 Na^{+}。

7.4.2　软化水制备工艺

工作（有时称为产水，下同）、反洗、吸盐（再生）、慢冲洗（置换）、快冲洗五个过程。不同软化水设备的所有工序非常接近，只是由于实际工艺的不同或控制的需要，可能会有一些附加的流程。任何以钠离子交换为基础的软化水设备都是在这五个流程的基础上发展来的。

反洗：工作一段时间后的设备，会在树脂上部拦截很多由原水带来的污物，把这些污物除去后，离子交换树脂才能完全暴露出来，再生的效果才能得到保证。反洗过程就是水从树脂的底部洗入，从顶部流出，这样可以把顶部拦截下来的污物冲走。

吸盐（再生）：即将盐水注入树脂罐体的过程，传统设备是采用盐泵将盐水注入，全自动的设备是采用专用的内置喷射器将盐水吸入（只要进水有一定的压力即可）。在实际工作过程中，盐水以较慢的速度流过树脂的再生效果比单纯用盐水浸泡树脂的效果好，所以软化水设备都是采用盐水慢速流过树脂的方法再生。

慢冲洗（置换）：在用盐水流过树脂以后，用原水以同样的流速慢慢将树脂中的盐全部冲洗干净的过程称为慢冲洗。由于这个冲洗过程中仍有大量的功能基团上的钙镁离子被钠离子交换，根据实际经验，这个过程中是再生的主要过程，所以很多人将这个过程称作置换。

快冲洗：为了将残留的盐彻底冲洗干净，要采用与实际工作接近的流速，用原水对树脂进行冲洗，这个过程的最后出水应为达标的软水。

7.4.3　FN 系列自控连续式钠离子交换器的应用

7.4.3.1　工作原理

FN 系列水处理设备均由两个交换柱交替连续工作。工作时两个交换柱一个在产水运行，一个做再生还原，即松床、再生、小清洗、小清洗、大清洗五个周期连续完成。两柱转换由旋转阀自动切换，切换时均由旋转阀转动一固定角度即完成，旋转阀系根据对立位原理设计，由自控装置控制其转动。设备系对流再生钠型交换，食盐（工业用盐）装储于两个盐罐内溶解，盐液由盐阀控制，在进盐周期内由盐罐流出，经转子流量计计量后与旋转阀给水混合稀释，然后进入交换柱，对其交换柱内失效的树脂进行再生置换。再生与清洗废液由旋转阀控制，通过排废液管排出体外。

7.4.3.2　工艺流程

单柱流程方式：产水→产水→产水→产水→产水→松床→再生→小清洗→小清洗→大清洗→产水→……。

各工况在交换柱中的液流方向如图 7-12 所示。

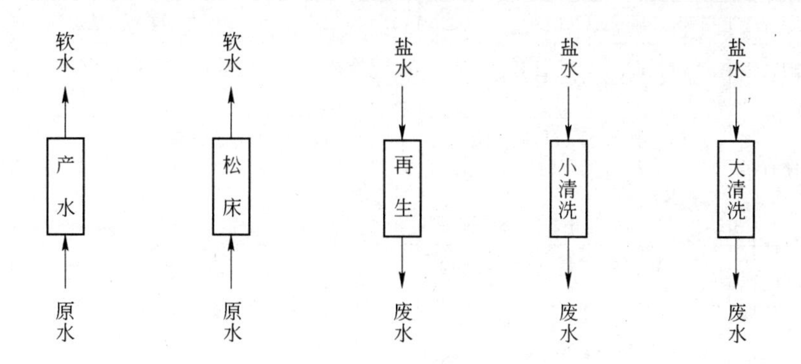

图 7-12　交换柱中的液流方向

整机工艺流程见表 7-9。

表 7-9　整机工艺流程

周期＼柱别	1号柱	2号柱	周期＼柱别	1号柱	2号柱
第一周期	产水	松床	第六周期	松床	产水
第二周期	产水	再生	第七周期	再生	产水
第三周期	产水	小清洗	第八周期	小清洗	产水
第四周期	产水	小清洗	第九周期	小清洗	产水
第五周期	产水	大清洗	第十周期	大清洗	产水

注：每十个周期为一个循环，第十一周期同第一周期，第十二周期同第二周期，以此类推。

常见故障及其处理办法见表 7-10。

表 7-10　常见故障及其处理办法

故　障	原　因	处 理 方 法
软水硬度超标	（1）生水硬度升高； （2）再生不完全； （3）拔叉弹不出，棘轮未转动	（1）调整基本周期时间及进盐量； （2）检查盐罐是否有盐，盐阀功位对否，适当加大进盐量； （3）拔叉与滑套加油润滑
软水氯根含量大于生水氯根含量	（1）清洗不完全； （2）周期时间短	（1）检查废水管有否折、堵现象，检查排水量是否符合要求； （2）适当延长周期时间
流量计浮球不起、不稳或升不到要求高度	（1）盐液太脏； （2）流量计堵塞； （3）旋转阀对位不准或出水法兰胶垫错位； （4）盐罐内有气或盐罐和沉淀池无水； （5）废水管折断或堵塞	（1）冲洗盐罐、拧开盐罐底部排污阀放水冲洗； （2）拆下接至放置阀的进盐管，检查流量计是否堵塞，并进行疏通； （3）在进盐时停电，用手搬动皮带轮使搬杠往复运动，若浮球升高，则应重新固定 1XK 位置。若密封不严，应放正密封胶垫，紧固出水法兰螺丝； （4）应注水排气或冲水； （5）取直、疏通或更换废水管

续表 7-10

故　障	原　因	处 理 方 法
旋转阀、盐阀、传动轴漏水	人字橡胶密封圈漏水或损坏	更换密封圈（安装盐阀时应注意传动轴及阀芯对位标记）
基本周期动作有误或周期不转换	(1) 拔叉不灵活或伸不出； (2) 搬杠回程时，棘轮齿随搬杠逆转； (3) 时间继电器失灵或损坏	(1) 拔叉与棘轮齿加油润滑； (2) 除加油润滑外，观察拔叉套内孔有无损坏，否则应修复； (3) 检查时间继电器接线及工作情况，若损坏需更换
搬杠碰压 1XK 或 2XK 后不停，出现越位现象	(1) 行程开关或交流接触器触电烧住； (2) 行程开关圆轮伸缩不灵或行程开关位置不准确	(1) 应更换新电器元件； (2) 更换行程开关或将行程开关位置重新定位，旋紧紧固螺栓
松床工况有大量废液排出	阀芯有异物垫起，阀内串水	拆下阀芯清洗，清除阀内异物
停电或个别电气元件损坏暂不能修复时		人工代替自控操作，按基本周期规定时间用手转动皮带轮，可不误产水

7.5　除盐水的制备

7.5.1　离子交换除盐原理及工艺

7.5.1.1　离子交换除盐原理

离子交换除盐是用 H 型离子交换树脂将水中全部阳离子置换成 H^+，经除二氧化碳后，用 OH 型离子交换树脂将水中全部阴离子置换成 OH^-，把水中全部盐类转化成 H_2O 的过程。

A　阳离子交换器工作原理

交换器内装有 H 型强酸性阳离子交换树脂，当含有各种离子的原水通过 H 型阳离子交换树脂，水中的阳离子被树脂吸附，树脂上的可交换 H^+ 被交换到水中，与水中的阴离子组成相应的无机酸，其反应如下：

$$2RH + Ca^{2+} \longrightarrow R_2Ca + 2H^+$$

$$2RH + Mg^{2+} \longrightarrow R_2Mg + 2H^+$$

$$RH + Na^+ \longrightarrow RNa + H^+$$

B　除二氧化碳器工作原理

除碳器内装有塑料多面空心球，阳床出水中的 H^+ 与水中的 HCO_3^- 结合成离解度很低的碳酸（H_2CO_3）。当 pH 值低于 4 时，碳酸大部分分解成 CO_2，此水进入除碳器上部，通过填料喷淋下来，空气由鼓风机逆水流方向送入水中。阳床出水与用鼓风机鼓入空气相遇，使二氧化碳从水中逸出被空气带走。其反应如下：

$$H_2CO_3 \longrightarrow CO_2\uparrow + H_2O$$

水经除碳后，其中溶解的 CO_2 一般已低于 10mg/L，然后进入除碳器底部的水箱供阴床使用。

C　阴离子交换器工作原理

交换器内装有OH型强碱性阴离子交换树脂，除碳水通过OH型阴离子交换树脂时，水中的阴离子被树脂吸附，树脂上的可交换OH^-被交换到水中，并与水中的H^+生成水，其反应如下：

$$2ROH + SO_4^{2-} \longrightarrow R_2SO_4 + OH^-$$

$$ROH + Cl^- \longrightarrow RCl + OH^-$$

$$ROH + NO_3^- \longrightarrow RNO_3 + OH^-$$

$$ROH + HCO_3^- \longrightarrow RHCO_3 + OH^-$$

$$ROH + HSiO_3^- \longrightarrow RHSiO_3 + OH^-$$

从阴树脂交换出的OH^-随即与阳树脂交换出的H^+发生中和反应而被除去：

$$OH^- + H^+ \longrightarrow H_2O$$

这样，原水在经离子交换除盐处理后，即可将水中的成垢阳、阴离子去除，除盐水可以满足中、高压锅炉对补给水质的要求。

7.5.1.2　离子交换除盐工艺

根据离子交换除盐工艺流程的不同，常用离子交换除盐工艺可分为复床式除盐工艺、混床式除盐工艺、复床-混床式除盐工艺和膜分离-离子交换除盐工艺。

A　复床式除盐工艺

复床式除盐工艺是离子交换除盐工艺中最常用的一种。H型阳离子交换树脂和OH型阴离子交换树脂分别装在两个交换床的形式，称为复床式。原水一次相继通过H型阳离子交换床（简称阳床），和OH型阴离子交换床（简称阴床）来进行除盐的形式称为一级复床式除盐，工艺流程如下：

原水→阳床→除碳器→阴床→出水

复床式除盐工艺系统投资少、运行简单，适用于进水含盐量较低、强酸性阴离子总量小于1.5mmol/L、碱度小于0.6mmol/L的原水处理。中压锅炉的给水处理多采用一级复床式除盐工艺。

B　混床式除盐工艺

混床式除盐工艺如下所示：

原水→混床→出水

当混床失效后，可利用离子交换树脂的密度差，通过反洗的方法使其分层，然后分别进行再生。与复床式除盐工艺相比较，混床式除盐工艺具有出水水质好、运行稳定和交换终点明显等优点。混床式除盐工艺通常用于原水含盐量较低（如小于200mg/L）、碱度较低、阳离子量较小和对出水纯度要求较高的场合。但混床式除盐工艺离子交换树脂交换容量低、经济性较差、再生时操作复杂，所以一般不单独用于锅炉给水处理。

C　复床-混床式除盐工艺

当要求处理水的纯度较高或原水水质较差时，通常采用复床-混床式除盐工艺。高压及高压以上锅炉常采用复床-混床工艺系统来制取纯度很高的补给水，工艺流程如下：

原水→阳床→除碳器→阴床→混床→出水

一般讲，经复床-混床除盐工艺处理后的出水，其二氧化硅小于20μg/L、电导率小于0.2μS/cm，可以满足中、高压锅炉对补给水水质的要求，适用于处理进水含盐量较高（如大于500mg/L）、总阳离子含量较高（如大于4mmol/L）的水质处理。

D　膜分离-离子交换除盐工艺

膜分离-离子交换除盐工艺流程如下：

原水→膜分离装置→离子交换除盐装置→出水

随着膜分离技术的日益成熟，膜分离和离子交换除盐的组合技术在锅炉补给水的制备上得以广泛使用，减少了酸碱废水的排放，同时适用于高含盐量的原水。例如，在钢铁企业综合污水处理中，由于钢铁企业综合废水预处理后，其含盐量由于富集越来越高，一般电导率大于1500μS/cm，采用膜分离-离子交换除盐工艺对综合污水进行深度处理，处理后的出水用于中、高压锅炉的补给水。

7.5.2　离子交换工艺的运行管理

7.5.2.1　运行前的准备工作

（1）对入床水进行检查。入床水洁净，无机械杂质，浊度小于1NTU。对于不能满足其要求的，应检查机械过滤器是否正常。

（2）离子交换树脂使用前应进行预处理，预处理的步骤：

阳离子树脂→饱和食盐水浸泡18～24h→清洗至排水不呈黄色→2%～4% NaOH溶液浸泡4～8h→清洗至中性→5%盐酸浸泡4～8h→清洗至中性→备用

阴离子树脂→饱和食盐水浸泡18～24h→清洗至排水不呈黄色→5%盐酸溶液浸泡4～8h→清洗至中性→2%～4% NaOH浸泡4～8h→清洗至中性→备用

（3）水处理用化学品的纯度、浓度、成分符合要求。

7.5.2.2　交换床的运行

交换床的运行通常分为四个步骤：反洗（小反洗或大反洗）、再生、正洗和制水运行，交换床的这四个步骤组成一个运行周期，见表7-11。

表7-11　交换床运行步骤

床型		运行步骤			
顺流再生固定床		反洗	再生	正洗	制水
对流再生床	逆流床	小反洗(或大反洗)	再生	正洗	制水
	浮床	大反洗	再生	正洗	制水

A　反洗

反洗有三个目的：

（1）松动树脂层。在交换过程中，由于带有一定压力的水流通过树脂层，使树脂层被压得很紧。为了使再生液在树脂层中分布均匀，使树脂得到充分再生。在再生前对交换床进行反洗工作，使树脂层充分松动。

（2）清除树脂层中的悬浮物。由于在交换过程中，树脂层上部还起着过滤作用，水中的悬浮物被截留在树脂层中。这不仅会使水通过树脂层时的水头损失增加，还可能使这部分树脂“结块”，从而使其交换容量不能充分发挥。

（3）清除碎树脂。运行中产生的碎树脂对交换床也不利。因为碎树脂过多，水通过树脂层的压力损失就大。同时碎树脂还会堵塞正常树脂颗粒的间隙，使水流不均和阻力增大。

反洗可根据具体情况进行。对顺流式固定床而言，阳床每次再生都应进行反洗。而对阴床，由于入床水浊度较小，悬浮物在交换床中积累并不很快，而且树脂层也不是一下压得很紧，因而不一定每次再生都反洗。对于对流再生床而言，由于大反洗会打乱整个树脂层，影响单耗和出水质量，一般都是视运行情况，隔 15～20 个周期大反洗一次。反洗时，要求反洗水应澄清，其中不应含有污染离子交换树脂的杂质。反洗强度各类型树脂有所不同，一般可按 $3L/(m^2 \cdot s)$ 掌握，应控制在既能洗去淤积在树脂层中的悬浮物和碎树脂，又不致“跑树脂”。反洗应一直进行到出水清晰时为止，时间 15～20min。

B 再生

再生工作是离子交换床的重要操作之一。这是由于再生的进行程度不但对以后制水运行时树脂的工作交换容量、交换床出水水质有着直接的影响，而且再生工作的好坏也直接关系到制水经济性。再生工作好，消耗低；再生不好，消耗高，制水经济性也不好。

a 再生方式

如前所述，采用顺流再生时，再生液是自上而下地通过树脂层，其流向与运行时水的流向相同。由于再生液在流动过程中，首先接触的是上部完全失效的树脂层，所以这一部分可得到较好的再生。当再生液继续向下流，与交换床底部树脂接触时，再生液中已有相当数量的“反离子”，这就严重地影响了离子交换树脂的再生。所以顺流再生存在再生剂利用率不高、树脂工作交换容量偏低、出水水质差的问题。采用对流式再生，由于再生液首先接触失效程度最低的“保护层”，最后接触失效程度高的“工作层”树脂，随着再生液的流动，再生液中“反离子”浓度逐渐增加，但树脂的失效程度也在逐渐升高。这样就保证了再生反应一直进行下去。另外，再生液首先接触“保护层”树脂，使原来保护层中没有失效的树脂仍然保存下来。所以对流再生可以用较少的再生剂量取得较高的再生程度，即再生剂的利用率比顺流再生高，出水质量也好。

b 再生液浓度

当再生剂用量一定时，再生液浓度越大（一定范围内），则再生后树脂的再生度也越高。但过高的再生液浓度会使再生液体积小，不易均匀接触树脂和维持足够的接触时间；同时，再生液浓度过高，也会使树脂的双电层受到压缩，从而抑制了扩散层中可交换 H^+ 的浓度，而影响了树脂的工作交换容量。再生液浓度与所用床型有关。顺流床和混床的再生液浓度较高，而对流床和双层床再生液的浓度则较低（表 7-12）。

c 再生液流出时间

HCl 的流出时间不应少于 30min，NaOH 的流出时间不应少于 90min。

d 再生液温度

提高再生液温度，有利于提高树脂的再生度。这是因为提高再生温度，能同时加快水中离子在内扩散和膜扩散的速度，有利于再生交换。一般再生液温度在 35～40℃之间。温度过高，易使树脂的交换基团分解，促使交换树脂变质，影响其交换容量。

表 7-12 建议使用的再生液浓度 (%)

树脂床类型	阳 床	阴 床	混 床		
	001X7 树脂	201X7 树脂	001X7 树脂	201X7 树脂	
再生剂品种	HCl	NaOH	HCl	NaOH	
顺 流	5 ~ 10	3 ~ 4	2 ~ 3	5	4
逆 流	3 ~ 5	1.5 ~ 3	1 ~ 3	—	—
浮 床	3 ~ 5	2 ~ 3	0.2 ~ 0.5	—	—

C 正洗

正洗是指交换床再生后，使用清洗水按再生剂通过树脂层方向所进行的清洗。正洗的目的就是为了清洗掉残留在树脂层中的废再生液和再生产物。

正洗时应注意如下几点：

（1）正洗流速要适当，一般控制正洗流速为 10 ~ 15m/h，正洗时间不宜过长（20 ~ 30min），以免影响床子的周期制水量。

（2）正洗水质要澄清，不能污染树脂。在实际生产中一般都采用入床水作正洗水。

（3）正洗时，要经常检查正洗水中有无正常颗粒的树脂。避免由于反洗操作不当或下部排水装置损坏，造成运行时跑树脂。

（4）为了减少交换床的自用水量，可将正洗后期比较洁净的正洗水收入反洗水箱，留做交换床反洗时使用。

D 制水运行

正洗合格的交换床后即可根据供水需求投入运行制水。投入制水运行的交换床，其运行流速一定要适当，不宜过大或过小。运行流速过快，制水过程的离子交换扩散来不及进行，不能保证出水质量；运行流速过慢，树脂颗粒表面膜会因为液流的紊流作用而加厚。离子交换的膜扩散减慢，反应产物不能及时排走而影响离子交换反应的继续进行，从而影响出水质量。

7.6 复床-混床式除盐工艺的应用

图 7-13 所示为典型的复床-混床式除盐工艺流程。

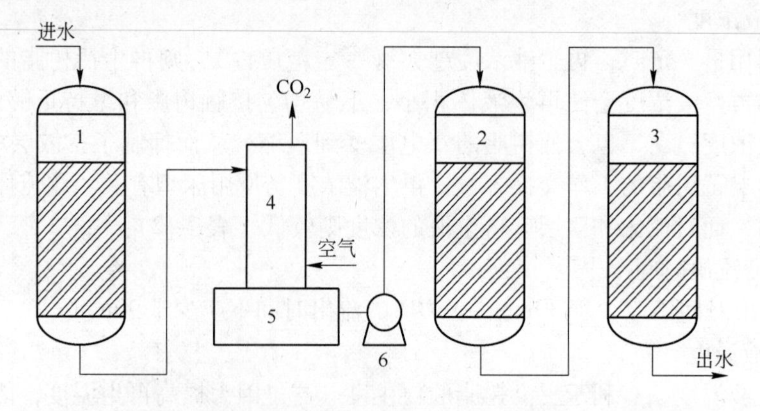

图 7-13 复床-混床式除盐工艺流程

1—阳床；2—阴床；3—混床；4—除二氧化碳器；5—中间水箱；6—水泵

7.6.1 阳床和阴床

7.6.1.1 阳离子交换器

当原水进入装有 H 型阳离子交换树脂的阳离子交换器时，水中含有的各种阳离子和离子交换树脂上的 H^+ 发生如下反应：

$$Fe^{3+} + 3HR^- \longrightarrow FeR + 3H^+$$

$$Ca^{2+} + 2HR^- \longrightarrow CaR + 2H^+$$

$$Mg^{2+} + 2HR^- \longrightarrow MgR + 2H^+$$

$$Na^+ + HR^- \longrightarrow NaR + H^+$$

上述反应的结果是水中的各种阳离子（Fe^{3+}、Ca^{2+}、Mg^{2+}、Na^+）被吸附在离子交换树脂上，而离子交换树脂上的 H^+，它和水中各种阴离子发生作用生成各种酸类，如 H_2SO_4、H_2CO_3、HCl、H_2SiO_3 等。

图 7-14 所示为阳离子交换器外部管路结构示意图。

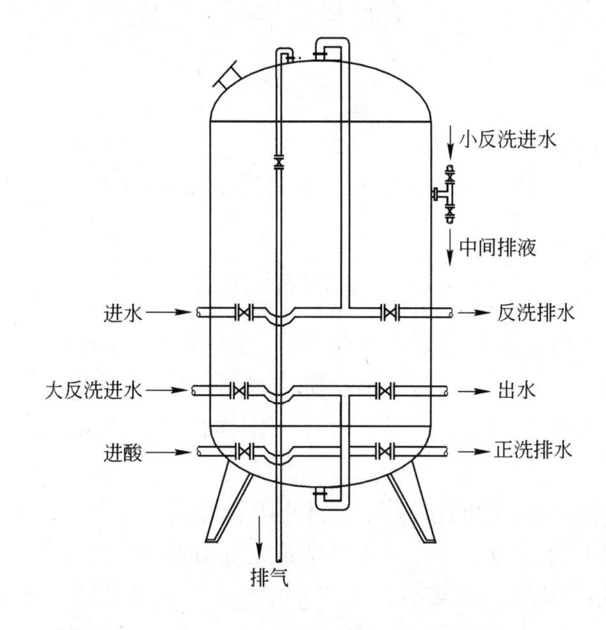

图 7-14 阳离子交换器外部管路结构示意图

7.6.1.2 阴离子交换器

阳离子交换后，带有酸性的水进入装有 OH 型阴离子交换树脂的阴离子交换器，发生如下反应：

$$H_2SO_4 + 2ROH \longrightarrow R_2SO_4 + 2H_2O$$

$$H_2CO_3 + 2ROH \longrightarrow R_2CO_3 + 2H_2O$$

$$HCl + ROH \longrightarrow RCl + H_2O$$

$$H_2SiO_3 + ROH \longrightarrow RHSiO_3 + H_2O$$

由此可见，经阳-阴离子交换处理后，水中的各种离子几乎除去，一般可除去水中含盐量99%以上。

图7-15所示为阴离子交换器外部管路结构示意图。

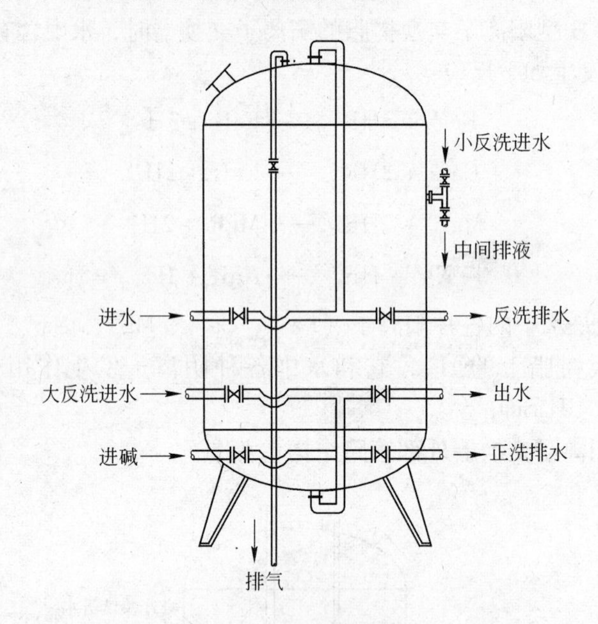

图7-15　阴离子交换器外部管路结构示意图

7.6.1.3　运行操作

（1）运行。设备内须保持一定高度的水垫层，以防止进水直接冲击树脂层上的压脂层。投入运行前必须进行正洗，打开进水阀和排气阀，当水已满时关闭排气阀，打开正洗排水阀，至水质合格再转入运行，即关闭正洗排水阀，打开出水阀。

（2）再生。当出水水质超过指标或产生了一定体积的脱盐水后，离子交换器需进行再生，再生的步骤如下：

1）小反洗。再生前应对中间排液管上面的压脂层进行小反洗，洗去运行时积聚在压脂层和中间排液装置上的污物，即打开小反洗进水阀和反洗排水阀，反洗流速一般为5~10m/h，时间约15min。小反洗结束后，关闭小反洗进水阀及反洗排水阀。

2）进再生液。打开再生液阀及中间排液阀，再生液由底部进入，废液由中排口排出。为保证再生效果，应控制一定的再生液浓度及再生流速。

3）小正洗。在进再生液的过程中，有部分废酸（碱）渗入压脂层中，为了节省正洗耗水量及缩短正洗时间，在正洗之前，用小正洗的方法将这部分废液洗去。小正洗时，打开进水阀，然后打开中间排液阀，水从中间排液阀排出，流速控制在10~15m/h，时间5~10min。

4）正洗。小正洗结束后，关闭中间排液阀，开启正洗排水阀进行正洗，流速同运行流速，待出水水质符合要求时即关闭排污阀，打开出水阀投入运行。

5）大反洗。由于交换剂被压实、污染等会影响正常工作，因此在运行若干周期后必须进行一次大反洗。大反洗的间隔周期可根据进水浊度、出水质量、运行压差和交换容量等情况而定，一般运行10~20周期进行一次。大反洗后交换剂层被打乱，为了恢复正常交换容量，在大反洗后的第一次再生时，再生剂要比正常时增加0.5~1.0倍。大反洗时，打开大反洗进水阀，阀门要由小到大，反洗强度控制在反洗视镜的中心线为准，打开反洗排水阀进行反洗。反洗时间为15~30min。

7.6.2　混合离子交换器

7.6.2.1　概述

混合离子交换器简称为混床。所谓混床，就是把一定比例的阳、阴离子交换树脂混合装填于同一交换装置中，对流体中的离子进行交换、脱除。由于阳树脂的密度比阴树脂大，因此在混床内阴树脂在上、阳树脂在下。一般阳、阴树脂装填的比例为1∶2，也有装填比例为1∶1.5的，可按不同树脂酌情考虑选择。混床也分为体内同步再生式混床和体外再生式混床。同步再生式混床在运行及整个再生过程均在混床内进行，再生时树脂不移出设备以外，且阳、阴树脂同时再生，因此所需附属设备少、操作简便。

图7-16所示为混合离子交换器外部管路结构示意图。

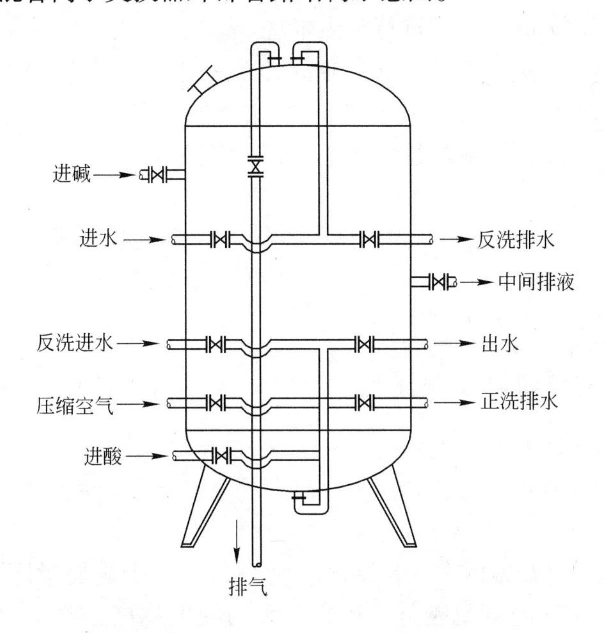

图7-16　混合离子交换器外部管路结构示意图

7.6.2.2　混床的同步再生

（1）再生前的准备：

1）检查失效混床各阀门是否关紧。

2）再生水箱水位是否处于高位，混床酸、碱计量箱液位是否处于高位。

3）除盐系统运行正常，压缩空气充足。

4）压力表、流量表、温度表等投入正常运行。

（2）再生操作：

1）反洗分层。开混床总进水阀，反洗排水阀，反洗进水阀，使树脂到上窥视孔中心线，流量以不跑树脂为准，洗至出水透明，阴阳树脂可明显分层时，缓慢关反洗进水阀、反洗排水阀，使树脂完全沉降，阴阳树脂分层。当反洗分层不明显时应停止反洗，通过碱喷射器进少量碱，当用酚酞指示剂滴入排水样中有微红即可停止进碱。继续反洗至能明显分层。

2）放水顶压。开启混床空气门，上排阀进行放水，至上排阀出水放尽（约树脂层上10cm左右）关空气门、上排阀。开启进酸阀、中排阀，启动再生水泵，开启泵出口阀，酸混喷射器进水阀，调整流量为10t/h，进行顶压。

3）混床阴树脂再生。开启进碱门，开启碱液喷射器进水门，调整流量到10t/h。开混床碱计量箱出碱门，喷射器吸碱门，调整吸碱门升度使碱液浓度为2.0%～2.5%。进浓度为30%的工业碱450kg后，关闭吸碱门，碱计量箱出口阀。继续用混床碱喷射器通水20min左右，当排出水碱度小于0.5mmol/L时，方可进酸进行阳树脂再生。

4）混床阳树脂再生。开启进酸门，开启酸液喷射器进水门，调整流量到10～12t/h。开启酸计量箱出酸门，喷射器吸酸门，调整酸液浓度为2.0%～3.0%。进浓度为30%的工业盐酸400kg左右，关闭酸计量箱出酸门及吸酸门。继续用酸喷射器通水20min左右，当排出水酸度小于0.5mmol/L时，进行整体串洗。

5）混床树脂混合。开空气门，开上排阀，至上排阀出水将尽（树脂层上10cm左右），关上排阀，开启工艺用气阀及混床进气减压阀（压力在0.4～0.6MPa）进气约5min，若树脂混合仍不充分，则再进气2min，甚至重复几次。关闭工艺用气阀及进气减压阀。

6）混合后大正洗。开混床进水阀，开空气阀，等空气管溢流后关空气阀，开正洗排水阀，开始大正洗至出水含 $SiO_2<20\mu g/L$、电导率 $<0.2\mu S/cm$ 时，大正洗结束关正洗排水阀，进水阀作备用或投入运行。

7.7 水质化验的主要项目及含义

水质化验的主要项目及含义如下：

（1）电导率。由于水中含有各种离子，而离子能够导电，因此水的导电能力大小就称为水的电导率。

电导率反映了水中含盐量的多少，是水“纯度”的一个重要指标。水的含盐量越高，水的电导率也越大，水的纯度也越低；反之，水的纯度越高，含盐量越低，电导率也越小。电导率的单位是S/m，但在实际使用中，由于水的电导率很小，所以常用μS/cm为单位。

（2）酸度。酸度是指水中能与强碱（如NaOH）相作用的物质含量，即能与氢氧根离子 OH^- 相化合的物质的含量。归纳起来，酸度物质可包括如下三类：

1）在稀溶液中能全部电离为 H^+ 的强酸，如HCl、H_2SO_4 等。

2）弱酸，如碳酸（H_2CO_3）、硅酸（H_2SiO_3）、磷酸（H_3PO_4）等。

3）强酸弱碱盐，如铵、铁、铝等离子与强酸组成的盐，这些盐在水中水解而生成 H^+。

酸度的测定是用一定浓度的强碱，如0.1mol/L的NaOH溶液与水样进行滴定而求得。

测定时：如用甲基橙做指示剂，所测得的酸度，包括第1和第3两类酸度，一般称为强酸酸度（或无机酸酸度），也称为甲基橙酸度。用 NaOH 溶液滴定时，由于第 2 类物质中和后所生成的盐（如碳酸钠 Na_2CO_3、硅酸钠 Na_2SiO_3 等）在水中发生水解，而使溶液呈弱碱性（pH >7）。因此滴定时一般采用酚酞做指示剂。当酚酞从无色变为红色时，即表示到达滴定终点。此时测得的酸度称总酸度。

酸度在除盐工艺过程中，可用来表示经阳床交换后，水中 H^+ 和游离碳酸的含量。

（3）硬度。水的硬度是指水中金属阳离子（对于天然水而言，主要是 Ca^{2+} 和 Mg^{2+}）的总含量。

（4）pH 值。pH 值是衡量水溶液的"酸碱性"。一般指水中 H^+ 或 OH^- 浓度，为简便计算可以用 pH 值来表示。当 pH =7 时，水溶液为中性；pH <7 时，为酸性；pH >7 时，为碱性。

天然水的 pH 值与水中碳酸化合物的含量有关，多数天然水的 pH 值为 6.8 ~8.5。

（5）二氧化碳。天然水中游离 CO_2 含量很少。但是在水除盐过程中，原水经氢离子交换后，钙、镁、钠等离子被 H^+ 所置换，水中的碳酸盐或重碳酸盐在交换后，则形成大量的游离 CO_2：

$$2RH + Ca(HCO_3)_2 \longrightarrow R_2Ca + 2H_2CO_3$$

$$2RH + Mg(HCO_3)_2 \longrightarrow R_2Mg + 2H_2CO_3$$

$$RH + NaHCO_3 \longrightarrow RNa + H_2CO_3$$

由于在一定温度下，水中碳酸化合物的比例与水的 pH 有关。当 pH <4.5 时，水中的碳酸几乎全部以游离 CO_2 的形式存在。大量的游离 CO_2 存在于水中有下述害处：

1）对锅炉给水系统等造成腐蚀。

2）增加碱耗。由于强碱阴离子交换树脂对水中阴离子的吸收顺序，CO_2 会参与阴床的离子交换，影响阴床对 $HSiO_3^-$ 的吸附，增加碱耗。因此当原水中二氧化碳含量超过 50mg/L 时，一般应考虑设置除碳器以除去水中的游离 CO_2。

（6）二氧化硅。天然水中二氧化硅的存在形式比较复杂。当 pH 值不很高时，溶于水中的二氧化硅主要以分子态的形式存在；当 pH >7 时，水中可同时含有 H_2SiO_3 和 $HSiO_3^-$；当 pH >11 时，水中则同时含有 $HSiO_3^-$ 和 SiO_3^{2-}。

7.8 锅炉给水调整工艺

7.8.1 概述

锅炉给水的调节处理包括给水的 pH 值调节处理、给水除氧处理和加阻垢剂三方面：

（1）锅炉给水的 pH 值调节处理。锅炉给水通常由除盐水补给。在正常运行的情况下，这些水质都比较纯净，因而缓冲性能很低，少量残留的杂质如 CO_2 会使给水的 pH 值降低而产生酸性腐蚀。因此，为了提高 pH 值减缓 CO_2 腐蚀，给水 pH 值调节处理要达到三个目的：

1）为了防止除盐水系统的腐蚀，必须提高除盐水的 pH 值，将除盐水系统的 CO_2 中和掉。

2）为了防止给水系统中设备的腐蚀，必须提高给水的 pH 值，将给水系统中的 CO_2

中和掉。

3）由于给水中的碳酸盐会在锅炉中发生分解反应，而有游离 CO_2 进入蒸汽中。为了提高冷凝水的 pH 值，以防止蒸汽冷凝部分和冷凝水系统中的金属腐蚀，必须将这些 CO_2 中和掉。通过向补给水中加入氨水（或铵盐），由于氨溶于水后呈碱性，因此可以用氨水的碱性来中和碳酸的酸性：

$$NH_3 + H_2O \longrightarrow NH_4OH$$

$$NH_4OH + H_2CO_3 \longrightarrow NH_4HCO_3 + H_2O$$

$$NH_4OH + NH_4HCO_3 \longrightarrow (NH_4)_2CO_3 + H_2O$$

用氨水将游离 CO_2 中和至 NH_4HCO_3 时，水的 pH 值约为 7.9；将游离 CO_2 中和至 $(NH_4)_2CO_3$ 时，水的 pH 值约为 9.5。因此控制给水 pH 值为 8.5 ~ 9.5 时，就可以较好地减缓给水中游离 CO_2 的腐蚀了。

由于氨是一种挥发性物质，不论在给水系统的哪一个部位加药都可以使整个锅炉热力系统中有氨。加药部位依补给水处理方式和采用药品的不同而有不同。如采用除盐水做补给水时，缓冲能力低，pH 值低。为了防止补给水系统的 CO_2 腐蚀，可将氨加在除盐水中。

（2）锅炉给水的除氧处理。如果锅炉供水中的氧含量不符合要求，长期运行对锅炉系统的危害性很大。并且短期内不容易察觉，等开始出现爆管时已经为时晚了，往往造成整个锅炉系统的提前报废，带来很大的经济损失。为了防止给水系统中溶解氧对金属材料，特别是碳钢的腐蚀，通常需要对给水进行除氧处理。碳钢受水中溶解氧的腐蚀是一种电化学腐蚀。铁和氧形成两个电极，组成腐蚀电池，氧起到阴极去极化作用。所以这个腐蚀又称为氧去极化腐蚀，简称氧腐蚀。当铁受到水中溶解氧腐蚀时，常常在其表面形成了许多小型鼓包，小包直径 1 ~ 30mm 不等，这种腐蚀特征称为溃疡腐蚀。鼓包表面的颜色由黄褐色到砖红色不等，次层是黑色粉末状物，这些都是腐蚀产物。当这些腐蚀产物清除后，便会出现因腐蚀而造成的陷坑。

在锅炉水系统中，最容易发生氧腐蚀的部位为给水系统和省煤器。此外，补给水管道、疏水储存设备和输送管道等都会发生严重的氧腐蚀。常用的除氧方法有热力法和化学法两种。小型锅炉通常以化学法除氧为主；中、大型锅炉通常用热力法作为给水除氧的主要手段。因为这种方法所需要的给水加热过程本来就是锅炉热力系统所必需的过程，同时不需要加药，也就不会带来污染水汽质量的问题。而化学除氧用作给水热力除氧的辅助手段，用以消除经热力除氧后残留在给水中的溶解氧。

1）热力除氧。从气体溶解定律可知：任何气体在水中的溶解度与该气体在气水界面上的分压力成正比。因此将要除氧的水加热到沸点时，气水界面上的水蒸气压力与外界大气压力相同，其他气体分压力均为零，此时各种气体（包括氧气）均不能溶于水中。这就是热力除氧法所依据的原理。热力除氧不仅能除去水中的溶解氧和其他各种溶解气体（包括游离 CO_2），还会使水中重碳酸盐发生分解：

$$2HCO_3^- \longrightarrow CO_2\uparrow + CO_3^{2-} + H_2O$$

重碳酸盐的分解量与温度有关：温度越高，沸腾时间越长，重碳酸盐的分解率越高，则出水的 pH 值也就越高。

2）化学除氧。化学除氧是指向给水加入化学药剂，将除氧器运行不良而残留在给水中的溶解氧或因给水泵密封不严而漏到给水中的溶解氧化合掉。这种通过投加化学药剂除去给水中残留溶解氧的方法称为化学除氧法，所投加的药剂称为除氧剂。锅炉给水处理常用的除氧剂为亚硫酸钠和联氨。

（3）阻垢剂。为防止水垢的生成，大体上有三个途径：1）控制结晶核成长为临界核；2）控制结晶核继续增加；3）分散晶体。

试验表明：晶核只能产生在过饱和溶液中。因此用添加药剂等方法，可使溶液维持在不饱和状态，溶液中就不会生成晶核，因而也就防止了水垢的生成。锅炉炉水调整处理就是根据这个原理，通过加入药剂控制微溶电解质溶液中离子浓度的方法来达到防止锅炉结垢的目的。这种为防止结垢而使用的药品称为阻垢剂。锅炉炉水调整处理使用的阻垢剂可分为无机类阻垢剂和有机类阻垢剂两大类。

7.8.2 锅炉水质调整处理工艺使用的主要化学品

锅炉水质调整处理工艺使用的主要化学品有：

（1）氨。因为氨具有不产生热分解和易挥发的特性，所以可用于对给水进行“氨化”处理，以提高 pH 值。使用氨减缓二氧化碳腐蚀的方法，应用比较广泛。

（2）除氧剂。除氧剂就是利用化学品的还原性，还原溶于水中的氧气，减缓或消除氧腐蚀。

除氧剂应具备下述条件：

1）对氧有较强的还原作用。

2）除氧剂与氧反应的生成物或除氧剂受热分解的生成物对水质没有不良影响。

3）对操作人员健康影响小，毒性小。

4）便于运行控制。

常用的除氧剂：

1）亚硫酸钠。亚硫酸钠是一种白色或无色结晶，易溶于水。它是一种还原剂，可以与水中溶解氧作用生成硫酸钠。反应式如下：

$$2Na_2SO_3 + O_2 = 2Na_2SO_4$$

分解生成物是硫化钠、二氧化硫等，对锅炉本体、凝汽器、热交换器铜管和凝结水管道都有腐蚀作用。所以亚硫酸钠只能用于低、中压锅炉的给水除氧，高压锅炉中则不能应用。

2）联氨。联氨在碱性介质中是一种强还原剂，可以将水中溶解氧还原：

$$N_2H_4 + O_2 = N_2 + 2H_2O$$

在高温下，联氨可以将 Fe_2O_3 还原成 Fe_3O_4 或 Fe、将 CuO 还原成 Cu：

$$6Fe_2O_3 + N_2H_4 = 4Fe_3O_4 + N_2 + 2H_2O$$

$$2Fe_3O_4 + N_2H_4 = 6FeO + N_2 + 2H_2O$$

$$2FeO + N_2H_4 = 2Fe + N_2 + 2H_2O$$

在上述反应中产物 N_2 和 H_2O 对热力设备运行没有任何坏处，也不会增加炉水含盐量，因此联氨广泛用作高压锅炉和直流锅炉给水除氧剂。联氨与水中溶解氧的反应速度受温度、pH值和联氨过剩量等影响，所以联氨的合理运行条件为：pH值为9～11的碱性环境和适当的过剩量。当温度超过300℃时，联氨会发生分解：

$$3N_2H_4 = 4NH_3 + N_2$$

3）其他除氧剂。由于联氨易挥发、有毒、易燃，为了寻找性能更优、更安全的化学除氧剂，国内外已开展这方面的研究，并有一定范围的应用，但价格较高。这也是目前这些除氧剂不能广泛应用的原因。

（3）阻垢剂。锅炉水质调整处理中常用的无机类阻垢剂是磷酸钠（Na_3PO_4）。磷酸钠处理不仅可以单独使用，也可以采用协调处理。而且磷酸钠热稳定性好，加药操作简单，易于控制，适用范围广，在锅炉水质调整处理中应用较广。

7.8.3　锅炉给水水质调整处理工艺的运行管理

7.8.3.1　除氧器的运行管理

除氧效果的好坏，取决于设备结构和运行工况等。应从如下几个方面注意除氧器的运行工况：

（1）水应加热至沸点。热力除氧的过程在水的沸点下进行，所以必须将水加热到沸点。沸点是随除氧器工作压力的不同而不同，因此在除氧器的运行过程中，应注意汽量和水量的调节，以确保除氧器内的水保持沸腾状态。如因加热不足而使温度低于沸点，则水中残留的溶氧量不可避免地增大。

水处理系统的热力除氧器温度一般控制在（104±1）℃。

（2）排汽门开度要适当。如果从除氧水中排出的氧和其他气体不能顺畅去掉，则由于除氧蒸汽中残留的氧量较多，就会影响到水中氧扩散除去的速度，从而使除氧器出水中的残留氧含量增大。

大气式除氧器的排气主要依靠除氧头中的压力与外界大气压力之差通过排气门来进行调节。如果片面强调减少热损失，排气门开度很小，除氧器中的气体不易排出，会使给水中残氧含量增大，这是不合适的；反之，任意开大排气阀也没有必要，因为这样只会造成大量热量损失，并不会使含氧量进一步降低。所以排气门的适宜开度应通过调整试验进行。

（3）补水量应稳定，补给水中氧的含量通常在7～8mg/L之间，温度低于40℃。所以当有大量的补给水突然送入除氧器时，可能大幅度降低除氧水温度，从而恶化除氧效果。因此补给水应连续、均匀地送入，不宜间断送入。当因锅炉补水需要，需增大除氧水量时，也应缓慢开大补水门，并适当调整除氧蒸汽门，避免由于突然补水而使除氧效果恶化，同时也避免除氧器产生“振动”。

7.8.3.2　加药管理

（1）在配制药品时，应用补给水配制，不允许用生水配制。以避免水中硬度和盐类杂质带入锅炉内，或与阻垢剂反应而生成不溶物，使加药泵运转不良或使加药管道堵塞。

（2）药剂在溶解时应充分搅拌，以使尽量溶解。对于难溶药品应采用加温或其他方法溶解后，再倾入加药箱中充分搅拌，溶解。

(3) 药箱底部应有排污门，并应经常清扫沉渣，以防沉积物带入炉内，引起腐蚀和影响蒸汽品质等问题。

(4) 药品应纯净，常用水处理化学品的质量应符合有关规定。

(5) 加药量应根据水质，按标准加入，不宜过大或过小。加药量过大的缺点：1) 增加药剂消耗量，增加了水处理成本；2) 增加了给水或炉水含盐量，影响水质质量；3) 过量的药剂可能在水中产生水解等反应，增加了腐蚀等问题；4) 对阻垢剂而言，容易形成黏附性大的水渣，如 $Mg_3(PO_4)_2$，增加了形成二次水垢的机会。

(6) 为了便于运行控制和计量调整，也为了保持处理水中的药量稳定，一般都是将药品配成较稀溶液（一般为1% ~5%），用计量泵连续加入。

(7) 加药要均匀，不应使被处理水中药剂浓度上升速度太快，以避免锅炉水中含盐量骤增而影响蒸汽品质。

(8) 对联氨和亚硫酸钠这类有毒、易燃或易与空气中氧作用而失效的药品，在保存、储存和配制时应尽量在密闭状态下进行，操作者应按规定穿着劳动保护用品，以防中毒。

7.8.3.3 化学除氧剂的添加量控制

在添加化学除氧剂时应根据所采用除氧剂的不同，适当控制添加量。亚硫酸钠因其分解的二氧化硫和硫化氢等气体被蒸汽带入汽轮机后，会腐蚀汽轮机叶片等设备，故仅使用在中压锅炉，使用时要控制炉水中 SO_3^{2-} 的含量不大于40mg/L。

当使用联氨时，添加量要通过试验确定，一般要使省煤器入口给水中的联氨过剩量为20 ~50μg/L。

8　钢铁企业水处理中常用的水处理设备与构筑物

8.1　混凝设备与构筑物

8.1.1　混凝过程中的控制指标

混凝过程中的控制指标如下：

（1）速度梯度 G 值。速度梯度 G 值是控制混凝效果的水力条件，在絮凝设备中往往以速度梯度 G 值作为重要的控制参数。速度梯度的计算公式：

$$G = \sqrt{\frac{p}{\mu}}$$

式中　G——速度梯度，s^{-1}；

μ——水的动力黏度，Pa·s；

p——单位体积水所耗散的功率，W/m^3。

当用机械搅拌时，单位体积水所耗散的功率 p 由机械搅拌器提供，速度梯度计算公式为：

$$G = \sqrt{\frac{P}{\mu V}} = \sqrt{\frac{p}{\mu}} = \sqrt{\frac{1000\eta_1\eta_2 N}{\mu V}}$$

式中　G——速度梯度，s^{-1}；

p——单位体积水所耗散的功率，W/m^3；

P——搅拌设备的有效功率，W；

V——水流体积，m^3；

N——电机功率，kW；

μ——水的动力黏度，Pa·s；

η_1——搅拌设备机械效率，一般取值为0.75；

η_2——传动系统的效率，一般取值为0.6～0.9。

当采用水力搅拌时，单位体积水所耗散的功率 p 为水流本身能量消耗，速度梯度计算公式为：

$$G = \sqrt{\frac{\rho g h}{\mu T}}$$

式中　G——速度梯度，s^{-1}；

ρ——水的密度，kg/m^3；

h——流过混凝设备的水头损失，m；

μ——水的动力黏度，Pa·s；

T——水流在混凝设备中的停留时间；

g——重力加速度。

（2）GT 值。在絮凝阶段，主要依靠机械或水力搅拌，促使颗粒碰撞聚集。搅拌水体的强度以速度梯度 G 值的大小来表示，同时考虑絮凝时间（也就是颗粒停留时间）T。GT 值相当于单位体积水体中颗粒碰撞的总次数。

8.1.2 混合设备与构筑物

混合设备是完成凝聚过程的重要设备。它能保证在较短的时间内将药剂扩散到整个水体，并使水体产生强烈紊动，为药剂在水中的水解和聚合创造了良好的条件。一般混合时间为1～2min，混合时的流速应在1.5m/s以上。常用的混合方式有水泵混合、管式混合和机械混合等。

（1）水泵混合。将药剂加于水泵的吸水管或吸水喇叭口处，利用水泵叶轮的高速转动达到快速而剧烈混合的目的，取得良好的混合效果，不需另建混合设备，但需在水泵内侧、吸入管和排放管内壁衬以耐酸、耐腐材料，同时要注意进水管处的密封，以防水泵汽蚀。当泵房远离处理构筑物时不宜采用，因已形成的絮体在管道出口一经破碎难以重新聚结，不利于以后的絮凝。

（2）管式混合。通过管道中阻流部件产生局部阻力，扰动水体发生湍流的混合称为管式混合。常用的管式混合器可分为简易管道混合器和管式静态混合器。

简易管道混合器如图8-1所示。

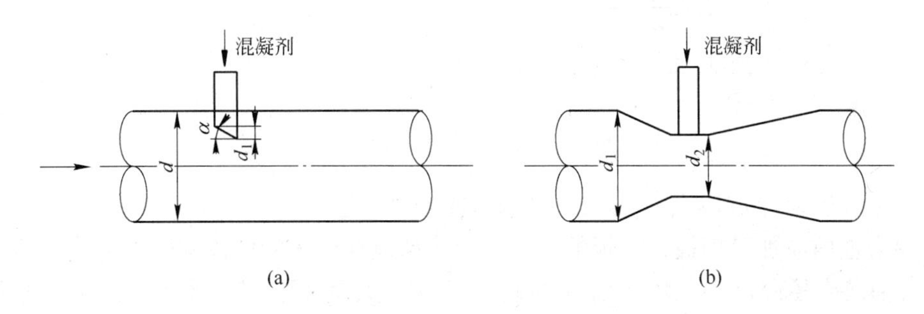

图8-1 简易管道混合器

（a）混凝剂投加方向和水流方向相反；（b）安装文丘里管混合

管式静态混合器是一种没有运动部件的高效混合设备，其基本工作机理是利用固定在管内的混合单元体改变流体在管内的流动状态，以达到不同流体之间良好分散和充分混合的目的，如图8-2所示。在混合器内部安装若干固定扰流叶片，交叉组成。投加混凝剂后的水流通过叶片时，被依次分割，改变水流方向，并形成漩涡，达到迅速混合的目的。

（3）机械搅拌混合。对混合池设计的基本要求是使投加的化学混凝剂与水体达到快速而均匀的混合，要在水流造成剧烈紊动的条件下投入混凝剂，一般混合时间5～30s，不大于2min。但对于高分子絮凝剂而言，只要达到均匀混合即可，并不苛求快速。混合池的设计以控制池内水流的平均速度梯度 G 值为依据，G 值一般控制在500～1000s^{-1}范围，过度

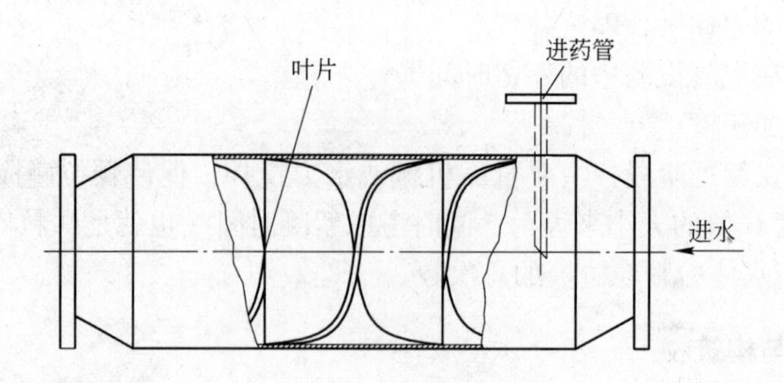

图 8-2　管式静态混合器

的 G 值（超过 $1000s^{-1}$）和长时间的搅拌，会给后序的絮凝过程带来负面的影响。

机械混合所使用的桨板多数采用结构简单、制作容易的叶片式桨板混合搅拌器，如图 8-3 所示。

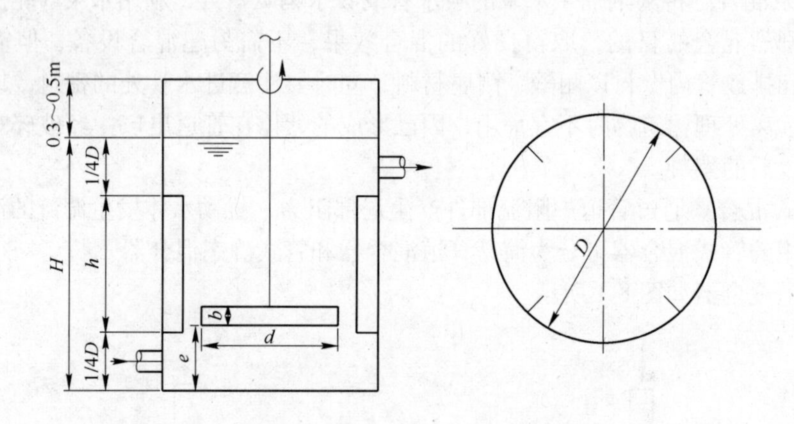

图 8-3　桨板式搅拌混合池示意图

混合池通常设计成圆形或方形，水深与池径之比一般为 0.8 ~ 1.5，干弦为 0.3 ~ 0.5m。混合池内应加设挡板，挡板的作用是消除被搅拌液体的整体旋转，将液体的切向流动转变为轴向或径向流动，增大液体的湍动程度，从而加强混合效果。挡板一般设为 4 块，每块宽度 $B = (1/10 \sim 1/12)D$（D 为池径）。

若池形为方池，则以当量直径 D_e 替代 D，当量直径 $D_e = 1.13\sqrt{LW}$（式中，L、W 为边长）。

桨式搅拌器的设计参数见表 8-1。

表 8-1　桨式搅拌器设计参数

项　目	符　号	单　位	推 荐 参 数
搅拌器外缘线速度	v	m/s	1.0 ~ 5.0
搅拌器直径	d	m	$(1/3 \sim 2/3)D$
搅拌器距池底高度	e	m	$(0.5 \sim 1.0)d$
搅拌器宽度	b	m	$(0.1 \sim 0.25)d$

8.1.3 絮凝设备与构筑物

和混合一样，絮凝是通过水力搅拌或机械搅拌扰动水体，产生速度梯度或涡旋，促使颗粒相互碰撞聚结。根据能量来源不同，絮凝设备分为水力絮凝池及机械絮凝池。

（1）水力絮凝池。在水力絮凝池中，水流方向不同，扰流隔板的位置不同，又分为很多形式的絮凝池。从絮凝池颗粒成长规律分析，无论何种形式的絮凝池，对水体的扰动程度都是由大到小。在每一种水力条件下，会生成与之相适应的絮凝体颗粒，即不同水力条件下的“平衡粒径”颗粒。根据大多数水源的水质情况分析，取絮凝时间 T 为 15 ~ 30min，起端水力速度梯度 G 为 $100s^{-1}$左右、末端 $10 \sim 20s^{-1}$，GT 为 $10^4 \sim 10^5$，可获得较好的絮凝效果。

水力絮凝池中隔板絮凝池较为常用。隔板絮凝池是水流通过不同间距隔板进行絮凝的构筑物。隔板絮凝池中的水流在隔板间流动时，水流和壁面产生近壁紊流，向整个断面传播，促使颗粒相互碰撞聚结。隔板絮凝池主要有往复式和回转式两种。

1）往复式隔板反应池。往复式隔板反应池是在一个矩形水池内设置许多隔板，水流沿两隔板之间的廊道往复前进。隔板间距（廊道宽度）自进水端至出水端逐渐增加，从而使水流速度逐渐减小，以避免逐渐增大的絮体在水流剪切力下破碎。水流在廊道间往返流动，造成颗粒碰撞聚集达到絮凝效果，水流的能量消耗来自反应池内的水位差。往复式隔板反应池如图 8-4 所示。

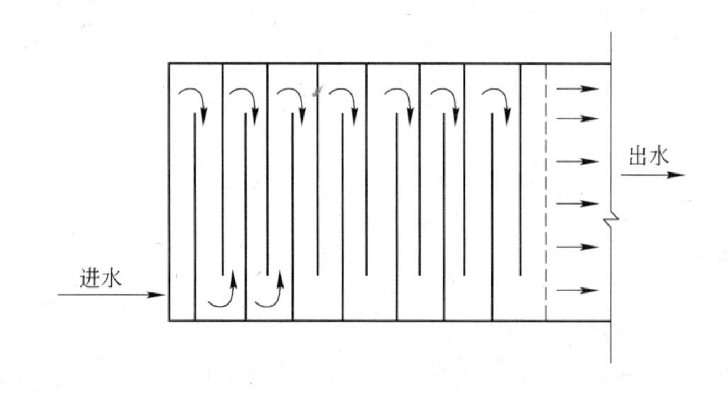

图 8-4 往复式隔板反应池

2）回转式隔板反应池。往复式隔板反应池在水流转角处能量消耗大，但对絮体成长并不有利。在 180°的急剧转弯处，虽会增加颗粒碰撞概率，但也易使絮体破碎。为减少不必要的能量消耗，于是将 180°转弯改为 90°转弯，形成回转式反应池。为便于与沉淀池配合，水流自反应池中央进入，逐渐转向外侧。廊道内水流断面由中央至外侧逐渐增大，原理与往复式相同。回转式隔板反应池如图 8-5 所示。

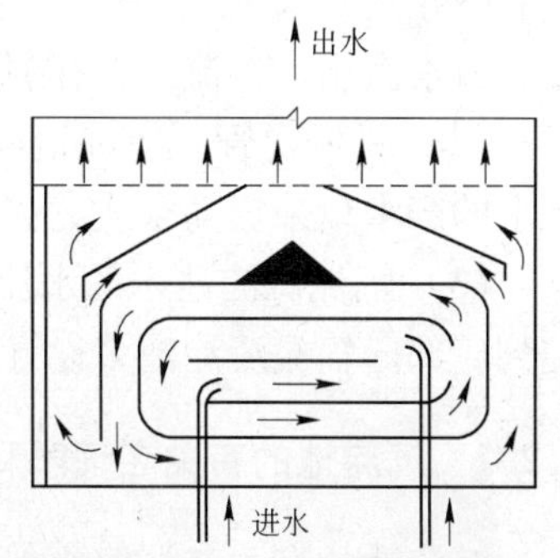

图 8-5 回转式隔板反应池

隔板絮凝池一般不少于两座，反应时间为 20 ~ 30min，色度高、难沉淀的细颗粒较多时宜采用高值。池内流速应按高速设计，进口流速一般为 0.5 ~ 0.6m/s，出口流速一般为 0.02 ~ 0.3m/s。通常用改变隔板的间距以达到改变流速的要求。隔板净间距应大于0.5m，小型反应池采用活动隔板时可适当减小间距。进水管口应设挡板，避免水流直冲隔板。反应池超高一般取0.3m。隔板转弯处的过水断面面积应为廊道断面面积的1.2～1.5倍。池底坡向排泥口的坡度一般取2%～3%，排泥管直径不小于150mm。速度梯度G与反应时间t的乘积Gt可间接表示整个反应时间内颗粒碰撞的总次数，可用来控制反应效果。当原水浓度低、平均G值较小或处理要求较高时，可适当延长反应时间，以提高GT值，改善反应效果。一般平均G值控制在20～70s之间为宜，GT值应控制在10^4～10^5之间。

（2）机械絮凝池。机械絮凝池是通过电动机变速驱动搅拌器搅动水体，因桨板前后压力差促使水流运动产生漩涡，导致水中颗粒相互碰撞聚结的絮凝池。机械搅拌反应池根据转轴的位置可分为水平轴式和垂直轴式两种，垂直轴式应用较广，水平轴式操作和维修不方便，目前较少应用。

机械絮凝池池数一般不少于2座。每座池一般设3～4挡搅拌器，各搅拌器之间用隔墙分开以防水流短路，垂直搅拌轴设于池中间。搅拌叶轮上桨板中心处的线速度自第一挡0.5～0.6m/s逐渐减小至0.2～0.3m/s。线速度的逐渐减小，反映了速度梯度G值的逐渐减小。垂直轴式搅拌器的上桨板顶端应设于池子水面下0.3m处，下桨板底端设于距池底0.3～0.5m处，桨板外缘与池侧壁间距不大于0.25m。桨板宽度与长度之比$\sigma/z=1/10$～$1/15$，一般采用$\sigma=0.1$～0.3m。每台搅拌器上桨板总面积宜为水流截面的10%～20%，不宜超过25%，以免池水随桨板同步旋转，减弱絮凝效果。水流截面积是指与桨板转动方向垂直的截面积。所有搅拌轴及叶轮等机械设备应采取防腐措施。轴承与轴架宜设于池外，以免进入泥沙，致使轴承严重磨损和轴杆折断。

8.2　沉淀池

8.2.1　沉淀池类型

经混合、絮凝后，水中悬浮颗粒已形成粒径较大的絮凝体，需要在沉淀构筑物中分离出来。在重力作用下，将悬浮物颗粒从水中分离出来的构筑物是沉淀池。在正常情况下，沉淀池可以去除处理系统中90%以上的悬浮固体，而排出沉泥水中的含固率为1%左右。在工程实践中常用的沉淀池有平流沉淀池、斜板（管）沉淀池和辐射沉淀池等。

（1）平流沉淀池为矩形水池，上部是沉淀区，或称泥水分离区，底部为存泥区。经絮凝后的原水进入沉淀池后，沿进水区整个断面均匀分布，经沉淀区后，水中颗粒沉于池底，清水由出水口流出，存泥区的污泥通过吸泥机或排泥管排出池外。

（2）斜板（管）沉淀池的沉淀属于浅池沉淀，主要基于增大沉淀面积、减少单位面积上的产水量来提高杂质的去除效率。

（3）辐流沉淀池中的水流从池中心进入后流向周边，水平流速逐渐减少，沉降杂质沉淀到底部。辐流沉淀池多设计成圆形，池底向中心倾斜。

8.2.2　沉淀池的有关名词解释

沉淀池的有关名词解释如下：

（1）水力停留时间。水力停留时间T是指待处理污水在沉淀池内的平均停留时间。因此，如果反应器的有效容积为 $V(m^3)$，进入沉淀池的污水流量为 $Q(m^3/h)$，则 $T=V/Q$ (h)。

(2) 表面负荷。单位时间内通过沉淀池单位表面积的流量，称为表面负荷或溢流率。沉淀池的表面负荷常用 q 表示，即流量 Q 与表面积 A 的比值，单位为 $m^3/(m^2 \cdot h)$。表面负荷代表沉淀池的沉淀能力，或者单位面积的产水量，在数值上等于从最不利点进入沉淀池全部去除的颗粒中最小的颗粒沉速。

8.2.3 平流式沉淀池

8.2.3.1 基本结构

平流沉淀池分为进水区、沉淀区、存泥区、出水区四部分，如图8-6所示。

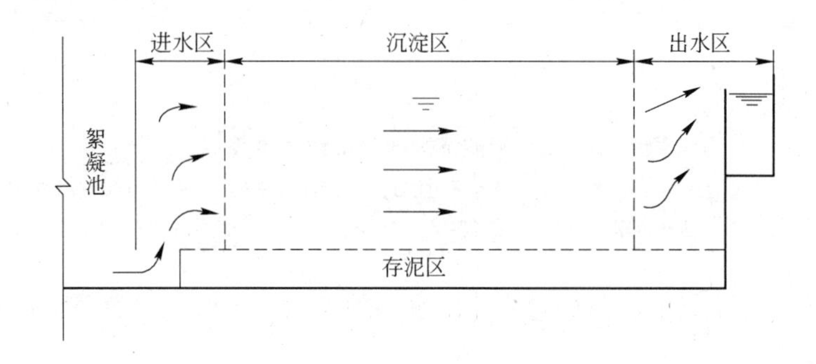

图8-6 平流沉淀池结构示意图

(1) 进水区。进水区的作用是使流量均匀分布在进水截面上，尽量减少扰动。一般做法是使水流从絮凝池直接流入沉淀池，通过整流措施将水流均匀分布在沉淀池的整个断面上，如图8-7所示。

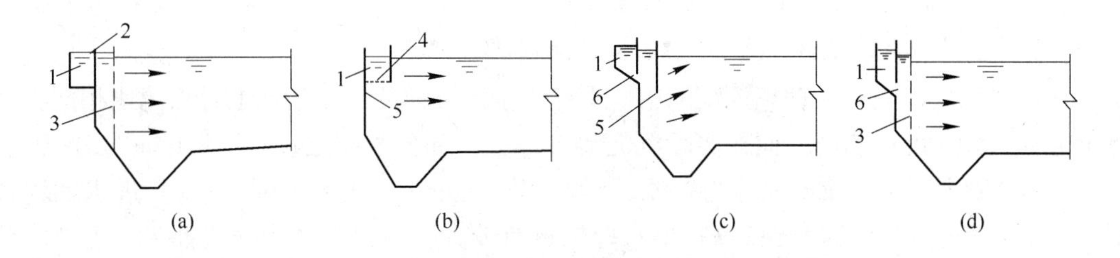

图8-7 平流沉淀池的入口整流措施

1—进水槽；2—溢流堰；3—有孔整流墙；4—底孔；5—挡流板；6—淹没孔

图8-7(a)采用溢流式入流装置，并设置有孔整流墙（穿孔墙）；图8-7(b)采用底孔式入流装置，底部设有挡流板；图8-7(c)采用淹没孔与挡流板的组合；图8-7(d)采用淹没孔与有孔整流墙的组合。为使矾花不宜破碎，通常采用穿孔花墙，$v<0.15\sim0.2$m/s，洞口总面积也不宜过大，一般开孔总面积为过水断面的6%~20%。

(2) 沉淀区。沉淀区即为泥水分离区，由长、宽、深尺寸决定。沉淀池长度决定于水平流速 v 和停留时间 T。一般要求长深比（L/H）大于10。沉淀池宽度（B）和处理水量

(Q) 有关，即 $B=Q/(Hv)$。沉淀区的高度一般为 3~4m，平流式沉淀池中应减少紊动性，提高稳定性。宽度 B 越小，池壁的边界条件影响就越大，水流稳定性越好。一般设计 B 为 3~8m，最大不超过 15m。设计要求长宽比 (L/B) 大于 4。

(3) 出水区。出水区的整流措施通常采用溢流堰、淹没孔口、锯齿形三角堰，如图 8-8所示。孔口流速宜为 0.6~0.7m/s，孔径 20~30mm，孔口在水面下 15cm，水流应自由跌落到出水渠。

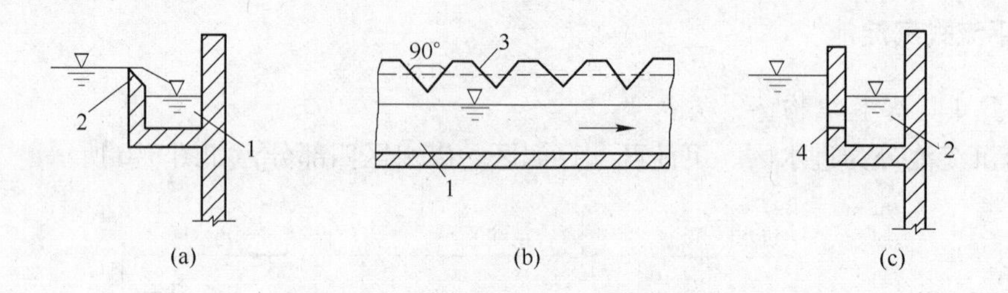

图 8-8　平流沉淀池出水堰的形式

(a) 自由堰式的出水堰；(b) 锯齿三角堰式的出水堰；(c) 出流孔口式的出水堰

1—集水槽；2—自由堰；3—锯齿三角堰；4—淹没堰口

为了不使流线过于集中，应尽量增加出水堰的长度，降低流量负荷。堰口溢流率一般小于 $500m^3/(m \cdot d)$。

(4) 存泥区及排泥措施。泥斗排泥：靠静水压力 1.5~2.0m，下设有排泥管，多斗形式，可省去机械刮泥设备（池容不大时）。

穿孔管排泥：需存泥区，池底水平略有坡度以便放空。

机械排泥：带刮泥机，池底需要一定坡度，适用于 3m 以上虹吸水头的沉淀池，当沉淀池为半地下式时，用泥浆泵抽吸。

还有一种单口扫描式吸泥机，无需成排的吸口和吸管装置，沿着横向往复行走吸泥。

8.2.3.2　影响平流式沉淀池沉淀效果的因素

(1) 短流的影响。在理想沉淀池中，垂直于水流方向的过水断面上各点流速相同，在沉淀池的停留时间 t_0 相同。而在实际沉淀池中，有一部分水流通过沉淀区的时间小于 t_0，而另一部分则大于 t_0，该现象称为短流。影响沉淀池短流的主要原因有：1) 进水的惯性作用，使一部分水流流速变快；2) 出水堰口负荷较大，堰口上产生水流抽吸，近处水区处出现快速水流；3) 风吹沉淀池表层水体，使水平流速加快或减慢；4) 温差或过水断面上悬浮颗粒密度差、浓度差，产生异重流，使部分水流水平流速减慢，另一部分水流流速加快或在池底绕道前进；5) 沉淀池池壁、池底、导流墙摩擦，刮（吸）泥设备的扰动使一部分水流水平流速减小。

短流的出现有时形成流速很慢的“死角”，减小了过流面积，局部地方流速更快，本来可以沉淀去除的颗粒被带出池外。从理论上分析，沿池深方向的水流速度分布不均匀时，表层水流速度较快，下层水流速度较慢。沉淀颗粒自上而下到达流速较慢的水流层后，容易到达终端池底，对沉淀效果影响较小。而沿宽度方向水平流速分布不均匀时，沉淀池中间水流停留时间小于 t_0，将有部分颗粒被带出池外。靠池壁两侧的水流流速较慢，有利于颗粒沉淀去除，一般不能抵消较快流速带出沉淀颗粒的影响。

（2）絮凝作用的影响。平流式沉淀池水平流速存在速度梯度以及脉动分速，伴有小的涡流体。同时，沉淀颗粒间存在沉速差别，因而导致颗粒间相互碰撞聚结，进一步发生絮凝作用。水流在沉淀池中停留时间越长，则絮凝作用越加明显。无疑，这一作用有利于沉淀效率的提高，但同理想沉淀池相比，也视为偏离基本假定条件的因素之一。

8.2.3.3 平流式沉淀池基本要求

（1）平流式沉淀池的长度多为30~50m，池宽多为5~10m。沉淀区有效水深一般不超过3m，多为2.5~3.0m。为保证水流在池内的均匀分布一般长宽比不小于3~5，长深比为8~12。每格宽度应在3~8m，不宜大于15m。

（2）采用机械刮泥时在沉淀池的进水端设有污泥斗，池底的纵向污泥斗坡度不能小于0.01，一般为0.01~0.02。刮泥机的行进速度不能大于1.2m/min，一般为0.6~0.9m/min。

（3）平流式沉淀池水平流速为5~7mm/s。表面负荷：给水自然沉淀0.4~0.6m^3/(m^2·h)；混凝后沉淀1.0~2.2m^3/(m^2·h)。水力停留时间一般要求为1.0~3.0h。

（4）在进出口处均应设置挡板，高出水面0.10~0.15m。进口处挡板淹没深度不应小于0.25m，一般为0.50~1.0m；出口处挡板淹没深度一般为0.3~0.4m。进口处挡板距进水口0.50~1.0m，出口处挡板距出水堰板0.25~0.5m。

（5）平流式沉淀池容积较小时可使用穿孔管排泥。穿孔管大多布置在集泥斗内也可布置在水平池底上。沉淀池采用多斗排泥时泥斗平面呈方形或近于方形的矩形，排数一般不能超过两排；泥斗的斜壁与水平面的倾角，方斗宜为60°、圆斗宜为55°。大型平流式沉淀池一般都设置刮泥机将池底污泥从出水端刮向进水端的污泥斗，同时将浮渣刮向出水端的集渣槽。

8.2.4 斜管沉淀池

8.2.4.1 原理

设斜管沉淀池池长为L，深度为H，池中水平流速为v，颗粒沉速为u_0，在理想状态下，$L/H=v/u_0$。可见L与v值不变时，池身越浅，可被去除的悬浮物颗粒越小。若用水平隔板，将H分成3层，每层层深为$H/3$，在u_0与v不变的条件下，只需$L/3$，就可以将u_0的颗粒去除，也即总容积可减少到原来的1/3。如果池长不变，由于池深为$H/3$，则水平流速可增加到$3v$，仍能将沉速为u_0的颗粒除去，也即处理能力提高3倍。同理，将沉淀池分成n层就可以把处理能力提高n倍。这就是浅池理论。

8.2.4.2 斜管沉淀池的构造

在斜管沉淀池中按水流与污泥的相对运动方向可分为上向流、同向流和侧向流三种。而实际应用的斜管沉淀池只有上向流、同向流两种形式。水流自下而上流出，沉淀污泥沿斜管、斜板壁面自动滑下，称为上向流沉淀池。水流水平流动，沉淀污泥沿斜板壁面滑下，称为侧向流斜板沉淀池。上向流斜板（管）沉淀池是目前在实际工程应用中最常见的基本形式，其结构如图8-9所示。

（1）配水区。斜板或斜管沉淀池的进水区高度应不小于1.5m，以便均匀配水。为了使水流均匀地进入斜管下的配水区，进口一般应考虑整流措施，可以采用穿孔墙。整流配水孔的流速一般要求不大于反应池出口流速，通常在0.15m/s以下。

（2）沉淀区。斜管沉淀池采用乙丙共聚、玻璃钢或聚氯乙烯蜂窝斜管，倾角为60°，

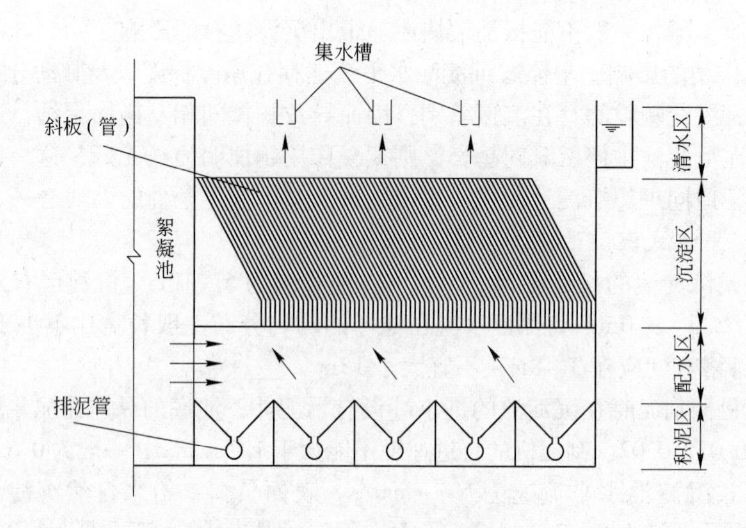

图 8-9　斜板沉淀池示意图

斜长 1m，内切圆直径为 35 ~ 50mm 不等，根据水质可以改变内切圆直径，以达到最佳沉淀效果。

（3）清水区。斜管顶部以上清水区高度为 1.0 ~ 1.5m。

（4）积泥区。斜管沉淀池多采用斗式排泥，靠重力将积泥排到污泥池后进行处理。

8.2.4.3　斜板沉淀池的优缺点

（1）优点：1）沉淀面积增大；2）沉淀效率高，产水量大；3）水力条件好，雷诺数 *Re* 小，弗罗德数 *Fr* 大，有利于沉淀。

（2）缺点：1）由于停留时间短，其缓冲能力差；2）对混凝要求高；3）维护管理较难，使用一段时间后需更换斜板（管）。

8.2.5　辐射沉淀池

8.2.5.1　结构

辐射式沉淀池直径 6 ~ 60m，池内水深 1.5 ~ 3.0m，机械排泥，池底坡度不小于 0.05，如图 8-10 所示。为使布水均匀，设穿孔挡板，穿孔率 10% ~ 20%。

8.2.5.2　工作原理

废水自池中心进水管经导流筒扩散后入池，沿半径方向向池周缓慢流动。水流在池中呈水平方向向四周辐（射）流，由于过水断面面积不断变大，故池中的水流速度从池中心向池四周逐渐减慢。悬浮物在流动中沉降，并沿池底坡度进入污泥斗，澄清水从池周溢流入出水渠。泥斗设在池中央，池底向中心倾斜。沉淀于池底的污泥一般采用刮泥机刮除。

刮泥机主要由桥架、驱动装置、中心旋转支座、可动臂、刮泥板、撇渣装置、出水堰等钢结构件组成，运行时，由齿轮减速电机驱动桥架的主动走轮旋转，带动悬挂的可动臂和刮泥板转动，将池底的沉泥刮集至中心排泥斗后排出；同时，水面的浮渣通过撇渣装置撇向池边，再由刮渣耙刮进排渣斗排出池外。对辐流式沉淀而言，目前常用的刮泥机械有中心传动式刮泥机和吸泥机以及周边传动式的刮泥机与吸泥机等，一般池体直径小于 20m 的辐射沉淀池采用中心传动式刮泥机，池体直径大于 20m 的辐射沉淀池采用周边传动式刮泥机。

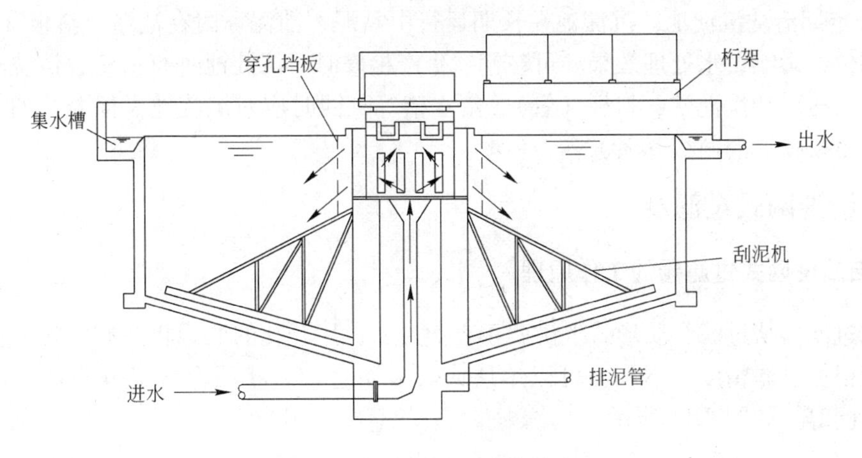

图 8-10 辐射沉淀池结构示意图

8.2.6 沉淀池的运行管理

沉淀池运行管理的基本要求是保证各项设备安全完好，及时调控各项运行控制参数，保证出水水质达到规定的指标。为此，沉淀池的运行管理应着重做好以下几方面工作：

（1）避免短流。进入沉淀池的水流，在池中停留的时间通常并不相同，一部分水的停留时间小于设计停留时间，很快流出池外；另一部分则停留时间大于设计停留时间。这种停留时间不相同的现象称为短流。短流使一部分水的停留时间缩短，得不到充分沉淀，降低了沉淀效率；另一部分水的停留时间可能很长，甚至出现水流基本停滞不动的死水区，减少了沉淀池的有效容积。总之短流是影响沉淀池出水水质的主要原因之一。形成短流现象的原因很多，如进入沉淀池的流速过高；出水堰的单位堰长流量过大；沉淀池进水区和出水区距离过近；沉淀池溢流堰板变形，不在同一水平面等。

（2）正确投加混凝剂。当沉淀池用于混凝工艺的液固分离时，正确投加混凝剂是沉淀池运行管理的关键之一。要做到正确投加混凝剂，必须掌握进水水质和水量的变化。要定时检查加药量的变化，如药剂罐的液位是否正常、计量泵的频率有无变化等，特别要防止断药事故的发生，因为即使短时期停止加药也会导致出水水质的恶化。要加强加药设备的检查维护，如泵前 Y 型过滤器要定时清理、检查加药管路和阀门有无堵塞现象等。

（3）及时排泥。及时排泥是沉淀池运行管理中极为重要的工作。污水处理中的沉淀池中所含污泥量较多，特别是含有有机污泥，如不及时排泥，就会产生厌氧发酵，致使污泥上浮，絮体进入水中，不仅破坏了沉淀池的正常工作，而且使出水水质恶化。要严格按照沉淀池排泥周期和时间进行排泥，同时注意观察排泥情况，当排泥不彻底时应停池（放空）采用人工冲洗的方法清泥。要加强排泥设备的维护管理，一旦机械排泥设备发生故障，应及时修理，以避免池底积泥过度，影响出水水质。

（4）防止藻类滋生。连铸浊环水、轧钢浊环水的沉淀池，由于水温适合菌藻的繁殖，水中油为菌藻繁殖提供了营养源，会导致藻类在池中滋生，尤其是在气温较高的地区，沉淀池中加装斜板（管）时，这种现象可能更为突出。藻类滋生会使微生物黏泥形成，堵塞过滤器、管道等，影响生产。防止菌藻的滋生，要定期在水中投加杀菌灭藻剂，如在水中加液氯、二氧化氯、优氯净等，以抑止藻类生长。

（5）定期清洗沉淀池。沉淀池在长期运行中黏泥、油泥黏附在池壁、斜板（管）、集水槽等部位，影响了水处理效果。可在钢铁生产检修时对沉淀池进行清洗，清洗时放空沉淀池，用高压水冲洗池壁、斜板（管）、集水槽等，同时应对沉淀池做保养，如对水下部件防腐、更换损坏的斜板（管）等。

8.3 自清洗网式过滤器

8.3.1 自清洗网式过滤器的工作原理

网式过滤器从过滤介质形式上讲属于表面过滤，用开孔的滤网将杂质颗粒拦截在其表面。滤网根据过滤精度的不同，可以单层或者多层叠加。滤网形式又分为钻孔网、编织网、楔形网等，如图 8-11 所示。

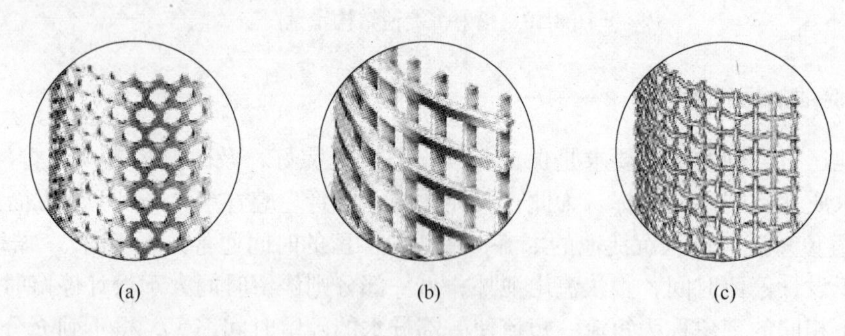

图 8-11 滤网的形式

（a）钻孔网；（b）楔形网；（c）编织网

网式过滤器自清洗方式有两种：吸吮式和刷式。吸吮式在水质较好、过滤精度较高时使用。刷式适用于水质较差、过滤精度较粗的场合。一般循环冷却水所用的自清洗过滤器多采用刷式清理。

8.3.2 自清洗网式过滤器的工作过程

8.3.2.1 吸吮式自清洗过滤器

吸吮式自清洗过滤器的结构如图 8-12 所示。

A 过滤过程

待过滤的水从入口进入滤网内部，杂质被拦截在滤网的内表面，干净的水进入滤网和过滤器外壳之间的空间，从出口流出。在过滤进行过程中，杂质在滤网内表面不断堆积，滤网内外两侧的压差不断升高，当压差上升到预先设定值时，控制器就启动自清洗程序，过滤器进入反洗状态。

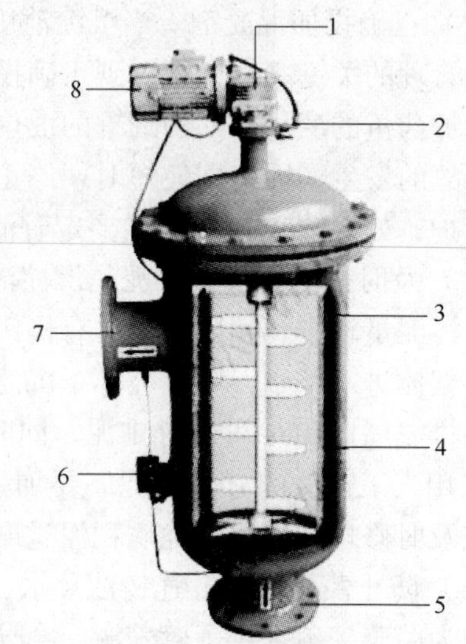

图 8-12 吸吮式自清洗过滤器的结构

1—减速机；2—自动排污阀；3—滤网；4—清洁吸嘴；5—进水口；6—压差控制器；7—出水口；8—清洗电机

B 反洗过程

过滤过程中，压差开关在线监测着滤网

内外侧的压力差，当压差达到预先设定值，压差开关激发控制器启动反洗程序。反洗程序也可以按照预先设定的时间或者手动强制启动。控制器打开排污阀门，集污器在电机的驱动下开始转动。由于排污阀门排空，在进水压力作用下，在滤网内表面和吸吮口之间形成局部真空，堆积在滤网内表面的杂质在真空吸吮作用下进入集污器，经由排污阀门排出。集污器在电机驱动旋转的同时，在水力活塞的推动下沿着轴向移动，使得吸吮口扫描一定的范围，吸吮口所到之处，杂质就被吸到集污器排出。

每个吸吮口负责一定的面积，当所有内表面被吸吮完全后，驱动电机停止工作，集污器在水力活塞的作用下，恢复到原来的位置，排污阀门关闭。整个自清洗的过程中，过滤过程不停止，出口正常出水。

8.3.2.2 刷式自清洗过滤器

刷式自清洗过滤器的结构如图8-13所示。

A 过滤过程

水由入水口进入，经过细滤网将颗粒杂质从水中滤去。随着水流的不断经过，水中的脏物及杂质不断在细滤网内侧累积，逐渐在细滤网的内外两侧形成一个压力差。

B 反洗过程

当压力差（Δp）达到压差指示仪上的预设值（通常为0.05MPa）时，或在（以时间方式启动的反冲洗中）经过预先设定的时间后，自动反冲洗过程被启动，同时净水的供应不中断。控制器首先传出一个反冲洗信号，排污阀打开，过滤器内部、细滤网内侧压力降低，此时电力发动机开始工作，使清洁刷沿轴线旋转，将细滤网内侧累积的脏物及颗粒清扫干净，由排污阀将污物排出。

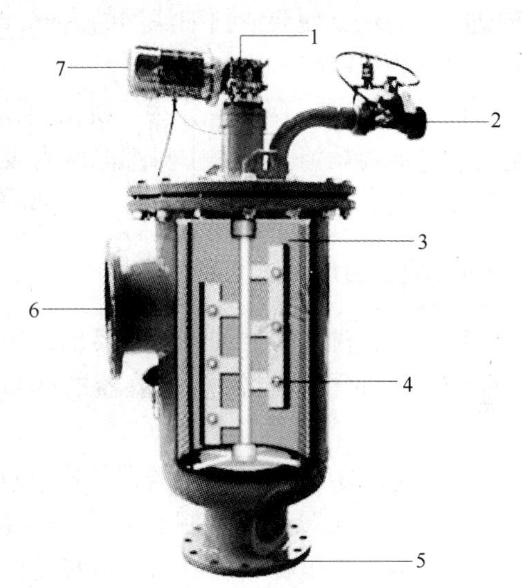

图8-13 刷式自清洗过滤器的结构
1—减速机；2—自动排污阀；3—滤网；4—清洁刷；5—进水口；6—出水口；7—清洗电机

8.3.3 网式自清洗过滤器的主要部件

网式自清洗过滤器的主要部件有：

（1）电磁阀。电磁阀是过滤系统中重要的控制部件，其通过水力控制排污阀的打开与关闭来完成对过滤器的反清洗。

电磁阀按控制电源类型分为直流电磁阀、交流电磁阀；按材质分为PVC电磁阀、黄铜座电磁阀。

（2）压差指示仪。压差指示仪检测入口水压与出口水压的压力差，当这个压力差达到指示仪所设定的数值时，压差指示仪将发送数据至电子控制单元，电子控制单元将据此信号控制过滤器的反清洗过程。

（3）电机。电力发动机带动吸污管或清洁刷进行轴向旋转运动，从而在反清洗时完成对过滤器细滤网内壁的吸污作用。

（4）排污阀。排污阀受控于电磁阀，是过滤器开始和结束反清洗过程的关键部件。

（5）细滤网。细滤网是过滤器的核心部件，细滤网的好坏直接影响过滤的效果。因此，在初次选型时，必须要根据要求进行选择滤网。

根据过滤要求的不同，细滤网的过滤精度也随之不同。因此细滤网按过滤精度可以分为 25μm、30μm、40μm、50μm、80μm、100μm、120μm、150μm、200μm、400μm、800μm、1500μm、3000μm 等几种。

（6）清洁刷。清洁刷作为刷式自清洗过滤器的清污器，被安装在旋转轴上，当旋转轴转动时，清洁刷便会清扫细滤网的内壁，从而达到清的效果。清洁刷的材质为不锈钢，底座的材质为 PVC。

（7）吸污管。吸污管作为吸吮式自清洗过滤器的清污器，其材质为不锈钢。它的作用是完成过滤器反清洗过程中对细滤网内表面的吸污，在反清洗过程中由液压活塞带动其进行轴向运动，并靠水压带动吸污管前部的液压马达实现吸污管的旋转。

8.3.4 网式自清洗过滤器的维护

网式自清洗过滤器的维护主要包括如下几方面：

（1）定时检查自清洗过滤器的运行情况，如压差、水量、反洗是否正常，并做好记录。

（2）定期打开自清洗过滤器，检查过滤网堵塞情况。

（3）当过滤器差压控制器上显示的压差值超过设定值不正常反洗时，要及时检查过滤器差压控制器、电控箱、电动排污阀是否正常。

（4）发现设备一直清洗不停，观察进出水压力表是否有压差；如有压差，表示滤网已堵塞，及时关机，打开过滤器，人工清洗滤网。

8.4 厢式板框压滤机

8.4.1 厢式板框压滤机的工作原理

待过滤的料液通过输料泵在一定的压力下，从止推板的进料孔进入到各个滤室，通过滤布，固体物被截留在滤室中，并逐步形成滤饼；液体则通过板框上的出水孔排出机外。

8.4.2 厢式板框压滤机主机结构组成

厢式隔膜压滤机由五大部分组成：机架部分、过滤部分（隔膜板、滤板、滤布）、拉板部分、液压部分和电气控制部分。图 8-14 所示为厢式板框压滤机结构。

8.4.2.1 机架部分

机架部分是机器的主体，用以支撑过滤机构，连接其他部件。它主要由止推板、压紧板、油缸体和主梁等部件组成。机器工作时，油缸体内的活塞推动压紧板，将位于压紧板与止推板之间的滤板、隔膜板、滤布压紧，以保证带有压力的料浆在滤室内进行加压过滤。

8.4.2.2 过滤部分

过滤部分是由按一定次序排列在主梁上的滤板、夹在滤板之间的滤布、隔膜滤板组成，滤板、滤布与隔膜滤板的相间排列，形成了若干个独立的过滤单元——滤室。过滤开

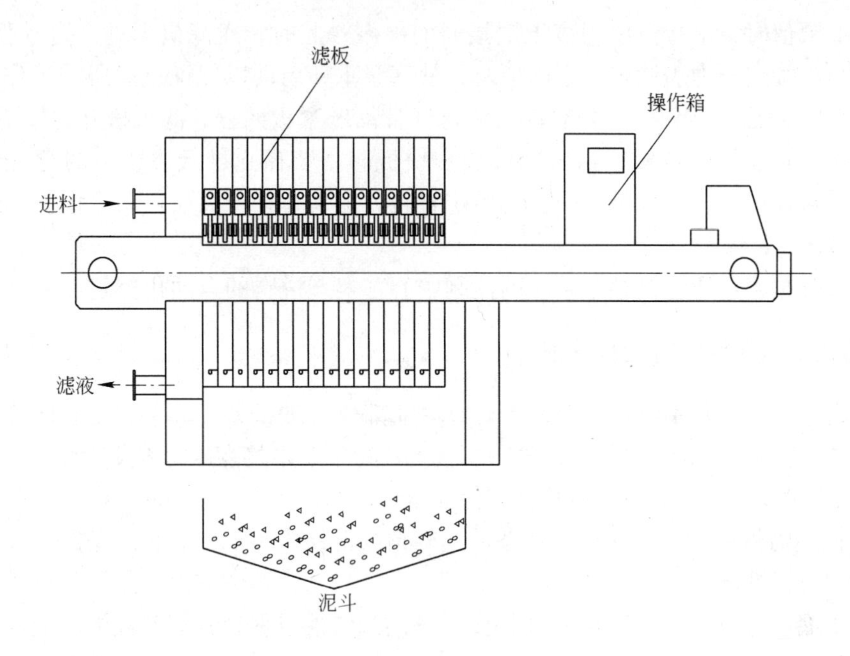

图 8-14　厢式板框压滤机结构

始时，料浆在进料泵的推动下，经止推板上的进料口进入各滤室内，并借进料泵产生的压力进行过滤。由于滤布的作用，使固体留在滤室内形成滤饼，滤液由水嘴（明流）或出液阀（暗流）排出。若需洗涤滤饼，可由止推板上的洗涤口通入洗涤水，对滤饼进行洗涤；若需要较低含水率的滤饼，同样可从洗涤口通入压缩空气，穿过滤饼层，以带走滤饼中的部分水分。若从进气口通入压缩空气或高压液体，鼓动隔膜，对滤饼进行压榨，可进一步降低滤饼的含水率。

隔膜滤板分为橡胶隔膜滤板和聚丙烯隔膜滤板。橡胶隔膜最大鼓膜压力为 0.8MPa，通常采用气体鼓膜，鼓膜幅度大。聚丙烯隔膜滤板最大鼓膜压力为 1.6MPa，可采用气体或液体鼓膜，强度高，耐腐蚀。

在压滤机使用过程中，滤布起着关键的作用，其性能的好坏、选型的正确与否直接影响着过滤效果。目前所使用的滤布中，最常见的是由合成纤维纺织而成，根据其材质的不同可分为涤纶、维纶、丙纶、锦纶等几种。除此之外，常用的过滤介质还包括棉纺布、无纺布、筛网、滤纸及微孔膜等，根据实际过滤要求而定。

8.4.2.3　拉板部分

（1）自动拉板部分。自动拉板部分由液压马达、机械手、传动机构和暂停装置等组成。液压马达带动传动链条从而带动机械手运动，将隔膜板、滤板逐一拉开。机械手的自动换向是靠时间继电器（KT1、KT2）设定的时间（2～3s）来控制的。暂停装置可随时控制拉板过程中的停、进动作，以保证拉板机构拉板卸料的顺利实现。

（2）手动拉板部分。采用人工手动依次拉板卸料。

8.4.2.4　液压部分

液压部分是驱动压紧板压紧或松开滤板的动力装置，配置了柱塞泵及各种控制阀。压紧滤板时，按下“压紧”按钮，电机启动，活塞杆前移，压紧滤板；当油压上升到电接点压力表的上限值时，电接点压力表上限接通而停泵；此时，压滤机即进入自动保压状态；当油压降至电接点压力表调定的下限值时，柱塞泵重新启动以保证过滤所需工作压力；回程时，按下“回程”按钮，电机启动，活塞杆带动压紧板回程，滤板松开；按下“拉板”按钮，机械手自动往复拉板，当拉完最后一块板时，装在止推板主梁上的行程开关被触动，机械手自动回程，当机械手回至起始位置时，触动行程开关而自动停止。

8.4.2.5 电控部分

电控部分是箱式压滤机整个系统的控制中心，实现进料的自动化控制。

8.4.3 厢式板框压滤机的运行管理

厢式隔膜压滤机在使用过程中，需要对运动部位（如链条、轴承、活塞杆等）进行润滑，有些自动控制系统的反馈信号装置（如压力继电器、电接点压力表及行程开关）动作的准确性和可靠性必须得到保证，这样才能保证压滤机的正常工作。为此，应做到以下几点：

（1）使用时做好运行记录，对设备的运转情况及所出现的问题记录备案，并应及时对设备的故障进行维修。

（2）保持各配合部位的清洁，并补充适量的润滑油以保证其润滑性能。应经常擦洗活塞杆。

（3）对电控系统，要进行绝缘性试验和动作可靠性试验，对动作不灵活或动作准确性差的元件一经发现，及时进行修理或更换。

（4）经常检查滤板、隔膜板的密封面，保证其光洁、干净。检查滤布有否折叠，保证其平整、完好。

（5）液压系统的保养，主要是对油箱液面、液压元件及各个连接口密封性的检查和保养，并保证液压油的清洁度。

（6）如设备长期不使用，应将滤板、隔膜板清洗干净，滤布清洗后晾干。集成块和活塞杆的外露部分应涂上黄油。

8.5 重型带式压滤机

8.5.1 重型带式压滤机的工作原理

带式压滤机主要由污泥预处理系统和带式压滤机主机组成。待脱水的污泥首先进入预处理系统，污泥在预处理系统内通过投加絮凝剂，经污泥混凝器作用对污泥进行絮凝，然后将污泥送到带式压滤机主机重力脱水段，污泥靠重力作用脱去大部分自由水和游离水，这时污泥已失去流动性，紧接着污泥进入楔形预压脱水段，进行预压脱水，污泥在楔形预压脱水段中受到轻度压力使污泥平整，并再度脱水；然后污泥进入到S形挤压段中被夹在上、下两层滤带间，经若干由大到小（压强由小到大）的辊筒反复挤压同时对污泥进行剪切，促使污泥进一步脱水；最后通过卸料装置将泥饼从滤带上剥离下来。

8.5.2 重型带式压滤机的结构

8.5.2.1 污泥预处理系统

污泥预处理系统主要由絮凝剂溶解罐、污泥缓冲罐、污泥混凝器、供料泵、供药泵等组成，其主要目的是对污泥投加絮凝剂并经过污泥混凝器作用，使污泥与药剂充分混凝反应，使之达到絮凝的目的。污泥预处理的好坏是重型带式压滤机的关键技术之一。对于絮凝剂的投加种类及投加量，需根据不同物料和性质来选择，这些参数的确定，可根据小样试验或开机试验来确定。

8.5.2.2 压滤机主机

压滤机主机分为给料装置、重力脱水段、楔形预压段、S 形挤压段、张紧装置、清洗装置、调偏装置、驱动装置、卸料装置、机架，共 10 个主要部分，如图 8-15 所示。

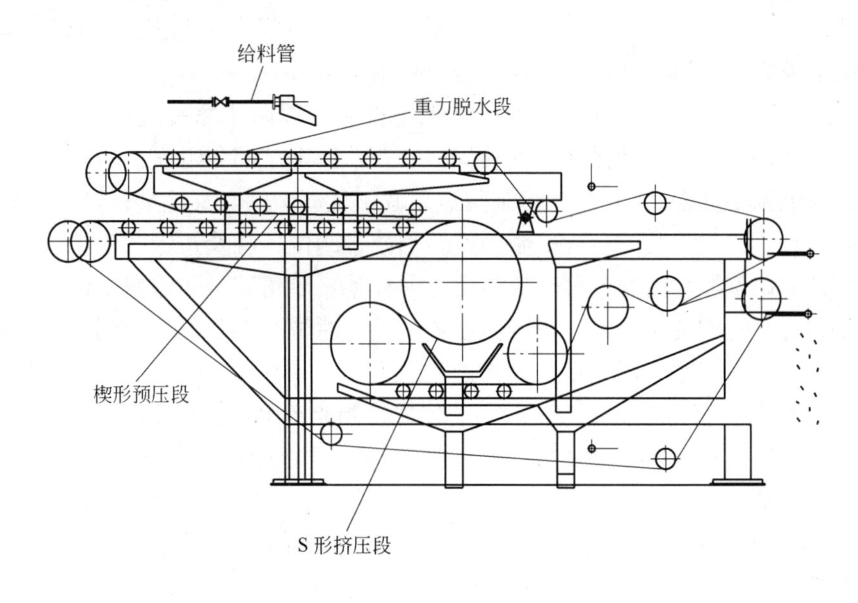

图 8-15 带式压滤机结构示意图

（1）给料装置。给料装置主要由进料管、混合筒和漏斗三部分组成。混合筒由电机驱动，采用无极调速。混合筒和漏斗采用不锈钢板制成，使该装置具有良好的防腐性能。

（2）重力脱水段。重力脱水段主要由数个并排放置的托辊和挡板组成，托辊表面挂硬胶，使托辊具有良好的耐腐性能。滤带在托辊上表面滚动，随着滤带的前进，被絮凝料浆中的大部分游离水在重力作用下自动脱除，挡板主要是防止料浆从侧面溢出。重力脱水段分为两层，经预处理后的污泥首先入第一层重力脱水段，靠污泥本身重力作用脱去大量水分，剩余表面稀泥，经翻转机构使污泥落到第二层重力脱水段，再次进行重力脱水，使污泥失去流动性。

（3）楔形预压段。楔形预压段是由上、下两层若干个直径相同的辊筒组成，上、下滤带从上、下托辊间通过，两条滤带间的间隙沿着滤带前进的方向逐渐减小，最后上、下两条滤带重叠到一起，形成一个楔形区，随着间隙的减小，压力在不断的提高，以对污泥进行预压，为挤压脱水做准备。楔形预压段的下层辊筒是固定的，对滤带起支撑作用；上层辊筒是可调的，通过调节上层组辊高度来改变“楔角空间大小”。

（4）S 形挤压段。经楔形预压脱水后的污泥进入到 S 形挤压段。污泥被夹在上、下两层滤带之间，经过若干个由大到小的辊筒，形成了一定的压强梯度，使污泥受到的压强由小逐渐变大，同时对污泥进行剪切，达到逐步减少水分的目的。

（5）张紧装置。张紧装置包括上、下两套张紧机构，分别张紧上、下滤带，每套机构由张紧辊、导向杆、气囊和同步齿轮轴构成。张紧辊轴径两端支撑在左右导向杆上，导向杆另一端与气囊连接，气囊充气后推动导向杆，带动张紧辊移动将滤带张紧，为保证左右导向杆同步移动，导向杆上装有齿条与同步轴两端的齿轮啮合。保证了张紧辊的平行移动，使滤带沿辊的长度方向上获得相同的张紧力。

（6）清洗装置。上、下滤带分别安装清洗水管，用水压大于0.7MPa的清水对滤带进行清洗（边工作边清洗）达到滤带再生的目的。清洗管内设有尼龙刷，当机器运转时，可用手轮操纵尼龙刷，以清洗喷嘴上脏物，避免喷嘴堵塞。

（7）调偏装置。每一条滤带均设有旋转调整托辊，以防止滤带运行中偏离中心位置，调整托辊由气动调整装置自动操纵，气动调整装置由以下三部分组成：1）终端控制零件，即两个气囊操纵调整托辊；2）自动控制阀盘，调整气囊中的空气流量；3）探测板，传输滤带边缘的位置，并与相关的自动控制相连。当滤带跑偏，触及边缘的限位开关，转阀接通，气囊打开，调偏托辊向滤带移动的相反方向移动一个角度，使跑偏端产生一个返回力矩，滤带返回位，转阀关闭气囊。当调偏装置失灵，滤带严重跑偏，触到装在机架上的行程开关，发出信号，切断电源，机器停止运行。

（8）驱动装置。驱动装置是由变频调速装置控制驱动电机，实现电机无极调速，电机输出端连接大速比的行星摆线减速器，减速器输出的扭矩通过链条传递到上、下驱动辊，带动上下滤带运动。

（9）卸料装置。带有弹簧刮刀片的刮刀在滤带上相对滑动，使滤饼脱离滤带掉落在皮带运输机上。

（10）机架。机架由空心方型钢管组成，上、下两部分机架用螺栓连成一个整体。为了整体更换滤带，机架的一侧可以打开，机架的表面涂防腐层，所有接合面都要求加工，确保辊子安装后位置精确。

8.5.3 重型带式压滤机的运行管理

重型带式压滤机的运行管理包括：

（1）定期观察和检查气动控制系统，气体处理三联体，一旦发现分水滤气器水位超过水位阀时，需及时将水放干，油雾器内油位保持在二分之一以上。

（2）各润滑部位应注意加注润滑油（脂）。

（3）辊筒上残泥要及时清除，否则会引起卡死而造成局部拉破。

（4）每次停机之前，一定要把滤带冲洗干净，防止滤带上残留污泥将网眼堵塞，这时再冲洗就无效了。

（5）喷头要经常检查，发现滤带上有一条一条污泥未被冲洗干净时，及时清洗和疏通喷头，否则会影响滤带脱水效果。

（6）设备运行一年后要对机架进行重新刷漆一次。

（7）上、下滤带刮刀松紧适中，太紧或太松都会影响滤带。

8.6　稀土磁盘分离机和磁力压榨机

8.6.1　稀土磁盘分离机

8.6.1.1　稀土磁盘分离机的原理

当废水通过管道泵入水槽进水口水箱时，废水被减速并由进水孔板调整废水在水槽进口区的流动状态，使磁性或磁性絮凝团悬浮物进入吸附工作区。当悬浮物进入工作区后，立即被由稀土聚磁构成的磁盘组吸附在磁盘两外侧面。磁盘组通过主轴定向连续转动，被吸附的悬浮物随盘转动，并将悬浮物带出水面到刮渣总成分段式刮渣条处，紧贴磁盘两外侧表面的刮渣条刮掉磁盘上吸附的悬浮物并落入分刮刮渣横梁中，刨轮机构在齿轮传动装置的驱动下，由分刨轮组的刨头将渣沿着分刮刮渣横梁的表面刨出磁盘组外，落入螺旋输送装置中，渣被连续转动的螺旋铰刀铰出螺旋槽离开设备。同时，随着主轴不断旋转，已除掉悬浮物的磁盘组再次进入工作区吸附从进口区来的悬浮物，周而复始地完成上述处理过程。被处理的废水进入净化水出口区，并由带孔水位挡板控制其液位及层流速度而流出设备。这样就能达到对废水中的悬浮物进行磁分离净化处理的目的。

在使用稀土磁盘分离机处理连铸浊环水和轧钢浊环水时，常配套磁盘压榨机，用于污泥脱水。

8.6.1.2　稀土磁盘分离机的主要结构

稀土磁盘分离机由以下部件或机构组成：机架、水槽、稀土磁盘组、刮渣部分、输渣部分、主减速机（带电机）、辅减速机（带电机）、电气控制箱。其结构如图8-16所示。

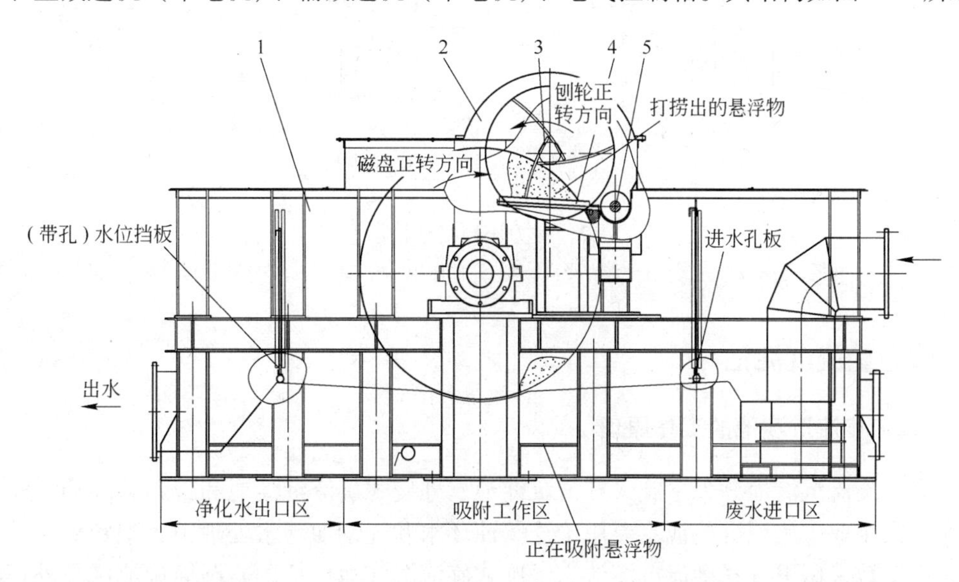

图8-16　稀土磁盘分离机

1—机架及水槽；2—机盖；3—刨轮机构；4—刮渣总成；5—螺旋输送装置

8.6.1.3　稀土磁盘分离机的维护保养

（1）减速机在每运行250h后应检查其运行情况，是否油位在水平轴位处，如油不足时加30号或40号机械油。

（2）每隔一月检查各轴承润滑情况。润滑脂若有流失，需向轴承加注锂基润滑脂。

（3）每月对设备固定螺栓或运行部件进行一次检查，并做相应的紧固和调整。

8.6.2 磁力压榨机

8.6.2.1 工作原理

含水率不大于90%的铁磁性泥渣从进渣口进入压榨机，经网板流入半圆形机壳渣槽，此时铁磁性物质及其絮团被磁力吸筒吸附，并随着转动带出液面，被弹性压辊挤压，压出渣中所含的水分，使渣的含水率下降至50%以下。经过脱水的渣，随磁力吸筒向下转动并被卸渣板卸出，使之脱离吸筒落下。压榨滤液由渣槽底部的排液孔外排。

8.6.2.2 设备结构

磁力压榨脱水机主要由传动系统（电机、减速机）；脱水系统（磁力吸筒、弹性压辊、卸渣板）；进出渣系统（渣槽、机架）三部分组成。图8-17所示为磁力压榨机结构。

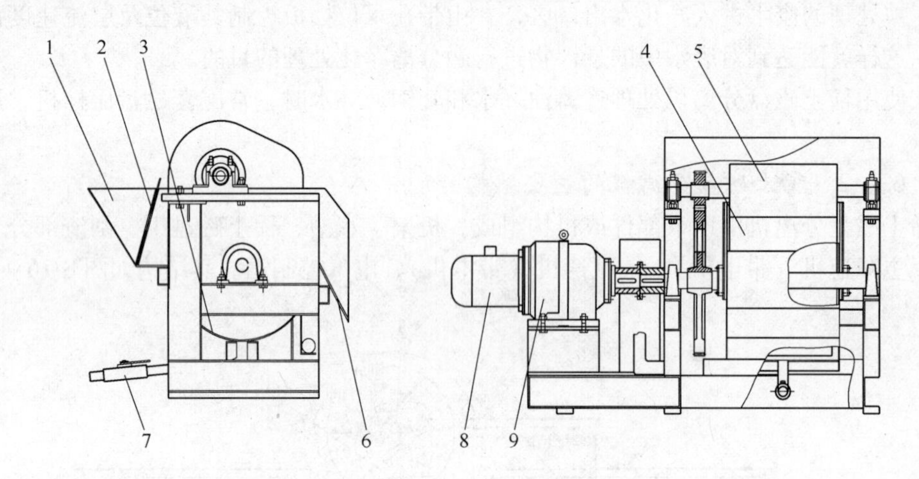

图8-17 磁力压榨机结构示意图

1—进渣口；2—网板；3—机壳渣槽；4—磁力吸筒；5—弹性压辊；6—卸渣板；7—排液口；8—电机；9—减速机

8.7 重力旋流沉淀池

8.7.1 重力旋流沉淀池的工作原理

重力式旋流沉淀池分为下旋式旋流沉淀池、外旋式旋流沉淀池和带斜管除油旋流沉淀池。在钢铁企业中旋流沉淀池主要用于连铸浊环水和轧钢浊环水处理中大颗粒氧化铁皮的去除，大多数采用下旋式旋流沉淀池。下旋式旋流沉淀池包括中心圆筒旋流区、外环沉淀区及吸水井和泵站。中心圆筒又是抓斗从池底抓渣的通道。含氧化铁皮的废水以重力流沿切线方向流入中心圆筒，水流旋流下降，然后从中心圆筒下部流出，沿外环沉淀区稳流上升，除了大块铁皮进入中心圆筒后立即下沉外，较小颗粒的氧化铁皮虽经旋流而起到加速沉淀的作用，但主要靠外环沉淀区沉淀。

下旋式旋流沉淀池结构如图8-18所示。

8.7.2 重力旋流沉淀池的运行维护

氧化铁皮沉积在旋流沉淀池底部，要定时抓渣。抓渣的时间和频率要根据材产量及时调整，使氧化铁皮及时清理出旋流沉淀池。如果抓渣不及时，会由于油泥的黏结作用造成渣的板结，板结的渣会淤积在外环沉淀区，造成水泵堵塞，不得不停产清理氧化铁皮渣。

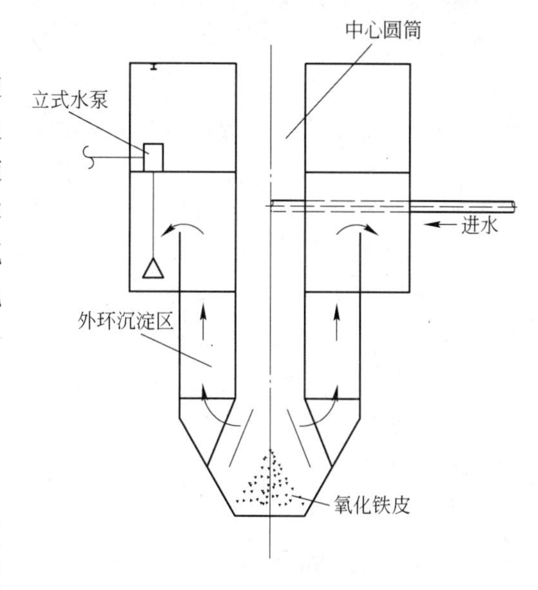

图 8-18 下旋式旋流沉淀池结构

8.8 机械过滤器

8.8.1 机械过滤器的工作原理

机械过滤器为压力式过滤器，利用过滤器内所装的填料来截留去除水中悬浮微粒和胶体杂质。当过滤器因滤层截污，出入口压差增大时，可用水（或水 + 压缩空气）反冲洗滤，使滤层重新具有截获悬浮物的能力。

机械过滤器过滤的工作原理是通过薄膜过滤—渗透过滤—接触混凝等过程，使水质得到净化处理。筒体内以不同粒径的滤料，从下至上按大小压实排列。当水流自上往下流过滤层时，水中含有的悬浮物质流进上层滤料形成的微小孔隙，受到吸附和机械阻流作用，悬浮物被滤料表层所截留。同时，这些被截留的悬浮物之间又发生“重叠”和“架桥”作用，在滤层表面形成薄膜，继续发生过滤作用。这就是所谓滤料表层的薄膜过滤效应。这种薄膜过滤效应不但表层存在，而当水流进入中间滤料层时也产生这种截留作用。与表层的薄膜过滤效应不同的是，这种中间截留作用称为渗透过滤作用。此外，由于滤料彼此之间紧密排列，水中的悬浮物颗粒流经滤料颗粒形成的曲曲弯弯的孔道时，就有更多的机会和时间与滤料表面相互碰撞和接触，于是水中的悬浮物和滤料的颗粒表面絮凝相互黏附，发生接触混凝作用。

8.8.2 机械过滤器的结构

机械过滤器按控制类型可分为手动型和全自动型。手动型主要是通过阀门的调节来控制过滤器的运行、正洗、反洗；而全自动型是通过自动过滤型控制器来进行对过滤器运行、正洗、反洗等状态的控制，按罐体材质可分为玻璃钢罐、碳钢罐、不锈钢罐等。

机械过滤器为一密闭的立式筒形容器。容器内的顶部装有进水分配装置和装入孔，底部装有集配水装置和卸出孔。在集配水装置以上装着滤料，其高度通常为 1.2 ~ 1.5m，粒度随滤料的材质而变。机械过滤器包括石英砂过滤器、活性炭过滤器、锰砂过滤器、多介质过滤器和核桃壳过滤器等，主要由人孔、卸料口、上布水、下布水、进出水口和视镜等组成。其中，布水器形式也决定了其人孔和卸料口的方位。图 8-19 所示为典型的多介质过滤器结构。

上布水有吊篮布水、母支管布水和挡板布水等。由于活性炭滤料密度小，在反洗过程中，很容易被水冲到上封头，如果用挡板布水很容易被冲走，即人们常说的“跑料”，所以活性炭过滤器一般用吊篮布水或母支管布水。由于挡板布水制造便宜，因此在大的石英砂过滤器、锰砂过滤器以及多介质过滤器上经常使用。

下布水有平板布水、管式布水和穹形板布水等。在这三种布水器中又以平板布水使用比较广，因为平板布水布水均匀、反洗效果好，但造价高，所以也用不锈钢管式布水来替代。不锈钢管式布水呈辐射形状，多支支管将收集的水集中到中心出水口后排出。穹形板布水器是球冠形封头上打孔，然后布网，一般在上面装 200 ~ 300mm 厚的鹅卵石，由于鹅卵石空隙大，布水效果好。

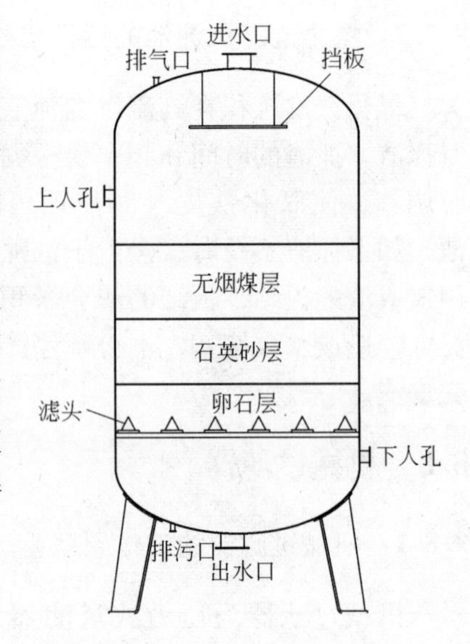

图 8-19　多介质过滤器结构

8.8.3　机械过滤器的工作过程

机械过滤器的工作过程如下：

（1）过滤。投入运行前要进行正洗至出水澄清，每小时观察出水一次，发现水质达不到要求时，立即停止，进行反洗；或根据进出口压差来决定反洗，一般滤层水头损失比清洁滤料层增加 0.05MPa 左右。

（2）反洗。关闭进水阀，打开排水阀，将水面降至视镜管的位置，关闭排水阀，打开压缩空气进口阀及排气阀，将压缩空气从底部送入，松动滤层 3 ~ 5min 后，气体从排气阀排出。

缓慢地打开反洗进水阀，水从底部进入，当排气阀向外溢水时，立刻关闭排气阀。打开反洗排水阀，水从上部排出，流量逐渐增加，最后保持一定的反洗强度，使滤层膨胀 10% ~ 15%，保持 2 ~ 3min；关闭压缩空气进口阀，并加大反洗流量，使滤层膨胀 40% ~ 50%，保持 1 ~ 2min，然后关闭反洗进水阀及反洗排水阀。

（3）正洗。正洗时，打开进水阀及正洗排水阀，水由上往下冲洗，正洗流速 5m/h 左右，正洗 5 ~ 10min，至出水透明时，即关闭排水阀，打开出水阀，投入正常运行。

8.8.4　机械过滤器滤料的污染及清洗

机械过滤器滤料的污染及清洗如下：

（1）滤料的污染。水中含有油时，过滤水通过滤层，油污、黏泥及悬浮的固体能通过滤料拦截在滤层表面。但总有一部分过滤时拦截下来的固体杂质使油滴直径逐步变大，这就是粗粒化作用，使油品中的蜡质、胶质和沥青质附着在滤料上，用水反冲洗时冲洗不出来，滤料不能达到完全再生。随着时间的推移，滤料会板结，板结后的滤料黏结形成较大的颗粒状或块状物，而使滤层孔隙及缝隙变大，失去过滤作用。因而油污是造成滤料失效的关键因素，如果水中含油较多，则滤料失效更快。

（2）滤料被油污染后的清洗。

1）清洗原理。用化学方法与物理方法结合，先用对油污有溶解作用的有机化学药剂浸泡滤料，使之与滤料充分混合，溶解掉滤料表面的油污。然后，用物理的方式通过搅拌搓洗或气洗加速油污与滤料的分离，再用水通过反冲洗，将油污冲洗掉。

2）清洗使用的药剂。

① 氢氧化钠；

② 表面活性剂。

3）清洗步骤：

① 加药。加药前将过滤器所有阀门关闭，用加药泵将一定量的药剂打到过滤器中。

② 在过滤器中加水后启动搅拌器进行搓洗，如果没有搅拌器可以开启压缩空气进行气洗，然后浸泡 30 ~ 60min，再进行搓洗或气洗。然后，打开反洗进水阀和反洗排污阀，排放黑色污水，待排除污水与反洗进水水质一样后清洗结束。关闭反洗进水阀门和排污阀门。

③ 打开人孔盖，取少量滤料观察清洗效果，若滤料没有油污包裹，恢复滤料本色，视为清洗效果良好；如果滤料仍有油污包裹，清洗不合格，关闭人孔盖后继续清洗直至清洗合格。

8.9　螺旋式粗颗粒分离装置

8.9.1　螺旋式粗颗粒分离装置的工作原理

含粗颗粒水进入槽中沉淀，水溢出池外，粗颗粒沉到槽底。转动的螺旋轴将粗颗粒沿 25°螺旋槽输送到顶部出料口，粗颗粒在输送过程中进一步脱水，从而保证出料口的粗颗粒含水率不大于 25%。

8.9.2　螺旋式粗颗粒分离装置的主要结构

粗颗粒分离机由驱动装置、螺旋体、水箱、U 形槽、机架、提升装置等部件组成。其主要结构如图 8-20 所示。

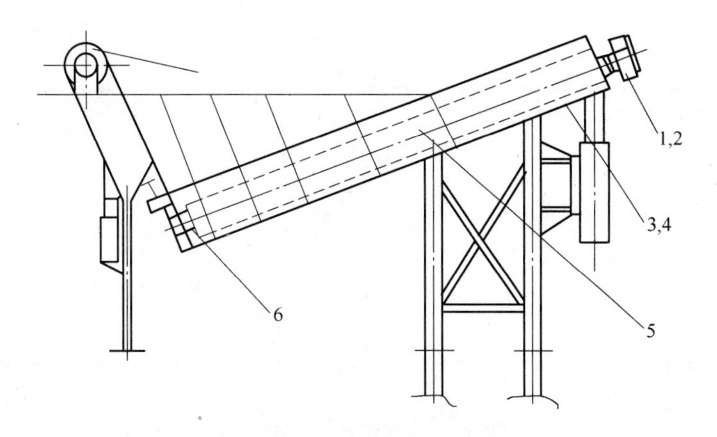

图 8-20　粗颗粒分离机主要结构

1—减速机；2—电动机；3—U 形槽；4—不锈钢内衬；5—螺旋体；6—水下轴承

（1）驱动装置装采用摆线针轮减速机与螺旋体直联。在输砂槽顶部装有支承轴承，该轴承装置能防水、防尘，并便于润滑和维修。

（2）螺旋轴螺旋直径为 ϕ600mm，采用有轴螺旋，能保证物料输送流畅无堵塞。

（3）螺旋输砂槽为U形断面，安装角度约25°。除进料口敞开外，其余部分均为加平盖密封结构，上端设出料口，高出地面约4. 0m。

（4）螺旋输砂槽与水箱为整体结构，有足够的强度和刚度，无渗漏。整体结构由型钢支撑固定在混凝土基础上。

8. 10　桥式刮油刮渣机

8. 10. 1　概述

平流沉淀池在水处理中为常用水处理构筑物，用以处理水中的悬浮物及分离水中的油脂。桥式刮油刮渣机即专为平流沉淀池设计的既可刮渣又可刮油的设备。其主要功能：将沉淀于池底的泥渣（如轧钢浊环水中的氧化铁皮泥渣、冷轧乳化液泥渣、高炉煤气洗涤水中的沉淀污泥、转炉除尘水中的污泥等）刮集到池子进水端的沉渣坑内，以便使用抓斗或其他清渣设施定期清除，并可将漂浮水上的油脂刮集到池子的出水端，以供除油设施（如集油管、带式刮油机或管式撇油机等）将油脂从水中分离出。

8. 10. 2　结构及工作原理

8. 10. 2. 1　结构

刮油刮渣机主要由以下几部分组成：行走机构、刮油刮渣耙及其升降调节机构、电缆引导机构、车体、油耙和渣耙升降机构支撑件及电控柜等。其结构如图8-21所示。

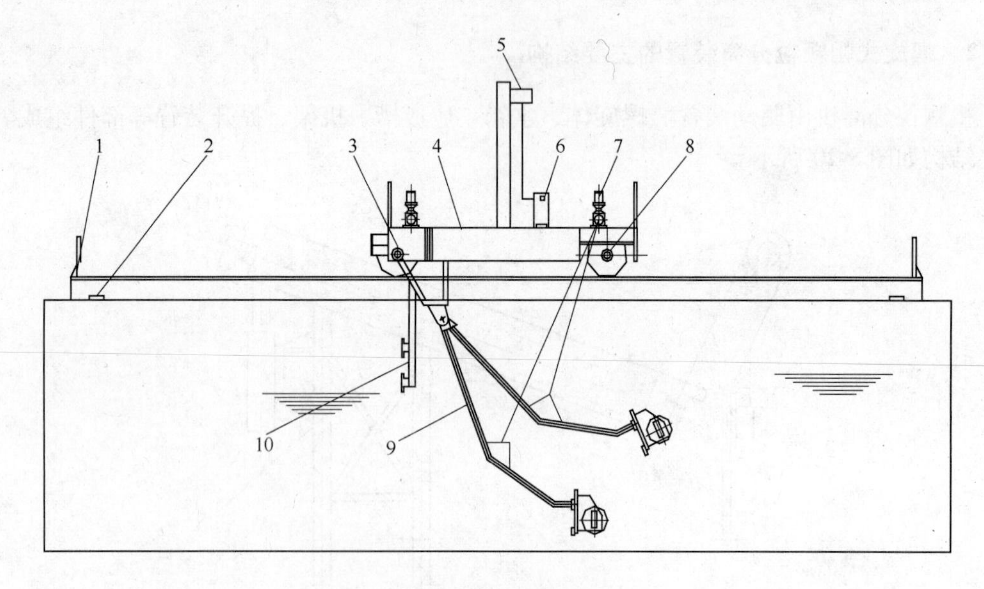

图8-21　刮油刮渣机结构示意图

1—挡板；2—行程开关挡块；3—传动机构；4—平台机架；5—滑触线；6—电控箱；7—卷扬机构；8—从动轮组；9—刮泥机构；10—刮油机构

8. 10. 2. 2　工作原理

当刮油刮渣机处于刮渣状态时，渣耙落到池底、油耙提出水面，刮油刮渣机从出水端向进水端慢速（行走电机为双速电机）运行，刮渣。当渣耙行走到渣坑边缘时，行程开关（采用可靠的接近开关）动作，行走电机停止，落油耙入水面，提渣耙出水面，刮油刮渣机从进水端向出水端快速运行、刮油。刮油到位后，落渣耙、提油耙反向刮渣，如此周而复始。

8.10.3　维修与保养

桥式刮油刮渣机的维修与保养工作如下：

（1）带座轴承每月注油 1 ~2 次。

（2）开机前检查限位开关是否失灵或损坏，以免发生误动作。

（3）检查水上零件连接是否松动。

8.11　托帕式浮油回收机

8.11.1　托帕式浮油回收机的工作原理

托帕式浮油回收机是依靠一条（或数条）亲油疏水的环行集油拖，通过机械驱动，以一定的速度在油水液面上连续不断地运转，将油从含油污水黏附上来，经挤压辊把油挤落到油箱中，进行油的回收。

8.11.2　托帕式浮油回收机的组成

托帕式浮油回收机由主机、油拖、牵引头和油箱等组成，其在平流沉淀池中工作示意图如图 8-22 所示。

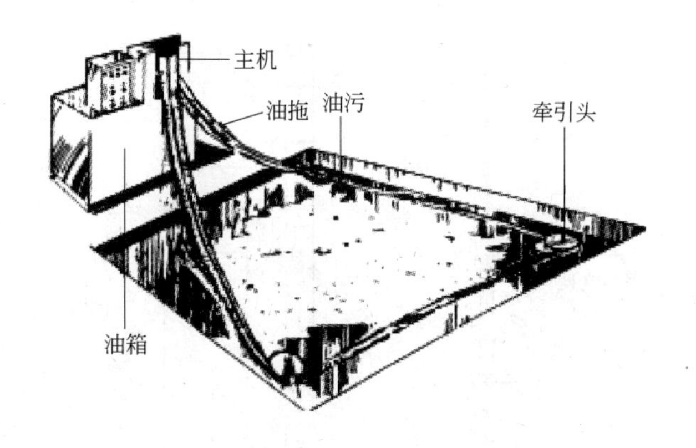

图 8-22　平流池工作示意图

8.12　集油管

浮油收集装置主要分为集渣斗和集油管。集渣斗一般为附属部件，只能与其他刮油设备配套使用。集油管设在池水下游，主要适用于收集隔油池液面的浮油，平流沉淀池的浮渣、泡沫等漂浮物。一般采用蜗轮蜗杆传动，可根据液面不同进行调节。集油管外形结构如图 8-23 所示。

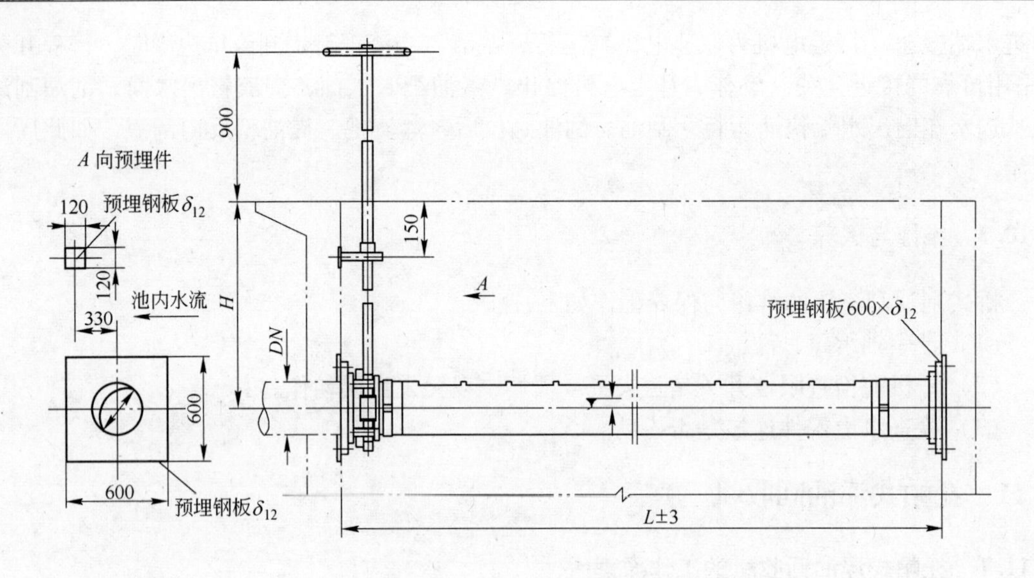

图 8-23　集油管外形结构图

8.13　潜水污水泵

潜水排污泵具有高效、无堵塞等优点，在排送固体颗粒及长纤维垃圾方面，具有独特功能，在钢铁工业中主要用于综合污水处理的提升、连铸二冷水和轧钢浊环水的提升。常用固定耦合式潜水排污泵，其结构如图 8-24 所示。

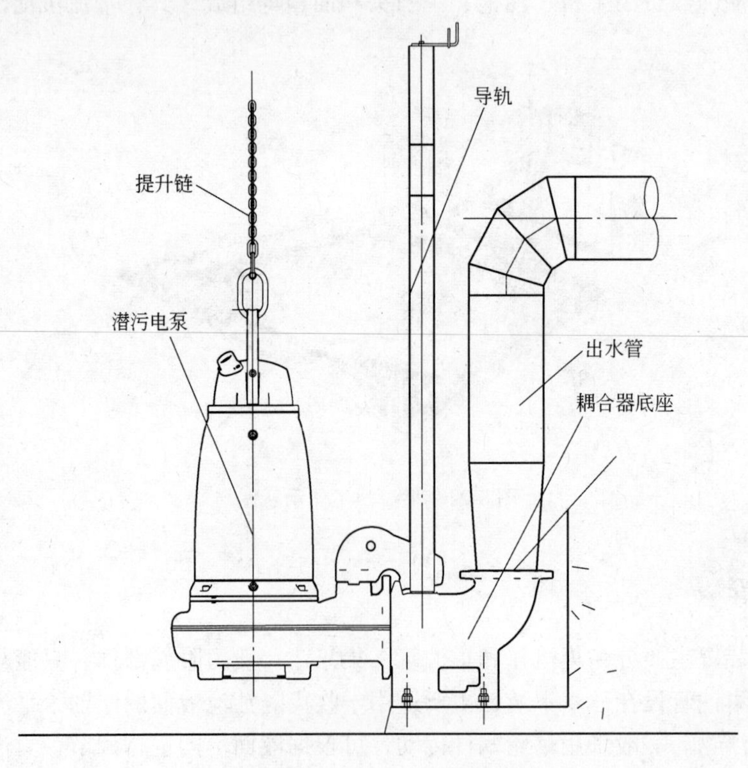

图 8-24　潜水污水泵外形结构

8.14 渣浆泵

8.14.1 渣浆泵的结构

渣浆泵输送的是含有渣滓的固体颗粒与水的混合物。但从原理上讲渣浆泵属于离心泵的一种，在钢铁企业主要用于转炉除尘水、高炉煤气洗涤水、连铸浊环水和轧钢浊环水等系统的泥浆输送。

常用的ZJ型渣浆泵结构如图8-25所示。

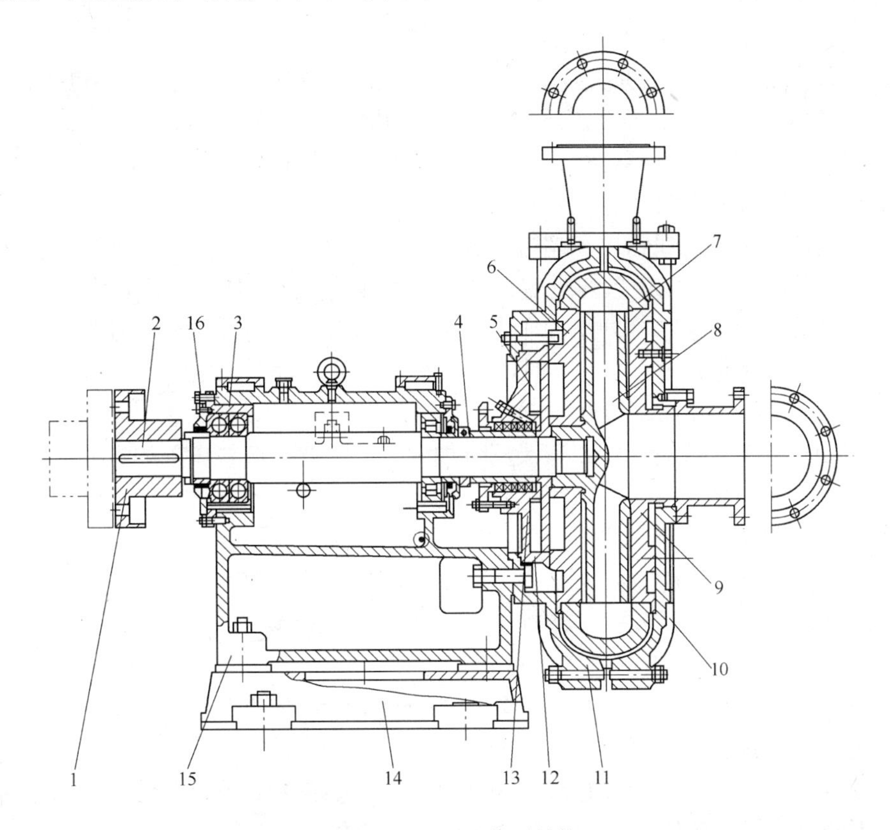

图8-25 ZJ型渣浆泵结构

1—联轴器；2—轴；3—轴承箱；4—拆卸环；5—副叶轮；6—后护板；7—蜗壳；8—叶轮；9—前护板；10—前泵壳；11—后泵壳；12—填料箱；13—水封环；14—底座；15—托架；16—调节螺钉

(1) 泵头架构。泵体采用双层泵壳（内外双层金属结构），双泵壳外壳结构为垂直中开式，出水口位置可按45°间隔，旋转8个不同位置安装使用。为有效防止轴封泄露，采用动力密封、填料密封或机械密封组合形式。叶轮与后护板间设有迷宫式间隙密封，极大地降低了浆体向填料箱泄露量，有力地保证了密封的可靠性。叶轮设有背叶片，及时排出回流浆体，从而提高了容积率，降低了回流及冲蚀，提高了过流部件寿命。为便于检修及拆卸设有拆卸环，避免了因不能拆卸而造成割轴现象。

(2) 托架结构。托架结构为水平中开式，为延长轴承的使用寿命，从水力设计和结构设计上进行了优化。使径向力和轴向力合理分布，且正确选用轴承形式、型号、冷却与润滑方式等，从而达到了轴承低发热、高寿命的要求。

(3) 轴封形式。轴封装置对泵体和泵轴之间起密封作用。可防止空气侵入泵内和大量水从泵内渗漏出来。离心渣浆泵的密封形式通常采用的是副叶轮加填料密封，副叶轮加填料密封是流体动力密封，靠副叶轮产生的压头抵抗叶轮出口液体的外漏，同时利用叶轮盖板设背叶片加水封环和填料来防止空气进入，又用背叶片和水封环降低填料处的压力，有防止杂质进入密封的作用。

8.14.2　渣浆泵的维护保养

渣浆泵的维护保养工作如下：

(1) 保持设备清洁、干燥、无油污、不泄漏。

(2) 每日检点托架内油位是否合适，正确的油位是在油位线位置附近，不得超过 ±2mm。

(3) 经常检点泵运行是否声音异常，振动及泄露情况，发生问题及时处理。

(4) 严禁泵在抽空状态下运行，因泵在抽空状态下运行不但振动剧烈，而且还会影响泵的寿命，一定要特别注意。

(5) 泵内严禁进入金属物体和超过泵允许通过的大块固体，且严禁进入胶皮、棉丝、塑料布之类的柔性物体，以免破坏过流部件及堵塞叶轮流道，使泵不能正常工作。

(6) 经常检查轴封水和冷却水的压力及流量是否合适，可采用检查轴封水管阀门开启度或检测填料箱温度的方法，温度高时说明供水量不足。对于采用润滑脂填料的泵，每天应定期加油一至二次，确保填料处于良好的润滑状态。

(7) 定期检测轴封水泄漏量，当泄漏量加大时，应调整填料压盖的螺栓，需要换填料时要及时进行。

(8) 建议采用碳素纤维浸聚四氟乙烯或牛油煮棉线填料，工作压力不大于 0.5MPa 时，可采用石棉填料。填料的填压方法，应严格按下述要求填充：

1) 填料长度按轴套圆周展开长确定，各环填压时要将切口交错 120°。

2) 填压好后，一定要进行通水试运转，运转时再详细调整压盖螺栓，达到渗漏成点且不成线状态为最佳。填料填压十分重要，它不仅关系到密封状态好坏，而且还会影响泵的性能，应引起足够注意。

(9) 为保证泵的高效运行，必须定期（使用一个时期后，在运行条件不变的情况下，电流缓慢下降时）调整叶轮与前护板间隙，使其保持 0.75～1.00mm 之间。

(10) 经常检测轴承温度最高不得超过 75℃。

(11) 泵连续运行 800h 后应彻底更换润滑油一次。

(12) 备用泵应每周转动 1/4 圈，以使轴均匀地承受静载荷。

(13) 若停机时间较长，再次启动前应使用反冲水冲洗泵内沉积物后方可启动。

(14) 经常检查进出水管路系统支撑机构松动情况，确保支撑牢靠，泵体不受支撑力。

(15) 经常检查泵在基础上的紧固情况，连接应牢固可靠。

(16) 特注意：新安装及检修后的泵，一定要先试好电动机转向后，再穿上联轴器柱销，不可使电机带动泵反转。但允许在电机断电情况下，管内液体倒流使泵反转，不过要注意高差特别大时（≥80m），应防止回水倒流以控制泵突然反转。

(17) 开泵之前应先开轴封水和冷却水，然后再开泵；停泵后，过 15min 后方可关闭轴封水及冷却水。

8.15 气动隔膜泵

8.15.1 气动隔膜泵结构

气动隔膜泵的结构如图 8-26 所示。

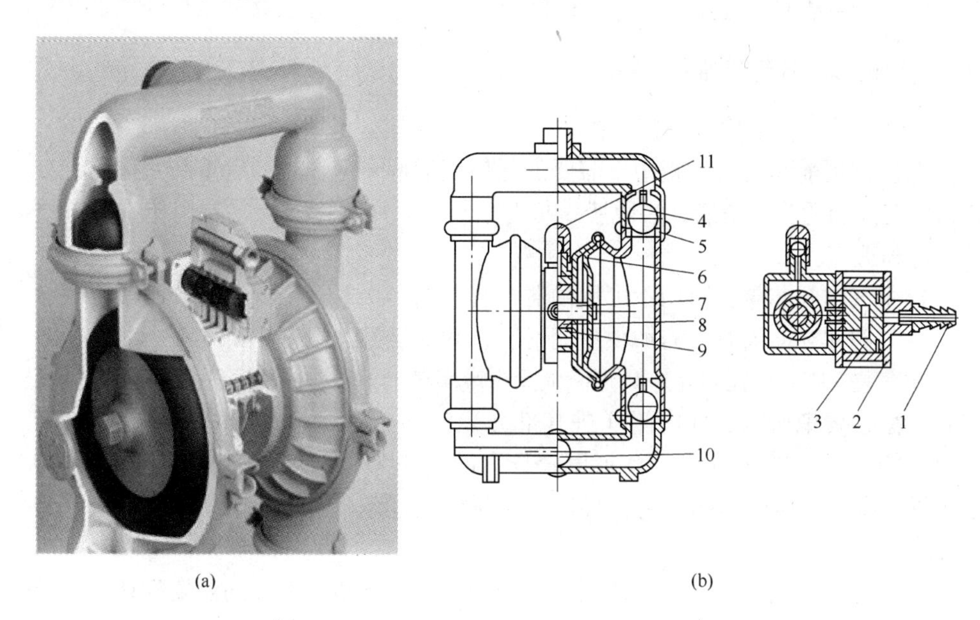

图 8-26 气动隔膜泵结构

1—进气口；2—配气阀体；3—配气阀；4—圆球；5—球座；6—隔膜；7—连杆；8—连杆铜套；9—中间支架；10—泵进口；11—排气口

8.15.2 气动隔膜泵的工作原理

气动隔膜泵的工作原理如图 8-27 所示。在泵的两个对称工作腔 A、B 中各装一块隔膜，由中心联杆将其连接成一体。压缩空气从泵的进气口进入配气阀，通过配气机构将压缩空气引入其中一腔，推动腔中隔膜运动，而另一腔中气体排出。一旦到达行程终点，配气机构自动将压缩空气引入另一工作腔，推动隔膜朝相反方向运动，从而使两个隔膜连续同步地往复运动。

在图 8-27 中，压缩空气由 E 室进入配气阀，使膜片向右运动，则 A 室的吸力使介质由 C 入口流入，推开球阀 2 进入 A 室，球阀 4 则因吸入而闭锁；B 室中的介质则被挤压，推开球阀 3 由出口 D 流出，同时使球阀 1 闭锁，防止回流。就这样循环往复使介质不断从 C 入口吸入，D 出口排出。

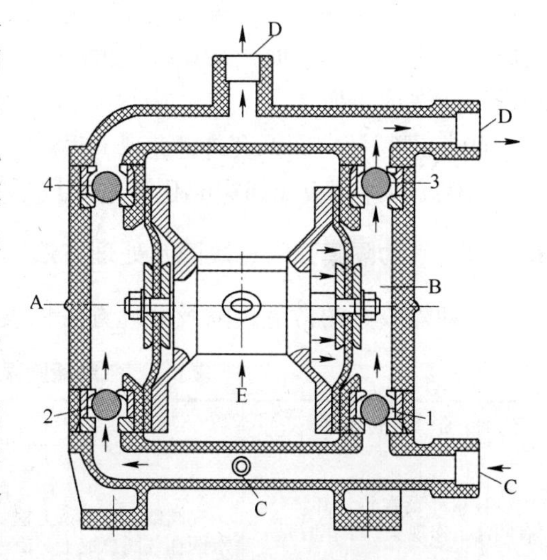

图 8-27 气动隔膜泵工作原理

气动隔膜泵是靠气压工作的机械。它将气源从泵进气口输入后通过导向阀和气阀总成交替改变气流方向来交替推动左右隔膜使之吸料和出料，同时阀球随料的进出而打开和关闭来配合一个工作循环的完成。只要泵内部件该密闭的密闭，该畅通的畅通，泵就能循环往复不停地工作。在泵正常工作下，根据帕斯卡原理可知，泵频率的快慢、力的大小在受力面积隔膜一定的情况下取决于气源压强的大小。

8.15.3 气动隔膜泵的运行维护

气动隔膜泵的运行维护工作包括：

（1）泵在使用前和使用过程中不需要加任何润滑剂。但在拆卸后重新组装时，要在中心轴和铜袖套间加适当润滑脂，装隔膜压板时也可在外压板内侧涂一层滑脂，这样既好定位又易密封和拆卸。

（2）拆主气阀阀芯阀套时切不可用硬器与阀芯阀套接触，因阀芯阀套间配合很精密。

（3）装气阀和导向阀时也需加少量润滑脂，确保良好润滑。

（4）阀套装入阀壳前在阀壳外O形圈上涂少量润滑脂，然后徒手压进去即可，切勿敲打。

（5）装泵前要把所有配件内侧（进气部分）洗净擦干，检查所有密封件是否密封良好（主要指轴上U形圈；顶针上O形圈；导向阀芯上O形圈；隔膜内外压板压实密封；内外腔体压实密封；球座球阀密封；导向阀、进气盖、气阀垫片密封），也可边查边上润滑脂边安装。

（6）注意：气动隔膜泵气阀垫片是有正反的，不能垫错；上导向阀要确认到位才能上紧螺栓，否则会损害顶针；上气阀4个螺栓时特别要注意平衡原则，且不能过紧，否则会损害阀壳。

（7）气阀过早损坏漏气，导致泵不工作。这主要是气源中杂物（沙尘、氧化铁等）进入气阀所致。铁质输气管道尤其要注意。所以建议使用中最好加气体调压过滤器。另外要定时排除空压机和输气管道中的锈水，保证进入泵体内的是纯净的空气。

（8）新建工程泵刚安装时一切正常，过一段时间泵就不工作了。这是由于空压机工作条件恶劣，有大量灰尘，再加之新管道中杂物一起进入泵内用不了几小时就可能堵死了导向阀，使之不能工作而死泵。验证方法，更换一个新导向阀看结果。解决方法，分解导向阀进行清洗或更换。

（9）进行导向阀阀套外侧清洗过程中，要清洗阀壳上通孔。

（10）膜片压板如周边氧化严重导致不光滑，绝对要更换，否则会损坏隔膜。

8.15.4 气动隔膜泵常见故障及处理方法

气动隔膜泵的常见故障及处理方法见表8-2。

表8-2 气动隔膜泵的常见故障及处理方法

常见故障	原因分析	处理方法
少数品种泵在特定环境下，有间断工作现象，工作时且一切正常	气阀结冰。确认方法：死泵时，用一杯开水倒在气阀总成上，看效果	（1）使气源保持干燥，尽量减少气源中的水汽量； （2）改变泵周边环境，使之温度升高，阻止结冰； （3）放慢工作频率，也可消除结冰现象

续表 8-2

常见故障	原因分析	处理方法
消声气中有少量物料出现	（1）隔膜压板松动； （2）内外腔体间螺栓松动； （3）隔膜破损	必须打开整泵，进行清洗保养，包括气阀总成也要清洗加油，同时找出原因，针对处理
泵外壳有物料出现	物料出现处螺栓松动或上得不平衡	平衡上紧螺栓
泵工作但无物料打出，或虽有物料打出但压力低，流量小	密封不好。 （1）进料口或进料管道不密封； （2）进料管道如用单向阀的，也有可能阀打不开； （3）物料黏度过高，阀球重量轻不能及时到位密封； （4）阀球或阀座已损坏不密封； （5）螺栓松动不密封； （6）隔膜压板松动不密封； （7）轴上 U 形圈、顶针上 O 形圈、气阀导向阀进气盖垫片损坏不密封	（1）检查泵进料口及管道密封； （2）进料口有单向阀的检查单向阀； （3）紧固所有螺栓； （4）检查阀球阀座有无损坏； （5）检查所有密封圈、垫片，损坏的要更换
出料口关死后泵还工作	料还有出路。 （1）出料口阀不严密； （2）阀球阀座间密封不实	（1）关实出料口； （2）清除阀球阀座间杂物
死　泵	（1）气源不供气，或进气口漏气； （2）泵在死点上（少数泵，很少出现）； （3）主气阀垫片垫反了（因一些规格的泵主气阀垫片是有正反的）； （4）主气阀阀芯磨损严重，漏气； （5）由于杂物进入卡死主气阀阀芯； （6）气源太脏，杂物堵死导向阀通气孔； （7）导向阀密封圈磨损严重，漏气； （8）消声器堵死，中间体内不能形成压力差； （9）泵中心轴 U 形密封损坏严重，漏气； （10）顶针密封损坏，顶针座磨损严重，顶针弯曲等顶针问题； （11）隔膜破损或压板松动漏气、漏料； （12）中间体腐蚀严重有孔洞漏气； （13）气阀、导向阀、进气盖垫片损坏漏气； （14）泵腔内物料干结	（1）拔开与泵连接的气管检查并修理； （2）打开主气阀，徒手将阀芯推向一端，重新装上即好； （3）打开主气阀，重新装好垫片，注意孔孔相对即可； （4）更换阀芯阀套； （5）清洗或更换导向阀； （6）更换密封圈； （7）拆去消声器泵可正常工作；更换新消声器； （8）更换 U 形圈； （9）更换； （10）更换损坏件，上紧压板； （11）更换中间体； （12）更换损坏垫片； （13）打开腔体清理

8.16 单螺杆泵

8.16.1 单螺杆泵的工作原理

单螺杆泵是一种内啮合回转式容积泵，主要工作与部件是偏心螺杆（转子）和固定的衬套（定子），由于转、定子的特殊几何形状，分别形成数个单独的密封容腔，转子的运转，将各个密封腔内的介质连续地、匀速地、容积不变地从吸入端输送到压出端。

8.16.2 单螺杆泵的结构

单螺杆泵的结构如图 11-28 所示。

8.16.3 单螺杆泵使用中注意事项

单螺杆泵使用中注意事项如下：

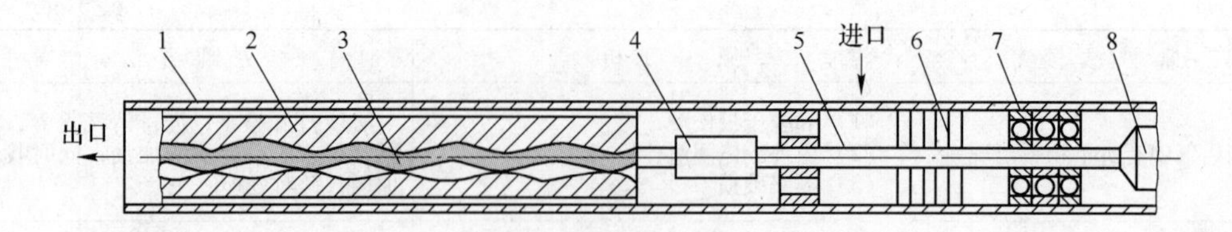

图 8-28　单螺杆泵的结构示意图

1—泵壳；2—衬套；3—螺杆；4—偏心联轴节；5—中间传动轴；6—密封装置；7—径向止推轴承；8—普通连轴节

（1）应防止干转，以免严重磨损。单螺杆泵如断流干转，橡胶泵缸将很快会烧毁。初次使用或拆检装复后应向泵内灌入液体，工作中应严防吸空，停用时也需使泵内保存液体。

（2）一般螺杆泵都有固定的转向，不应反转；否则，推力平衡装置就会丧失作用，使泵损坏。

（3）运行注意起动时应先将吸、排截止阀全开。停用时先断电，后关排出阀，等停转再关吸入阀，以免泵吸空。泵不允许长时间完全通过调压阀回流运转，不应靠调压阀大流量回流使泵适应小流量的需要，节流损失严重，会使液体温度升高，甚至使泵变形而损坏。

（4）螺杆在存放、安装和使用应注意。螺杆较长，刚性较差，容易弯曲变形；安装时要注意保持螺杆表面间隙均匀，吸、排管路应可靠地固定，避免牵连泵体引起变形；泵轴与电机轴的联轴节应很好对中，螺杆拆装起吊时要防止受力弯曲，备用螺杆保存时最好悬吊固定，以免放置不平而变形。使用中应防止过热而使螺杆因膨胀而顶弯。

8.16.4　单螺杆泵常见故障及处理方法

单螺杆泵常见故障及处理方法见表 8-3。

表 8-3　单螺杆泵常见故障及处理方法

故障现象	原因分析	排除方法
泵不能启动	（1）新转子、定子配合过紧； （2）电压太低； （3）介质黏度过高	（1）用人工帮助转动几圈； （2）检查、调整； （3）稀释料液
泵不出液	（1）旋转方向不对； （2）吸入管路有问题； （3）介质黏度过高； （4）转子、定子损坏或传动部件损坏； （5）泵内异物堵塞	（1）调整方向； （2）检查泄漏，打开进出口阀门； （3）稀释料液； （4）检查更换； （5）排除更换
流量达不到	（1）管路泄漏； （2）阀门未全打开或局部堵塞； （3）转速太低； （4）转子、定子磨损	（1）检查修理管道； （2）打开全部阀门、排除堵塞物； （3）调整转速； （4）更换损坏零部件

续表 8-3

故障现象	原 因 分 析	排 除 方 法
压力达不到	转子、定子磨损	更换转子、定子
电机过热	(1) 电机故障; (2) 出口压力过高、电机超载; (3) 定子烧坏或粘在转子上	(1) 检查电机、电压、电源、频率; (2) 检查扬程，开足出口阀门，排除堵塞; (3) 更换损坏零件
流量、压力急剧下降	(1) 管道突然堵塞或泄漏; (2) 定子磨损恶劣; (3) 液体黏度突然改变; (4) 电压突然下降	(1) 检查排除; (2) 更换; (3) 找出原因排除; (4) 找出原因排除
轴密封处大量泄漏液体	(1) 软填料磨损; (2) 机械密封损坏	(1) 压紧或更换填料; (2) 修复或更换

9 钢铁工业水处理仪表及自动化

9.1 概述

水和电是人类生活、生产中不可缺少的重要物质，节水节能已成为时代特征。我国水资源和电能源短缺，面临城市污水和工业废水的排放，生活用水和工业用水水质日益下降，如何使水质达到日常生活、工业生产可靠性、稳定性的要求，直接影响着居民正常生活和经济的发展。

随着工业的迅速发展，设备对水质的要求也越来越高。传统控制方式普遍不同程度地存在浪费水力、电力资源，效率低，可靠性差，自动化程度不高等缺点，严重影响了工业系统中水资源的合理利用。目前的供水方式应朝着高效节能、自动可靠的方向发展，PLC 电气控制技术与电气自动化技术相结合，实现供水及水处理过程的自动化控制。采用仪表及自动化控制系统进行供水，可以提高供水系统的稳定性和可靠性，同时具有良好的节能性，这在工业节水、环境保护和安全用水等方面具有重要的现实意义。水处理自控系统的发展始终追随水处理行业的发展趋势，其目的是使循环水处理、污水处理和再生水回用处理更加完善、控制更加准确、系统运行更加稳定、操作更加方便、系统运行效率更高、更加环保和节能。

在钢铁企业，无论是在循环冷却水的处理，还是在污水处理及再生回用中，每一个生产过程总是与相应的仪表及自控技术有关。仪表能连续检测各工艺参数，根据这些参数的数据进行手动或自动控制，从而协调供需之间、系统各组成部分之间、各水处理工艺之间的关系，以便使各种设备与设施得到更充分、合理的使用。同时，由于检测仪表测定的数值与设定值可连续进行比较，发生偏差时，立即进行调整，从而保证水处理质量。根据仪表检测的参数，能进一步自动调节和控制药剂投加量，保证水泵机组的合理运行，使管理更加科学化，达到经济运行的目的。由于仪表具有连续检测、越限报警的功能，便于及时处理事故。仪表还是实现计算机控制的前提条件。所以在先进的水处理系统中，自动化仪表具有非常重要的作用。

9.1.1 仪表的组成与分类

9.1.1.1 仪表的组成

测量仪表是能确定所感受的被测变量大小的仪表。它可以是传感器、变送器和自身兼有检出元件和显示部件的仪表。

（1）传感器。传感器是由敏感元件和相应线路所组成的物理系统，其内含的敏感元件直接与被测对象发生关联（往往与工艺介质直接接触），感受被测参数的变化，按照一定的规律转换并传送出可用的输出电量或非电量信号。

（2）变送器。变送器是将传感器输出的物理测量信号或普通电信号，转换为标准电信号输出或以标准通信协议方式输出的设备。所谓标准信号，就是指物理量的形式和数值范围都符合国际标准的信号，如直流4~20mA、气压20~100kPa都是当前通用的标准信号。有时也将传感器和变送电路统称为变送器。

（3）显示仪表。变送器输出信号发送给显示仪表，用于系统参数的调节、历史数据记录及显示等。

习惯上将现场就地安装的测量仪表称为一次仪表，而将传感器后面的计量仪表称为二次仪表。一次仪表的测量元件一般安装在现场，直接与介质接触，取得第一次的测量信号；二次仪表多在控制室仪表盘上（或机架上）安装。

9.1.1.2　仪表的分类

测量仪表可按下述方法进行分类：

（1）按被测参数分类，可分为温度检测仪表、压力检测仪表、流量检测仪表、物位检测仪表、机械量检测仪表以及过程分析仪表等。

（2）按测量原理分类，如电容式、电磁式、压电式、光电式、超声波式、核辐射式检测仪表等。

（3）按输出信号分类，可分为输出模拟信号的模拟式仪表、输出数字信号的数字式仪表，以及输出开关信号的检测开关（如振动式物位开关、接近开关）等。

（4）按使用方式分类，可分为固定式和携带式仪表。

9.1.2　评定仪表品质的指标

9.1.2.1　精确度

被测量的测量结果与（约定）真值间的一致程度称为精确度，采用误差来表示。误差分为绝对误差和相对误差。仪表误差的大小可用绝对误差、相对误差和引用误差三种形式来表示。

绝对误差 r 是指仪表指示值与被测参数真实值之差的绝对值。通常表示为：

$$r = |A - A_g|$$

式中　r——绝对误差；

A——仪表指示值；

A_g——参数真实值。

相对误差 δ 是绝对误差与参数真实值比值的百分数，即：

$$\delta = r/A_g \times 100\%$$

引用误差 γ 是指绝对误差与仪表量程比值的百分数，即：

$$\gamma = r/L \times 100\%$$

式中　γ——引用误差；

L——仪表量程。

对于准确度等级而言，是指用该仪表进行测量时，所允许的最大引用误差。最大引用误差是所允许的最大绝对误差与仪表量程之比再乘以100。例如，精确度等级为1.5的仪表的最大绝对误差为1.5×量程/100。

工业仪表按精确度高低划分成若干精度等级，见表9-1。根据测量要求，选择适当的精度等级，是检测仪表选用的重要环节。一般0.1、0.2级为标准仪表，0.5、1.0级为需准确测量时使用，1.5、2.5级仪表为一般工业仪表，5.0级用于不需要准确测量的不重要参数。

表 9-1　工业仪表常见精度等级

精度等级	0.1	0.2	0.5	1.0	1.5	2.0	2.5	5.0
允许误差/%	0.1	0.2	0.5	1.0	1.5	2.0	2.5	5.0
引用误差/%	≤0.1	≤0.2	≤0.5	≤1.0	≤1.5	≤2.0	≤2.5	≤5.0

9.1.2.2　灵敏度

灵敏度是指检测仪表在到达稳态后，输出增量与输入增量之比，即：

$$K = \Delta Y/\Delta X$$

式中　K——灵敏度；

ΔY——输出变量 Y 的增量；

ΔX——输入变量 X 的增量。

对于带有指针和刻度盘的仪表，灵敏度也可直观地理解为单位输入变量所引起的指针偏转角度或位移量。

当仪表具有线性特性时，其灵敏度 K 为一常数，如图 9-1(a)所示。反之，当仪表具有非线性特性时，其灵敏度将随着输入变量的变化而改变，如图 9-1(b)所示。

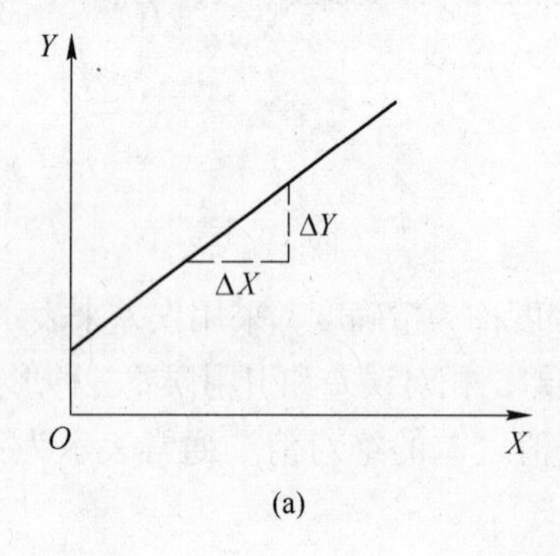

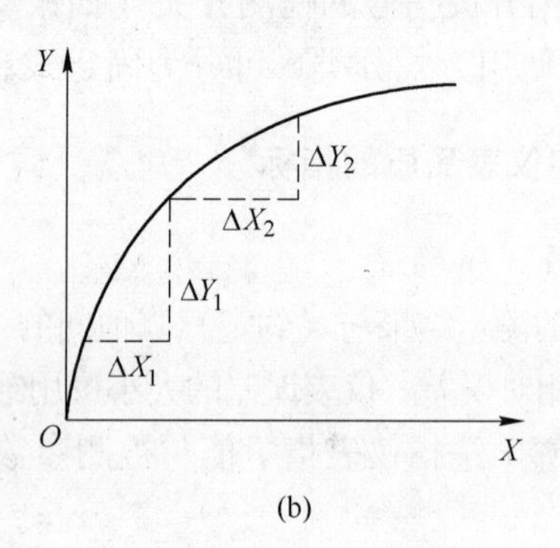

图 9-1　仪表的灵敏度

（a）线性仪表；（b）非线性仪表

9.1.2.3　线性度

在通常情况下，总是希望仪表具有线性特性，即其特性曲线最好为直线。但是，在对仪表进行校准时常常发现，那些理论上应具有线性特性的仪表，由于各种因素的影响，其实际特性曲线往往偏离了理论上的规定特性曲线（直线）。在检测技术中，采用线性度这一概念来描述仪表的校准曲线与拟合直线之间的吻合程度，如图 9-2 所示。在规定条件下，校准曲线与拟合直线间的最大偏差（ΔY_{max}）与满量程输出（Y_{max}）的百分比，称为线性度（线性度又称为非线性误差），该值越小，表明线性特性越好。表示公式如下：

$$L = |Y_{01} - Y_{02}|/Y_{max} \times 100\% = \Delta Y_{max}/Y_{max} \times 100\%$$

式中　L——线性度；

ΔY_{max}——校准曲线与拟合直线间的最大偏差；

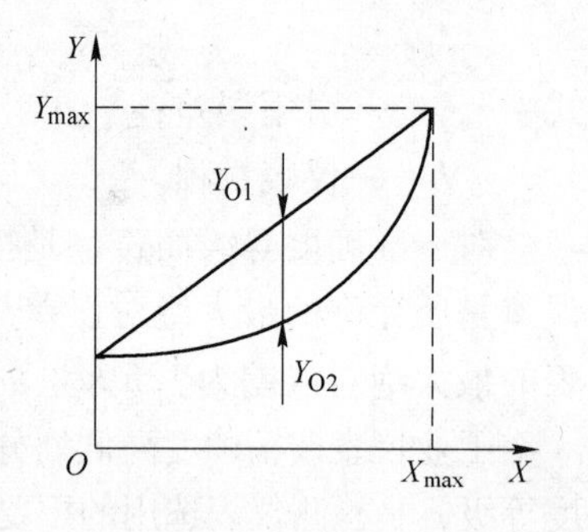

图 9-2　仪表的线性度

Y_{max}——满量程输出。

拟合直线是一条通过一定方法绘制出来的直线，求拟合直线的方法有端基法、最小二乘法等。

9.1.2.4　分辨率

分辨率反映仪表能检测出被测量的最小变化的能力，又称为分辨能力。当输入变量从某个任意值（非零值）开始缓慢增加，直至可以观测到输出变量的变化时为止的输入变量的增量即为仪表的分辨率。分辨率可以用绝对值来表示，也可以用满刻度的百分比来表示。例如，一般 pH 值分析仪的分辨率为 0.01、超声波液位计的分辨率为 1mm 等。

9.1.2.5　滞环、死区和回差

仪表内部的某些元件具有储能效应，如弹性变形、磁滞现象等，其作用使得仪表检验所得的实际上升曲线和实际下降曲线常出现不重合的情况，从而使得仪表的特性曲线形成环状，如图 9-3 所示。该种现象即称为滞环。显然在出现滞环现象时，仪表的同一输入值常对应多个输出值，并出现误差。

仪表内部的某些元件具有死区效应，如传动机构的摩擦和间隙等，其作用也可使得仪表检验所得的实际上升曲线和实际下降曲线常出现不重合的情况。这种死区效应使得仪表输入在小到一定范围后不足以引起输出的任何变化，而这一范围则称为死区。考虑仪表特性曲线呈线性关系的情况，其特性曲线如图 9-4 所示。因此，存在死区的仪表要求输入值大于某一限度才能引起输出的变化，死区也称为不灵敏区。

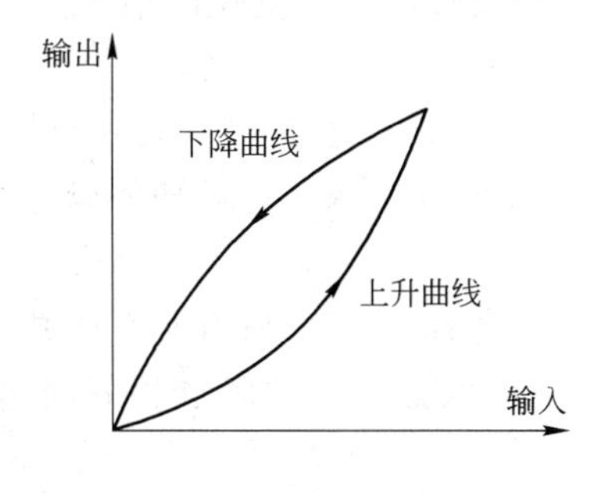

图 9-3　滞环效应分析

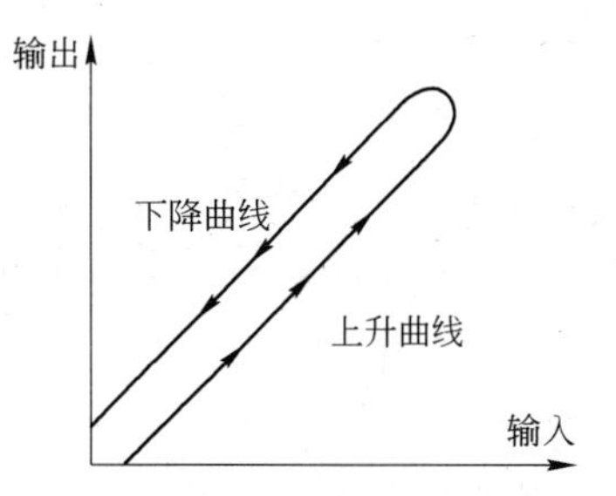

图 9-4　死区效应分析

也可能某个仪表既具有储能效应，也具有死区效应，其综合效应将是以上两者的综合。典型的特性曲线如图 9-5 所示。

在以上各种情况下，实际上升曲线和实际下降曲线间都存在差值，其最大的差值称为回差，也称变差或来回变差。

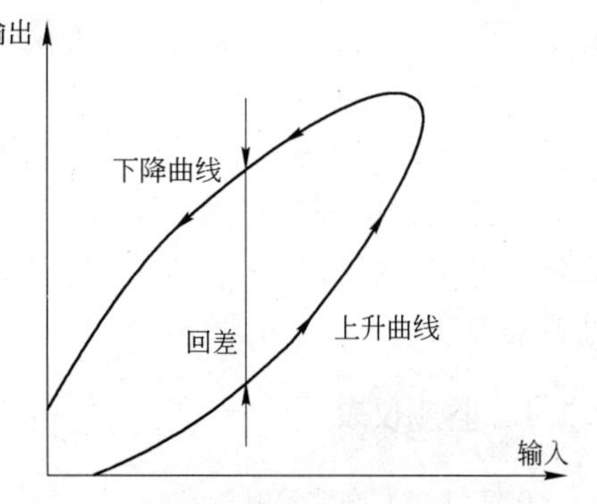

图 9-5　综合效应分析

9.1.2.6　再现性和重复性

在同一工作条件下，同方向连续多次对同一输入值进行测量所得的多个输出值之间相互一致的程度称为仪表的重复性，它不包括滞环和死区。例如，图 9-6 中列出了在同一工作条件下测出的仪表的 3 条实际上升曲线，其重复性就是指这3条曲线在同一输入值处的离散程度。实际上，某种仪表的重复性常选用上升曲线的最大离散程度和下降曲线的最大离散程度中的最大值来表示。

再现性包括滞环和死区，它是仪表实际上升曲线和实际下降曲线之间离散程度的表示，常取两种曲线之间离散程度最大点的值来表示，如图9-6所示。

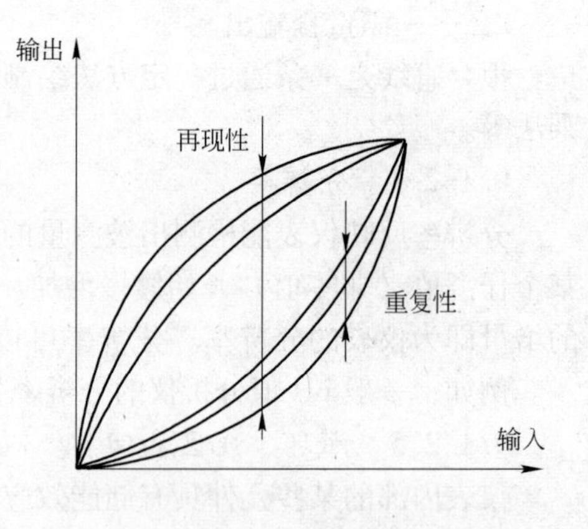

图9-6 再现性和重复性

重复性是衡量仪表不受随机因素影响的能力，再现性是仪表性能稳定的一种标志，因而在评价某种仪表的性能时常同时要求其重复性和再现性。重复性和再现性优良的仪表并不一定精度高，但高精度的优质仪表一定有很好的重复性和再现性。

9.1.3 仪表选配的要求

仪表选配的要求包括：

(1) 精确度。生产过程物理检测仪表的精确度为±1%，水质分析仪表的精确度为±2%（测高浊水的浊度仪的精确度为±5%）。

(2) 响应时间。当对被测量进行测量时，仪表指示值总要经过一段时间才能显示出来，这段时间即为仪表的响应时间。一只仪表能不能尽快反映出参数变化的情况，是很重要的指标。对水质分析仪表要求的响应时间应不超过3min。

(3) 输出信号。仪表的模拟输出应是4~20mA的DC信号，负载能力不小于600Ω。

(4) 仪表的防护等级。仪表的防护等级应满足所在环境的要求，一般应不低于IP65，用于药剂投加系统的检测仪表要求能耐腐蚀。

(5) 仪表的电源。四线制的仪表电源多为220V AC、50Hz，两线制的仪表电源为24V DC。仪表的工作电源应独立，不应和计算机共用电源，以保证发生故障和检修时电源互不干扰，使各自都能稳定可靠地运行。

9.2 水处理中常用测量及控制仪表

水处理中所用仪表大致可分为两大类：一类属于监测生产过程物理参数的仪表，如检测温度、压力、液位、流量等。这类仪表采用国产表，其性能和质量基本能满足要求。另一类属于检测水质的分析仪表，如检测水的浊度、pH值、溶氧含量、余氯、COD等。这些专用仪表在我国发展比较晚，因此通常选用国外先进产品，从长远观点看是比较经济、可靠的。

检测仪表的好坏直接关系到给水自动化的效果。在工程设计过程中，从仪表的性能、质量、价格、备件情况、售后服务等方面进行反复比较，一般采用进口仪表和国产仪表相结合的方法。

9.2.1 监测仪表

9.2.1.1 温度测量仪表

工业生产中温度测量系统分为温度传感器热电阻测温系统和温度传感器热电偶测温系

统。一般来讲，温度在300℃以下的用热电阻传感器，300℃以上的用热电偶传感器。在水处理中，水温通常在100℃以内，常采用热电阻作为温度传感器。

A 温度传感器热电阻测温原理

温度传感器热电阻测温是基于金属导体的电阻值随温度的增加而增加这一特性来进行温度测量的。温度传感器热电阻大都由纯金属材料制成，目前应用最多的是铂和铜。此外，现在已开始采用铁、镍、锰和铑等材料制造温度传感器热电阻。如Pt100温度传感器，就包含一个在0℃时电阻值为100Ω、在100℃时电阻值约为138.5Ω的铂金电阻温度探头。

B 温度传感器热电阻的结构

工业中常用的温度传感器热电阻有精通型温度传感器热电阻、铠装温度传感器热电阻、端面温度传感器热电阻和隔爆型温度传感器热电阻，其中最常用的为铠装温度传感器热电阻。

铠装温度传感器热电阻是由感温元件（电阻体）、引线、绝缘材料、不锈钢套管组合而成的坚实体，它的外径一般为ϕ2～8mm，其结构如图9-7所示。与普通型温度传感器热电阻相比，它有下列优点：（1）体积小，内部无空气隙，热惯性小，测量滞后小；（2）力学性能好、耐振，抗冲击；（3）能弯曲，便于安装；（4）使用寿命长。

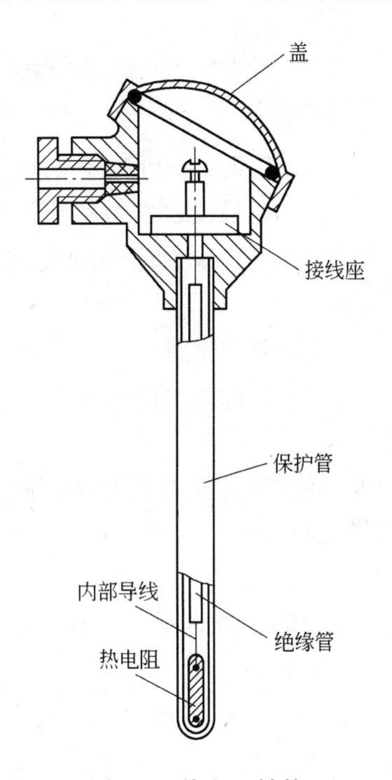

图9-7 热电阻结构

C 热电阻测温系统的组成

温度传感器热电阻测温系统一般由温度传感器热电阻、连接导线和电阻测量仪表（显示仪表）等组成，如图9-8所示。

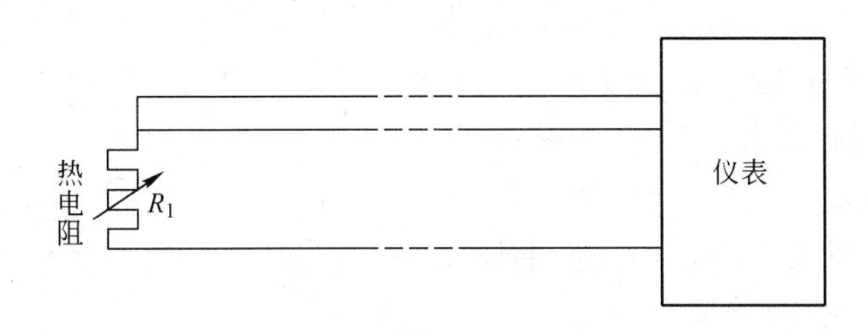

图9-8 热电阻测温系统

热电阻是中低温区最常用的一种远传温度检测器。应用较多的三种铂热电阻，其分度号分别为Pt50、Pt100、Pt300，相应0℃时的电阻值分别为50Ω、100Ω、300Ω。

水处理中常用的铂电阻型号有：WZPK-431型，固定法兰防水式铂热电阻；WZPK-230型，固定螺纹防水式铂热电阻。

铂热电阻必须与温度显示仪表相配合才能测得温度值，温度传感器热电阻和显示仪表的分度号必须一致。常用的铂热电阻的分度号为Pt100。显示仪表利用平衡电桥测量热电阻变化。热电阻作为电桥的一臂，电桥处于平衡时，电桥对角线输出电压为零。当温度变化时，热电阻的电阻值改变，电桥不平衡，电桥的对角线上产生电压经放大后显示出来。

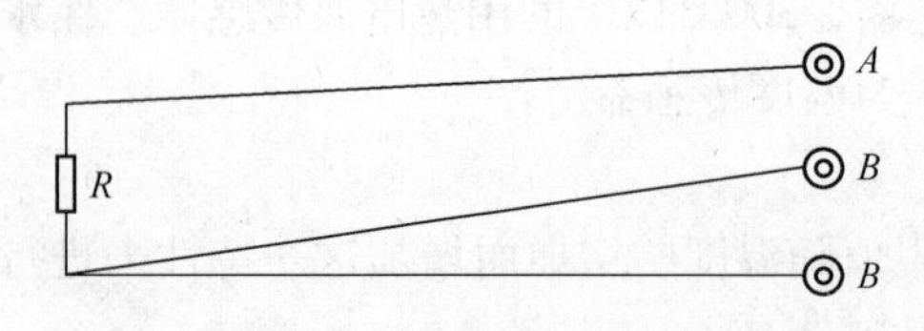

图 9-9 热电阻三线制引线

◎—接线端子；R—热电阻；A，B—接线端子的标号

为了消除连接导线电阻变化的影响，必须将热电阻的连接采用三线制接法。在热电阻感温元件的一端连接两根引线，另一端连接一根引线，此种引线形式称为三线制，如图 9-9 所示。目前三线制在工业检测中应用最广。而且，在测温范围窄、导线长或导线途中温度易发生变化的场合必须考虑采用三线制。

9.2.1.2 压力测量仪表

压力测量仪表按敏感元件和工作原理的特性不同，一般分为液柱式压力计、弹性式压力计、负荷式压力计和电气式压力计。在水处理中，弹性式压力计和电气式压力计最为常用。

（1）弹性式压力计。弹性式压力计是根据弹性元件受力变形的原理，将被测压力转换成位移来实现测量的，常用的弹性元件有弹簧管、膜片和波纹管等。其中弹簧管式压力表最为常用。

弹簧管式压力表主要由弹簧管、传动机构、指示机构和表壳等几部分组成，其结构如图 9-10 所示。

弹簧管：管内压力变化使管子自由端产生位移，带动传动机构动作，管内压力与自由端位移成线性关系。

传动机构（机芯）：由扇形齿轮、中心齿轮、游丝等组成；主要作用是将弹簧管自由端微量位移进行放大，并把直线位移转变为指针的角位移。

指示机构：由指针、刻度盘等组成；主要作用是将弹簧管的弹性变形量通过指针转动指示出来，从而在刻度盘上读取直接指示的压力值。

表壳（机座）：主要是固定和保护上述三部分的零件。

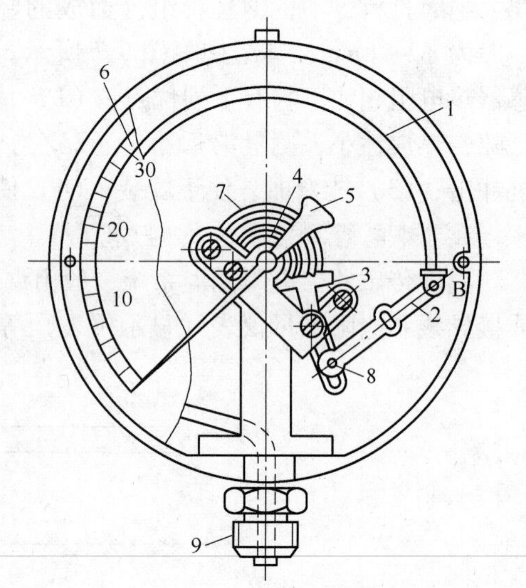

图 9-10 弹簧管式压力表结构

1—弹簧管；2—拉杆；3—扇形齿轮；4—中心齿轮；5—指针；6—面板；7—游丝；8—调整螺丝；9—接头

（2）电气式压力计。电气式压力计是利用敏感元件将被测压力直接转换成如电阻、电压、电容、电荷量等各种电量进行测量的仪表。电气式压力计常用的压力传感器（压力探头）有应变式压力传感器、压阻式压力传感器（扩散硅压力传感器）、电感式压力变换器和电容式压力变换器。其中压阻式压力传感器在水处理中最为常用。

压阻式传感器是将输入的机械量应变转换为电阻值变化的变换元件，介质的压力直接作用在传感器的膜片上，使膜片产生与介质压力成正比的微位移，使传感器的电阻发生变化，和用电子线路检测这一变化，并转换输出一个对应于这个压力的标准信号。

压阻变换器的输入量为应变，输出量为电阻值的相对变化。固体受到作用力后，电阻率就要发生变化，这种效应称为压阻效应。压阻式传感器是根据半导体材料的压阻效应在半导体材料的基片上经扩散电阻而制成的器件。其基片可直接作为测量传感元件，扩散电阻在基片内接成电桥形式。当基片受到外力作用而产生形变时，各电阻值将发生变化，电桥就会产生相应的不平衡输出。

目前最常用的扩散硅压力传感器就是利用单晶硅的压阻效应制成的。扩散硅压力传感器检测部件的结构原理如图9-11(a)所示。它由隔离膜片、半导体敏感元件硅杯和转换电路组成。半导体敏感元件由单晶硅制成，因其形状像杯而称为硅杯。当被测介质压力加入时，压力作用在密封隔膜上，密封隔膜片推动充填液体（硅油或浮油），将压力传递至硅杯，硅杯膜片因受压力作用而产生弹性应变，此应变引起扩散在硅膜片上的四个感压电阻值发生变化（该四个电阻连成惠斯通电桥），因而使电桥回路输出改变，电桥输出的变化与压力变化成正比。硅杯上的电阻布置如图9-11(b)所示。

惠斯通电桥如图9-11(c)所示。电阻 R_1、R_2、R_3、R_4 称为电桥的四个臂。VG 为检流计，用以检查它所在的支路有无电流。当 VG 无电流通过时，称电桥达到平衡。平衡时，四个臂的阻值满足一个简单的关系，利用这一关系就可测量电阻。

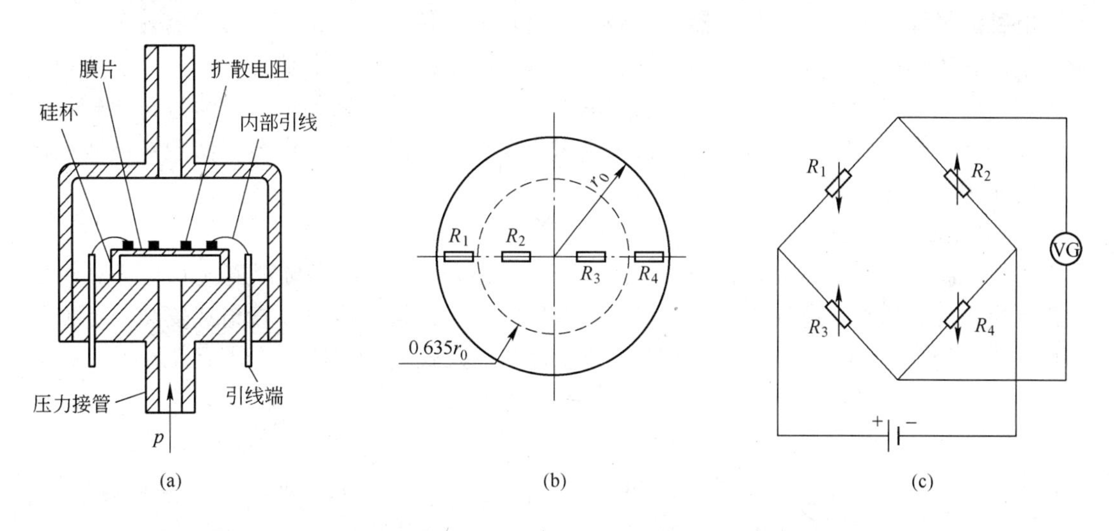

图9-11 惠斯通电桥示意图

（a）变送器结构；（b）扩散硅电阻布置；（c）测量电桥

9.2.1.3 流量测量仪表

流量是指单位时间内流体通过一定截面积的数量，通常指瞬时流量。一段时间内流体体积流量的累积值称为累计流量。流量的常用单位为 m^3/h、L/h、L/min 等。在水处理中测量的流体有水、泥浆、药剂溶液等，常用的流量计有电磁流量计、超声波流量计和转子流量计等。

A 电磁流量计

a 原理

电磁流量计是利用法拉第电磁感应定律制成的一种测量导电液体体积流量的仪表。它的基本原理是法拉第电磁感应定律即导体在磁场中切割磁力线运动时在其两端产生感应电动势。当流道两侧有磁场作用时，导电流体在流动过程中切割磁力线，产生感应电动势：

$$E_x = BDv$$

式中　E_x——感应电动势，即流量信号，V；

B——磁感应强度，T；

D——测量管内径，m；

v——垂直于磁力线的流体流动速度，m/s。

体积流量 Q_V(m^3/s)与流速的关系为：

$$Q_V = \pi/4D^2v$$

根据以上两式可得到体积流量与电动势的关系：

$$E_x = (4B/\pi D)Q_V = KQ_V$$

式中，$K=4B/\pi D$，称为仪表常数，在管道直径 D 已确定并维持磁感应强度 B 不变时，K 就是一个常数。这时感应电动式则与体积流量具有线性关系。因此测量感应电动势即可反映流量。

b　电磁流量计的组成

电磁流量计由电磁流量传感器、信号变换器和积算仪三部分组成。传感器安装在工艺管道中，它的作用是将流经管道内液体流量值线性地变换成感应电势信号，并经过传输线将此信号送到信号变换器中。信号变换器的作用是将传感器送来的流量信号进行比较、放大，并转换成标准的输出信号。积算仪用来采集变化器输出的标准信号，实现对被测液体流量的显示、记录、计算或调节。

c　电磁流量计的分类

水处理中常用的电磁流量计有管道式和插入式两种。插入式与管道式相比，具有安装、更换方便的优点，能在不停产的情况下带压安装、更换，解决了管道式安装、更换的困难。图9-12(a)、(b)分别为管道式电磁流量计和插入式电磁流量计安装示意图。

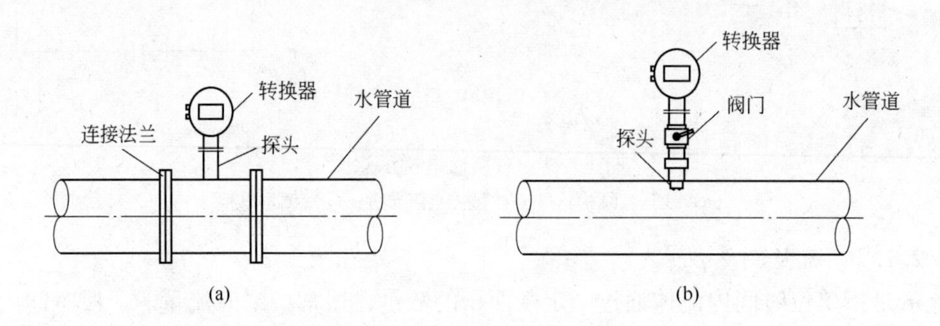

图9-12　电磁流量计安装示意图

(a) 管道式电磁流量计；(b) 插入式电磁流量计

B　转子流量计

a　转子流量计的工作原理

转子流量计又称浮子流量计，通过测量设在直流管道内转动部件的位置来推算流量的装置，是变面积式流量计的一种。图9-13所示为转子流量计的结构示意图。

转子流量计基本上由两个部件组成：一个是从下向上逐渐扩大的锥形管；另一个是置于锥形管中且可以沿管的中心线随被测介质流量大小而上、下自由移动的转子。当测量流体的流量时，被测流体从锥形管下端流入，流体的流动冲击着转子，并对它产生一个作用力（这个力的大小随流量大小而变化）；当流量足够大时，所产生的作用力将转子托起，并使之升高。同时，被测流体流经转子与锥形管壁间的环形断面，这时作用在转子上的力有三个：流体对转子的动压力、转子在流体中的浮力和转子自身的重力。流量计垂直安装时，转子重心与锥管管轴会相重合，作用在转子上的三个力都沿平行于管轴的方向。当这三个力达到平衡时，转子就平稳地浮在锥管内某一位置上。对于给定的转子流量计，转子大小和形状已经确定，因此它在流体中的浮力和自身重力都是已知常量，唯有流体对浮子的动压力是随来流流速的大小而变化的。因此当流体流速变大或变小时，转子将做向上或向下的移动，相应位置的流动截面积也发生变化，直到流速变成平衡时对应的速度，转子就在新的位置上稳定。对于一台给定的转子流量计，转子在锥管中的位置与流体流经锥管的流量大小成一一对应关系。

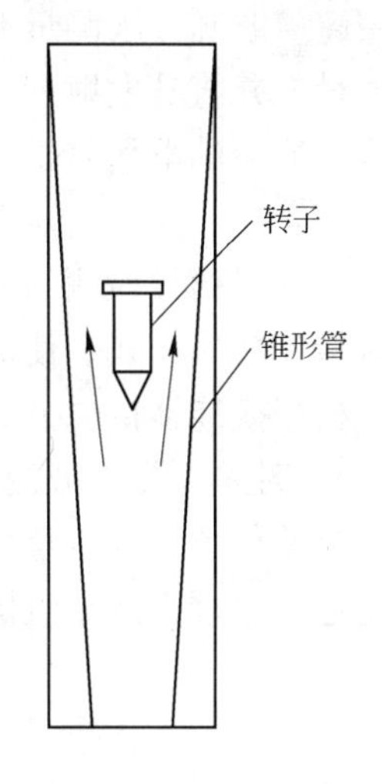

图 9-13 转子流量计的结构示意图

b 转子流量计的结构形式

转子流量计一般按其锥形管材料的不同，分为玻璃转子流量计和金属管转子流量计两种。

（1）玻璃管转子流量计。玻璃管转子流量计的锥形管用玻璃制成，流量标尺直接刻度在管壁上，在安装现场即可就地读取所测流量数值。它通常由支承连接件、锥管、转子等部分组成。

支承连接件根据流量计不同的型号和口径有法兰连接、螺纹连接和软管连接三种。

锥形管材料一般为高硼硬质玻璃或有机玻璃等。锥形管的锥度根据流量大小而定，一般在 1∶20 ~ 1∶200 范围内。锥形管的使用压力为 1.96×10^6Pa 以下，温度为 -20 ~ +120℃。

转子的材料视被测介质的性质和所测流量大小而定，有铜、铝、不锈钢、钢、硬橡胶、玻璃、胶木和有机玻璃等。

（2）金属管转子流量计。金属管转子流量计有两大类：电远传转子流量计和气远传转子流量计。电远传转子流量计表头就地指示流量并输出 0 ~ 10mA 或 4 ~ 20mA 的标准直流电流信号，气远传转子流量计表头就地指示流量并输出 0.02 ~ 0.1MPa 的标准气压信号。这两种转子流量计都由变送器和转换器两大部分组成。变送器的主要组成部分与玻璃转子流量计的结构基本相同，不同之处是：1）锥形管一般用不锈钢制造；2）进出口均用法兰与管道连接，且为底进侧出的流向；3）转子的位移带动磁钢或铁芯做上下移动。

磁钢或铁芯的位移通过磁耦合或电耦合传给转换器，经放大后转换成相应的电信号或气信号输出。

C 超声波流量计

超声波流量计由超声波换能器、电子线路及流量显示和累积系统三部分组成，是一种利用超声波脉冲来测量流体流量的速度式流量仪表。超声波发射换能器将电能转换为超声波能量，并将其发射到被测流体中，接收器接收到的超声波信号，经电子线路放大并转换为代表流量的电信号供给显示和积算仪表进行显示和计算，这样就实现了流量的检测和显示。

根据对信号检测的原理分为多普勒超声波流量计和时差式超声波流量计等；根据超声波流量计使用方式、使用场合的不同，可分为固定式超声波流量计和便携式超声波流量计；根据换能器供电方式不同可分为外贴式、插入式、管段式三种。

a　时差型超声波流量计

时差型超声波流量计是利用声波在流体中顺流传播和逆流传播的时间差与流体速度成正比这一原理来测量流体流量的，如图 9-14 所示。

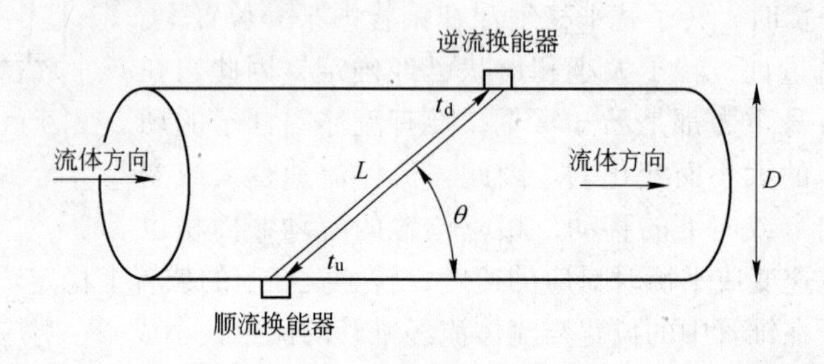

图 9-14　时差型测量原理

图 9-14 中有两个超声波换能器：顺流换能器和逆流换能器。两只换能器分别安装在流体管线的两侧并相距一定距离，管线的内直径为 D，超声波行走的路径长度为 L，超声波顺流时间为 t_u，逆流时间为 t_d，超声波的传播方向与流体的流动方向夹角为 θ。由于流体流动的原因，超声波顺流传播 L 长度的距离所用的时间比逆流传播所用的时间短，逆流时间和顺流时间可用下式表示：

$$t_d = L/(c + v\cos\theta)$$

$$t_u = L/(c - v\cos\theta)$$

其中，c 是超声波在非流动介质中的声速；V 是流体介质的流动速度；t_u 和 t_d 之间的差为：

$$\begin{aligned}\Delta t &= t_d - t_u \\ &= L/(c + v\cos\theta) - L/(c - v\cos\theta) \\ &= 2vL\cos\theta/[c^2 - v^2(\cos\theta)^2]\end{aligned}$$

由于 $c \gg v$，所以：

$$\Delta t = 2vL\cos\theta/c^2$$

流体速度为：

$$v = c/2vL\cos\theta \times \Delta t$$

式中，c、L、θ 均为常数，测得时间差 Δt 即可求出流体速度 v，从而进一步求出流体流量。流体流量 Q 可表示为：

$$Q = \pi D^2/4\int v\mathrm{d}t$$

b 多普勒型超声波流量计

多普勒型超声波流量计是利用相位差法测量流速，即某一已知频率的声波在流体中运动，由于液体本身有一运动速度，导致超声波在接收器与发射器之间的频率或相位发生相对变化，通过测量这一相对变化就可获得液体速度。多普勒式超声波流量计测量原理如图 9-15 所示。

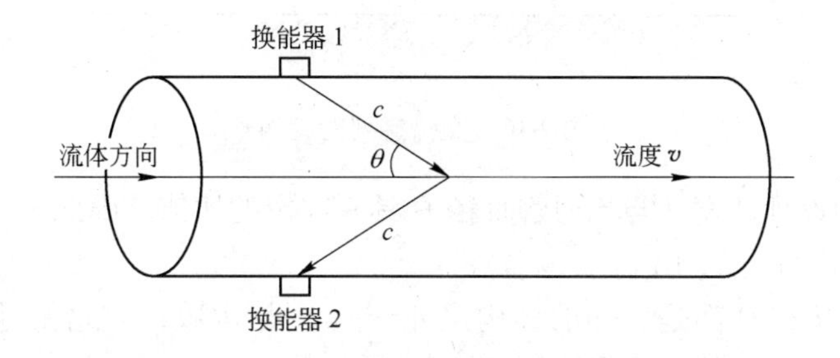

图 9-15 多普勒效应测量原理

图 9-15 中，换能器 1 发射频率为 f_1 的超声波信号，经过管道内液体中的悬浮颗粒或气泡后，频率发生偏移，以 f_2 的频率反射到换能器 2，f_2 与 f_1 之差即为多普勒频差 f_d。当随流体以速度 v 运动的颗粒流向超声波发生器时，颗粒接收到的声波频率 f_1 为：

$$f_1 = f_0(c + v\cos\theta)/c$$

当该颗粒 f_1 频率的声波反射回去，则接收器接收到的是 f_2 频率的声波：

$$f_2 = f_1(c - v\cos\theta)/c = f_0(c + v\cos\theta)/(c - v\cos\theta)$$

因此，声波接收器和发生器间的多普勒频移 Δf 为：

$$\Delta f = f_1 - f_2 = 2f_0 v\cos\theta/(c - v\cos\theta)$$

以上各式中，θ 为声波方向与流体流速 v 之间的夹角；f_0 为声源的初始声波频率；c 为声源在介质中的传播速度。若 $c \gg v\cos\theta$ 则：

$$\Delta f = f_1 - f_2 = 2f_0 v\cos\theta/c$$

$$v = c/(2f_0 v\cos\theta)\Delta f$$

D 涡街流量计

a 工作原理

涡街流量计是根据“卡曼涡街”原理制成的一种流体震荡型流量仪表，在流动的流体中插入一个断面为非流线型的柱体时，在柱体后部两侧会产生两列交错排列的旋涡，如图 9-16 所示。旋涡分离频率 f 与柱侧流速成正比，与柱体宽度 d 成反比：

$$f = Stv/d$$

式中 f——旋涡分离频率，Hz；

St——斯特劳哈尔数，是一个取决于柱体断面形状而与流体性质和流速大小基本无关的常数；

v——柱侧流速，m/s；

d——柱体迎流面宽度，m。

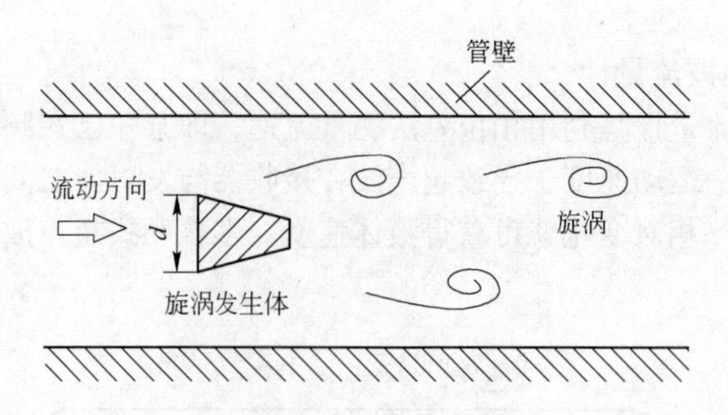

图 9-16　交错排列的旋涡

涡街流量计的设计柱宽 d 与流通管直径 D 具有固定的比值，因此，流经管内的平均流速 v 与柱侧流速 v 有固定的比值。

由于上式中，d 和 D 都是已知的结构尺寸，而 St 是常数，因此测得旋涡分离频率 f，便测得了管内平均流速，从而测得流量 $Q(m^3/h)$：

$$Q = 3600Fv$$

式中　F——流量计流通本体的流通面积，m^2；

v——流量计流通本体的平均流速，m/s。

旋涡交错分离，在柱体两侧及柱体后面的尾流中产生脉动的压力，设在柱体内部（或后面）的检测探头受到这种微小的脉动压力的作用，使埋设在探头内的压电晶体元件受到交变应力而产生交变电荷信号。检测放大器将交变电荷信号进行变换、放大、滤波和信号整形处理后，输出频率与旋涡分离频率相同的电流（或电压）脉冲信号。流量计输出的每一个脉冲将代表一定体积的被测流体。一段时间内的输出总脉冲数，将代表这段时间内流过流量计的流体总体积。

b　涡街流量计的结构

涡街流量计的结构分为传感器与转换器两部分，如图 9-17 所示。传感器包括发生体、表体（包括测量管和法兰）、检测元件等；转换器是指涡街流量计的电气部分，它包括防护罩和防护罩内的电子模板和显示单元。

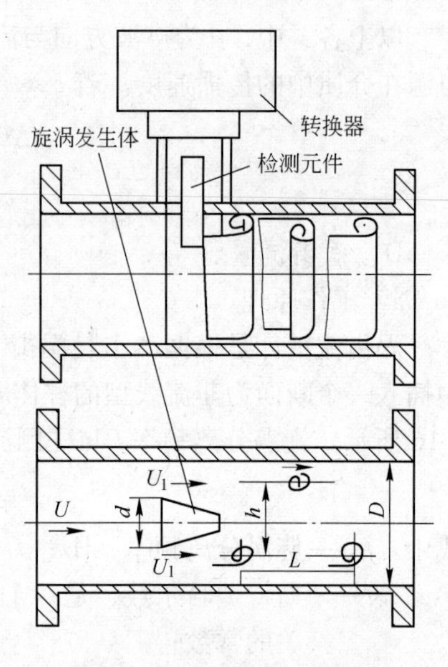

图 9-17　涡街流量计的结构

仪表的表体可制作成法兰型和法兰夹装型两种结构形式。涡街流量计通过法兰或夹装法兰，安装到被测管道上。对小管径，又可制成螺纹连接型和管道焊接型。

表体内流体流通部分加工成公称通径为 D 的测量管，为被测流体通过仪表提供通道。测量管内安装发生体和检测元件。发生体与测量管的轴线垂直，它可以焊接在表体内，也可通过密封件安装在表体内，其主要功能就是产生卡曼涡街。检测元件也安装在表体上，它可以采用热敏、超声、应变、电容、磁电、应力、光电等多种敏感元件制作，用以检测涡街信号。检测元件可以安装在发生体内或发生体的下游，还可以移出测量管外。

转换器由金属壳体和具备各种功能的电子模板构成，如图 9-18 所示。电子模板由放大电路、滤波电路、整形电路、D/A 转换电路、流量计算电路及 LCD 显示器等组成。转换器接收检测元件输出的信号，并对信号进行处理，获得流量信息。转换器和表体之间通过支架连接，对高温型涡街流量计支架上应加装散热器。

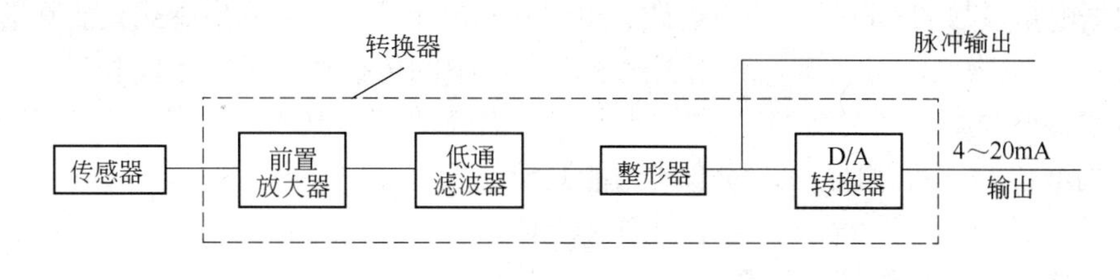

图 9-18 转换器的结构

9.2.1.4 物位测量仪表

A 物位的定义

物位测量是对设备中和容器中物料储量多少的度量。物料测量能够保证生产过程的正常运行，如监控水池的水位、药剂溶液的液位、石灰料仓的料位等。物位是储物在容器中的积存高度，即液位、料位和界位的位置统称为物位。液位是指液体介质表面高低，料位是指固体物料的堆积高度，界位是两种不溶液体介质的分界面的高低。对物位进行测量、指示和控制的仪表，称为物位测量仪表。

B 物位测量的工艺特点

（1）液位测量的工艺特点。液面是一个规则的表面，但当物料流进、流出时，会有波浪，或者在生产过程中出现沸腾或泡沫的现象；大型容器中常会出现液体各处温度、密度和黏度等物理量不均匀的现象；容器中常会有高温、高压，或液体黏度很大，或含有大量杂质、悬浮物等。

（2）料位测量的工艺特点。料位自然堆积时，有堆积倾斜角，因此料位是不平的，难以确定料位高度；物料进出时，又存在着滞留区（由于容器结构而使物料不易流动的区域，称为滞留区），影响物位最低位置的测准；储仓或料斗中，物料内部可能存在大的孔隙，或粉料之中存在小的间隙，前者影响对物料储量的计算，而后者则在振动或压力、温度变化时物位也随之变化。

（3）界面测量最常见的问题。界面位置不明显，浑浊段的存在影响测准。

C 物位测量仪表的分类

物位测量方法很多，测量范围较广，可从几毫米到几十米，甚至更高，且生产工艺对物位测量的要求也各不相同。因此，工业上所采用的物位测量仪表种类繁多，按其工作原理可分为：

（1）直读式物位测量仪表。它利用连通器原理，通过与被测容器连通的玻璃管或玻璃板来直接显示容器中的液位高度，是最原始但仍应用较多的液位计。

（2）静压式物位测量仪表。它是利用液柱或物料堆积对某定点产生压力，测量该点压力或测量该点与另一参考点的压差而间接测量物位的仪表。这类仪表有压力计式液位计、差压式液位计和吹气式液位计等。

（3）浮力式物位测量仪表。这是一种依据力平衡原理，利用浮子一类悬浮物的位置随液面的变化而变化来反映液位的仪表。它又分为浮子式、浮筒式和杠杆浮球式等。它们均可测量液位。且后两种还可测量液-液相界面。

（4）电气式物位测量仪表。它是将物位的变化转换为电量的变化，进行间接测量物位的仪表。根据电量参数的不同可分为电容式、电阻式和电感式等，其中电感式只能测量液位。

（5）声学式物位测量仪表。利用超声波在介质中的传播速度及在不同相界面之间的反射特性来检测物位。它可分为气介式、液介式和固介式等。其中气介式可测液位和料位；液介式可测液位和液-液相界面；固介式只能测液位。

（6）光学式物位测量仪表。它是利用物位对光波的遮断和反射原理来测量物位的，主要有激光式物位计，可测液位和料位。

（7）核辐射式物位测量仪表。放射性同位素所放出的射线穿过被测介质时，被吸收而减弱，其衰减的程度与被测介质的厚度（物位）有关。利用这种方法可实现液位和料位的非接触式检测。

在水处理中常用的物位测量仪表有直读式液位计、浮子式液位计、电气式物位测量仪表、声学式物位测量仪表等。

D　玻璃管液位计

玻璃管液位计按照连通器液柱静压平衡的原理工作的，如图 9-19 所示。玻璃管液位计结构简单、价格便宜，一般用在温度、压力不太高的场合，就地指示液位的高低；不能测量深色或黏稠介质的液位，另外玻璃易碎，且信号不能远传和自动记录。

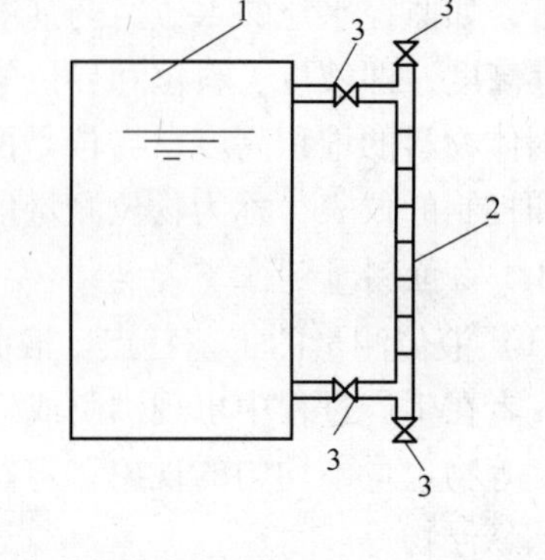

图 9-19　玻璃管液位计示意图

1—液体容器；2—带有刻度的玻璃管；3—阀门

当用玻璃管液位计进行精确测量时应注意以下几点：

（1）液位计在运输、搬运及安装时，不准撞击或敲打，以防玻璃管和玻璃片破碎。

（2）液位计安装后，当介质温度很高时，不要马上开启阀门，应预热 20～30min，待玻璃管有一定温度后，再缓慢开启阀门。

阀门开启程序：先缓慢开启上阀门，再缓慢开启下阀门，使被测介质慢慢进入玻璃管内。

（3）液位计在使用中，应定期清洗玻璃管内外壁污垢，以保持液位显示清晰。清洗程序：先关闭与容器连接的上、下阀门，打开排污阀，放净玻璃管内残液，使用适当清洗剂或采用长杆毛刷拉擦方法，清除管内壁污垢。

E　磁浮子式液位计

磁性翻柱液位计根据浮力原理和磁性耦合作用原理工作的。当被测容器中的液位升降时，液位计主导管中的浮子也随之升降，浮子内的永久磁钢通过磁耦合传递到现场指示器，驱动红、白翻柱翻转 180°，当液位上升时，翻柱由白色转为红色，当液位下降时，翻柱由红色转为白色，指示器的红、白界位处为容器内介质液位的实际高度，从而实现液位的指示。

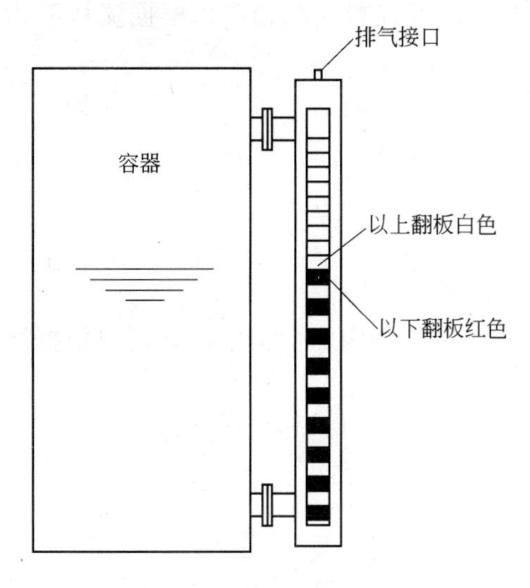

图 9-20 磁翻板液位计示意图

磁翻板液位计由本体、翻板箱（由红、白双色磁性小翻板组成）、浮子、法兰盖等组成，用于各类液体容器的液位测量，如图 9-20 所示。磁翻板液位计能用于高温、防爆、防腐、食品饮料等场合，可做液位的就地显示或远传显示与控制。磁翻板液位计可在高温、高压、高黏度、强腐蚀性条件下安全可靠地测量液位，全过程测量无盲区、显示醒目、读数直观，并且测量范围大，配上液位报警、控制开关，可实现液位或界位的上、下限报警和控制，配上液位变送器可将液位或界位信号转换成二线制 4～20mA 的标准信号，实现远距离检测、指示、记录与控制。液位变送器由液位传感器和信号转换器两部分组成，液位传感器由装在不锈钢护管内的若干干簧管和若干电阻构成，护管紧固在测量管（主体管）外侧；信号转换器由电子模块组成，安置在传感器的顶端或底端的接线盒内。

F 绳带式浮子液位计

绳带式浮子液位计是通过测量漂浮于被测液面上的浮子随着液面的变化上下移动而产生的位移来检测液位高低的，其所受浮力的大小一定，即检测浮子的位置可知液面高低。

浮子形状常见的有圆盘形、圆柱形和球形等。浮子通过滑轮和绳带与平衡重锤连接，绳带的拉力与浮子的重量及浮力相平衡，以维持浮子处于平衡状态而漂在液面上，平衡重锤的位置反映浮子的位置，从而测知液位。

如图 9-21 所示，浮子所受浮力为 F，所受重力为 W，平衡锤所受重力为 G，忽略摩擦阻力，那么 $F=W-G$。如果液面上升时，F 增大，$G>W-F$，平衡锤下移，当液位停止上升时，达到新的平衡点；如果液面下降时，F 减小，$G<W-F$，平衡锤上升，当液位停止下降时，又达到新的平衡点。浮子的位移是追踪液面变化的，浮子处于平衡的任一位置时，其浮力 F 恒定不变，因为浮子浮出液面高度不变。

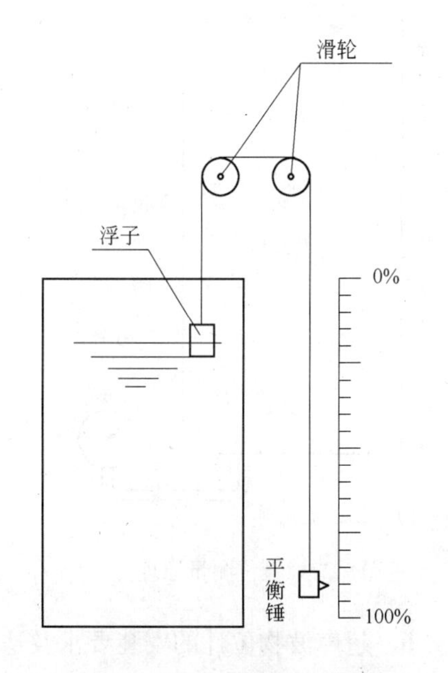

图 9-21 绳带式液位计示意图

G 静压式液位计

静压式液位计也可以称为投入式静压液位计，是一种测量液位的压力传感器。静压液位计是基于所测液体静压与该液体的高度成比例的原理，采用压力敏感传感器，将静压转换为电信号，再经过温度补偿和线性修正，转化成标准电信号（一般为 4～20mA/1～5V DC）。

图 9-22 所示为敞口容器的液位测量原理。将压力计与容器底部相连，根据流体静力学原理，所测压力与液位的关系为：

$$p = \rho g H$$

式中 p——容器内取压平面上由液柱产生的静压力；

ρ——容器内被测液体密度；

g——重力加速度；

H——从取压平面到液面的高度。

如果液体介质的密度是已知的，而且在某一工作条件范围内保持恒定，就可以根据测得的压力计算液位的高度，其计算公式为：

$$H = \frac{p}{\rho g}$$

H 超声波物位计

a 超声波物位计的工作原理

超声波物位计测量的原理是由换能器（探头）发出高频超声波脉冲遇到被测介质表面被反射回来，部分反射回波被同一换能器接收，转换成电信号。超声波脉冲以声波速度传播，从发射到接收到超声波脉冲所需时间间隔与换能器到被测介质表面的距离成正比。此距离值 S 与声速 C 和传输时间 t 之间的关系可以用公式表示：$S = Ct/2$。由于发射的超声波脉冲有一定的宽度，使得距离换能器较近的小段区域内的反射波与发射波重叠，无法识别，不能测量其距离值，这个区域称为测量盲区。盲区的大小与超声波物位计的型号有关。图 9-23 所示为超声波物位计测量的基本原理。

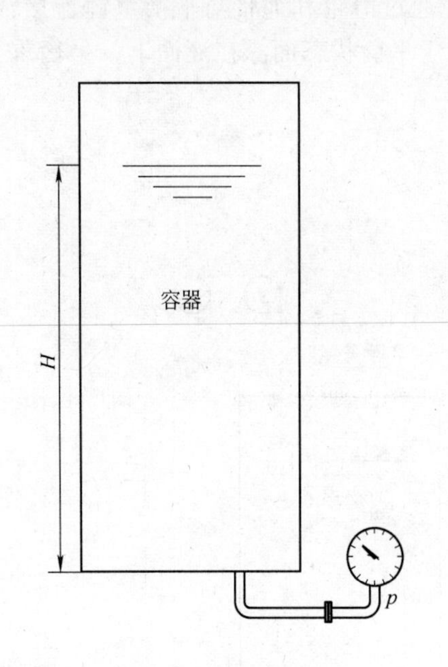

图 9-22 液位测量原理

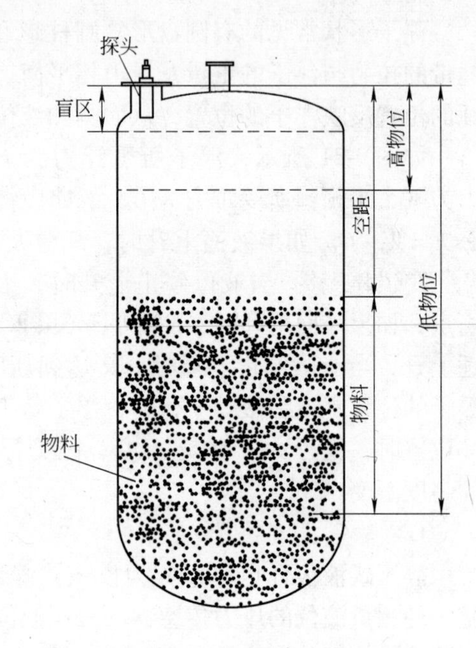

图 9-23 超声波物位计测量的基本原理

b 超声波物位计的安装要求及适用范围

超声波物位计安装要求：换能器发射超声波脉冲时，都有一定的发射开角。从换能器下缘到被测介质表面之间，由发射的超声波波束所辐射的区域内，不得有障碍物，因此安装时应尽可能避开罐内设施，如人梯、限位开关、加热设备、支架等。另外须注意超声波波束不得与加料料流相交。安装仪表时还要注意：最高料位不得进入测量盲区；仪表距罐壁必须保持一定的距离；仪表的安装尽可能使换能器的发射方向与液面垂直。

超声波物位计仪表适用范围：（1）平面状态，如液体、移动平面可以是钢板、塑料、纸制品、木制品、玻璃制品等，在安装垂直度好的情况下，发射效率最高，即收到的回波数量最多，应用最广。（2）有固定形状，如圆柱状的罐、瓶、人体、运功的小车等。发射效率其次，所以对安装要求比较高，同样的距离，需要较大测距能力，应用较多。（3）颗粒或者块状的物体，如矿物、粒子或块状的煤炭、焦炭、塑料粒子等。由于有漫反射的存在及发射面不规则性，收到的回波最少，故发射效率最低，换能器对测量距离能力要求最高。

由于以下物质的挥发气体或扬尘的吸声能力特强，因此一般情况下超声波物位计仪不可以应用：（1）发烟硫酸、硝酸、储存罐中的水泥、石灰、液体表面有大量的泡沫存在和有很强的吸声材料。（2）海绵、木屑等。（3）到达换能器的温度在60℃以上或储存罐的压力不低于0.4MPa时不可以应用。（4）如果将仪表应用在如盐酸、不发烟硫酸及其他腐蚀性很强的液位的测量，选用防腐型液位计。

c 超声波物位计的组成

超声波物位测量需要两个部件：一个用于发出声音，采集回波（传感器或换能器）；另一个用于计算数据，导出测量结果（变送器）。超声波测量系统将信号输出到PLC或PC进行过程控制。

9.2.2 水质在线分析仪表

9.2.2.1 pH在线分析仪

A pH分析仪的工作原理

a 电极测量原理

特制的玻璃电极对溶剂中的氢离子敏感，并在相当宽的范围内有良好的线关系，能稳定地工作在较强的酸、碱溶剂当中。银-氯化银电极作为参比电极与溶剂相通，为玻璃电极提供一个恒定的基准电位，便组成了pH值测量系统。玻璃电极内缓冲溶剂pH值为7，所以测量pH值为7的被测溶剂时，电极组的输出为零。电极组输出不为零的现象称为不对称电位，当玻璃电极长期浸泡在蒸馏水或酸性溶剂中时，其不对称电位值大为下降，且在使用一段时期之后会稳定在某个数值上，可以调节定位电位器来消除。在线pH计中，一般将玻璃电极和参比电极制作在一起，通称为复合电极或传感器。

b 变送电路原理

变送电路由高阻转换放大器、定位调整、斜率调整、温度补偿、电压-电流转换、恒流输出、过电流保护等电路组成。

B pH在线测量系统的组成

一套完整的pH在线分析仪由控制器、探头、流通池、流量计、安装面板等组成，如图9-24所示。

（1）pH控制器。控制器也称二次仪表，用于显示pH测量值和温度值，并可设定、校正参数。

（2）传感器。传感器又称电极或探头，用于感应测量水质pH值。

（3）安装组件，用于保护传感器，如流通式、管道式、水池式、漂浮式、沉入式等，在水处理的实际应用中常用流通式和沉入式两种方式。

（4）线缆，用于连接电极与二次仪表。

（5）流量计，用来测量水的流量。

（6）球阀，配合流量计调整水的流量。

C　pH在线分析仪的维护

使用中若能够合理维护电极、按要求配制标准缓冲液和正确操作电极，可大大减小pH示值误差，从而提高数据的可靠性。

（1）定期清洗探头并校准探头。油脂污物，可用酒精、丙酮清洗后用大量水小心冲洗。水垢或金属氢氧化物沉积，可用3%的稀盐酸浸泡后用大量水小心冲洗。

（2）玻璃电极如果完全倾倒或倒置，可能会导致电极中气泡移动到电极测量膜尖端，从而使电极测量异常，所以应避免。如果万一出现此情况，可以像甩体温计一样将气泡驱除，但要注意动作幅度及周围物体，以免碰撞损坏电极。

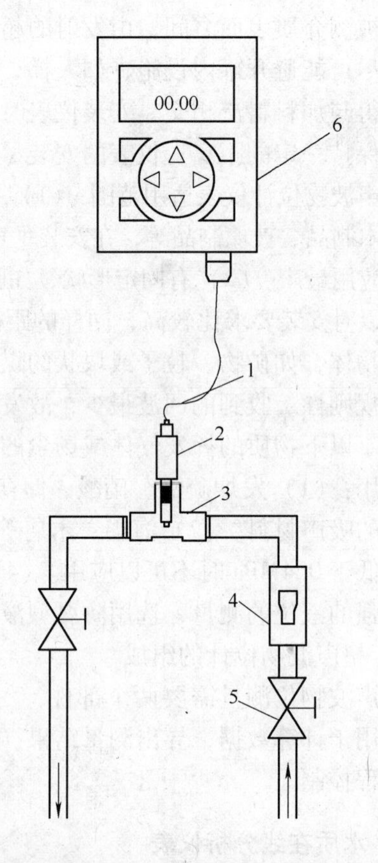

图9-24　pH在线分析仪流通式安装示意图
1—pH传感器电缆；2—pH传感器；3—流通式安装组件；4—玻璃转子流量计；5—控制阀；6—pH控制器

（3）定期清洗水样流通单元。流通单元如果长时期通过污水，生物黏泥会在管路及流通单元中附着堵塞，所以要定期清洗管路及流通单元。

（4）探头不用时，可充分浸泡在3mol/L氯化钾溶液中。切忌用洗涤液或其他吸水性试剂浸洗。

（5）探头使用前，检查玻璃电极前端的球泡。正常情况下，电极应该透明而无裂纹；球泡内要充满溶液，不能有气泡存在。

（6）探头测量浓度较大的溶液时，尽量缩短测量时间，用后仔细清洗，防止被测液黏附在电极上而污染电极。

（7）探头清洗后，不要用滤纸擦拭玻璃膜，而应用滤纸吸干，避免损坏玻璃薄膜、防止交叉污染，影响测量精度。

（8）探头不能用于强酸、强碱或其他腐蚀性溶液。

（9）在正式调试以前，请先不要将pH电极的保护帽取掉。探头及延伸杆在移动时，避免磕碰摔压等现象，避免损坏玻璃电极。

D　在线pH仪计标准缓冲液的配制及其保存

（1）pH标准物质应保存在干燥的地方，如混合磷酸盐pH标准物质在空气湿度较大时就会发生潮解，一旦出现潮解，pH 标准物质即不可使用。

（2）配制 pH 标准溶液应使用二次蒸馏水或者是去离子水。如果是用于 0.1 级 pH 计测量，则可以用普通蒸馏水。

（3）配制 pH 标准溶液应使用较小的烧杯来稀释，以减少沾在烧杯壁上的 pH 标准液。存放 pH 标准物质的塑料袋或其他容器，除了应倒干净以外，还应用蒸馏水多次冲洗，然后将其倒入配制的 pH 标准溶液中，以保证配制的 pH 标准溶液准确无误。

（4）配制好的标准缓冲溶液一般可保存 2~3 个月，如发现有浑浊、发霉或沉淀等现象时，不能继续使用。

（5）碱性标准溶液应装在聚乙烯瓶中密闭保存、防止二氧化碳进入标准溶液后形成碳酸，降低其 pH 值。

E 在线 pH 仪的正确校准

pH 仪因设计的不同而类型很多，其操作步骤各有不同，因而 pH 仪的操作应严格按照其使用说明书正确进行。在具体操作中，校准 pH 计是使用操作中的一重要步骤。

尽管在线 pH 仪种类很多，但其校准方法均采用两点校准法，即选择两种标准缓冲液：一种是 pH=7.0 的标准缓冲液；另一种是 pH=9.0 的标准缓冲液或 pH=4.0 的标准缓冲液。先用 pH=7.0 的标准缓冲液对 pH 仪进行定位，再根据待测溶液的酸碱性选择第二种标准缓冲液。如果待测溶液呈酸性，则选用 pH=4.0 的标准缓冲液；如果待测溶液呈碱性，则选用 pH=9.0 的标准缓冲液。若是手动调节的在线 pH 仪，应在两种标准缓冲液之间反复操作几次，直至不需再调节其零点和定位（斜率）旋钮，pH 仪即可准确显示两种标准缓冲液 pH 值。则校准过程结束。此后，在测量过程中零点和定位旋钮就不应再动。若是智能式 pH 仪，则不需反复调节，因为其内部已储存几种标准缓冲液的 pH 值可供选择，而且可以自动识别并自动校准。但要注意标准缓冲液选择及其配制的准确性。

在校准前应特别注意待测溶液的温度。以便正确选择标准缓冲液，并调节 pH 仪面板上的温度补偿旋钮，使其与待测溶液的温度一致。不同的温度下，标准缓冲溶液的 pH 值是不一样的。

9.2.2.2 电导率在线分析仪

A 电导率的测量原理

电导率是物体传导电流的能力。电导率测量仪的测量原理是将两块平行的极板，放到被测溶液中，在极板的两端加上一定的电势（通常为正弦波电压），然后测量极板间流过的电流。

电导率的基本单位是西门子（S）。因为电导池的几何形状影响电导率值，标准的测量中用单位电导率 S/cm 来表示，以补偿各种电极尺寸造成的差别。单位电导率（C）简单地说是所测电导率（G）与电导池常数（L/A）的乘积。这里的 L 为两块极板之间的液柱长度，A 为极板的面积。

一般情况下，电极常形成部分非均匀电场。此时，电极常数必须用标准溶液进行确定。标准溶液一般都使用 KCl 溶液，这是因为 KCl 的电导率在不同的温度和浓度情况下非常稳定、准确。0.1mol/L 的 KCl 溶液在 25℃时电导率为 12.88mS/cm。

B 电导率分析仪的组成

在线电导率仪主要由电导率电极（传感器）和电导率显示控制仪两部分组成。控制仪表采用了适当频率的交流信号的方法，将信号放大处理后换算成电导率。装有与传感器相匹配的温度测量系统，能补偿到标准温度电导率的温度补偿系统、温度系数调节系统以及电导池常数调节系统，以及自动换挡功能等。

C　在线电导率仪的维护

（1）定期对探头进行清洗和性能检查。

（2）定期对控制器性能及工作状态进行检查。

（3）探头清洗要先将检测器的电极从外壳内拆下，将电极及外壳一起浸在1%～2%浓度的盐酸溶液中（注意电极的接线端不能浸入），再用毛刷刷洗电极及外壳内测，洗净后用蒸馏水或脱盐水多次冲洗至水呈中性，然后将电极装入外壳内固定好。

（4）定期对仪表管线进行检修，如取样管路、阀门、穿线管以及导线等检查、修理或更换。

9.2.2.3　浊度在线分析仪

A　浊度测量原理

浊度即水的浑浊程度，由水中含有微量不溶性悬浮物质、胶体物质所致。ISO标准所用的测量单位为FTU(浊度单位)，FTU与NTU(浊度测定单位）一致。1NTU＝1mg/L的白陶土悬浮体。

浊度是表现水中悬浮物对光线透过时所发生的阻碍程度。水中含有泥土、粉尘、微细有机物、浮游动物和其他微生物等悬浮物和胶体物都可使水中呈现浊度。采用90°散射光原理，光路原理如图9-25所示。从浊度仪传感器光源组件发出的白炽灯，向下进入浊度仪内，遇到样品中的悬浮颗粒产生散射光。传感器浸在水样中的光电检测器能够检测到与入射光束成90°角的散射光。

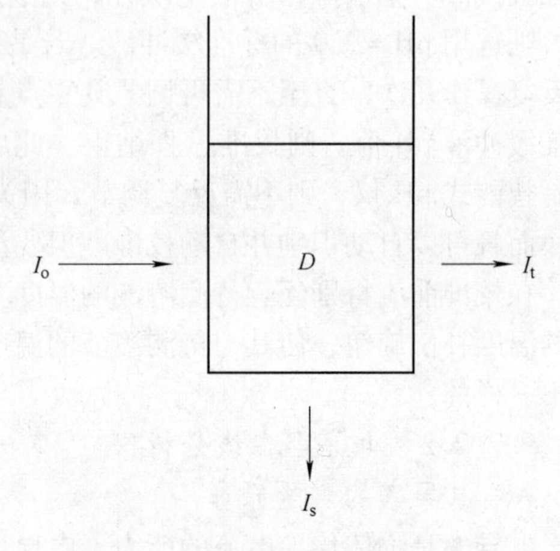

图9-25　90°散射光光路原理图

I_o—入射光；I_t—透射光；I_s—散射光；D—溶液浑浊度

B　在线浊度仪的组成

在线浊度仪由高稳定性光电传感器、高性能二次仪表组成。光电传感器由光源、透镜、光电元件等组成，当光线通过被测液样时，与入射光成90°方向的散射光作用于光电元件，产生了随浊度变化的电信号，该信号与基准信号一起送入信号处理器。信号处理器以集成电路为核心，构成性能稳定的电子线路，对信号进行放大、滤波、运算、补偿等处理，使其在整个测量范围内与被测液样的浊度呈线性关系。

C　在线浊度仪的维护

（1）浊度仪变送器应防水、防潮，特别是变送器与传感器的接线处要防止进水。

（2）传感器应每周清洗一次，保证传感器工作正常；如果安装有冲洗装置，每班应进行一次手动冲洗。

（3）浊度仪的显示数据要与化验室的检测数据进行对比，出现偏差及时处理。

（4）定期对浊度仪进行标定，标定步骤按仪器说明书进行。

9.2.2.4 余氯在线分析仪

A 余氯在线分析仪的工作原理

在线测量余氯选择的方法通常采用极谱法，也就是电解池法。余氯在线分析仪由余氯传感器、显示仪表和流通池三部分组成。

在线余氯分析仪的传感器有敞开式传感器和隔膜式传感器两种。

敞开式传感器用铂合金做阴极（测量电极）、铜做阳极（反电极）。反应式为：

阳极：
$$Cu - 2e = Cu^{2+}$$

阴极：
$$H^{+} + 2OCl^{-} + 2e = O^{2-} + OH^{-} + Cl_2$$

被测液体在阴极和阳极之间形成电解质。由于测量过程中敞开式电极和被测液体直接接触，容易受到污染，必须连续不断地活化，这个过程由被测液体携带的小玻璃珠摩擦电极表面来完成。液体的电导率必须稳定，以保证液体电阻的变化不影响传感器的测量结果。此外，若液体中存在铁或硫的化合物及其他物质时，也会对测量造成干扰。敞开式传感器可测量游离氯和化合氯两项，其极化时间长达24h。

隔膜式电极用金做阴极（测量电极），银/氯化银做阳极（反电极）。电极内充有pH值较为理想而且电导率稳定的电解液，它与被测液体通过一层选择性渗透膜（PTFE）相隔离。测量时仪表给电极两端施加一稳定的电压。次氯酸渗透进电极内部在电极之间形成极化电流。其化学反应式为：

阳极：
$$2Ag - 2e = 2Ag^{+}$$

阴极：
$$H^{+} + 2e + OCl^{-} = OH^{-} + Cl^{-}$$

隔膜式传感器的测量具有选择性，隔膜只允许游离氯通过，化合氯不能通过，所以它不能测量化合氯。如果有化合氯存在，就不能用它。但对于游离率的测量，它是最好的选择。由于采用隔膜密封措施，隔膜式传感器具有以下优点：

（1）铁和硫的化合物等干扰组分不能通过隔膜，从而消除了交叉干扰。

（2）通过样品池的流量大于30L/h（流速大于0.3cm/s）时，测量值不受被测流量波动影响。

（3）测量值不受液体电导率波动的影响。

（4）测量元件被隔膜密封，不会受到污染，因而其维护量小。

（5）传感器极化时间短，一般只需要30~60min。

B 在线余氯分析仪的维护

（1）在线检测介质必须保持一定的流速而且恒定。

（2）检查余氯电极是否在良好状态，膜片是否良好，膜头内填充液是否损耗。

（3）电极应定期清洗，拆卸及清洗电极时不能弄破隔膜，不能用滤纸擦隔膜以免损坏。

（4）定期更换或添加电解液。

（5）每次更换或添加电解液或更换膜头后，电极需重新极化和标定。极化和标定方法按电极说明书进行。

（6）当现场长时间断水或仪表较长时间不使用时，应及时取出电极，并清洗干净套上保护帽。

9.2.2.5 在线 COD 分析仪

A 在线 COD 分析仪的工作原理

化学需氧量测定（重铬酸钾法）是将水样、重铬酸钾消解溶液、硫酸银溶液（催化剂使直链脂肪族化合物氧化更充分）和浓硫酸的混合液在消解池中加热到175℃，在此期间铬离子作为氧化剂从Ⅵ价被还原成Ⅲ价而改变了颜色，颜色的改变度与样品中有机化合物的含量成对应关系，仪器通过比色换算直接将样品的 COD 显示出来。还原性的无机物，如亚硝酸盐、硫化物和亚铁离子，会提高测量结果，它们的耗氧量会加到 COD 值中。氯离子的干扰可以通过加入硫酸汞消除，因为氯离子能与汞离子形成非常稳定的氯化汞。

B 在线 COD 分析仪的组成

在线 COD 分析仪系统由潜水泵、手动阀、分析仪、废液管、废液桶等组成，其运行结构如图 9-26 所示。

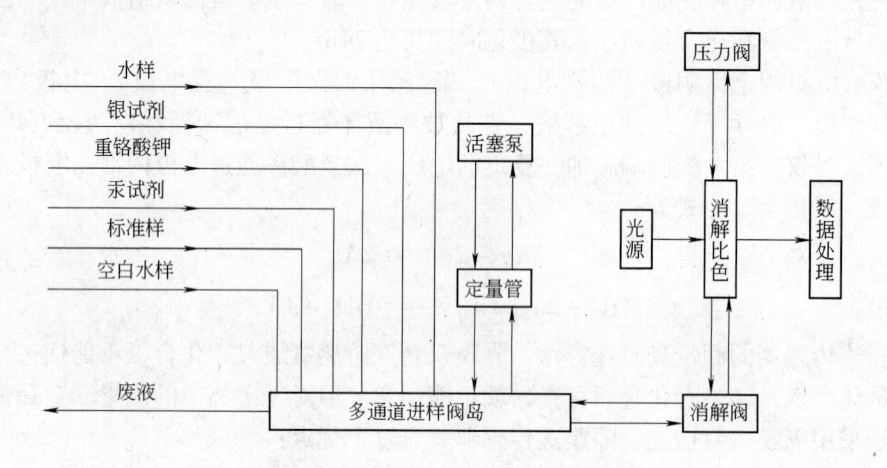

图 9-26 在线 COD 分析仪运行结构图

C 在线 COD 分析仪所用的维护

在线 COD 分析仪是精密仪器，为了仪器的正常运行，操作人员需要定期对其进行以下维护：

（1）视当地水样的水质情况，定期清洗采样过滤头及管路，并经常检查采样头的位置情况以确保采样头采水顺利、通畅。

（2）视使用情况定期清洗采样溢流杯及采样管。

（3）视使用情况定期拆卸反应管与比色管进行清洗。

（4）仪器运行时请关好前后门，不要干烧反应管以免炸裂。

（5）仪器应避免阳光直射，避免强磁场、强烈震荡的环境。

（6）及时补充催化剂、氧化剂、蒸馏水。更换氧化剂、催化剂时，小心操作，防止化学烧伤。

（7）仪器的各蠕动泵泵管的有效使用寿命为 3 个月（6～8 次/天），到期需及时更换。

（8）关机或停止使用之前，在手动方式下用蒸馏水多次清洗反应管、比色管，然后向反应管、比色管中加入适量蒸馏水以保持反应管干净。

9.2.3 测量仪表的维护与日常管理

随着水处理工艺的要求，水处理过程自动化控制也越来越多，也就需要大量的现场在线测量仪表的应用。自动化检测仪表应用于水处理领域相比于其他生产领域要晚得多，从设计、施工、安装到日常管理及仪表人员的操作、维修、维护水平都需要进一步提高。对于水处理在线仪表的日常维护、保养，定期检查，标定调整，是保证其正常运行的重要条件。

在水处理中应用的仪表种类很多，而每种仪表的工作原理以及调、校方法各不相同。因此对于每种具体的仪表，首先应详细认真阅读其使用维护操作手册，并按各自说明要求进行操作。

9.2.3.1 仪表档案、资料管理

一台仪表的资料、档案是否齐全，对于日常维护、故障等判断及处理都有重要意义。对于每一台仪表，都要建立一本履历书作为档案。履历书内容如下：

(1) 仪表位号（一般应与设计图纸编号一致）；

(2) 仪表名称、规格型号；

(3) 精度等级；

(4) 生产厂家；

(5) 安装位置，用途；

(6) 测量范围；

(7) 投入运营日期；

(8) 校验、标定记录（标定日期、方法，精度校验记录）；

(9) 维修记录（包括维修日期，故障现象及处理方法，更换部件记录）；

(10) 日常维护记录（零点检查，量程调整、检查，外观检查，定期清洗等）；

(11) 原始资料（应包括设计、安装等资料，线缆的走向，信号的传递，以及厂家提供的合格证、检验记录、设计参数、使用、维护说明书）。

9.2.3.2 日常维护、保养及检修

在线仪表的日常维护与保养是保证其正常运行的重要条件。对于每台在线仪表，日常维护、保养、检修应遵循生产厂家提供的相关资料来进行。一般来讲，日常维护工作分为四部分，即每日巡视检查；定期的清扫与清洗；校验与标定；定期排污等。

(1) 坚持巡视检查制度。检查内容为供电电源是否稳定、系统是否良好接地、管路水流是否顺畅、主机与传感器连接是否坚固、有无报警。

(2) 清洗。水质仪表长期浸没在污水中电极膜头容易沉积细菌及活性污泥，从而影响测量精确度，所以对 pH 测定仪、浊度仪、余氯仪必须定期清洗。清洗周期视水质情况而定，一般为每周一次。

(3) 校正及化学试剂补充。一些仪表定期进行校正，校正周期可按有关仪表说明进行。仪表的再生液、电解液及校正标准液需要定期补充或更换，以防止引起化学变化而影响精确测量。

(4) 定期排污。定期排污工作应因地制宜，并不是所有过程检测仪表都需要定期排污。排污主要是针对差压变送器、压力变送器、流量变送器、水质分析等仪表，由于测量

介质含有粉尘、油垢、微小颗粒等在导压管内沉积（或在流通槽内沉积），直接或间接影响测量。排污周期可根据实际自行确定。

9.3　自动调节系统简介

9.3.1　自动调节系统的组成

在生产过程中，将生产设备的操作以及生产过程的管理工作，用机器、仪表以及其他自动化装置来代替一部分人的直接劳动，使生产在不同程度上自动进行。这种用自动化装置来管理生产过程的办法，称为过程自动化。

为了实现过程自动化，一般包括以下内容：

（1）自动检测系统。利用各种检测仪表对主要工艺参数进行测量、指示或记录的，称为自动检测系统。它代替了操作工人对工艺参数的不断观察和记录，因此又称为工业的“眼睛”。

（2）自动信号联锁保护系统。在生产过程中，有时由于一些偶然因素的影响，导致工艺参数越出允许的变化范围，而出现不正常的现象，就有引起事故的可能，为此常对某些关键参数设有自动联锁保护装置。在事故发生前，信号系统能自动发出声光信号。如工况已接近危险状态，联锁系统应立即采取紧急措施，打开安全阀或某些通路，以确保设备的安全。

（3）自动操纵系统。自动操纵系统可以根据预先规定的步骤自动地对生产设备进行某些周期性操作，它可以代替操作工人，自动地按一定的时间程序切断或接通阀门，从而减轻工人重复性的体力劳动。

（4）自动调节系统。在水处理过程中，由于生产过程大多数是连续进行的，为保证水处理的效果和质量控制在规定范围内，当某些干扰使工艺参数发生变化时，就由自动调装置对某些关键性参数进行自动调节，使它能自动回到规定数值范围之内。这就是自动调节系统。

可以看出，自动检测系统只是了解生产过程的任务，信号联锁保护系统只能在工艺条件进入某种极限状态时，采取安全措施，以避免事故的发生。只有自动调节系统才能排除各种干扰因素对生产事故的影响，使它始终保持在预先规定的数值上，保证生产在理想条件下进行。

自动调节系统是人工调节系统的模仿和发展，要了解自动调节系统组成，也可以从手动调节的过程入手。

假如我们调节一个水槽内的液位，用手动调节时，不外乎用眼、手、脑三个器官，即用眼睛去观察水槽的液位，用大脑来判断该液位和实际位之间的偏差，然后再用手去调节进料或出料阀。如果眼、手、脑这三个器官用自动调节系统来代替，即用变送器来代替人的眼睛，并将液位的高低转换成与其成比例的测量信号；用调节器来代替人的大脑，根据测量信号的大小与给定值进行比较，得出偏差，并发出一个指令到执行机构；气动调节阀则根据调节器的命令，去改变阀门的开度，使液位回到给定的数值上来。

由此可以看出，一个调节系统必须由几个基本部分组成，即调节对象、测量装置、自动调节器、执行机构和给定机构等。这四大部分按一定规律连接在一起，并且传递信号连接成一个整体，就构成了一个自动调节回路。调节对象也就是需要调节的机器或设备，如阀门、计量泵、搅拌机、水泵等；测量装置或称为感测元件，以它测出被调节参数的变化情况，如各种测量元件，再由变送器将信号送出；调节器用来将检测装置送来的信号并与给定信号相比较，若产生偏差，就根据偏差值的大小，对执行机构发出命令；执行机构接收调节器发出的命令，执行调节；给定机构的作用是将被调参数给定值转换成统一信号，输入调节器。

9.3.2　几种自动调节作用

自动调节的基本控制规律有双位式控制、比例控制（P）、积分控制（I）、微分控制（D）及它们的组合形式 PI、PD、PID。

9.3.2.1　双位调节

双位调节系统的规律是当测量值大于给定值时，调节器输出为最小（或最大），而当测量值小于给定值时，则输出为最大（或最小），即调节器只有两个数出值，又称为开关控制。其数学表达式为：

$$P = \begin{cases} P_{\max} & e > 0(\text{或}\, e < 0) \\ P_{\min} & e < 0(\text{或}\, e > 0) \end{cases}$$

理想的双位控制特性和实际的双位控制特性如图 9-27 所示。

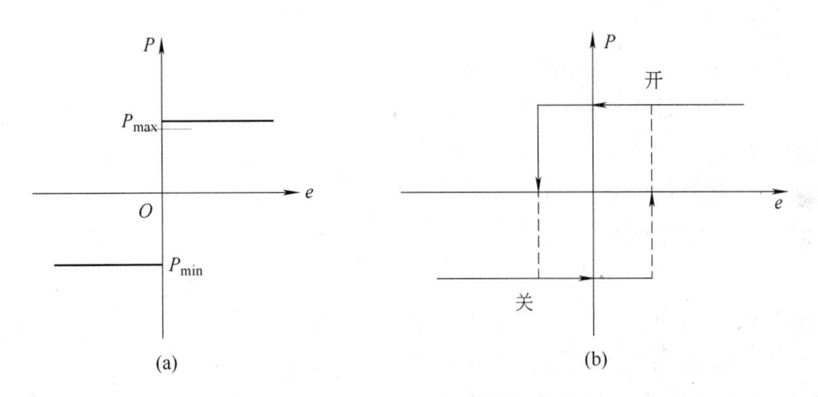

图 9-27　理想的双位控制特性（a）和实际的双位控制特性（b）

液位控制系统就是典型的双位控制，如图 9-28 所示。

（1）当 $H<H_0$ 时，液体不接触电极，继电器开路，电磁阀全开，液体流入。

（2）当 $H>H_0$ 时，液体接触电极，继电器接通，电磁阀全闭，液体不流入。

在理想状态下，双位控制系统中的运动部件如继电器、电磁阀等控制机构的动作非常频繁，因动作频繁而易损坏。实际应用的双位控制器具有一个中间区，被控参数在中间区时，控制机构不工作，当参数上升至测量值高于给定值某一数值后，控制机构才关；当参数下降至测量值低于给定值某一数值后，控制机构才开。这样，控制机构开关的频率程度大为降低，从而起到保护的作用，如图 9-29 所示。双位控制系统特点是结构简单；成本低；易实现；应用很普遍，如恒温炉、管式炉的温度控制等。

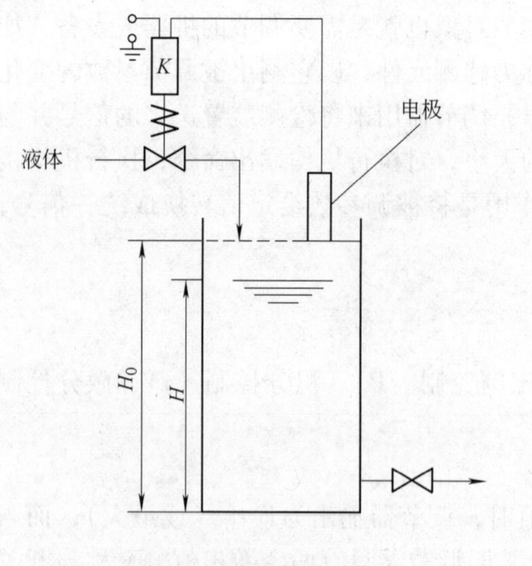

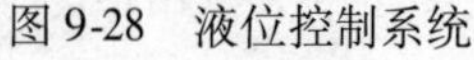
图 9-28　液位控制系统

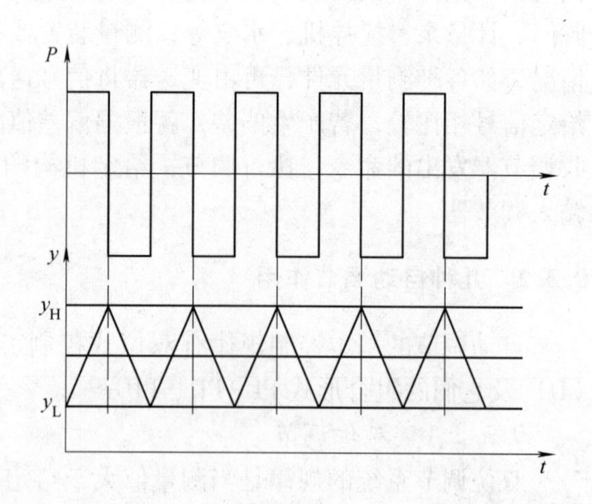

图 9-29　具有中间区的双位控制过程

9.3.2.2　比例调节作用

比例调节作用就是把调节器的输入偏差乘以一个系数，作为调节器的输出，如图 9-30 所示。比例作用的数学表达式为：

$$\Delta P_{出} = K\Delta P_{入}$$

式中　K——比例常数。

具有比例作用的调节器为比例调节器，通常用“P”表示。在比例调节器中比例常数 K 是可以改变的。K 值大反映在同样的偏差下，输出信号大，这种调节作用只要输入信号发生变化，输出信号立即随之变化，无滞后，而且输入信号越大，输出信号也越大。

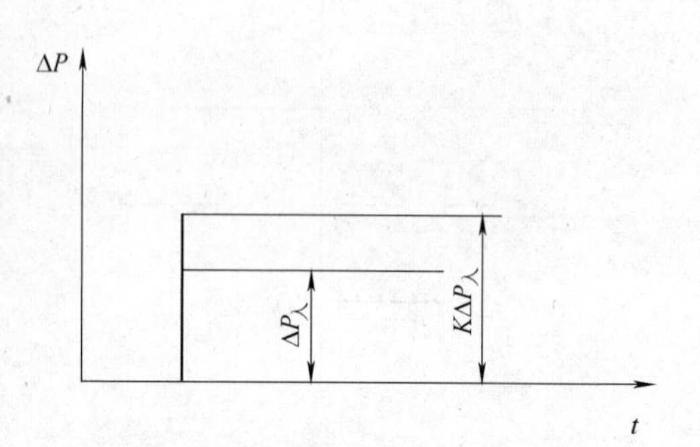

图 9-30　比例调节输入与输出

对于大多数调节器而言，都不采用比例常数 K 作为刻度，而是用比例度来刻度，即 $\delta = 1/K \times 100\%$。也就是说，比例度与调节器的放大倍数的倒数成比例。调节器的比例度越小，它的放大倍数越大，它的偏差放大的能力越大；反之亦然。如气动组合仪表调节器的比例旋钮为 5%、10%、40%、100%、200%、300% 共 6 挡，相对应的放大倍数为 20 倍、10 倍、2.5 倍、1 倍、0.5 倍、0.33 倍。

比例度的选择对调节质量的影响很大。比例度过小，放大的倍数就过大，相当于人工调节的动作幅度过大，被调参数过大，易出现过调，系统不稳定，振荡很大。反之，比例度过小也就是放大倍数过小，相当于调节幅度过小，这会延长调节时间。所以，对于具体的调节对象应选择适当的比例。

比例调节有个缺点，就是会产生静差。静差又称为余差。在控制系统中，比例调节器的输入、输出量之间存在着对应的比例关系，变化量经比例调节达到平衡时，不能加复到给定值时的偏差称为静差。

图 9-31 所示为比例控制液位的示意图，从图中发现：$P = \frac{b}{a}e$。

该控制系统中，阀门开度的改变量与被控变量（液位）的偏差值成比例，这就是比例控制。

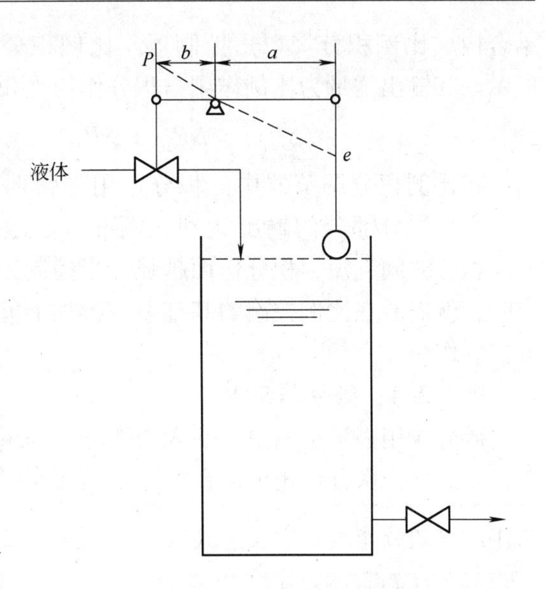

图 9-31 简单的比例控制系统

9.3.2.3 积分作用

比例调节有静差存在，若要消除静差，必须再进行调节，这种调节任务由积分作用完成。积分作用（I）是指调节器的输出是偏差随时间的积累。换言之，只要偏差存在输出就随时间积累，如图 9-32 所示。

积分控制作用的动作规律是：只要对象的被控量不等于给定值（即偏差存在），那么执行机构就会不停地动作，而且偏差的数值越大，执行机构的移动速度就越大，只有偏差为零时，即偏差消失时，执行机构才停止工作。控制结束时，被控量一定是无差的，属于无差调节。

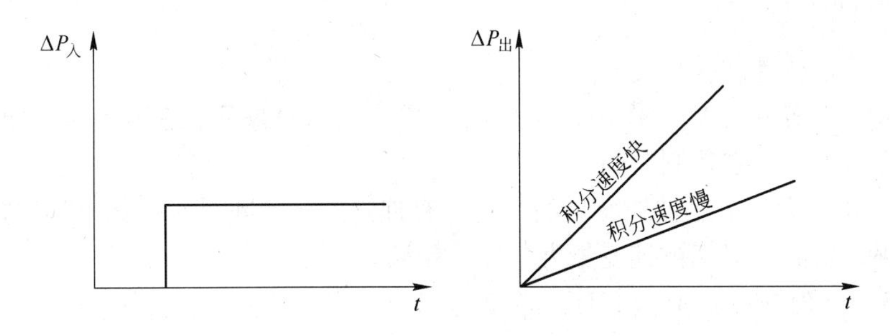

图 9-32 积分作用示意图

由于积分作用是随时间而逐渐增强的，与比例作用相比过于迟缓、控制不及时，而且它仅根据偏差的大小进行控制，忽视了偏差的正、负，造成积分作用有时动作方向正确，有时动作错误。因此，积分作用改善了静态品质的同时，却恶化了动态品质，使过渡过程的振荡加剧，甚至导致系统不稳定。

积分控制作用的输出变化量与偏差的积分成正比，即：

$$\Delta P = 1/T_i\int e\mathrm{d}t$$

式中 ΔP——控制器输出的变化量；

T_i——积分常数，表示积分速度的大小和积分作用的强弱；

e——偏差；

t——时间。

只要有偏差存在，积分作用一直作用下去，就有输出信号，能消除余差。由于积分作用容易导致系统稳定性变差，因此一般不采用单纯的积分控制器，而是将其与比例作用相结合构成比例积分（PI）控制器。比例积分作用如图 9-33 所示。其输出增量为比例作用与积分作用之和，即：

$$\Delta P_{出} = \Delta P_{比} + \Delta P_{积}$$

在比例积分调节器中，积分作用的强弱用积分时间表示，它是积分部分的输出达到比例部分的输出所需要的时间。积分时间越短，积分作用越强。当控制系统有更高的要求时，就需要在比例控制的基础上，再加上能消除余差的积分控制作用。

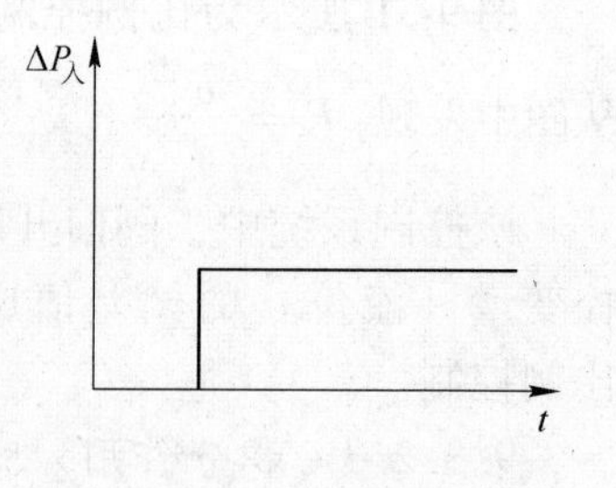

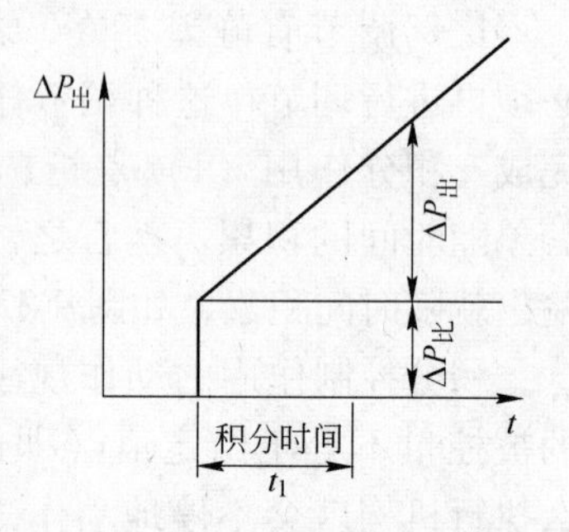

图 9-33 比例积分作用示意图

9.3.2.4 微分作用

微分作用表示了输出与输入的微分，即偏差变化速度成正比。这样，微分作用可以在偏差变化较快时起到超前控制的作用。微分作用数学表达式为 $p = T_{D}\frac{de}{dt}$（T_{D} 为微分时间，它是微分控制器的参数）。

但当偏差不再变化时，微分输出将消失，因此微分作用常与比例作用一起形成比例微分（PD）控制器。其数学表达式为 $p = K_{P}\left(e + T_{D}\frac{de}{dt}\right)$。

比例微分（PD）特点如下：

（1）比例微分作用比比例作用快，因而对惯性大的对象用比例微分可以改善控制质量，减小最大偏差，节省控制时间。

（2）微分作用力图阻止被控变量的变化，有抑制振荡的效果，但如果加得过大，由于控制作用过强，反而会引起被控变量大幅度的振荡。

9.3.2.5 比例积分微分（PID）调节作用

比例积分微分调节是一种组合式调节，当有一个阶跃偏差信号输入时，输出信号等于比例、积分和微分作用三部分输出之和。PID 调节器综合了各类调节器的优点，它将给定值 $r(t)$ 与实际输出值 $c(t)$ 的偏差的比例（P）、积分（I）、微分（D）通过线性组合构成控制量，对控制对象进行控制。PID 调节器各校正环节的作用如下：

（1）比例环节，及时成比例地反应控制系统的偏差信号 $e(t)$，偏差一旦产生，调节器立即产生控制作用以减小偏差。

（2）积分环节，主要用于消除静差，提高系统的无差度。积分作用的强弱取决于积分时间常数 T_{I}，T_{I} 越大，积分作用越弱，反之则越强。

（3）微分环节，能反映偏差信号的变化趋势（变化速率），并能在偏差信号的值变得太大之前，在系统中引入一个有效的早期修正信号，从而加快系统的动作速度，减小调节时间。

9.3.3 单元组合仪表

单元组合仪表是以统一的标准信号，将对参数的测量、变送、显示及控制等各种能够独立工作的单元仪表（简称单元，如变送单元、显示单元、控制单元等）相互联系而组合起来的一种仪表。根据不同功能和使用要求加以组合，单元仪表可构成各种单参数或多参数的自动控制系统。

单元组合式仪表按照自动调节系统中各组成部分的功能和现场使用要求，分成若干个独立的单元。各单元之间用标准信号联系，在使用时再按一定的要求，将各单元组合在一起。单元组合仪表按工作能源可分成气动单元组合仪表和电动单元组合仪表。气动单元组合仪表的能源为0.14MPa的干燥清洁的压缩空气，它的统一信号为0.020～0.100MPa。Ⅰ型电动单元组合仪表的能源为交流220V，统一信号为直流0～10mA；Ⅱ型单元组合仪表能源为直流24V，统一信号为直流4～20mA。

单元组合式仪表可分为现场安装仪表和控制室安装仪表两大部分，共八大类。按仪表在系统中所起的不同作用，现场安装仪表可分为变送单元类和执行单元类，控制室内安装仪表又可分为调节单元类、转换单元类、运算单元类、显示单元类、给定单元类和辅助单元类等。各单元的作用和品种如下：

（1）变送单元类。它将各种被测参数如温度、压力、流量、物位等物理量转换成相应的0～10mA DC、4～20mA DC或20～100kPa信号，并将其传送到显示、调节单元，以供指示、记录或控制。变送单元的主要品种有温度变送器、压力变送器、差压变送器、流量变送器、液位变送器等。

（2）转换单元类。转换单元是单元组合仪表与其他系列仪表之间联系的桥梁，它能将电压、频率等电信号转换成相应0～10mA DC、4～20mA DC或20～100kPa信号，实现与电动单元组合仪表标准信号之间的转换，如电动调节单元的输出需进行电-气转换才能驱动最常用的气动薄膜调节阀。这类产品有直流毫伏转换器、频率转换器、气-电转换器、电-气转换器等。

（3）调节单元类。它将来自变送单元的测量信号和给定信号进行比较，按其差值给出控制信号去控制执行器的动作，使测量值和给定值相等。调节单元的品种有比例、积分、微分调节器；比例、积分调节器；比例、微分调节器和比例调节器等。

（4）运算单元类。它将各类仪表输出的标准统一信号进行加、减、乘、除、开方、平方等数学运算，以满足多参数复台测量、校正和调节的要求。运算单元的品种有加减器、乘除器和开方器等。

（5）显示单元类。已将各种被测参数进行指示、记录、报警和积算等，供操作人员监视控制系统工况之用。显示单元副品种有比例积算器、开方积算器、自动显示记录仪等。

（6）给定单元类。提供被控参数的给定值送到调节单元，实现定值控制。给定单元的输出也可供给其他仪表作为参考基准值。其品种有恒流给定器、比值给定器和时间程序给定器等。

（7）执行单元类。它接收调节器所输出的调节信号或手动控制信号，使阀门开大或关小，以达到调节的目的。这类产品有电动执行器和各种气动调节阀。

（8）辅助单元类。辅助单元有操作器、阻尼器、限幅器、安全栅等。操作器用于手动操作。阻尼器用于压力或流量等信号的平滑阻尼。限幅器用于限制信号的上、下限范围。

单元组合仪表各单元组合示意图如图9-34所示。

9.3.4 变频器在自动调节系统中的应用

变频调速技术是一种新型的、成熟的交流电机无级调速驱动技术，它以其独特优良的控制性被广泛应用在速度控制领域。特别是在水处理行业中，许多泵类负载越来越多地由

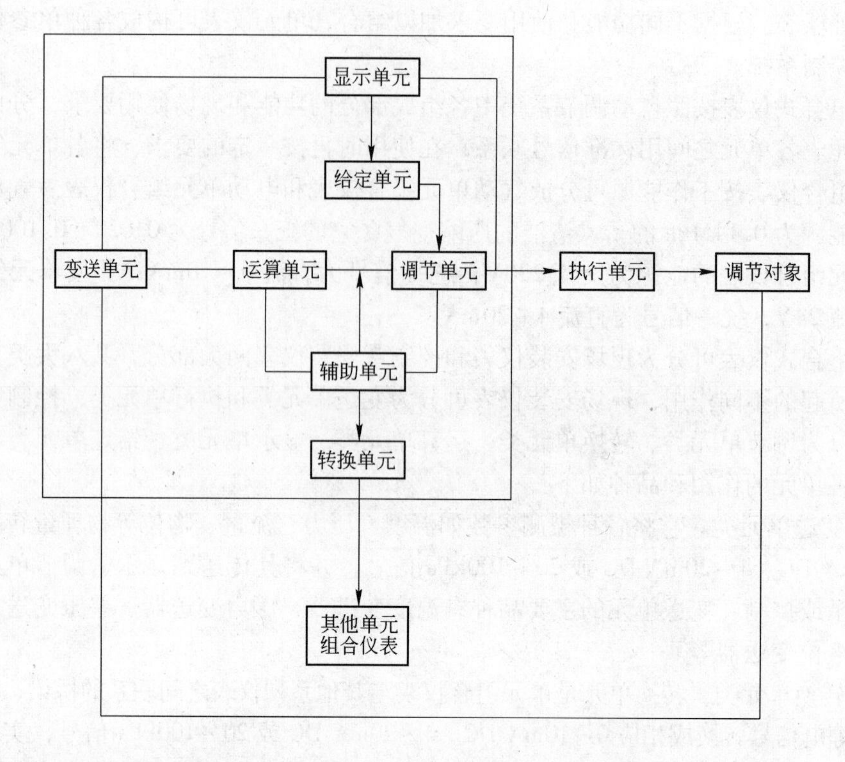

图 9-34　单元组合仪表各单元组合示意图

传统的固定转速拖动改为变频调速拖动，使电机实现自动、平滑的增速或减速。变频调速技术在水处理行业的广泛应用，不但解决了由于负载不断变化带来泵类启动和阀门调节频繁的问题，而且节约了大量电能、药剂和延长了泵类和阀门等设备的检修周期。与传统的阀门调节相比，一般水泵节电率在 20% ~40% 之间。

在水处理生产中，传统的水泵流量和压力都是靠控制水泵压水管道上的阀门开度大小来调节。以图 9-35 所示的一套压力控制系统为例，要保持供水压力的恒定，就得靠阀门的开度来调节水泵供水压力。恒压控制过程中，压力变送器把监测到的液位信号变换成为标准的 4 ~20mA 信号，送给调节器。调节器根据给定压力与实际压力信号进行比较，完成控制运算，并控制调节阀门的开度，使压力始终保持在给定的压力大小。这种控制方式能量损失比较大，现改为由变频器调节水泵电机转速来控制供水压力，以实现压力的恒

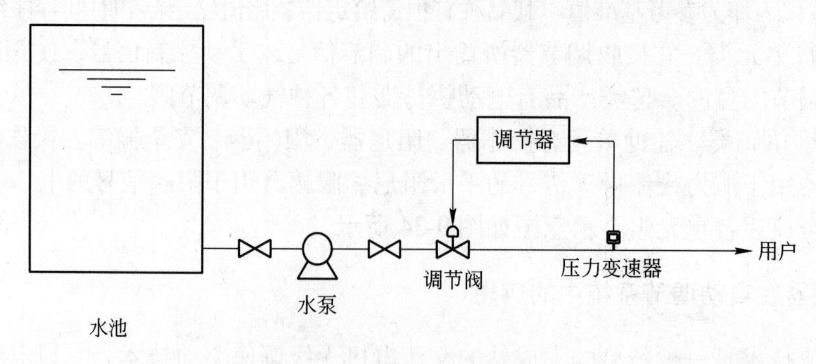

图 9-35　由阀门开度调节压力

定，如图9-36所示。调节器输出的4～20mA信号，作为变频器的频率给定，通过变频器对电机实现无级调速，由泵的转速变化即实现水泵的变速运行，从而达到压力的控制要求。当用水压力不恒定，需要调整阀门的开度保持压力恒定时，采用变频控制降低转速运行比阀门控制具有明显的节能效果。

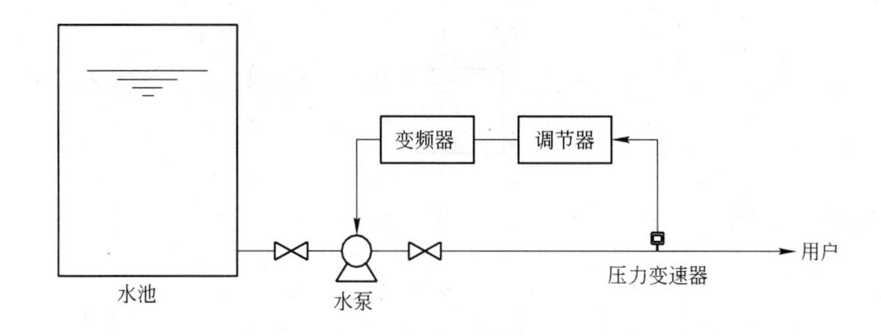

图9-36 由变频器调节压力

变频调速控制系统与传统的控制系统相比，变频器取代了控制执行单元，其在自动化领域应用广泛。在泵类负载中，变频控制取代阀门控制已成为趋势，它是安全生产和节能的需要。

9.4 PLC自动控制系统

9.4.1 PLC的定义

可编程序逻辑控制器（programmable logic controller，简称PLC），是在继电顺序控制基础上发展起来的以微处理器为核心的通用的工业自动化控制装置。它采用可编程序的存储器，用来在其内部存储执行逻辑运算、顺序控制、定时、计数和算术操作等面向用户的指令，并通过数字或模拟式的输入/输出，控制各种类型的机械或生产过程。

9.4.2 PLC的结构及硬件组成

可编程序控制器实施控制，其实质就是按一定算法进行输入/输出变换，并将这个变换与以物理实现。输入/输出变换、物理实现可以说是PLC实施控制的两个基本点，同时物理实现也是PLC与普通微机相区别之处，其需要考虑实际控制的需要，应能排除干扰信号适应于工业现场，输出应放大到工业控制的水平，能为实际控制系统方便使用。所以PLC采用了典型的计算机结构，主要是由微处理器（CPU）、存储器（RAM/ROM）、输入输出接口（I/O）电路、通信接口及电源等组成。PLC的基本结构如图9-37所示。

9.4.2.1 中央处理单元（CPU）

中央处理单元（CPU）是PLC的控制核心。它按照PLC系统程序赋予的功能指挥PLC有条不紊地进行工作，其主要任务有：（1）控制从编程器键入的用户程序和数据的接收与存储；（2）检查电源、存储器、I/O以及警戒定时器的状态，并能诊断用户程序中的语法错误；（3）以扫描的方式采集现场各输入装置的状态和数据，并分别存入I/O映象寄存区，然后从用户程序存储器中逐条读取用户程序，经过命令解释后按指令的规定执行逻辑

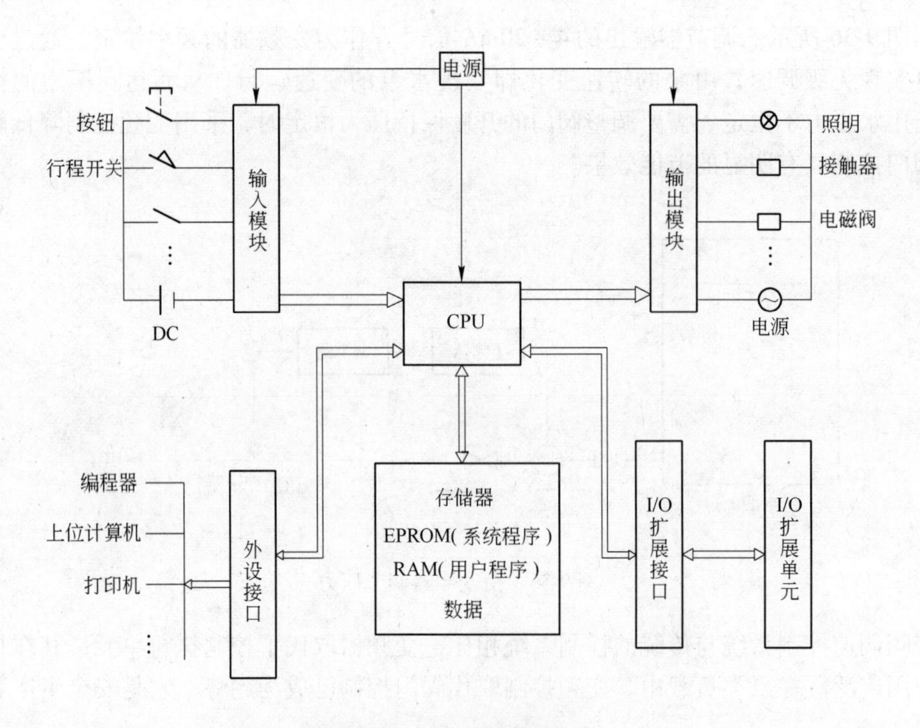

图9-37　PLC结构示意图

或算数运算，并将结果送入I/O映象寄存区或数据寄存器内；(4) 用户程序执行完毕之后，最后将I/O映象寄存区的各输出状态或输出寄存器内的数据传送到相应的输出装置。如此循环直到停止运行。

9.4.2.2　存储器

存储器主要有两种：一种是可读/写操作的随机存储器RAM；另一种是只读存储器ROM、PROM、EPROM和EEPROM。在PLC中，存储器主要用于存放系统程序、用户程序及工作数据。

系统程序是由PLC的制造厂家编写的，和PLC的硬件组成有关，完成系统诊断、命令解释、功能子程序调用管理、逻辑运算、通信及各种参数设定等功能，提供PLC运行的平台。系统程序关系到PLC的性能，而且在PLC使用过程中不会变动，所以是由制造厂家直接固化在只读存储器ROM、PROM或EPROM中，用户不能访问和修改。

用户程序是随PLC的控制对象而定的，由用户根据对象生产工艺的控制要求而编制的应用程序。为了便于读出、检查和修改，用户程序一般存于CMOS静态RAM中，用锂电池作为后备电源，以保证掉电时不会丢失信息。为了防止干扰对RAM中程序的破坏，当用户程序经过运行正常，不需要改变，可将其固化在只读存储器EPROM中。现在有许多PLC直接采用EEPROM作为用户存储器。

工作数据是PLC运行过程中经常变化、经常存取的一些数据。存放在RAM中，以适应随机存取的要求。在PLC的工作数据存储器中，设有存放输入/输出继电器、辅助继电器、定时器、计数器等逻辑器件的存储区，这些器件的状态都是由用户程序的初始设置和运行情况而确定的。根据需要，部分数据在掉电时用后备电池维持其现有的状态，这部分在掉电时可保存数据的存储区域称为保持数据区。

由于系统程序及工作数据与用户无直接联系，因此在 PLC 产品样本或使用手册中所列存储器的形式及容量是指用户程序存储器。当 PLC 提供的用户存储器容量不够用时，许多 PLC 还提供有存储器扩展功能。

9.4.2.3 输入/输出单元

输入/输出单元通常也称为 I/O 单元或 I/O 模块，是 PLC 与工业生产现场之间的连接部件。PLC 通过输入接口可以检测被控对象的各种数据，以这些数据作为 PLC 对被控制对象进行控制的依据；同时 PLC 又通过输出接口将处理结果送给被控制对象，以实现控制目的。I/O 模块接口的主要类型有数字量（开关量）输入、数字量（开关量）输出、模拟量输入、模拟量输出等。

（1）输入单元。输入单元是各种输入信号（操作信号及反馈来的检测信号）的输入接口。常用的输入接口按其使用的电源不同有三种类型：直流输入接口、交流输入接口和交/直流输入接口。输入单元用来接收和采集两种类型的输入信号：一类是由按钮、选择开关、行程开关、继电器触点、接近开关、光电开关等发出的开关量输入信号；另一类是由电位器、测速发电机和各种变压器等发出的模拟量输入信号。

（2）输出单元。输出单元是把 PLC 处理结果即输出信号送给控制对象的输出接口。通常输出接口按输出开关器件不同有三种类型：继电器输出、晶体管输出和双向晶闸管输出。输出单元用来连接被控对象中各种执行元件，如接触器、电磁阀、指示灯、调解阀（模拟量）、调速装置（模拟量）等。

继电器输出接口可驱动交流或直流负载，但其响应时间长、动作频率低；而晶体管输出和双向晶闸管输出接口的响应速度快、动作频率高，但前者只能用于驱动直流负载，后者只能用于交流负载。

9.4.2.4 电源

PLC 的电源在整个系统中起着十分重要的作用。如果没有一个良好的、可靠的电源系统是无法正常工作的，因此 PLC 的制造商对电源的设计和制造也十分重视。一般交流电压波动在 ±15% 范围内，可以不采取其他措施而将 PLC 直接连接到交流电网上去。

一般小型 PLC 的电源输出分为两部分：一部分供 PLC 内部电路工作；另一部分向外提供给现场传感器等的工作电源。因此，PLC 对电源的基本要求包括：

（1）能有效地控制、消除电网电源带来的各种干扰；

（2）电源发生故障不会导致其他部分产生故障；

（3）允许较宽的电压范围；

（4）电源本身的功耗低、发热量小；

（5）内部电源与外部电源完全隔离；

（6）有较强的自保护功能。

9.4.3 PLC 的软件组成

9.4.3.1 PLC 的软件

PLC 的软件系统是指 PLC 所使用的各种程序，主要包括系统程序和用户程序。

（1）系统程序。系统程序包括监控程序、编译程序及诊断程序。监控程序又称为管理程序，主要用于管理 PLC 系统；编译程序用来把程序语言翻译成机器语言；诊断程序用来诊断 PLC 的故障。系统程序是由 PLC 制造厂家编制的，存储固化在 EPROM 中，用户不能直接存取，因此也不需要用户干预。

（2）用户程序。用户程序是用户根据现场控制的需要，用 PLC 的编程语言编制的程序，以实现各种控制的要求。通过机外编程器将用户应用程序编入 PLC，存储在 RAM 中。对于已调试成功的 PLC 用户程序也可以写入 EPROM，然后插在 PLC 上运行。

9.4.3.2　PLC 编程语言

PLC 为用户提供了完整的编程语言，下面简要介绍常用的 PLC 编程语言。

（1）梯形图编程（LAD）。PLC 的梯形图在形式上沿袭了传统的继电器电气控制图，是在原继电器控制系统的继电器梯形图基础上演变而来的一种图形语言。它将 PLC 内部的各种编程元件（如继电器的触点、线圈、定时器、计数器等）和各种具有特定功能的命令用专用图形符号、标号定义，并按逻辑要求及连接规律组合和排列，从而构成了表示 PLC 输入、输出之间控制关系的图形。它是目前用得最多的 PLC 编程语言。梯形图编程语言的特点是：与电气操作原理图相对应，具有直观性和对应性；与原有继电器控制相一致，电气设计人员易于掌握。梯形图使用的基本符号见表 9-2。

表 9-2　梯形图使用的基本符号

名　称	符　号
母　线	│　│　┆　┆　│
连　线	──　─ ·─ ·─　│　│
常开触点	─┤├─　─)(─
常闭触点	─┤/├─　─)/(─　─┤/├─
线　圈	─○─　─⬭─　─< >─　─( )─
其　他	─▭─　(　)　─□─　─□─

梯形图编程语言与原有的继电器控制的不同点是：梯形图中的能流不是实际意义的电流，内部的继电器也不是实际存在的继电器，应用时，需要与原有继电器控制的概念区别对待。

图 9-38 为典型的交流异步电动机直接启动控制电路图。图 9-39 为采用 PLC 控制的程

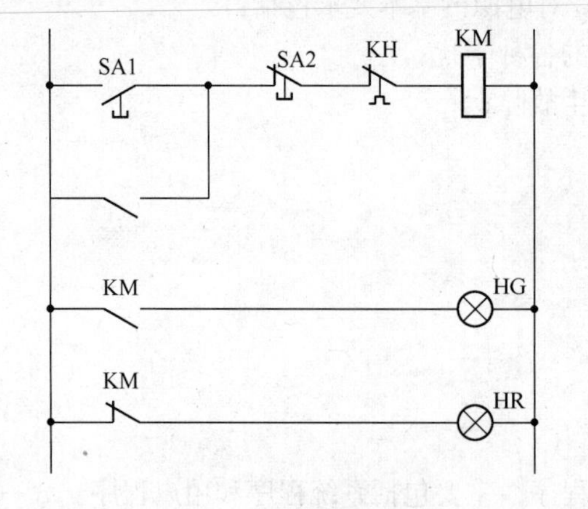

图 9-38　典型的交流异步电动机直接启动控制电路图

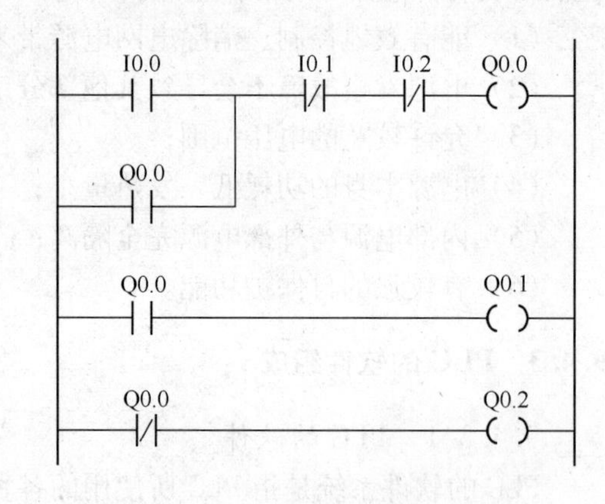

图 9-39　采用 PLC 控制的程序梯形图

序梯形图。

（2）指令表编程。指令表编程语言是与汇编语言类似的一种助记符编程语言，和汇编语言一样由操作码和操作数组成。在无计算机的情况下，适合采用 PLC 手持编程器对用户程序进行编制。同时，指令表编程语言与梯形图编程语言图一一对应，在 PLC 编程软件下可以相互转换。图 9-40 就是与图 9-39PLC 梯形图对应的指令表。

指令表编程语言的特点是：采用助记符来表示操作功能，具有容易记忆，便于掌握；在手持编程器的键盘上采用助记符表示，便于操作，可在无计算机的场合进行编程设计；与梯形图有一一对应关系。其特点与梯形图语言基本一致。

（3）功能模块图语言（FBD）。功能模块图语言是与数字逻辑电路类似的一种 PLC 编程语言。采用功能模块图的形式来表示模块所具有的功能，不同的功能模块有不同的功能。图 9-41 是对应图 9-38 交流异步电动机直接启动的功能模块图编程语言的表达方式。

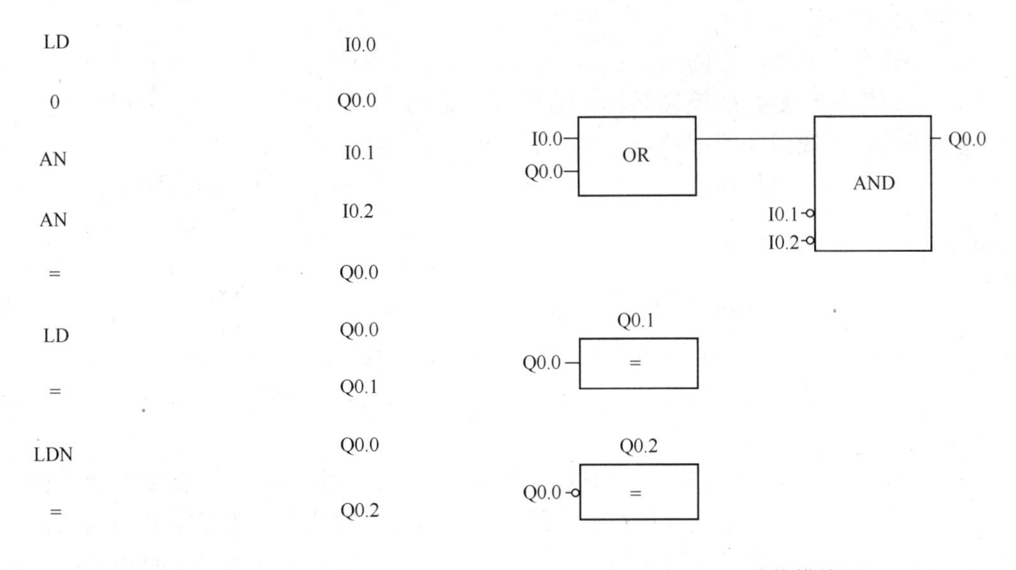

图 9-40　指令表　　　　图 9-41　功能模块图

功能模块图编程语言的特点：以功能模块为单位，分析理解控制方案简单容易；功能模块是用图形的形式表达功能，直观性强，对于具有数字逻辑电路基础的设计人员很容易掌握的编程；对规模大、控制逻辑关系复杂的控制系统，由于功能模块图能够清楚表达功能关系，使编程调试时间大大减少。

（4）状态流程图编程。顺序功能流程图语言是为了满足顺序逻辑控制而设计的编程语言（图 9-42）。编程时将顺序流程动作的过程分成步和转移条件，根据转移条件对控制系统的功能流程顺序进行分配，一步一步地按照顺序动作。每一步代表一个控制功能任务，用方框表示。在方框内含有用于完成相应控制功能任务的梯形图逻辑。这种编程语言使程序结构清晰，易于阅读及维护，大大减轻编程的工作量，缩短编程和调试时间；用于系统规模较大、程序关系较复杂的场合。顺序功能流程图编程语言的特点：以功能为主线，按照功能流程的顺序分配，条理清楚，便于对用户程序理解；避免了梯形图或其他语言不能顺序动作的缺陷，同时也避免了用梯形图语言对顺序动作编程时，由于机械互锁造成用户程序结构复杂、难以理解的缺陷；用户程序扫描时间也大大缩短。

（5）结构化文本语言（ST）。结构化文本语言是用结构化的描述文本来描述程序的一种编程语言。它是类似于高级语言的一种编程语言。在大中型的PLC系统中，常采用结构化文本来描述控制系统中各个变量的关系，主要用于其他编程语言较难实现的用户程序编制。

结构化文本编程语言采用计算机的描述方式来描述系统中各种变量之间的运算关系，完成所需的功能或操作。大多数PLC制造商采用的结构化文本编程语言与Basic语言、Pascal语言或C语言等高级语言相类似，但为了应用方便，在语句的表达方法及语句的种类等方面都进行了简化。

结构化文本编程语言的特点：采用高级语言进行编程，可以完成较复杂的控制运算；需要有一定的计算机高级语言的知识和编程技巧，对工程设计人员要求较高；直观性和操作性较差。

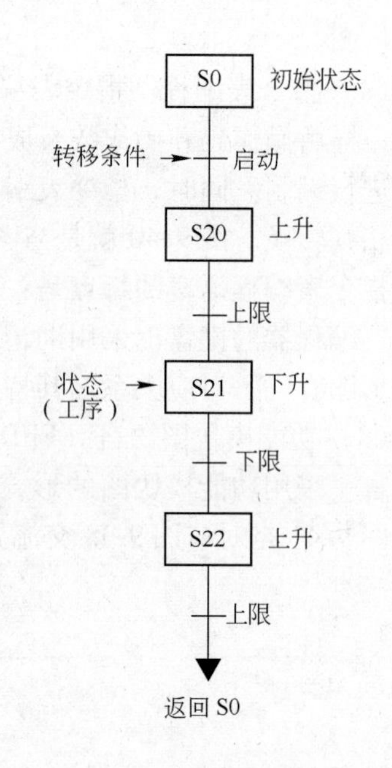

图9-42　典型的状态流程图编程

9.4.4　PLC的工作原理

由于PLC以微处理器为核心，故具有微机的许多特点，但它的工作方式却与微机有很大不同。微机一般采用等待命令的工作方式，如常见的键盘扫描方式或I/O扫描方，若有键按下或有I/O变化，则转入相应的子程序，若无则继续扫描等待。

PLC则是采用循环扫描的工作方式。对每个程序，CPU从第一条指令开始执行，按指令步序号做周期性的程序循环扫描，如果无跳转指令，则从第一条指令开始逐条执行用户程序，直至遇到结束符后又返回第一条指令。如此周而复始不断循环，每一个循环称为一个扫描周期。扫描周期的长短主要取决于以下几个因素：一是CPU执行指令的速度；二是执行每条指令占用的时间；三是程序中指令条数的多少。一个扫描周期主要可分为三个阶段：

（1）输入刷新阶段。在输入刷新阶段，CPU扫描全部输入端口，读取其状态并写入输入状态寄存器。完成输入端刷新工作后，将关闭输入端口，转入程序执行阶段。在程序执行期间即使输入端状态发生变化，输入状态寄存器的内容也不会改变，而这些变化必须等到下一工作周期的输入刷新阶段才能被读入。

（2）程序执行阶段。在程序执行阶段，根据用户输入的控制程序，从第一条开始逐步执行，并将相应的逻辑运算结果存入对应的内部辅助寄存器和输出状态寄存器。当最后一条控制程序执行完毕后，即转入输出刷新阶段。

（3）输出刷新阶段。当所有指令执行完毕后，将输出状态寄存器中的内容，依次送到输出锁存电路（输出映像寄存器），并通过一定输出方式输出，驱动外部相应执行元件工作，这才形成PLC的实际输出。

由此可见，输入刷新、程序执行和输出刷新三个阶段构成PLC的一个工作周期，由此循环往复，因此称为循环扫描工作方式。由于输入刷新阶段是紧接输出刷新阶段后马上进行的，因此也将这两个阶段统称为I/O刷新阶段。实际上，除了执行程序和I/O刷新外，PLC还要进行各种错误检测（自诊断功能）并与编程工具通讯，这些操作统称为“监视服务”，一般在程序执行之后进行。综上所述，PLC的扫描工作过程如图9-43所示。

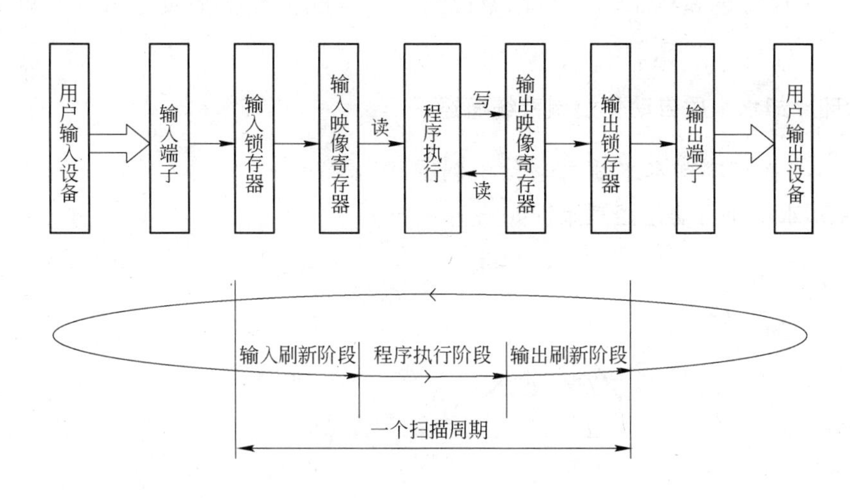

图9-43 PLC的扫描工作过程

显然扫描周期的长短主要取决于程序的长短。扫描周期越长，响应速度越慢。由于每个扫描周期只进行一次I/O刷新，即每一个扫描周期PLC只对输入/输出状态寄存器更新一次，因此系统存在输入/输出滞后现象，这在一定程度上降低了系统的响应速度。但是由于其对I/O的变化每个周期只输出刷新一次，并且只对有变化的进行刷新，这对一般的开关量控制系统来讲是完全允许的，不但不会造成影响，还会提高抗干扰能力。这是因为输入采样阶段仅在输入刷新阶段进行，PLC在一个工作周期的大部分时间是与外设隔离的，而工业现场的干扰常常是脉冲、短时间的，误动作将大大减小。但是在快速响应系统中就会造成响应滞后现象，这个一般PLC都会采取高速模块。

9.5 循环冷却水水质稳定自动化系统介绍

9.5.1 概述

在钢铁工业生产中，循环冷却水系统具有重要的作用，循环冷却水水质的好坏直接关系到换热设备及供水设备的寿命、生产的能耗，甚至影响到产品的质量。循环冷却水的水质稳定处理，是在确保供水水质的同时，尽可能地提高循环冷却水的浓缩倍数，减少污水排放，节约新水资源。但是，随着循环冷却水浓缩倍数的提高，水中盐类物质、有机物质和不溶物质不断浓缩，会产生严重的沉积物附着、设备腐蚀和微生物的大量滋生，以及由此形成的黏泥、污垢堵塞换热设备和管道等问题。

为了维持循环冷却水中各种物质和离子含量稳定在某一定值上，必须对系统补充一定量的新水，并排出一定量的浓缩水，通称排污水。同时，在控制好循环冷却水浓缩倍数的条件下，投加水质稳定剂，以防止循环冷却水系统结垢、腐蚀和微生物黏泥等故障的发生。这种补充水和排污水的控制、水处理药剂的投加，靠人工控制是不及时、不连续和不准确的，会造成补水、排污和加药不及时、不准确，甚至导致循环冷却水浓缩倍数波动大，造成新水和药剂的浪费。在循环冷却水系统实现自动化控制，实现补水、排水和加药的自动化，就可以将循环冷却水浓缩倍数和药剂浓度控制在一个平稳的范围内，实现先进和科学的水质稳定控制。这样既可控制水质稳定，又可节约大量水资源。

9.5.2 循环冷却水水质自动化控制系统概述

9.5.2.1 循环冷却水水质自动化控制流程

循环冷却水水质自动化控制流程如图9-44所示。

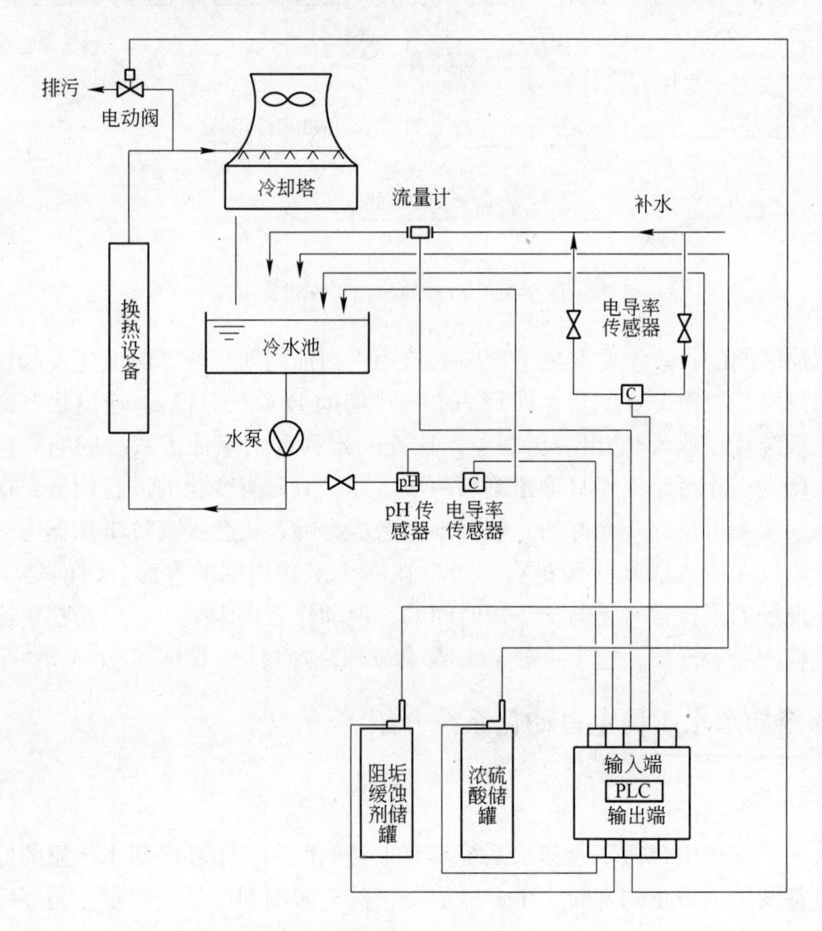

图9-44 循环冷却水水质自动化控制流程

9.5.2.2 循环冷却水水质自动化控制单元

A 浓缩倍数控制系统

通过实时监测循环冷却水和补充水中的电导率，并换算成浓缩倍数，此后根据浓缩倍数的控制范围实时开启和关闭强制排污阀门。当在线电导率仪检测到的电导率大于设定范围的上限时开启强制排污阀门，一直到在线电导率仪检测到的电导率小于设定范围的下限时再关闭排污阀门。循环冷却水系统补水管道中安装水力浮球阀实现补水的自动化和水池水位的稳定，排污管道中安装流量计实现排污水量的时时监测。

B 加药控制系统

循环冷却水系统补水管道中安装流量计，加药控制系统自动监测循环水系统中补充水的水量，PLC根据设定的程序，结合循环水系统实际的运行情况和泵、药剂特性来指导加药泵加药。循环冷却水系统药剂的投加一般是按照补水量和所加药剂的浓度，经过换算成计量泵的流量后，人工调整计量泵的冲程和频率，然后固定好计量泵的冲程。控制系统检测到补水流量，按照吨补水投加药剂量按比例投加药剂，按补水流量和吨水药剂投加量控制计量泵的频率。

C 加酸控制系统

通过在线pH监测探头，将信号传送到PLC总控制柜的控制器，PLC将实时监测到的系统pH值和根据要求控制的设定值进行比较，决定加酸泵的开启和关闭停止，以此达到控制系统pH值和碱度的目的。

9.5.3 循环冷却水水质自动化控制系统功能

循环冷却水水质自动控制系统采用带LCD显示的上位机（PC）+可编程控制器（PLC）构成的控制系统来对整个工艺系统进行自动控制，由上位机、PLC控制器、测量仪表、打印机等组成，如图9-45所示。

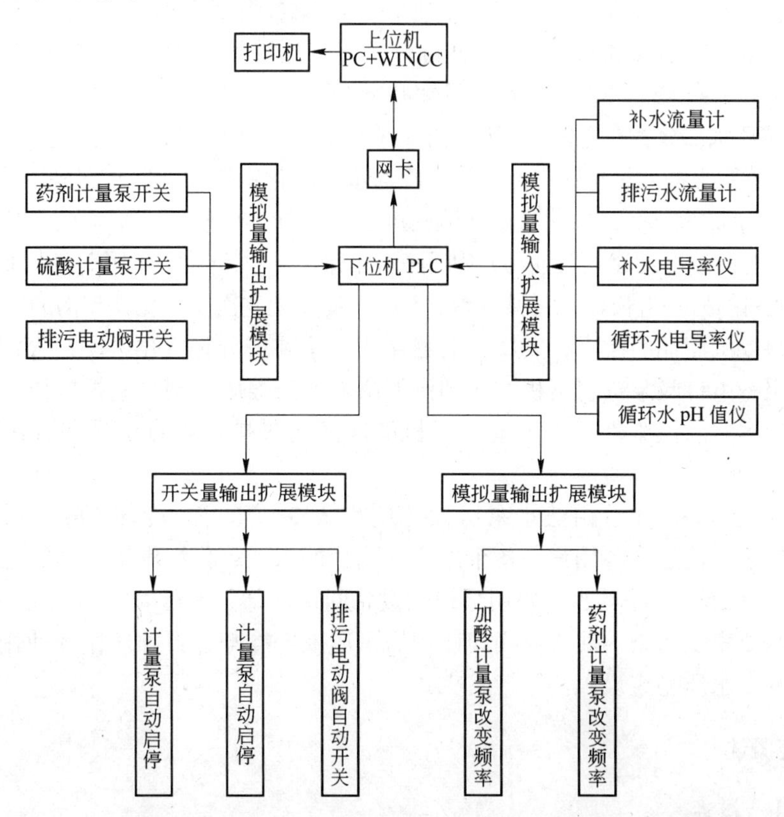

图9-45 循环冷却水水质自动化控制系统结构框架

9.5.3.1　系统硬件基本配置

硬件系统由工业控制计算机、PLC 控制器和在线监测仪表组成，通过通讯网卡，实现工控机与 PLC 控制器之间的数据通讯。PLC 控制器包括中央处理器 CPU、模拟量输入扩展模块、模拟量输出扩展模块、开关量输入扩展模块、开关量输出扩展模块、现场总线 PRODIBUS-DP 扩展模块。监测仪表有流量计、液位计、pH 值仪、电导率仪等。

9.5.3.2　监控系统功能

循环冷却水水质自动化控制系统采用 PLC 加上位机的控制方式，操作方式可采用就地手动控制、远方 PLC 控制和远程全自动控制三种方式。当要对单台设备进行就地运行时，可以将就地控制箱上的“远程/就地”转换开关拨到“就地”，通过就地控制箱上的按钮进行控制；远方 PLC 控制通过上位机或下位机在点动模式下控制设备的启停；远程全自动控制模式下，PLC 的模拟量模块接收来自在线仪表的模拟信号，经过程序计算后控制计量泵、排污阀门来实现自动加药、排污等。

上位机监控系统主要包括加药量累计、补水量和排污水量累计、参数设置、报警、报表打印、工艺流程、趋势曲线等。

9.6　某钢铁厂连铸工程水处理自动化系统介绍

9.6.1　系统工艺流程

某钢铁厂连铸生产线设计年产 380 万吨钢坯，水处理区域的设备主要提供连续铸钢过程中的生产用水，包括浊环水和净环水两部分。其中浊循环水包括二次喷淋用水 $1700m^3/h$、冲氧化铁皮等用水 $4300m^3/h$，净循环水量 $2900m^3/h$。

（1）浊循环水部分。在连铸生产过程中，在线设备和铸坯均需用水进行冷却，生产过程产生的氧化铁等用水冲到氧化铁皮沟。喷淋冷却水、氧化铁皮沟的回水回到一次沉淀池——ϕ16m 旋流沉淀池，大部分的氧化铁皮在池内沉积，用抓斗行车吊到脱水池脱水后汽车外运。池内的水（含有高浓度悬浮物及油污）利用一组长轴泵（共 5 台，3 用 2 备）抽送到斜板沉淀池。旋流池内的另一组长轴泵（共 6 台，3 用 3 备）主要用于氧化铁皮沟的冲渣。

抽送到斜板沉淀池的浊水，大部分的悬浮物（主要成分是氧化铁皮）经沉淀池后沉积于池底，利用一组自吸泵机将沉积物送到污泥浓缩池浓缩后送到一组板框压滤机进行污泥脱水，污泥脱水后用汽车外运。板框压滤机的滤液通过排污管自留到综合污水处理厂调节池。

经沉淀池处理后的水，由热水泵房抽送到 5 台冷却塔进行冷却。降温后的水到冷水池，再由送水泵房输送到各用户。各个用户使用后的水从氧化铁皮沟回到旋流池。

（2）净环水部分。净环水主要用户包括设备间接冷却、液压润滑等。在循环过程中仅水温升高，水质未受污染。回水经用户使用后余压上塔冷却，再加压循环使用。为保证水质，设有旁滤及水质稳定设施。

9.6.2　系统概述

9.6.2.1　概述

整个水处理系统的自动化控制部分由两级网络组成。图 9-46 所示为 PLC 系统配置图。

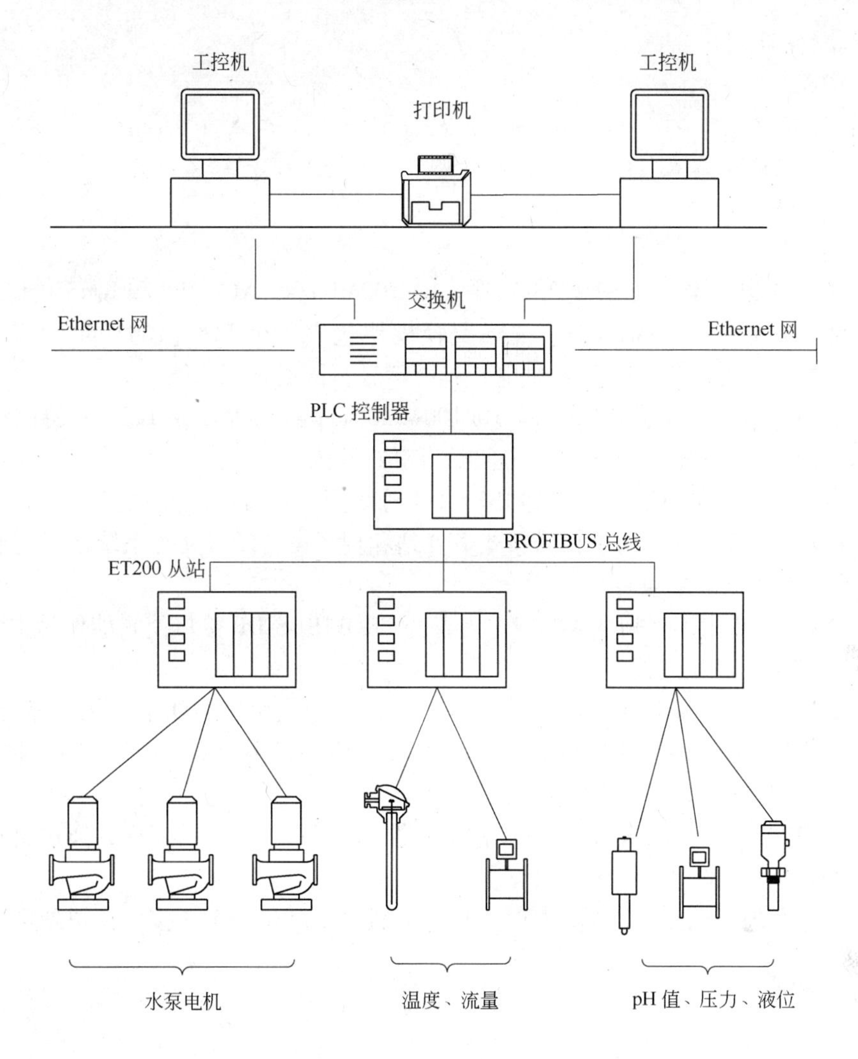

图 9-46 PLC 系统配置图

A 工业以太网层

工业以太网层是采用 100Mbit/s 西门子光纤以太网，将本控制系统与连铸水处理系统联在一起。上位机人机界面采用西门子 WINCC 组态软件；采用光交换机 OSM 来构建 100Mbit/s 交换网络，将两个网段连接到光交换机 OSM。

B 现场总线控制层

采用西门子的 PROFIBUS-DP 总线网络，DP 主站由一台 S7-400PLC 承当，DP 从站由 3 台 SIMATIC 分布式 ET200M I/O 承当。

9.6.2.2 系统控制组态及配置

工业以太网层采用西门子光纤网络，是传输速率高达 100Mbit/s 的快速以太网，可以是线形、环形或星形结构，使用光学交换模块（OSM）和以光纤电缆构建网络。

A 工业以太网层组成

(1) 工控机。

CPU：酷睿 i7

内存：2G

硬盘：500G

显卡：3D，32M 显示内存

光驱：64 倍速

显示器：21″CRT

（2）CP1613 以太网卡及 S7-1613 软件。10/100Mbit/s，AUI/ITP 和 RJ45 接口。

（3）光学交换模块 OSMITP53。光学交换模块包含 3 个 FOC(100Mbit/s) 接口、5 个 ITP(10/100Mbit/s) 接口、冗余 24V 供电，具有信号、网络管理功能。

（4）S7-400 通讯处理器 CP433-1。10/100Mbit/scep 通过 ISO 或 TCP/IP 协议将 S7-400 连接到工业以太网、支持 S7 通讯、S5 通讯、读取/写入。

现场总线控制层采用西门子 PROFIBUS-DP 总线网。这种形式总线是为高数据传输率而优化的，经专门修改，适用于有分布式 I/O 站和现场设备的自动化系统之间的通讯。

B　现场总线控制层组成

（1）S7-400CPU 模块 CPU414-2DP。内置的 PROFIBUS-DP 接口使它能作为主站直接连接到 PROFIBUS-DP 现场总线。

（2）分布式 ET200M I/O。ET200M 是高密度配置的模块化 I/O 站，保护等级为 IP20。它可用 S7-300 可编程序控制器的信号、功能和通讯模块扩展。由于模块的种类众多，ET200M 尤其适用于复杂的自动化任务。

模块化 ET200M 站的输入/输出可以像中央控制器的输入/输出那样，通过自动化系统和可编程序控制器中的用户程序存取。

经过总线系统的通讯是完全由中央控制器中的主接口和 IM153 接口模块处理的。

9.6.3　系统功能

9.6.3.1　系统控制方式

系统采用两种控制方式：远程控制、机旁控制。控制方式的优先级依次为：机旁控制、远程控制。

控制室上位机在整个系统运行过程中，能实时采集现场设备的运行情况及有关数据，实现实时监控、综合管理；当要对单台设备进行就地运行时，可以将就地控制箱上的“远程/就地”转换开关拨到“就地”，通过就地控制箱上的按钮进行控制。

9.6.3.2　上位机监控功能

A　人机界面的要求

（1）总菜单画面，能用鼠标双击进入子菜单，子菜单可方便进入上一面或下一面或主菜单。

（2）操作画面子菜单。

各部分详细操作画面包括净环水泵（1～6 号）、浊环供水泵（1～6 号）、浊环热水泵（1～6 号）及旋流沉淀池泵组（其中提升泵 1～5 号、冲渣泵 1～6 号）。

各部分画面均要求有相应的泵的开、关按钮，相应的泵的电机状态指示包括开、关、故障指示。显示与这些子画面相关的液位、温度、压力、流量、电压、电流的画面。

B 水处理数据

水处理数据主要包括：电耗量；流量；压力；液位；水温；班、日、月、年显示和打印报表及数据存储及数据删除上一年的数据。

C 报警管理

主菜单上有报警历史记录菜单。如当前有报警，能自动地显示哪一区域报警，并且点击时能看到详细的报警内容：时间、传动号、名称、故障原因；并能按区域选择时间的范围，打印报警信息。若报警已解除，当前报警页面报警的内容，则显示为另外一种颜色，仍然显示在当前报警页面中，只有经确认后才会存入历史报警记录，并在当前报警页中消失这些报警内容。

D 水处理仪表要求

（1）要求显示模拟量：16 路温度信号、10 路压力信号、17 路流量信号、6 路液位信号。

（2）液位信号以光柱形式显示。

（3）流量信号显示瞬时流量和累计流量，并当班打印全天累计流量。

（4）超过设定报警值要求闪光，并将数字显红色。

9.6.3.3 下位机可编程控制功能

（1）循环主泵房两组水泵控制：

1）1 号泵组为净环供水泵组，水泵共六台，三台工作三台备用。

2）2 号泵组为浊环水供水泵组，水泵共六台，三台工作三台备用。

3）1 号和 2 号泵组水泵均在操作室集中控制，也可机旁就地操作，1 号、2 号泵组出水总管上设有温度在线测量仪表、压力在线测量仪表和流量测量仪表。泵房管集水坑内设有一台排水泵，水泵起停与水位连锁。

（2）热水泵房一组水泵控制：

1）3 号泵组为浊环热水供水泵组，水泵共六台，三台工作三台备用。

2）3 号泵组出水总管上设有温度在线测量仪表、压力在线测量仪表和流量测量仪表。

（3）旋流沉淀池两组水泵控制：

1）4 号泵组为旋流沉淀池提升泵组，水泵共五台，三台工作两台备用。

2）5 号泵组为旋流沉淀池提升泵组，水泵共六台，三台工作三台备用。

3）4 号、5 号泵组供水管道上设电动阀门，与水泵连锁，水泵均在操作室集中控制，也可机旁就地操作。4 号、5 号泵组出水总管上设有流量、压力测量仪表。

（4）循环泵房外设备控制。设有净环水吸水井、净环冷却塔及集水池、浊环水吸水井、浊环冷却塔及集水池、热水吸水井。吸水井内设置液位指示仪表，高低液位报警。

1）浊环水吸水井：最高水位 3.90mm（↑）溢流，3.80mm（↑）报警；低水位 1.80mm（↓）泵组停泵，2.10mm（↓）报警。

2）热水吸水井：最高水位 3.90mm（↑）溢流，3.80mm（↑）报警；低水位 1.70mm（↓）泵组停泵，2.00mm（↓）报警。

3）净环水吸水井：最高水位 3.90mm（↑）溢流，3.80mm（↑）报警；低水位 1.90mm（↓）泵组停泵，2.10（↓）报警。

净环水吸水井及浊环水吸水井设有生产新水补充管，吸水井靠水力浮球阀控制阀控制补水。热水吸水井供水干线上设有持压泄压阀门，其运行受吸水井液位控制：当水位为3.20m时，持压泄压阀门开启；当水位为3.70m时，持压泄压阀门关闭。

（5）旋流池泵房内两组水泵控制。第3组水泵房将初次沉淀的水提升送到斜板沉淀池，共五台泵，三开三备。第4组为冲渣用水泵组，共六台，三开三备。水泵与电动阀门的运行关系：当水泵开始运行时，先开泵、后开阀门；当水泵停止运行时，先关闭阀门、后关泵。每台水泵设有润滑轴承的清水，由电磁阀控制，即水泵停后，电磁阀关；水泵工作前，电磁阀开。

提升泵组供水干线上设有持压泄压阀门，其运行受吸水井液位控制：当水位为10.10m时，持压泄压阀门开启；当水位为9.20m时，持压泄压阀门关闭。

10 水处理的化学分析与监测

10.1 水质分析的意义

在循环冷却水处理中研究循环冷却水系统能发生的各种故障及其对策时，其基础就是水质分析。此外，为确保用水设备的安全、高效运行，需要使用最佳水质，这就需要进行有效的水处理和水质管理，而水质分析就是管理的基础，是非常重要的。

通过水质分析了解污水水质，为污水处理技术方案的制订提供依据。因为描述定义一种污水，主要就是从其常规水质指标角度来衡量的。常规水质指标包含了污水的基本特征和信息。能被选为常规指标，都有其重要性和意义（或者环境方面有要求，或者在处理工艺方面很重要，或者国家有相关排放规定，或者回用等）。污水的水质特征决定了它适合采用什么处理方法，常规指标提供了最基本和重要的依据。

水质分析为水处理工艺运行提供参考。以生物法处理废水为例，各个工艺单元都对进水水质有相关要求，出水水质也要达到设计效果，所以就要在各个工艺节点对污水水质进行检测，并以此判断工艺运行是否正常，如果异常，也可以从水质指标做出预判。

10.2 水质分析方法和原理

10.2.1 滴定分析法

10.2.1.1 原理

滴定分析法是将一种已知准确浓度的试剂溶液，滴加到被测物质的溶液中，直到所加的试剂与被测物质按化学计量定量反应为止，根据试剂溶液的浓度和消耗的体积，计算被测物质的含量。这种已知准确浓度的试剂溶液称为滴定液。将滴定液从滴定管中加到被测物质溶液中的过程称为滴定。

当加入滴定液中物质的量与被测物质的量按化学计量定量反应完成时，反应达到了计量点。在滴定过程中，指示剂发生颜色变化的转变点称为滴定终点。滴定终点与计量点不一定恰恰符合，由此所造成分析的误差称为滴定误差。

适合滴定分析的化学反应应该具备以下条件：

（1）反应必须按方程式定量地完成，通常要求在99.9%以上，这是定量计算的基础。

（2）反应能够迅速地完成（有时可加热或用催化剂以加速反应）。

（3）共存物质不干扰主要反应，或用适当的方法消除其干扰。

（4）有比较简便的方法确定计量点（指示滴定终点）。

10.2.1.2 滴定分析法的种类

根据标准溶液和待测组分间的反应类型的不同，滴定分析法分为四类：

（1）中和滴定法。它是以酸、碱之间质子传递反应为基础的一种滴定分析法，可用于测定酸、碱和两性物质。其基本反应为：

$$H^+ + OH^- = H_2O$$

水质分析中利用酸碱滴定法的例子，有水的碱度的测定。当测定水的酚酞碱度时以酚酞作指示剂，测定水的总碱度时以甲基橙作指示剂，发生的化学反应如下：

$$2NaOH + H_2SO_4 = Na_2SO_4 + 2H_2O$$

$$2Na_2CO_3 + H_2SO_4 = 2NaHCO_3 + Na_2SO_4$$

$$2NaHCO_3 + H_2SO_4 = Na_2SO_4 + 2H_2O + 2CO_2\uparrow$$

（2）氧化还原滴定法。它是以氧化还原反应为基础的一种滴定分析法，可用于对具有氧化还原性质的物质或某些不具有氧化还原性质的物质进行测定。

水质分析中，利用氧化还原反应的实例，有 COD_{Cr}、溶解氧的测定，其反应如下：

$$K_2Cr_2O_7 + 6FeSO_4 + 7H_2SO_4 = Cr_2(SO_4)_3 + 3Fe_2(SO_4)_3 + K_2SO_4 + 7H_2O$$

$$2Na_2S_2O_3 + I_2 = Na_2S_4O_6 + 2NaI$$

（3）沉淀滴定法。它是以沉淀生成反应为基础的一种滴定分析法，可用于对 Ag^+、CN^-、SCN^- 及类卤素等离子进行测定，如银量法，其反应如下：

$$Ag^+ + Cl^- = AgCl\downarrow$$

（4）配合滴定法。它是以配位反应为基础的一种滴定分析法，可用于对金属离子进行测定。例如水的总硬度测定，采用 EDTA 滴定法，其反应为：

$$Ca^{2+} + H_2Y^{2-} = CaY^{2-} + 2H^+$$

$$Mg^{2+} + H_2Y^{2-} = MgY^{2-} + 2H^+$$

式中，Y^{2-} 表示 EDTA 的阴离子。

10.2.2　称量分析法

10.2.2.1　原理

通过物理或化学的方法，将试样中的待测组分以某种形式与其他组分分离，以称量的方法称得待测组分或它的难溶化合物的质量，进而计算出待测组分在试样中的含量的方法，称为称量分析法。

10.2.2.2　称量分析法的种类

（1）沉淀法。沉淀法是利用沉淀反应，将被测组分转化为难溶物，以沉淀形式从溶液中分离出来，并转化为称量形式，最后称定其质量进行测定的方法。

在试液中加入适当的沉淀剂，使被测组分沉淀出来，这样获得的沉淀称为沉淀形式。而沉淀形式经过滤、洗涤、烘干或灼烧后所得的物质形态，也就是最后供称量时物质的化学组成，称为称量形式。沉淀形式与称量形式可以相同，也可以不同。

例如：测定 Mg^{2+} 时，加入沉淀剂后，最初得到的难溶物质 $MgNH_4PO_4$ 是沉淀形式。$MgNH_4PO_4$ 经过滤、洗涤、烘干或灼烧后得到 $Mg_2P_2O_7$，是称量形式。它们之间前后发生了化学变化，组成改变了，所以沉淀形式与称量形式也就不相同了。但是，用 $BaSO_4$ 沉淀法测定 Ba^{2+} 时，沉淀形式 $BaSO_4$ 在高温灼烧（1000℃）下，组成不发生变化，因此沉淀形式与称量形式相同。

（2）气体发生（吸收）法。

1）用加热或其他方法使试样中被测组分气化逸出，然后根据气体逸出前后试样质量之差来计算被测成分的含量。

例如，试样中湿存水或结晶水的测定。

2）用加热或其他方法使试样中被测组分气化逸出，用某种吸收剂来吸收它，根据吸收剂质量的增加来计算含量。

例如，试样中 CO_2 的测定，以碱石灰为吸收剂。

此法只适用于测定可挥发性物质。

（3）萃取法。萃取法（又称提取法）是利用被测组分在互不混溶的两种溶剂中溶解度的差异，将被测组分从一种溶剂中定量萃取到另一种溶剂中；然后将萃取液中的溶剂蒸去，干燥至恒重，称量干燥物的质量，计算被测组分的含量。

（4）电解法。利用电解的原理，控制适当的电位，使被测金属离子在电极上析出，称量后即可计算出被测金属离子的含量。

10.2.3 比色分析法

10.2.3.1 原理

比色分析是基于溶液对光的选择性吸收而建立起来的一种分析方法，又称吸光光度法。

有色物质溶液的颜色与其浓度有关。溶液的浓度越大，颜色越深。利用光学比较溶液颜色的深度，可以测定溶液的浓度。

根据吸收光的波长范围不同以及所使用的仪器精密程度，可分为光电比色法和分光光度法等。

比色分析具有简单、快速、灵敏度高等特点，广泛应用于微量组分的测定。通常中测定含量在 $10^{-1} \sim 10^{-4}$mg/L 的痕量组分。比色分析如同其他仪器分析一样，也具有相对误差较大（一般为1% ~5%）的缺点。但对于微量组分测定来讲，由于绝对误差很小，测定结果也是令人满意的。在现代仪器分析中，60% 左右采用或部分采用了这种分析方法。在水处理中，比色分析被广泛应用于水质分析。

A 物质的颜色和光的关系

光是一种电磁波，自然是由不同波长（400 ~ 700nm）的电磁波按一定比例组成的混合光，通过棱镜可分解成红、橙、黄、绿、青、蓝、紫等各种颜色相连续的可见光谱。如把两种光以适当比例混合而产生白光感觉时，则这两种光的颜色互为补色。图 10-1 中处于同一直线关系的两种色光（如绿与紫、黄与蓝）互为补色。

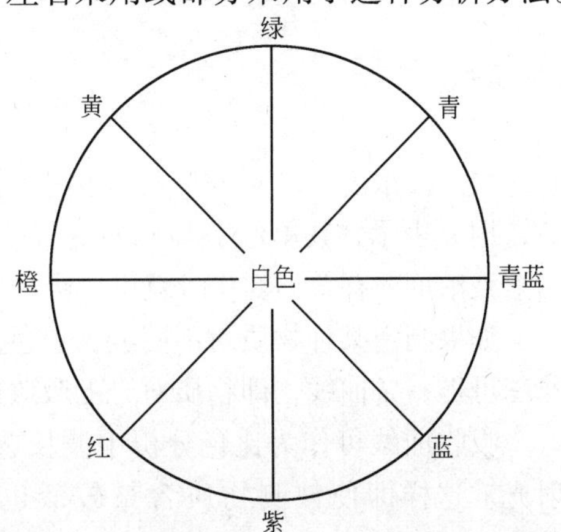

图 10-1 互补色示意图

当白光通过溶液时，如果溶液对各种波长的光都不吸收，溶液就没有颜色。如果溶液吸收了其中一部分波长的光，则溶液就呈现透过溶液后剩余部分光的颜色。例如，我们看到 $KMnO_4$ 溶液在白光下呈紫色，就是因为白光透过溶液时，绿色光大部分被吸收，而紫色光透过溶液。同理，$CuSO_4$ 溶液能吸收黄色光，所以溶液呈蓝色。由此可见，有色溶液的颜色是被吸收光颜色的补色。吸收越多，则补色的颜色越深。比较溶液颜色的深度，实质上就是比较溶液对它所吸收光的吸收程度。表 10-1 列出了溶液的颜色与吸收光颜色的关系。

表 10-1　溶液的颜色与吸收光颜色的关系

溶液颜色		绿	黄	橙	红	紫红	紫	蓝	青蓝	青
吸收光	颜色	紫	蓝	青蓝	青	青绿	绿	黄	橙	红
	波长/nm	400~450	450~480	480~490	490~500	500~560	560~580	580~600	600~650	650~760

B　朗伯-比尔（Lambert-Beer）定律

当一束平行单色光（只有一种波长的光）照射有色溶液时，光的一部分被吸收，一部分透过溶液（图 10-2）。

设入射光的强度为 I_o，溶液的浓度为 c，液层的厚度为 b，透射光强度为 I_t，则：

$$\lg \frac{I_o}{I_t} = Kcb$$

式中，$\lg \frac{I_o}{I_t}$ 表示光线透过溶液时被吸收的程度，一般称为吸光度（A）。因此，上式又可写为：

$$A = Kcb$$

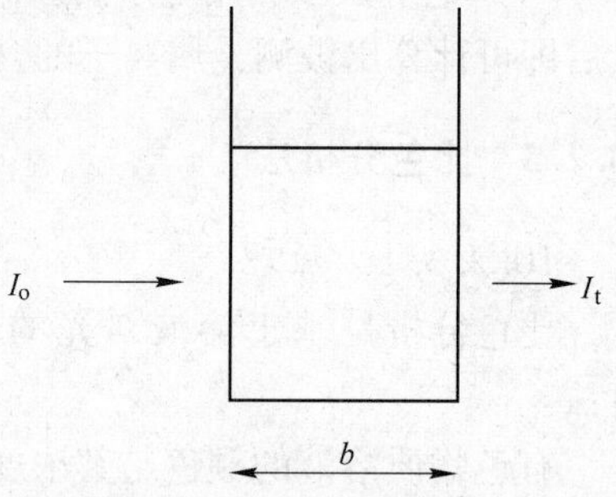

图 10-2　光吸收示意图

上式为朗伯-比尔定律的数学表示式。它表示一束单色光通过溶液时，溶液的吸光度与溶液的浓度和液层厚度的乘积成正比。式中，K 为吸光系数，当溶液浓度 c 和液层厚度 b 的数值均为 1 时，$A = K$，即吸光系数在数值上等于 c 和 b 均为 1 时溶液的吸光度。对于同一物质和一定波长的入射光而言，它是一个常数。

比色法中常把 $\frac{I_t}{I_o}$ 称为透光度，用 T 表示，透光度和吸光度的关系如下：

$$A = \lg \frac{I_t}{I_o} = \lg \frac{1}{T} = -\lg T$$

当溶液浓度 c 以 mol/L 为单位时，液层厚度 b 以 cm 表示，吸光系数称为摩尔吸光系数，用 ε 表示，其单位是 L/(mol · cm)。吸光系数越大，表示溶液对入射光越容易吸收，当溶液浓度 c 有微小变化时就可使吸光度 A 有较大的改变，故测定的灵敏度较高。

如果测定某种物质对不同波长单色光的吸收程度，以波长为横坐标，吸光度为纵坐标作图可得一条曲线，即物质对光的吸收曲线，可准确地描述物质对光的吸收情况。

吸收曲线可作为比色分析中波长选定的依据，测定时一般选择 λ_{max} 的单色光作为入射光。这样即使被测物质含量较低也可得到较大的吸光度，因而可使分析的灵敏度较高。

若所测定的溶液无色，可在测定前加入适当的显色剂，通过与待测成分的化学反应使溶液显色即可测定此待测成分。

10.2.3.2 比色分析法的种类

常用的比色分析法包括目视比色法、光电比色法和分光光度法。

（1）目视比色法。目视比色法是用肉眼直接观察比较溶液颜色深浅来确定物质含量的方法。其原理是将标准溶液和待测溶液在同样条件下进行比较，当溶液层厚度相同、颜色深浅一致时，两者的浓度相等。目视比色法简单方便，广泛应用于准确度要求不高的分析中，特别是只要求确定样品中待测物质含量是否超过规定的含量限量时使用。例如水中余氯的测定常用目视比色法。常用的目视比色法是标准系列法。

标准系列法的优点：

1）仪器简单，操作简便，适宜于大批试样分析。

2）适宜于稀溶液中微量组分的测定。

3）某些不完全符合朗伯-比尔定律的显色反应，仍可用此法进行测定。

标准系列法的缺点：准确度较差。

（2）光电比色法。

1）光电比色法的原理。利用光电池或光电管来测量通过有色溶液后透过的光强度，从而求得被测物质含量的方法，称为光电比色法。其基本原理是白光经滤光片后，得到近似的单色光，让单色光通过有色溶液，然后投射到光电池上，光电池受光面放出电子，所产生的电流与光的强度成正比关系，在检流计上可读出相应的透射率或吸光度。光电比色法所用仪器为光电比色计。

2）光电比色计的组成。

① 光源。要求光源须具有足够的辐射强度，且稳定性好。常用的光源是6～12V低压钨丝灯泡，一般装有电源稳压器，使光源发光强度稳定，并附有聚光透镜，使发射光变为平行光束。

② 单色光器。一般是由有色玻璃或有色塑料膜制成的滤光片。选择滤光片的原则是：滤光片最易透过的光应是有色物质最易吸收的光，即滤光片的颜色与溶液的颜色应为互补色；也可以使用不同的滤光片测量同一有色溶液的吸光度，测得吸光度最大时所用的滤光片就是最适宜的滤光片。

③ 吸收池（比色皿）。用于盛装被测试液和参比溶液，用无色透明的耐腐蚀的光学玻璃制成。配备有0.5cm、1cm、2cm、3cm和5cm等不同厚度以供选择使用。选用比色皿的厚度，以所得的吸光度读数在0.2～0.65一段最为精确。

④ 光电转换元件。光电转换元件的作用是将光强度信号转换为可测电信号，通常采用硒光电池。硒光电池是由三层物质组成的薄片。内层是铁或铝片，中层是半导体硒，外层是由导电性能良好、可透光的金属（如金、铂、银或镉等）薄膜。

⑤ 显示系统，常采用检流计。检流计的标尺上有透射率$T(\%)$和吸光度A两种刻度，通常读取吸光度。

（3）分光光度法。

1）分光光度法的原理。有色物质的溶液对不同波长的入射光线有不同程度的吸收。吸收分光光度法就是基于这种物质对电磁辐射的选择性吸收的特性而建立起来的分析方法。与光电比色法的原理相同，只是两者获得单色光的方法不同，前者使用滤光片，后者使用棱镜、光栅。因而分光度法比光电比色法的准确度和选择性好。

2）分光光度计的组成。分光光度法所用的仪器称为分光光度计，其组成与光电比色计基本相同。不同的是，它是利用分光能力很强的棱镜或光栅的原理，作为单色器，可连续获得不同波长的单色光，其波长范围比用滤光片获得的更窄。因此用分光光度计可连续测量某一定浓度有色溶液在不同波长下的吸光度，从而可得其吸收光谱，通过吸收光谱可选择最适宜的测定波长。

单色器由棱镜或光栅、狭缝和准直镜等部分组成。

棱镜作为色散元件，有石英或玻璃两种，它们对不同波长光具有不同的折射率。石英棱镜对紫外光分光效果好。玻璃棱镜对可见光分光效果好，因为玻璃对紫外光有吸收，故不能用于紫外光区。

光栅作为色散元件，利用光的衍射和干涉原理制成。当白光通过密刻平行条痕的光栅后，将不同波长的光色散成连续光谱，具有波长范围宽、色散均匀、分辨本领高等优点。

10.2.3.3　光度测量条件的选择

（1）选择合适波长的入射光。

1）选被测有色物质的 λ_{max} 为入射光。

2）如在 λ_{max} 处显色剂或干扰组分有明显的吸收，则应选灵敏度较低但能避免干扰的适宜波长的光作为入射光。

（2）选择适宜的参比溶液。

1）当被测溶液、显色剂及所用其他试剂均无色，可用纯溶剂作为参比溶液，称为溶剂空白。

2）当显色剂无色而被测试液中存在其他有色离子时，可用不加显色剂的被测试液作为参比溶液，称为试样空白。

3）当显色剂或其他试剂有色，可用显色剂或其他试剂作为参比溶液，称为试剂空白。

4）用不含被测组分的试样，在相同条件下与被测试样同时进行处理，测吸光度时以前者所得溶液为参比溶液，称为平行操作空白。例如，水质分析中进行某种离子浓度的监测，取不含待测离子水样和待测离子浓度的水样在相同条件下处理，用前者得到的溶液作为参比溶液。

（3）控制适当的吸光度读数范围。适宜读数范围：吸光度 A 在 0.15 ~ 1.0 内，或透光度 T 值在 0.10% ~ 0.70% 内。

（4）比色法和可见分光光度法的定量方法。

1）校正曲线法（适用于经常性的批量分析）。比色分析和分光光度分析中应用比尔定律，通常要绘制工作曲线。方法是配制一系列不同浓度的标准溶液，在一定条件下进行显色，使用同样厚度的比色皿，测定吸光度。然后以浓度为横坐标，吸光度为纵坐标作图，得一条直线，称为工作曲线（或校准曲线），在同样条件下，测出试样溶液的吸光度，就可以从工作曲线上查出试样溶液的浓度。

2）标准对比法（标准品对照法）。此法适宜于非经常性的分析工作。

当校正曲线通过零点时，将样品溶液和一标准溶液在选定实验条件下显色，测得吸光度分别为 A_x 和 A_s，标准溶液的浓度为 c_s，则样品溶液的浓度 c_x 可按下式求得：

$$c_x = \frac{A_x}{A_s} c_s$$

10.2.4 仪器分析法

仪器分析是指采用比较复杂或特殊的仪器设备，通过测量物质的某些物理或物理化学性质的参数及其变化来获取物质的化学组成、成分含量及化学结构等信息的一类方法。仪器分析与化学分析是分析化学的两个分析方法。

仪器分析的分析对象一般是半微量(0.01 ~ 0.1g)、微量(0.1 ~ 10mg)、超微量(<0.1mg)组分的分析，灵敏度高；而化学分析一般是半微量（0.01 ~ 0.1g）、常量（ >0.1g）组分的分析，准确度高。

仪器分析大致可以分为电化学分析法、核磁共振波谱法、原子发射光谱法、气相色谱法、原子吸收光谱法、高效液相色谱法、紫外-可见光谱法、质谱分析法、红外光谱法等。

10.3 水质分析时的注意事项

10.3.1 取样时的注意事项

水样的采集和保存是水质分析的重要环节。要想获得准确、全面的水质分析资料，首先必须使用正确的采样方法和水样保存方法并及时送样分析化验。如果这个环节没有做好，即使分析化验操作严格细致、准确无误，其结果也是毫无意义的，甚至得出错误的结论，耽误了工作。

水样采集时，要预先充分了解水质分析的目的，充分了解目标试样的存在状态、流速、水质变化等各种条件，以决定取样地点、时间、次数等，需确定能代表现场水质特性的试样。而且，从取样到着手试验前，要注意保管不使水样变质，保持水样原有的性质。

10.3.2 取样和容器

10.3.2.1 水样采集的准备工作

（1）容器的准备。要求其材质的化学稳定性好，抗破裂、抗极端温度性能好，密闭性好，易开启并便于清洗。

（2）容器的洗涤。洗涤方法是用清水和洗涤剂清洗，除去灰尘和油垢，再用自来水冲洗干净后用稀硝酸浸泡数小时，最后用自来水和蒸馏水冲洗 2 ~ 3 遍。

10.3.2.2 地面水样的采集

（1）采样前的准备。采样前，要根据监测项目的性质和采样方法的要求，选择适宜材质的盛水容器和采样器，并清洗干净；此外，还需准备好交通工具，交通工具常使用船只。对采样器具的材质要求：化学性能稳定，大小和形状适宜，不吸附欲测组分，容易清洗并可反复使用。

（2）采样方法和采样器（或采水器）。采集表层水时，可用桶、瓶等容器直接采取。一般将其沉至水面下 0.3 ~ 0.5m 处采集。

采集深层水时，可使用如图 10-3 所示的带重锤的采样器沉入水中采集。将采样容器沉降至所需深度（可从绳上的标度看出），上提细绳打开瓶塞，待水样充满容器后提出。

此外，还有多种结构较复杂的采样器，如深层采水器、电动采水器、自动采水器、连续自动定时采水器等。

(3) 水样的类型。

1) 瞬时水样。瞬时水样是指在某一时间和地点从水体中随机采集的分散水样。当水体水质稳定，或其组分在相当长的时间或相当大的空间范围内变化不大时，瞬时水样具有很好的代表性；当水体组分及含量随时间和空间变化时，就应隔时、多点采集瞬时样，分别进行分析，摸清水质的变化规律。

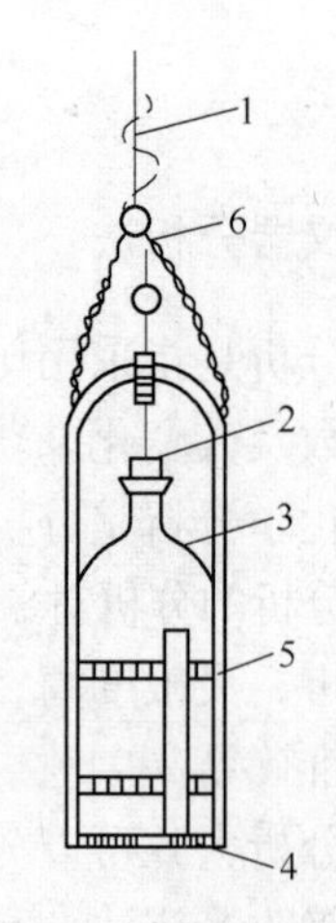

图 10-3　带重锤的采样器
1—绳子；2—带有软绳的橡胶塞；3—采样瓶；4—铅锤；5—铁框；6—挂钩

2) 混合水样。混合水样是指在同一采样点于不同时间所采集的瞬时水样的混合水样，有时称“时间混合水样”，以与其他混合水样相区别。这种水样在观察平均浓度时非常有用，但不适用于被测组分在储存过程中发生明显变化的水样。

3) 综合水样。把不同采样点同时采集的各个瞬时水样混合后所得到的样品称为综合水样。这种水样在某些情况下更具有实际意义。例如，当为几条废水河、渠建立综合处理厂时，以综合水样取得的水质参数作为设计的依据更为合理。

10.3.2.3　废水样品的采集

A　采样方法

(1) 浅水采样，可用容器直接采集，或用聚乙烯塑料长把勺采集。

(2) 深层水采样，可使用专制的深层采水器采集，也可将聚乙烯筒固定在重架上，沉入要求深度采集。

(3) 自动采样，采用自动采样器或连续自动定时采样器采集。例如，自动分级采样式采水器可在一个生产周期内，每隔一定时间将一定量的水样分别采集在不同的容器中；自动混合采样式采水器可定时连续地将定量水样或按流量比采集的水样汇集于一个容器内。

B　废水样类型

(1) 瞬时废水样。对于生产工艺连续、稳定的工厂，所排放废水中的污染组分及浓度变化不大，瞬时水样具有较好的代表性。对于某些特殊情况，如废水中污染物质的平均浓度合格，而高峰排放浓度超标，这时也可间隔适当时间采集瞬时水样，并分别测定，将结果绘制成浓度-时间关系曲线，以得知高峰排放时污染物质的浓度；同时也可计算出平均浓度。

(2) 平均废水样。由于工业废水的排放量和污染组分的浓度往往随时间起伏较大，为使监测结果具有代表性，需要增大采样和测定频率，但这势必增加工作量，此时比较好的办法是采集平均混合水样或平均比例混合水样。前者是指每隔相同时间采集等量废水样混合而成的水样，适于废水流量比较稳定的情况；后者是指在废水流量不稳定的情况下，在不同时间依照流量大小按比例采集的混合水样。有时需要同时采集几个排污口的废水样，并按比例混合，其监测结果代表采样时的综合排放浓度。

10.3.2.4　地下水样的采集

从监测井中采集水样常利用抽水机设备。启动后，先放水数分钟，将积留在管道内的杂质及陈旧水排出，然后用采样容器接取水样。对于无抽水设备的水井，可选择适合的专用采水器采集水样。

对于自喷泉水，可在涌水口处直接采样。

对于自来水，也要先将水龙头完全打开，放水数分钟，排出管道中积存的死水后再采样。

地下水的水质比较稳定，一般采集瞬时水样，即能有较好的代表性。

10.3.3 试样的保存

各种水质的水样，从采集到分析测定这段时间内，由于环境条件的改变，微生物新陈代谢活动和化学作用的影响，会引起水样某些物理参数及化学组分的变化。为将这些变化降低到最低程度，需要尽可能地缩短运输时间、尽快分析测定和采取必要的保护措施。有些项目必须在采样现场测定。

10.3.3.1 水样的运输

对采集的每一个水样，都应做好记录，并在采样瓶上贴好标签，运送到实验室。在运输过程中，应注意以下几点：

（1）要塞紧采样容器口塞子，必要时用封口胶、石蜡封口（测油类的水样不能用石蜡封口）。

（2）为避免水样在运输过程中因震动、碰撞导致损失或沾污，最好将样瓶装箱，并用泡沫塑料或纸条挤紧。

（3）需冷藏的样品，应配备专门的隔热容器，放入致冷剂，将样品瓶置于其中。

（4）冬季应采取保温措施，以免冻裂样品瓶。

10.3.3.2 水样的保存

储存水样的容器可能吸附欲测组分，或者沾污水样，因此要选择性能稳定、杂质含量低的材料制作的容器。常用的容器材质有硼硅玻璃、石英、聚乙烯和聚四氟乙烯。其中，石英和聚四氟乙烯杂质含量少，但价格昂贵，一般常规监测中广泛使用聚乙烯和硼硅玻璃材质的容器。

不能及时运输或尽快分析的水样，则应根据不同监测项目的要求，采取适宜的保存方法。水样的运输时间，通常以24h作为最大允许时间；最长储放时间一般为：清洁水样72h，污染水样48h，严重污染水样12h。

保存水样的方法有以下几种：

（1）冷藏或冷冻法。冷藏或冷冻的作用是抑制微生物活动，减缓物理挥发和化学反应速度。

（2）加入化学试剂保存法。

1）加入生物抑制剂。例如，在测定氨氮、硝酸盐氮、化学需氧量的水样中加入$HgCl_2$，可抑制生物的氧化还原作用；对测定酚的水样，用H_3PO_4调至pH值为4时，加入适量$CuSO_4$，即可抑制苯酚菌的分解活动。

2）调节pH值。测定金属离子的水样常用HNO_3酸化至pH值为1~2，既可防止重金属离子水解沉淀，又可避免金属被器壁吸附；测定氰化物或挥发性酚的水样加入NaOH调至pH值为12时，使之生成稳定的酚盐等。

3）加入氧化剂或还原剂。例如，测定汞的水样需加入 HNO_3（至 pH 值小于 1）和 $K_2Cr_2O_7$（0.05%），使汞保持高价态；测定硫化物的水样，加入抗坏血酸，可以防止被氧化；测定溶解氧的水样则需加入少量硫酸锰和碘化钾固定溶解氧（还原）等。

应当注意，加入的保存剂不能干扰以后的测定；保存剂的纯度最好是优级纯的，还应做相应的空白试验，对测定结果进行校正。

水样的储存期限与多种因素有关，如组分的稳定性、浓度、水样的污染程度等。

10.3.4　溶液的配制方法

10.3.4.1　标准溶液的配制方法

在化学分析中，标准溶液常用 mol/L 表示其浓度。溶液的配制方法主要分直接法和标定法两种。

（1）直接法。准确称取基准物质，溶解后定容即成为准确浓度的标准溶液。例如，需配制 500mL 浓度为 0.01000mol/L 的 $K_2Cr_2O_7$ 溶液时，应在分析天平上准确称取基准物质 $K_2Cr_2O_7$ 1.4709g，加少量水使之溶解，定量转入 500mL 容量瓶中，加水稀释至刻度。

较稀的标准溶液可由较浓的标准溶液稀释而成。例如，光度分析中需用 1.79×10^{-3} mol/L 的标准铁溶液。计算得知须准确称取 10mg 纯金属铁，但在一般分析天平上无法准确称量，因其量太小、称量误差大。因此常常采用先配制储备标准溶液，然后再稀释至所要求的标准溶液浓度的方法。可在分析天平上准确称取高纯（99.99%）金属铁 1.0000g，然后在小烧杯中加入约 30mL 浓盐酸使之溶解，定量转入 1L 容量瓶中，用 1mol/L 盐酸稀释至刻度。此标准溶液含铁 1.79×10^{-2}mol/L。移取此标准溶液 10.00mL 于 100mL 容量瓶中，用 1mol/L 盐酸稀释至刻度，摇匀，此标准溶液含铁 1.79×10^{-3}mol/L。由储备液配制成操作溶液时，原则上只稀释一次，必要时可稀释二次。稀释次数太多累积误差太大，影响分析结果的准确度。

基准试剂可直接配制标准溶液的化学物质，也可用于标定其他非基准物质的标准溶液，实验室暂无储备时，一般可由优级纯试剂担当。基准物质应该符合以下要求：

1）组成与它的化学式严格相符。

2）纯度足够高，级别一般在优级纯以上。

3）应该很稳定，可以长期保存。

4）参加反应时，按反应式定量地进行，不发生副反应。

5）有较大的相对分子质量，在配制标准溶液时可以减少称量误差。

一般常用的基准试剂有：三氧化二砷、金属铜、氨基磺酸、重铬酸钾、邻苯二甲酸氢钾、碘酸钾、氯化钠、碳酸钠、草酸钠、氟化钠、金属锌、草酸、硝酸银等。

（2）标定法。不能直接配制成准确浓度的标准溶液，可先配制成溶液，然后选择基准物质标定。做滴定剂用的酸碱溶液，一般先配制成约 0.1mol/L 浓度。由原装的固体酸碱配制溶液时，一般只要求准确到 1～2 位有效数字，故可用量筒量取液体或在台秤上称取固体试剂，加入的溶剂（如水）用量筒或量杯量取即可。但是在标定溶液的整个过程中，一切操作要求严格、准确。称量基准物质要求使用分析天平，称准至小数点后四位有效数字。所要标定溶液的体积，如要参加浓度计算的均要用容量瓶、移液管、滴定管准确操作，不能马虎。

10.3.4.2 一般溶液的配制及保存方法

浓溶液配成稀溶液一般采用1∶1(即1+1)、1∶2(即1+2)等体积比表示浓度。例如1∶1 H_2SO_4 溶液，即量取1份体积原装浓 H_2SO_4，与1份体积的水混合均匀。又如1∶3 HCl，即量取1份体积原装浓盐酸与3份体积的水混匀。

配制溶液时，应根据对溶液浓度的准确度的要求，确定在哪一级天平上称量；记录时应记准至几位有效数字；配制好的溶液选择什么样的容器等。该准确时就应该很严格；允许误差大些的就可以不那么严格。这些“量”的概念要很明确，否则就会导致错误。如配制0.1mol/L $Na_2S_2O_3$ 溶液需在台秤上称25g固体试剂，如在分析天平上称取试剂，反而是不必要的。配制及保存溶液时可遵循下列原则：

（1）经常并大量用的溶液，可先配制浓度约大10倍的储备液，使用时取储备液稀释10倍即可。

（2）易侵蚀或腐蚀玻璃的溶液，不能盛放在玻璃瓶内，如含氟的盐类（如NaF、NH_4F、NH_4HF_2）、苛性碱等应保存在聚乙烯塑料瓶中。

（3）易挥发、易分解的试剂及溶液，如 I_2、$KMnO_4$、H_2O_2、$AgNO_3$、$H_2C_2O_4$、$Na_2S_2O_3$、$TiCl_3$、氨水、Br_2 水、CCl_4、$CHCl_3$、丙酮、乙醚、乙醇等溶液及有机溶剂等均应存放在棕色瓶中，密封好放在暗处阴凉地方，避免光的照射。

（4）配制溶液时，要合理选择试剂的级别，不许超规格使用试剂，以免造成浪费。

（5）配好的溶液盛装在试剂瓶中，应贴好标签，注明溶液的浓度、名称以及配制日期。

10.3.5 结果的表示方法

10.3.5.1 测定值的表示方法

（1）铁。水中的铁以二价铁离子、三价铁离子、硫酸亚铁、腐殖酸铁等形式存在，而水中的二价铁离子不稳定，当水中有溶解氧存在时，水中的二价铁易于氧化成三价铁。在化学分析中根据分析方法和要求的不同，水中铁可以表示为 Fe^{2+}、Fe^{3+}、$Fe^{2+}+Fe^{3+}$、Total-Fe(总铁)。

（2）氮化合物。水中含氮化合物包括有机氮、氨氮、亚硝酸盐氮和硝酸盐氮等。水质分析中常用氨氮（NH_3-N）、亚硝酸盐氮（NO_2-N）和硝酸盐氮（NO_3-N）表示。

（3）磷化合物。天然水和废水中含有的磷绝大多数以各种形式的磷酸盐存在，也有有机磷的化合物。从化学形式上看，水中的磷化合物可分以下几类：

1）正磷酸盐，即 PO_4^{3-}、HPO_4^{2-}、$H_2PO_4^-$。

2）缩合磷酸盐，包括焦磷酸盐、偏磷酸盐、聚合磷酸盐等，如 $P_2O_7^{4-}$、$P_3O_{10}^{5-}$、$HP_3O_9^{2-}$、$(PO_3)_6^{3-}$ 等。

3）有机磷化合物。

在水质分析中，常把磷化合物分为磷酸根离子、总磷等进行测定，换算成磷酸根离子（PO_4^{3-}）或磷（P）来表示。

（4）硬度。水的总硬度指水中钙、镁离子的总浓度，其中包括碳酸盐硬度（即通过加热能以碳酸盐形式沉淀下来的钙、镁离子，故又称为暂时硬度）和非碳酸盐硬度（即加热后不能沉淀下来的那部分钙、镁离子，又称为永久硬度）。

在水质分析中，水的硬度常用水的总硬度、钙硬度表示。

（5）COD。COD 就是化学需氧量。一般来讲，在污水上用的是重铬酸钾法，记作 COD_{Cr}；在给水上用的是高锰酸钾法，记作 COD_{Mn}。

10.3.5.2 有效数字

所谓有效数字，具体地说，是指在分析工作中实际能够测量到的数字。所谓能够测量到的是包括最后一位估计的、不确定的数字。我们把通过直读获得的准确数字称为可靠数字；把通过估读得到的那部分数字称为存疑数字。把测量结果中能够反映被测量大小的带有一位存疑数字的全部数字称为有效数字。如常用的 50mL 滴定管，目测可达到 0.01mL，有效数字到小数点第二位。

10.3.5.3 分析误差

在水质化验分析中，系统误差产生的原因可以概括为以下几方面：

（1）方法误差。由于方法本身造成。例如在容量分析中计算终点与滴定终点不相符合、分析反应中有副反应发生等原因引起结果偏高或偏低的现象。

（2）仪器误差。因使用的仪器不准确所造成。例如滴定管、移液管、容量瓶等量器刻度不准；测汞仪、酸度计、分光光度计、电导率仪等仪器设备的电压不能满足仪器所要求的额定电压要求；分光光度计波长刻度与实际不符等。

（3）试剂误差。因试剂纯度不达标、配制不准；监测分析中所用蒸馏水没有经过特定项目的制备要求制备，或蒸馏水中含有杂质；测汞仪测定使用中要求的氮气不符合标准等原因造成。

（4）操作误差。由操作者本人自身素质、操作习惯、偏见或者对操作条件及实验原理、规程理解的差异所导致的误差。

系统误差对测量结果的影响是恒定的，而且是经常反复出现的。化验员必须学会发现和克服系统误差，否则水质分析结果将总是比真值偏高或偏低。系统误差是可以发现和克服的。例如选用水质监测规范所推荐使用的标准方法可以避免方法误差；采用检定、校正仪器的方法对强制检定或实验室自检仪器进行检定，可以克服仪器误差；对水质分析监测人员进行专业培训，对实验规范、实验原理、操作规程的透彻理解，严格按照操作规范进行操作，将有助于克服不良操作习惯，消除操作误差。

水质分析中，由于操作者实践操作不当、粗心大意而导致的误差、如读数不当不准、试剂加入错误、操作失误、记录错误、有效数字及计算不当均可导致粗差，使分析成果偏离真值。此类存在较大误差的数据为异常值，根据统计理论必须避免和剔除。水质分析实践中，对于该类误差，必须查找原因，予以剔除。

10.4 不同水处理工艺的水质分析

10.4.1 循环冷却水系统的水质分析

10.4.1.1 悬浮物

（1）方法概要。用中速定量滤纸过滤水样，经 103～105℃烘干后得到悬浮物含量。

（2）仪器。

1）称量瓶 $\phi 50 \times 30$mm。

2）中速定量滤纸。

3）烘箱（可控温度）。

4）玻璃漏斗。

5）干燥器。

（3）步骤。

1）将一张叠好的滤纸放在称量瓶中，打开瓶盖，于103~105℃烘干2h，取出冷却后盖好瓶盖，称量至恒重（两次称重相差不超过0.0005g）。

2）取100mL振荡均匀的水样，通过已恒重的滤纸过滤，用蒸馏水冲洗残渣3~5次，滤完后，小心取下滤纸，放入原称量瓶中，在103~105℃烘箱内，打开瓶盖，烘2h，取出冷却后盖好瓶盖称量至恒重。

（4）计算。

$$SS = \frac{(W_2 - W_1) \times 1000}{V} \times 1000 \qquad (\mathrm{mg/L})$$

式中 W_2——滤器总重，g；

W_1——滤器空重，g；

V——水样体积，mL。

（5）注意事项：

1）取样前，应除去漂浮物，如枝、叶等杂质。

2）若水样SS过高，可取少量水样稀释后再过滤。

3）中速滤纸使用前应先用蒸馏水洗滤纸，以除去可溶性物质，再烘干至恒重。

10.4.1.2 总磷

（1）方法概要。用强氧化剂过硫酸铵加热分解有机物磷酸盐及聚磷酸盐为正磷酸盐，用硫酸肼还原磷钼黄为磷钼蓝后进行比色。

（2）试剂。

1）硫酸溶液，$c(H_2SO_4)=0.5\mathrm{mol/L}$。

2）过硫酸铵-硫酸钠混合试剂。称4g过硫酸铵与21g硫酸钠均匀。

3）甲醇溶液。

4）硫酸肼水溶液，1.5g/L。

5）钼酸钠-硫酸溶液。

① 将100mL浓硫酸慢慢倒入500mL蒸馏水中，冷却（A液）。

② 称10g钼酸钠溶于400mL水中（B液）。

③ 将A液加入到B液中，混匀，储于塑料瓶中。

（3）步骤。

1）标准曲线。准确称取0.7165g于105℃下干燥过的基准磷酸二氢钾溶于水，定溶于1000mL容量瓶中，作为储备液。将储备液准确稀释50倍，此溶液的浓度为0.01mg（PO_4^{3-}）/mL，作为标准溶液。

分别准确移取标准溶液0mL、1mL、3mL、5mL、7mL、9mL于6只50mL容量瓶中，用水稀释至40mL左右，各加4mL钼酸钠-硫酸溶液、1mL硫酸肼溶液，补充液面至25ml。

然后放在沸水浴中10min后冷却稀释至50ml，用1cm比色皿，于660nm处比色，测定吸光度。同时做试剂空白。

以吸光度为纵坐标，50mL容量瓶中加入的磷酸盐（PO_4^{3-}计）毫克数为横坐标，绘制标准曲线。

2）水样的测定。准确移取经过滤的水样10mL于100mL三角瓶中，加1mL硫酸溶液和50mg过硫酸铵-硫酸钠混合试剂，在电炉上加热至冒浓厚白烟时取下。稍冷却后加10mL蒸馏水和10滴甲醇溶液，放在电炉上煮沸30s左右，取下移入50mL比色管中。加4mL钼酸钠-硫酸溶液，1mL硫酸肼溶液，补充液面至25mL放在沸水浴中10min后冷却稀释至50mL，用1cm比色皿，于660nm处比色，测定吸光度。同时做试剂空白。

3）分析结果。

总磷（PO_4^{3-}计）含量：

$$c = \frac{\alpha}{V} \times 1000 \qquad (\mathrm{mg/L})$$

式中 α——从标准曲线上查出的水样中所含总磷的量，mg；

V——水样的体积，mL。

10.4.1.3 碱度

（1）方法概要。水的碱度是指水中能与H^+发生中和作用的物质总量。在测定时，采用“双指示剂法”，即在水中先加入酚酞指示剂，用盐酸标准溶液滴定至红色刚好褪去，再加入甲基红-溴甲酚绿指示剂，继续滴定至溶液由绿色变为红色即为终点。用酚酞指示剂测得碱度为酚酞碱度，用P表示，用甲基红-溴甲酚绿测得碱度为甲基橙碱度，用M表示，即总碱度。

（2）试剂。

1）酚酞指示剂，10g/L

2）甲基红-溴甲酚绿指示剂。称150mg溴甲酚绿溶于150mL 95%乙醇中，另称100mg甲基红溶于50mL 95%乙醇中，将两者混合。

3）盐酸标准溶液，$c(\mathrm{HCl}) = 0.1\mathrm{mol/L}$。

标定：准确称取经260～270℃烘干处理的无水碳酸钠0.1～0.15g（准确至0.0002g）于250mL三角瓶中，加水100mL使其溶解，以甲基橙为指示剂用盐酸标准溶液滴定到溶液由黄色变为橙色，记录消耗的体积V。盐酸溶液的浓度为：

$$c(\mathrm{HCl}) = \frac{m \times 1000}{V \times 53} \qquad (\mathrm{mol/L})$$

式中 m——碳酸钠的质量，g；

V——滴定盐酸的体积，mL；

53——$1/2Na_2CO_3$的摩尔质量，g/mol。

（3）步骤。移取100mL水样于250mL三角瓶中，加3滴酚酞指示剂，用盐酸标准溶液滴定至红色刚好褪去，记录消耗的盐酸标准溶液的体积V_1，继续加4滴甲基红-溴甲酚绿指示剂，用盐酸标准溶液滴定至溶液由绿色变为红色，记录消耗的盐酸标准溶液的总体积V。

（4）计算。

$$P = \frac{cV_1}{V} \times 1000$$

$$M = \frac{cV_2}{V} \times 1000$$

式中 P——酚酞碱度，mmol/L；

M——甲基橙碱度（总碱度），mmol/L；

c——盐酸标准溶液浓度，mol/L；

V_1——第一次滴定时消耗的盐酸体积，mL；

V_2——两次滴定消耗的盐酸体积总数，mL；

V——移取的水样体积，mL。

（5）注意事项。水样中加入酚酞指示剂，溶液无颜色，说明水样无酚酞碱度，可继续加入甲基红-溴甲酚绿指示剂，测定总碱度。

10.4.1.4 钙

（1）方法概要。在碱性溶液（pH>12）中，钙黄绿素指示剂与钙离子生成的配合物不如EDTA与钙离子形成的配合物稳定。EDTA与Ca^{2+}反应完全后，由溶液颜色变化指示终点到达。

（2）试剂。

1）氢氧化钾溶液，200g/L。

2）盐酸，1+1溶液。

3）钙黄绿素指示剂。称0.2g钙黄绿素、70mg酚酞于研钵中，加20g氯化钾研细混匀。

4）EDTA标准滴定溶液，$c(\text{EDTA}) = 0.01\text{mol/L}$。

标定：

① 准确称取在800℃高温灼烧20min以上的氧化锌1.0g（准确到0.0002g）于烧杯中，润湿后滴加1+1盐酸溶液至氧化锌完全溶解，移入1000ml溶量瓶中，加水到刻度，混匀。

$$c = \frac{m}{V \times 81.37} \quad (\text{mol/L})$$

② 准确移取上述标准溶液25mL于250mL三角瓶中，加25mL水、5mL pH值为10的缓冲溶液、约10mg铬黑T，用EDTA标准溶液滴定到溶液由紫红色变为纯蓝色即为终点，记录体积V。

$$c_{\text{EDTA}} = \frac{c_{\text{Zn}^{2+}} \times 25.0}{V_{\text{EDTA}}} \quad (\text{mol/L})$$

（3）步骤。移取经过过滤的水样50mL于250mL三角瓶中，加入3滴1+1盐酸溶液，于电炉上煮沸30s左右，冷却至50℃以下，加入5mL 20%氢氧化钾溶液和约30mg钙黄素-酚酞指示剂，摇匀后在黑色背景下用0.01mol/L的EDTA标准溶液滴定至溶液中黄绿色银光消失、溶液变为红色即为终点，记录消耗的EDTA标准溶液的体积V。

（4）计算。

$$Ca^{2+} = \frac{c_{EDTA} \times V_{EDTA} \times 40.08}{V} \times 1000 \quad (mg/L)$$

式中　c_{EDTA}——EDTA 标准溶液的浓度，mol/L；

V_{EDTA}——滴定时消耗的 EDTA 溶液的体积，mL；

V——量取的水样体积，mL；

40.08——Ca 的摩尔质量，g/mol。

（5）注意事项：

1）测定钙离子时，是以配合反应为基础，其反应速度较慢，特别是在临近终点时要控制滴定速度，多摇动三角瓶。

2）反应受温度影响，温度太低，反应速度慢，尽可能保持在40℃左右进行滴定。

10.4.1.5　氯化物

（1）方法概要。在中性或碱性溶液中，以铬酸钾为指示剂，用硝酸银标准溶液滴定，当反应中 AgCl 定量沉淀后，过量硝酸银与铬酸钾生成砖红色铬酸银沉淀，指示终点到达。

（2）试剂。

1）铬酸钾指示剂，50g/L。

2）硝酸银标准滴定溶液，$c(AgNO_3) = 0.01$mol/L。

标定：

① 0～350℃烘干的氯化钠基准试剂 0.6g（准确到 0.0002g）于烧杯中，加水溶解，移入 1000mL 溶量瓶中，稀释到刻度，摇匀。

$$c = \frac{m}{V \times 58.44}$$

② 准确移取氯化钠标准溶液 25mL 于 250mL 三角瓶中，加 75mL 水、1mL 5% 络酸钾指示剂，在不断摇动下用硝酸银标准溶液滴定到白色沉淀中刚好出现砖红色即为终点，记录体积 V。同时做试剂空白，记录体积 V_0。

$$c_{AgNO_3} = \frac{c_{NaCl} \times 25.0}{V - V_0} \quad (mol/L)$$

（3）步骤。移取 100mL 水样于 250mL 三角瓶中，加 1mL 铬酸钾指示剂，摇匀后用硝酸银标准溶液滴定至溶液中刚好出现砖红色即为终点，记录消耗的标准溶液的体积 V。

（4）计算。

$$Cl^- = \frac{c \times (V - V_0) \times 35.45}{V_{水}} \times 1000 \quad (mg/L)$$

式中　c——硝酸银标准溶液的浓度，mol/L；

V——水样消耗的硝酸银溶液的体积，mL；

V_0——空白试验消耗的硝酸银溶液的体积，mL；

$V_{水}$——量取的水样体积，mL；

35.45——Cl 的摩尔质量，g/mol。

10.4.1.6　总硬度

（1）方法概要。水的硬度是指存在于水中的钙、镁离子总量，通常将水中的盐类都折算成碳酸钙，以碳酸钙的量作为标准。测定水中总硬度采用 EDTA 滴定法，用氨性缓冲溶液调水样的 pH 值为 10，以铬黑 T 为指示剂，用 EDTA 标准溶液直接滴定钙、镁离子。

（2）试剂。

1）缓冲溶液，pH = 10。称取 16.9g 氯化铵于 143mL 浓氨水中，用水稀释到 250mL。

2）铬黑 T 指示剂。称 0.5g 铬黑 T 与 100g 氯化钠充分研细混匀，盛于棕色瓶中。

3）EDTA 标准滴定溶液，$c(\text{EDTA}) = 0.01\text{mol/L}$。

（3）步骤。移取澄清水样 50mL 于 250mL 三角瓶中，加入 5mL 缓冲溶液，摇匀，再加入约 10mg 络黑 T 指示剂，溶液呈酒红色，以 EDTA 标准溶液滴定至溶液变为纯蓝色即为终点。记录消耗的 EDTA 标准溶液的体积 V。

（4）计算。

$$\text{总硬度}(\text{CaCO}_3) = \frac{c \times V \times 100.09}{V_{\text{水}}} \times 1000$$

式中 c——EDTA 标准溶液的浓度，mol/L；

V——水样消耗的 EDTA 溶液的体积，mL；

$V_{\text{水}}$——量取的水样体积，mL；

100.09——$CaCO_3$ 摩尔质量，g/mol。

10.4.1.7 锌

（1）方法概要。在 pH = 5 的溶液中，以二甲酚橙为指示剂，以 EDTA 标准溶液滴定，在测定时加入氟化钾以消除铁、铝离子的干扰。

（2）试剂。

1）醋酸钠-醋酸缓冲溶液，pH = 5。称 248g 醋酸钠（$NaAC \cdot 3H_2O$）溶于 150mL 水中，加 59mL 冰醋酸，稀释到 1000mL，调 pH = 5。

2）氟化钾溶液，100g/L。

3）二甲酚橙指示剂，1g/L。

4）盐酸溶液，$c(\text{HCl}) = 2\text{mol/L}$。

5）氢氧化钾溶液，$c(\text{KOH}) = 2\text{mol/L}$。

6）EDTA 标准滴定溶液，$c(\text{EDTA}) = 0.01\text{mol/L}$。

（3）步骤。移取经过滤的水样 50mL 于 250mL 三角瓶中，用盐酸和氢氧化钠溶液调溶液 pH 值为 5 ~ 6，加入 20mL 缓冲溶液，加热至 30℃ 左右，取下，加 4mL 氟化钾溶液和 3 ~ 5 滴二甲酚橙指示剂，摇匀，用 EDTA 标准溶液滴定至溶液由红色变为亮黄色即为终点，记录消耗的 EDTA 标准溶液的体积 V。

（4）计算。

$$Zn^{2+} = \frac{c \times V \times 65.37}{V_{\text{水}}} \times 1000 \qquad (\text{mg/L})$$

式中 c——EDTA 标准溶液的浓度，mol/L；

V——水样消耗的 EDTA 溶液的体积，mL；

$V_{\text{水}}$——量取的水样体积，mL；

65.37——Zn 的摩尔质量，g/mol。

10.4.1.8　pH 值

（1）原理。pH 值由测量电池的电动势而得。当复合电极（pH 测量电极与参比电极组成）浸入水溶液中，即组成一个化学原电池。该电池通常由饱和甘汞电极为参比电极，玻璃电极为指示电极所组成。在 25℃，溶液中每变化 1 个 pH 单位，电位差改变为 59.16mV，据此在仪器上直接以 pH 的读数表示。温度差异在仪器上有补偿装置。

（2）仪器。Sension1 便携式 pH 测量仪，美国哈希公司生产。

（3）试剂。

1）pH 缓冲溶液。pH =4.01 标准缓冲溶液、pH =7.00 标准缓冲溶液和 pH =10.01 标准缓冲溶液。

2）pH 电极存储液。

3）pH 电极清洗液。

（4）操作规程。

1）pH 凝胶电极装配。

① 去掉电解质筒上的盖子。让电解质筒尾翼对准电极主体上的凹槽，把电解质筒使劲压进电极参比液的入口管，然后顺时针旋转电解质筒直到就位。

② 把凝胶添加器放在电解液筒的上面，并拧紧，不要拧得太紧。

③ 如果参比出口处不能看到凝胶，请按压添加按钮直到听到一声“咔搭”声；松开按钮。重复该步骤直到参比出口处能看到凝胶出现。换种做法是：将按钮完全按下，并顺时针旋转直到参比出口处能看到凝胶（旋转 1 ~3 圈）。

④ 用去离子水冲洗电极，用纸巾吸干。

2）pH 测量仪的准备。安装好电池，连接好 pH 电极。

3）校准。

① 准备 2 ~3 种 pH 缓冲溶液；

② 按 I/O/EXIT 键；按 CAL 键。屏幕上将出现 standard1。

③ 将 pH 电极放入一种缓冲溶液中。

④ 按 READ/ENTER 键。等待电极稳定。

⑤ 屏幕上将显示 standard2。用去离子水清洗电极，并用纸吸干。

⑥ 将电极放入第二种缓冲液中，按 READ/ENTER 键。

⑦ 重复步骤上两个步骤进行第三种缓冲液的校准，或按 EXIT 键。

⑧ 当读数稳定后，屏幕上将出现斜率值和 Store。

⑨ 要保存校准值，请按 ENTER 键。如果想不保存校准值而退出校准过程，请按 EXIT 键。

4）测量。

① 测量待测液前，先用去离子水冲洗电极，用纸吸干，然后放入待测液中。屏幕上出现 Stabilizing…，同时出现样品的温度和 pH 或 mV 读数。这些数值也许会跳动，直到系统稳定为止。

② 读数稳定后，Stabilizing…消失。如果显示锁定功能开启，屏幕将“锁定”pH 或 mV 及待测液的温度。如果关闭显示锁定功能，屏幕显示当前的读数和温度，但数值可能会波动。

③ 记录或存储数据。

④ 将电极从待测液中拿出，用去离子水冲洗后放入下一个样品中测量。

⑤ 实验完毕后，按 I/O/EXIT 键关闭仪器。用去离子水冲洗电极并轻轻抹干电极上的水分。把保护罩套在电极上，然后将电极放在支架上。

5）仪器维护。

① 仪器使用人员应做好仪器的日常维护，并认真填写使用记录。

② 仪器出现故障应联系相关部门，不可擅自拆卸仪器。

③ 每年应对仪器进行校验。

10.4.1.9 浊度

（1）原理。一束平行光在透明液体中传播，如果液体中无任何悬浮颗粒存在，那么光束在直线传播时不会改变方向；若有悬浮颗粒，光束在遇到颗粒时就会改变方向（不管颗粒透明与否）。这就形成所谓散射光。颗粒越多（浊度越高），光的散射就越严重。浊度是用一种称作浊度计的仪器来测定的。浊度计发出光线，使之穿过一段样品，并从与入射光呈 90°的方向上检测有多少光被水中的颗粒物所散射。这种散射光测量方法称作散射法。任何真正的浊度都必须按这种方式测量。

（2）仪器。2100N 浊度仪，美国哈希公司生产。

（3）步骤。

1）开机前检查。仪器应放置在稳固的桌面上。检查浊度仪应完好，检测瓶清洁、完好。插好电源，按下仪器后面 I/O 键启动浊度仪。

2）浊度校准。

① 将标准液摇晃 2～3min 后静止 5min，彻底清洁、干燥标准液测试瓶外壁。按 CAL/Zero 键。CAL 模式指示灯亮。

② 将标有小于 0.1NTU 的标样小瓶擦拭干净后放入测试瓶架中并盖上测试瓶盖。按下 ENTER 键。显示屏显示 20.00NTU 时，从测试瓶架中取出浊度小于 0.1NTU 小瓶。

③ 依次将标有 20.00NTU、200.00NTU、1000.00NTU 的标样小瓶依照上述方法进行校准。按下 CAL/Zero 键。仪器将根据新的校准数据进行校准，保存新的校准值并返回到测试状态。

3）浊度检测操作。

① 将待测水样加入测试瓶至刻度线（约 30mL）。操作时小心拿住测试瓶的上部，将测试瓶盖上盖子，然后捏住测试瓶的盖子，用不起毛的软布从上至下擦拭测试瓶壁上的水和手指印，测试瓶壁应几乎近干。

② 将测试瓶放入仪器的测试瓶盒中，并盖上测试瓶盖。

③ 按 SIGNALAVG 键（信号平均模式），选择合适的信号平均模式。设置（开或关）信号平均模式开启式，仪器将对最近十次测量值进行平均。

④ 当浊度低于 40NTU 时，按 RATIO 键，当转换系数功能处于开启状态时，该指示灯亮。当转换系数处于关闭状态而指示灯闪烁时，表明测试值超过了 40NTU。按 UNITS/EXIT 键，将测量单位选择为 NTU。读取并记录结果。

⑤ 若检测原水浊度不小于 1000NTU 时，将原水稀释后再检测。稀释方法：取 50mL 原水倒入量筒；取 450mL 清水（浊度小于 1NTU）倒入量筒；摇匀后进行取样检测；检测

值乘以 10 即为原水浊度；当检测值大于 1000NTU 时，再次稀释，取样检测，所测数值乘以 100 即为原水浊度。

⑥ 检测完后，应取出检测瓶，将水倒尽，用清水冲洗干净，擦拭干净后放好。

⑦ 关机。测试完毕后，按下仪器后面 I/O 键关闭浊度仪。关闭电源。保持浊度仪的清洁。

10.4.1.10　电导率

(1) 原理。电导率指一种物质的导电能力。当对溶液施加电压时，溶液中的阴阳离子会向与之极性相反的电极移动，产生电流。电流的大小与离子的移动速度有关，而离子的移动速度又受溶剂性能（温度、黏度）和离子的物理学性能（大小、电荷、浓度）的影响。当温度升高时，离子移动就会加速，产生较大的电流；而黏度升高时，离子移动则变慢，产生较小的电流。

测量液体的电导率时，将一个传感器（探头）放入电解质溶液中，传感器由两个具有一定尺寸、间隔一定距离的电极组成，电导率即为其电极间电压与电流的比率。如果两个电极间的距离缩小或加大均会改变电导率值。理论上讲，电导率测量元件包括两个 $1cm^2$ 的电极表面，并且两电极相距 1cm。电极常数定义为电极的距离（d）、电极面积（A）、边缘效应（AR）的比值，即：

$$K = d/(A + AR)$$

一般来讲，电导率测量元件的实际电极常数（K）是根据某一已知电导率的标准溶液的测量值来确定的，被测溶液的电导率则为测出的电导乘以电极常数（K）所得到。如果温度改变，溶液的电导率也会改变。为了精确，所有需要测定的值必须根据溶液的温度进行修正。溶液的温度补偿电导率是指溶液在参比温度下（25℃ 或 20℃）所表现出的电导率。

(2) 仪器。Sension5 便携式电导仪，美国哈希公司生产。

(3) 步骤。

1) 设置菜单。Sension5 便携式电导仪有一个“设置”菜单功能项，按 SETUP 键即可进入，屏幕上将显示箭头图标，按向上及向下箭头键在所需选项间滚动，然后按 ENTER 键进入该选项后进行设置。按 EXIT 键退出菜单。该仪器允许分析者设置选项见表 10-2。

表 10-2　Sension5 便携式电导率设置选项及其描述

序　号	选　项	描　述
1	显示锁定（开或关）	仪器获得稳定的读数时，屏幕上测量结果是否波动
2	温度单位（℃或℉）	选择使用温度的单位为℃或℉
3	温度修正（仅用于电导率）（开或关）	仪器是否对测量的电导率值进行温度修正
4	温度修正因子	输入温度修正因子，一般使用默认 2%/℃
5	TDS 修正因子	选择线性转换或非线性（NaCl）转换。前者使用参比温度来确定温度修正的电导率；后者使用非线性温度修正功能并将 25℃ 作为参比温度，将经过温度补偿的电导率读数转换成 TDS 读数

续表 10-2

序号	选项	描述
6	参比温度选择（20℃或25℃）	选择使用20℃或25℃为参比温度
7	时间（24h制时钟）	输入系统时间
8	日期（mm/dd）	输入系统日期
9	年（四位数）	输入系统年

2）仪器校正。使用已知电导率的 NaCl 标准液，仪器出厂设置为使用25℃时电导率为1000μS/cm或18mS/cm的 NaCl 标准液。此外，也可通过键盘输入其他已知电导率值的标准液。仪器在校准过程中使用非线性温度系数来修正测量结果。如果不是使用以氯化钠为基准的标准液（如53mS/cm的标准液），则要使校准温度尽量接近25℃，以保证最高的准确度。

3）测量。测量水样时，将探头放入样品中，确保探头尾端的开槽完全浸没。用探头搅动样品5～10s，以驱除尾端开槽中可能存在的气泡。按键盘上的 COND 键，仪器显示结果即为当前所测样品的电导率值；按键盘上的 TDS 键，仪器将根据当前的电导测量值显示 TDS 值；按键盘上的 SAL 键，仪器显示结果为所测样品的盐度值。

10.4.1.11 铁

（1）方法概要。邻菲啰啉与二价铁离子在 pH 值很宽的范围内形成稳定的橘红色配合物，先加入还原剂再加显色剂测定水中总铁含量。

（2）溶液。

1）硫酸 1+35。

2）氨水 1+3。

3）乙酸-乙酸钠缓冲溶液，pH 值约为 4.5。将 41g 乙酸钠，21mL 冰乙酸稀释至250mL 水中。

4）抗坏血酸，20g/L。10g 抗坏血酸于 200mL 水中，加 0.2g EDTA 及 8mL 甲酸，用水稀释至 500mL 容量瓶中，储存于棕色瓶中（一个月有效）。

5）过硫酸钾，4g/L。4g 过硫酸钾溶于水中，稀释至 100mL 瓶中（14 天有效）。

6）邻菲啰啉，2g/L。

7）铁标准溶液。准确称取 0.8630g 优级纯硫酸铁铵于 200mL 烧杯中，加 100mL 水、10mL 浓硫酸溶于 1000mL 容量瓶中，用水稀释至刻度，摇匀。此溶液每毫升含铁离子 0.100mg。

（3）标准曲线的绘制。用水将铁标准溶液稀释 10 倍，得到浓度为 0.0100mg/mL 的标准溶液。移取此溶液 1mL、2mL、4mL、6mL、8mL、10mL 于 100mL 容量瓶中，加水约40mL，用硫酸（1+35）调 pH 值接近 2，加 3mL 抗坏血酸、10mL 缓冲溶液、5mL 邻菲啰啉，用水稀释至刻度，室温放 15min，波长 510nm 处用 1cm 比色皿，测吸光度。

（4）水样的测定。移取 5～50mL 试液于 100mL 锥形瓶中（如体积不到 50mL 补至50mL），加 1mL 硫酸（1+35）、5mL 过硫酸钾置于电炉上，缓慢煮沸 15min，保持体积不低于 20mL。取下冷却至室温，用氨水（1+3）或硫酸（1+35）调 pH 值接近 2。将调好 pH 值的试液全部转移至 100mL 容量瓶中，加 3mL 抗坏血酸、10mL 缓冲溶液、5mL 邻菲啰啉用水稀释至刻度，于室温下放置 15min 波长 510nm 处测定。

（5）计算。

总铁含量：

$$c = \frac{\alpha}{V} \times 1000 \quad (\mathrm{mg/L})$$

式中 α——从标准曲线上查出的水样中所含总铁离子的量，mg；

V——水样的体积，mL。

10.4.1.12 钼酸盐

（1）方法概要。Mo^{5+}与硫氰酸盐形成橙色配合物，为使Mo只还原为五价，因此用弱的还原剂抗坏血酸还原，进行比色。

（2）仪器、试剂。

1）721型分光光度计，460nm波长。

2）硫酸，1+1溶液。

3）硫酸亚铁铵[$(NH_4)_2Fe(SO_4)_2 \cdot 6H_2O$]，分析纯。

4）硫氰酸铵，分析纯。

5）抗坏血酸，分析纯。

6）钼酸钠（$Na_2MoO_4 \cdot 2H_2O$），分析纯。

（3）溶液。

1）亚铁离子溶液（5mg/mL）的配制。称取硫酸亚铁铵35.10g于1000mL烧杯中，加500mL水，缓慢加入45mL浓硫酸，搅拌使其溶解，冷却后移入1000mL容量瓶中定容。

2）硫氰酸铵水溶液（100g/L）的配制。称取分析纯硫氰酸铵100g溶于水中定溶1000mL。

3）钼酸盐标准溶液的配制：0.08mg/mL MoO_4^{2-}。

储备液：称取基准试剂钼酸钠（$Na_2MoO_4 \cdot 2H_2O$）0.4890g溶于水中，转入1000mL容量瓶中，稀释至刻度混匀（该溶液1mL相当于0.32mg MoO_4^{2-}）。

（4）标准曲线的绘制。取50mL比色管7支，分别加入标准液0mL、1.0mL、2.0mL、3.0mL、4.0mL、5.0mL、6.0mL，其钼酸根含量分别为0mg、0.08mg、0.16mg、0.24mg、0.32mg、0.40mg、0.48mg。每支管中依次加入6mL硫酸（1+1）、亚铁离子（5mg/mL）1mL、水10mL、硫氰酸铵（100g/L）10mL、抗坏血酸（50g/L）10mL，每加一种试剂需摇动，用水稀释至刻度，室温放置20min，用1cm比色皿于波长460nm处以试剂空白作参比，测定吸光度。以吸光度为纵坐标，以钼酸根为横坐标，绘制标准曲线。

（5）分析步骤。用移液管吸取试液1.0mL（试液的体积可由Mo^{2+}含量略做增减）于50mL比色管中，其余步骤同标准曲线绘制，以试剂空白作对照测定其吸光度，从标准曲线上查得相应MoO_4^{2-}的含量。

（6）结果计算。

钼酸盐（以MoO_4^{2-}计）含量：

$$c = \frac{\alpha}{V} \times 1000 \quad (\mathrm{mg/L})$$

式中 α——从标准曲线上查出的水样中所含钼酸盐（以MoO_4^{2-}计）的量，mg；

V——水样的体积，mL。

10.4.2 污水及再生水的水质分析

10.4.2.1 化学需氧量（COD）的测定——重铬酸钾法

（1）方法概要。化学需氧量（COD）是指在一定条件下，用强氧化剂处理水样时所消耗的氧化剂的量，它反映了水中受还原性物质的污染程度。在水样中加入一定量重铬酸钾标准溶液和浓硫酸，加热回流 2h，冷却后用硫酸亚铁铵标准溶液滴定过量的重铬酸钾，根据用量计算水中还原物质消耗氧的量。加入硫酸汞可使水中氯离子成为配合物，消除氯离子的干扰。

（2）试剂与仪器。

1）重铬酸钾标准溶液，$c(1/6K_2CrO_7)=0.25mol/L$。准确称取预先在 105～110℃烘干 2h 并冷却的基准重铬酸钾 12.2580g 溶于水中，移入 1000mL 溶量瓶中，稀释至刻度，摇匀。

2）试亚铁灵指示剂。称取 1.485g 邻菲啰啉（$C_{12}H_8N_2 \cdot H_2O$）与 0.695g 硫酸亚铁（$FeSO_4 \cdot 7H_2O$）溶于水中，稀释到 100mL，摇匀，储于棕色瓶中。

3）硫酸银-硫酸溶液。在 500mL 浓硫酸中加 5g 硫酸银，放置 1～2 天，不时摇动，使其溶解。

4）硫酸汞（剧毒）。

5）0.1mol/L 的硫酸亚铁铵溶液。称取 39.2g 硫酸亚铁铵（$FeSO_4(NH_4)_2SO_4 \cdot 6H_2O$）溶于水中，缓慢加入 20mL 浓硫酸，冷却后稀释到 1000mL，摇匀。每次临用前必须用重铬酸钾溶液标定。

标定：准确移取 $c(1/6K_2CrO_7)=0.25mol/L$ 的重铬酸钾标准溶液 10.00mL 于 250mL 三角瓶中，加水至 110mL 左右，缓慢加入 30mL 浓硫酸，冷却后加 3 滴试亚铁灵指示剂，用硫酸亚铁铵溶液滴定至溶液的颜色由黄色经绿色至红褐色即为终点，记录体积 V。按下式计算：

$$c_{(FeSO_4(NH_4)_2SO_4)} = \frac{c_{(1/6K_2Cr_2O_7)} \times 10.00}{V}$$

6）回流冷凝装置。

（3）步骤。

1）取 20mL 混匀水样于 250mL 磨口三角瓶中，加 0.4g 硫酸汞，摇匀。准确加入 10.00mL 重铬酸钾标准溶液及数粒玻璃珠，慢慢加入 30mL 硫酸银-硫酸溶液，混匀后加热回流 2h。

2）冷却后用适量水冲洗冷凝管壁，取下三角瓶，用水稀释到 140mL 左右（体积不得少于 140mL，否则因酸度过大，滴定终点不明显）。

3）溶液再度冷却后，加 3 滴试亚铁灵，用硫酸亚铁铵标准溶液滴定至溶液颜色由黄色经蓝绿色至红褐色即为终点，记录消耗的硫酸亚铁铵溶液体积 V_1。

4）同时做空白试验，记录体积 V_0。

（4）计算。

$$COD_{Cr} = \frac{c(V_0 - V_1)M_{1/2O_2}}{V} \times 1000 \qquad (mg/L)$$

式中　c——硫酸亚铁铵标准溶液的浓度，mol/L；

V_1——水样消耗的硫酸亚铁铵体积，mL；

V_0——空白消耗的硫酸亚铁铵体积，mL；

V——水样体积，mL；

$M_{1/2O_2}$——$1/2O_2$ 的摩尔质量，g/mol。

（5）注意事项。对于化学需氧量小于 50mg/L 的水样，应该用 $c(1/6K_2CrO_7)$ = 0.025mol/L 的重铬酸钾标准溶液。

10.4.2.2　化学需氧量（COD）的测定——反应器测定法

（1）仪器与试剂。

1）45600 型 COD 反应器，美国哈西公司生产。

2）DR/890 比色计，美国哈西公司生产。

3）试剂，0～150mg/L 和 0～1500mg/L 两个量程。

（2）测定步骤。

1）反应。

① 开启 COD 反应器，预热到 150℃，同时在反应器前放置塑料防护板。

② 根据试样 COD 含量选择试剂，并打开试剂瓶。

③ 把试剂瓶倾斜 45°放置，移入 2.00mL 水样。盖上试剂瓶帽，用去离子水冲洗试剂瓶，并用纸巾擦干。

④ 颠倒试剂瓶数次以便混合均匀，然后把试剂瓶放入预热的 COD 反应器中。

⑤ 加热试剂瓶 2h 后关闭反应器，大约 20min 后试剂瓶冷却到 120℃左右，颠倒数次试剂瓶，放入试管架中，冷却至室温。

⑥ 同时做空白试验，即用 2.00mL 去离子水代替水样。

⑦ 选择适当的量程。

2）比色测定。

COD 在 0～150mg/L 之间：

① 调出存储曲线号，按 PRGM 键，显示 PRGM。

② 按 16ENTER 键，显示 mg/L、COD 和 ZERO。

③ 插入 COD/TNT 适配器。

④ 将用纸巾擦干净的试剂空白瓶放入适配器中，轻轻盖上仪器帽。

⑤ 按 ZERO 键，显示 0mg/L COD。

⑥ 将擦干净的样品瓶放入适配器中，盖上仪器帽。

⑦ 按 READ 键，显示 COD 值。

COD 在 0～1500mg/L 和 0～15000mg/L 之间：

① 步骤同上，只是步骤②按 17ENTER 键。

② 当用高 + COD 试剂瓶时，读数应乘以 10。

③ 为了得到更准确的测量值，可将水样稀释后测定。

10.4.2.3　五日生化需氧量

（1）方法概要。生化需氧量是指在规定条件下，微生物分解存在水中的某些可氧化物质，特别是有机物所进行的生物化学过程中消耗溶解氧的量。目前国内外普遍规定于(20 ± 1)℃

培养5天，分别测定样品培养前后的溶解氧，两者之差即为BOD_5，以氧的mg/L表示。

某些地面水及大多数工业废水，因含有较多的有机物，需要稀释后再培养测定，以降低其浓度和保证有充足的溶解氧。稀释的程度应使培养中所消耗的溶解氧大于2mg/L，而剩余的溶解氧在1mg/L以上。

为了保证水样稀释后有充足的溶解氧，稀释水通常要通入空气进行曝气（或通入氧气），使稀释水中溶解氧接近饱和。稀释水中还应加入一定量的无机营养盐和缓冲物质（磷酸盐、钙、镁和铁盐等），以保证微生物生长的需要。

对于不含或少含微生物的工业废水，其中包括酸性废水、碱性废水、高温废水或经过氯化处理的废水，在测定BOD_5时应进行接种，以引入能分解废水中有机物的微生物。当废水中存在着难以被一般生活污水中的微生物以正常速度降解的有机物或含有剧毒物质时，应将驯化后的微生物引入水样中进行接种。

碘量法测定溶解氧是使溶解氧与硫酸锰和氢氧化钠反应，生成三价或四价锰的氢氧化物棕色沉淀，加酸后沉淀溶解并与碘离子发生氧化-还原反应，释出与溶解氧等物质量的碘，再以淀粉为指示剂，用硫代硫酸钠标准溶液滴定碘，计算溶解氧的含量。

（2）试剂与仪器。

1）恒温培养箱，(20±1)℃。

2）细口玻璃瓶，5～20L。

3）量筒，1000～2000mL。

4）玻璃搅棒。棒的长度应比所用量筒高度长200mm，在棒的底端固定一个直径比量筒小，并带有几个小孔的硬橡胶板。

5）碘量瓶，250～300mL。带有磨口玻璃塞并具有供水封用的钟形口。

6）虹吸管。供分取水样和添加稀释水用。

7）氯化钙溶液。称取27.5g无水氯化钙，溶于水中，稀释至1000mL。

8）三氯化铁溶液。称取0.25g三氯化铁（$FeCl_3 \cdot 6H_2O$），溶于水中，稀释至1000mL。

9）硫酸镁溶液。称取22.5g硫酸镁（$MgSO_4 \cdot 7H_2O$），溶于水中，稀释至1000mL。

10）磷酸盐溶液。称取8.5g磷酸二氢钾（KH_2PO_4）、21.75g磷酸氢二钾（K_2HPO_4）、33.4g磷酸氢二钠（$Na_2HPO_4 \cdot 7H_2O$）和1.7g氯化氨（NH_4Cl），溶于约500mL水中，稀释至1000mL并混合均匀，此缓冲溶液的pH值应为7.2。

11）葡萄糖-谷氨酸溶液。分别称取150mg葡萄糖和谷氨酸（均于130℃烘过1h），溶于水中，稀释至1000mL。

12）盐酸溶液，$c(HCl)=0.5mol/L$。

13）氢氧化钠溶液，$c(NaOH)=0.5mol/L$。

14）稀释水。在5～20L玻璃瓶内加入一定量的水，控制水温在20℃左右，用抽气或无油压缩机通入清洁空气2～8h，使水中溶解氧饱和或接近饱和（20℃时溶解氧大于8mg/L）。使用前，每升水中加入氯化钙溶液、三氯化铁溶液、硫酸镁溶液和磷酸盐溶液各1mL，混合均匀。稀释水pH值应为7.2，其BOD_5值应小于0.2mg/L。

15）接种稀释水。取适量生活污水于20℃放置24～36h，上层清液即为接种液，每升稀释水中加入1～3mL接种液即为接种稀释水。接种稀释水pH值应为7.2，其BOD_5值以在0.3~1.0mg/L之间为宜，接种稀释水配制后应立即使用。对某些特殊工业废水最好加入专门培养驯化过的菌种。

16）硫酸锰溶液。称取480g硫酸锰（$MnSO_4 \cdot 4H_2O$）或364g($MnSO_2$)溶于水中，稀释到1000mL（此溶液加到酸化过的碘化钾溶液中，遇淀粉不应产生蓝色）。

17）碱性碘化钾溶液。称取500g氢氧化钠溶于300~400mL水中，另取150g碘化钾或135g碘化钠溶于200mL水中，待氢氧化钠冷却后将两溶液混合，稀释到1000mL。若有沉淀发生，则放置过夜，倾出上层清液储于棕色瓶中，塞进橡皮塞，避光保存（此溶液酸化后，遇淀粉不产生蓝色）。

18）硫酸，1+5溶液。

19）淀粉溶液，10g/L。

20）重铬酸钾标准溶液，$c(1/6K_2CrO_7)=0.025mol/L$。准确称取于105~110℃烘干2h并冷却的重铬酸钾1.225g溶于水中，移入1000mL溶量瓶中，稀释到刻度，摇匀。

21）硫代硫酸钠溶液，$c(Na_2S_2O_3 \cdot 5H_2O)=0.025mol/L$。称取6.2g硫代硫酸钠（$Na_2S_2O_3 \cdot 5H_2O$）溶于新煮沸放冷的水中，加0.2g碳酸钠，用水稀释到1000mL，储于棕色瓶中。使用前用重铬酸钾标准溶液标定。

标定：于250mL碘量瓶中加100mL水和1g碘化钾，加入10.00mL重铬酸钾标准溶液、5mL（1+5）硫酸溶液，塞好塞子摇匀，于暗处静置5min，用硫代硫酸钠溶液滴定至溶液呈浅黄色，加1mL淀粉溶液，继续滴定至蓝色刚好褪去为终点，记录体积V。

$$c_{(Na_2S_2O_3)} = \frac{c_{(1/6K_2Cr_2O_7)} \times 10}{V}$$

（3）步骤。

1）水样的采集、存储和预处理。

① 采集水样于适当大小的玻璃瓶中（根据水质情况而定），用玻璃塞塞紧，且不留气泡。采样后，需在2h内测定；否则，应在4℃或4℃以下保存，且应在采集后10h内测定。

② 用1mol/L氢氧化钠溶液或1mol/L盐酸溶液调节pH值接近7。

③ 游离氯大于0.10mg/L的水样，加亚硫酸钠或硫代硫酸钠除去。

2）水样的稀释。

① 根据确定的稀释倍数，用虹吸法把一定量的污水引入1000mL量筒中，再沿壁慢慢加入所需稀释水（接种稀释水），用特制搅拌棒在水面以下慢慢搅匀（不应产生气泡）；然后沿瓶壁慢慢倾入两个预先编号、体积相同（250mL）的碘量瓶中，直到充满后溢出少许为止。盖严并水封，注意瓶内不能有气泡。

② 用同样方法配置另两份稀释比水样。

3）对照样的配置。另取两个有编号的碘量瓶加入稀释水或接种稀释水作为空白。

4）培养。将各稀释比的水样、稀释水（或接种稀释水）空白各取一瓶放入(20±1)℃的培养箱内培养5天，培养过程中需每天添加封口水。

用碘量法测定未经培养的各份稀释比的水样和空白水样中的剩余溶解氧。用同样方法测定经培养5天后、各份稀释水样和溶解水样中的剩余溶解氧。

5）溶解氧的测定。

① 将试管插入碘量瓶的液面下加1mL硫酸锰溶液、2mL碱性碘化钾溶液，盖好瓶盖，颠倒混合数次，静置，待棕色沉淀物降到瓶内一半时，再颠倒混合一次，待沉淀物下降到瓶底（一般在现场操作）。

② 打开瓶塞，立即用试管插入液面下加2mL浓硫酸，小心盖好瓶塞，颠倒混合摇匀，至沉淀物全部溶解，放置暗处5min。

③ 摇匀后吸取100mL上述溶液于250mL三角瓶中，用硫代硫酸钠溶液滴定至溶液呈浅黄色，加1mL淀粉溶液，继续滴定至蓝色刚好褪去即为终点，记录消耗的硫代硫酸钠溶液体积V。

（4）计算。

$$溶解氧 = \frac{C \times V \times M_{1/2O_2} \times 1000}{100} \quad (以\ O_2\ 计, mg/L)$$

式中 C——硫代硫酸钠溶液的浓度，mol/L；

V——消耗的硫代硫酸钠溶液的体积，mL；

$M_{1/2O_2}$——$1/2O_2$ 的摩尔质量，g/mol。

根据公式计算 BOD_5，并以表格形式表示测定数据和结果。

$$BOD_5 = \frac{(D_1 - D_2) - (B_1 - B_2)f_1}{f_2} \quad (以\ O_2\ 计, mg/L)$$

式中 D_1——稀释水样培养前的溶解氧量，mg/L；

D_2——稀释水样培养5天后剩余溶解氧量，mg/L；

B_1——稀释水（或接种稀释水）培养前的溶解氧量，mg/L；

B_2——稀释水（或接种稀释水）经培养5天后剩余溶解氧量，mg/L；

f_1——稀释水（或接种稀释水）在培养溶液中所占的比例；

f_2——水样在培养液中所占的比例。

（5）注意事项。

1）水样用稀释水稀释倍数的确定可参考表10-3来确定。

表10-3 稀释比

预期 BOD_5 值/$mg \cdot L^{-1}$	稀释比	适用的水样
2～6	1～2	R
4～12	2	R，E
10～30	5	R，E
20～60	10	E
40～120	20	S
100～300	50	S，C
200～600	100	S，C
400～1200	200	I，C
1000～3000	500	I
2000～6000	1000	I

注：R代表河水；E代表生物净化过的污水；S代表澄清过的污水或轻度污染的工业废水；C代表原污水；I代表严重污染的工业废水。

性质不了解的水样，稀释倍数从 COD 值估算，取大于酸性高锰酸盐指数值的 1/4、小于 COD_{Cr} 值的 1/5。恰当的稀释比应使培养后剩余溶解氧至少有 1mg/L 和消耗的溶解氧至少有 2mg/L。

2）为除去水样中游离氯而加入亚硫酸钠的量可用实验方法得到。取 100.0mL 待测水样于碘量瓶中，加入 1mL 1% 硫酸溶液，1mL 10% 碘化钾溶液，摇匀，以淀粉为指示剂，用标准硫代硫酸钠或亚硫酸钠溶液滴定，计算 100mL 水样所需硫代硫酸钠的量，推算所用水样应加入的量。

3）本实验操作最好在 20℃ 左右室温下进行，实验用稀释水和水样应保持在 20℃ 左右。

4）所用试剂和稀释水如发现浑浊有细菌生长时，应弃去重新配制，或用葡萄糖-谷氨酸标准溶液校核。当测定 2% 稀释度的葡萄糖-谷氨酸标准溶液时，若 BOD_5 超过（200 ± 37）mg/L 范围，则说明试剂或稀释水有问题或操作技术有问题。

5）测定一般水样的 BOD_5 时，硝化作用很不明显或根本不发生，但对于生物处理池出水，则含有大量的硝化细菌。因此，在测定 BOD_5 时也包括了部分含氮化合物的需氧量。对于这种水样，如果只需测定有机物的需氧量，应加入硝化抑制剂，如丙烯基硫脲（ATU、$C_4H_8N_2S$）等。

10.4.2.4　余氯

（1）方法概要。在 pH 值小于 2 的酸性溶液中，余氯与四甲基联苯胺反应，生成黄色醌式化合物，用目视比色法定量。本规范用铬酸钾溶液配制永久性余氯标准色列。本法最低检测浓度 0.005mg/L。

（2）试剂。

1）氯化钾-盐酸缓冲溶液，pH = 2.2。称取 3.7g 经 100 ~ 110℃ 干燥至恒重的氯化钾，用水溶解，再加 0.56mL 盐酸，用水稀释至 1000mL。

2）盐酸，1 + 4 溶液。

3）3，3，5，5-四甲基联苯胺溶液。称取 0.03g 四甲基联苯胺（$C_{16}H_{20}N_2$）用 100mL 0.1mol/L 盐酸溶解，分次加入，搅拌试剂溶解（必要时加温助溶），混匀，此溶液应无色透明。储于棕色瓶中，在常温下可使用 6 个月。

4）重铬酸钾-铬酸钾溶液。称取 0.1550g 干燥至恒重的重铬酸钾及 0.4650g 干燥至恒重的铬酸钾，溶于氯化钾-盐酸溶液中，稀释至 1000mL。

5）EDTA 溶液，20g/L。

（3）步骤。

1）标准色列的配制。余氯标准色列见表 10-4。

表 10-4　余氯标准色列

余氯/mg · L^{-1}	重铬酸钾-铬酸钾/mL	余氯/mg · L^{-1}	重铬酸钾-铬酸钾/mL
0.005	0.25	0.40	20.0
0.01	0.50	0.50	25.0
0.03	1.50	0.60	30.0
0.05	2.50	0.70	35.0

续表 10-4

余氯/mg·L^{-1}	重铬酸钾-铬酸钾/mL	余氯/mg·L^{-1}	重铬酸钾-铬酸钾/mL
0.10	5.0	0.80	40.0
0.20	10.0	0.90	45.0
0.30	15.0	1.00	50.0

按表 10-4 所列分别吸取重铬酸钾-铬酸钾溶液注入 50mL 具塞比色管中，用氯化钾-盐酸缓冲溶液稀释至 50mL，于冷暗处保存。

2）于具塞比色管中，加 2.5mL 四甲基联苯胺溶液，加水样至刻度，混匀后立即比色，所得结果为游离性余氯，放置 10min。比色结果为总余氯，总余氯减去游离性余氯为化合性余氯。

（4）注意事项。

1）pH 值大于 7 的水样，可先用盐酸调 pH 值为 4 再进行测定。

2）水位低于 20℃，可先温热水样至 25 ~ 30℃，以加快反应速度。

3）测定时，若显蓝色，表明显色液酸度低，可多加 1mL 试剂就出现正常颜色；若加试剂后出现橘色，表示余氯含量过高，可改用余氯 1 ~ 10mg/L 标准色列，并多加 1mL 试剂。

4）水样中铁离子大于 0.12mg/L 时，可在每 50mL 水样中加 1 ~ 2 滴 20g/L 的 EDTA 溶液，以消除干扰。

10.4.2.5 污染指数（SDI）测定方法

（1）SDI 测定概要。SDI 测定是基于阻塞系数（PI,%）的测定。如图 10-4 所示，测定是在 ϕ47mm 的 0.45μm 的微孔滤膜上连续加入一定压力（30psi，相当于 0.2MPa）的被测定水，记录下滤得 500mL 水所需的时间 T_i（s）和 15min 后再次滤得 500mL 水所需的时间 T_f(s)，按下式求得阻塞系数 PI(%)：

$$PI = (1 - T_i/T_f) \times 100$$

$$SDI = PI/15$$

式中，15 是 15min。当水中的污染物质较高时，滤水量可取 100mL、200mL、300mL 等，间隔时间可改为 10min、5min 等。

（2）测定 SDI 的步骤。

1）将 SDI 测定仪连接到取样点上（此时在测定仪内不装滤膜）。

2）打开测定仪上的阀门，对系统进行彻底冲洗数分钟。

3）关闭测定仪上的阀门，然后用钝头的镊子把 0.45μm 的滤膜放入滤膜夹具内。

4）确认 O 形圈完好，将 O 形圈准确放在滤膜上，

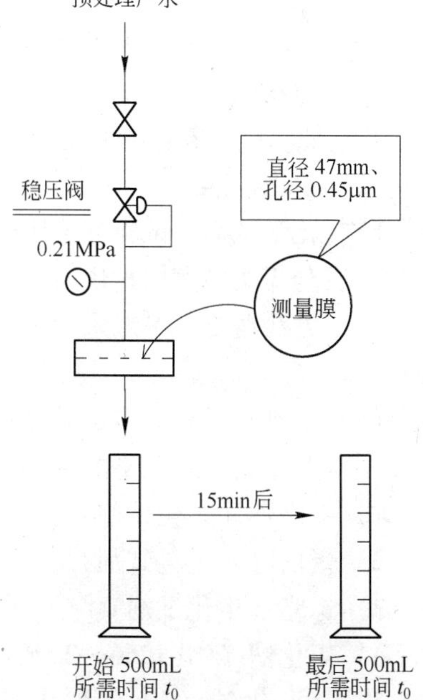

图 10-4 SDI 值测定方法

随后将上半个滤膜夹具盖好，并用螺栓固定。

5）稍开阀门，在水流动的情况下，慢慢拧松1~2个蝶形螺栓以排除滤膜处的空气。

6）确信空气已全部排尽且保持水流连续的基础上，重新拧紧蝶形螺栓。

7）完全打开阀门并调整压力调节器，直至压力保持在30psi为止。

8）用合适的容器来收集水样，在水样刚进入容器时即用秒表开始记录，收取500mL水样所需的时间为T_0（s）。

9）水样继续流动15min后，再次用容器收集水样500mL并记录收集水样所花的时间，记作T_{15}（s）。

10）关闭取样进水球阀，松开微孔膜过滤容器的蝶形螺栓，将滤膜取出保存（作为进行物理化学试验的样品）。擦干微孔过滤器及微孔滤膜支撑孔板。

（3）测定结果计算。按照下式计算SDI值：

$$SDI = (1 - T_i/T_f) \times 100/15$$

（4）注意事项。

1）每次试验过程中压力要稳定，压力波动不得超过±5%，否则试验作废。

2）选定收集水样量应为500mL（或其他确定的水量值）；两次收集水样的时间间隔为15min。

3）当T_{15}是T_i的4倍时，SDI值是5；如果水样完全将膜片堵住时，SDI_{15}值为6.7。

（5）判定。通常，反渗透系统在进水SDI<1的情况下，运行操作数年没有问题；若原水SDI<3，运行操作数月无需清洗反渗透膜；当SDI在3~5的情况下，运行操作需要经常清洗反渗透膜；SDI>5的原水，则不能用于反渗透系统。

10.4.3 微生物试验

10.4.3.1 工业循环冷却水中异养菌的测定

（1）适用范围。本规程适用于工业循环冷却水中异养菌的测定，还适用于原水、生活用水及其他水中异养菌的测定。

（2）引用标准。

1）《化学试剂　试验方法所用制剂及制品的制备》(GB/T 603—2002)。

2）《分析实验室用水规格和试验方法》(GB 6682—2008)。

（3）方法概要。本法采用平皿计数技术在(29±1)℃培养72h来测定循环冷却水中的异养菌总数。

（4）试剂和材料。本试验测定方法中，除特殊规定外，应使用分析纯试剂和符合GB 6682—2008中三级水规格的水。

1）牛肉膏（生化试剂）。

2）蛋白胨（生化试剂）。

3）琼脂（生化试剂）。

4）氯化钠（GB 1266—2006）。

5）氢氧化钠（40g/L）溶液。称取10g氢氧化钠溶解在一定水中，加水定容到1000mL，搅匀。

6）盐酸溶液（1+11）。量取浓盐酸10mL溶解到110mL水中，混匀。

7）乙醇溶液75%（V/V）。量取394.7mL 95%乙醇溶解到一定量水中，加水稀释到500mL，混匀。

8）牛皮纸。

9）医用脱脂棉。

10）医用脱脂纱布。

（5）仪器和设备。

1）无菌箱（室）或超净工作台。

2）蒸气压力灭菌器。

3）生化培养箱。

4）电热干燥箱。温度可控制在[（60～280）±2]℃。

5）刻度吸管，1mL。

6）刻度吸管，5mL。

7）刻度吸管，50mL。

8）磨口锥形瓶，100mL。

9）容量瓶，1000mL。

10）培养皿，ϕ90mm。

11）锥形瓶，500mL。

12）搪瓷量杯，1000mL。

13）取水样瓶，500mL。

（6）试验前的准备。

1）培养基的制备。

称取下列试剂：牛肉膏3.0g；蛋白胨10.0g；氯化钠5.0g；琼脂15.0g。

将上述试剂加水约950mL，在电炉上加热溶解后，趁热用四层医用脱脂纱布过滤于搪瓷量杯中，并用热水补充至1000mL。用氢氧化钠溶液或盐酸溶液调节pH值至7.2±2，并分装在500mL锥形瓶中，每瓶分装量不超过其总容量的2/3。塞上棉塞，用牛皮纸把瓶口包好，用蒸气压力灭菌器（121±1）℃灭菌15min。

2）无菌稀释水制备。

① 生理盐水的配制。称取8.50g氯化钠溶解在1000mL水中，混匀。

② 将生理盐水分装在100mL磨口锥形瓶中，每个锥形瓶塞子和瓶口间插入一小纸片，塞紧瓶塞，每个瓶子的瓶口均用牛皮纸包扎以防污染，用蒸气压力灭菌器(121±1)℃灭菌15min。

3）刻度吸管的灭菌。

① 将洗净并烘干后的吸管粗端塞上医用脱脂棉，棉花量要适宜，长度10～15mm；棉花不宜露在口外，多余的棉花可以用火焰烧掉。

② 每支刻度吸管用1条40～50mm宽的牛皮纸条，以45°左右角度螺旋形卷起来，吸管的尖端在头部，粗端用多余的纸条折叠打结，不使散开，标上刻度，若干支扎成一束，置电热干燥箱中，于(160±2)℃灭菌2h。

4）培养皿的灭菌。将洗净并烘干后的培养皿10个左右叠在一起，用牛皮纸卷成一筒，置电热干燥箱中，于(160±2)℃灭菌2h。

5）取水样瓶的灭菌。将洗净并烘干后的取样瓶，于(160±2)℃灭菌2h。

（7）测定步骤。

1）样品的采集。打开水阀，用取样瓶取水样。

2）无菌箱（室）灭菌。把试验所用的无菌稀释水、无菌培养皿、无菌吸管等用品放入无菌箱（室）内，打开紫外线灯灭菌30min。

3）水样的稀释和接种。

① 水样放入灭过菌的无菌箱（室）中，立即用75%（V/V）乙醇溶液浸泡的医用脱脂棉球擦手，点燃无菌箱（室）内的酒精灯。

② 选择适宜的稀释度，应使最后一个稀释度接种后平皿上生长的菌落数小于300个。在空白稀释水样瓶上标上稀释度数。

③ 用10倍稀释法稀释水样，即用5mL无菌吸管吸取5mL水样注入到45mL空白稀释水中充分摇匀，此时稀释度为10^{-1}。

④ 另取一支5mL无菌吸管吸取5mL稀释度为10^{-1}水注入到第二个稀释水中，充分摇匀，此时稀释度为10^{-2}。依次类推，直至需要的稀释度为止。

⑤ 将不同稀释度的水样分别接种到无菌培养皿中，每个稀释度重复接种3~5皿，每皿接种1mL，接种时左手手撑托住培养皿，大拇指和食指轻轻将培养皿盖提起，使右手中的吸管恰好插入，吸管与培养皿底成45°角相接，移开吸管时吸管不宜再碰到培养皿，接种时间不宜超过4s，每接一个稀释度更换一支无菌吸管。

⑥ 另取一组培养皿不接水样，作为空白。

⑦ 将灭过菌的培养皿冷却至（45±1)℃，掀开培养皿盖，将培养基灌入培养皿内，每皿应灌15~20mL。灌皿时不要使培养基直接灌在水样上，灌皿后要将融化的培养基和皿中水样彻底混合，小心勿使混合液溅到培养皿的边缘。测定一个水样从接种到灌皿不得超过20min。

4）培养。待培养皿中培养基固化后，倒置平皿，在生化培养箱中（29±1)℃培养72h。

（8）计数与报告。

1）培养之后，取出培养皿，若空白培养皿出现菌落，表明测定过程中有污染，本次测定无效。

2）选择平均菌落数30~300之间的稀释度，立即进行计数，求得平均菌落数，并修约成二位有效数字（见表10-5例次1）。

3）若有两个稀释度，其生长菌落数均在30~300之间，则视两者之比值来决定，若其比值小于2，应报告其平均数；若大于2，则报告其中较小的数字（见表10-5例次2及例次3）。

4）若所有稀释度的平均菌落数均大于300，则应选择稀释度最高的培养皿计数（见表10-5例次4）。

5）若所有稀释度的平均菌落数均小于30，则应选择稀释最低的培养皿计数（见表10-5例次5）。

6）若所有稀释度均无菌落生长，则以“小于1乘以最低稀释倍数”报告（见表10-5例次6）。

7）若所有稀释度的平均菌落数均不在30～300之间，其中一部分大于300而另一部分小于30时，则选择最接近30或300的培养皿计数（见表10-5例次7）。

8）以个/mL表示循环冷却水中异养菌的数量，按下列公式计算：

$$异养菌(个/mL) = X/(F \times V)$$

式中　X——按第2）条方法计数得出的培养皿上生长的平均菌落数，个；

V——取稀释水样的体积，mL；

F——水样稀释倍数。

表10-5　菌落的测定例表

例次	稀释度及菌落数			稀释度菌落数之比	黏液形成菌总数/个·mL^{-1}	报告方式/个·mL^{-1}
	10^{-1}	10^{-2}	10^{-3}			
1	—	164	20	—	16400	1.6×10^4
2	—	295	46	1.6	37750	3.8×10^4
3	—	271	60	2.2	27100	2.7×10^4
4	>6500	3475	313	—	313000	3.1×10^5
5	27	11	5	—	270	2.7×10^2
6	0	0	0	—	<1×10	<10
7	0	306	12	—	30600	3.1×10^4

（9）精密度。

1）由于微生物能以单独个体，双双成对、链状、成簇或一团团等形式存在，而且没有单独一种培养基能满足一个水样中所有细菌的生理要求。因此，由此法所得的菌落数可能要低于其正常存在的活细胞的数目。

2）标准平皿计数的正确度随着平行样皿的增加而增加，当使用5个平行皿，每皿加1mL样品时测定结果的置信度为95%。

10.4.3.2　水中生物黏泥量的测定

循环冷却水中的微生物危害在于形成黏泥的量，将生物黏泥量控制在一定的范围能有效地防止软垢的生成。

（1）测定装置。测定装置如图10-5所示。

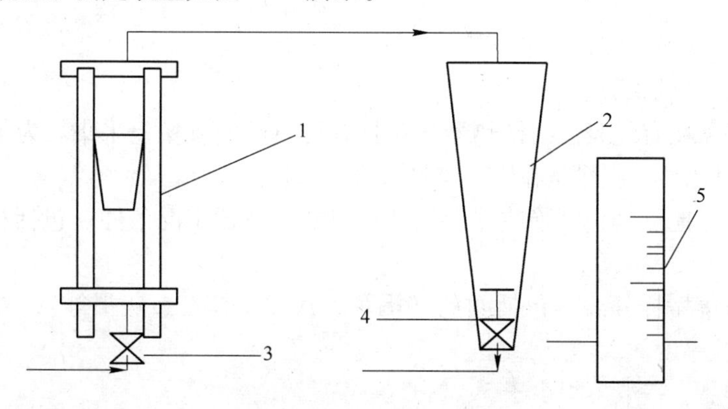

图10-5　生物黏泥测定装置

1—转子流量计；2—浮游生物滤网25号；3—流量控制阀；4—旋塞阀；5—量筒

（2）测试方法。本测试方法是采用单位时间内通过的水量被截留下的黏泥量计算水中的生物黏泥含量。

调节采样装置中阀门，使冷却水的流速控制在1m/s左右，水流量在$1m^3/h$左右，然后关上浮游生物网旋塞阀，过滤$1m^3$水。

关闭进水阀，取下浮游生物网，打开旋塞阀，将黏泥收集在500mL量筒内，用自来水冲洗滤网，洗涤液也收集在500mL量筒内，沉淀30min后倾出上层清液。将剩余浊液转移至25mL量筒内，静止30min，记录沉淀出的黏泥体积。

（3）黏泥量计算方法。以mL/m^3表示循环冷却水中的黏泥量，黏泥量（V）按下式计算：

$$V = \frac{V_2}{V_1}$$

式中　V_2——量筒中黏泥总体积，mL；

V_1——通过浮游生物网过滤的循环水量，m^3。

10.4.4　冷却水系统沉积物（污垢和腐蚀产物）分析方法

本方法适用于循环冷却水系统污垢组分分析，其内容包括：

（1）试样采集和预处理。

（2）灼烧减量的测定。

（3）酸不溶物的测定。

（4）氧化钙与氧化镁的测定。

（5）三氧化二铁的测定。

（6）氧化锌的测定。

（7）三氧化二铝的测定。

（8）氧化铜的测定。

（9）五氧化二磷的测定。

通过污垢组分的测定，判别冷却水化学处理效果和揭示循环冷却水系统运行中的主要障碍。

10.4.4.1　试样采集与预处理

（1）污垢样品的采集。

1）垢样必须在有代表性的换热器，并具有传热面的管壁上采集。为了使每次污垢样品分析结果有可比性，应尽量在同一位号采集污垢样品。

2）记录采样地点（包括换热器、位号）以及换热器工况条件（包括材质、介质、温度、水流速等）。

3）记录采集垢样外观，包括颜色（褐色、灰白、棕红、灰褐等），外形（块状、粒状、泥块等）及厚度。

4）采集样品，一般不得少于5g。

（2）垢样的预处理。

1）如果垢样量大于10g，按四分法分至2g，移入瓷蒸发皿中，于(105±5)℃下干燥

2~8h（时间长短根据试样含水量而定）。

2）垢样稍冷后，于研钵中磨细到50~100目，然后于(105±5)℃下干燥至恒重备用。

3）污垢组成系统分析如下：

样品→105℃干燥→磨细→105℃干燥→550℃灼烧→950℃灼烧→酸处理→滤液→相应预处理后测各成分。

10.4.4.2 灼烧减量的测定（称量分析法）

（1）原理。根据灼烧前后质量差，求得灼烧减量。在550℃下灼烧前后的质量差表示有机物的含量。550~950℃灼烧前后的质量差表示碳酸盐的含量。

（2）仪器。

1）马弗炉，1000℃。

2）分析天平感量，0.0001g。

3）瓷坩埚，20~30mL。

4）干燥器。

（3）分析步骤。

1）550℃灼烧减量。在预先经(950±10)℃灼烧至恒重的瓷坩埚中，称取经预处理后污垢样品0.5g(称准至0.0002g)，将坩埚移入马弗炉内，由低温逐渐升高温度至(550±5)℃，继续灼烧1h，取出坩埚，在空气中稍冷，置于干燥器中冷却45min，称量，然后再放入马弗炉内灼烧半小时，取出坩埚。按上述步骤冷却后称量，重复灼烧至恒重。

2）550~950℃灼烧减量。将于550℃下测定灼烧减量后的试样，移入马弗炉内于(950±10)℃下，继续灼烧1h，取出坩埚，在空气中稍冷。按上述550℃灼烧减量的测定步骤，在(950±10)℃重复灼烧至恒重。

（4）分析结果的计算。

1）550℃灼烧减量X_1(%)，按下式计算：

$$X_1 = [(m_1 - m_2) \times 100]/m$$

式中 m_1——灼烧前试样和坩埚的质量，g；

m_2——经550℃灼烧后试样和坩埚的质量，g；

m——试样的质量，g。

2）550~950℃灼烧减量X_2(%)，按下式计算：

$$X_2 = [(m_2 - m_3) \times 100]/m$$

式中 m_2——550℃灼烧后试样和坩埚的质量，g；

m_3——经950℃灼烧后试样和坩埚的质量，g；

m——试样的质量，g。

（5）允许差。平行测定两结果差不大于0.5%。

（6）结果表示。取平行测定结果的算术平均值，作为污垢的灼烧减量。

10.4.4.3 酸不溶物的测定（称量分析法）

（1）原理。试样经盐酸、硝酸加热分解后，酸不溶部分用称量分析法测定。

（2）试剂。

1）盐酸。

2）硝酸。

3）中速定量滤纸。

4）硝酸银溶液。1g 硝酸银，用水溶解，加 1mL 硝酸，用水稀释至 100mL。

（3）仪器。

1）马弗炉。

2）砂浴。

3）分析天平，感量 0.0001g。

（4）分析步骤。

1）将测定灼烧减量后的试样，移入 100mL 瓷蒸发皿中，加少量水调成糊状。

2）慢慢加入 10mL 盐酸，于砂浴上蒸干，再加入 10mL 硝酸，加热蒸干。

3）取下瓷蒸发皿加入 10mL 盐酸及约 50mL 温水，煮沸，充分搅拌后趁热用中速定量滤纸过滤，用 1% 硝酸溶液洗涤，再用热水洗涤到滤液中不含氯离子为止（用硝酸银检验）。滤液收集于 250mL 容量瓶中，冷却后用水稀释至刻度，摇匀。

4）将滤纸移入预先恒重的瓷坩埚中，于电炉上小火灰化后，于（950 ± 10）℃下灼烧至恒重。

（5）分析结果的计算。酸不溶物含量 X_3（%），按下式计算：

$$X_3 = [(m_4 - m_5) \times 100]/m$$

式中　m_4——950℃灼烧后残渣和坩埚的质量，g；

m_5——坩埚的质量，g；

m——试样的质量，g。

（6）允许差。平行测定两结果不大于 0.5%。

（7）结果表示。取平行测定两结果的算术平均值，作为垢样酸不溶物含量。

10.4.4.4　氧化钙和氧化镁含量的测定（EDTA 滴定法）

（1）原理。在 pH = 5.5 时，铁、铝离子与醋酸钠反应，生成酸式醋酸盐沉淀，与钙、镁离子分离。然后用 EDTA 滴定法进行氧化钙和氧化镁的测定。

（2）试剂。

1）氢氧化钠溶液，400g/L。

2）氢氧化钾溶液，200g/L。

3）硝酸，1 + 2 溶液。

4）醋酸钠溶液，120g/L。

5）三乙醇胺，1 + 3 溶液。

6）钙指示剂。称取 1g 钙指示剂与 100g 干燥无水硫酸钾固体研磨混匀，储存于棕色瓶中。

7）酸性铬兰 K-萘酚绿 B 指示剂。称取 0.1g 酸性铬兰 K 和 0.26g 萘酚绿 B 置于研钵中，加入 10g 干燥无水硫酸钾固体，研磨混匀，储存于棕色瓶中。

8）氨-氯化铵缓冲溶液。称取 54g 氯化铵溶于水中，加 350mL 氨水，用水稀释到 1000mL。

9）EDTA 标准滴定溶液，c(EDTA) = 0.01mol/L。

（3）仪器。滴定管，50mL。

（4）分析步骤。

1）预处理。吸取测定酸不溶物后的滤液 50mL 于 250mL 锥形瓶中，用 40% 氢氧化钠溶液中和至呈现浑浊，再加 1+2 硝酸使沉淀刚溶解，然后加入 12% 醋酸钠溶液 10mL 煮沸 2~3min，使沉淀凝聚，稍冷后移入 100mL 容量瓶中，冷却后用水稀释至刻度，摇匀，澄清后用快速滤纸干过滤。

2）氧化钙含量的测定。吸取上述干过滤后溶液 25mL，移入 250mL 锥形瓶中，加入约 50mL 水及 1+3 三乙醇胺 5mL。加入 20% 氢氧化钾溶 5mL，摇匀，加入钙指示剂约 30mg。用 0.01mol/L EDTA 标准溶液滴定至纯蓝色为终点。

3）氧化镁含量的测定。吸取上述干滤后溶液 25mL，移入 250mL 锥形瓶中，加入约 50mL 水及 1+3 三乙醇胺 5mL。加入 pH=10 的氨-氯化铵缓冲液 10mL，摇匀，加入酸性铬兰 K-萘酚绿 B 指示剂约 30mg。用 0.01mol/L EDTA 标准溶液滴定至纯蓝色为终点。

（5）分析结果的计算。

1）氧化钙含量 X_4(%)，按下式计算：

$$X_4 = [c \times (V/1000) \times 56]/[m \times (50/250) \times (25/100)] \times 100$$

式中 c——EDTA 标准溶液的摩尔浓度，mol/L；

V——滴定消耗 EDTA 标准溶液的体积，mL；

56——氧化钙的摩尔质量，g/mol；

m——试样的质量，g。

2）氧化镁含量 X_5(%)，按下式计算：

$$X_5 = [c \times (V_1 - V)/1000 \times 40.3]/[m \times (50/250) \times (25/100)] \times 100$$

式中 c——EDTA 标准溶液的摩尔浓度，mol/L；

V_1——滴定消耗 EDTA 标准溶液的体积，mL；

V——滴定氧化钙含量时消耗 EDTA 标准溶液的体积，mL；

40.3——氧化镁的摩尔质量，g/mol；

m——试样的质量，g。

（6）允许差。平行测定两结果差不大于 0.5%。

（7）结果表示。取平行测定两结果的算术平均值，作垢样中氧化钙、氧化镁的含量。

10.4.4.5 三氧化二铁含量的测定（EDTA 滴定法）

（1）原理。在 pH=1.8~2.0 时三价铁离子与 EDTA 形成配合物，以磺基水杨酸为指示剂，用 EDTA 标准溶液滴定，试样中铝、锌、铜、镁等金属离子在上述 pH 值条件下不干扰测定。

（2）试剂。

1）氨水溶液，1+1 溶液。

2）盐酸溶液，1+1 溶液。

3）磺基水杨酸，100g/L。

4）氨-氯化铵缓冲溶液，pH=10。称取 67.5g 氯化铵溶于水中，加入 570mL 氨水，用水稀释至 1000mL。

5）EDTA 标准滴定溶液，$c(EDTA)=0.01000mol/L$。

（3）仪器。滴定管 50mL。

（4）分析步骤。

1）吸取测定酸不溶物后的滤液 20～50mL，于 250mL 锥形瓶中，用水稀释至约 75mL，加 1 滴 10% 磺基水杨酸指示剂，然后逐滴加入氨水（1+1）至溶液突变为棕色，立即用盐酸溶液回滴至溶液呈红色（约 10 滴左右），再加入 6～7 滴。

2）用玻璃棒蘸少许上述溶液在精 pH 试纸上，检验溶液的 pH 值是否在 1.8～2.0 之间。若 pH 值大于 2.0，则再用盐酸溶液调至 pH 值在 1.8～2.0 之间。

3）将溶液在电炉上加热至 70℃左右，取下，补加 9 滴 10% 磺基水杨酸指示剂，立即用 0.01000mol/L 的 EDTA 标准溶液滴定至溶液由紫红色变黄色（或无色）为终点。

（5）分析结果的计算。

三氧化二铁含量 $X_6(\%)$，按下式计算：

$$X_6 = [c \times (V/1000) \times (159.68/2)]/[m \times (A/250)] \times 100$$

式中　c——EDTA 标准溶液的摩尔浓度，mol/L；

V——滴定消耗 EDTA 标准溶液的体积，mL；

159.68——三氧化二铁的摩尔质量，g/mol；

m——试样的质量，g；

A——吸取测定酸不溶物后滤液的体积，mL。

（6）允许差。平行测定两结果差不大于 0.2%。

（7）结果表示。取平行测定两结果的算术平均值，作为垢样中三氧化二铁的含量。

10.4.4.6　三氧化二铝含量的测定（EDTA 滴定法）

（1）原理。在配合滴定铁后的溶液中，加入过量 EDTA 标准溶液，调节溶液 pH 值为 4.5，煮沸，使铝与 EDTA 定量配合，以亚硝基 R 盐为指示剂，用硫酸铜标准溶液回滴过剩的 EDTA 标准溶液。

（2）试剂。

1）亚硝基 R 盐溶液，2g/L。亚硝基 R 盐溶液即亚硝基-2 萘酚-3，6 二磺酸钠（$C_{10}H_5NNa_2O_8S_2$）试剂。

2）乙酸-乙酸铵缓冲溶液，pH=4.5。称取 77g 乙酸铵（称准至 0.01g）溶于约 500mL 水中，加入 59mL 冰乙酸，用水稀释至 1000mL。

3）EDTA 标准溶液，$c(EDTA)=0.01000mol/L$。

4）硫酸铜标准滴定溶液，$c(CuSO_4 \cdot 5H_2O) = 0.01mol/L$。称取 2.495g 硫酸铜（$CuSO_4 \cdot 5H_2O$）溶于约 500mL 水中，加入 2～3 滴浓硫酸，移入 1000mL 容量瓶中，用水稀释至刻度。

标定：吸取 0.01mol/L EDTA 标准溶液 20mL，移入 250mL 锥形瓶中，加入约 50mL 水及 pH 值为 4.5 的乙酸-乙酸铵缓冲溶液 20mL，加入亚硝基 R 盐指示剂约 1mL，用 0.01mol/L 硫酸铜溶液滴定至溶液由浅黄色变为黄绿色即为终点。

按下式计算：

$$M_2 = (M_1 \times V_1)/V_2$$

式中 M_2——硫酸铜标准溶液的浓度，mol/L；

M_1——EDTA 标准溶液的浓度，mol/L；

V_1——加入 EDTA 标准溶液的体积，mL；

V_2——滴定消耗硫酸铜标准溶液的体积。

（3）仪器。滴定管，50mL。

（4）分析步骤。

1）在测定三氧化二铁含量后的溶液中，准确加入 20mL 0.01mol/L EDTA 标准溶液，摇匀；加入 pH 值为 4.5 的乙酸-乙酸铵缓冲溶液 20mL，于电炉上加热煮沸 5min，取下冷却。

2）加入 0.2% 亚硝基 R 盐约 1mL，用 0.01mol/L 硫酸铜标准溶液滴定至溶液由浅黄色变为黄绿色即为终点。

（5）分析结果的计算。三氧化二铝的含量 X_7(%)，按下式计算：

$$X_7 = [(V_1c_1 - V_2c_2)/1000 \times (101.96/2)]/[m \times (A/250)] \times 100$$

式中 c_1——EDTA 标准溶液的摩尔浓度，mol/L；

c_2——硫酸铜标准溶液的浓度，mol/L；

V_1——加入 EDTA 标准溶液的体积，mL；

V_2——滴定消耗硫酸铜标准溶液的体积，mL；

101.96——三氧化二铝的摩尔质量，g/mol；

m——试样的质量，g；

A——测定三氧化二铁含量时吸取滤液的体积，mL。

（6）允许差。平行测定两结果差不大于 0.2%。

（7）结果表示。取平行测定两结果的算术平均值，作为垢样中三氧化二铝的含量。

10.4.4.7 氧化锌含量的测定（EDTA 滴定法）

（1）原理。经测定酸不溶物的滤液中，加入氟化铵，消除铁、铝离子干扰。于 pH 值为 5.5 下，以二甲酚橙为指示剂，用 EDTA 标准溶液滴定试样中锌离子。

（2）试剂。

1）氟化铵。

2）氢氧化钠溶液，$c(NaOH) = 2$mol/L。

3）EDTA 标准滴定溶液，$c(EDTA) = 0.01000$mol/L。

4）二甲酚橙溶液，5g/L。

5）乙酸-乙酸钠缓冲溶液，pH = 5.5。称取 200g 醋酸钠（$NaAC \cdot 3H_2O$）溶于 150mL 水中，加 9mL 冰醋酸，用水稀释到 1000mL。

（3）仪器。滴定管，50mL。

（4）分析步骤。

1）吸取测定酸不溶物后滤液 10～50mL，移入 250mL 锥形瓶中，加入 2g 氟化铵，用水稀释至约 75mL，用 2mol/L 氢氧化钠溶液调节 pH 值至 5～6，摇匀后加入 10mL pH 值为 5.5 的乙酸-乙酸钠缓冲溶液，温热至 30～40℃。

2）加入二甲酚橙指示剂 2～3 滴，用 0.01000mol/L EDTA 标准溶液滴定至溶液由紫红色突变为黄色为终点。

（5）分析结果的计算。氧化锌含量 X_8(%)，按下式计算：

$$X_8 = [c \times (V/1000) \times 81.4]/[m \times (A/250)] \times 100$$

式中 c——EDTA 标准溶液的摩尔浓度，mol/L；

V——滴定消耗 EDTA 标准溶液的体积，mL；

81.4——氧化锌的摩尔质量，g/mol；

m——试样的质量，g；

A——吸取测定酸不溶物后滤液的体积，mL。

（6）允许差。平行测定两结果差不大于 0.4%。

（7）结果表示。取平行测定两结果的算术平均值，作为垢样中氧化锌的含量。

10.4.4.8 氧化铜含量的测定（BCO 分光光度法）

（1）原理。在分离铁、铝离子后的溶液中，在 pH 值为 8～9 时，铜离子与双环己酮草酰二腙反应生成蓝色配合物，用比色法测定。

（2）试剂。

1）氨水，1+1 溶液。

2）铜标准溶液。称取 0.3929g 硫酸铜（$CuSO_4 \cdot 5H_2O$），溶于水中，移入 1000mL 容量瓶中，用水稀释至刻度，摇匀。吸取上述稀释液 25mL，移入 250mL 容量瓶中，用水稀释至刻度，摇匀，此溶液 1mL 含 0.01mg 铜。

3）双环己酮草酰二腙（BCO），1g/L。称取 0.5g 双环己酮草酰二腙（称准至 0.01g）加入约 50mL 乙醇，在水浴上温热，搅拌，溶解后用水稀释至 500mL，摇匀。

4）氨-氯化铵缓冲溶液，pH = 8.5。称取氯化铵 40g（称取至 0.01g），溶于适量水中加入氨水 9mL，用水稀释至 500mL。

（3）仪器。分光光度计。

（4）分析步骤。

1）标准曲线的绘制。分别吸取 1mL 含 0.01mg 铜标准溶液 0mL、1.0mL、3.0mL、5.0mL、7.0mL 于 5 只 50mL 容量瓶中，依次加入 15mL pH 值为 8.5 的氨-氯化铵缓冲溶液及 15mL BCO 溶液，用水稀释至刻度，摇匀，放置 5min。用分光光度计，于 600nm，用 3cm 比色皿，以试剂空白作参比，测其吸光度。用测得吸光度为纵坐标，相对应铜含量（毫克）为横坐标，绘制标准曲线。

2）试样测定。吸取测定氧化钙和氧化镁用的干过滤后滤液 15mL，移入 50mL 容量瓶中。用 1+1 氨水调节 pH 值至 9 左右，然后加入 15mL 氨-氯化铵缓冲溶液、15mL BCO 溶液，用水稀释至刻度，摇匀，放置 5min。于 600nm 处，用 3cm 比色皿，以试剂空白作参比，测其吸光度。于标准曲线上查得相应的铜含量。

（5）分析结果的计算。氧化铜含量 X_9(%)，按下式计算：

$$X_9 = (1.251 \times A \times 100)/[m \times (50/250) \times (15/100) \times 1000]$$

式中 A——从标准曲线上查得铜离子含量，mg；

1.251——铜换算为氧化铜的系数；

m——试样的质量，g。

（6）允许差。平行测定两结果差不大于 0.15%。

（7）结果表示。取平行测定两结果的算术平均值，作为垢样中氧化铜的含量。

10.4.4.9　五氧化二磷含量的测定（抗坏血酸法）

（1）原理。样品经酸分解后的溶液，在酸性溶液中，正磷酸盐与钼酸铵反应生成黄色的磷钼杂多酸，再用抗坏血酸还原成磷钼兰。

（2）试剂。

1）钼酸铵溶液。称取7.0g钼酸铵（称准至0.01g）溶于约500mL水中，加入0.2g酒石酸锑钾及80mL硫酸，冷却后，用水稀释到1000mL，混匀，储存于棕色瓶中（有效期6个月）。

2）抗坏血酸溶液。称取17.6g抗坏血酸（称准至0.01g）溶于约500mL水中，加入0.2g EDTA及8mL甲酸，用水稀释到1000mL，混匀，储存于棕色瓶中（有效期1个月）。

3）五氧化二磷标准溶液。称取0.1917g预先在100～105℃下烘干的磷酸二氢钾（KH_2PO_4）溶于水中，移入1000mL容量瓶中，用水稀释到刻度，混匀，此溶液1mL含0.1mg五氧化二磷。

（3）仪器。

1）分光光度计。

2）电炉。

（4）分析步骤。

1）标准曲线的绘制。分别吸取1mL含0.1mg五氧化二磷标准溶液0.1mL、0.3mL、0.5mL、0.7mL、0.9mL于5只50mL容量瓶中，依次向各瓶加入约25mL水及5mL钼酸铵溶液，摇匀，再加入3mL抗坏血酸溶液，用水稀释至刻度，摇匀，室温下放置10min。用分光光度计，于710nm处，用1cm比色皿，以水空白为参比，测其吸光度。用测得吸光度为纵坐标，相对应的五氧化二磷含量（毫克）为横坐标绘制标准曲线。

2）试样的测定。吸取测定酸不溶物后滤液0.5～5mL，于50mL容量瓶中，加约20mL水及5mL钼酸铵溶液、3mL抗坏血酸溶液，用水稀释到刻度，摇匀，室温下放置10min。于710nm处，用1cm比色皿，以水空白为参比，测其吸光度。于标准曲线上查得相应的五氧化二磷的含量。

（5）分析结果的计算。五氧化二磷含量X_{10}(%)，按下式计算：

$$X_{10} = (c \times 100)/[m \times (A/250) \times 1000]$$

式中　c——从标准曲线上查得五氧化二磷含量，mg；

m——试样的质量，g；

A——吸取测定酸不溶物后溶液的体积，mL。

（6）允许差。平行测定两结果差不大于0.2%。

（7）结果表示。取平行测定两结果的算术平均值，作为垢样中五氧化二磷的含量。

附　录

附录1　常用元素相对原子质量、化合价

附表1　常用元素相对原子质量、化合价

元素名称	元素符号	相对原子质量	常见原子价（化合价）数
氢	H	1.008	+1
碳	C	12.001	+4
氮	N	14.007	+3，+5
氧	O	15.9999	−2
钠	Na	22.990	+1
镁	Mg	24.305	+2
铝	Al	26.982	+3
硅	Si	28.086	+4
磷	P	30.974	+3，+5
硫	S	32.066	−2，+4，+6
氯	Cl	35.453	−1，+5，+7
钾	K	39.09	+1
钙	Ca	40.08	+2
铬	Cr	51.996	+2，+3，+6
锰	Mn	54.938	+2，+4，+6，+7
铁	Fe	55.874	+2，+3
锌	Zn	65.38	+2
钼	Mo	95.94	+4，+6
银	Ag	107.868	+1

附录2　常见的物质分子式和相对分子质量

附表2　常见的物质分子式和相对分子质量

化合物名称	分子式	相对分子质量 *Mr*	化合物名称	分子式	相对分子质量 *Mr*
盐　酸	HCl	36.46	氢氧化钠	$NaOH$	40.01
硝　酸	HNO_3	63.01	氢氧化钾	KOH	56.11
硫　酸	H_2SO_4	98.08	氢氧化镁	$Mg(OH)_2$	58.33
磷　酸	H_3PO_4	98.0	氢氧化钙	$Ca(OH)_2$	74.10

续附表2

化合物名称	分子式	相对分子质量 *Mr*	化合物名称	分子式	相对分子质量 *Mr*
氢氧化亚铁	$Fe(OH)_2$	89.86	碳酸氢钙	$Ca(HCO_3)_2$	162.118
氢氧化铁	$Fe(OH)_3$	106.87	碳酸钙	$CaCO_3$	100.09
氢氧化铝	$Al(OH)_3$	78.00	氧化钙	CaO	56.08
氯化钠	NaCl	58.44	二氧化硅	SiO_2	60.086
碳酸氢钠	$NaHCO_3$	84.00	二氧化碳	CO_2	80.063
碳酸钠	Na_2CO_3	105.99	钼酸钠	$Na_2MoO_4 \cdot 2H_2O$	241.95
磷酸三钠	$Na_3PO_4 \cdot 12H_2O$	379.94	七水硫酸锌	$ZnSO_4 \cdot 7H_2O$	287.56
氯化钙	$CaCl_2$	110.99	三聚磷酸钠	$Na_5P_3O_{10}$	367.86
硫酸钙	$CaSO_4$	136.14			

附录3　常用酸、碱溶液的密度和浓度

附表3　常用酸、碱溶液的密度和浓度

名　称	分 子 式	相对分子质量 *Mr*	密度/$g \cdot cm^{-3}$	质量分数 *w*/%
盐　酸	HCl	36.46	1.19	38.32
硝　酸	HNO_3	63.02	1.40	66.97
硫　酸	H_2SO_4	98.08	1.84	95.6
氨　水	$NH_3 \cdot H_2O$	35.04	0.90	28.33
氢氟酸	HF	20.01	1.15～1.18	35.35

附录4　难溶盐类的浓度积常数

附表4　难溶盐类的浓度积常数

分子式	K_s	pK_s	分子式	K_s	pK_s
AgCl	1.8×10^{-10}	9.75	$Fe(OH)_3$	3.2×10^{-38}	37.5
$Al(OH)_3$	1.3×10^{-3}	32.9	$MgCO_3$	1×10^{-5}	5.00
$CaCO_3$	4.8×10^{-9}	8.32	$Mg(OH)_2$	1.8×10^{-11}	10.74
$Fe(OH)_2$	1×10^{-15}	15.00			

附录5　钢铁工业污染物排放标准（GB 13456—2012）（摘编）

1　适用范围

本标准规定了钢铁生产企业或生产设施水污染排放限值、监测和监控要求，以及标准的实施与监督等相关规定。

本标准适用于现有钢铁生产企业或生产设施的水污染物排放管理。

本标准适用于对钢铁工业建设项目的环境影响评价、环境保护设施设计、竣工环境保护验收及其投产后的水污染排放管理。

本标准不适用于钢铁生产企业中铁矿采选废水、焦化废水和铁合金废水的排放管理。

本标准适用于法律允许的污染物排放行为。新设立污染源的选址和特殊保护区域内现有污染源的管理，按照《中华人民共和国大气污染防治法》、《中华人民共和国水污染防治法》、《中华人民共和国海洋环境保护法》、《中华人民共和国固体废物污染环境防治法》、《中华人民共和国环境影响评价法》等法律、法规、规章的相关规定执行。

本标准的水污染排放控制要求适用于企业直接或间接向其法定边界外排放水污染物的行为。

2 术语和定义

2.1 钢铁联合企业

钢铁联合企业指拥有钢铁工业的基本生产过程的钢铁企业，至少包含炼铁、炼钢和轧钢等生产工序。

2.2 钢铁非联合企业

钢铁非联合企业指除钢铁联合企业外，含一个或两个及以上钢铁工业生产工序的企业。

2.3 烧结

烧结指铁粉矿等含铁原料加入熔剂和固体燃料，按要求的比例混合，加水混合制粒后，平铺在烧结机台车上，经点火抽风，使其燃料燃烧，烧结料部分熔化成块状的过程，包括球团。

2.4 炼铁

炼铁指采用高炉冶炼生铁的生产过程。高炉是公益流程的主体，从其上部装入的铁矿石、燃料和熔剂向下运动，下部鼓入空气燃料燃烧，产生大量的高温还原性气体向上运动；炉料经过加热、还原、熔化、造渣、渗碳、脱硫等一系列物理化学过程，最后生成液态炉渣和生铁。

2.5 炼钢

炼钢指将炉料（如铁水、废钢、海绵铁、铁合金等）熔化、升温、提纯，使之符合成分和纯净度要求的过程，涉及的生产工艺包括：铁水预处理、熔炼、炉外精炼（二次冶金）和浇铸（连铸）。

2.6 轧钢

轧钢指钢坯料经过加热通过热轧或将钢板通过冷轧轧制变成所需要的成品钢材的过程。本标准也包括在钢材表面涂镀金属或非金属的涂、镀层钢材的加工过程。

2.7 现有企业

现有企业指在本标准实施之日前，已建成投产或环境影响评价文件已通过审批的钢铁生产企业或生产设施。

2.8 新建企业

新建企业指在本标准实施之日起，环境影响评价文件通过审批的新建、改建和扩建的钢铁工业建设项目。

2.9 直接排放

直接排放指排污单位直接向环境排放水污染物的行为。

2.10　间接排放

间接排放指排污单位向公共污水处理系统排放水污染的行为。

2.11　公共污水处理系统

公共污水处理系统指通过纳污管道等方式收集废水，为两家以上排污单位提供废水处理服务并且排水能够达到相关排放标准要求的企业或机构，包括各种规模和类型的城镇污水处理厂、区域（包括各类工业园区、开发区、工业聚集地等）废水处理厂等，其废水处理程度应达到二级或二级以上。

2.12　排水量

排水量指生产设施或企业向企业法定边界以外排放的废水的量，包括与生产有直接或间接关系的各种外排废水（如厂区生活污水、冷却废水、厂区锅炉和电站排水等）。

2.13　单位产品基准排水量

单位产品基准排水量指用于核定水污染物排放浓度而规定的生产单位产品的废水排放量上限值。

3　水污染排放控制要求

3.1　自2012年10月1日起至2014年12月31日止，现有企业执行表1规定的水污染物排放限值。

表1　现有企业水污染物排放浓度限值及单位产品基准排水量　（mg/L，pH值除外）

序号	污染物项目	限值							污染物排放监控位置
		直接排放						间接排放	
		钢铁联合企业	钢铁非联合企业						
			烧结（球团）	炼铁	炼钢	轧钢			
						冷轧	热轧		
1	pH值	6～9	6～9	6～9	6～9	6～9		6～9	企业废水总排放口
2	悬浮物	50	50	50	50	50		100	
3	化学需氧量（COD_{Cr}）	60	60	60	60	80	60	200	
4	氨氮	8	—	8	—	8		15	
5	总氮	20	—	20	—	20		35	
6	总磷	1.0	—	—	—	1.0		2.0	
7	石油类	5	5	5	5	5		10	
8	挥发酚	0.5	—	0.5	—	—		1.0	
9	总氰化物	0.5	—	0.5	—	0.5		0.5	
10	氟化物	10	—	—	10	10		20	
11	总铁①	10	—	—	—	10		10	
12	总锌	2.0	—	2.0	—	2.0		4.0	
13	总铜	0.5	—	—	—	0.5		1.0	

续表 1

<table>
<tr><th rowspan="4">序　号</th><th rowspan="4">污染物项目</th><th colspan="7">限　值</th><th rowspan="4">污染物排放监控位置</th></tr>
<tr><th colspan="6">直 接 排 放</th><th rowspan="3">间接排放</th></tr>
<tr><th rowspan="2">钢铁联合企业</th><th colspan="5">钢铁非联合企业</th></tr>
<tr><th>烧结（球团）</th><th>炼铁</th><th>炼钢</th><th colspan="2">轧钢
冷轧　热轧</th></tr>
<tr><td>14</td><td>总砷</td><td>0.5</td><td>0.5</td><td>—</td><td>—</td><td colspan="2">0.5</td><td>0.5</td><td rowspan="7">车间或生产设施废水排放口</td></tr>
<tr><td>15</td><td>六价铬</td><td>0.5</td><td>—</td><td>—</td><td>—</td><td colspan="2">0.5</td><td>0.5</td></tr>
<tr><td>16</td><td>总铬</td><td>1.5</td><td>—</td><td>—</td><td>—</td><td colspan="2">1.5</td><td>1.5</td></tr>
<tr><td>17</td><td>总铅</td><td>1.0</td><td>—</td><td>1.0</td><td>—</td><td colspan="2">—</td><td>1.0</td></tr>
<tr><td>18</td><td>总镍</td><td>1.0</td><td>—</td><td>—</td><td>—</td><td colspan="2">1.0</td><td>1.0</td></tr>
<tr><td>19</td><td>总镉</td><td>0.1</td><td>—</td><td>—</td><td>—</td><td colspan="2">0.1</td><td>0.1</td></tr>
<tr><td>20</td><td>总汞</td><td>0.05</td><td>—</td><td>—</td><td>—</td><td colspan="2">0.05</td><td>0.05</td></tr>
<tr><td rowspan="5">单位产品基准排水量（m^3/t）</td><td>钢铁联合企业[2]</td><td colspan="7">2.0</td><td rowspan="5">排水量计量位置与污染物排放监控位置相同</td></tr>
<tr><td>钢铁非联合企业　烧结、球团</td><td colspan="7" rowspan="2">0.05</td></tr>
<tr><td>钢铁非联合企业　炼铁</td></tr>
<tr><td>钢铁非联合企业　炼钢</td><td colspan="7">0.1</td></tr>
<tr><td>钢铁非联合企业　轧钢</td><td colspan="7">1.8</td></tr>
</table>

① 排放废水 pH 值小于 7 时执行该限值。

② 钢铁联合企业的产品以粗钢计。

3.2　自 2005 年 1 月 1 日起，现有企业执行表 2 规定的水污染物排放限值。

3.3　自 2012 年 10 月 1 日起，新建企业执行表 2 规定的水污染物排放限值。

表 2　新建企业水污染物排放浓度限值及单位产品基准排水量　（mg/L，pH 值除外）

<table>
<tr><th rowspan="4">序　号</th><th rowspan="4">污染物项目</th><th colspan="7">限　值</th><th rowspan="4">污染物排放监控位置</th></tr>
<tr><th colspan="6">直 接 排 放</th><th rowspan="3">间接排放</th></tr>
<tr><th rowspan="2">钢铁联合企业</th><th colspan="5">钢铁非联合企业</th></tr>
<tr><th>烧结（球团）</th><th>炼铁</th><th>炼钢</th><th colspan="2">轧钢
冷轧　热轧</th></tr>
<tr><td>1</td><td>pH 值</td><td>6~9</td><td>6~9</td><td>6~9</td><td>6~9</td><td colspan="2">6~9</td><td>6~9</td><td rowspan="5">企业废水总排放口</td></tr>
<tr><td>2</td><td>悬浮物</td><td>30</td><td>30</td><td>30</td><td>30</td><td colspan="2">30</td><td>100</td></tr>
<tr><td>3</td><td>化学需氧量（COD_{Cr}）</td><td>50</td><td>50</td><td>50</td><td>50</td><td>70</td><td>50</td><td>200</td></tr>
<tr><td>4</td><td>氨氮</td><td>5</td><td>—</td><td>5</td><td>5</td><td colspan="2">5</td><td>15</td></tr>
<tr><td>5</td><td>总氮</td><td>15</td><td>—</td><td>15</td><td>15</td><td colspan="2">15</td><td>35</td></tr>
</table>

续表 2

<table>
<tr><th rowspan="4">序　号</th><th rowspan="4" colspan="2">污染物项目</th><th colspan="7">限　　值</th><th rowspan="4">污染物排放监控位置</th></tr>
<tr><th colspan="6">直 接 排 放</th><th rowspan="3">间接排放</th></tr>
<tr><th rowspan="2">钢铁联合企业</th><th colspan="5">钢铁非联合企业</th></tr>
<tr><th>烧结（球团）</th><th>炼铁</th><th>炼钢</th><th>轧钢
冷轧</th><th>轧钢
热轧</th></tr>
<tr><td>6</td><td colspan="2">总磷</td><td>0.5</td><td>—</td><td>—</td><td>—</td><td colspan="2">0.5</td><td>2.0</td><td rowspan="8">企业废水总排放口</td></tr>
<tr><td>7</td><td colspan="2">石油类</td><td>3</td><td>3</td><td>3</td><td>3</td><td colspan="2">3</td><td>10</td></tr>
<tr><td>8</td><td colspan="2">挥发酚</td><td>0.5</td><td>—</td><td>0.5</td><td>—</td><td colspan="2">—</td><td>1.0</td></tr>
<tr><td>9</td><td colspan="2">总氰化物</td><td>0.5</td><td>—</td><td>0.5</td><td>—</td><td colspan="2">0.5</td><td>0.5</td></tr>
<tr><td>10</td><td colspan="2">氟化物</td><td>10</td><td>—</td><td>—</td><td>10</td><td colspan="2">10</td><td>20</td></tr>
<tr><td>11</td><td colspan="2">总铁[①]</td><td>10</td><td>—</td><td>—</td><td>—</td><td colspan="2">10</td><td>10</td></tr>
<tr><td>12</td><td colspan="2">总锌</td><td>2.0</td><td>—</td><td>2.0</td><td>—</td><td colspan="2">2.0</td><td>4.0</td></tr>
<tr><td>13</td><td colspan="2">总铜</td><td>0.5</td><td>—</td><td>—</td><td>—</td><td colspan="2">0.5</td><td>1.0</td></tr>
<tr><td>14</td><td colspan="2">总砷</td><td>0.5</td><td>0.5</td><td>—</td><td>—</td><td colspan="2">0.5</td><td>0.5</td><td rowspan="7">车间或生产设施废水排放口</td></tr>
<tr><td>15</td><td colspan="2">六价铬</td><td>0.5</td><td>—</td><td>—</td><td>—</td><td colspan="2">0.5</td><td>0.5</td></tr>
<tr><td>16</td><td colspan="2">总铬</td><td>1.5</td><td>—</td><td>—</td><td>—</td><td colspan="2">1.5</td><td>1.5</td></tr>
<tr><td>17</td><td colspan="2">总铅</td><td>1.0</td><td>1.0</td><td>1.0</td><td>—</td><td colspan="2">—</td><td>1.0</td></tr>
<tr><td>18</td><td colspan="2">总镍</td><td>1.0</td><td>—</td><td>—</td><td>—</td><td colspan="2">1.0</td><td>1.0</td></tr>
<tr><td>19</td><td colspan="2">总镉</td><td>0.1</td><td>—</td><td>—</td><td>—</td><td colspan="2">0.1</td><td>0.1</td></tr>
<tr><td>20</td><td colspan="2">总汞</td><td>0.05</td><td>—</td><td>—</td><td>—</td><td colspan="2">0.05</td><td>0.05</td></tr>
<tr><td rowspan="4">单位产品基准排水量（m^3/t）</td><td colspan="2">钢铁联合企业[②]</td><td colspan="7">1.8</td><td rowspan="4">排水量计量位置与污染物排放监控位置相同</td></tr>
<tr><td rowspan="3">钢铁非联合企业</td><td>烧结、球团、炼铁</td><td colspan="7">0.05</td></tr>
<tr><td>炼钢</td><td colspan="7">0.1</td></tr>
<tr><td>轧钢</td><td colspan="7">1.5</td></tr>
</table>

① 排放废水 pH 值小于 7 时执行该限值。

② 钢铁联合企业的产品以粗钢计。

3.4　根据环境保护工作的要求，在国土开发密度已经很高、环境承载能力开始减弱，或环境容量较少、生态环境脆弱，容易发生严重环境污染问题而需要采取特别保护措施的地区，应严格控制企业的污染物排放行为，在上述地区的企业执行表 3 规定的水污染物特别排放限值。

执行水污染物特别排放限值的地域范围、时间，由国务院环境保护行政主管部门或省级人民政府规定。

表3 水污染物特别排放限值 （mg/L，pH值除外）

序号	污染物项目	限值						污染物排放监控位置
		直接排放					间接排放	
		钢铁联合企业	钢铁非联合企业					
			烧结（球团）	炼铁	炼钢	轧钢		
1	pH值	6~9	6~9	6~9	6~9	6~9	6~9	企业废水总排放口
2	悬浮物	20	20	20	20	20	30	
3	化学需氧量（COD_{Cr}）	30	30	30	30	30	200	
4	氨氮	5	—	5	5	5	8	
5	总氮	15	—	15	15	15	20	
6	总磷	0.5	—	—	—	0.5	0.5	
7	石油类	1	1	1	1	1	3	
8	挥发酚	0.5	—	0.5	—	—	0.5	
9	总氰化物	0.5	—	0.5	—	0.5	0.5	
10	氟化物	10	—	—	10	10	10	
11	总铁①	2.0	—	—	—	2.0	10	
12	总锌	1.0	—	1.0	—	1.0	2.0	
13	总铜	0.3	—	—	—	0.3	0.5	
14	总砷	0.1	0.1	—	—	0.1	0.1	车间或生产设施废水排放口
15	六价铬	0.05	—	—	—	0.05	0.05	
16	总铬	0.1	—	—	—	0.1	0.1	
17	总铅	0.1	0.1	0.1	—	—	0.1	
18	总镍	0.05	—	—	—	0.05	0.05	
19	总镉	0.01	—	—	—	0.01	0.01	
20	总汞	0.01	—	—	—	0.01	0.01	
单位产品基准排水量（m^3/t）	钢铁联合企业②	1.2						排水量计量位置与污染物排放监控位置相同
	钢铁非联合企业 烧结、球团、炼铁	0.05						
	钢铁非联合企业 炼钢	0.1						
	钢铁非联合企业 轧钢	1.1						

① 排放废水pH值小于7时执行该限值。

② 钢铁联合企业的产品以粗钢计。

3.5 水污染物排放浓度限值适用于单位产品实际排水量不高于单位产品基准排水量的情况。若单位产品实际排水量超过产品基准排水量，须按公式（1）将实测水污染物浓度换算为水污染物基准水量排放浓度，并以水污染物基准水量排放浓度作为判定排放是否达标的依据。产品产量和排水量统计周期为一个工作日。

在企业的生产设施为两种及以上工序或同时生产两种及以上产品，可适用不同排放控制要求或不同企业国家污染物排放标准时，且生产设施产生的污水混合处理排放的情况下，应执行排放标准中规定的最严格的浓度限值，并按公式（1）换算污染物基准水量排放浓度。

$$\rho_{基} = \frac{Q_{总}}{\Sigma Y_i Q_{i基}} \times \rho_{实} \tag{1}$$

式中　$\rho_{基}$——水污染物基准水量排放浓度，mg/L；

$Q_{总}$——实测排水总量，m^3；

Y_i——第 i 种产品产量，t；

$Q_{i基}$——第 i 种产品的单位产品基准排水量，m^3/t；

$\rho_{实}$——实测水污染物浓度，mg/L。

若 $Q_{总}$ 与 $\Sigma Y_i Q_{i基}$ 的比值小于1，则以水污染物实测浓度作为判定排放是否达标的依据。

附录6　炼焦化学工业污染物排放标准（GB 16171—2012）（摘编）

1　适用范围

本标准规定了炼焦化学工业企业水污染物排放限值、监测和监控要求，以及标准的实施与监督等相关规定。

本标准适用于现有和新建焦炉生产过程备煤、炼焦、煤气净化、炼焦化学产品回收和热能利用等工序水污染物的排放管理，以及炼焦化学工业企业建设项目的环境影响评价、环境保护设施设计、竣工环境保护验收及其投产后的水污染物的排放管理。

钢铁等工业企业炼焦分厂污染物排放管理执行本标准。

本标准规定的水污染物排放控制要求适用于企业直接或间接向其法定边界外排放水污染物的行为。

2　术语和定义

下列术语和定义适用于本标准。

2.1　炼焦化学工业

炼焦煤按生产工艺和产品要求配比后，装入隔绝空气的密闭炼焦炉内，经高、中、低温干馏转化为焦炭、焦炉煤气和化学产品的工艺过程。炼焦炉型包括：常规机焦炉、热回收焦炉、半焦（兰炭）炭化炉三种。

2.2　常规机焦炉

炭化室、燃烧室分设，炼焦煤隔绝空气间接加热干馏成焦炭，并设有煤气净化、化学产品回收利用的生产装置。装煤方式分顶装和捣鼓侧装。本标准简称“机焦炉”。

2.3　热回收焦炉

集焦炉炭化室微负压操作、机械化捣固、装煤、出焦、回收利用炼焦燃烧废气余热于一体的焦炭生产装置，其炉室分为卧式炉和立式炉，以生产铸造焦为主。

2.4　半焦（兰炭）炭化炉

以不粘煤、弱粘煤、长焰煤等为原料，在炭化温度750℃以下进行中低温干馏，以生产半焦（兰炭）为主的生产装置。加热方式分为内热式和外热式。本标准简称为“半焦炉”。

2.5　标准状态

温度为273K、压力为101325Pa时的状态，简称“标态”。本标准规定的大气污染物排放浓度均以标准状态下的干气体为主。

2.6　现有企业

本标准实施之日前，已建成投产或环境影响评价文件已通过审批的炼焦化学工业企业及生产设施。

2.7　新建企业

本标准实施之日起，环境影响评价文件通过审批的新建、改建和扩建的炼焦化学工业建设项目。

2.8　排水量

生产设施或企业向企业法定边界以外排放的废水的量，包括与生产有直接或间接关系的各种外排废水（如厂区生活污水、冷却废水、厂区锅炉和电站排水等）。

2.9　单位产品基准排水量

用于核定水污染物排放浓度而规定的生产单位产品的废水排放量上限值。

2.10　排气筒高度

自排气筒（或其主体建筑构造）所在的地平面至排气筒出口计的高度。

2.11　企业边界

炼焦化学工业企业的法定边界。若无法定边界，则指企业的实际边界。

2.12　公共污水处理系统

通过纳污管道等方式收集废水，为两家以上排污单位提供废水处理服务并且排水能够达到相关排放要求的企业或机构，包括各种规模和类型的城镇污水处理厂、区域（包括各类工业园区、开发区、工业聚集地等）废水处理厂等，其废水处理程度应达到二级或二级以上。

2.13　直接排放

排污单位直接向环境排放水污染物的行为。

2.14　间接排放

排污单位向公共污水处理系统排放水污染物的行为。

2.15　多环芳烃（PAHs）

含有一个苯环以上的芳香化合物。本标准多环芳烃是指特定的苯并（a）芘、荧蒽、苯并（b）荧蒽、苯并（k）荧蒽、茚并（1，2，3-c，d）芘、苯并（g，h，i）苝六种污染物。

3　水污染物排放控制要求

3.1　自2012年10月1日至2014年12月31日止，现有企业执行表1规定的水污染物排放限值。

表1　现有企业水污染物排放浓度限值及单位产品基准排水量　（mg/L，pH值除外）

序　号	污染物项目	限　值		污染物排放监控位置
		直接排放	间接排放	
1	pH值	6～9	6～9	独立焦化企业废水总排放口或钢铁联合企业焦化分厂废水排放口
2	悬浮物	70	70	
3	化学需氧量（COD_{Cr}）	100	150	
4	氨　氮	15	25	
5	五日生化需氧量（BOD_5）	25	30	
6	总　氮	30	50	
7	总　磷	1.5	3.0	
8	石油类	5.0	5.0	
9	挥发酚	0.50	0.50	
10	硫化物	1.0	1.0	
11	苯	0.10	0.10	
12	氰化物	0.20	0.20	
13	多环芳烃（PAHs）	0.05	0.05	车间或生产设施废水排放口
14	苯并（a）芘	0.03μg/L	0.03μg/L	
单位产品基准排水量（m^3/t焦）		1.0		排水量计量位置与污染物排放监控位置相同

3.2　自2015年1月1日起，现有企业执行表2规定的水污染物排放限值。

3.3　自2012年10月1日起，新建企业执行表2规定的水污染物排放限值。

表2　新建企业水污染物排放浓度限值及单位产品基准排水量　（mg/L，pH值除外）

序　号	污染物项目	限　值		污染物排放监控位置
		直接排放	间接排放	
1	pH值	6～9	6～9	独立焦化企业废水总排放口或钢铁联合企业焦化分厂废水排放口
2	悬浮物	50	70	
3	化学需氧量（COD_{Cr}）	80	150	
4	氨　氮	10	25	
5	五日生化需氧量（BOD_5）	20	30	
6	总　氮	20	50	
7	总　磷	1.0	3.0	
8	石油类	2.5	2.5	
9	挥发酚	0.30	0.30	
10	硫化物	0.50	0.50	
11	苯	0.10	0.10	
12	氰化物	0.20	0.20	
13	多环芳烃（PAHs）	0.05	0.05	车间或生产设施废水排放口
14	苯并（a）芘	0.03μg/L	0.03μg/L	
单位产品基准排水量（m^3/t焦）		0.40		排水量计量位置与污染物排放监控位置相同

3.4 根据环境保护工作的要求，在国土开发密度较高、环境承载能力开始减弱，或水环境容量较小、生态环境脆弱，容易发生严重水环境污染问题而需要采取特别保护措施的地区，应严格控制企业的污染物排放行为，在上述地区的企业执行表3规定的水污染物特别排放限值。

执行水污染物特别排放限值的地域范围、时间，由国务院环境行政主管部门或省级人民政府规定。

表3 水污染物特别排放限值 （mg/L，pH值除外）

序 号	污染物项目	限 值		污染物排放监控位置
		直接排放	间接排放	
1	pH值	6~9	6~9	独立焦化企业废水总排放口或钢铁联合企业焦化分厂废水排放口
2	悬浮物（SS）	25	50	
3	化学需氧量（COD_{Cr}）	40	80	
4	氨 氮	5.0	10	
5	五日生化需氧量（BOD_5）	10	20	
6	总 氮	10	25	
7	总 磷	0.5	1.0	
8	石油类	1.0	1.0	
9	挥发酚	0.10	0.10	
10	硫化物	0.20	0.20	
11	苯	0.10	0.10	
12	氰化物	0.20	0.20	
13	多环芳烃（PAHs）	0.05	0.05	车间或生产设施废水排放口
14	苯并（a）芘	0.03μg/L	0.03μg/L	
单位产品基准排水量（m^3/t焦）		0.30		排水量计量位置与污染物排放监控位置相同

3.5 焦化生产废水经处理后用于洗煤、熄焦和高炉冲渣等的水质，其pH、SS、COD_{Cr}、氨氮、挥发酚及氰化物应满足表1中相应的间接排放值要求。

3.6 水污染物排放浓度限值适用于单位产品实际排水量不高于单位产品基准排水量的情况。若单位产品实际排水量超过产品基准排水量，须按公式（1）将实测水污染物浓度换算为水污染物基准水量排放浓度，并以水污染物基准水量排放浓度作为判定排放是否达标的依据。产品产量和排水量统计周期为一个工作日。

在企业的生产设施同时生产两种以上产品、可适用不同排放控制要求或不同行业国家污染物排放标准时，且生产设施产生的污水混合处理排放的情况下，应执行排放标准中规定的最严格的浓度限值，并按公式（1）换算污染物基准水量排放浓度。

$$\rho_{基} = \frac{Q_{总}}{\sum Y_i Q_{i基}} \times \rho_{实} \tag{1}$$

式中 $\rho_{基}$——水污染物基准水量排放浓度，mg/L；

$Q_{总}$——实测排水总量，m^3；

Y_i——第 i 种产品产量，t；

$Q_{i基}$——第 i 种产品的单位产品基准排水量，m^3/t；

$\rho_{实}$——实测水污染物排放浓度，mg/L。

若 $Q_{总}$ 与 $\Sigma Y_i Q_{i基}$ 的比值小于1，则以水污染物实测浓度作为判定排放是否达标的依据。

参考文献

[1] 张景来，等．冶金工业污水处理技术及工程实例[M]．北京：化学工业出版社，2003.
[2] 李化治．制氧技术[M]．北京：冶金工业出版社，2003.
[3] 本书编写组．火电生产类学徒工初级工培训教材——化学设备运行与检修[M]．北京：水利电力出版社，1984.
[4] 严瑞瑄．水处理剂应用手册[M]．北京：化学工业出版社，2000.
[5] 王笏曹．钢铁工业给水排水设计手册[M]．北京：冶金工业出版社，2005.
[6] 杨尚宝，等．火力发电厂水资源分析及节水减排技术[M]．北京：化学工业出版社，2011.
[7] 何铁林．水处理化学品手册[M]．北京：化学工业出版社，2000.
[8] 杨尚宝，等．火力发电厂水资源分析及节水减排技术[M]．北京：化学工业出版社，2010.
[9] 王镇浦，等．水质词汇 水质取样和分析方法国际标准[M]．北京：水利电力出版社，1989.
[10] 陈敏恒．化工原理[M]．北京：化学工业出版社，1999.
[11] 华东电业管理局．热工自动控制技术问答[M]．北京：中国电力出版社，1997.
[12] 邵刚．膜法水处理技术及工程实例[M]．北京：化学工业出版社，2003.
[13] 汪大翚，等．工业废水中专项污染物处理手册[M]．北京：化学工业出版社，2000.
[14] 郝景泰，等．工业锅炉水处理技术[M]．北京：气象出版社，2000.
[15] 周群英．分析化验中法定计量单位实用指南[M]．北京：中国计量出版社，1993.
[16] 龙荷云．循环冷却水处理[M]．南京：江苏科学技术出版社，2001.
[17] 徐昌华．化验员读本[M]．南京：江苏科学技术出版社，1991.
[18] 周本省．工业冷却水系统中金属的腐蚀与防护[M]．北京：化学工业出版社，1993.
[19] 梁治齐．实用清洗技术手册[M]．北京：化学工业出版社，2000.
[20] 严煦世．给水排水工程快速设计手册 1——给水工程[M]．北京：中国建筑工业出版社，1995.
[21] 李凤亭，等．混凝剂与絮凝剂[M]．北京：化学工业出版社，2005.
[22] 郑淳之．水处理剂和工业循环冷却水系统分析方法[M]．北京：化学工业出版社，2000.
[23] 周本省．工业水处理技术[M]．北京：化学工业出版社，1997.
[24] 祁鲁梁，等．水处理药剂及材料实用手册[M]．北京：中国石化出版社，2000.
[25] 章振珙．水处理药剂手册[M]．北京：中国石化出版社，1991.
[26] 周柏青，等．热力发电厂水处理[M]．北京：中国电力出版社，2009.
[27] 张玉先，等．给水工程[M]．北京：中国建筑工业出版社，2011.
[28] 龙腾锐，等．排水工程[M]．北京：中国建筑工业出版社，2011.
[29] 化学工业部化工机械研究室．腐蚀与防护手册腐蚀理论・试验及监测[M]．北京：化学工业出版社，1991.
[30] 韩寒，陆善忠．钢铁企业的水处理药剂市场及其发展方向[J]．工业水处理，2003，23(11):9～11，49.
[31] 韦朝海，朱家亮，吴超飞，等．焦化行业废水水质变化影响因素及污染控制[J]．化工进展，2011，30(1):225～232.
[32] 韦朝海，贺明和，吴超飞，等．生物三相流化床 A/O^2 组合工艺在焦化废水处理中的工程应用[J]．环境科学学报，2007，27(7):1107～1112.
[33] 吴海珍，刁春鹏，冯春华，等．生物流化床处理焦化废水工艺实践及其技术效果分析[C]．2012 中国环境科学学会学术年会论文集（第二卷）．
[34] 金亚飚，刘勇，赵涌，等．宝钢不锈钢有限公司冷轧废水处理工艺设计[J]．环境科学导刊，2013，32(1):61～64.

[35] 苏延生. 超滤-MBR 微滤在冷轧含油废水处理中的应用[J]. 水处理信息报道，2010，4：9～12.
[36] 张爱敏. 冷轧镀锌线清洗段含油废水处理工艺探讨[J]. 辽宁城乡环境科技，2003，23(4)：34～35，15.
[37] 方辉. 冷轧废水处理和运行控制[J]. 冶金动力，2007，129(5)：72～74.
[38] 北京水环境技术与设备研究中心，等. 三废处理工程技术手册・废水卷[M]. 北京：化学工业出版社，2000.
[39] 郑辑光，等. 过程控制系统[M]. 北京：清华大学出版社，2012.
[40] 孙克军，等. 电工手册[M]. 北京：化学工业出版社，2010.
[41] 张惠荣. 热工仪表及其维护[M]. 北京：冶金工业出版社，2005.
[42] 王永华. 现代电器控制及 PLC 应用技术[M]. 北京：北京航空航天大学出版社，2003.